盾构隧道工程

王树英　傅金阳　张聪　阳军生　⊙　编著

中南大学出版社
www.csupress.com.cn
·长沙·

序言 *Foreword*

  盾构法是一种全断面机械化隧道施工方法，具有相对安全、快速、经济与环境影响低等特点，经过两百余年的发展，已广泛应用于城市轨道交通、水下交通、公路、铁路、市政管廊、水工、输气等领域隧道及地下工程的建造与开发，成为隧道及地下工程建设的主要施工方法之一，为现代隧道及地下工程建设与技术的发展提供了强大支持。

  近年来，盾构隧道工程在全世界范围内迅速增多，盾构隧道的长度、洞径与埋深不断增加，盾构隧道施工所面临的地质条件、结构形式与周边环境越来越复杂，这不仅对盾构隧道工程提出了新的需求与挑战，还为专业技术人员的成长提供了平台和机遇。随着隧道及地下工程的建设规模与数量不断增长，对熟练掌握盾构隧道工程知识的工程技术人员需求也越来越大。因此，编写一本内容全面、图文并茂、简单易懂的盾构隧道工程著作对于盾构隧道工程技术人员的培养显得尤为重要。

  《盾构隧道工程》由扎根教学科研一线且有着丰富经验的高校教师团队编写，编者比较全面系统地梳理了盾构隧道工程的理论与技术知识点，同时加入了大量工程实际案例和团队科研实践成果，不仅可以让初学者较全面地学习盾构隧道设计、施工与养护方面的知识，还可以让读者从实际案例中深入理解所讲述的相关问题及技术措施。

  本书全面地介绍盾构隧道工程的相关知识，非常值得相关专业领域高校学生和研究人员认真品读，可作为土木、水利、城市地下空间与轨道交通等专业高校师生的教材，也可供给从事盾构法隧道和地下工程及盾构制造等领域设计、施工、管理人员与科研人员作为培训教材与技术参考。

  相信本书的出版能够进一步推动中国盾构隧道工程建设人才的培养和盾构技术的进步。

陈湘生，中国工程院院士

2021 年 11 月

前言 *Preface*

伴随着我国城镇化的发展，城市人口愈加密集，交通出行愈加拥堵，城市管网愈加错综复杂。为了解决城市交通拥堵和城市管网错综复杂等问题，近年来，轨道交通、市政道路、地下综合管廊等基础设施隧道建设得以快速发展。然而，城市地层多为冲积、沉积作用形成，而目前城市内修建的隧道埋深多在 50 m 以内，城市隧道不可避免地穿越黏土、砂土以及上软下硬、强—全风化岩层等软弱地层，导致隧道建造面临环境干扰大、风险高、安全控制难等诸多问题。盾构法施工相对安全、快速、经济，已经成为软弱地层隧道建造的主要工法。

为了适应大量盾构隧道工程建设和管理发展需求，急需培养一批盾构隧道工程建设和管理人才，而编写一本适应于我国高校师生使用的《盾构隧道工程》教材显得尤为迫切。进入 21 世纪以来，盾构隧道工程在盾构机建造、隧道设计、施工及运营管理等诸多方面都取得了较大的发展，它得到的新理论与新技术也应及时反映在教材中。本书是根据我国高校学生的培养特点和目标以及国内外盾构隧道工程的实际发展状况进行编写的，从理论到实践，对专业知识进行了充实和更新，使之适应新的经济建设和社会发展形势下隧道工程人才培养的需求。

盾构隧道工程所涉及的技术领域广泛，本书以我国城市轨道交通、铁路、公路、地下综合管廊等行业标准为依据，吸收了国外先进技术，系统全面地介绍了国内外盾构隧道工程的发展、盾构隧道工程勘察、隧道结构设计、盾构机构造及工作原理、盾构机选型、盾构掘进与管片拼装、壁后注浆、盾构渣土改良及资源化再利用、盾构泥水处理、地层沉降及控制、运营管理与病害整治等内容。尤其是在盾构机选型、复杂地层盾构掘进、渣土改良、壁后注浆等方面，结合技术发展现状，通过较多的典型工程案例进行了较为深入的介绍。

本书不仅可以作为普通高等学校土木工程、城市地下空间工程等专业硕士生、本科生的教材，还可以作为从事盾构隧道工程设计、施工和研究的专业技术人员，高职高专院校师生，短训班学员的参考书。

参加本书编写的人员为中南大学王树英、傅金阳、阳军生以及中南林业科技大学张聪。

本书的具体编写分工如下：王树英负责第 1、3、4、6、7、9 章内容的编写工作；傅金阳负责第 2、5、11、12 章内容的编写工作；张聪负责第 8 章内容和第 10 章部分内容的编写工作；

阳军生负责全书的统筹编排和第 10 章部分内容的编写工作。

长安大学叶飞教授和中南大学王薇副教授担任本书主审，他们仔细审阅了编写大纲和全部书稿，并提出了很多宝贵意见；另外，中南大学张学民、雷明锋等老师也给出了本书的审阅意见，在此表示由衷感谢。在编写过程中，中南大学土木工程学院隧道工程系诸多研究生参与了书中部分资料查阅、插图绘制和文字整理工作，在此一并致谢。

本书编写得到了国家自然科学基金项目（No. 51778637，52022112）的资助。另外，本书在编写过程中，得到了中国铁建重工集团股份有限公司、中铁工程装备集团有限公司、中铁五局集团有限公司、中铁隧道局集团有限公司等单位的大力支持，对于他们提供的盾构机图片、工程素材等宝贵资料致以诚挚的谢意。

由于编者水平有限，书中的错误和不足之处在所难免，恳请读者批评指正。

编者

2022 年 1 月

目录
Contents

第5章　盾构隧道衬砌结构形式及设计　/ 107

第1章

绪 论

1.1 概述

　　盾构法是指采用具有金属外壳的盾构机进行隧道施工，使其全断面一次成型的暗挖工法，外壳内装有整机及辅助设备，在外壳保护下完成地层开挖、渣土排运、管片拼装、整机推进等作业。盾构法一般适用于软弱地层隧道施工，盾壳对挖掘时来不及支护的洞室段起到临时支护的作用，承受周围地层中的围岩压力，并将地下水挡在盾壳外面。盾构法施工示意图如图1-1所示。

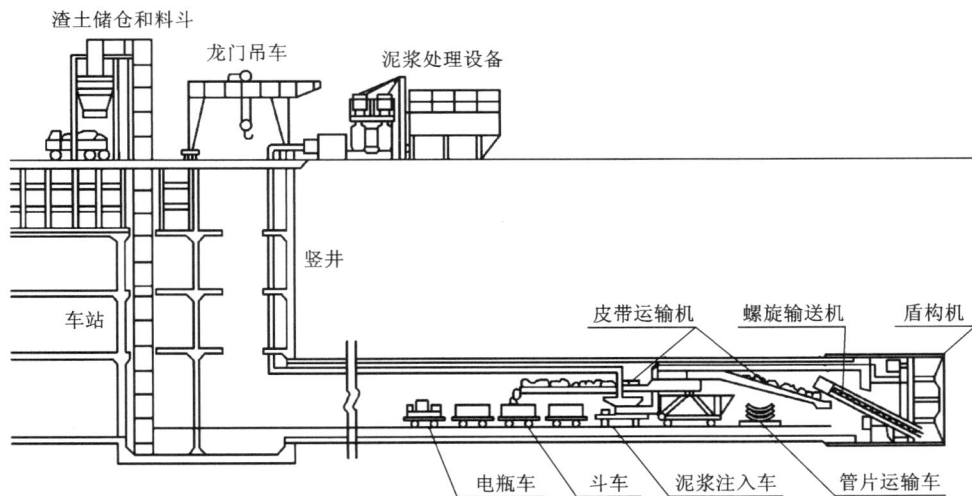

图1-1　盾构法施工示意图(以土压平衡盾构法为例)

　　盾构法的基本功能[1]包括一次性全断面开挖成型；确保盾构内作业人员的安全；保持开挖面稳定，防止地层坍塌和大变形；盾尾内实现衬砌拼装；通过千斤顶等传力系统支撑在管片端部推动盾构机前进；实现掘进和支护循环，具有盾尾密封系统，防止盾尾渗漏水；实现壁后注浆(包括同步注浆和二次注浆)；填充盾尾间隙，降低地层沉降；等等。盾构法高度集成了计算机、自动化、信息化、系统科学、管理科学等先进技术，广泛采用电子、信息、遥测、遥控等高新技术对全部作业进行制导和监控，使盾构机在掘进过程始终处于最佳工作状态。伴随着盾构法的发展，盾构隧道工程作为隧道及地下工程学科的一个分支，已发展成为关于盾构法隧道的规划、勘察、设计、施工和养护的一门应用科学和工程技术。

随着城市隧道工程的发展，盾构法广泛用于地铁区间、市政公路、输水涵洞、地下综合管廊等城市地下工程施工中，已经成为隧道施工的主要工法之一。相比于矿山法施工，盾构法施工具有以下几点优势：

①施工人员和设备均在盾壳保护下进行工作，施工安全性高，可以顺利通过软弱地层。

②盾构的掘进、出土、衬砌拼装等作业可实现自动化、智能化和远程操控信息化，掘进速度快，施工劳动强度较低，较大程度地提高了经济效益和社会效益。

③盾构法施工采用管片结构，洞壁光滑美观。

④场地作业少，隐蔽性好，因噪声、振动引起的环境影响小，而且穿越地面建筑物及地下管线时，周围环境可不受施工的影响。

盾构法也存在以下缺点：

①盾构机造价昂贵，一旦盾构机进入地层，必须完成掘进，不能在洞内进行较大程度的改造，对盾构机选型技术要求高。

②涉及土建工程、地质工程和机械工程等专业知识，各专业技术人员需紧密协作。

③采用土压、泥水平衡盾构施工，无法看到开挖面地层情况，要求盾构机适应性较强。

④对于小半径曲线、大坡度等隧道而言，施工难度较大。

⑤建造短隧道的经济性较差。

1.2 盾构机类型

盾构机的分类方式多种多样，可根据断面形状、掘进原理、盾构直径、开挖面与作业室之间隔板构造等进行分类。盾构机按照断面形状分，除了常用的圆形，还有马蹄形、矩形、多圆形等异形盾构机。相对于圆形盾构机而言，非圆形盾构机技术难度大，必须解决在强度和定位控制上的不利等问题[1]。按照掘进原理分类，盾构机总体上分为敞开式盾构机和闭胸式盾构机，如图 1-2 所示。

敞开式盾构机从开挖方式来看，可分为手掘式盾构机、半机械式盾构机和机械式盾构机。如图 1-3 所示，手掘式盾构机采用尖镐、十字镐或铁锹等工具进行人工挖掘，利用活动前檐、分仓挡板等装置进行挡土，在大多数情况下需要预先加固地层来稳定开挖面方可顺利掘进。如图 1-4 所示，半机械式盾构机利用单斗挖土机、反铲及伸臂凿岩机等装置进行部分开挖，对挖掘机难以到达的部位需要用铁锹等工具进行挖土，其挡土方式与手掘式盾构机类似，但是为了给单斗挖土机等装置提供作业空间，尽量少分仓，同样在大多数情况下需要预先加固地层来稳定开挖面。如图 1-5 所示，机械式盾构机利用安装在盾前可旋转的刀盘刀具进行全断面开挖，通常被用于自稳性较好的土体中。对于自稳性较差的地层，需要采用预先加固地层的方法来稳定开挖面。

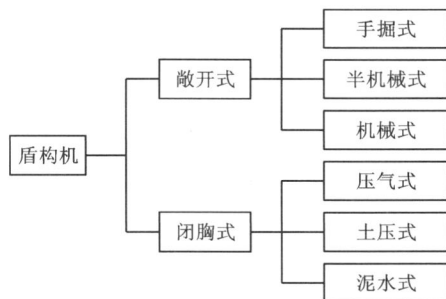

图 1-2　盾构机分类

图 1-3　手掘式盾构机

图 1-4　半机械式盾构机

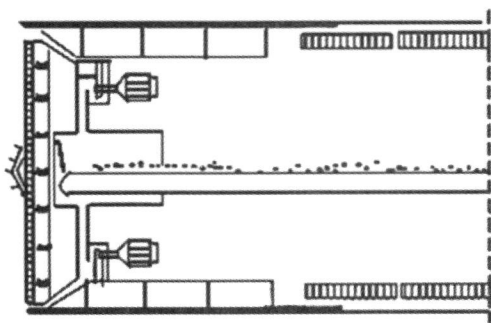

图 1-5　机械式盾构机

　　闭胸式盾构机从密封仓内介质角度，分为压气平衡盾构机、土压平衡盾构机和泥水平衡盾构机。需要说明的是，根据是否添加改良剂，日本地盘工学会[2]把这里所指的土压平衡盾构机分为泥土压(平衡)盾构机和土压(平衡)盾构机，然而大部分土压平衡盾构机都需要添加改良剂进行渣土改良，因此，本书统一称为土压平衡盾构机。压气平衡盾构机是将压缩气体注入密封仓内，以平衡开挖面。如图 1-6 所示，土压平衡盾构机盾尾千斤顶推力通过盾壳传递到刀盘，刀盘旋转带动刀具全断面切削地层形成渣土，渣土通过刀盘开口流入土仓室，由螺旋输送机排出。通过控制螺旋输送机转速来调整土仓压力，进而平衡开挖面的土水压力，实现掌子面地层稳定和沉降控制。如图 1-7 所示，泥水平衡盾构机同样地利用刀盘刀具全断面开挖地层，在盾构压力隔板与开挖面之间设泥水仓(德系泥水平衡盾构机含有气仓，通过气压调整泥水仓压力)，对输入泥水室的泥水施加压力进行挡土。

　　综上所述，土压平衡盾构机和泥水平衡盾构机可分别利用土仓和泥水仓施加压力稳定开挖面；而手掘式、半机械式和机械式盾构机施工的隧道开挖面稳定性则主要依靠地层本身的强度，或者需要预加固地层来确定开挖面稳定性。然而，所有的闭胸式盾构机不能像敞开式盾构机那样可以用肉眼观察到开挖面的地层条件，因此要求具有完备的渣土改良或泥水处理系统。

图 1-6　土压平衡盾构机构造[3]

图 1-7　泥水平衡盾构机构造

1.3　盾构机的发展历史

盾构法是一种高度机械化的隧道工程施工工法,盾构隧道工程建造的技术水平在很大程度上依赖于盾构机设备技术的发展水平,认知盾构机的发展历史显得尤为重要。

1.3.1　国外发展历史

1.盾构机的诞生阶段[4-8]

盾构法的诞生得益于布鲁奈尔父子,1806 年,法国工程师马克·伊桑巴德·布鲁奈尔(Marc Isambard Brunel)发现船木板中有一种船蛆(蛀虫)钻出的孔道,船蛆是一种蛤,头部有外壳,在钻穿木板时,分泌出液体涂在孔壁上形成坚韧的保护壳,用以抵抗木板潮湿后膨胀,以防被压扁。受到船蛆钻孔并用分泌物作为保护壳的启发,马克·伊桑巴德·布鲁奈尔于1818 年提出了盾构法,在英国注册申请了盾构法的专利,如图 1-8 所示。1825 年,马克·伊桑巴德·布鲁奈尔与其儿子伊桑巴德·金德姆·布鲁奈尔(Isambard Kingdom Brunel)首次将盾构法用于横穿英国泰晤士河的水底隧道。该盾构机为矩形断面,其高 6.78 m、宽 11.43 m,隧道采用砖砌管片。由于盾构机前方是敞开的,无法起到挡水作用,该工程多次因涌水事故被迫停工,伤亡损失惨重,如图 1-9 所示。布鲁奈尔父子在总结失败教训的基础上制作了一台改进型的方形铸铁框盾构机,并于 1834 年再次动工,经过不懈努力,该水底隧道于1841 年得以贯通,1843 年投入使用,工程前后经历了约 20 年时间。虽然工程持续时间长,并且由于涌水事故造成损失惨重,但是为后期盾构法的改进积累了丰富的经验。需要说明的是,盾构机最初称为小筒(cell)或圆筒(cylinder),1866 年,莫尔顿在申请专利中第一次使用了"盾构"(shield)这一术语。

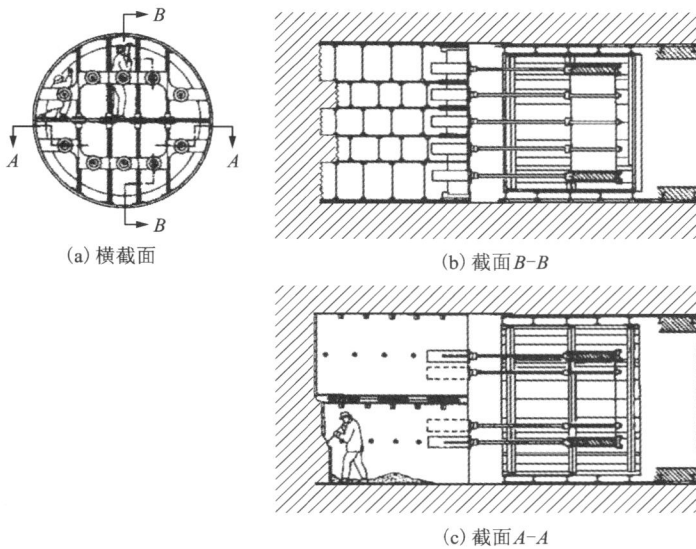

(a) 横截面   (b) 截面 B-B

(c) 截面 A-A

图 1-8 布鲁奈尔的盾构法专利示意图

图 1-9 泰晤士河底盾构机涌水

2. 盾构机开挖支护方式的演变阶段

1830 年，劳德·科克伦(Lord Cochrane)发明了气压式盾构机，并获得了专利，用来穿越饱和含水地层。1869 年，伯洛(Barlow)和詹尼斯·亨利·格雷特海德(James Henry Greathead)负责在泰晤士河底建造第二条隧道，采用新发明的圆形盾构机和扇形铸铁管片，由于使用盾构法，本次工程进展相对顺利。随后格雷特海德于 1887 年在南伦敦铁路隧道中，首次采用了压气法来稳定盾构隧道开挖面，为现代盾构法奠定了基础。经过对其进行的一系列改进后，该工法于 19 世纪末至 20 世纪中叶在英国、法国、德国、美国及苏联等国家获得大量应用，分别于美国巴尔的摩、法国巴黎、德国柏林及苏联莫斯科等地建成了不同用途的隧道。

之前盾构法开挖采用人工开挖，1876 年，英国人约翰·狄克英森·布伦敦（John Dickinson Brunton）和姬奥基·布伦敦（George Brunton）申请了第一个机械化盾构机专利，如图 1-10 所示，盾构法采用半球形旋转刀盘开挖地层，土渣落入刀盘的料斗上，然后将土渣转运到皮带输送机上。1896 年，英国人普莱斯（Price）开发了一种辐条式刀盘机械化开挖盾构机，如图 1-11 所示，第一次将圆形盾构机与旋转刀盘结合到一起，在刀盘辐条上装有切削刀具，刀盘通过一根长轴电机驱动。该盾构机于 1897 年成功应用于伦敦的黏土地层隧道施工中。

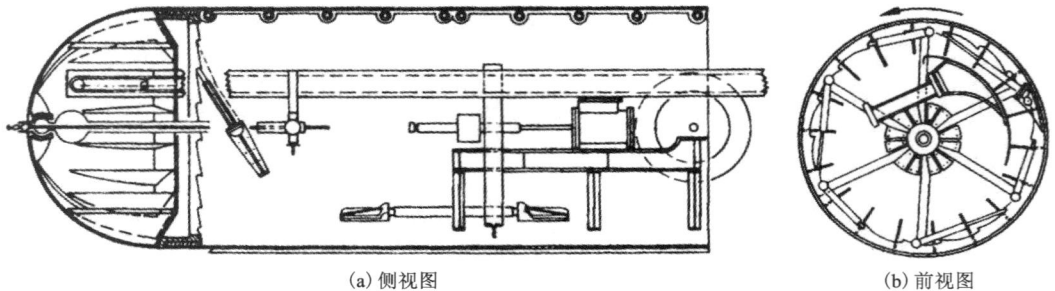

(a) 侧视图　　　　　　　　　　　　　　　　　(b) 前视图

图 1-10　第一台机械化开挖盾构机（专利）

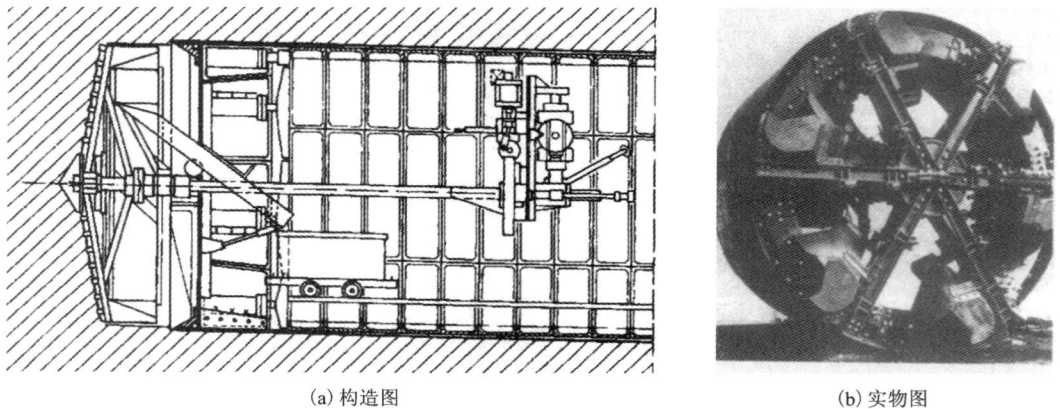

(a) 构造图　　　　　　　　　　　　　　　　　(b) 实物图

图 1-11　第一台辐条式刀盘机械化盾构机

1896 年，德国人哈姬（Haag）提出了用液体支撑隧道开挖面，把开挖仓密封作为压力仓的盾构，并为此申请了德国第一台盾构机专利，如图 1-12 所示。

在布鲁奈尔提出盾构法概念约 100 年后，作为亚洲最早使用盾构法的国家，日本在 1917 年将盾构法用于国铁羽越线隧道施工中，但是由于施工技术准备不足，工程中途不得不放弃。1926 年，在旧丹那铁路隧道的泄水导洞施工中，盾构法也没有取得理想效果。日本首次成功应用盾构法的工程是 1939 年开始施工的关门铁路隧道，该隧道采用气压法稳定开挖面，人工开挖掘进。第二次世界大战后，日本在 1956 年和 1957 年将顶盖式盾构法先后应用于关

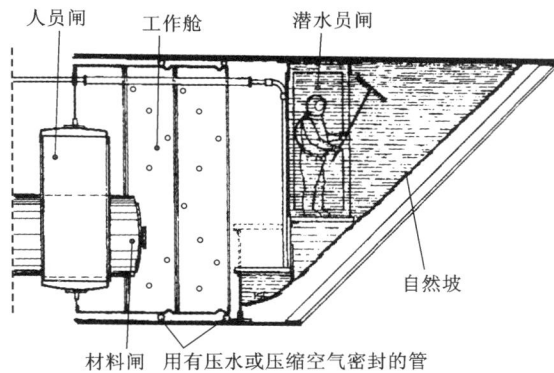

图 1-12 第一台密封仓液体支撑开挖面盾构机

门铁路隧道和营团地下铁路永田町隧道中。

　　之前盾构法开挖面基本都是敞开的，即使有挡板支撑，也无法有效地支撑开挖面。虽然采取压气法可以支撑开挖面，但是也存在明显的缺陷，例如在渗透性强的地层，压缩空气容易泄漏，无法很好稳定开挖面。因此，为了拓展盾构法的施工范围，就必须解决开挖面稳定性问题。1964 年，英国工程师莫特·亥（Mott Hay）、安德森（Anderson）与约翰·巴特勒（John Bartlett）首次提出泥水平衡盾构机，并申请了英国专利，但是由于英国缺少能促进此项技术的隧道工程，导致此项技术暂时搁置。日本由于地层条件比较差，开挖面的稳定性控制比较重要，因此第一台用刀盘切削土体、采用水力出渣的泥水平衡盾构机（直径为 3.1 m）于 1967 年由日本三菱公司制造成功，并同时在日本投入使用。1970 年，日本铁道建设公司将直径为 7.29 m 的泥水平衡盾构机应用在羽田隧道工程中，刷新了当时泥水平衡盾构机的最大直径，施工长度达到了 1712 m。随后 Wayss & Freytag 公司开发了德国第一台泥水平衡盾构机，并在 1974 年将泥水平衡盾构机应用于德国汉堡的污水管道施工中。

　　相比于泥水平衡盾构机，土压平衡盾构机研发进程晚了两年，日本佐藤工业（Sato Kogyo）公司在 1963 年开发出土压平衡盾构机。首次正式使用土压平衡盾构机的时间是 1974 年，由日本制造商石川岛播磨重工业株式会社（IHI）制造的外径为 3.72 m 的土压平衡盾构机，如图 1-13 所示，用于东京一条长度为 1900 m 的管线隧道。

3. 盾构机形式的发展阶段

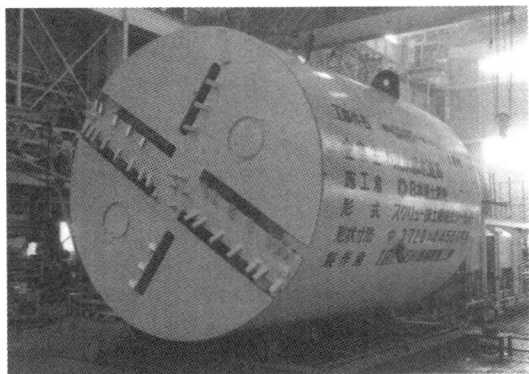

图 1-13 第一台土压平衡盾构机

　　至此，当今国际上主要模式的盾构机均已出现，后来盾构机则朝着多功能、大断面、形状多样化、智能化等方向发展。

　　1985 年，Wayss & Freytag 公司和 Herrenknecht 公司申请了名为"混合盾构"的组合盾构机专利，该混合盾构掘进系统可以在土压平衡模式和压缩空气模式之间切换。

1986年，日本研制了世界上第一台双圆泥水平衡盾构机，又称双头形泥水平衡盾构机或双连体泥水平衡盾构机，由日本日立造船股份公司为承包商熊谷组有限公司制造。这台双头形泥水平衡盾构机由2个直径为7.42 m的盾构组合而成，在1988年用于日本新建京叶线的京桥双线隧道施工，长度约为620 m。

1992年，日本研制成世界上第一台三圆泥水平衡盾构机，成功地用于大阪市地铁7号线商务公园车站工程施工。

1994年，杜伊斯堡地铁工程中首次实现从泥浆平衡支撑转换到土压平衡支撑。1997年，日本营团地铁7号线采用直径为14.18 m的超大型断面泥水平衡盾构机，该盾构机也是当时世界上最大直径的"搂抱式子母泥水平衡盾构机"，用一台盾构机即可掘进出不同断面的隧道。

2000年，日本在未来港21线本街盾构建设中首次采用偏心多轴式泥水平衡盾构机。2001年，在日本京都地铁工程中，世界上第一台矩形盾构机挖掘的双轨地铁隧道开始施工[9]。

2001年，俄罗斯莫斯科采用直径为14.2 m的泥水平衡盾构机修建Lefortovo公路隧道，这是首次在俄罗斯使用这样一个庞大而复杂的盾构系统，该系统包括当时世界上最大的泥浆分离工厂，总容量为5800 m³[10]。

2003年，德国汉堡易北河第4隧道工程顺利竣工。该工程于1997年开工，采用直径为14.2 m的复合型泥水平衡盾构机，应用了中心先行小刀盘、仓底巨岩破碎机、声波软土测探系统(SSP)以及常压换刀等高新技术，体现了当时的国际先进水平[11]。

2005年，西班牙马德里M30环向隧道北隧道采用德国海瑞克，即当时世界最大的双子星土压平衡盾构机施工(直径为15.2 m)，南隧道采用日本三菱重工直径为15.2 m的土压平衡盾构施工，掘进速度高达46 m/d[12]。

2009年，俄罗斯圣彼得堡Orlovsky公路隧道计划用直径19 m的海瑞克盾构机进行掘进，有望创下世界大盾构之最，但由于造价评估的不断上涨，项目处于暂停状态[13]。

2011年，意大利Sparvo隧道采用了直径为15.55 m的当时世界上最大断面的土压平衡盾构施工，其施工风险之高，技术难度之大为世界所公认[14]。

2013年，意大利西西里岛Caltanissetta隧道中，采用NFM公司生产的超大直径土压平衡盾构机进行施工，该盾构机也是当时欧洲最大的土压平衡盾构之一，直径达到15.08 m[15]。

2016年，日本东京下水道立会川干线雨水排放管首次采用螺旋式H&V盾构法施工，克服了隧道线形的限制，减小了地基加固的范围，使盾构灵活性更强。

2017年，日本熊谷组有限公司和JIMT公司提出了盾构机远程刀具更换技术"Sunrise Bit工法"，即无须人工操作，利用盾构千斤顶和棘轮使刀具旋转进行换刀作业。

2017年4月，美国西雅图SR99隧道工程在克服地面变形、防震设计等困难后顺利贯通，该隧道采用日本生产的直径为17.48 m的Bertha盾构机进行施工，是当时世界上最大直径的盾构机[13]。

1.3.2 我国发展历史

1.黎明期

相对于国外来说，中国盾构法尤其是盾构机的制造发展较晚。我国第一次应用盾构机是在 1953 年，东北阜新煤矿采用手掘式盾构机及小混凝土预制块修建了直径为 2.6 m 的输水巷道[8]。

1962 年 2 月，上海市城建局隧道工程公司依托塘桥隧道工程开展了 1 台直径为 4.1 m 的手掘式盾构机研制，采用螺栓连接的单层钢筋混凝土管片，用降水或气压稳定粉细砂及软黏土地层，成功掘进了 68 m，如图 1-14 所示，为后续工程积累了宝贵的经验。

1965 年 3 月，上海隧道工程设计院设计、江南造船厂制造了 2 台直径为 5.8 m 的网格挤压式盾构机，于 1966 年完成 2 条平行隧道的掘进，地面最大沉降达 10 cm。

1966 年 5 月，上海隧道工程公司开始建设我国第一条水底公路隧道——上海打浦路越江公路隧道，该工程采用直径为 10.22 m 的网格挤压盾构机施工，如图 1-15 所示，该敞口式盾构模式可转换为闭胸式，辅以气压稳定开挖面，掘进长度达到 1322 m，打浦路隧道于 1970 年底建成通车。

图 1-14 手掘式盾构机在上海塘桥隧道应用

图 1-15 上海打浦路隧道用的网格挤压盾构机

1980 年，上海开始将盾构法用于地铁隧道工程，采用直径为 6.412 m 的网格式机械出土盾构机施工，掘进长度为 1130 m[8]，通过泥水加压和局部气压稳定开挖面。

1986 年，中铁隧道局集团将半断面插刀盾构机应用于北京地铁复兴门折返线，通过半断面插刀盾构将盾构法和浅埋暗挖法有机结合，如图 1-16 所示，取消了小导管超前注浆，在壳体和尾板的保护下，进行隧道上半断面的开挖[8]。

1988 年，上海市南站过江电缆隧道工程成功使用了我国第一台加泥式土压平衡盾构机，直径为 4.35 m，能控制开挖面土压平衡和减少地面沉降，施工进度快，掘进长度达 583 m。1996 年，上海延安东路隧道南线工程开工，长 1300 m 的隧道采用直径为 11.22 m 的超大泥水平衡盾构机进行掘进。2003 年，上海隧道工程股份有限公司建设的中国首条双圆盾构隧道，在上海轨道交通 8 号线的隧道掘进中获得成功。

图1-16　半断面插刀盾构[9]

2. 创新期

2002—2008年是中国盾构技术的创新期，在国家"863"计划推动下，盾构机自主研发正式进入实施阶段[9]。

2002年8月，国家"863"计划项目"ϕ6.3 m全断面隧道掘进机研究设计"启动，中铁隧道集团联合其他单位，完成了ϕ6.3 m土压平衡盾构机的主机结构、液压传动系统、电气系统、后配套系统等研究设计，以及盾构系统刀具的研究设计、开发与制造，并完成了盾构泡沫添加剂、盾构密封油脂的开发应用。

2002年底，国家"863"计划项目"盾构掘进机刀盘刀具与液压驱动系统关键技术研究及应用"启动。2004年7月，该项目研制的刀盘刀具、液压系统成功应用于上海地铁2号线工业试验，各项指标达到项目要求。

2005年7月，我国又开始启动对泥水平衡盾构机的研发，同样在国家"863"计划的推动下，通过引进、消化、吸收，完成了泥水平衡盾构机掘进系统和管片拼装机等的研制。

2008年，我国技术人员突破核心技术封锁，成功研发制造了中国第一台具有自主知识产权的复合式土压平衡盾构机——中国中铁1号，实现了从0到1的跨越，结束了我国盾构机长期依赖国外进口的历史。

2008年，我国成功研制了首台复合式土压平衡盾构机，可在软土、风化岩、软硬不均地层、砂层及砂卵石地层等不同地质条件下顺利掘进，在天津地铁3号线获得成功应用。

同样在国家"863"计划的推动下，2008年12月，上海隧道工程股份有限公司联合浙江大学、中铁隧道集团等成功研制了我国首台具有自主知识产权的泥水平衡盾构机，并在上海打浦路复线隧道得到成功应用。

3. 跨越期

从2009年开始，中国盾构技术自主创新能力显著提高，建成了"盾构及掘进技术国家重点实验室"和"全断面掘进机国家重点实验室"，并且中国盾构制造企业迅速崛起，成立了中铁工程装备集团有限公司、中国铁建重工集团有限公司、北方重工装备(沈阳)有限公司、上海隧道工程股份有限公司机械制造分公司、中交天和机械设备制造有限公司、辽宁三三工业有限公司及中船重型装备有限公司等盾构制造厂家。

2013 年，由于敞开式盾构隧道开挖面可见、无须渣土改良等优点，北京地铁 6 号线二期工程 15 标郝家府站—东部新城站右线设置长约 388 m 的区间作为敞开式盾构机试验段，如图 1-17 所示，尽管掘进初期地表沉降比较大，但是通过不断改造、优化工艺，敞开式盾构机试验段得以顺利贯通。

2014 年 5 月，我国首台泥水+土压双模盾构机在广州地铁 9 号线花都汽车城—广州北站隧道区间始发，该设备集成了土压平衡盾构机、泥水平衡盾构机的设计理念与功能，根据

图 1-17　北京地铁 6 号线采用的敞开式盾构机

地层变化，不需要拆装任何设备，只需要通过控制系统快捷地在两种不同掘进模式之间实现相互切换，就能保证工程优质高效完成。

2015 年 10 月，我国自行设计、制造和部件全部国产化的第一台超大截面矩形盾构机在上海虹桥地区临空地下连接通道首推成功，与传统的圆形盾构机截然不同，它可以节约 20% 左右的地下空间资源。

2018 年 3 月，我国首台使用国产主轴承的再制造盾构机圆满完成合肥轨道交通 3 号线掘进任务，该盾构设备是中铁隧道局集团为适应合肥地质条件专门组织再制造的土压平衡盾构机，不仅恢复原机性能、优化系统，而且首次研发使用了国产主轴承。新制主轴承直径 2.6 m，能使直径 6~7 m 的盾构机连续工作 1.5 万 h 以上，标志着我国已经掌握了盾构机核心技术，打破了少数国外公司的技术垄断。2018 年 12 月，我国首台 TBM+土压平衡双模大盾构机在珠三角城际铁路广佛环线大源站—太和站下行线顺利始发，开挖直径 9.15 m，该盾构既能满足软土地层和极端上软下硬地层掘进的需求，又能满足长距离超硬岩地层掘进需求，被誉为"软硬通吃"的"巨无霸"。

2019 年 11 月，我国首台螺旋输送式双模盾构机在佛山市顺德区广州地铁 7 号线西延顺德段始发，可实现土压平衡和泥水平衡两个模式的互换。盾构机在泥水模式下掘进，采用螺旋输送机排浆，有效解决了渣土滞排问题。同月，我国首台中心螺旋出渣土压/TBM 双模盾构顺利通过验收，土压模式和 TBM 模式均采用中心螺旋输送机出渣，创造性地解决了土压模式向 TBM 模式转换时或在 TBM 模式掘进过程中可能发生的突泥、涌水、无法密闭保压等行业性难题，该盾构机成功应用于深圳市轨道交通 14 号线布吉站—石芽岭站隧道区间的施工。

总而言之，21 世纪开始，在城市轨道交通等基础设施发展的大力推动下，我国大量引进了德国、日本的盾构机，通过消化、吸收再创新。近 20 年来，特别是近 10 年来，我国盾构机制造产业发展迅速，盾构隧道建造水平不断提高，根据 2019 年上半年相关报道，国产隧道掘进设备在国内市场的占有率达到 90% 以上，并在全球市场上占据 2/3 以上的份额。

1.4　盾构机的技术发展趋势

由于基础设施的发展需求，在全球机械化、信息化、智能化等不断发展的基础上，盾构

机存在以下几个技术发展趋势。

1. 超小和超大化

为适应隧道及地下工程建设的发展需要，盾构机断面尺寸具有向超大、超小两个方向发展的趋势[7]。近年来国内外大型盾构隧道工程案例不完全统计如表1-1所示。2017年4月4日，世界上最大直径达17.48 m的超大型土压平衡盾构机Bertha号完成了美国西雅图高速公路SR99隧道的掘进。2020年完工的香港屯门—赤鱲角的连接线隧道工程使用了1台直径达17.63 m的泥水平衡盾构机，该盾构机的直径超过了西雅图SR99工程中Bertha号盾构机直径，成为目前世界上直径最大的盾构机。我国自主研制的直径为15.80 m的"春风号"泥水平衡盾构机已在深圳春风路隧道工程中正式投入使用，如图1-18所示。另外，直径为2.8 m的超小直径盾构机2016年成功应用于南京洪武路污水主干管进出水管线工程，如图1-19所示，促进了我国超小直径盾构机的发展应用。我国部分应用了小直径盾构机的隧道工程实例如表1-2所示。

表1-1 近年来国内外大型盾构隧道工程案例不完全统计[16, 17]

工程名称	盾构机直径/m	机型	开工年份
日本东京湾道路隧道	14.14	泥水	1994
德国易北河第4隧道	14.20	泥水	1997
日本东京地铁	14.18	泥水	1998
荷兰绿色心脏隧道	14.87	泥水	2000
俄罗斯Lefortovo公路隧道	14.20(易北河第4隧道盾构改造)	泥水	2001
中国上海上中路隧道	14.87(绿色心脏隧道盾构改造)	泥水	2004
俄罗斯Silberwald公路隧道	14.20(Lefortovo公路隧道盾构改造)	泥水	2004
西班牙马德里M30环路隧道	15.01, 15.20	土压	2005
中国上海长江隧道	15.43	泥水	2006
中国上海军工路隧道	14.87(绿色心脏隧道盾构改造)	泥水	2006
中国上海外滩隧道	14.27	土压	2007
中国南京长江隧道	14.93	泥水	2008
中国上海迎宾三路隧道	14.27(上海外滩隧道盾构改造)	土压	2009
中国杭州钱江隧道	15.43(上海长江隧道盾构改造)	泥水	2010
西班牙SE-40公路隧道	14.00	土压	2010
意大利Sparvo公路隧道	15.55	土压	2011
中国上海长江西路隧道	15.43(杭州钱江隧道盾构改造)	泥水	2011
中国南京纬三路隧道	14.93	泥水	2011
美国西雅图高架桥替代隧道	17.48	土压	2011
中国上海虹梅路隧道	14.90	泥水	2012

续表1-1

工程名称	盾构机直径/m	机型	开工年份
新西兰奥克兰 Waterview 公路隧道	14.41	土压	2013
意大利 Caltanissetta 公路隧道	15.08	土压	2013
中国瘦西湖隧道	14.93（南京长江隧道盾构改造）	泥水	2013
中国香港屯门—赤鱲角项目	17.63	泥水	2015
中国香港莲塘公路项目	14.10	土压	2015
中国武汉三阳路隧道	15.76	泥水	2015
中国珠海横琴隧道	14.90（上海虹梅路隧道盾构改造）	泥水	2016
意大利 Santa Lucia 公路隧道	15.87	土压	2016
中国上海 A30 沿江高速公路	15.43（上海长江西路隧道盾构改造）	泥水	2016
中国上海北横高速	15.53	泥水	2016
日本东京外环隧道	16.10	土压	2017
中国上海诸光路隧道	14.41（奥克兰 Waterview 隧道盾构改造）	泥水	2017
澳大利亚墨尔本 Westgate 隧道	15.60	土压	2017
中国汕头苏埃通道	15.03	泥水	2017
中国南京和燕路隧道	15.01	泥水	2017
中国济南穿黄隧道	15.74	泥水	2017
中国深圳春风隧道	15.80	泥水	2018
中国上海周家嘴路隧道	14.90	泥水	2018
中国南京长江五桥夹江隧道	15.43	泥水	2018
中国温州瓯江隧道	14.93	泥水	2018
中国武汉和平大道南延线隧道	16.03	泥水	2019
中国深圳妈湾跨海通道	15.53	泥水	2020
中国北京东六环改造工程隧道	16.07	泥水	2020
中国杭州下沙路隧道	15.07	泥水	2020
中国长沙湘雅路过江通道	15.01	泥水	2020
中国深圳荷坳隧道	18.1	泥水	计划 2024

图 1-18 我国自主研制的最大直径泥水平衡盾构机——春风号

图 1-19 超小直径盾构机

表 1-2 我国部分应用了小直径盾构机的隧道工程实例

工程名称	地质条件	内径/m	完工年份
上海越江取水隧道	穿越江底土层为灰色淤泥质粉质黏土、灰色黏土及暗绿色亚黏土。前两种土层均为高压缩性的软土	2.9	1999
北京亮马河污水隧道	轻亚黏土—重亚黏土、中亚黏土—重亚黏土、轻亚黏土—重亚砂土	2.7	2000
坝河污水隧道	中亚黏土—轻亚黏土、细砂—粉砂、细砂—中砂、大部分为中砂层	2.7	2001
凉水河污水隧道	新近沉积卵石、圆砾石层、沉积细砂—中砂层	2.7	2002
广州奥林电缆隧道	地层主要为粉质黏土、粉细砂、全风化泥岩	3.5	2010
北京顺于路电力隧道	穿越地层以黏土、粉土和砂土为主，同时地下水资源丰富	3.0	2012

续表1-2

工程名称	地质条件	内径/m	完工年份
深圳市城市高压燃气管	穿越强—中风化岩，岩石抗压强度均值为 116.3 MPa	2.2	2014
广州 220 V 航云输变电电力隧道	地下水主要为碎屑岩类裂隙水，含水层为二叠系的强—中风化带，岩性主要为泥质粉砂岩、粉砂岩、页岩等	3	2015

2. 形式多样化

为适应不同工程的需要，盾构断面形式也越来越多。目前已生产了断面为圆形、矩形、马蹄形、双圆、三圆、球形的盾构机，以及子母盾构机等，以后盾构断面形式将向异形化方向发展，如图 1-20 所示，逐步拓展了盾构法的应用范围。

(a) 矩形盾构机   (b) 马蹄形盾构机

图 1-20　异形断面盾构机

3. 高度自动化

盾构机采用类似机器人的技术，计算机控制、遥控、传感器、激光导向、超前地质探测、通信技术等或将被推广应用。随着计算机技术的快速发展，盾构机自动化程度越来越高，具有施工数据采集功能、盾构姿态管理功能、施工数据管理功能、设备管理功能、施工数据实时远传功能。盾构机可自动检测盾构的位置和姿态、利用模糊数学理论自动进行调整、自动实现平衡压力的控制，以及自动实现管片的拼装。

4. 高适应性

随着现代掘进机技术的发展，软土盾构机与硬岩掘进机技术相互渗透、相互融合，地质适应能力大大增强。复合盾构机成为盾构机高适应性的发展趋势，它通过采用不同的掘进模式(泥水+土压等)及不同的刀盘布置，以适应不同地层，由于复合盾构机的地质适应性非常好，在我国广州、成都、重庆、深圳、青岛等城市具有广阔的应用前景。

5. 智能建造

虽然盾构法施工机械化程度很高，但是盾构隧道建造技术还十分依赖于人，在隧道所处环境日益复杂和劳动力成本压力逐渐增大等形势下，迫切需要发展盾构隧道智能建造技术，充分利用人工智能等先进技术，减少盾构隧道建养对人员的依赖，降低盾构隧道施工风险及其对周边环境的影响，减少人身财产损失，使盾构隧道符合安全可靠、技术先进、绿色环保、经济合理等要求。

6. 盾构机再制造

截至 2017 年底，我国市场的盾构机保有量已接近 2000 台，近 3 年的保有量年平均增幅更是达到 30% 以上[18]。盾构机产品昂贵，而整机设计寿命一般为 10 km 掘进长度，达到设计寿命后，盾构机进入大修或报废阶段。为了降低工程建设成本，需要开展盾构机再制造，对盾构机装置进行专业化修复或升级改造，使其工作性能满足盾构隧道建造需求。

1.5 全书内容框架

本书较为系统地介绍了盾构隧道工程勘察、设计、施工和运维阶段的相关内容，主要包括绪论、盾构隧道工程勘察设计、盾构机构造与工作原理、盾构机选型、盾构隧道衬砌结构形式及设计、盾构始发与接收、盾构掘进与管片拼装、盾构壁后注浆、盾构渣土改良及资源化再利用、泥水平衡盾构泥浆处置、盾构隧道施工环境影响及控制、盾构隧道结构病害及整治。其中：

第 1 章　绪论：重点介绍盾构隧道工程的基本概念和盾构机类型，详细梳理了盾构机的发展历史及技术发展趋势。

第 2 章　盾构隧道工程勘察设计：详细介绍了盾构隧道工程的勘察内容，强调了与其他隧道工程勘察不同之处。

第 3 章　盾构机构造与工作原理：详细介绍了盾构机的组成和基本构造、常见盾构机（土压平衡盾构机与泥水平衡盾构机）的工作原理，并介绍了几种新型盾构机的发展情况。

第 4 章　盾构机选型：除了介绍盾构机选型原则、依据和主要方法，还结合案例介绍了常见复杂地层盾构选型技术。

第 5 章　盾构隧道衬砌结构形式及设计：主要介绍了盾构衬砌结构形式，并详细陈述了盾构管片围岩压力、结构内力计算方法，给出了设计案例。

第 6 章　盾构始发与接收：重点介绍了盾构端头井围护技术、端头地层加固方法，给出了盾构始发与接收常用装置及安全控制技术，还介绍了几种盾构始发接收新技术。

第 7 章　盾构掘进与管片拼装：介绍了土压平衡盾构和泥水平衡盾构掘进技术、管片拼装和施工测量与监控，并详细介绍了盾构姿态控制与纠偏技术，结合实例陈述了特殊条件下的盾构施工技术。

第 8 章　盾构壁后注浆：主要介绍管片壁后注浆材料与设备、壁后注浆施工与控制，并结合案例介绍了注浆过程优化技术。

第 9 章　盾构渣土改良及资源化再利用：渣土改良是土压平衡盾构机的关键技术，在介绍渣土改良原因、土压平衡盾构渣土特性的基础上，详细陈述了渣土改良剂类型和技术参数、渣土改良效果评价及方法和渣土改良下盾构掘进力学行为，并介绍了土压平衡盾构机渣土资源化再利用，最后结合案例介绍了盾构掘进渣土改良技术。

第 10 章　泥水平衡盾构泥浆处置：泥浆处理是泥水平衡盾构施工的关键环节，除介绍泥浆作用与性能要求、泥浆配比之外，还详述了泥浆处理设备及场地布置，并为了满足日益重视的环保问题，陈述了废弃泥浆资源化再利用，最后结合实例介绍了盾构泥浆处理。

第 11 章　盾构隧道施工环境影响及控制：详细介绍了盾构隧道施工引起的地层变形及其对周边建（构）筑物的影响特征，并陈述了常见的控制标准及控制措施，最后结合案例介绍了盾构隧道下穿高速铁路隧道的控制技术。

第 12 章　盾构隧道结构病害及整治：除了介绍盾构衬砌结构常见的病害形式及其原因、盾构衬砌结构病害调查和安全评价方法，还陈述了盾构隧道结构病害整治。

思考题

1. 请简述盾构法及盾构隧道工程的基本概念。
2. 请介绍盾构机的类别，并对比分析它们的特点。
3. 请综合对比分析国内外盾构机的发展历程。
4. 请简述盾构法的主要特征。
5. 结合文献调研等方式，举例说明盾构机今后的技术发展趋势。

参考文献

[1] 日本地盘工学会. 盾构法的调查·设计·施工[M]. 牛清山，陈凤英，徐华，译. 北京：中国建筑工业出版社，2008.

[2] 朱瑶宏，朱雁飞，黄德中，等. 类矩形盾构法隧道技术的开发与应用[J]. 现代隧道技术，2016，53（S1）：1-12.

[3] 海瑞克公司. 土压平衡式盾构机[EB/OL]. (2021-11-03)[2022-02-23]. https：//www. herrenknecht. com/cn/produkte/productdetail/土压平衡式盾构机.

[4] MAIDL B, HERRENKNECHT M, MAIDL U, et al. Mechanised shield tunneling (2nd ed.)[M]. Berlin：Ernst & Sohn, 2012.

[5] 周文波. 盾构法隧道施工技术及应用[M]. 北京：中国建筑工业出版社，2004.

[6] 张凤祥，朱合华，傅德明. 盾构隧道[M]. 北京：人民交通出版社，2004.

[7] 陈馈，洪开荣，吴学松. 盾构施工技术[M]. 北京：人民交通出版社，2009.

[8] 陈馈，王江卡，谭顺辉，等. 盾构设计与施工[M]. 北京：人民交通出版社股份有限公司，2019.

[9] NAKAMURA H, KUBOTA T, FURUKAWA M, et al. Unified construction of running track tunnel and crossover tunnel for subway by rectangular shape double track cross-section shield machine[J]. Tunnelling and Underground Space Technology, 2003, 18(2-3)：253-262.

[10] WALLIS S. Speedy mega TBM in Moscow[J]. Tunnels & Tunnelling International, 2002, 34(12)：24-27.

[11] FALK C. Pre-investigation of the subsoil developments in construction of the 4th Elbe Tunnel Tube[J]. Tunnelling and Underground Space Technology, 1998, 13(2)：111-119.

[12] MELIS M. 'Mega' EPBMs lead the way for Madrid's renewal[J]. Tunnels & Tunnelling International, 2006, 6(JUN)：23-25.

[13] LEDYAEV A P, KAVKAZSKY V N, IVANES T V, et al. Study in the structural behavior of precast lining of a large diameter multifunctional tunnel performed by means of finite elements analysis with respect to Saint-Petersburg geological conditions[J]. Civil and Environmental Engineering, 2019, 15(2)：85-91.

[14] XIAO X C. Key construction technologies used for the large cross section shield bored tunnel：a case study on Sparvo tunnel in Italy[J]. Tunnel Construction, 2013, 33(10)：866.

［15］ CAPOZUCCA F，BARRECA G，MONACO C，et al. Large civil works and complex geological contexts：the importance of the geological model in the building of the Caltanissetta tunnel（central Sicily）［J］. Geoingegneria Ambientale E Mineraria，2013，140(3)：21-26.

［16］ 谭顺辉，孙恒. 超大直径泥水盾构常压换刀设计关键技术——以汕头海湾隧道及深圳春风隧道为例［J］. 隧道建设(中英文)，2019，39(7)：1073-1082.

［17］ 孙恒，冯亚丽. 全球超大直径隧道掘进机数据统计［J］. 隧道建设(中英文)，2020，40(6)：921-928.

［18］ 周新远，李恩重，张伟，等. 我国盾构机再制造产业现状及发展对策研究［J］. 现代制造工程，2019 (8)：157-160.

第 2 章

盾构隧道工程勘察设计

2.1　盾构隧道工程勘察的目的

盾构法是一种高度机械化的隧道施工工法,与传统的工法相比,盾构法施工相对安全快速,但是盾构掘进效率在很大程度上依赖于地层、水文、环境等条件,一旦开始盾构掘进,除停机换刀外,难以对其配置等方面进行更换,更无法代之以其他工法,否则造价会大幅提高。因此,盾构机的选型设计和施工参数设定必须与地质条件相适应,这就给盾构隧道工程勘察提出了较高的要求。

如果对地质与环境勘察不细致或者不准确,则可能造成盾构隧道施工中出现事故。例如,当盾构穿越粉砂地层时,对局部砂砾层(且地下水压较高)勘察不准确,选用了挤压式盾构施工,此时穿越砂砾层部位,容易出现大量喷涌事故;当盾构穿越沼泽地带时,因未能探明地层中可能藏有的甲烷气体,并未制订应急防范措施和储备应急设备,而造成盾构施工中出现事故损失;施工前对盾构路线近旁的地下管线与设施勘察不充分,盾构施工中出现管道破裂、地表建筑物倾斜或墙体开裂等事故。此类因勘察工作疏忽或不准确导致盾构隧道施工时发生事故的工程案例不胜枚举,相关经验与教训非常多。认真做好盾构隧道工程勘察是盾构隧道成功建造的先决条件,必须慎重对待[1]。

总而言之,盾构隧道工程勘察是针对盾构隧道设计、盾构机选型与设计、盾构机掘进施工参数设定等专门要求而实施的勘察活动,是通过查明、分析、评价建设场地的地质、地理环境特征和岩土工程条件,为规划、设计、施工及维护管理各阶段提供所需要的基础资料和相关岩土参数,同时对存在的岩土工程问题、环境问题进行分析评价,提出合理的应对措施和建议,使盾构隧道工程的设计与施工经济合理且安全可靠。

2.2　盾构隧道工程勘察的内容和方法

2.2.1　勘察内容

盾构隧道工程勘察,是为了安全、快速且经济地进行施工而进行的勘察活动,一般可分为规划勘察、设计勘察、施工勘察和竣工后跟踪勘察四个阶段。其中设计阶段勘察分为初步勘察与详细勘察；施工阶段勘察分为补充勘察与施工效果勘察[2]。盾构隧道工程不同阶段勘察类型与方法如表 2-1 所示。

表 2-1　盾构隧道工程不同阶段勘察类型与方法

阶段		勘察类型	勘察方法
总体规划、可行性研究		可行性研究勘察	收集资料、现场踏勘与调查
设计	初步设计	初步勘察	现场勘察、室内试验、现场踏勘
	施工图设计	详细勘察	现场勘察、室内试验、现场踏勘
施工	盾构掘进施工	施工勘察（验证勘察）/补充勘察	现场勘察、室内试验、现场测量
	辅助工法	工法勘察（施工效果勘察）	现场勘察、室内试验、现场测量
运维管理		跟踪勘察	现场勘察、现场测量

由表 2-1 可知，不同阶段勘察类型和方法的针对性和侧重点有所区别。

1. 可行性研究阶段勘察

可行性研究阶段的勘察以确定路线方案为主要目的，也称为总体规划阶段勘察。该阶段勘察主要是确定盾构隧道线址、竖井的设备位置，以及判定盾构法的适用性。勘察结果还可用作后期设计阶段和施工阶段的参考资料。勘察项目大致包括场地条件、障碍物的分布状况和数量、地形、土质、周围环境及以往的施工实例。

（1）场地条件勘察

场地条件勘察包括调查土地利用情况及权利关系；相邻区域各项设施的规划；道路的类型和路面交通状况；有无工程用地及用地周围的环境，包括河流、湖泊、海洋等自然环境；供电及给排水设施的需求及设备状况。随后根据勘察结果，确定线址和基地位置，制订设备需求计划，拟定环境保护措施。

（2）障碍物勘察

障碍物勘察是对原有的地上与地下构造物、埋设物、水井和古井、文物遗址及以往的工程施工记录等进行勘察。若发现有埋入板桩、废弃设施的基础桩等残存物，应事先在盾构机上设切割作业用的入孔和滤除这些障碍物的装置。

（3）地形与土质勘察

地形和土质勘察在基本规划与可行性研究阶段应该以现场踏勘、调查和收集资料为主。勘察项目主要有地形、地层构造、土质特性、地下水状况、地层中的气体是否缺氧、是否存在毒气、是否出现大范围的地层沉降等。此外，通过勘察掌握因抽取地下水导致的大范围地层沉降、填土造地等荷载引起的沉降收敛稳定程度和以后的长期沉降状况也十分必要，弄清这些沉降可将施工的沉降影响区分开来，方便更好地控制盾构施工影响。

（4）周边环境勘察

周围环境勘察主要是由于盾构施工时，通常产生的噪声、振动、地层表位、地下水污染，废弃物会对环境构成污染等问题，为此需要勘察其影响程度并制订抑制措施。

（5）工程案例勘察

对于同一地区或地层条件相似的以往施工实例的调查在盾构机选型、制订盾构施工计划时十分重要，特别是发生过事故的施工实例，在盾构机选型、辅助工法设计、制订环保措施等方面更具参考价值。

2. 设计阶段的勘察

（1）初步勘察

初步设计阶段的勘察称为初步勘察，其目的是初步查明盾构隧道沿线的区域地质、工程地质和水文地质条件，分析评价隧道线路平面、埋深、结构形式和施工方法的适宜性，预测可能出现的岩土工程风险问题，提供初步设计所需的岩土参数，提出复杂或特殊地段岩土治理的初步建议。相关资料及要求有：

①搜集带地形图的拟建隧道平面图、隧道线路纵断面图、结构形式及施工工法等有关设计文件及可行性研究阶段勘察报告、沿线地下设施分布图。

②初步查明沿线地质构造、岩土类型及分布、岩土物理力学性质、地下水埋藏条件，进行工程地质分区，确定隧道的围岩分级和岩土施工工程分级，评价场地稳定性和工程适宜性。查明特殊性岩土的类型、成因、分布、规模、工程性质，分析其对工程的危害程度［软土需查明其分布范围、厚度、固结状态、含水量和震陷特征；砂层（包括软土中对固结排水和强度改善有作用的砂土层）要查明其分布、厚度、透水性、液化特征等］。查明沿线场地不良地质作用的类型、成因、分布、规模、工程性质，预测其发展趋势，分析其对工程的危害程度。

③初步查明沿线地表水的水位、流量、水质、河湖淤积物的分布，以及地表水与地下水的补排关系。初步查明地下水类型、补给、径流、排泄条件、历史最高水位，以及地下水动态和变化规律，初步评价水和土对建筑材料的腐蚀性。

④对可能采取的地基基础类型、竖井、横通道等地下工程开挖与支护方案、地下水控制方案进行初步分析评价。对抗震设防烈度等于或大于Ⅵ度的场地，应划分场土的类型和场地类别，初步评价地震液化和震陷可能性，评价场地稳定性和工程适宜性。对环境风险等级较高的工程周边环境，分析可能出现的工程问题，提出预防措施的建议。

⑤初步勘察阶段除提供地基土常规指标外，还需结合工点性质提供的特殊参数，如渗透系数、无侧限抗压强度、不固结不排水剪（UU）、固结不排水剪（CU）试验等参数指标。

（2）详细勘察

施工图设计阶段的勘察是详细勘察，主要依据土体试验的结果，在初步勘察确定的平面、纵断面线形和盾构机型的基础上，明确盾构机、衬砌、竖井设计条件的详细勘察。详细勘察的重点是盾构施工线址上特殊地层的各种特性勘察，提出盾构施工过程中可能出现的技术问题和解决建议。相关资料及要求如下：

①搜集附有坐标和地形的拟建工程的平面图、纵断面图、荷载、结构类型与特点、施工方法、基础形式及埋深、埋置深度及上覆土层的厚度、变形控制要求等资料。

②查明各岩土层的分布，提供各岩土层的物理力学性质指标及设计、施工所需的基床系数、静止侧压力系数、热物理指标和电阻率等岩土参数。查明对工程有影响的地表水与地下水的水力联系等；查明地下水的埋藏条件、水类型、勘察时水位、水质、岩土渗透系数、地下水位变化幅度等水文地质资料，分析地下水对工程的影响，提出地下水控制措施的建议。

③查明场地范围内岩土层的类型、年代、成因、分布范围、工程特性，分析和评价地基的

稳定性、均匀性和承载能力,查明不良地质作用、特殊性岩土及对工程施工不利的饱和砂层、卵石层、漂石层等地质条件的分布与特征,分析其对工程的危害和影响,提出工程防治建议措施。

④对出入口与通道、风井与风道、施工竖井与施工通道、联络通道等附属工程区段,应根据工程特点、场地地质条件和工程周边环境条件进行岩土工程分析与评价,对地基承载力、地层加固效果等的工程检测提出建议,对工程结构、工程周边环境、岩土体的变形及地下水位变化等的工程监测提出建议。分析评价工程降水、盾构掘进对工程周边环境的影响,提出周边环境保护措施的建议。

⑤综合分析区域地质资料,工程地质、水文地质资料,以及地质灾害资料,分析评价地基与围岩稳定性,预测可能出现的岩土工程问题,并提出工程措施建议,尤其要评价不良地质作用对工程的影响(包括分析已发生的地质灾害状况,预测在人类工程活动影响下由不良地质作用引发地质灾害的可能性)。

3. 施工阶段的勘察

施工阶段的勘察大致分为两步,即盾构施工补充勘察和辅助工法施工效果勘察。

(1)盾构施工补充勘察

在盾构施工开始前,应及时与原勘察单位联系,在原来的地质详勘基础上开展地质补充勘察工作,补充勘察工作重点放在对盾构区间线路范围内的地质补充勘察上,针对详勘报告里涉及的可能对盾构施工产生影响的区域进行重点勘察,补充勘察钻孔设置应在区间隧道一定范围之外,避免土仓随补充勘察孔位连通至地面,造成压力损失与泄露。在特殊复杂地质条件下,需要对隧道范围内地层进行钻孔补充勘察,在补充勘察结束后应对勘察钻孔进行有效封堵,防止盾构掘进过程中出现土仓漏压问题。盾构施工补充勘察内容及方式如表2-2所示。

表2-2 盾构施工补充勘察内容及方式

补充勘察内容	补充勘察方式	重点内容
岩溶专项补充勘察	地质钻孔循环发散探边	洞径、高度、充填方式
孤石专项补充勘察	地质钻孔+超声波检测、微动探测	孤石粒径、强度、分布情况
软弱地层补充勘察	地质钻孔取芯	压缩系数、分布范围、与隧道关系

补充勘察工作注意事项:

①勘探点数量及间距、勘探孔的布置根据专业设计提供的资料和设计要求,并考虑工程地质水文条件、隧道埋深和施工方法等因素综合确定。补充勘察点位选择应注意避开区间隧道范围,避免钻孔过程中出现钻杆掉入隧道范围影响盾构掘进施工的情况。若线路纵坡不稳定,勘探孔可适当加深,以免浪费勘探工作量。

②在对不良地质及特殊土的勘察过程中,要查清线路通过处的不良地质及特殊岩土分布。详细了解不良地质区域,会对后期盾构施工起到很好的辅助作用。

③补充勘察工作结束后,根据补充勘察报告分析存在的不良地质(如岩溶、孤石、软弱性黏土等)区域,提前确定处理方案。

（2）辅助工法施工效果勘察

为了保护盾构始发和到达竖井，盾构机进洞、出洞口，曲线部位，近接构造物，通常采用注浆工法、高压喷射深层搅拌工法、冻结工法等辅助工法对地层进行加固。辅助工法施工效果勘察的主要目的是确认辅助工法的地层加固效果，主要勘察内容涵盖地层加固的最终质量、注浆形状和范围、地下水等部分。需要指出的是，因为井底地层加固、曲线部位加固、构造物外围加固，均属于提高地层抗剪强度的加固，所以可用标准贯入、旋转触探等勘察方法勘察；而对于盾构进、出洞口的保护加固而言，因为防水效果是第一位的，属于范围加固，所以可用电气探层、中子探层、弹性波法、地下雷达法等方法勘察。

此外，虽然不少学者致力于盾构隧道掘进施工阶段开展不良地质超前地质预报研究，产生了如地震波超前预报、地质钻探、GPR 探地雷达超前预报等预报方法，但受到盾构机构造、材质及掘进进度等影响，现阶段基本难以在现场进行推广应用。

4. 跟踪勘察

隧道竣工后继续对长期影响隧道性能的因素进行的连续勘察，称为跟踪勘察。盾构掘进过后长时间的沉降造成的影响及动植物造成的影响，均系无法早期确认的影响，因此必须在施工后进行跟踪勘察确认。勘察因场合、影响因素的不同而不同，勘察频率应缓慢减少，通常在竣工至运营后一段相当长的时间内均需坚持跟踪勘察。

2.2.2　主要勘测手段

盾构隧道工程采用工程地质调查与测绘、现场钻探取样、水文地质试验、工程物探（波速试验、电阻率测试）、原位测试（静力触探试验、扁铲侧胀试验、十字板剪切试验、标准贯入试验、圆锥动力触探试验）、室内试验相结合的综合勘探方法。若有必要，还可采用荷载试验、旁压试验、现场直接剪切试验、地温测试、天然放射性测井测试和有害气体测试等原位测试方法，取得所需的岩土工程设计参数。同时，还有用于勘察环境的地中构造物及各种埋设管道设施的定位勘察方法，如电磁感应法、磁探法、地质雷达法等无损探测法。

1. 地质调查与测绘

一般以比例尺 1：1000 地形图为底图，对沿线进行调查，以查明沿线地形地貌、地层岩性、地质构造及地裂缝等不良地质作用和沿线地表水体的分布；对沿线水井进行调查，以查明沿线水文地质条件、沿线构筑物、管线的分布等。测绘范围一般为中线两侧各 250 m。调查方法主要采取沿线路穿越和定点观察相结合。

2. 工程勘探与取样

工程地质钻探是用钻机按一定设计角度和方向施工钻孔，通过钻孔采取岩土芯样或在孔内放入测试仪器，以鉴别和划分地层，并可沿孔深取样的一种勘探方法。钻探是工程地质勘察中应用最为广泛的一种勘探手段，它能获得深层的地质资料。钻探设备种类多样，其中合金钻性能最好，可探测地层内部较大深度处的情况，并可取得较佳岩土芯样；芯样回收率也较高，即使小孔也能取得芯样；钻机本身也轻便、易于转移，成本较低。此外，还有简易钻探法，如螺旋钻、冲击钻等。随着科技的发展，一些成熟的技术也移植到了地质钻探中来，如将微型摄影仪放入钻孔内，就能将孔内的全部情况反映在显示屏幕上。

不同勘察阶段的钻孔勘察要求有所区别。钻孔勘察的孔距因地形、地层构造和场地复杂程度的不同而不同，一般部位的孔距宜为 30~60 m。盾构隧道勘探孔宜布置在隧道结构外侧

3~5 m 处,水下大直径隧道勘探孔布置在隧道结构外侧 8~12 m 处,各类勘探孔应在隧道两侧交错布置,在隧道洞口、盾构工作井、联络通道、工法变换处等部位附近应布设勘探孔,勘察完成后应对勘探孔进行封孔处理并应详细记录钻孔内遗留物。一般性勘探孔深度应大于隧道底以下 2 倍隧道直径(且大于 20 m),控制性勘探孔深度应大于隧道底以下 3 倍隧道直径(且大于 30 m)。如隧道结构埋深范围内遇强风化、全风化以上岩石地层,可根据情况适当减小钻孔深度,而遇岩溶和破碎带时钻孔深度应适当增加。

3. 原位试验

原位试验是为了获得岩土体的物理力学参数,直接从原地层开展测试试验,得到需求信息数据。原位试验不需要烦琐的取样过程,具有可靠性好、成本低、区分薄层能力强等特点。但是原位试验无法明确边界条件和排水条件,还必须在室内进行试验,作为现场试验的补充。原位试验可根据是否钻孔和测定时的主要操作方法进行分类,如表 2-3 所示。

表 2-3　原位试验分类

是否钻孔	操作方法	测定值	典型试验
必须钻孔	利用钻孔测定地下水变化	渗水系数	原位渗水试验
	对钻孔孔壁加载(深度方向断续)	变形系数	旁压试验(PMT)
	在钻孔孔底贯入或旋转(深度方向断续,钻孔始终为辅助手段)	动贯入阻力	标准贯入试验(SPT)
		叶片旋转阻力	十字板剪切试验(VST)
无须钻孔	从地表连续贯入	动贯入阻力	动锥贯入试验(DP)
		静贯入阻力	静力触探试验(CPT)
		静载沉降量+旋转贯入阻力	瑞典式土层触探试验(CPT)
	贯入后打开叶片拉拔	叶片拉拔阻力	拉拔阻力试验
	从地表贯入后水平方向加载(深度方向断续)	变形系数	膨胀计试验

4. 室内试验

室内试验是解决岩土工程勘察的一个重要环节,其目的是试验人员使用试验仪器,并遵照规程对岩土地层或地基的取样,进行各种试验项目的测试,提供可靠的物理、水理和力学性能指标参数,为工程设计与施工提供可靠依据,主要的室内试验及参数如表 2-4 所示。

第一,盾构隧道穿越地段的黏性土应进行一般物理力学性质、压缩、直接剪切试验,并通过颗粒分析试验统计粉粒、黏粒含量;对原状砂进行一般物理力学性质试验和直剪试验及颗粒分析试验,对扰动土样进行颗粒分析等,不得漏测黏粒含量,颗粒分析试验应提供不均匀系数、曲率系数等参数,并提供有代表性的颗粒大小分布曲线。

第二,应选择部分岩土试样进行固结、三轴压缩、静止侧压力系数、无侧限抗压强度、基床系数、热物理参数、古土壤膨胀性等试验。

第三,为查明场地地下水的腐蚀性,需从钻孔中取水样进行水质简分析测试;为查明场地土的腐蚀性,需在水位以上土层中采取一定数量的土进行土的易溶盐含量分析。视工程需要,可增加测定软土中的有机质、pH、富里酸含量等。

表 2-4　主要的室内试验及参数

室内试验	土工试验	一般物理力学性质试验	
	土工试验	砂性土的颗粒分析	
		湿陷系数	
		压缩试验	
		高压固结试验	
		直剪	快剪试验
			固结快剪试验
			饱和快剪
		三轴不固结不排水剪试验	
		三轴固结不排水剪试验	
		无侧限抗压强度	
		砂土的天然休止角	
		黏粒含量	
		砂类土石英含量测定	
		渗透试验	
		自由膨胀率	
		静止侧压力系数	
		基床系数	
		有机含量	
		热物理参数	
	岩石试验	岩石天然密度	
		单轴极限抗压强度(天然、饱和及风干)	
		岩石弹性模型与泊松比	
		抗剪断试验(c, φ)	
	其他	水质简分析	
		易溶盐含量分析	

5. 工程地质物探

工程地质物探是以地下物理场(如重力场、电场、磁场等)为基础的,利用不同的地质体在物理性质上的差异对地下物理场分布规律的影响,通过观测、分析和研究这些物理场,并结合有关地质资料，判断与工程勘察有关的地质分布与地下结构物。工程物探具有"透视性"、效率高、成本低以及可以在现场进行原位岩土物理力学性质测试等优点，在工程勘察中逐渐得到重视和发展。但是各种物探方法都具有条件性和局限性，多数方法还存在多解性，因此正确选择和运用物探方法进行综合物探，并与现有的地质、钻探资料进行对比，才能获得较好的地质勘探结果。常见工程物探方法如表 2-5 所示。

表 2-5　常见工程物探方法

方法名称		探测深度/m	精度/%
电磁感应法（直接或间接法）		0~3	10~20
磁场探测法		0~30	20
声波探测法		几米至几十米	20
电阻率探测法		<100	20
弹性波法	弹性波速度测定	几米至几十米	20
	反射波法	<100	20
	表面波法	<100	20
电磁波法	地下雷达	≤3	≤5
	电磁波 CT 法	0~几十米	≤5

上述勘察方法一般综合运用于各阶段的工程勘察过程，各种勘察方法或手段应互相印证，各种勘察结果应综合分析。其具体细节可查阅相关岩土工程勘察教材与规范，各阶段测试方法的实施与操作均必须满足规划、设计、施工与运维勘察阶段的需要以及相应工程勘察规范成果分析与勘察报告的要求。

2.2.3　盾构隧道工程勘察成果及资料要求

盾构隧道工程勘察报告应在搜集已有资料，取得工程地质调查与测绘、勘探、测试和室内试验成果的基础上，根据勘察阶段、工程特点、设计方案、施工方法对勘察工作的要求进行岩土工程分析与评价，提供工程场地的工程地质及水文地质资料。编制合理的盾构法隧道设计与施工方案，需要首先查清和分析以下资料。

1. 勘察报告内容要求

①勘察报告编制深度和内容应达到相关标准所规定的文件编制要求，报告中应统一全线地质单元、工程地质水文地质分区、岩土分层的划分标准。各阶段勘察成果应具有连续性、完整性的特点。勘察报告应资料完整、内容可靠、条理清晰，包括文字、表格、图件等内容。

②勘察报告应包括勘察任务依据、拟建工程概况、勘察要求和目的、勘察范围、勘察方法与执行标准、完成的勘察工作任务等内容。

③勘察报告应包括岩土工程评价与工程措施建议，需评价不良地质作用对工程的影响。详勘报告应分析和利用各拟建线路的地震安全性评价报告，提供对应工点的地震设计动参数。

④勘察报告的表格可包括插表与附表。插表是支持文字说明的表格，附表是汇总、统计各类岩土参数的表格。所有岩土参数均要求经过分类、汇总、统计之后列表表示，不能将试验室或外业作业的原始表格不加统计直接列入勘察报告。

⑤勘察报告的图件可包括插图与附图。插图是支持文字说明的图件，附图是直接反映勘察成果的图件，当数量较多时可另外装订成册。

2. 主要成果资料要求

1）主要岩土体参数

为详细了解盾构穿越各类土层的工程地质特性，主要需要掌握以下四个方面的参数，如表 2-6 所示。

表 2-6　土体主要参数表

参数性质	土体参数
表示土的固有特性的参数	颗粒级配（含砾石量 $G\%$，含砂量 $S\%$，含粉土量 $M\%$，含黏土量 $C\%$）
	最大土粒粒径
	d_{50}（小于 d_{50} 粒径的土占土总重的 50%）
	d_{10}（小于 d_{10} 粒径的土重占土总重的 10%）
	不均匀系数 μ（$\mu = d_{50}/d_{10}$）
	液限 ω_{L}
	塑限 ω_{p}
	塑形指数 I_{p}
表示土的状态的参数	含水量 ω
	饱和度 S
	液性指数 I_{L}
	孔隙比 e
	渗透系数 K
	湿土容重 γ_{w}
表示土的强度及变形性质的参数	不排水抗剪强度 S_{u}
	内聚力 c
	内摩擦角 φ
	标准贯入度 N
	灵敏度 S_{t}
	压缩系数 a
	压缩模量 E
表示地下水性态的参数	地下水位
	承压水头
	渗透系数

在应用以上岩土参数，分析地层工程特性，进行盾构机选型时，可以参考以下各条：

①颗粒级配、最大粒径、d_{50}、d_{10}、μ、ω_L、ω_p、I_p 等参数，可用于鉴别土层属于哪类土以及土的基本性质。

②d_{10} 及 K 等参数是估计土壤的渗透性和黏结性以及预计用气压及降水疏干土效应的重要参数，它对于在含水土层中选定盾构正面装置形式以及控制地下水的技术方案均具有重要意义。

③在砂性土层中，孔隙比和渗透系数越大，不均匀系数越小，土壤越容易液化。

④ω_L、ω_p、I_p、ω、N 等参数用于分析黏性土的稠度状态。

⑤γ_w、S、c、φ 等参数用于了解黏性土开挖面土体稳定系数 N_s。

⑥土粒径大小是选择盾构排土方式的一个重要依据。

2）水文地质资料

地下水位和地下水类型与盾构隧道的设计与施工有密切关系，勘察时必须充分查明地下水文地质情况及地下水的活动特征，并分析饱和砂土地层中可能导致砂土液化、涌水、涌砂和地面塌陷等的工程地质问题。因此，在盾构隧道勘察过程中，要充分掌握以下资料：

（1）地层中透水层分布及层相

在复杂地层中，需用连续取土钻探和静力触探相结合的方法，查清各透水层的厚度及深度，详细描述黏性土层与砂性土层互层的层相以及砾石卵石的存在状况，要注意夹在黏性土层之间厚度大于 25 cm 的砂性土层，在动水压力下会发生流砂现象，影响开挖面稳定；当黏性土层中存在间隔厚度为几厘米或几毫米的粉砂薄层时，则采用降水法或气压法，以提高此夹有薄砂层的黏土层的抗剪强度，改善开挖面的稳定性。

（2）复杂地层透镜体

对复杂含水地层，宜采用钻探与物探相结合的方法进行连续性的勘探，查明地层中有无古河道，是否可以井点法降去水压，是否具有使开挖面发生爆发性崩塌的透镜体。

（3）查明地下水位及各层土的水压力

在地下水位较深或在第二透水层中进行水压调查时，用观测井观测各层水位的工作，要非常细致地操作，防止测出水位的虚假性。

（4）渗透系数的分布

渗透系数是在很广的范围内变化，与土的粒径有较大关系，还与土的孔隙比、饱和度、土颗粒的形状、排列等因素有关。因此在钻探资料中发现粒径、孔隙比有较大变化时，可判断渗透系数有较大变化。在土粒径及渗透系数变化较大的复杂地层中，井点降水不易达到较好的疏干效果。另外，还需要观测查明地下水的流动速度，流动速度较大时要考虑开挖面护壁泥浆是否会被冲走。

3）周边建（构）筑物情况

盾构隧道勘察应对隧道穿越和隧道施工影响范围内的建（构）筑物进行详细调查，包括地上建（构）筑物、地下建（构）筑物及人防工程、路基结构、桥梁结构、市政地下管线、水工建筑物、架空高压线塔（杆）、文物、地下障碍物的详细情况，如表 2-7 所示。

表 2-7　盾构隧道周边建(构)筑物情况调查表

建(构)筑物类型	具体调查内容
地上建(构)筑物	建筑层数、高度、结构形式、基础形式、基础埋深(标高)、基地附加压力。采用复合地基、桩基的建(构)筑物还应包括地基基础的主要设计参数、施工工艺
地下建(构)筑物及人防工程	工程的平面布置、外轮廓尺寸、顶板和底板标高、施工方法、结构形式、变形缝设置、围护结构、抗浮措施及使用情况。人防工程还应调查防护等级、出入口位置
路基结构	铁路(含轨道交通)或道路等级、路面材料、路面宽度、路堤高度、支挡结构形式及地基与基础形式
桥梁结构	桥梁类型、结构布置、桥长、桥宽、跨度、墩柱基础形式及承载力、桩基或地基加固设计参数、运营年限
市政地下管线	管线的类型、平面位置、埋深(或高程)、敷设方式、材质、管节长度、接口形式、介质类型、工作压力、工作井及节门位置、运营年限
水工建筑物	枢纽布置、特征水位、隧道泄洪或导流标准、水库调度运行方式、河道取水原则;机电设备及调压(减泄压)、闸(阀)门设置;水工建筑物的类型、结构形式、基础形式、衬砌情况、运营年限
架空高压线塔(杆)	线路电压等级、悬高、走廊宽度、高压线塔(杆)基础形式、埋置深度,以及电缆与隧道的交会点坐标
文物	文物名称、等级、文物保护控制范围、结构形式、基础形式、埋置深度等。文物调查应包括名树古木
地下障碍物	影响盾构施工的地下空洞、古井、遗留桩基、锚杆等

4)不良地质与特殊性岩土

查明不良地质作用(如采空区、溶洞、暗河、暗浜、陷穴、地面沉降、地裂缝、空洞、有害气体、可液化土、湿陷性黄土、人工填土等)的特征、成因、分布范围、发展趋势,分析其对工程的危害和影响,提出治理方案的建议。

5)主要附图

(1)工程地质平面图

工程地质平面图应标示出工程沿线主要构造物、地形地物、路线位置、勘探孔类型、位置、编号、高程、稳定水位、不良地质地段及桩号等,图形坐标系应保持不变。平面图比例尺一般为(1∶5000)~(1∶1000),可根据实际情况调整,以能清晰反映图件各要素为标准。

(2)地质纵剖面图

根据足够数量的可靠地质柱状图绘制地质纵剖面图,可以最大限度地了解盾构穿越最多且具有代表性的地层条件、最困难部分的土层工程特性和各种障碍。地质纵剖面图按投影距离绘制,并插入隧道纵断面,标示出地面高程线、勘探孔编号、孔口标高、孔深、孔距、土层界限、桩号、地质分区等,如图 2-1 所示。盾构隧道地质纵剖面图一般横向比例同平面图一样,纵向比例为 1∶200。此外,地质纵剖面图还应包括以下要点信息:

①隧道沿线地面下各土层的分类，各土层在垂直向及水平向的分布，以及各类土的工程特性和土层含沼气状况。

②盾构穿越地层的地下水位深度，穿越透水层和含水砂砾透镜体的水压力、土壤渗透系数，以及土壤在动水压力下的流动性。

③盾构开挖可能碰到的各种障碍物的里程位置，以及盾构穿越的各种地下管线和地上地下建(构)筑物。

④盾构穿越河道时覆土层的工程特性。

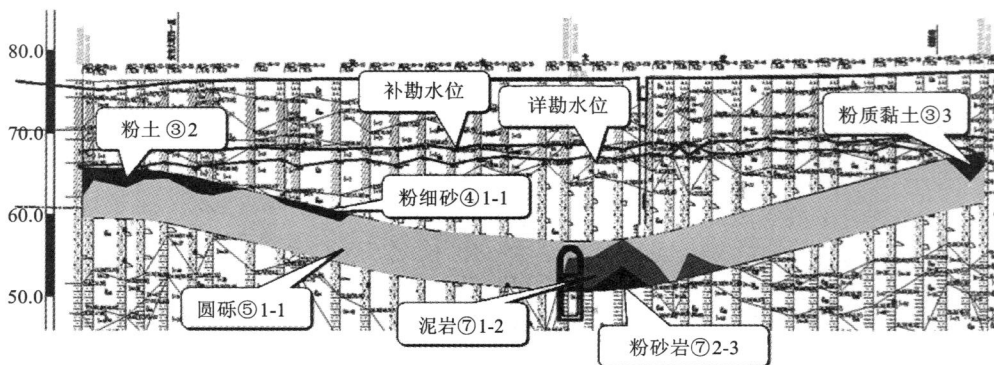

图 2-1 某地铁区间隧道地质纵剖面图[2]

（3）钻孔地质柱状图

钻孔地质柱状图应标示出各地层名称、分层深度、高程、厚度、地层描述、取样编号及标贯击数等，另外应标示出各勘探孔的施工日期、稳定水位等。地质柱状图垂直比例一般为（1∶400）~（1∶200）。

6）其他附图

其他附图包括静力触探测试成果图、十字板试验综合成果图、扁铲试验综合成果图、波速试验成果图、电阻率测试成果图、抽水试验成果图、河道断面图、土层压缩曲线图表、土工试验成果报告、水质分析试验报告、岩芯照片等。这些附图可根据要求提供，附图的比例以能清晰反映图件各要素为标准。

2.3 工程地质条件评价

2.3.1 工程地质评价内容

在盾构隧道各阶段勘察工作结束后，需要针对勘察结果进行一系列综合性的分析评价。对盾构隧道工程的勘察结果的合理分析和评价，决定施工计划的合理性、经济性、安全性，针对勘察目的和手段的差异性，不同勘察阶段的分析评价内容又有所不同。

1.可行性研究阶段的勘察

在可行性研究阶段，勘察的工程地质分析评价应包括下列主要内容：

①概略进行隧道围岩分级，概略分析地应力分布、水文地质条件，评价成洞条件及隧道施工对环境的影响。

②当存在不良地质现象、特殊性岩土时，概略分析其对隧道建设的影响。

③对隧址及始发与到达位置提出建议。

2. 设计阶段的勘察

（1）初步勘察

在初步勘察阶段，工程地质分析评价应包括下列主要内容：

①初步确定围岩分级、岩土可挖性分级，提出围岩的物理力学性质及初步设计所需的岩土参数，评价围岩的稳定性，提出工程防护措施的初步建议。

②初步评价地表水、地下水对隧道施工的影响并对隧道涌水量进行分段预估。

③初步评价进出洞口、基坑、盾构端头井等位置的工程地质条件及岩土体稳定性，提出工程防护措施的建议。

④当存在不良地质现象、特殊性岩土时，初步分析其对隧道建设的影响。

⑤初步评价盾构隧道施工对城市地质环境及相邻建(构)筑物的影响。

⑥初步评价地下有害气体情况及其对隧道施工和运营的影响。

（2）详细勘察

在详细勘察阶段，工程地质评价应包括下列主要内容：

①分段确定隧道围岩分级。

②分析评价在盾构掘进过程中的工程地质条件及岩土体稳定性，并提出治理措施建议。

③提供隧道影响深度范围内有害气体分布情况，并分析评价其对隧道设计和施工可能产生的影响，提出处理措施建议；当盾构机穿过可能产生孤石、土洞、岩溶、含放射性矿物地层等不良地质和特殊性岩土地区时，应进行工程地质分析和评价，详细分析其对盾构隧道建设的影响，并提出针对性的治理措施建议。

④提供盾构隧道影响深度范围内地下水的分布情况，分析评价其对隧道施工的影响及地下水疏干对环境的影响；分段预测隧道涌水量并提出治理措施建议，并提供支护结构的压力水头高度。

⑤评价施工工法的适用性，对盾构隧道施工工法、掘进设备的选择和施工监测工作提出建议。

⑥提供隧道设计和施工所需的岩土弹性抗力系数，必要时提供热物理指标参数。

2.3.2　常见地层对盾构施工的影响

一般而言，在不宜使用明挖法或简易支护暗挖法施工的地区、地层不稳定地区或是工期紧张的情况下，采用盾构施工是最为安全合理的，但是盾构隧道施工的机械选型设计和施工参数设定必须与地质条件、环境条件相适应，对工程勘察要求较高。基于有限点位钻探的地质勘察结果有一定的局限性，因此，要对地层的稳定性做透彻的了解，尤其遇到以下特殊地层时，应该结合区域岩土的成因分析查清岩土类型及其分布特征，并分析评价在盾构施工过程中可能遇到的岩土工程问题，从而为盾构施工方案的制订提供建议[3]。

1. 黏性土地层

黏性土是盾构法施工比较理想的地层，但是在勘察时一定要注意以下几点：黏粒含量高的高塑性的黏性土地层容易导致刀盘结泥饼；高灵敏度的软土易扰动，盾构施工易导致上覆地层变形较大，甚至由于超挖导致地面塌方；强度很低的软土，盾构机掘进姿态不好控制，易蛇形前进。如果黏土地层含有膨胀性矿物，在盾构机掘进过程中，地层易遇水膨胀，导致刀盘或盾体被卡住等问题。

此外，软淤泥黏土层的特点是自然含水率比液限还大，故稍受外力作用就会发生扰动，且强度显著下降。在这种土层中，不仅盾构掘进中保持土压平衡极为困难，而且往往会出现盾构到达前的前期沉降，且盾构通过后沉降持续时间十分长，长期不收敛。为了防止出现这种现象，必须对该地层进行加固，因此事先掌握土体的灵敏度和变形特性的勘察特别重要，这是合理进行加固设计的依据。

2. 崩塌性砂层

崩塌性砂层的特点是不均匀系数小、密实性差、渗水系数大、稳定性差，土压稍有失衡就会发生崩塌。对于这种地层，当盾尾离开且壁后注入浆液尚未填充到位的短暂时间间隔内，地层中易出现空洞，诱发砂层中出现崩塌直至地表出现沉陷。

盾构机在这种地层中推进时，为确保掘削面的稳定，必须设计出与地层条件相匹配的泥水（泥土）参数。为此，准确地掌握掘削土层的粒径级配构成、渗水性和地下水位等参数显得极为重要。这些参数是防止挡土墙接头部位涌水和保障管片密封材料止水性的设计依据，故勘察时应重点关注。

3. 砾砂类地层

（1）砾砂地层

砾砂地层细颗粒含量低，硬矿物含量高，渗透系数较大，自稳定性差。理论上选用泥水平衡式盾构机更利于掘进，但实际工程中考虑到有限场地条件和施工成本，一般选用土压平衡式盾构机掘进，这样易出现喷涌、刀盘刀具快速磨损以及地层失稳等问题。

因此，在勘察这类地层时，要查明砾砂地层的密实程度，确定相关力学参数；加强颗粒成分与粒组含量分析，通过现场试验确定最优渣土改良方案；开展矿物含量分析，确定常见硬矿物如石英、长石和角闪石的含量，为刀具的选型和刀具寿命的预测提供参数；结合地下水条件判别地层的砂土液化可能性，确定可能引起涌水、涌砂和隧道渗漏的敏感地层区划，为同步注浆质量控制提供参考。

（2）高水压砾层

高水压砾层多为江河下部含大卵石的高水压砾层，在这种地层掘进之前，必须弄清大小卵石的形状、尺寸、数量、硬度，以及地下水的流速、流量等参数，因为这些参数是设计盾构详细掘削构造（刀具材质、形状、切口形状等）的依据。当采用常规钻孔法难以获得上述参数时，可采用大口径钻孔和试掘深基础的方法获取上述参数[4]。

4. 砂卵石类地层

这类地层的特点是几乎没有细颗粒，硬矿物含量高，渗透系数大，自稳定性差。大多选用泥水平衡式盾构机掘进，但出于对场地条件和施工成本的考虑，也可选用土压平衡式盾构机掘进，但要做好盾构机的地质适应性设计，其中包括刀盘的结构设计、刀具选型布置、渣土改良装置设计以及排渣系统的设计，在施工过程中做好渣土改良和同步注浆，防止刀盘和螺旋输送机卡死、刀盘刀具快速磨损以及地层失稳的问题出现。在成都地铁和北京地铁施工过程中都遇到刀盘刀具磨损严重、螺旋输送机卡死、刀盘卡死的问题。

基于大量的经验教训，这类地层中盾构法施工成功的关键在于在盾构机设计前做好工程地质研究工作。这类地层的勘察重点在于查明卵石、漂石的粒径分布以及胶结情况，一般用钻探的手段比较难查清尺寸较大的漂石，应该结合区域地质条件、岩土的成因以及现有地质资料进行分析判断。粒径尺寸直接影响盾构机刀盘的开口率、排渣系统的尺寸。砂卵石地层的粒径分布和含水情况也是泥浆浓度选择（泥水平衡盾构机）和渣土改良剂掺入比设定（土压平衡盾构机）的重要依据。

5. 复合地层

复合地层是针对盾构法而提出的一个新的地层概念，它由在三维方向上岩土力学、工程地质和水文地质等特征相差较大的几种地层组合而成。复合地层盾构法施工面临的主要是"上软下硬"带来的一系列问题：盾构机姿态难控制、易喷涌、刀具快速磨损（滚刀偏磨）和地面变形大甚至塌陷。因此，对于此类地层先要查明以下几种界面和层面：上软下硬的硬地层层面，不同程度的岩石风化界面；砂土地层和风化岩层界面；软土层和风化岩层界面。由于风化界面没有规律、变化较大，采用钻探的方法探明有一定的困难，可以结合物探的方法来划分风化界面。

对于岩石地层，要查明岩石的类型、风化程度、硬矿物含量、完整性系数和岩体质量，并进行适用于盾构法施工的围岩质量分级，这些地质特征直接影响盾构机的设计和施工参数的设定。

6. 缺氧、含有毒气体的地层

在盾构穿越地下水枯竭的砂砾层和含有过多未分解有机物的黏土层，以及缺氧和有毒气的土层之前，应先分析水质，测定气体浓度，了解其含量。为了防患于未然，盾构机上应配备各种监测装置及报警装置，以此确保作业安全。

7. 其他不良地质地层

对于盾构法而言，其他不良的地质条件主要有：膨胀性岩土、土洞、岩溶、断层破碎带、孤石、球状风化体等。这些不良地质条件容易导致严重的工程地质问题，甚至造成重大事故，应通过专项勘察，并分析其对盾构法施工可能造成的影响。

总而言之，盾构隧道工程勘察应该包括工程地质条件分析评价与建议，这项工作需由岩土勘察单位实施，因为一般盾构机选型设计和施工人员对工程地质条件的理解十分有限，很难进行较准确的岩土工程问题分析和评价。因此，盾构隧道工程勘察工作者结合盾构法施工要求和具体工程地质条件，应用工程地质类比法和岩土力学分析法做好工程地质条件分析与评价，为盾构法隧道的建设提供资料完整、数据可靠、评价正确、建议合理的勘察报告。

2.4　盾构隧道断面与线形设计

2.4.1　盾构隧道分类

通常，盾构隧道可按照断面形状、功能用途进行分类，如图 2-2 所示。图 2-2 是两类不同的分类情况，其中盾构隧道的用途是以全部地下空间的线路设施为对象的。

不同断面形状的盾构隧道
- 半圆形隧道
- 圆形隧道
- 双圆搭接隧道
- 三圆搭接隧道
- 马蹄形隧道
- 椭圆形隧道
- 矩形隧道

不同功能用途的盾构隧道
- 铁路
- 公路隧道
- 地铁隧道
- 下水道隧道
- 供水、供气隧道
- 电力、通信电缆隧道
- 水工隧道
- 人防隧道
- 共同沟隧道
- 轨道-公路共用隧道
- 其他盾构法修筑的隧道

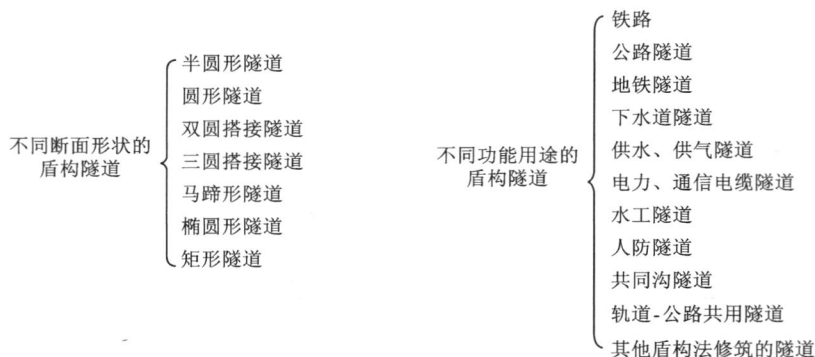

图 2-2　按断面形状和功能的盾构隧道分类

2.4.2　盾构隧道断面形状

盾构隧道断面形式的选择，根据隧道使用要求、施工技术的可能性、地层特性、隧道受力等因素确定。隧道内净空尺寸应满足建筑限界、曲线加宽、使用功能、施工工艺要求，并应考虑施工误差、测量误差、结构变形、位移计后期沉降等影响，因此盾构隧道的断面设计应满足相关行业的规范规定。

1. 圆形断面

圆形断面是使用最多的断面形状，人们通常把圆形断面称为标准断面。以下提到的盾构隧道一般为圆形断面盾构隧道。它主要具有如下几个优点：由于圆形断面的拱作用，可以等同地承受各个方向的外部压力，故管环上作用的外压力小（相对非圆形断面而言），管环的受损小、寿命长，即隧道的耐久性好、安全性好；圆形断面盾构机掘削机理简单，掘削系统（刀盘，力、扭矩的传递机构）容易制作、造价低；管片的制作简单容易，拼装方便。目前，圆形断面对某些用途的隧道而言，如地铁隧道、公路隧道、城市共同沟隧道等存在内空利用率低的问题。圆形盾构隧道的内径取决于两个因素：满足使用目的所必须的内空（包括维修管理上的裕度和施工误差）及施工上的安全性，而其外径可由内径加衬砌厚度决定。

2. 矩形断面

矩形断面隧道的优点是内空利用率高，与圆断面隧道相比，构筑时可以减少30%左右的土体掘削和排放，有利于降低成本，矩形断面地中占位小，地下空间利用率高。缺点是作用在隧道衬砌上的外压力大，不适于大尺寸隧道构筑；矩形衬砌设计、施工复杂；盾构机制作复杂，价格偏高。对于城市地铁、共同沟等隧道而言，矩形断面是较为理想的断面形状。

3. 双圆搭接断面

双圆塔接断面多用于铁路、公路往返复线的情形。优点是占地面积小、空间利用率高。缺点是盾构机制作复杂、价格高，管片设计、组装、施工复杂。

4. 三圆搭接断面

三圆搭接断面是为构筑地铁车站而设计的盾构断面形状。优点是空间利用率高，使地铁车站的构筑施工完全转入地下，造价低。缺点是盾构机和管片的设计、制作及施工均较复杂。

此外，马蹄形断面、椭圆形断面的优点是空间利用率高，缺点是盾构机造价高，但已有相关厂家投入了研制。如世界首创的马蹄形盾构机是中铁装备集团自主研发的新型异形断面盾构机，并在浩吉铁路白城隧道实现了首次成功运用。

总体来看，常见的和一些新近规划或施工的各种盾构隧道断面形状如表 2-8 所示，盾构隧道的断面形状大多为圆形，主要原因如下：

①从力学上看，对作用于隧道上的外荷载是比较有利的。

②就利用面板的机械掘进而言，不留残迹的圆形比较有利。

③施工时盾构机所产生的侧倾(盾构机在圆周方向旋转产生的变动)易于处理。

表 2-8　常见盾构隧道形状

项目		圆形	矩形	椭圆形	双圆搭接	三圆搭接
断面形状		◯	▭	⬭	∞	〰
特点	优点	①圆形是力学上稳定的结构，与其他形状比较，衬砌厚度较薄 ②比较容易侧倾且修正比较容易	①断面利用率高 ②可以减少土的覆盖层厚度	①与矩形相比产生的界面内力小，可以减少衬砌厚度 ②比圆形断面利用率大，占有宽度较小	①与开挖两条圆形隧道相比，占据宽度更小 ②与圆形相复合，可以安全掘进	①可适用于地铁车站等处的修建 ②与圆形相复合，可以安全掘进
	缺点	断面利用率低，占有宽度较大	①转角处易产生应力集中，故衬砌厚度必须加厚 ②掘进机结构复杂，掌子面压力控制较为困难 ③侧倾的修正比较困难	①掘进机结构复杂，掌子面压力控制较为困难 ②侧倾的修正比较困难	侧倾的修正比较困难	侧倾的修正比较困难

综上所述，当盾构隧道在开挖上受限制或者受限于邻近其他结构物时，可使用除圆形以外的其他断面形状。通过减少不必要的断面空间可以显著减少挖掘土方量，从而削减建设成本，因此，人们期待异形断面盾构的设计与施工技术进一步发展。

2.4.3　盾构隧道线形设计

盾构隧道的线形设计有平面线形及纵断面线形(坡度)两种，纵断面线形的设计需要结合覆土厚度考量。在考虑隧道使用目的、使用条件及施工方便与否等的基础上才能确定出适当的线形设计。

1. 平面线形设计

从盾构法自身的施工便捷性来看，盾构隧道的平面线形最好选用直线和大曲率半径的平面线形。然而，多数施工对象是城市市区的地下工程，因为城市市区地下构造物较为密集，加上地价昂贵，所以线形的确定受地层条件、地表条件、地下障碍物(构造物)及用地条件的制约。也就是说，线形为直线和大曲率半径的条件通常不易得到满足，而大多数情形会出现小曲率半径的急弯段，因此小曲率半径情形的设计、施工是平面线形讨论的重点。

在市区规划盾构隧道时，因为是公共性较高的结构，所以多半都建在道路之下。在决定平面线形时，必须考虑盾构施工对道路设施及路下的埋设物等的影响，且隧道的线形应尽可能地取直线，当采用曲线时也应该尽可能地加大曲线半径。

然而，实际上盾构隧道一般位于道路之下，受到布局条件、障碍物、竖井位置及相邻建（构）筑物的影响条件等限制。因此，平面线形大多采用复杂的曲线组合，如图2-3所示。

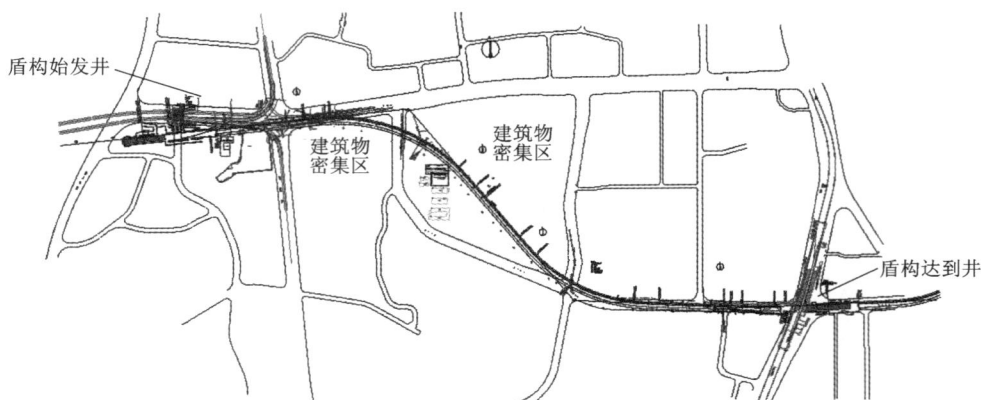

图2-3　盾构平面线形布置图

曲线段盾构施工质量的影响因素如下：

①盾构机通过地层的地质特性及分布状况。

②掘进方法（土压平衡、泥水平衡，掘进速度和推进控制）。

③盾构机的形状、构造（直径、机长、有无铰接机构及其他辅助设备）。

④管片的宽度、楔形量、衬砌环组合方式。

⑤坡度分布状况。

⑥采用的辅助工法（降水、地下隔离墙等措施）

对于一般的曲线施工而言，盾构隧道的允许曲率半径因盾构直径的不同而不同。对于某些要求进行更小半径的急弯施工而言，必须采用旋转竖井或使用球体盾构，实现任意转角的施工。当在最小曲线半径处施工时，必须慎重计划铰接机构的使用，采用适当的辅助工法及防护工法，选用土中扩大开挖工法或特殊盾构等。

并行盾构隧道也是城市交通隧道建设中常见的一种情况。隧道间距需通过所在位置的土质特性、盾构外径、盾构机种类等确定，一般情况下要确保1D（D为盾构机的外径）以上。当受到初始掘进位置及道路宽度、障碍物等条件的限制时，应采取加固措施。另外，当在桥墩、桥台、建筑物或铁道与地下埋设物附近等进行邻接施工时，尽量保持一定间距，确保盾构隧道施工不对这些建（构）筑物产生诸如偏压、沉降与振动等不良影响。

2. 覆盖土层厚度

盾构隧道要求一定的最小覆土厚度，以保证盾构正常施工和结构抗浮安全。当盾构施工时，覆土厚度不足易造成地表隆起量或沉降量过大，甚至导致机体背土的现象。当覆土有效压重、结构重等向下合力不足以抵抗浆液或地下水浮力时，所建隧道将发生局部或整体上浮，导致轴线偏离、结构安全度降低和防水效果变差等不良后果。因此，盾构隧道最小覆土厚度的研究对保证隧道施工和运营安全意义重大，可以从以下几个方面进行考虑：

①考虑盾构正常掘进要求，根据正面挤压力大于静止土压力、小于被动土压力的原则确定最小覆土厚度。当计算侧压力时，对于砂性地层，水土分算；对于黏性地层，水土合算。

②考虑施工阶段结构抗浮要求，以结构竖向合力为零确定临界覆土厚度。临界覆土乘以相应抗浮安全系数得到最小覆土厚度。浮力由同步注浆浆液与水共同引起。根据浆液凝固与上浮量关系确定浆液计入程度，也可采用分时段等效浆液重度的方法计入，无任何依据时，可取同步注浆浆液重度保守计算。施工阶段，不建议考虑上覆土体侧摩阻力。

③考虑使用阶段结构抗浮要求，以结构竖向合力为零确定临界覆土厚度，临界覆土厚度乘以相应抗浮安全系数得到最小覆土厚度。浮力由地下水引起。建议考虑上覆土体侧摩阻力进行计算。当计算侧压力时，对于砂性地层，水土分算；对于黏性地层，水土合算。

④从提高施工作业效率(出渣、材料的运入及作业人员的进出)，构筑竖井的难易程度、防水处理的难易程度，使用的气压和泥水压的降低和隧道建成后的维护管理及运营方便等方面看，隧道的埋深(即覆盖土层的厚度)以浅为好。但是，埋深太浅易发生地层沉陷和喷涌等事故。因此应以对周围环境不产生不良影响的条件选择覆盖土层的厚度 H，通常选择 $H=(1\sim1.5)D$，其中 D 为盾构机的外径。

上述厚度范围也不能一概而论。以往有过 $H<D$ 的成功实例，也有过 $H>1.5D$ 而仍发生沉陷和爆喷的实例。H 的大小与土质性能、地表建筑物与地中构造物的分布状况、地下水位、盾构机选型、辅助工法、施工管理措施等多种因素有关。一般在 H 较小的浅层施工时，应加强施工管理及辅以地层加固工法；在 H 较大的深层施工时，应采取抑制高水压、大土压的措施，并做好施工管理。

综上所述，确定盾构隧道的最小覆土厚度，需考虑盾构正常施工和结构抗浮安全。结构抗浮计算时，需考虑施工和使用两个阶段，并对上覆土体侧摩阻力的计入与否进行对比。

3.纵断面线形设计

隧道的纵断面线形(坡度)应按照使用目的进行设计，考虑行车平稳性和乘客舒适度、方便设计和防排水、有利于施工和养护维修等方面，还取决于河流、地下构造物及障碍物的分布状况。无论从隧道的使用角度还是从施工角度来看，都以取将隧道内的漏水自然地排至竖井处这样一个坡度最佳。为此，在一般情况下，公路隧道、铁路隧道、电力电缆隧道、通信电缆隧道，原则上设计成渗漏水可以自流排放的平缓坡度，以不低于0.3%为宜；而下水道、供水隧道的坡度则必须从下泄流量、流速等施工方面考虑，为了使施工时的涌水能够自流排放，坡度以0.2%~0.5%为宜。

对于轨道交通工程盾构隧道而言，纵坡设计还需要考虑机车牵引方式的影响，确保牵引设备的牵引能力满足隧道纵坡及牵引系数的要求。同时，线路坡段长度不宜小于远期列车计算长度，确保一列列车范围内只有一个变坡点且满足坡度差要求，避免变坡点附加力的叠加影响和附加力的频繁变化，保证行车运行的平稳。相邻竖曲线间夹直线长度不宜小于50 m，使竖曲线既不相互重叠，又相隔一定距离，有利于列车运行和线路维修养护。

另外，如果坡度变为2%以上，则会产生搬运挖掘土砂困难、降低材料搬运效率、发生电瓶车溜车事故的问题。当有条件要求坡度必须大于5%时，不仅要选用特殊的井内运输方式，还要采取各种安全防护措施。

近年来，市区等地由于受到已有建(构)筑物及河流等的限制，隧道埋深向深层化发展，有时不能按隧道的使用目的来调整纵断面线形。因此，在已有建(构)筑物下方施工大坡度线形的工程有增加的趋势。某地铁区间盾构隧道最大纵坡达到了28‰，如图2-4所示。

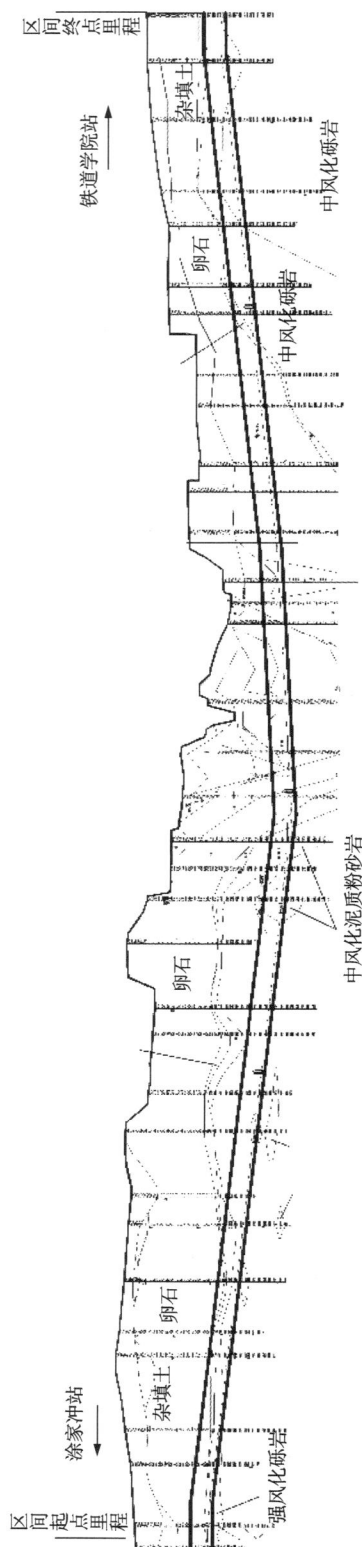

图 2-4 盾构隧道纵断面布置图

一般而言,盾构隧道平、纵断面设计参数如表 2-9 所示,当隧道曲线半径不能满足功能要求时,可设置转折井。

表 2-9 盾构隧道平、纵断面设计要求

盾构隧道性质	平面最小曲线半径(D 为隧道外径)	最小坡度/‰	最大坡度/‰
地铁隧道	30D 或 250(取较大值)	3	35
铁路隧道	40D	3	35
公路隧道	40D	3	60
其他隧道	30D	2	60

2.5 补充勘察工程案例

2.5.1 工程概况

长沙市轨道交通 3 号线一期工程始于长沙坪塘大道,到达龙角路站,全长 35.4 km,设车站 25 座,站点平均间距 1.4 km,全为地下站,西南至东北向,穿越长沙市。其中灵官渡站至阜埠河站区间隧道全长约 2650 m,为长沙首条过江泥水平衡盾构地铁隧道,亦为第一个长距离穿越水下溶洞区盾构施工的区间,如图 2-5 所示。该区间使用 2 台 ϕ6450 mm 泥水平衡盾构机自灵官渡站西端头组装始发,先始发右线,后始发左线,向西经东岸风井下穿湘江东汊、橘子洲、湘江西河汊、潇湘中路到达西岸风井,之后沿天马路前行至阜埠河站接收,在阜埠河站东端头拆解吊出井。区间为单线隧道,外径 6.2 m,内径 5.5 m,管片宽度 1.5 m。隧道区间岩溶发育分布里程主要为 DK15+800~DK16+120,共长 320 m,其中橘子洲上 180 m、湘江西河汊 140 m。针对该橘子洲阜灵区间穿越河中岛岩溶发育区域,施工单位拟开展溶洞处理试验段溶洞补充勘察和溶洞处理效果验证勘察,为下一步工作提供依据[5]。

2.5.2 补充勘察目的

根据设计部门要求,补充勘察采用技术标准主要有《铁路工程地质勘察规范》(TB 10012—2001)、《铁路工程水文地质勘察规程》(TB 10049—2004)、《铁路工程岩土分类标准》(TB 10077—2001)、《铁路工程地质路探规程》(TB 10014—2012)以及施工单位有关设计和技术要求。根据以上要求,本次补充勘察工作的主要目的如下:

①查明该区连续完整基岩抗压强度等力学性质。

②遇到溶洞时,查明溶(土)洞的埋深、洞体高度、洞顶岩土层情况,以及洞底基岩岩层强度。

③查明溶洞的形式(是封闭还是开放,有无连通,是否多次溶洞等)。

④查明溶洞内水流情况,估计对施工的影响。

⑤查明溶洞内有无充填物,查清充填物的状态强度。

⑥分析指出存在多层溶洞、大型溶洞的可能性和范围。

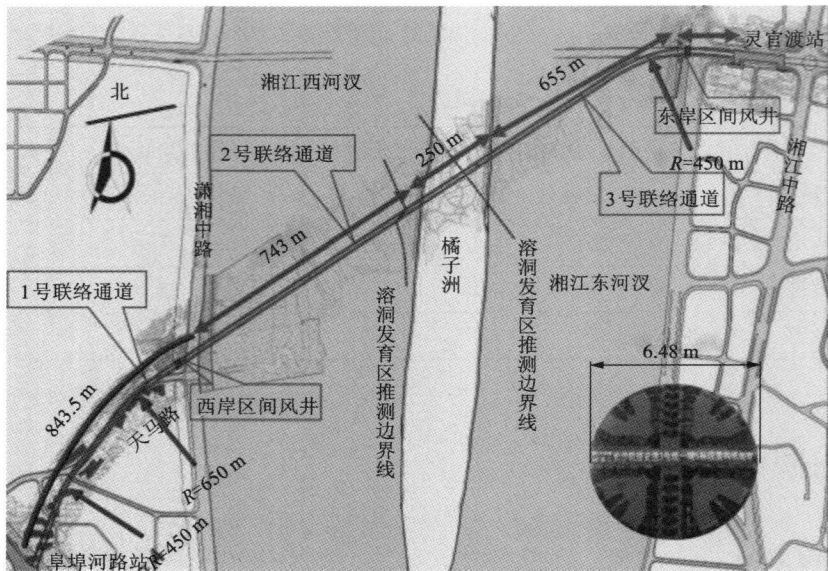

图 2-5　灵官渡站至阜埠河站区间隧道线路走向示意图

　　⑦针对溶洞的埋深、大小、充填物等情况，结合桩基础图，提交各种类型溶洞处理的方案建议，在特别情况下，应针对单个溶洞提出处理建议。

　　⑧当持力层为倾斜地层，基岩面凹凸不平时，应评价盾构隧道基础的稳定性，并提出处理措施的建议。

　　⑨当有软弱夹层时，应提出软弱夹层的参数。

　　⑩勘探方面要求每个孔必须做好编号和记录。

　　⑪明确钻探设备、钻头型号和孔径。

　　⑫统一采用绝对高程，精确测量孔口标高、进尺等。

　　⑬在一般情况下，无须对弱风化基岩顶板以上土层取样和分析，仅对弱风化基岩取样试验。

　　⑭提出岩层取样及试验方法，提供承载力验算的参数。

2.5.3　勘察和溶洞处理验证及完成工作量

　　为满足工程需要，本试验段在岩溶区地段，沿地铁轴线方向，按 6 m 间距，离左右中心线外侧 5 m×5 m 对称布置钻孔 15 个，并进行注浆试验，处理及验证观测孔 15 个，物探剖面 4 条，试验若干次。补充勘察钻孔柱状图样表如表 2-10 所示。完成实物工作量如表 2-11 所示。

表 2-10　补充勘察钻孔柱状图样表

工点名称：长沙市轨道交通 3 号线路溶洞处理试验段　　钻孔编号：BZ1-3

施工日期：2015 年 12 月 29 日—2016 年 1 月 3 日

钻孔里程位置：＿＿＿＿＿　　孔口标高：36.0638 m　　钻孔坐标：$X=97123.97$　　$Y=46625.14$

岩芯保存位置：存放于工地库房　　钻孔深度：45.00 m　　地下水埋深：19.70 m

时代成因	层底深度 /m	分层厚度 /m	层底高程 /m	岩土名称及其特征	岩芯采取率 /%	取样深度 /m	重Ⅱ击数 $N(2)$/深度 /m 标贯击数 N/深度 /m	承载力基本容许值 $[f_{ao}]$/kPa 摩阻力标准值 Q_{ik}/kPa
Q_4^{ml}	4.20	4.20	31.863	杂填土：褐黄色，稍湿，稍有压实。成分为黏土，含少量建筑垃圾和粗圆砾	90			
Q_4^{al}	5.80	1.60	30.263	粉质黏土：褐黄色，软塑，潮湿。粉细砂含量为 20% 左右，成分主要为黏土。切削面平整光滑	90			
	11.00	5.20	25.063	粉砂：褐黄色，中密，潮湿。粉细砂含量不小于 50%，含黏土 40%～50%，成分单一	85			
	20.40	9.40	15.663	细圆砾：褐黄色，中密，饱和。含量不小于 50%；粒径以 4～10 mm 为主；以亚圆形为主，母岩以弱风化脉石英、石英、砂岩为主。砂泥质充填，颗粒级配一般，往下粒径变大	80			
K_2	21.60	1.20	14.463	全风化砾岩（W_4）：褐红色，胶结物和砾石已泥化。岩芯呈土状，岩质极软	80			
	28.10	6.50	7.963	强风化砾岩（W_3）：褐红色，残留砾状结构，胶结物已软化，岩芯以碎块状为主，块径以 3～8 cm 为主。岩质软，岩体破碎。其中 28.10～29.60 m，34.60～35.50 m 为溶蚀空洞，洞底有少量充填物，为内源物质	65			
	29.60	1.50	6.463				
	34.60	5.00	1.463				
	35.50	0.90	0.563				
	39.00	3.50	-2.937				
	45.00	6.00	-8.937	弱风化砾岩（W_2）：浅褐红色，砾状结构，块状物造。砾石含量为 60% 左右，粒径以 10～40 mm 为主，个别达 80 mm，亚圆形和亚棱角状各半。孔隙式砂泥质胶结。砾石成分主要为灰岩，砂岩占 1/4，孔隙式砂泥质胶结。岩芯以柱状为主，节长 5～15 cm，最长约 30 cm。岩质较软，岩体较完整	85	-1/39.00～39.20 -2/40.40～40.60 -3/43.70～43.90		

表 2-11　补充勘察实物工作统计表

项目		完成工作量	备注
测量	勘探点测量	15 点	
钻探试验	钻孔	665.61/15 m/孔	
	岩样样品	9 组	
	地下水位观测	30/15 次/孔	
	岩石饱和单轴试压	9 组	
实测物探剖面		100/4 m/条	
岩溶注浆		665.61/15 m/孔	
	注浆量		注浆压力 0.6~1.0 MPa

2.5.4　工程地质条件

1. 地形地貌

阜灵区间溶洞处理工程试验段(以下称工点)位于长沙市区湘江中心的橘子洲南端,是湘江下游众多冲积沙洲之一,主要地层从上至下为新生代全新统冲积层(Q_4^{al}),沿湘江下游分布,构成现代河漫滩堆积层,下伏白垩系上统(K_2)砂砾岩层,地貌为江中沙洲,现为橘子洲主题开放式公园,经人工修整,地势平坦,人工树木繁盛,鸟语花香,风景优美。

2. 地层岩(土)性及地质特征

据钻探揭露,该区从上至下主要岩(土)层为第四纪全新世人工填土(Q_4^{ml}),河流冲积层(Q_4^{al})与下伏基岩白垩纪上统(K_2)砾岩呈不整合接触。下伏白垩纪下统(K_1)未揭露,不详。各岩(土)层工程地质特征简述如下:

(1)第四系

杂填土(Q_4^{ml}):整个橘子洲都有零星分布,工点范围内都有分布。褐黄色、褐灰色,稍湿,稍有压实。含少量建筑垃圾和粗圆砾、砂等。成分较复杂,厚度一般为 3~4 m,最小厚度为 1.6 m,最大厚度为 6 m 左右,平均厚度为 3.7 m。东部厚度最大,均匀性和稳定性较差。

河漫滩冲积层(Q_4^{al}):按从新到老顺序为粉质黏土、粉砂、砾砂、细圆砾,底部有少量粗圆砾。厚度小于 0.50 m,不稳定。定测报告有详细论述。其理化指标相同,在此不再说明(略)。其底板平均标高 14.3 m,最高 17.8 m,最低 10.10 m,下伏白垩系上统(K_2)。与下伏岩层呈不整合接触。

(2)白垩系上统(K_2)

工点区域内,钻孔仅揭露了白垩系上统(K_2)岩石,与下伏白垩系下统砂泥质岩石整合接触。根据风化程度可划分为全风化层、强风化层、弱风化层、未触及微风化层。岩性为褐红色、浅褐红色块状砾岩(灰砾岩)。砾石含量为 30%~70%,分布不均匀,粒径一般为 30~60 mm,最大达 100 mm 以上,以亚棱角状为主,砾石成分主要为灰岩,含少量砂岩砾石,约占 1/4。孔隙式砂泥质胶结。

①全风化砾岩（W_4）：胶结物和大部分砾石已泥化，砂岩砾石为弱风化，岩质极软，岩体相对较完整。局部见土洞，洞高小于 1.00 m。半充填，充填物为砂泥质和砂岩砾石，为内源物质。

②强风化砾岩（W_3）：胶结物已软化，岩石破碎。岩质软，是溶蚀空洞最发育区域。该层出现溶洞概率为 87% 左右，洞高最低小于 0.50 m，最高 1.70 m。该层平均顶板标高 7.05 m，最高标高 14.50 m，最低标高 -2.60 m，风化极不均匀，是砾石分布不均匀导致的。洞底多充填或沉积了厚度小于 0.20 m 的砂泥质物和碎石，为溶蚀塌落物，属于内源物质。没有与外界连通的迹象，大多为独立溶洞。

③弱风化砾岩（W_2）：岩质较软，岩体较完整，溶洞相对不发育，溶洞出现的概率为 13%，洞高 0.80~1.10 m，洞底有厚度小于 0.20 m 的塌落物沉积，成分主要为泥砂质物和碎石，属于内源物质，无与外界连通的迹象。该层平均标高小于 2.10 m，最高标高为 6.2 m，最低标高为 -6.3 m。层面起伏较大，该层样品显示。单轴饱和抗压强度平均值为 36.8 MPa，最大为 48.1 MPa，最小为 23.4 MPa，差值为 24.7 MPa，说明其岩石均匀性差，导致差异风化明显。建议弱风化岩层承载力容许值取值 $f_{ao}=18.00$ MPa。强风化岩层减半，取值 $f_{ao}=9$ MPa。

3. 不良地质体和不良地质现象介绍

此项工程过程中查明了不良地质现象和地质体，主要有三项，分述如下。

①第四系河漫滩冲积层（Q_4^{al}）。从新到老分别为粉质黏土、粉砂、砾砂、细圆砾、粗圆砾。埋深为 3.70~18.00 m，平均埋深为 26.70~40.30 m，底界标高多数为 17.00~24.00 m，受地下水丰水期的影响，其底部有坍塌的隐患。

②地下水。实测地下水位标高为 19.00 m 左右，平均标高为 25.40 m，其水源主要是湘江水，地下水面受湘江丰水期和枯水期影响明显。丰水期的地下水位标高可达 30 m 以上，会对施工产生负面影响。

③溶洞。溶洞出现的平均标高为 7.05~8.00 m；最高标高为 14.5 m，最低标高为 -2.10 m；溶洞自身高度为 0~2.10 m，一般为 0.70~1.00 m。大部分溶洞在剖面上呈串珠状出现，洞底有少量泥砂质物和碎石沉积、厚度一般小于 0.20 m；洞顶较稳定。据 1∶50000 长沙幅工程地质图及《湖南地层》《湖南区域地质志》，结合岩性特点，综合分析得出结论，溶洞地层属于盆地边缘相沉积，是快速堆积层。岩层为缓倾单斜岩层，倾角小于 10°，倾向东偏北。初步判断，溶洞关联性不明显，多为独立溶洞或多层溶洞。溶蚀孔隙和层间裂隙与外界联系多，其溶蚀特点与砾石含量、成分多具有明显的关联性。砾石含量多、砾径大，成分以灰岩为主，孔隙越发育、溶蚀能力越强，溶洞就越发育。在 -5 mm 以下，溶蚀现象减少，与外界未发现有连通迹象。

2.5.5　水文地层条件

现时测得地下稳定水位标高为 19.00 m 左右，平均地下水位标高为 25.40 m。现时湘江水面标高为 26.00 m 左右。补给源为湘江河水，受气候季节影响，丰水期和枯水期的地下水位有明显起落，地下水位有十数米起落也属正常现象。第四系主要为孔隙水。溶洞主要为孔隙水，次为裂隙水，与湘江水有联系，但没有大的联络通道。水文地质条件较为简单，但对施工有较大的负面影响。溶洞充水量无法估计，施工过程中易造成透水事故。

2.5.6 溶洞处理试验方法和结果

1.处理试验方法

在该工点按 5 m×6 m 交错布置钻孔，孔位以全站仪定位。设计孔深为 44.40 m，钻探采用地矿工程钻机，其型号为 XY-100 型，钻进方法为回转钻进，冲洗液为泥浆护壁，开孔孔径为 130 mm，终孔孔径为 91 mm，采用复合片和金刚石钻头钻进，钻孔完工后下入注浆管，质量满足工程地质设计要求，注浆前通知监理、施工方监理和技术人员签字认可，随后采用 M15 砂浆进行注浆试验，注浆压力采用 0.6~1.0 MPa，整个过程在有关技术人员督促下进行，直至孔口返浆，静置一段时间砂浆不再下落，才算完成该孔注浆，再行下孔注浆。此程序循环进行，直至整个试验段完工。

2.处理效果检验方法

注浆完成后，采用物探手段对溶洞试验段的注浆成果进行检验，检验其砂浆是否充满整个溶洞。在溶洞处理试验进行必要的钻探验证和水文观测，对充填效果和灌注的水泥混凝土取样，检测其抗压强度是否符合设计要求，根据注浆处理成果，提出下一步工作的依据和改进意见。

2.5.7 盾构施工建议

通过试验段勘察，得出溶洞出现的平均标高为 7.05~8.00 m，最高标高为 14.5 m，最低标高为 -2.05 m，而全风化砾岩的顶面标高为 10.2~17.8 m。溶洞处理段应在标高 8.0~17.8 m。要达到溶洞处理的最佳效果，必须使充填物充满整个溶蚀区，充填物达到所要求的强度，而且应封堵所有的地下水通道。因此灌浆管的设置应该合理，孔内沉渣应全部清除。施工的技术方应有充分的施工能力和技术能力，而且要相互配合好。还要选择好充填物和添加剂，选择好注浆压力和备用方案，如遇漏浆严重时，应选择适当的堵漏剂和方法，加入恰当的速凝剂，其过程是一个反复试验的过程，而且应对试验的数据进行采集记录，取得第一手资料，才能更好地完成注浆，达到设计目的。

该段地铁 3 号线 5 标段是整个区段施工难度较大的区域，其设计洞顶底标高分别为 7.737 m 和 1.573 m。钻探应进入底板以下，弱风化连续完整基岩 5 m 以上，即标高在 -4.00 m 左右，该地层段如遇溶洞，应穿过溶洞往下再钻不少于 3 m 的弱风化连续完整基岩，达到标高 -8.00 m 左右，甚至更低标高，孔深设计应根据地形标高来确定，不能一概而论。

如果在施工过程中，岩溶注浆达不到最佳效果，就会给地下铁路施工盾构掘进造成很多负面影响，甚至造成透水事故、顶板垮塌事故，造成人员伤亡和重大经济损失，因此注浆质量检测的重要作用不言而喻。

在灌浆过程中肯定会出现诸多不确定因素，施工时应开展动态设计，根据不同情况调整不同方案，以保证注浆能顺利进行，从而达到设计目的。

思考题

1. 盾构隧道工程地质调查后应提供的主要资料有哪些？
2. 盾构隧道工程勘察有哪些阶段？各个阶段的勘察内容分别是什么？

3.盾构隧道工程勘察手段主要有哪些？其作用是什么？

4.盾构隧道平纵断面线形设计应考虑的因素有哪些？

参考文献

［1］　竺维彬，鞠世健. 地铁盾构施工风险源及典型事故的研究［M］. 广州：暨南大学出版社，2010.

［2］　鞠世健，竺维彬. 复合地层盾构隧道工程地质勘察方法的研究［J］. 现代隧道技术，2007，27(6)：10-14.

［3］　王旭，张海东，边野，等. 盾构机刀盘的地质适应性设计研究［J］. 现代隧道技术，2013，50(3)：108-114.

［4］　杨旸，谭忠盛，彭斌，等. 富水圆砾地层土压平衡盾构掘进参数优化研究［J］. 土木工程学报，2017，50(S1)，94-98.

［5］　Yang J, Zhang C, Jinyang F, Shuying W, Xuefeng O, Yipeng X. Pre-grouting reinforcement of underwater karst area for shield tunnelling passing through Xiangjiang river in Changsha, China［J］. Tunnelling and Underground Space Technology, 2020, 100(6)：103380.

第 3 章

盾构机构造与工作原理

3.1 盾构机组成

如第 1 章所述，盾构机有多种类型，经过长期的探索和实践，当前应用最广泛的盾构机类型是土压平衡盾构机和泥水平衡盾构机，这里以中国铁建重工集团有限公司提供的构造图为例，分别介绍它们的主要组成。

土压平衡盾构机组成如图 3-1 所示。土压平衡盾构机的刀盘"1"及刀具位于盾构机最前方，盾壳对尚未衬砌的隧道进行临时支护，土仓充满切削下来的渣土以稳定开挖面，推进系统"3"提供盾构前进的推力，主驱动系统"6"提供足够的扭矩以带动刀盘旋转切削地层，人仓系统"4"用于刀具检查及更换期间工作人员进入后防止土仓跟外部气体直接连通造成土仓泄压，管片拼装机"7"在尾盾"5"的保护下拼装用于支撑围岩的管片，螺旋输送机"8"和皮带输送机"9"是将渣土从土仓排出的运输装置。盾构机主机后面仍有一段较长的空间，是辅助掘进的后配套系统，包括连接桥、台车、管片起重机、管片输送机、配电箱、风机、同步注浆浆液池等。

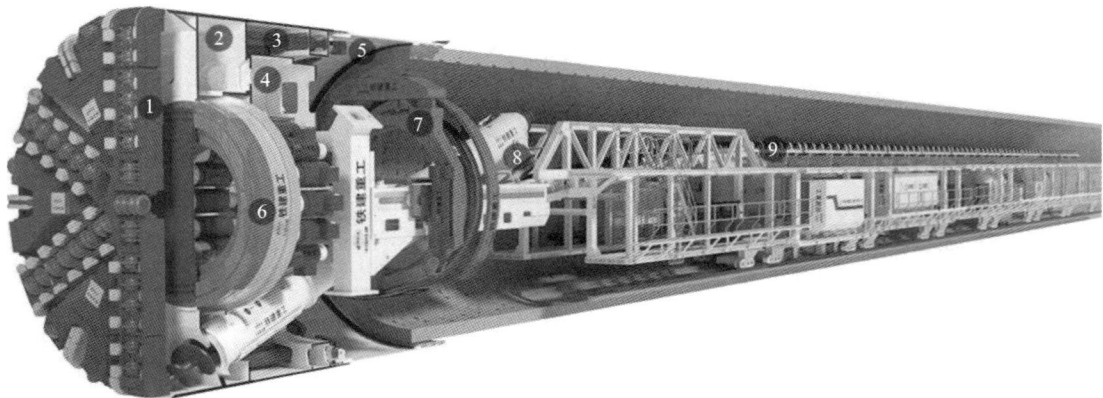

1—刀盘；2—前中盾；3—推进系统；4—人仓系统；5—尾盾；
6—主驱动系统；7—管片拼装机；8—螺旋输送机；9—皮带输送机。

图 3-1 土压平衡盾构机组成

泥水平衡盾构机组成如图 3-2 所示。泥水平衡盾构机的掘进系统类似土压平衡盾构机，包括刀盘、前中盾、主驱动系统、人仓系统等，不过由于平衡开挖面的介质不同，泥水平衡盾构机采用泥水管路系统"10"来调整泥水仓内泥浆和渣土混合介质的物理性质，泥浆通过排浆管排出。泥水平衡盾构机开挖后的衬砌支护同样采用管片拼装机，而泥水平衡盾构机的后配套系统包括连接桥、配电箱、泥水管路系统、管片、砂浆的吊装和运输设备，以及位于地表的泥水分离处理系统和泥浆制备设备等。

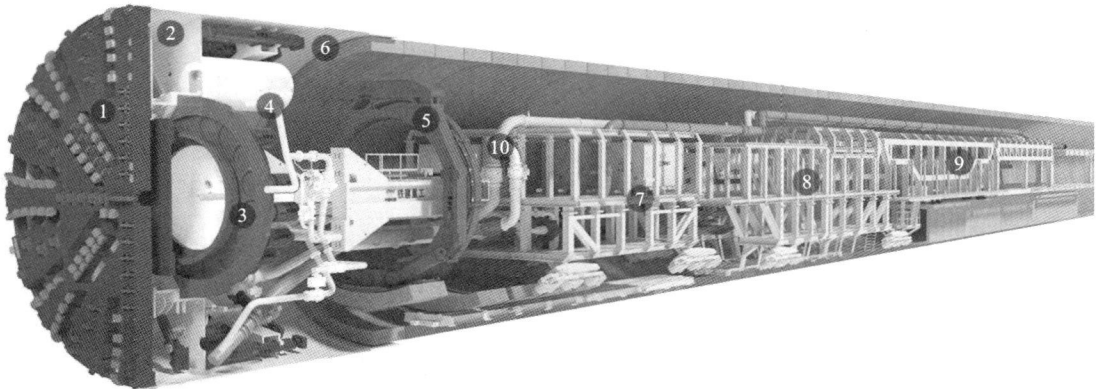

1—刀盘；2—前中盾；3—主驱动；4—人仓；5—管片拼装机；
6—盾尾；7—一号拖车；8—二号拖车；9—连接桥；10—泥水管路系统。

图 3-2　泥水平衡盾构机组成

3.2　盾构机基本构造

3.2.1　盾构机基本构造

盾构机系统由盾壳、推进机构、掘削装置、挡土装置、管片拼装装置、刀盘驱动设备、排土设备、铰接装置、盾尾密封装置等组成。以下就各基本构造分别详细介绍。

1. 盾壳

盾壳是盾构机的主体，用来保护工作人员和机械设备的安全作业。以前盾壳使用铸铁材料，现在全部使用钢材。盾壳由前盾（即切口环）、中盾（即支撑环）和尾盾组成，如图 3-3 所示。前盾是盾构的开挖和挡土部分，位于盾构最前端，施工时最先切入地层并掩护开挖作业，刀盘和土仓位于前盾范围内。敞开式盾构机的盾首前端设有带刃口的前檐，刃口可降低前檐切入地层造成的扰动，前檐起到挡土的作用，在一定程度上提高了开挖面稳定性。中盾承受地层压力、千斤顶作用力、盾首切口入土的正面阻力、管片拼装施工荷载。在中盾内壁的外沿布置有盾构千斤顶，中间布置拼装机部分液压设备、动力设备、操作控制台。尾盾一般由盾构外壳钢板延伸而成，主要用于掩护隧道管片衬砌的安装工作。尾盾末端设有密封装置，防止水、土以及压注材料从尾盾与衬砌的间隙进入盾体内部。

盾壳的外径由管片外径加上同步注浆间隙与盾尾钢壳的厚度来决定。同步注浆间隙在盾尾处，为了确保管片拼装有足够的空间、曲线段盾构能调整坡度和走向，需要合理地设置同

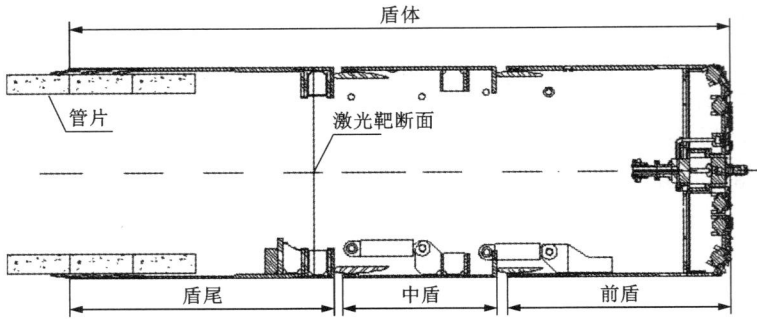

图 3-3　盾壳组成

步注浆间隙大小，其受以下几个因素的影响：①水土压力与盾构曲线掘进时外部压力作用下盾尾的变形量。②水土压力作用下管片的变形量。③曲线掘进时盾尾管片的倾斜。④管片外径的容许误差[1]。

如图 3-4 所示，盾壳外径(D_e)可由下式进行计算：

$$D_e = D_0 + 2(x + t) \tag{3-1}$$

式中：D_0——盾壳内径；

　　　x——盾壳内壁与管片外壁之间的间隙厚度，一般为 25~40 mm[1]；

　　　t——盾尾外壳的厚度，一般为 50~100 mm[2]。

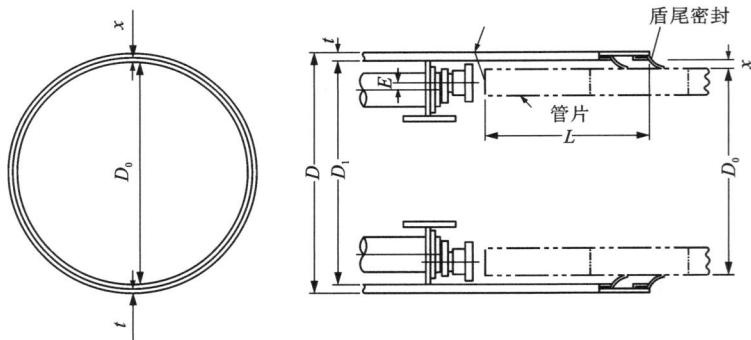

图 3-4　盾壳外径

对于曲线线路盾构隧道，应该按照几何学来计算壁后注浆间隙的大小。

盾壳的长度与开挖方式、出土方式、管片的宽度、管片封顶块插入方向、盾尾密封的设置层数、中盾与尾盾间有无铰接等因素有关，它的长度计算如下：

$$L = L_C + L_G + L_T \tag{3-2}$$

式中：L_C——前盾的长度；

　　　L_G——中盾的长度；

　　　L_T——尾盾的长度。

对于手掘式和半机械式盾构，前盾的长度应根据前盾切口贯入掘削地层的深度、挡土千斤顶的最大伸缩量、掘削作业空间的长度等因素确定。对于密封式盾构而言，根据刀盘是否在前盾范围内予以区别对待：刀盘位于前盾内，前盾长度不考虑刀盘长度，它主要由密封仓的容量(长度)等条件来确定；如果刀盘位于前盾前方，前盾长度需综合考虑刀盘长度和密封仓长度。

中盾的长度取决于盾构推进千斤顶、排土装置(螺旋输送机、皮带传送机)、举重臂支撑机构等设备的规格大小，不应小于千斤顶最大伸长状态的长度。

尾盾的长度由千斤顶撑挡的长度(L_D)、管片的宽度(B)、组装管片的余度(C_F)和按照尾封材在内的后部余度(C_R)来决定，计算如下：

$$L_T = L_D + B + C_F + C_R \tag{3-3}$$

将盾壳长度与直径的比值 L/D_e 定义为盾构机的灵敏度(ξ)。灵敏度越小，操作越方便。张凤祥等[2]给出了不同直径大小的灵敏度建议值：当大直径盾构($D_e > 6$ m)时，取 $\xi = 0.7 \sim 0.8$(多取 0.75)；当中直径盾构(3.5 m $\leq D_e \leq 6$ m)时，取 $\xi = 0.8 \sim 1.2$(多取 1.0)；当小直径盾构($D_e \leq 3.5$ m)时，取 $\xi = 1.2 \sim 1.5$(多取 1.5)。

2. 推进机构

推进机构是使盾构机在地层中向前推进的机构，它是盾构机的关键性构件，主要设备是沿盾构主体内周配置的千斤顶。盾构千斤顶群除可以产生简单的轴向力之外，还有可能因千斤顶垫板倾斜而产生 5%~8% 的横向荷载。随着盾构的推进，在盾构的轴向与管片端部之间将产生某些角度变化，为了吸收该角度变化，通常盾构千斤顶不与盾构主体进行刚性连接，而是借助于硬质橡胶等弹性材料安装在盾构主体上。

影响盾构千斤顶行程设计的主要因素有管片的宽度、空驶行程的余量、顶推行程的余量和管片封顶块的插入方向。在确定冲程余量时，必须考虑盾构与管片之间的倾斜。对于外径在 7 m 以下的盾构，150 mm 左右的余量就足够了；对于外径大于 7 m 的盾构，余量要设定得更大。当使用轴式插入型封顶块管片时，必须有插入封顶块管片的空间。该空间的大小视封顶块管片的插入角度不同而不同。

为了监测和控制推进机构的姿态，需要配备导向系统。导向系统能随时掌握和分析盾构掘进过程中的各种参数，具有设计轴线管理、空间位置检测、姿态检测、图形显示、测量基点校核及与主机控制系统通信的功能，是指导盾构正常掘进不可缺少的系统。导向系统由经纬仪、ELS 靶、后视棱镜、计算机等组成，不断实时更新盾构姿态信息，可在转弯时将盾构控制在设计隧道线路允许公差范围内。导向系统的主要基准点是一个从激光经纬仪发射出的激光束，经纬仪安装在盾构后方的管片上[3]。

3. 掘削装置

手掘式盾构靠尖镐、十字镐或铁锹等工具进行人工挖掘，半机械式盾构利用单斗挖土机、反铲及伸臂凿岩机等装置进行部分开挖，有时需要用铁锹等对挖掘机难以到达部位进行挖土。其他类型盾构均需掘削刀盘进行挖土掘进。掘削刀盘是转动或摇动的盘状掘削器，由稳定开挖面的刀盘、掘削地层的刀具、转动或摇动的驱动机构和轴承机构等组成。

1) 刀盘

掘削刀盘由钢结构件焊接而成，设在盾构机的最前方，既能掘削地层的土体，又能对掘削面起到一定支撑作用，从而保证掘削的稳定。如图 3-5 所示，刀盘可位于盾首切口环内部，或凸出切口环，或与切口环齐平，其中凸出切口环的刀盘适用性最广[1]。

按正面形式分类，刀盘分为辐条式刀盘、面板式刀盘和复合式刀盘，如图 3-6 所示。辐条式刀盘由辐条及布设在辐条上的刀具组成,多用于机械式盾构(敞开式)和土压平衡盾构,其开口率较大,一般为60%~95%。由于辐条与地层接触面积小,对于地下水压大的软弱地层,易出现喷水、喷泥等现象。面板式刀盘由辐条、刀具、开口及面板组成,它分为开口固定的面板式刀盘和开口可调节的面板式刀盘,可用于土压平衡盾构机和泥水平衡盾构机,其开口率较小,在30%左右[4]。复合式刀盘兼有面板式和辐条式刀盘的组成特点,其开口率为35%~50%。

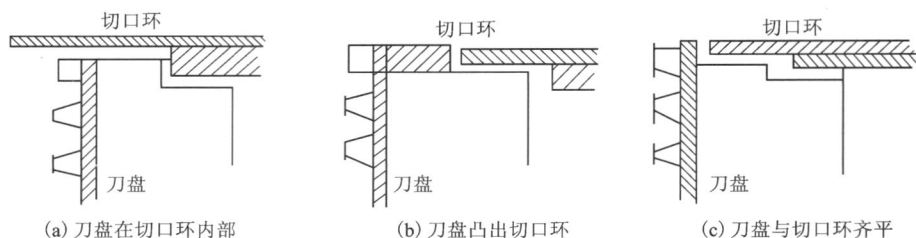

(a) 刀盘在切口环内部   (b) 刀盘凸出切口环   (c) 刀盘与切口环齐平

图 3-5 切削刀盘

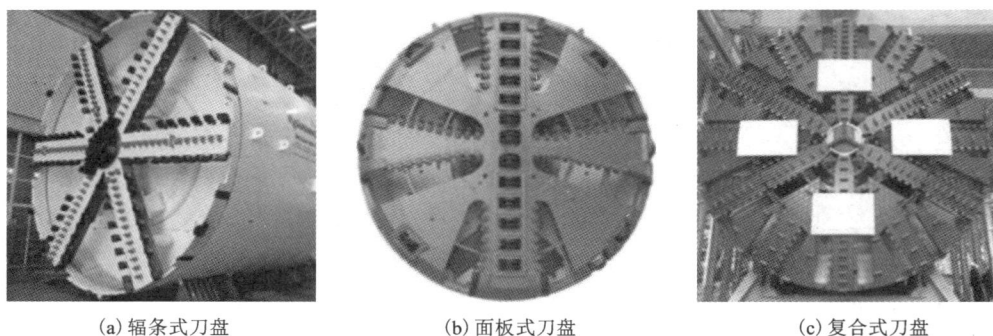

(a) 辐条式刀盘   (b) 面板式刀盘   (c) 复合式刀盘

图 3-6 刀盘的类型

按换刀方式分类,刀盘分为常规刀盘和常压刀盘。常规刀盘换刀时,作业人员需要进入土仓内对刀盘刀具进行更换,当地层自稳性差时需进行带压进仓换刀,当地层自稳性好或稳定性差但经加固时可进行常压换刀。常压刀盘设置有独立的与外界连通的区域,作业人员可以通过刀盘中心舱进入中空的刀盘辐条臂内,并在常规大气压条件下进行刀盘及刀具的检查维护作业,整个换刀作业在空心辐条臂的常压环境下进行[5]。两种换刀方式刀盘性能对比如表3-1所示。

表 3-1 两种换刀方式刀盘性能对比[6]

换刀方式	常规刀盘	常压刀盘
刀盘开口率	30%~95%	30%左右
中心开口	有	无
优点	不易结泥饼,掘削效率较高,不易造成刀具二次磨损,制造成本低	换刀安全性高,工期短,对周围环境无影响、容易找到最先损坏的刀具
缺点	换刀工期较长,易受隧道上部环境影响,换刀安全性低	易结泥饼,制造成本高,刀筒积渣易造成刀具二次磨损,掘削效率较低

刀盘的支承方式可分为中心支承、中间支承和周边支承三种方式，如图 3-7 所示，三种刀盘支承方式的性能对比情况如表 3-2 所示。

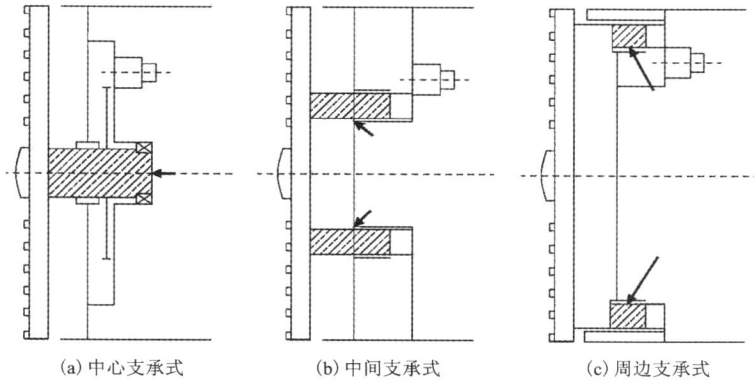

(a) 中心支承式　　　　(b) 中间支承式　　　　(c) 周边支承式

图 3-7　刀盘的支承方式[1]

表 3-2　三种刀盘支承方式的性能对比表[2]

性能	中心支承式	中间支承式	周边支承式
螺旋输送机与驱动扭矩	螺旋输送机安装在土仓下部，叶轮小、扭矩小	位于两者中间	螺旋输送机安装在土仓中间，叶轮大、扭矩大
螺旋输送机直径	小	大	大
机械扭矩损耗	损耗小，效率高	损耗小、效率高	损耗大，效率低
搅拌叶片位置	叶片装于刀盘内侧	叶片装在辐条上	搅拌由内土斗完成
土体黏附状况	小	居中	大
掘削硬性土体能力	一般	好	好
适用的盾构直径	中、小	中、大	大
土砂密封效果	密封材长度短、耐久性好	居中	密封材长度大、耐久性差
仓内作用空间	小	中	大
适于长距离掘进能力	强	居中	差
制作难度	小	小	大
盾构推进时的摆动	大	中	小

2）刀具

刀具布置在刀盘上，通过采用不同刀具，可以分别实现滚压破岩、切削破岩、超挖等其他辅助作业。

（1）滚刀

滚压破岩的滚刀可分为齿形滚刀和盘形滚刀，如图 3-8 所示。由于齿形的不同，齿形滚刀又分为球齿滚刀和楔齿滚刀。齿形滚刀多用于软岩地层，盘形滚刀多用于硬岩地层。

| (a) 球齿滚刀 | (b) 楔齿滚刀 | (c) 盘形滚刀 |

图 3-8　滚刀

在硬质地层(硬岩、漂卵石、硬塑土)中,需配置滚刀破岩,滚刀在巨大推力和回转力矩作用下,对岩石实施压、滚、劈、磨的作用,以实现压裂、胀裂、剪裂和磨碎的综合效应,从而达到破碎硬质地层的目的。滚刀在完整岩石中破岩的过程如下[7]:

①刀具的刀刃在巨大推力作用下切入岩体,形成割痕。刀刃顶部的岩石在巨大压力作用下急剧压缩,随着刀盘的回转、滚刀的滚动,这部分岩石首先破碎成粉状,积聚在刀刃顶部范围内形成粉核区。

②刀刃侵入岩石和刀刃两侧劈入岩体,使岩石结合力最薄弱处产生多处微裂隙。

③随着滚刀切入岩石深度的加大,岩粉不断充入微裂缝。微裂缝端部产生应力集中,从而使微裂缝逐渐扩展成显裂缝。

④当显裂缝与相邻刀具作用产生的微裂缝交汇或显裂缝发展到岩石表面时,就形成岩石断裂体。

⑤在断裂体从掌子面落入洞底进入铲斗时,由于断裂体与刀盘及其相互间的碰撞作用,又会产生新的碎裂体和岩粉。在软质地层中,刀具随着刀盘旋转对开挖面土体产生轴向剪切力(沿隧道掘进方向)和切削力(刀盘旋转切线方向),不断将开挖面土体切削下来。

受到地质适用性以及刀箱尺寸的限制,滚刀适用于复合式或面板式刀盘。滚刀一般安装在刀盘辐条上,对于施工状况有特殊要求的可少量布置于刀盘面板上。其布置区域较为明显,如图 3-9 所示,根据区域的位置可以划分为中心区域、正面区域、过渡区域以及边缘区域。

①中心区域布置的刀具通常称为中心刀,其主要形式有"一"字形和"十"字形两种。"一"字形主要分为八刃和十刃两种,"十"字形主要分为八刃和十二刃两种,当刀具的布置方案和刃数确定后,各刀具的位置参数也就相应确定。

②正面区域布置的刀具称为正滚刀,是刀盘上最主要的刀具,数量上也是最多的,正滚刀主要布置于刀盘的中心辐条或者面板上,其刀间距大小恒定,一般由地质参数决定,基于刀盘受力平衡,其排布方式一般采用阿基米德螺旋线形式和分组对称形式。

③过渡区域是指盾构刀盘正面部分与边缘交界处的一段区域,过渡区与正面区刀具与面板的垂向距离基本相同,但基于等磨损考虑,其刀间距一般会略小于正面滚刀,其数量一般不超过两把。

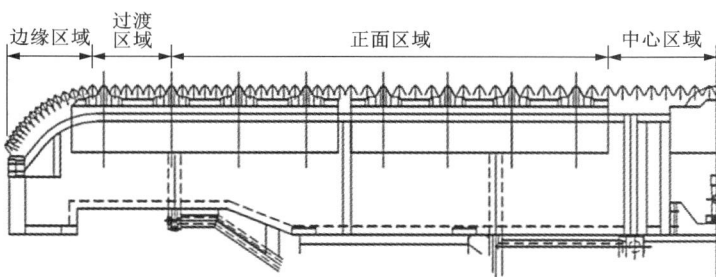

图 3-9　刀盘滚刀分区布置示意图

④边缘区域布置的刀具称为边滚刀，刀尖包络线几何形状多为弧形，但由于其安装半径较其他区域滚刀要大，切削距离更长，磨损较为严重，其刀间距一般不大于过渡区刀间距，并随着径向半径增大而逐步减小。

（2）切刀

切刀含刀刃，用来切削未固结的土层，并把形成的渣土刮入土仓内，如图 3-10 所示。

（3）先行刀

先行刀超前切刀布置，超前切削地层，从而避免切刀先切削卵石、块石等坚硬岩块，起到保护切刀作用。先行刀分为贝壳刀、撕裂刀和齿刀三类，如图 3-11 所示。日本盾构机较常采用贝壳刀，德国海瑞克盾构机较常采用齿刀，而加拿大罗威特公司和法国 NFM 公司盾构机较常采用撕裂刀。

图 3-10　切刀

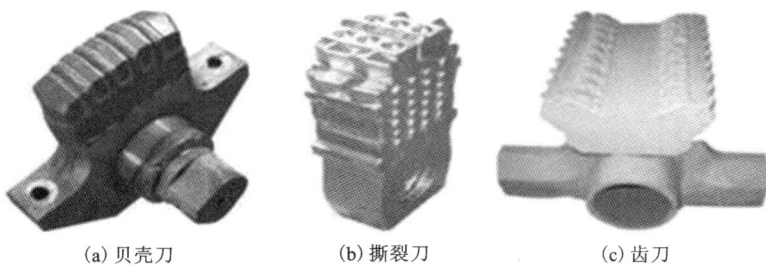

(a) 贝壳刀　　　　(b) 撕裂刀　　　　(c) 齿刀

图 3-11　先行刀

（4）刮刀

刮刀也可称为铲刀，如图 3-12 所示，安装在刀盘外圈，用于清除边缘部分的开挖渣土，防止渣土沉积，确保刀盘的开挖直径以及防止刀盘外缘的间接磨损。

（5）仿形刀

仿形刀安装在刀盘的外缘上，如图 3-13(a)所示，通过液压油缸动作，采用可编程控制，通过刀盘回转传感器来实现。盾构操作手可以控制仿形刀开挖的深度（即超挖深度）和超挖

图 3-12　刮刀

的位置。当决定对左侧进行扩挖时，可使仿形刀转至左侧时伸出，扩挖左侧水平直径线上下45°范围的地层即可，如图 3-13(b)所示。

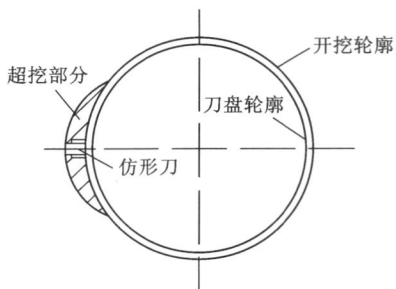

(a) 实物图　　　　　　　　(b) 超挖实现示意图

图 3-13　仿形刀

4. 人闸和压缩空气调节系统

人闸系统可供工人进入土仓进行刀盘检查维修、刀具更换等作业，如图 3-14所示。人闸仓的连接法兰安装在前盾上。连接法兰的结构与盾体和刀盘驱动装置的半径相对应，通过连接法兰使人穿过仓壁密封门进入土仓，人闸仓的中间通过供人进出的压力门隔开。人闸仓分为单仓式和双仓式，单仓式人闸仓结构尺寸小、径向占用空间小；双仓式人闸仓可以实现人与材料分开，容量大，效率高，因此双仓式人闸仓更均衡，在市场上较常采用。

图 3-14　人闸系统

若盾构停机时处于自稳性差的地层，土仓需带压以保证开挖面的稳定，在该情况下进行检查维修等作业，就必须对人闸系统进行加压和减压处理后才能进出土仓。

安装在盾体上的压缩空气调节系统用于调节开挖面的支撑压力和人闸仓的空气压力。这个压缩空气调节系统包括空气压缩机、压力调节器、压力传感器、储气罐、控制阀、可呼吸空气滤芯[3]。

5. 挡土装置

为了确保软弱地层盾构开挖面稳定性，控制地层大变形，需要对开挖面进行适当的支挡。土压平衡盾构机和泥水平衡盾构机除了利用刀盘支挡开挖面，还分别依靠密封仓内的渣土和泥水来支挡开挖面，因此密封仓压力对稳定开挖面起着重要作用。土压平衡盾构机开挖面平衡的方式如图 3-15 所示，开挖面左侧存在土压力和水压力，右侧是土仓压力，需要建立左右侧压力平衡，才能

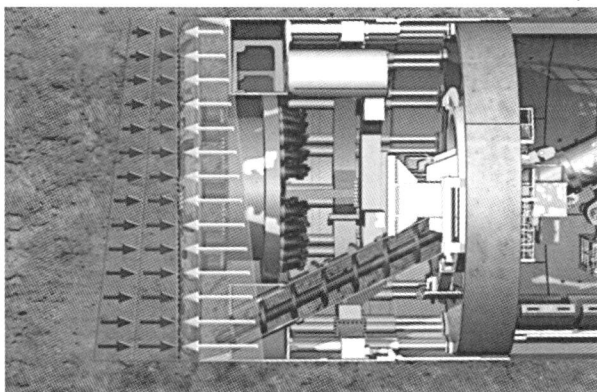

图 3-15　土压平衡盾构机开挖面稳定示意图

有效地确保地层的稳定性，避免地层出现大变形。关于土仓压力的设定与控制，将在第 7 章"盾构掘进与管片拼装"进行系统介绍。

手掘式盾构机依靠活动前檐和分仓挡板进行挡土，如图 3-16 所示。为了避免开挖面上部土体垮塌，活动前檐可调整为水平方向深入地层里面，也可调整为竖直方向支挡开挖面。然而由于原始地层应力被破坏，仅仅依靠前檐和分仓挡板尚不能有效地控制地层沉降，因此需要对地层进行预加固和预支护。半机械式盾构机类似于手掘式盾构机，也需要超前注浆预加固软弱地层来控制变形，不同的是为了方便软弱地层单斗挖土机、反铲进行开挖，不需要分仓挡板。机械式盾构机利用刀盘进行开挖，刀盘起到一定支挡地层的作用，但总体上用于稳定地层。

(a) 活动前檐　　　　　　　　　　(b) 分仓挡板

图 3-16　手掘式盾构机的挡土装置

6. 管片拼装系统

管片拼装机包括管片夹持、旋转、上下移动、前后移动、B 形管片的提升和管片防摇装置等，如图 3-17 所示。管片夹持装置通过在管片吊装孔中插入销子来夹持管片，它万一脱落

将导致重大安全事故，应该让销子有足够的强度。旋转装置通过液压马达等使之产生旋转，根据管片拼装设计要求将管片送到预设的方位。待管片送到预设方位后，上下移动装置并利用千斤顶将夹持的管片沿径向运送到预设位置。前后移动装置主要是针对 K 形管片而设定的，当 K 形管片轴向插入时，必须沿盾构轴向移动 K 形管片，前后移动装置常需要较大的前后移动量。对于径向插入的 K 形管片，前后移动装置所需移动量约 200 mm 即可满足要求。当 K 形管片插入就位时，常需要将两侧 B 形管片略微提升，以提供 K 形管片插入的空间。提升装置利用液压千斤顶使活塞杆伸缩，一般装在盾构机主体上或管片拼装

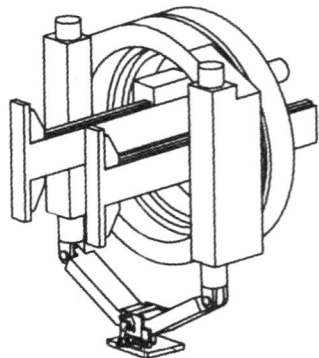

图 3-17 管片拼装装置

机上。管片防摇装置是为了避免管片产生摇动而设定的，在管片旋转就位过程中，由于管片重量大易产生摆动，管片易与拼装机等结构产生碰撞，损坏管片和拼装机[1]。

7. 刀盘驱动设备

由于刀盘承担旋转切削开挖面土体和搅拌密封仓内土体的任务，其驱动系统工作性能决定了盾构掘进效率。刀盘驱动设备为刀盘旋转提供必要的旋转扭矩，有带有减速机的电动马达和液压马达，经过副齿轮驱动刀盘后面的齿轮或销锁机构旋转刀盘。为了得到较大的扭矩，也可以采用油缸驱动刀盘旋转的方式。电动马达将电能转化为机械能，具有能源效率高、噪声低、发热量低等优点，使用较普遍。为了防止遇到漂卵石或刀盘结泥饼引起刀盘扭矩大幅度提高，可能损坏马达，必须借助于离合器，在刀盘扭矩超过警戒值时立刻停止刀盘转动。相比于电动马达，液压马达将液压能转化为机械能，易于适应超负荷与调整转速，因此在易产生冲击荷载的漂卵石等地层中，提倡采用液压马达。液压马达的另一个优点在于轴向长度较短，可缩短盾构机长，适用于小半径曲线盾构隧道施工。

8. 排土设备

对于手掘式盾构机和半机械式盾构机，渣土直接通过螺旋输送机或皮带传送机排出，通常需要人工或挖土机辅助性将渣土送到螺旋输送机或皮带传送机进土口。机械式盾构机的排土系统相对复杂，如图 3-18 所示，渣土经由铲斗、滑动导槽、漏斗、皮带传送机（或螺旋输送机）排出。

泥水平衡盾构机由泥水循环系统实现泥水仓内泥水的排出与经处理后的泥水送入，实现开挖面的支护力平衡，并通过排泥泵将开挖渣土从泥水仓输送到泥水分离站。

图 3-18 机械式盾构机的排土系统

泥水循环系统由送排泥泵、送排泥管、测量装置（流量、密度）、延伸管线及地表泥水储存池构成，如图 3-19 所示。另外，为了避免排泥泵吸入口堵塞，需在土仓吸入口设置泥水旋转搅动棒。泥水循环系统基本工作过程：送泥泵和中继接力泵将地面泥浆池中调制好的新泥浆通过送泥管输送到泥水仓，而排泥泵和中继接力泵则将携带渣土的泥水排出，通过排泥管

输送到地面的泥水处理设备进行分离。

　　泥水分离系统用于将盾构排出的泥水中的水和土分离。该系统设于地面,由泥水分离站和泥浆制备设备两部分组成。其中,泥水分离站将不同粒径的土颗粒分离处理,主要由振动筛、旋流器、储浆槽、调整槽、渣浆泵等组成;泥浆制备设备用于调配满足泥水平衡盾构使用要求的泥浆,由沉淀池、调浆池、制浆系统等组成。

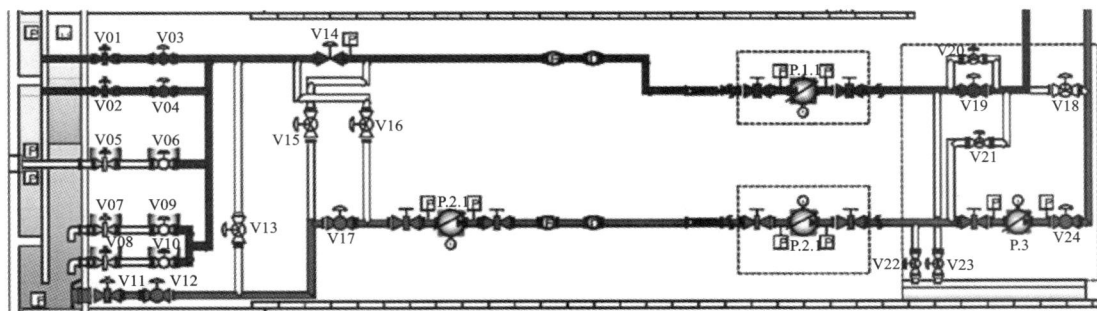

图 3-19　泥水循环系统示意图

　　土压平衡盾构机土仓内渣土通常由螺旋输送机排出,然后由皮带输送机将排出的渣土传送到盾构后配套的渣车内。螺旋输送机由筒体、驱动装置、螺旋叶片、出渣闸门等组成。按照构造形式划分,螺旋输送机分为轴式和无轴式两种,如图 3-20 所示。轴式螺旋输送机是直接旋转叶片中心轴,具有止水性能较好的优点,然而可排出的渣土粒径较小;无轴式螺旋输送机则直接旋转带有叶片的外筒,可排出较大粒径渣土,但是止水性差。螺旋输送机的主要作用是将土仓内的渣土向外连续排出,渣土在螺旋输送机内向外排出的过程中形成密封土塞,阻止土体中的水分散失,保持土仓内土压的稳定;盾构机司机将盾构土仓内的土压值与设定土压值进行比较,随时调整向外排土的速度,控制盾构机土仓内压力以实现连续的动态土压平衡过程,确保开挖面的稳定和盾构机连续正常掘进。

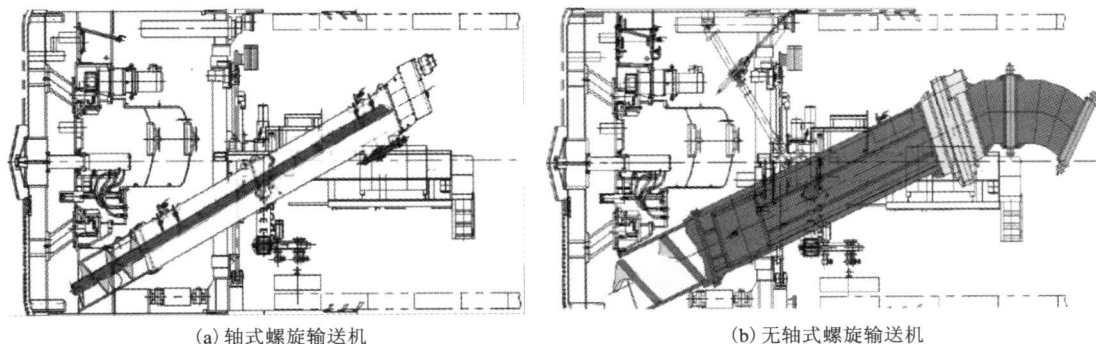

(a)轴式螺旋输送机　　　　　(b)无轴式螺旋输送机

图 3-20　螺旋输送机种类

　　皮带输送机采用电动驱动或液压驱动,由皮带输送机支架、前随动轮、后主动轮、上下托轮、皮带、皮带张紧装置、皮带刮泥装置和带减速器的驱动电机等组成,安装布置在后配套连接桥和拖车上。皮带输送机上设有多处急停开关，或全程设置急停拉线装置以保证排土安全，为了适应隧道曲线，皮带上有曲线调节和防跑偏装置[3]。

9. 铰接装置

铰接装置是附加构件，起初普通盾构机未配有铰接装置，当盾构机穿越曲线地段时，管片与盾壳尾部形成夹角，受夹角限制，隧道曲线半径不能过小，盾构机的灵敏度(盾体直径与长度的比值)为 1 左右时，最小的施工半径一般要求 300 m[8]。盾构机在施工小半径隧道时，由于管片轴线与盾构机轴线夹角限制，造成管片安装困难；在曲线施工时，盾构机依靠推进千斤顶分配不同的压力完成转弯，容易造成管片碎裂。盾壳与管片的间隙不能过小，否则会影响管片转弯，然而间隙过大会给盾尾密封带来困难。带有铰接装置的盾构机，盾首可以按照曲线要求折向，盾尾保持不变，避免了盾尾的盾壳与管片形成夹角，能保持管片与盾构同一姿态，曲线掘进依靠连接在盾首与盾尾之间的千斤顶。盾壳与管片的间隙只要满足管片安装的需要，不需要考虑盾构转弯，间隙可以略微缩小。

铰接装置分为主动铰接和被动铰接。如图 3-21(a)所示，主动铰接的推进千斤顶固定在盾构机的尾盾，推进千斤顶的推力作用在盾构机的尾盾，再通过铰接千斤顶传递到盾构机的中盾，依靠铰接千斤顶的主动伸缩调节盾构机前后部分弯折的角度，从而实现盾构机转弯。主动铰接装置除了可以用于曲线地段盾构机转弯，还可以用于盾构机姿态的纠偏[9-11]。如图 3-21(b)所示，被动铰接依靠外力使铰接千斤顶伸缩，从而使盾构机中盾与尾盾产生一定角度。盾构机的推进千斤顶油缸安装在盾构机中盾上，推进千斤顶的推力直接作用在盾构机的中盾上。主动铰接和被动铰接的对比情况如表 3-3 所示。

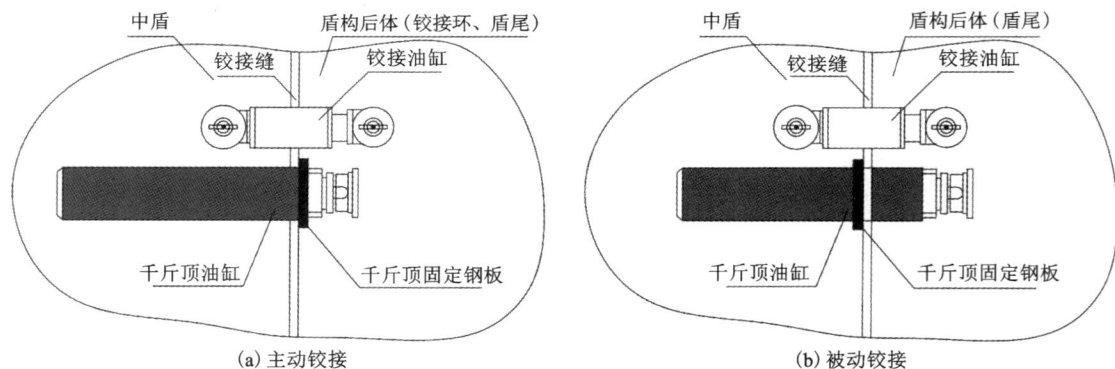

(a) 主动铰接　　　　　　　　　　　　　　(b) 被动铰接

图 3-21　盾构机铰接示意图[11]

表 3-3　主动铰接和被动铰接对比情况[11]

铰接类型	工作方式	特点
主动铰接	根据隧道曲线的半径条件铰接油缸的行程差；推进千斤顶的推力作用在盾构机的后体上，通过铰接油缸推动中、前盾	对铰接千斤顶的行程控制精确，能准确控制盾构前体与后体形成的角度；操作相对烦琐

续表3-3

铰接类型	工作方式	特点
被动铰接	根据隧道曲线半径调节推进千斤顶的分区油压,行程铰接油缸的行程差;推进千斤顶的推力直接作用于中盾,中盾通过铰接油缸拖动尾盾	转弯时操作相对简单,调节分区油压即可实现转弯;不能直接控制各个铰接行程,靠外力改变盾构前体与后体的角度,纠偏过急可能造成定位间隙过小,出现盾尾卡管片的现象

10. 盾尾密封装置

由于盾尾与管片之间存在间隙,需要设置盾尾密封刷来避免地下水、壁后注浆浆液渗入盾构机内。一般采用多道金属密封刷,为了有效止水,需在密封刷之间空室内填充高黏度油性或树脂类的材料,如图 3-22 所示。随着盾构掘进,填充的密封材料被消耗,需要及时补给,可利用设置管片注浆孔的方法,也可在盾构主体上设置填充材料供给管。填充管由盾尾壳壁内通过,另注入泵将密封材料注入盾尾密封空室内。每掘进一环管片的填充材料消耗量可按照下式进行计算:

$$Q = (1.5 \sim 2.0)\pi DBt \tag{3-4}$$

式中: D——管片外径;

B——管片宽度;

t——管片表面填充材料附着膜的厚度。

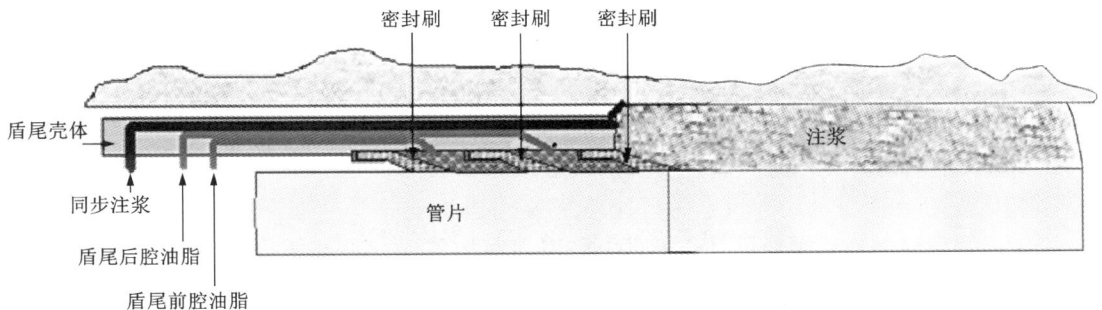

图 3-22　盾尾密封装置

盾尾密封性能的好坏对盾构安全掘进影响很大,尤其当盾构穿越不良地质地层时。例如,佛山地铁 2 号线某盾构区间在穿越地下水丰富的强透水中粗砂层时,由于更换密封刷过程中操作不当,盾尾密封性能下降,隧道突发严重透水涌砂,引发隧道结构破坏和地面坍塌,造成严重的人员伤亡和经济损失。

11. 同步注浆系统

由于盾构机在掘进时,刀盘开挖直径比在盾尾安装的预制管片直径大,造成盾尾与管片之间存在间隙,待管片脱离盾尾而间隙不能得到及时补充时,地层易产生沉降。为了有效控制地层沉降,在盾构掘进过程中,可向盾尾后面同步注入水泥浆液,如图 3-22 所示。同步浆液系统的注浆能力应当满足盾构机在最高掘进速度时填充产生的环形间隙的需要。因为注入点位置、数量、砂浆的流动性和地层等因素的影响,同步注浆浆液并不能完全填充土体与管片间的间隙,所以需要及时进行二次注浆来填充剩余的间隙,尽可能减少沉降[3]。详细内容会在第 8 章"盾构壁后注浆"展开论述。

12. 渣土改良系统

土压平衡盾构机需配备渣土改良系统,向刀盘前面、土仓及螺旋输送机内注入添加剂,如泡沫、膨润土或聚合物等,利用刀盘、土仓搅拌装置及螺旋输送机的旋转搅拌使添加剂与渣土充分混合,使刀盘切削下来的渣土具有良好的塑流性、合适的稠度、较低的透水性和较小的摩擦阻力,以达到稳定土压的目的,并避免渣土结泥饼、喷涌等风险,由此可见,渣土改良系统的选型至关重要。常见渣土改良系统配置有泡沫注入系统、膨润土注入系统以及高分子聚合物注入系统。详细内容将在第 9 章"盾构渣土改良及资源化再利用"展开论述。

以上介绍了盾构机的基本构造,此外还包括电气设备、刀具磨损检测装置、隔板等,在此不做一一阐述,可参考其他相关文献。

3.2.2 后配套系统

盾构机类型不同,其后配套系统也有所差别。对于一般直径为 6 m 的地铁盾构机而言,后配套系统主要包括连接桥、台车、管片起重机、管片输送机、带式输送机和其他附属设备,负责渣土运输、管片运输和砂浆运输等工作。

1. 后配套台车

后配套台车配置应考虑:①隧道断面、隧道曲线和隧道坡度。②安装设备、维护管理的方便。③渣土的运出和管片的运入方式。④各种作业施工场所,各种安全设施如安全通道和扶手、栏杆等。

在曲线半径小或陡坡施工区间,后配套拖车行驶需确保台车与管片间的距离,牵引时需防止台车倾覆、脱轨等。

2. 液压动力单元

盾构后配套有液压动力单元,主要用于螺旋输送机液压马达驱动、螺旋输送机闸门驱动、拼装机液压缸系统、拼装机马达系统、仿形刀系统等。此外与盾构相关的操控室、渣土改良系统、动力单元及液压站等装配在后配套台车上,并且排列成便于操作、检查的形式。

3. 连接桥

连接桥为盾构主体(后方作业台)和车架之间设置的软管架、电缆架连接装置。在盾构主体、连接桥和后方作业台下部,装备有搬运管片等材料的装置(管片搬运装置)。连接桥布置如图 3-23 所示,其与后配套台车的连接如图 3-24 所示。

4. 管片起重机

管片起重机包括两个电动葫芦和驱动装置,其功能是从管片车上将管片吊运到管片运输小车上;管片运输小车放置在设备桥下部,能够将管片起重机运送过来的管片临时

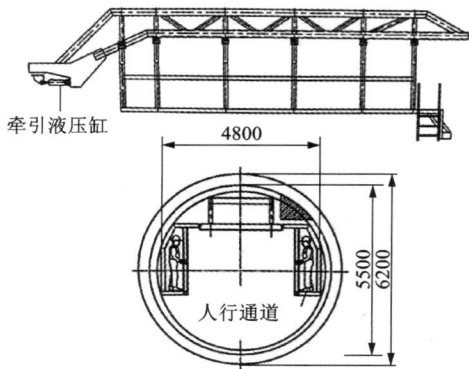

图 3-23 连接桥示意图(单位:mm)

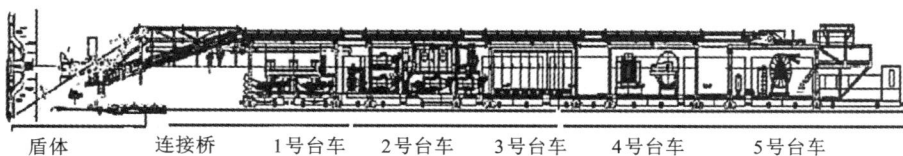

图 3-24 后配套台车及连接桥位置图

存储,并将管片转运到管片安装机能够抓取到的范围内,且在牵引台车的作用下随主机前进。

5. 管片、材料搬运系统

管片、材料的搬运采用一次单梁葫芦和二次双梁葫芦吊运的方式运送,二次双梁葫芦下部满足储存一环管片的要求。搬运方案如图 3-25 所示。

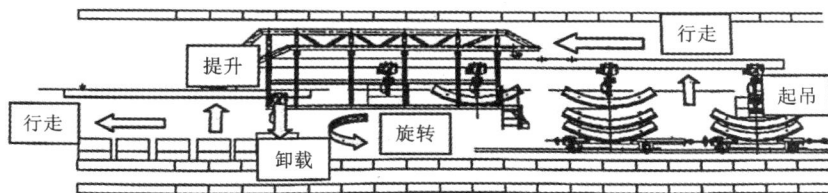

图 3-25 管片材料搬运示意图

3.2.3 盾构施工远程监控系统

盾构施工远程监控系统包括自动量测系统、监控信息管理系统,它应具备施工现场实时监控、监测数据远程采集与实时或历史曲线显示、参数异常报警、掘进数据报表生成、掘进操作与量测数据访问和查询、数据反馈与地层变形预测等功能。具体可分为三个层次[12]:

第一层为数据量测与采集系统,将盾构掘进参数(掘进速度、分组千斤顶推力、刀盘转速、螺旋输送机转速、土仓压力等参数)、各种支护结构应力、变形及扭矩传感器的输出信号经预处理后传输至相应的数据采集设备。

第二层为数据处理与传输系统,将数据采集设备所采集的数字信号传输至盾构机操作室的上层处理系统。盾构机操作室位于后配套台车中,内有墙面式工控机和现场控制台,墙面式工控机由现场技术人员使用,用于显示量测数据和设置更改盾构控制参数等,工控机显示界面包括掘进参数设置及监控、推进油缸和铰接油缸控制、注浆监视、泡沫系统监视及启动、土仓及螺旋输送机的压力和温度显示、盾尾密封控制参数设置、故障报警监视等界面,各界面可通过功能键切换,如图 3-26 所示。

第三层为位于地表的远程监控中心,如图 3-27 所示,便于地面工作人员对隧道内的盾构机运行情况进行远程监视和及时故障诊断,为盾构掘进的数据处理及数据存储提供了一个网络平台。

(a) 墙面式工控机和操作台　　　　　　(b) 工控机主监控界面

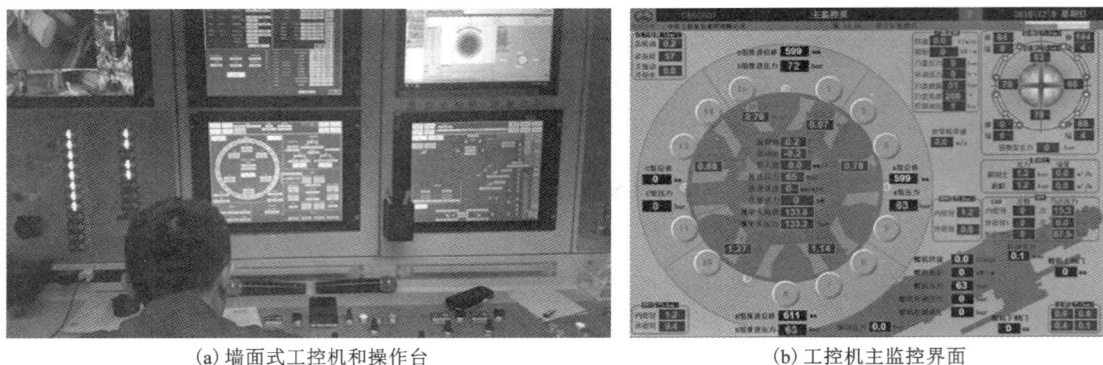

图 3-26　盾构机操作室

图 3-27　地面远程监控中心

3.3　盾构机主要工作原理

3.3.1　土压平衡盾构

　　土压平衡盾构机的刀盘切削地层，破坏了原始地层的应力平衡，需要提供开挖面支护力平衡地层土压力和水压力，进而稳定开挖面，如图 3-28 所示。当被切削的地层形成渣土后进入土仓，然后通过螺旋输送机排出。由于土仓进土量、排土量的动态变化关系，影响开挖面支护力。当排土量大于进土量时，开挖面支护力会小于原始地层应力，开挖面趋向于向土仓方向变形；当排土量小于进土量时，渣土就会充满土仓并且受到挤压，开挖面趋向于向盾构掘进方向变形。为了确保渣土排出顺畅，减小刀盘和螺旋输送机的扭矩，防止黏性地层结泥饼和富水砂性地层喷涌，需要往刀盘前方和土仓内注入改良剂，提高渣土的和易性，降低摩阻力和渗透性。

　　理想排土量的确定是很难直接实现的，因为地层经掘削后形成松散体，排土量受渣土松散系数（渣土体积与原地层体积的比值）、改良剂的注入和土仓渣土搅动棒的动态影响。开挖面稳定性往往需要通过控制土仓压力来实现，由于刀盘转动，往往无法直接准确地测试开挖面的土压力，需要通过测试土仓隔板上的压力来间接控制（由于渣土和易性，土仓隔板和开挖面存在压力差）。

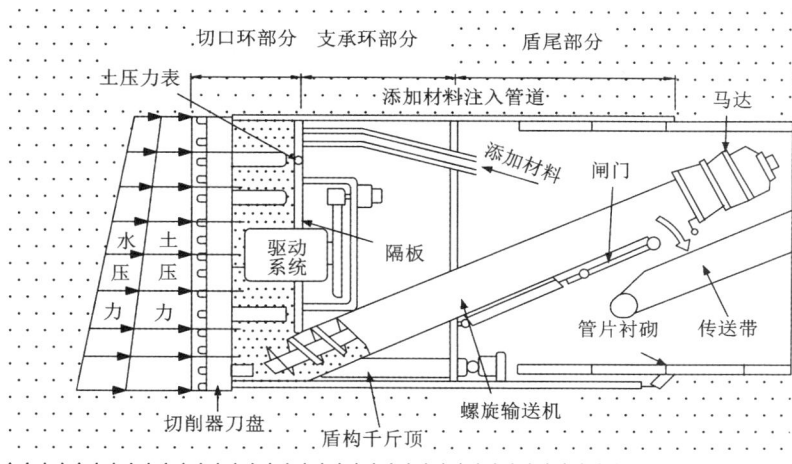

图 3-28　土压平衡盾构机开挖面平衡示意图

3.3.2　泥水平衡盾构机

泥水平衡盾构机主要用于水压力大、渗透性强的地层。与土压平衡盾构机类似，开挖面稳定性需要依靠泥水仓内泥水压力来平衡地层内土压力和水压力[13]，如图 3-29 所示。刀盘刀具掘削下来的土砂进入泥水仓，经搅拌后形成含土砂的高浓度泥水，经排泥泵排送到地表的泥水分离系统，通过泥水处理，砂土沉淀后的泥水被重新压送到泥水仓内。如此不断循环完成掘削、排土和推进。相对于土压平衡盾构渣土，泥水呈液态，泥水仓压力易于控制。

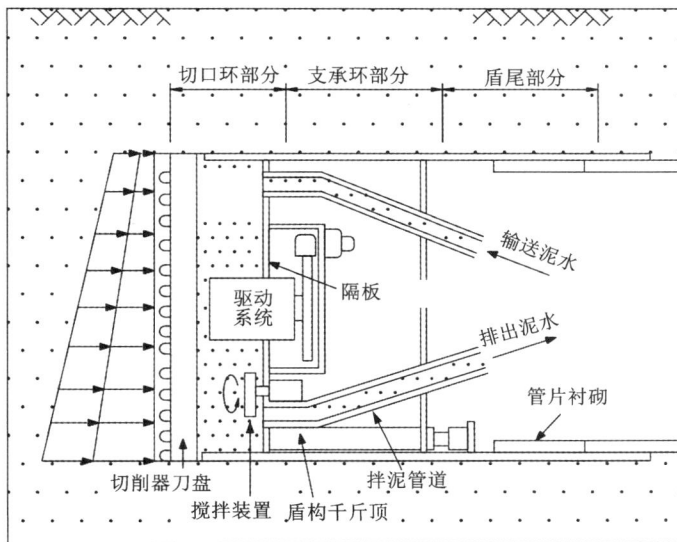

图 3-29　泥水平衡盾构开挖面平衡示意图

为了有效稳定开挖面、阻止地下水入渗到土仓，开挖面泥膜的形成是泥水平衡盾构的关键。当泥水压力大于地下水压力时，一部分泥水向开挖面前方入渗（入渗量和范围受地层渗透性影响），一部分泥水被捕获并积聚在开挖面上，形成泥膜。随着时间的推移，泥膜的厚度不断增加，渗透抵抗力逐渐增强，从而使泥水仓压力有效平衡开挖面前方土压力和水压力。

3.4 特殊盾构

随着盾构法发展的需要以及一些特殊工程的施工，大量新兴的特殊盾构机开始出现。这些新兴的盾构机不仅解决了一些常规技术难以解决的施工问题，而且使盾构掘进的效率、精度和安全性都大大提高。常见的特殊盾构机有自由断面盾构机、扩径盾构机、球体盾构机、多圆盾构机、H&V（Horizontal Variation & Vertical Variation）盾构机、变形断面盾构机和偏心多轴盾构机等[14]。

1. 自由断面盾构机

自由断面盾构机的开挖断面呈非常规形状，通过盾构主刀盘的外侧设置多个比主刀盘小的行星刀盘来实现。行星刀盘在外围自转的同时绕主刀盘公转，行星刀盘公转的轨道由行星刀盘扇动臂的扇动角度确定。因此，通过对行星刀盘公转轨道的设计可选择开挖面为矩形、椭圆形、马蹄形、卵形等断面形式。此盾构机尤其适用于需穿梭在既有管线使地下空间受限制的中小型隧道工程。2018年，世界首台大断面马蹄形盾构机在蒙华铁路白城隧道成功应用，该盾构机外轮廓高10.95 m、宽11.9 m，采用了9个小刀盘以任意组合形式转动，共同组成一个马蹄形断面，如图3-30所示。

图3-30 马蹄形盾构机

2. 扩径盾构机

扩径盾构法是对原有盾构隧道上的部分区间直径进行扩展。施工时，先依次撤除原有部分衬砌和挖去部分围岩，修建能够设置扩径盾构的空间作为其始发基地。由于原有衬砌拆除，隧道的结构、作用荷载和应力将发生变化，故需要加固措施。扩径盾构机在衬砌撤除后的空间进行组装和调试后，便可进行掘进。

3. 球体盾构机

球体盾构法也称为直角方向连续掘进工法，主要用于难以保证盾构竖井的用地，或者直角转弯时。球体盾构机最大的特点是可以从竖井转向横井，或转90°连续开挖[15]。

球体盾构机可分为纵横式和横横式。其中，纵横式连续掘进球体盾构机在横向盾构的主体刀盘的外侧安装环形超挖工具，可以用一个切削装置开挖两个功能和断面大小不同的地下空间。其结构和施工工艺如图3-31所示。

横横式连续掘进球体盾构机是球体盾构先沿一个方向完成横向隧道施工后，再水平旋转球体进行另一个横向隧道的施工，可以满足盾构90°转弯的要求。其结构如图3-32所示。

4. 多圆盾构机

多圆盾构法又称MF（Multi-circular Face）法。通过将圆形作各种各样的组合，可以构筑成多种多样断面的隧道[15]。多圆盾构机多用于地铁车站、地铁车道、地下停车场等的施工。

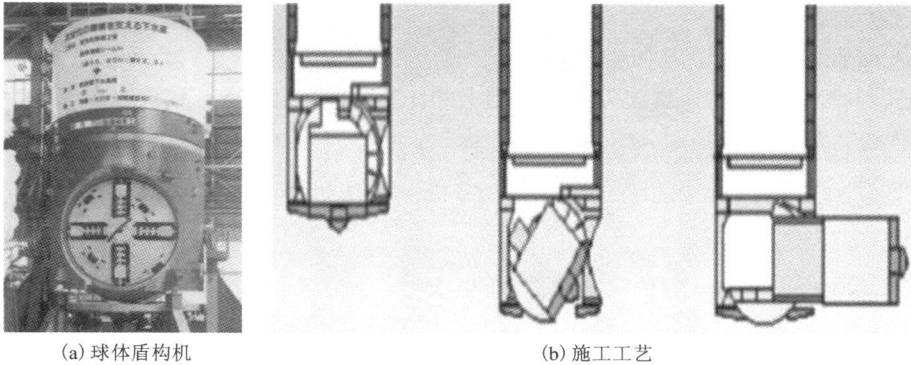

(a) 球体盾构机　　　　　　　　　(b) 施工工艺

图 3-31　纵横式连续掘进球体盾构机

图 3-32　横横式连续掘进球体盾构机

多圆盾构机如图 3-33 所示。

5. H&V 盾构机

H&V 盾构机如图 3-34 所示，该工法使用了特殊铰接机构，将两个圆形断面进行组合，形成各种形状的双圆断面隧道；同时，通过盾构机分离，可从双圆形分岔构筑成单圆形断面隧道；也能够将两条邻接隧道，从竖向到横向或者从横向至竖向，扭转成螺旋状[16]。2016年，H&V 盾构法在日本东京的立会川干线雨水放流管工程中被首次应用，施工采用 2 台相连的铰接式盾构机同步螺旋式掘进 2 条超邻近隧道，盾构机外径皆为 5.58 m，间隔仅 9 cm。

图 3-33　多圆盾构机

图 3-34　H&V 盾构机

6. 变形断面盾构机

变形断面盾构机通过主刀和超挖刀结合，其中主刀用于掘进圆形断面的中央部分，超挖刀用于掘进周围部分[17]。根据主刀的每个旋转相位，通过自动控制系统来调节液压千斤顶的伸缩行程进行超挖，并通过调节超挖刀的振幅，可施工任意断面形状的截面。其结构如图 3-35 所示。

图 3-35　变形断面盾构机

7. 偏心多轴盾构机

偏心多轴盾构机采用多根主轴，垂直于主轴方向固定一组曲柄轴，在曲柄轴上再安装刀架。运转主轴刀架将在同一平面内做圆弧运动，被开挖的断面接近于刀架的形状[18]。根据隧道断面形状要求设计刀架为矩形、圆形、椭圆形等，其结构如图 3-36 所示。日本横滨 MM21 线和营团地铁 11 号线地铁工程分别采用了采用直径为 7.15 m 和 9.60 m 的偏心多轴盾构机。

图 3-36　偏心多轴盾构机

思考题

1. 盾构机根据掘进原理的不同可分为哪几类？
2. 盾构机基本构造有哪些？
3. 盾构机主动铰接装置与被动铰接装置的区别是什么？

4.简述土压平衡盾构与泥水平衡盾构开挖面平衡原理。

5.简述盾构刀具分类及其适应条件。

6.结合文献调研,简要介绍几种特殊盾构机及其工作原理。

参考文献

[1] 日本地盘工学会.盾构法的调查·设计·施工[M].牛清山,陈凤英,徐华,译.北京:中国建筑工业出版社,2008.

[2] 张凤祥,朱合华,傅德明.盾构隧道(精)[M].北京:人民交通出版社,2004.

[3] 陈馈,王江卡,谭顺辉,等.盾构设计与施工[M].北京:人民交通出版社股份有限公司,2019.

[4] MAIDL B, HERRENKNECHT M, MAIDL U, et al. Mechanised Shield Tunneling (2nd ed.) [M]. Berlin: Ernst & Sohn, 2012.

[5] 暨智勇.软土常压刀盘盘面开口及盘体结构优化设计研究[J].隧道建设(中英文),2021,41(10):1781-1793.

[6] 陈健,刘红军,闵凡路,等.盾构隧道刀具更换技术综述[J].中国公路学报,2018,31(10):36-46.

[7] 彭立敏,王薇,张运良.隧道工程[M].武汉:武汉大学出版社,2014.

[8] 徐辉.铰接式盾构机的铰接与仿形刀应用[J].地下工程与隧道,2003(2):41-44.

[9] 韩雪,李培.铰接系统在盾构机中的应用[J].液压气动与密封,2011,31(10):29-32.

[10] 刘鹏亮,高峰,郭为忠,等.盾构铰接装置的能控性研究[J].上海交通大学学报,2009(1):106-109.

[11] 张涛,徐鹏程.盾构机主动铰接与被动铰接的比较[C]//中国盾构技术学术研讨会论文集.北京:市政技术杂志社,2011.

[12] 项贻强,赵阳.隧道盾构施工远程监控及反馈分析系统的研究[J].中外公路,2009,29(1):167-170.

[13] 袁大军,沈翔,刘学彦,等.泥水盾构开挖面稳定性研究[J].中国公路学报,2017,30(8):24-37.

[14] 侯祥明.浅析盾构技术[J].科技信息(科学教研),2007(18):103+114.

[15] 李博,宋萌,郑必杰.球体盾构浅议[J].科技风,2009(14):234.

[16] 胡欣雨.双圆盾构隧道衬砌结构内力计算方法研究[D].上海:同济大学,2007.

[17] 王建军.隧道盾构施工技术发展趋势和应用[J].中外建筑,2018(4):151-152.

[18] 陈丹,袁大军,张弥.盾构技术的发展与应用[J].现代城市轨道交通,2005(5):25-29+70.

第 4 章

盾构机选型

　　盾构机选型正确与否关系着盾构隧道工程施工的成败。尽管自 1818 年法国工程师布鲁奈尔提出了盾构法施工以来，盾构法施工经历了两个世纪的发展，不同形式的盾构机逐步涌现，相对较晚使用的土压平衡盾构机自 1974 年诞生至今，也经历了 40 余年的发展历程。然而，由于盾构机选型欠妥，导致隧道工程施工过程中出现事故的情况不在少数。常见的事故包括刀盘刀具损毁、刀盘结泥饼、螺旋输送机喷涌、开挖面失稳等现象。因此，在盾构机定制前，合理进行盾构机选型具有十分重要的意义。

4.1 盾构机选型要求、原则与依据

4.1.1 盾构机选型要求

　　盾构机选型是指根据隧道尺寸、长度、覆盖层厚度、地层状况、环境、工期等条件，对盾构机类型及其构造形式进行合理的选择。盾构机选型是盾构法隧道施工安全、环保、优质、经济、快速的前提，所选择的盾构机形式要尽可能减少辅助施工措施。

　　盾构机选型要考虑刀盘形式开口率、刚度、强度、弹性变形量、刀具配置、推进系统、液压系统等。对于建设环境和地质条件复杂的工程，在选型时必须考虑多方面因素，使盾构选型对特定工程有针对性和适应性，充分利用盾构设备自身功能来规避和克服施工中的各类风险，盾构选型对隧道施工风险、工期、质量、成本控制方面有重要作用[1]。盾构选型应注意根据工程地质、水文地质、地貌、地面建筑及地下管线和构筑物具体特征"量身定做"，盾构选型的核心不仅在于设备方面，更在于设备如何适用于各类地质条件。

　　在通常情况下，所选择的盾构机应该满足以下要求[2]：

　　①满足基本功能需求：要求盾构机具有测量导向系统、控制系统、动力系统、开挖系统、管片安装系统、出渣系统、注浆系统等基本系统功能。

②具有较好的适用性：确保盾构机适用于隧道所处的工程地质水文地质条件，以免采取大量的辅助施工措施增加工程建设成本。

③避免对盾构隧道施工环境产生较大影响：满足地表沉降控制要求，要求盾构施工时的弃土和使用的辅助材料如注浆浆液、泡沫、油脂等不能对环境造成污染，确保噪声和振动不对外界环境造成较大干扰。

④遵循设备通用性、技术先进性和经济合理性的统一：在确保盾构适应性的同时，尽量采用新技术、新方法，不能盲目追求工程造价而舍弃适应性与技术先进性。

4.1.2　盾构机选型原则

盾构机选型的总体原则是安全性、技术性、经济性相结合。其首要原则是安全性，即以确保开挖面稳定为前提，为此，应注意地质条件(地层类别、强度、渗透系数、细颗粒含有率、级配)及地下水条件，同时应充分明确场地和竖井周边环境、施工线路上地上及地下建(构)筑物、特殊场地等条件所要求的功能。在此基础上，只有连同技术性和经济性等一并考虑，才能选择出合适的盾构机。如果选择错误，就必须采取辅助措施，也有可能导致无法开挖及掘进，甚至引发重大工程事故。具体来说，盾构机选型时主要遵循以下原则[3]：

①盾构机应对工程地质、水文地质有较强的适应性，满足施工安全的要求。

②安全可靠性、技术先进性、经济合理性相统一，在安全可靠的情况下，考虑技术先进性和经济合理性。

③满足隧道外径、长度、埋深、施工场地、周围环境等条件。

④满足质量、工期、造价及环保要求。

⑤后配套设备的能力与主机配套，使生产能力与主机掘进速度相匹配，同时具有施工安全、结构简单、布置合理和易于维护保养等特点。

⑥充分考虑盾构制造商(专业制造、专业服务)的知名度、业绩、信誉和技术服务水平，以免造成使用过程中盾构机维修保养不力。

根据以上几点原则，对盾构机形式及主要技术参数进行研究分析，以确保盾构法施工的安全、可靠，选择最适宜的盾构机型。

4.1.3　盾构机选型依据

盾构机选型经验的积累需要通过大量工程研究与实践，有关学者经过对影响盾构掘进性能各个因素的合理归纳与总结，提出了盾构选型的三角形理论[3]。该理论的核心要点如下：以开挖面稳定为中心，以工程地质和水文地质为基本点；以地层粒径、渗透系数、地下水压为依据，并综合考虑具体工程实际；确保所选择的盾构机满足稳得住(平衡工作面)、掘得进(切削工作面)、排得出(排出渣土)的总体目标，即"一个中心、两个基本点、三依三实、三大目标"，如图 4-1 所示。随着盾构机在隧道掘进中的广泛应用，为适应长距离复杂地质及复杂环境隧道施工，盾构机选型的第四大目标——耐得久(盾构关键部件高可靠、长寿命)日益受到重视。

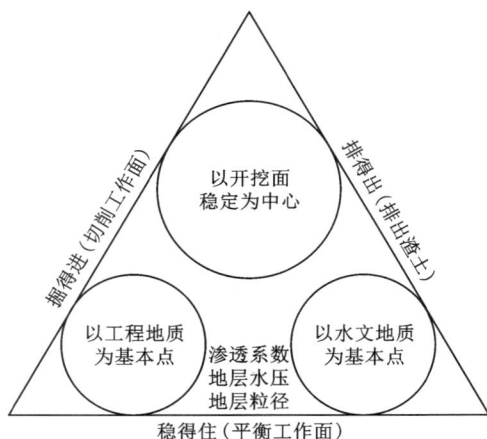

图 4-1　盾构机选型三角形理论示意图[3]

　　盾构机选型的依据包括地质条件、地下水位、隧道设计断面、周边环境[建(构)筑物、场地等]、衬砌类型、工期、造价、辅助工法、线路条件、电气等其他设备条件。其中，地质条件、地下水位、隧道设计断面、周边环境是决定盾构机选型的基本依据[3]。

　　①地质条件指隧道穿越及其上覆地层情况、岩土物理力学特性，此类因素在很大程度上影响隧道开挖面稳定性和刀盘刀具的配置情况，是确定盾构机及其构造的首要因素。

　　②地下水位极大影响开挖面的稳定，强渗透性地层高地下水压力作用会危及开挖面的稳定性。

　　③隧道设计断面决定了采取何种形状的盾构机，虽然目前矩形、马蹄形等异形断面形式的盾构机已经得到发展，然而最常见的断面形式依旧是圆形，其设备制造、隧道施工等方面的难度较其他形状盾构机要低。

　　④周边环境也是影响盾构机选型的关键因素，周边重要建(构)筑物存在与否决定了开挖面稳定性和地层沉降控制的重要程度，建(构)筑物的密集程度决定了辅助工法的施作条件，然而采用闭胸式盾构机(包括土压平衡盾构机和泥水平衡盾构机)和敞开式盾构机(手掘式盾构机、半机械式盾构机和机械式盾构机)施工在开挖面稳定性和地层沉降控制上存在较大差别，其中敞开式盾构机需要配以注浆加固地层等辅助措施才能确保开挖面稳定性和控制地层沉降，因此，周边环境决定了盾构机选型。

　　如表 4-1 所示，日本地盘工学会《隧道标准规范(盾构法篇)及编制说明》给出了部分类型盾构机与地层的适应性关系[4]。

表 4-1 盾构机与地层适应性对应表

盾构机分为敞开式盾构机（手掘式盾构机、半机械式盾构机、机械式盾构机）和密封式盾构机（土压式盾构机—土压、泥土压，泥水式盾构机）。

地质分类	土质	N值	手掘式盾构机 适用性	手掘式盾构机 注意事项	半机械式盾构机 适用性	半机械式盾构机 注意事项	机械式盾构机 适用性	机械式盾构机 注意事项	土压式·土压 适用性	土压式·土压 注意事项	土压式·泥土压 适用性	土压式·泥土压 注意事项	泥水式盾构机 适用性	泥水式盾构机 注意事项
冲击土	腐殖土	0	×	—	×	—	×		×		○	地基变形	△	地基变形
冲击土	淤泥质黏土	0~2	△	地基变形	○	地基变形	×		○		○		○	
冲击土	砂质淤泥	0~5	△	地基变形	○	地基变形	×		○		○		○	
黏性土	及砂质黏泥	5~10	△	地基变形	△	地基变形	△	地基变形	△		○		○	
黏性土	壤土及黏土	10~20	○		○		△	土砂的堵塞	△	土砂的堵塞	○		○	
洪积黏土	砂质壤土及砂质黏土	15~25	○	开挖机械	○	—	○		△	土砂的堵塞	○		○	
洪积黏土	砂质黏土	25以上	△		△		△		△	土砂的堵塞	○		○	
软岩	硬黏土及泥岩	50以上	×		△		△	地下水压力	△	土砂的堵塞	△	刀具磨损	△	刀具的磨损
砂质土	淤泥质黏土混砂	10~15	△	地下水压力	△	地下水压力	△	地下水压力	○	细颗粒含量	○		○	
砂质土	松散砂土	10~30	△	地下水压力	×	地下水压力	△	地下水压力	○	细颗粒含量	○		○	
砂质土	密实砂土	30以上	△	地下水压力	△	地下水压力	△	地下水压力	○	细颗粒含量	○		○	
砂质土	松散砂砾	10~40	△	地下水压力	△	地下水压力	△	地下水压力	△	地下水压力	○		○	
砂质土	固结砂砾	40以上	△	地下水压力	△	地下水压力	△	刀具及面板的磨损、地下水压力	△	地下水压力	○		○	
砂砾及卵石	混有卵石的砂砾	—	△	开挖作业的安全性、地下水压力	△	地下水压力、超挖量	△	刀具及面板的磨损、地下水压力	△	螺旋输送机标准、刀具标准、刀具的磨损	○	刀具标准、螺旋输送机标准	△	刀具标准、送泥对策
砂砾及卵石	巨砾及卵石	—	△	砾石的破碎、地下水压力	△	地下水压力、超挖量	×	刀具及面板的磨损、地下水压力	△	刀具标准、螺旋输送机标准	△	刀具标准、螺旋输送机标准	△	砾石的破碎、送泥对策

注：1. 适用性符号如下所示：○—原则上适用的土质条件；△—应用时要研究辅助工法及辅助机构等；×—原则上不适用的土质条件；2. 敞开式盾构机多半采用气压工法，但是适用与否应进行充分研究；3. 挤压式盾构机在冲击黏土中应用有一定限制，另外，它还跟踪地基变形，最近已不用了，从对象中删除；4. N 值是给出各土质的标贯值；5. 注意事项中只给出了当适用性为△的地基及变形中注意事项，其他注意事项则省略。

4.2　盾构机类型选择

盾构机选型首先要根据工程水文地质条件、周边环境等基本要素，考虑所选盾构机掘进是否有效地确保开挖面稳定性和控制地层沉降，其次才考虑环境、工期、造价等限制因素，结合可用的辅助工法，最终确定合适的盾构机类型及其构造情况。

4.2.1　盾构机选型影响因素

1. 地层渗透系数

渗透系数是土渗透性强弱的评价指标。土中孔隙越大，土体越松散，渗透系数越大，土体透水性越强；反之，土体越密实，渗透系数越小。通常渗透系数越大，地层含水量亦越大，即为富水地层。

地层渗透系数是盾构机选型的一个很重要因素，若地层以富水的砂层、砂砾层等级配土为主，宜选用泥水平衡盾构机，而考虑经济性，其他地层宜选用土压平衡盾构机。

如图 4-2 所示，在选型时应按照如下基本标准：当地层渗透系数小于 10^{-7} m/s 时，可以选用土压平衡盾构机；当地层渗透系数为 $10^{-7} \sim 10^{-4}$ m/s 时，土压或泥水平衡盾构机均可选用；当地层透水系数大于 10^{-4} m/s 时，宜选用泥水平衡盾构机。

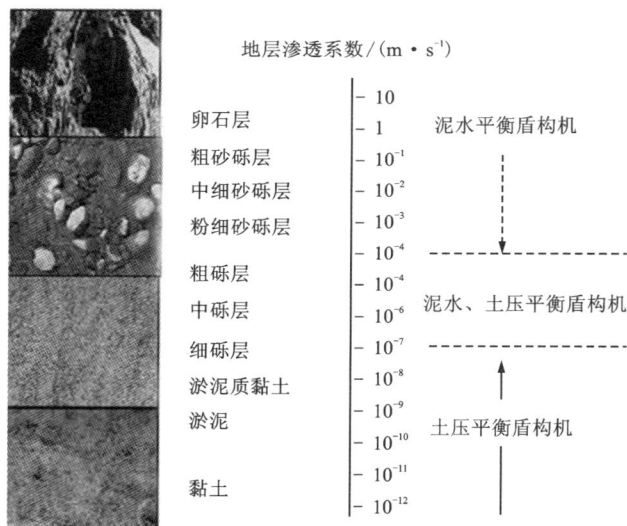

图 4-2　不同渗透性地层盾构机适应性对照图[5]

2. 地层颗粒级配

土压平衡盾构机主要适用于粉土、粉质黏土、淤泥质粉土、粉砂层等黏性土层的施工。一般来说，细颗粒含量多，渣土易形成不透水的塑流体，容易充满土仓的每个部位，在土仓中可以建立土压平衡模式。相反，在砂卵石等粗颗粒含量多的地层中，渣土无法均布于土仓中，不宜建立土压平衡模式，此时选用泥水平衡盾构机较为适宜。盾构机类型与颗粒级配的关系如图 4-3 所示，图中黏土、淤泥质土区为土压平衡盾构机适用的颗粒级配范围；砾石粗砂区为泥水平衡盾构机适用的颗粒级配范围；粗砂、细砂区可使用泥水平衡盾构机，也可经土质改良后，使用土压平衡盾构机。

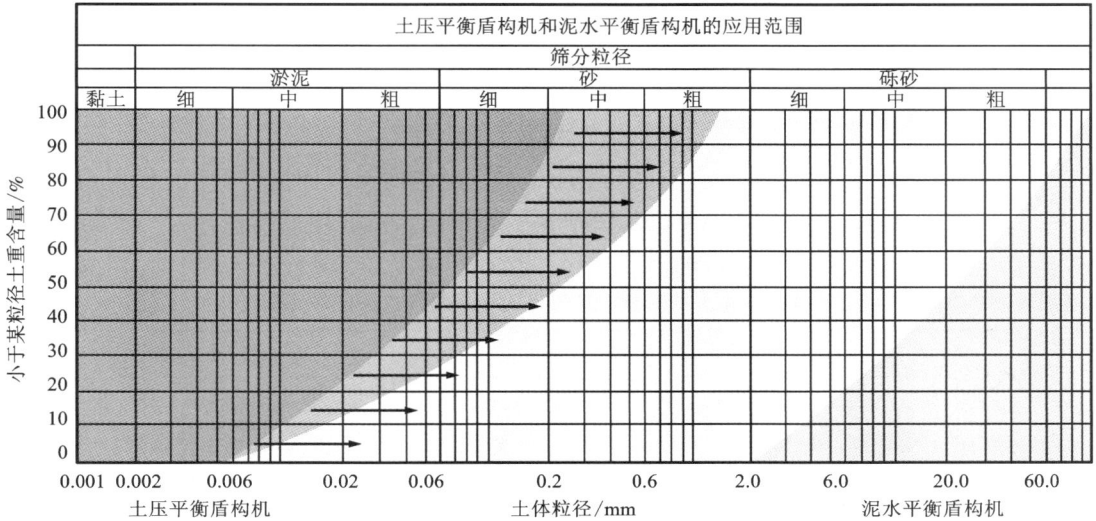

图 4-3　盾构机类型与颗粒级配关系曲线[3]

从图 4-3 中可以看出，在不进行渣土改良的情况下，土压平衡盾构机最适应的地层粒径范围为 0.2 mm 以下（深灰色区域），最多可以延伸到约 1.5 mm（浅灰色区域）地层粒径范围；而泥水平衡盾构机的粒径适应范围为 0.01~80 mm。

值得注意的是，上述土压平衡盾构机与泥水平衡盾构机的适用范围并不是一成不变的，一些原本不适用于土压平衡盾构机开挖的地层，如通过合理的渣土改良同样能适用于土压平衡盾构机开挖。

3. 地下水压

当水压较大时，若采用土压平衡盾构机，螺旋输送机难以形成有效的土塞效应，在螺旋输送机排土闸门处易发生渣土喷涌现象，引起土仓中土压力下降，导致开挖面坍塌，引起地表沉降甚至塌陷。一般来说，当水压大于 0.3 MPa 时，适宜采用泥水平衡盾构机，如果因地质原因需采用土压平衡盾构机，则需增大螺旋输送机的长度，或采用二级螺旋输送机，或采用保压泵。然而，不可否认的是，保压泵尽管在国内外少量工程中有所应用，但其没有得到有效推广，因为它会在较大程度上影响盾构机施工效率。增加螺旋输送机长度或增设二级螺旋输送机要求盾构机具有足够的空间，而常用盾构机的空间比较有限，螺旋输送机增长或二级螺旋输送机增设均给盾构机内施工空间带来困扰。

4. 隧道断面与周围环境

对于隧道断面，当断面为大型、超大型断面时，宜选用泥水平衡盾构机；当断面为中小型断面时，宜选用土压平衡式盾构机，目前大直径土压平衡盾构机正不断刷新纪录。从环境的角度来看，泥水平衡盾构机环保性能较差，土压平衡盾构机环保性能较强。

Tah 和 Carr[6] 研究显示，除了一些特定环境条件，如隧道穿越江、湖、海或开挖掌子面直径大于 10 m 时，采用泥水平衡盾构机，其余环境条件下土压平衡盾构机更具优势。这是因为泥水平衡盾构机成本高、施工占地面积大、影响交通和市容。土压平衡盾构机具有占地面积小、对交通影响小、设备造价低的优点，但此类盾构机掘削扭矩大、引起的地层沉降大，因此，超大直径土压平衡盾构机相对较少。然而，随着盾构装备和施工技术的发展，直径超过 10 m 的盾构机不断涌现，截至 2019 年，世界上土压平衡盾构机最大直径达 17.48 m。

4.2.2 两类盾构机适应性扩展

土压平衡盾构机和泥水平衡盾构机是应用最为广泛的两类盾构机类型，它们各自存在优缺点，如表 4-2 所示，通过合理的辅助措施，可以拓展它们的应用范围。

表 4-2 泥水平衡盾构机与土压平衡盾构机选型对比表

比较项目	土压平衡盾构机		泥水平衡盾构机	
	简要说明	评价	简要说明	评价
稳定开挖面	保持土仓压力来稳定开挖面土体	良	有压泥水使开挖面地层保持稳定	优
地质条件适应性	在砂性土等透水性地层中要有土体改良的特殊措施	良	适应性较强	优
抵抗水土压力	靠泥土的不透水性在螺旋输送机内形成土塞效应抵抗水土压力	良	靠泥水在开挖面形成的泥膜抵抗水土压力	优
控制地表沉降	保持土仓压力、控制推进速度、维持切削量与出土量相平衡	良	控制泥浆质量、压力及推进速度、保持送排泥量的动态平衡	优
隧道内出渣	用机车牵引渣车进行运输，由门吊提升出渣，效率慢	良	用流体形式出渣，效率高	优
渣土处理	直接外运	简单	进行泥水分离处理	复杂
施工场地	占用施工场地较小	良	要有较大的泥水处理场地	差
设备费用	需增加出渣矿车	稍低	需设置泥水分离站	稍高
工程成本	减少了泥水处理设备，只需配置添加剂注入系统即可，设备及运行费用低	低	增加了泥水制作、输送及泥水分离设备，设备及运转费用高	高

1. 土压平衡盾构机

土压平衡盾构机传统应用区域为含有大量黏土、粉土以及掺有少量细砂的黏土地层中。在含有地下水的土层中，为了防止地下水流进土仓内，要求土体呈现低渗透性，同时土体在土仓内搅拌一定时间内能够达到较好的塑性流动状态，例如上海淤泥质黏土层，通过土仓内搅拌可以达到良好的塑性流动状态。然而，这样地层在隧道施工中较少，更多的土压平衡盾构机穿越强渗透性地层，为了使土压平衡盾构机的应用范围得到扩展，需对土仓里的渣土进行改良。土压平衡盾构机施工应根据土体的类型采用不同的渣土改良方案，如图 4-4 所示。从图中可以看出，土压平衡盾构最适合在黏土和粉土地层中使用，加入适当的水和泡沫可以改善土体的液限，同时防止土体黏附在刀具和刀盘上。土压平衡盾构机在砂层土体中应加入少量泡沫，随着土体粒径由砂层向圆砾层过渡，渣土改良中除加入泡沫外，还应加入聚合物，同时静水压力不能过大。随着渣土粒径的不断增大，土由圆砾土向卵石土体过渡，渣土改良除加入泡沫和聚合物外，还应加入适量的黏土等固定填充物。

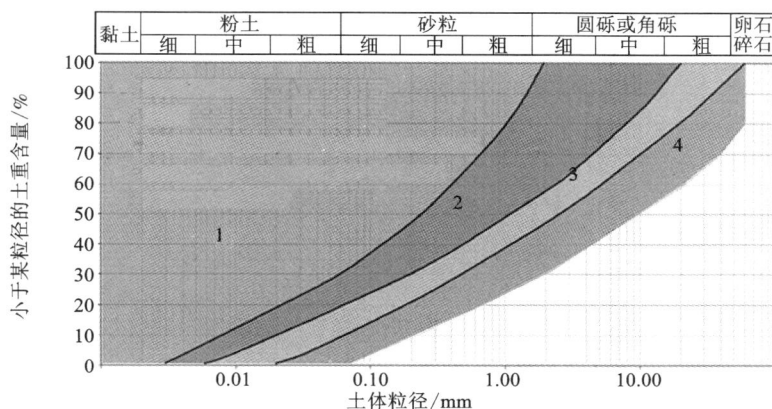

1—水+泡沫；2—泡沫；3—泡沫+聚合物，水压力小于 200 kPa；4—泡沫+聚合物+细小颗粒，无地下水。

图 4-4　渣土改良后的土压平衡盾构应用范围[7]

2.泥水平衡盾构机

由于泥水平衡盾构机可以在隧道开挖面形成泥膜降低地层渗透性，而且在封闭的进排水循环系统作用下，它可以用于富含水的砂砾、卵石等非黏性土地层，如图 4-5 所示。如果土体的渗透率过大，容易延缓泥膜的形成速度，当渗透系数 $k \geqslant 10^{-3}$ m/s 时，泥浆会沿着土体的

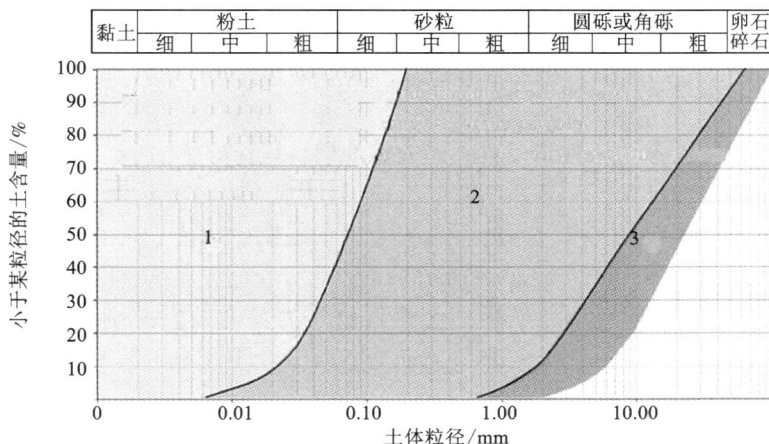

1—采取防黏附措施+泥水分离较难；2—标准应用区域+泥水分离系统；
3—掌子面稳定性较难控制+泥水分离系统+过滤系统。

图 4-5　泥水平衡盾构应用范围[7]

孔隙向外界土体扩散，不能形成泥膜，因此需要在泥浆中添加填充物、细小颗粒或者化学添加剂来改善土体的流变特性，或者通过地层预注浆加固等土体孔隙填充的方法来降低土体的渗透性，这两种方法都可以使泥水平衡盾构机的应用范围得到扩展。但是，当泥水中的细小颗粒过多时，一方面会减小泥膜的抗剪强度，另一方面泥水分离系统不能快速将细小颗粒与膨润土进行分离，或增大泥水处理成本。

4.3　盾构机构造选型

4.3.1　刀盘选型

刀盘主要具有切削土体、稳定工作面、搅拌渣土等功能，因此在掘进过程中，刀盘的工作环境十分恶劣，受力比较复杂，刀盘结构关系到盾构机的开挖效率和使用寿命。刀盘结构形式主要依赖于工程地质和水文地质条件，不同的地层应采用不同的刀盘形式，但在地质适应性设计方面缺少完整的理论依据、经验数据及可靠的试验数据，在很大程度上还依赖工程经验。盾构机刀盘选型主要考虑以下方面。

1. 刀盘形式与开口率

在实际施工时，具体采用哪种刀盘形式，应根据施工条件等因素决定。泥水平衡盾构机刀盘一般采用面板式或复合式，而土压平衡盾构机刀盘根据土质条件可采用面板式、辐条式及复合式。

关于选用常规刀盘还是常压刀盘，高水压等复杂地质条件下的超大直径泥水盾构目前多采用常压刀盘，而地层条件较好或具备地层加固条件时，一般选用常规刀盘。

刀盘开口率是刀盘面板开口部分的面积与刀盘面积的比值。刀盘开口是盾构选型时需要重点考虑的因素，直接影响了渣土进入土仓的效率，其开口位置、形状尺寸、配置等参数必须依据地质条件来决定。在确定刀盘开口时，建议考虑以下几方面：

①由于刀盘中心位置旋转半径小，黏性地层和砂性地层（由于膨润土改良）盾构掘进易造成刀盘中心位置堵塞，影响盾构机正常掘进。因此，刀盘中心局部开口率要尽可能大于其他位置开口率。

②泥水平衡盾构机多用于强渗透性、易失稳地层，其开口率偏小，一般取 10%～30%，而土压平衡盾构机根据地层条件，其开口率取值范围较宽。

面板式刀盘开口率较小，可以通过刀盘的开口来限制进入土仓的卵石粒径，软弱不均地层多采用面板式刀盘。由于硬岩地层刀盘负荷大，为了防止刀盘损坏，多采用面板式刀盘。受刀盘面板的影响，开挖面土压与隔板上测得土仓压力具有较大差别，使得土压管理困难。对于黏性地层，在渣土改良不合适情况下，渣土进入土仓不顺畅、易黏结和堵塞，造成盾构掘进效率低下，刀具负荷大，使用寿命短。

辐条式刀盘开口率较大，能保证土、砂流动顺畅，有利于防止黏土附着，不易黏结和堵塞，刀具负荷小，使用寿命长。由于辐条式刀盘切削能力有限，开挖下的岩土体体积较大，易造成螺旋输送机排土不畅，故辐条式刀盘对砂、土等单一软土地层的适应性较强，而对于含有孤石、漂石等大粒径颗粒的地层，易造成螺旋输送机堵塞风险。

复合式刀盘兼有面板式和辐条式刀盘的特点，切刀和滚刀分别布置在宽辐条的两侧和内部，因此复合式刀盘能适应各类复杂地质条件的掘进。

2. 刀盘的驱动类型

刀盘驱动系统应满足以下工作特性：功率、扭矩可输出，便于监控盾构机掘进状态；耐冲击，以免在硬岩、含孤石等地层受损；旋转速度连续可调，并可正反向旋转，以应对异常地层的处理；刀盘驱动系统是盾构机中消耗功率较大的设备之一，尽可能降低工作功率，有利于节能；具有较高的可靠性和良好的工作性能。目前，一般为了保证刀盘旋转切削岩土体的能力和效果，盾构机刀盘驱动方式多设计为液压驱动。然而，随着变频电机技术的不断发展，变频电机驱动方式逐渐在盾构机的设计中采用。两种驱动方式的比较如表 4-3 所示。

表 4-3　变频电机驱动和液压驱动方式的比较[8]

驱动方式		变频电机驱动	液压驱动
体积	驱动部分	大	小
	附属部分	中	大
传动效率		高	低
维修保养		高	一般
调速性能		好	好
地层适应性		好	大
洞内温度		发热小，温度低	发热大，温度高
过载能力		强	强
设备费用		较高	中等

3. 刀盘的支承形式

如第 3 章所述，刀盘的支承形式包括中心支承、中间支承和周边支承三种方式，其选择应与开口率、地质条件相关联。其中，中心支承的刀盘结构形式简单，大多用于中、小直径盾构机，该类型刀盘旋转切削土体，土仓空间较大，渣土易被搅拌，土体流动顺畅，黏性渣土黏附刀盘、土仓的可能性小，不易引起堵塞，另外土仓压力较稳定，然而由于采用该刀盘的盾构机空间狭小，处理大石块、漂石比较困难。中间支承的刀盘结构平衡性较好，主要用于大、中直径的盾构机；当其用于小直径盾构机时，要考虑大粒径的处理，防止黏性渣土的附着问题等。由于中间支承结构的存在，将盾构土仓分隔为两个区域，它们的渣土流动性差异较大，渣土搅拌混合效果难以确保，外围区域渣土易于搅拌，土体流动顺畅，而中心区域渣土搅拌效果相对较差，易造成渣土堵塞形成泥饼，造成出渣不畅、刀盘扭矩增大、土仓压力难以控制等风险。周边支承的刀盘一般用于小直径盾构机，由于土仓内空间较大，大颗粒处理较为容易，而在黏性土中使用时，应着重考虑如何防治黏性土附着问题。

4. 刀盘的额定扭矩和转速

在复杂地层中掘进，保持盾构机主要参数的动态平衡是盾构隧道施工安全的重要因素，刀盘最大旋转速度和力矩应与其他主要参数相适应，如盾构推力、开口率、土仓压力等。刀盘转速主要由刀具线速度决定，一般是根据地质条件，兼顾渣土塑流化改良所需的搅拌线速度要求和切削刀具抗冲击能力等因素确定。国内外的经验表明，岩石地层盾构的刀盘线速度一般不超过 2.5 m/s，而砂卵石地层和软土地层刀盘线速度更低，一般为 0.3~0.5 m/s[8]。刀盘额定扭矩可通过理论计算或根据经验确定。

5. 刀盘开挖直径

刀盘的开挖直径是根据隧道的开挖直径来确定的。因为刀盘刀具在较为坚硬的地层环境下切削有一定的磨损，所以在选型中需考虑刀盘刀具的磨损而使盾构开挖直径减小。为了降低盾壳摩阻力以及避免盾构机被卡风险，在盾构机选型时可对刀盘、盾体提出要求，例如，盾体外径从盾首到盾尾逐渐减少 10 mm。受到转弯半径和掘进线路的坡度等影响，在刀盘边缘处需要安装超挖刀，用于盾构转弯处的超挖。

4.3.2 刀具选型

盾构刀具配置分析主要包含以下几个方面：①刀具对岩土的适应性。②刀具布置的高度。③刀具间距的布置。④刀座的安装方式。⑤刀具的布置方式。⑥超挖刀的配置。对于特定的区间隧道，要对刀具的配置进行详细的研究和分析。

1. 滚刀选型及布置

（1）滚刀的类型

对于复合岩土地层，以及含有漂石、孤石、桩基等无法预处理的障碍物的松散地层，需要配置盘形滚刀。盘形滚刀根据刀体上安装刀圈数目的区别，有单刃、双刃、多刃等多种形式，双刃滚刀破岩能力较低，起动扭矩较小，因此适应于软岩地层。单刃滚刀是目前使用最广泛的刀具形式，也是被工程实践证明破碎岩石效果最佳的刀具形式。

（2）滚刀刀圈直径

盘形滚刀按刀圈外径分为 12 in①、15.5 in、17 in、19 in 等系列。

大直径刀具有以下优点：一是刀具的使用寿命长，可减少换刀次数，提高机械的利用率；二是刀具允许旋转速度大，刀盘可以提高旋转速度，从而提高盾构机的掘进速度。但是刀盘上每个刀具的安装空间是有限的，刀具越大，质量越大，换刀运输时必须具备足够的空间，因此在硬岩地层较少或不利用大型滚刀操作的地层，刀盘直径即使超过 10 m，一般也选择 17 in 的滚刀[9]。

目前已实用化的刀具尺寸和参考质量如表4-4所示，并根据工程实例统计出了相应刀具的应用范围。

表4-4 盘形单刃滚刀系列刀具的特征参数[9]

刀盘尺寸（刀圈外径）/in	12	15.5	17	19
刀具质量/kg	60~80	125~170	135~180	180~210
应用的刀盘尺寸范围/m	2~3	3~5	>5	>8

① 1 in≈25.4 mm。

　　另外，刀具安装方式的不同也影响刀具大小的选择。滚刀的安装一般有刀盘前方安装和刀盘后方安装两种形式，如图 4-6 所示。前者在更换刀具时需通过刀盘中的人孔将盘形滚刀搬到刀盘前方，当刀具较重时，换刀困难，而且紧靠掌子面，换刀不安全，因此目前换刀方式一般采用刀盘后安装形式。刀盘后方安装由于工作空间的限制，尤其对于密闭式盾构大直径刀具的安装非常困难，一般来说密闭式盾构机不使用 17 in 以上的滚刀。

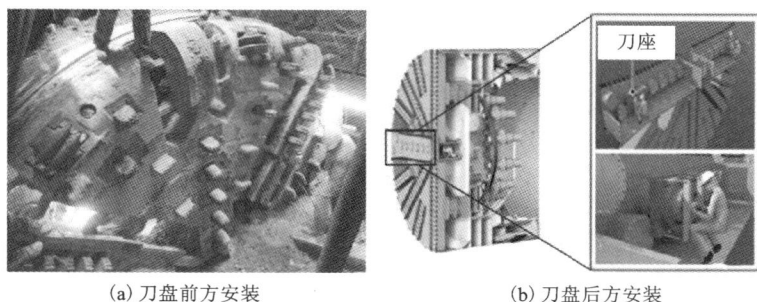

(a) 刀盘前方安装　　　　　　　(b) 刀盘后方安装

图 4-6　滚刀安装形式图

（3）滚刀刀间距

　　滚刀刀间距最优时可达到最优的破岩效果。刀间距过大会使刀间部分岩石无法破碎，造成盾构机掘进效率低下或者无法掘进，并且由于刀具荷载过大，滚刀轴承极易破损；刀间距过小会造成掘进效率低下、能耗大。

　　最优刀间距与推力大小、岩石强度、岩石的脆性程度有关。推力越大，刀具侵入岩石的深度越大，即贯入度越大，则最优刀间距相应增大；岩石越脆其破碎角越大，则刀间距也相应增大。因此刀间距取决于刀具贯入度和岩石破碎角的大小。考虑到滚压破岩的贯入槽的存在，假设相邻刀具贯入槽恰好相连的刀间距为最优间距 d，按照几何关系最优刀间距和贯入度 h 和岩石破碎角 φ 的关系式如下[9]：

$$d = 2h\tan\frac{\varphi}{2} \tag{4-1}$$

　　已有研究发现，受地质条件、滚刀结构功能等因素影响，滚刀在施工中极易发生磨损。根据施工经验，滚刀的设置应注意以下几点[10]：

　　①需要配置滚刀的地段，应选择以滚刀为主，刮刀、先行刀或仰角刀为辅的形式。广州和深圳复合地层盾构施工实践研究表明，在复合地层中，尤其是在软岩地层中掘进时，刀具差应选择 3~4 cm，滚刀直径宜选择 17 in。

　　②对于上软下硬和需要以土压平衡模式掘进的地层，应提高轴承密封质量，确保高土压状况下不会因轴承密封失效而导致滚刀偏磨。

　　③滚刀的装配扭矩应合理配置，需要建立土压平衡模式掘进的复合地层，滚刀装配扭矩宜设定在 3~8 kg·m；而对于硬岩且全断面稳定时（即可不建立土压掘进时），可以将装配扭矩提高到最大 25 kg·m。

　　④在上软下硬段和硬岩段地层掘进时，应优化周边滚刀刀圈材质，并适当增加周边滚刀数量，减小刀间距。此外，滚刀轴承所能适应的最大压应力也需提高，以适应超挖的需要。

2. 切刀选型及布置

切刀为软弱地层刀具，设计破岩能力一般小于 20 MPa，在硬岩掘进中主要起到刮渣作用。从几何角度考虑分析，切刀布置方法常见的有同心圆布置法和阿基米德螺旋线布置法。为确保刀盘受力平衡以及实现全断面切削，目前大都选用阿基米德螺旋线进行布置。阿基米德螺线是一个点匀速离开一个固定点的同时，又以固定的角速度绕该固定点转动而产生的轨迹。根据阿基米德螺旋线的定义可知，刀具按阿基米德螺旋线布置，在盾构掘进过程中刀盘旋转，刀盘全断面任何区域均有刀具切削，避免了刀具按照同心圆布置法产生的切削盲区[11]。根据阿基米德螺旋线数量，又分为单螺旋线和双螺旋线两种形式，如图 4-7 所示。为达到布局和负载的最优设计以及刀盘双向回转要求，需要将刀具分散对称于辐条两侧。此外，在空间布局上切刀与滚刀略有差别，复合地层切削中滚刀先行进行挖掘，切刀则主要实现碎渣的清理，由于 17 in 滚刀最大允许磨损量通常为 25 mm，因此在高度布置上切刀应低于滚刀 25 mm。

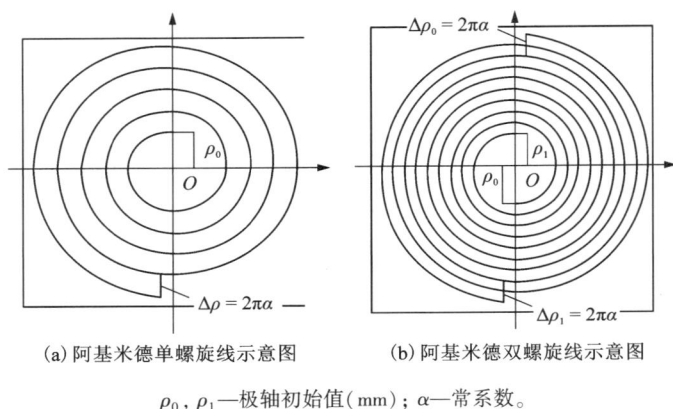

(a) 阿基米德单螺旋线示意图　　　　(b) 阿基米德双螺旋线示意图

ρ_0，ρ_1—极轴初始值(mm)；α—常系数。

图 4-7　阿基米德螺旋线刀具布置示意图

3. 特殊刀具选型及布置

（1）先行刀

先行刀在设计中主要考虑与其他刀具组合协同工作。刀具切削土体时，先行刀在其他刀具切削土体之前先行切削土体，将土体切割分块，松散地层，减小其他刀具切削阻力，为切削刀创造良好的切削条件。据其作用与目的，先行刀断面一般比切削刀断面小。采用先行刀，一般可显著增加切削土体的流动性，大大降低切削刀的扭矩，提高刀具切削效率，减少切削刀的磨耗。例如，广州地铁 2 号线海珠广场站至市二宫站区间施工时，除保留 4 把超挖滚刀外，其余滚刀全部更换为先行刀，当先行刀高出面板 110 mm 时，施工参数有所改善；当先行刀高出面板 150 mm 时，掘进速度进一步提高，在泥岩中具有很好的适应性[12]。

（2）盘圈贝型刀

盘圈贝型刀如图 4-8 所示，本质上是先行刀，当盾构机穿越砂卵石地层，特别是大粒径砂卵石地层时，

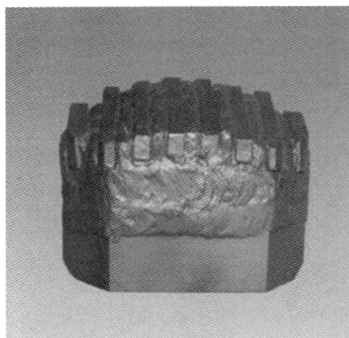

图 4-8　盘圈贝型刀刀形图

若采用滚刀型刀具,因土体属松散体,在滚刀掘进挤压下会产生较大变形,大大降低滚刀的切削效果,有时甚至丧失切削破碎能力。采用盘圈贝型刀,将其布置在刀盘盘圈前端面,专用于切削砂卵石,可较好地解决盾构机切削土体(砂卵石)的难题。

(3)超挖刀

盾构机一般设计 2 把超挖刀(1 把备用),布置在刀盘径向两端,根据切削地层差异,包括超挖刮刀和超挖滚刀,如图 4-9 所示。施工时,可以根据超挖量和超挖范围的要求,从辐条两端径向伸出和缩回超挖刀,达到超挖切削的目的。超挖刀伸出最大值一般为 80~130 mm。盾构机在曲线段推进、转弯或纠偏时,通过仿形超挖切削土体创造所需空间,保证盾构机在超挖少、对周边土体干扰小的条件下,实现曲线推进和顺利转弯及纠偏。超挖刀的应用主要需考虑以下方面:①超挖刀的超挖范围通过设置,可以在圆周区域任意位置进行超挖,例如,广州市轨道交通 5 号线大坦沙南—中山八站盾构区间左右线平面曲线上均有一急转弯段,掘进时在曲线内侧位置进行了超挖,以利于曲线行走[13];②针对急曲线段距离较长的情况,为减少超挖刀的磨损量,在掘进过程中尽量不用超挖刀,而采取盾构中折和合理选取千斤顶等措施进行急转弯。

(a)超挖滚刀　　　　　　　　(b)超挖刮刀

图 4-9　超挖刀布置示意图

(4)鱼尾刀

从刀盘外周至中心,运动圆周逐渐减小,中心点理论上可以视为零,相应土体流动状态也是越来越差。而且中心支承部位(直径约为 1.5 m)不能布置切削刀,为改善中心部位土体的切削和搅拌效果,可考虑在中心部位设计一把尺寸较大的鱼尾刀,如图 4-10 所示。

鱼尾刀的设计和布置可应用两个技巧:其一,让盾构机分两步切削土体,利用鱼尾刀先切削中心部位小圆断面(直径约为 1.5 m)土体,而后扩大到全断面切削土体,即将鱼尾刀设计与其他切削刀不在一个平面上,一般鱼尾刀超前 600 mm 左右,保证鱼尾刀最先切削土体;其二,将鱼尾刀设计成锥形,使刀盘旋转时随鱼尾刀切削下来的土体,在切向、径向运动的基础上,增加一项翻转运动(如同犁地一般),这样既可解决中心部分土体的切削问题和改善切削土体的流动性,又大大提高了盾构机整体掘进水平。

在强度较高的地层中掘进时,应注意对鱼尾刀进行合理保护。例如,北京地铁 9 号线 3 标在大漂石地层中掘进时,出现与鱼尾刀边角刀片冲击断裂、刀座磨损严重的情况,之后在换刀时增加了如下保护措施:①在与鱼尾刀刀尖不同向的四条辐条上,增加四把先行刀进行保护；②在鱼尾刀上增加两把加强型先行刀，对鱼尾刀中心加泥口进行保护[14]。

（5）齿刀

在岩石较软的情况下掘进时，由于盘形滚刀与岩石掌子面之间不能产生一定的附着力，导致滚刀不能滚动而产生弦磨，滚刀不能滚动将失去有效的破岩功能。当滚刀破岩效果不佳时，可以利用滚刀刀座安装齿刀进行破岩，如图 4-11 所示，齿刀轨迹完全与滚刀相同，齿刀刀刃是对称的，因此刀盘正反转时都可以很好破岩。例如，在深圳地铁的硬岩盾构施工中，布设的刀具种类有滚刀（包括单刃滚刀和双刃滚刀）、齿刀、刮刀，其中滚刀和齿刀的刀座形式相同。滚刀高出齿刀 35 mm，以便在硬岩地段掘进时保护齿刀和刮刀；在纯硬岩地层（如混合花岗岩）中掘进，刀具应全部选用滚刀，不用齿刀[15]。

图 4-10 鱼尾刀刀形图

图 4-11 齿刀刀形图

4.3.3 盾构出渣系统选型

1. 土压平衡盾构机

土压平衡盾构机常采用有轴式或无轴式螺旋输送机作为出渣机构。盾构外径与装备螺旋输送机的外径、排出最大砾石粒径的关系如表 4-5 所示。

除上述两种常见的螺旋输送机以外，还有扩大叶片式螺旋输送机和螺杆加长叶片延伸到土仓内的螺旋输送机，这两种方式的设计考虑的是增加对仓内土体的搅拌作用，利于出渣过程高效进行。

表 4-5 盾构外径与螺旋输送机的外径、排出最大砾石粒径的关系表[16]

盾构外径/m	螺旋输送机外径/mm	可排出最大砾石直径/mm	
		有轴式	无轴式
2.0~2.5	300	$\phi105\times230L$	$\phi200\times300L$
2.5~3.0	350	$\phi125\times250L$	$\phi250\times340L$
3.0~3.5	400	$\phi145\times280L$	$\phi270\times375L$
3.5~4.5	500	$\phi180\times305L$	$\phi340\times400L$
4.5~6.0	650	$\phi250\times405L$	$\phi435\times650L$

续表4-5

盾构外径/m	螺旋输送机外径/mm	可排出最大砾石直径/mm	
		有轴式	无轴式
>6	700	$\phi280\times415L$	$\phi470\times700L$
	1000	$\phi425\times750L$	$\phi650\times1000L$

当地下水比较丰富、水位较高、土层渗透系数较高,且螺旋输送机内的渣土难以形成"土塞"时,发生螺旋输送机喷涌现象的可能性较大。因此,可选用的方案如下:

①螺旋输送机出渣口采用双闸门系统,两个闸门交替开启以降低喷涌压力,并在螺旋输送机尾部预留的排泥口接上泥浆泵,通过泥浆泵出渣并排至皮带输送机上,较大的石块可以通过双重闸门取出。

②预留了膨润土和高分子聚合物注入接口,必要时方便向土仓壁和螺旋输送机内注入膨润土或高分子聚合物,以缓解螺旋输送机的喷渣能力。

③设置有保压泵接口,如图4-12所示,必要时可连接泥浆泵或泥浆管,缓解喷渣能力。

④采用二级螺旋输送机或增长它的长度(考虑盾壳内空间大小),减小出渣口渣土压力,而且水可从二级螺旋输送机底部的排水管中排出,进一步降低喷涌的风险。

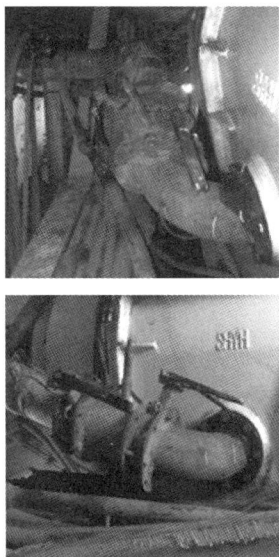

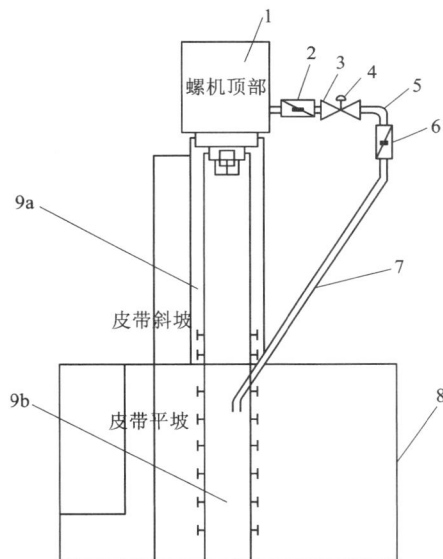

(a)实物图　　　　(b)防喷涌装置示意图

1—螺旋输送机顶部;2—第一手动蝶阀;3—钢管;4—气动球阀;5—弯头;6—第二手动蝶阀;
7—软管;8—拖车;9a—皮带输送机斜段;9b—皮带输送机水平段。

图4-12　螺旋输送机防喷涌装置设计图

2.泥水平衡盾构机

泥水平衡盾构机采用泥水循环系统实现进排土,泥水循环系统各部分选型要求如下:

①送泥泵。通常选用顶置式泥浆泵设置于地表。

②排泥泵。通常选择转速可调的泥浆泵，设置在盾构机的后方台车上。

③送泥管。为了减少压力损失，通常送泥管的直径比排泥管直径大 50 mm。但是，在靠近后继台车部位、阀门设置部位、伸缩管部位等部位，可使送泥管的直径与排泥管的直径相同。

④排泥管。排泥管的管径取决于输送的砾径、土颗粒的沉淀基线流速、盾构的掘进速度、盾构外径等因素。在砂砾层中通常排泥管管径不得小于 200 mm。郑晓燕(2007)[14]给出了送排泥管径的选取基准，如表 4-6 所示。

表 4-6　送排泥管径基准表[14]

盾构外径/m	排泥管径/m	送泥管径/m
<2	5~10	5~10
2~4	7.5~15	10~20
4~6	10~15	15~20
6~8	10~20	20~25
8~10	20~25	25~30
10~12	25~30	30~35

4.3.4　其他主要配置选型

盾构机其他主要配置包括渣土改良系统、同步注浆系统、管片拼接系统、后配套系统、姿态控制系统、数据采集监视系统等。本节主要对渣土改良系统、同步注浆系统、管片拼装系统、后配套系统的选型进行介绍。

1. 渣土改良系统

如第 3 章所述，常见渣土改良系统配置有泡沫注入系统、膨润土注入系统以及高分子聚合物注入系统。

1）泡沫注入系统

（1）操作方式

泡沫注入系统可由控制板设置，可以实现以下操作方式：

①手动控制。可以任意操作一路的混合液或空气流量，调试系统参数最佳配比。

②半自动控制。在半自动操作方式中，要求的泡沫流体流量将根据开挖仓中的支承压力注入。

③自动控制。泡沫注入量可根据掘进速度和开挖仓压力等参数实现自动调整。

（2）结构形式

泡沫注入系统设计有单泵单管和单泵多管两种形式：

①单泵单管系统。刀盘单个改良剂喷口直接对应一个泵，当各路泡沫管道与喷口阻力不同时，泡沫仍能按其设定量喷注，可减少喷口堵塞问题，同时在该系统中，两种物料在混合箱中通过机械搅拌充分混合后，经由泵送，因而省去了人工操作流程。

②单泵多管系统。在原液和水混合时，该系统的两个泵送物料在管路中混合，其混合液的流量调节主要通过调节阀进行，因而可能造成调节阀被杂质卡住阀芯而无法进行有效调节，影响系统使用并造成泡沫原料浪费。调节阀是有开关控制的，导致控制精度差，在压力升高时，还需要手动调整压力阀来提供系统的注入压力。

2）膨润土注入系统

由于膨润土自身需要膨化和静置，因此在搅拌设计方面有气吹搅拌和机械搅拌两种方式，其中，气吹搅拌可以使物体颗粒快速分散，而机械搅拌只能通过场流来分散颗粒。输送泵多采用挤压泵和螺旋泵，如图 4-13 所示，因为柱塞泵压力大，流量波动大，所以不常选择。

膨润土注入系统也可作为其他改良剂的系统。例如，在遇到黏性土地层需要配置分散剂聚合物注入系统，以减少该地层掘进结泥饼问题；在遇到富水地层时，需要加入高吸水性树脂，以减少掘进喷涌问题等。

图 4-13　膨润土注入挤压泵

2.同步注浆系统

（1）浆液输送形式的选择

①直接压送式：由地面拌浆设备直接把浆液压送到管片等注入口处，适用于推进距离较短的小直径盾构施工。

②中继设备式：由地面拌浆设备把浆液压送到放置在后方台车上的中继设备上，再由装在台车上的注浆泵注入，适用于推进距离较长的大直径盾构施工。

③洞内运输式：利用坑外拌浆设备将浆液压入水平列车砂浆罐中，经洞内运输，再由台车上的注浆泵注入，不用担心输浆管堵塞和清洗问题，适于定量注入。

④洞内拌浆：将各种浆液材料搬到装在洞内后方台车上的洞内拌浆设备上，然后混拌注入。

（2）注浆管布置位置的选择

按注浆管布置位置与盾体的关系划分为外置式和内置式，如图 4-14 所示。

外置式即把注浆管安置在盾壳的外端，在管段外再加保护套，结构简单，不需要增大盾构直径，仅适用于软土地层。

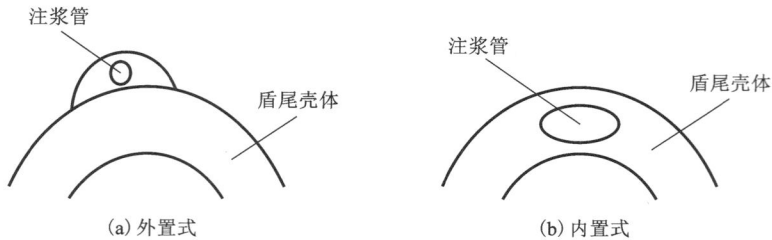

图 4-14　注浆管布置图

(a)外置式　　　　　　　　　(b)内置式

内置式指在壳体板的内侧开槽,安放注浆管,设计时需增加盾壳的壁厚。内置式注浆管安置在盾壳内,能适应各种地层,但设计时需增大盾构直径,即增大了盾尾与管片外径的间隙,使得注浆量增加且施工费用提高,且开槽在一定程度上削弱了盾体结构强度。

3.管片拼装系统

(1)管片拼装机结构

管片拼装机由液压系统驱动,结构分为中空轴式、齿轮齿条式、环式三种。

中空轴式和齿轮齿条式管片拼装机轴向平移时较易控制,且运动平稳,制动方便安全,但其轴向行程较大也决定了其受力复杂,刚度要求较高,同时其轴向回转时的制动不稳定,易产生抖动。中空轴式管片拼装机如图4-15(a)所示。

环式管片拼装机轴向行程较小,刚度要求较低,轴向回转时运动平稳,且制动时轴向定位稳定,但是对悬臂梁和总装精度要求较高。环式是空心圆形旋转,即使在驱动中也可以确保作业空间,同时渣土运输作业不受影响照常进行,且具有定位精度高、结构相对简单等特点,主要用于中大型隧道断面管片安装,是目前主要的结构形式。环式管片拼装机如图4-15(b)所示。

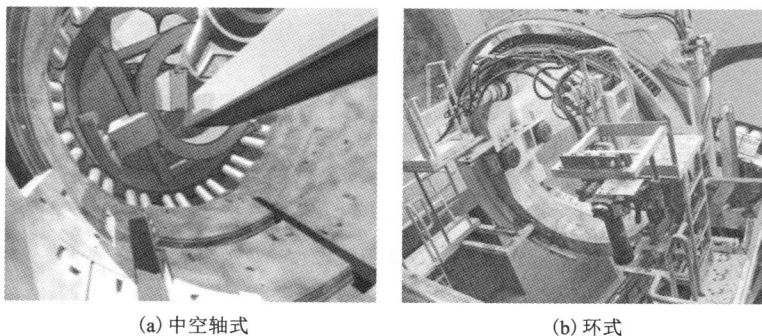

(a)中空轴式　　　　　　　　　(b)环式

图 4-15　管片拼装机形式

(2)管片夹持结构

管片夹持结构有两种形式:机械抓取式和真空吸盘式,如图4-16所示。机械抓取式的抓取结构适用于体积较小、质量较小的管片;对于大直径隧道所用的管片,抓取结构一般采用真空吸盘式,保证管片能够被安全迅速抓取。诸多国家采用真空装置来夹持管片,但是存在很大风险,日本从人员安全程度考虑,不提倡采用真空装置夹持管片。

(a) 机械抓取式　　　　　　　　　　　(b) 真空吸盘式

图 4-16　管片安装机

4. 后配套系统

盾构与后配套设备形成一个施工流水线，任何一个环节上的设备出现问题都直接影响到生产效率。在重视盾构设计选型的同时，也应重视后配套设备的选型。以每环管片掘土量采用一次性出渣为例，对于渣土车、管片车、牵引车及龙门式起重机等盾构后配套设备的选用，既要考虑保证盾构机的正常掘进，又要考虑最大限度地满足各自特点。

（1）渣土车的选用

渣土车是运输渣土的直接载体，设计时应考虑以下几点：①渣土车必须具有一定刚度和强度，以保证在龙门式起重机吊运时不发生变形或断裂；不能设计过重，避免造成龙门式起重机超重。②渣斗和底盘相对独立，使用龙门式起重机吊运时只吊起渣斗，而不会同时吊起底盘。③全部渣土车的容积必须保证一次性装载完每环的掘土量。④渣土车宽度不超过盾构机内部的最大限宽，并留有一定富余量。⑤转弯半径不得大于 25 m。⑥渣土车的长度应结合浆车与管片车共同考虑，整节列车的长度不超过盾构内水平皮带输送机的限定长度。⑦渣土车两侧应分别设计起吊轴和偏心翻转轴，以保证渣土车在龙门式起重机吊出时顺利翻渣。

（2）管片车的选用

管片车是将管片从洞外运到盾构管片拼装结构处的唯一载体。一般设计为每列车两节，每节装三片管片，设计时应注意以下几点：①应同时考虑盾构内部限界尺寸及管片设计尺寸，管片车设计时宽度一般不超过管片设计宽度（我国设计管片宽度有 1.2 m 和 1.5 m）。②管片车上部应设置有专门的橡胶垫，保证管片放置时与管片车柔性接触；橡胶垫位置应适于管片受力，以防运输过程中管片损坏。③针对管片的弧形构造，应将管片车设计成"凹"形结构，以保证最底层管片和管片车充分接触，并应留有管片吊绳抽出的空间。④三片管片应叠放在管片车上，起吊最上面一片管片时，必须能从第二片的最上部顺利通过。⑤转弯半径不得大于 25 m。⑥行走装置应设置缓冲装置，制动可靠。

（3）蓄电池牵引车的选用

蓄电池牵引车是将渣土从盾构运输至吊出井的动力工具，其选用是否得当直接关系到洞内运输能否正常运行。主要考虑以下几点：①蓄电池牵引车必须具备设计的全部运输车全负荷运行的能力。②保证在 35% 坡道上安全起动并牵引整列车正常行驶。③具备电制动、空气制动和手制动三种制动方式。④具有变频装置，以适应不同的工况。⑤配备蓄电池，单次充电应保证 10 km 的运输。⑥蓄电池牵引车和各运输车为统一整体，应对整列车的制动、轨距、连接方式等有整体部署。

5. 龙门式起重机

龙门式起重机是将渣土垂直运输到地面蓄土池的起升设备，主要考虑以下几点：①必须满足满载吊运时的总重量，即包括渣斗自重和满载渣土重量。②根据施工场地的条件限制，自行设计跨距，确定是否采用悬臂结构，但净高一般设计为 8 m 以上，以保证翻渣结构达到 3 m 的正常高度。③根据施工场地条件限制及龙门式起重机中央翻渣和侧面翻渣两种形式，自行选用龙门式起重机平行于盾构掘进方向或垂直于盾构掘进方向的布置方式。④大车行走结构一般采用变频设计，不超过最大行走速度，以保证大车行走平稳。⑤起吊扁担采用自动平衡装置，吊具可拆卸，摘挂方便灵活。⑥设计时还需考点声光报警、防雷、防潮、手动夹轨装置、起升高度限位装置、起重量限位装置、大小车行走限位装置、起升高度显示仪、重量显示仪、避雷针、风速仪、蜂鸣器等。

4.4 盾构选型新技术

4.4.1 刀盘刀具设计与选型技术

刀具设计与选型质量关系到整个盾构隧道工程的成败。盾构刀具设计属于多学科交叉的复杂机械设计问题。以核心破岩刀具——盘形滚刀为例，目前存在多种刀具设计理论与选型方法。在参数轮廓分析法基础上，卞章括（2013）[15] 提出了多地质切削工况下滚刀性能系统评估法及与之相匹配的权重选取策略，可利用遗传算法进行优化求解。针对盾构地质适应性配刀的复杂性与模糊性，通过建立刀具对岩层抗压强度和完整程度这两项地质参数的模糊适应关系及适应性隶属函数，提出了一种基于模糊数学理论的地质适应性选刀方法，如图 4-17 所示。

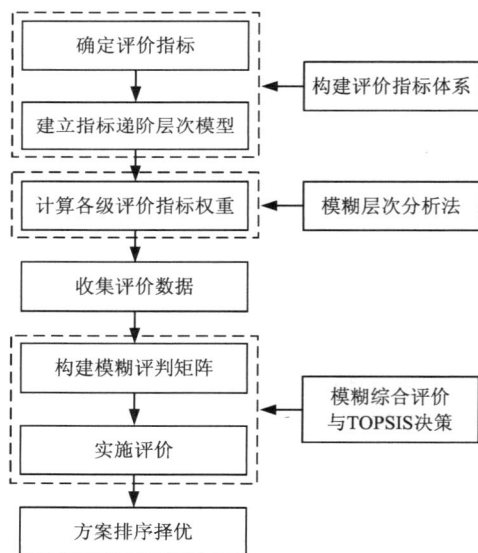

图 4-17 复合式土压平衡盾构刀盘评价过程

1. 数字化设计技术

设备掘进性能在很大程度上取决于刀盘结构形式、刀具类型及布置方式等，而刀具性能直接影响掘进装备的掘进效率和施工成本。因缺乏理论指导和专业辅助设计工具，当前刀盘刀具大多依靠传统经验方法进行设计，其设计效率低、设计质量无法保证。更重要的是，在相似地质条件下，刀盘刀具设计工作重复，其设计经验无法有效积累和借鉴。为此，学术界开发了一系列功能各异的盾构刀盘刀具数字化设计平台。例如，美国科罗拉多矿业学院（colorado school of mines，CSM）基于多年来 LCM（linear cutting machine）试验研究成果，采用二维极坐标系建立了 TBM 刀具布置模型，如图 4-18 所示，可进行刀具布置的优化、掘进性能和刀具寿命与成本的预测，但其计算模型对外保密；中铁隧道局集团盾构及掘进技术国家重点实验室自主开发了"刀盘刀具数字化设计软件"，可实现各种类型刀盘刀具的参数化建模和刀盘优化分析；中南大学在刀盘设计理论及刀盘性能评价方法的基础上，基于 Visual Basic 和 Solid Works 开发了复合式土压平衡盾构刀具 CAD 设计系统，如图 4-19 所示，开发刀盘关键参数计算模块与性能评价模块，使该系统具有刀盘三维建模、关键参数计算以及刀盘性能评价等功能。

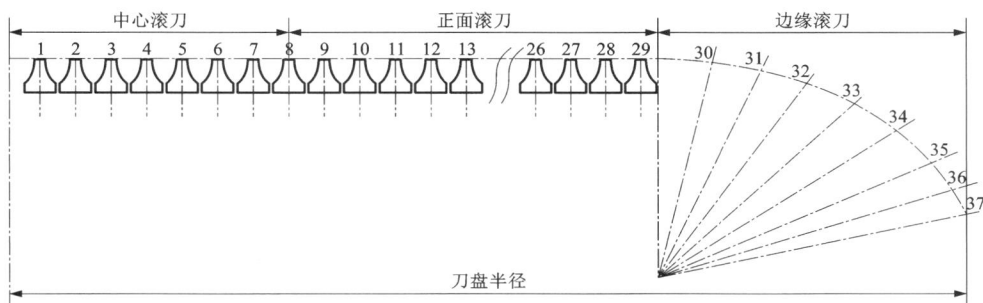

图 4-18　CSM 刀具布置设计模式

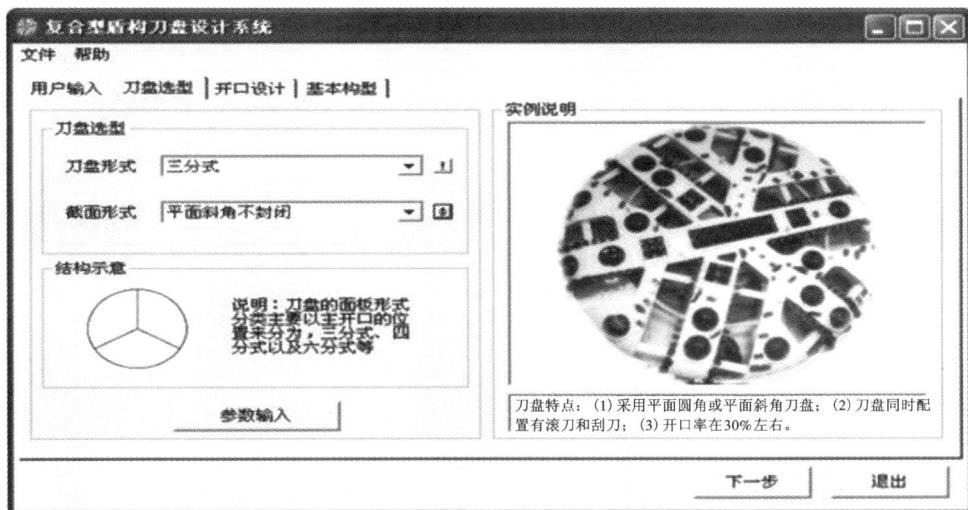

(a) 设计系统主界面

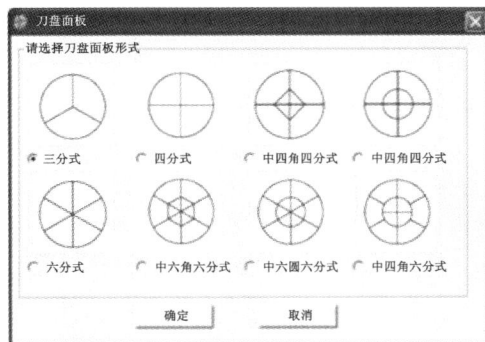

(b) 刀盘面板选择界面

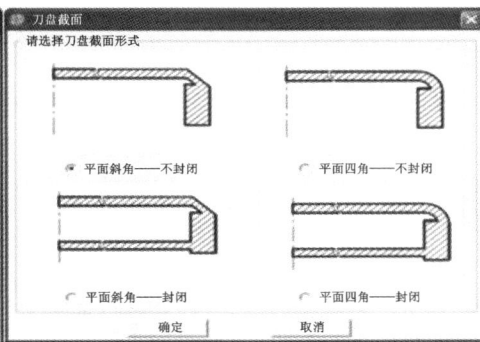

(c) 刀盘截面选择界面

图 4-19　中南大学复合式土压平衡盾构刀具 CAD 设计系统刀盘选型界面

2. 数字化管理技术

刀盘刀具管理系统的实质是对刀具流和刀盘健康信息的跟踪、管理与优化，同时是对换刀检修过程的科学规划。建立一个良性的、闭式循环的数字化管理系统，包括刀具数据描述及存储、定位识别、状态监控以及调度优化等功能，是盾构施工技术中必不可少的核心技术，对有效利用刀具、降低使用成本、减少施工风险和提高施工效率有着十分重要的意义。

4.4.2 刀具新结构及新材料

1. 新的滚刀结构设计

新型滚刀结构设计包括研发能够有效阻隔泥沙侵入、防止密封过早失效的新型刀毂结构；批量化生产防止泥浆渗入的内腔带压型滚刀（如图 4-20 所示）；研制配置内外压力平衡装置的新型高水压（不小于 0.5 MPa）泥水平衡盾构用滚刀（如图 4-21 所示）。此外，盾构刀具将呈现出向两个极端发展的趋势。一方面，将出现体积小、尺寸紧凑又能满足硬岩掘进需求的微型滚刀；另一方面，将出现具有较高破岩能力和磨损性能的大型（20in 以上）多刃滚刀。

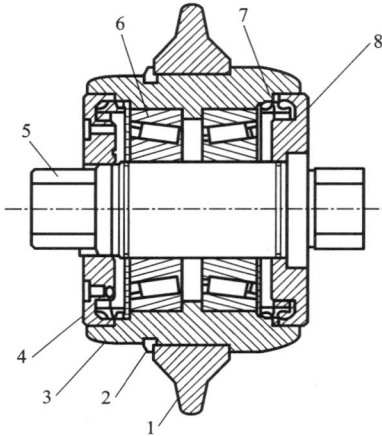

1—刀圈；2—挡圈；3—刀体；4—上端盖；5—刀轴；
6—轴承；7—浮动密封；8—下端盖。

图 4-20　内腔带压型滚刀局部结构示意图[17]

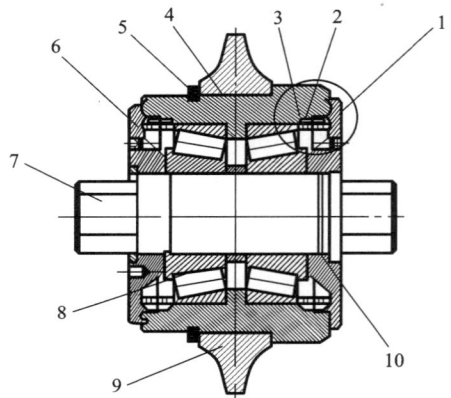

1—右端盖；2—密封圈；3—合金铸铁油封基体；4—轮毂；
5—挡环；6—左端盖；7—刀轴；
8—轴承隔圈；9—刀圈；10—密封环。

图 4-21　配置内外压力平衡装置的新型高水压泥水平衡盾构用滚刀局部结构示意图[18]

2. 刀具新材料研究

我国普遍采用 H13 钢材作为刀圈的首选材料，该类材料为近年来流传颇广的高强度钢材，具有较好的耐磨性，能保障盾构刀具的长效切削性能。而日本、韩国等采用 SKD11（一种高耐磨韧性通用冷作模具钢，可充分延长滚刀使用寿命）制作刀圈，未来将尝试开发出莱氏体模具钢材质的滚刀新刀圈，其为莱氏体钢铁材料基本组织结构中的一种，性能特点是硬度高、脆性大，无论从力学特性还是从性价比来说，莱氏体均是十分理想的刀圈锻造材料。此外，刀具材料制备技术有望从新型硬质合金刀圈（应用于 120 MPa 以上的全断面硬岩和上软下硬复合地层，具有良好淬透性、淬硬性和回火稳定性）、粗晶颗粒硬质合金刀圈（具有良好耐磨性、导热性、抗疲劳冲击性和低热膨胀系数）、新型耐磨堆焊材料（堆焊层组织韧性好，堆焊层裂纹少，焊接性能好）等方面取得突破。

4.4.3　刀具状态检测技术

刀具状态检测技术将侧重向两方面发展：一方面，实时获取刀具磨损量是未来发展趋势。在成本因素的制约下，具有可行性的新型磨损检测技术包括基于超声波传感器的切刀磨损测量技术、基于电涡流传感器的滚刀磨损测量技术、刀具可视化测量技术等。另一方面，未来将开发出用于监测滚刀转动、滚刀受力等其他状态的多用途传感器，实现滚刀长距离状态监测，以便更好地服务于刀盘刀具设计开发工作及掘进参数控制过程。

4.5　常见地层盾构选型实例

盾构选型是否合理关系到盾构隧道工程施工成败，特别是在复杂地层中，合理的盾构选型可以有效提高盾构掘进效率，降低复杂地层处理成本。盾构穿越的常见地层包括富水砂性地层、上软下硬复合地层、砂卵石地层等。以下分别结合两个工程实例，介绍盾构选型重难点和应对措施。

4.5.1　上软下硬地层盾构选型——土压平衡盾构

1. 工程概况

南宁市轨道交通 5 号线总承包 02 标土建 6 标新—广区间位于南宁市西乡塘区，如图 4-22 所示，南起新秀公园站，沿明秀西路向北抵达广西大学站，包括一站一区间。区间由新秀公园站出站后，沿明秀西路向北，在大学明秀路口下穿既有 1 号线广西大学站，最后接入 5 号线广西大学站。区间起讫里程为 YDK20+712.134～YDK22+031.821/ZDK20+588.134～ZDK22+031.821，区间左线总长 1458.433 m，右线总长 1322.928 m，采用盾构法施工。区间设 2 个联络通道，采用冷冻法施工。

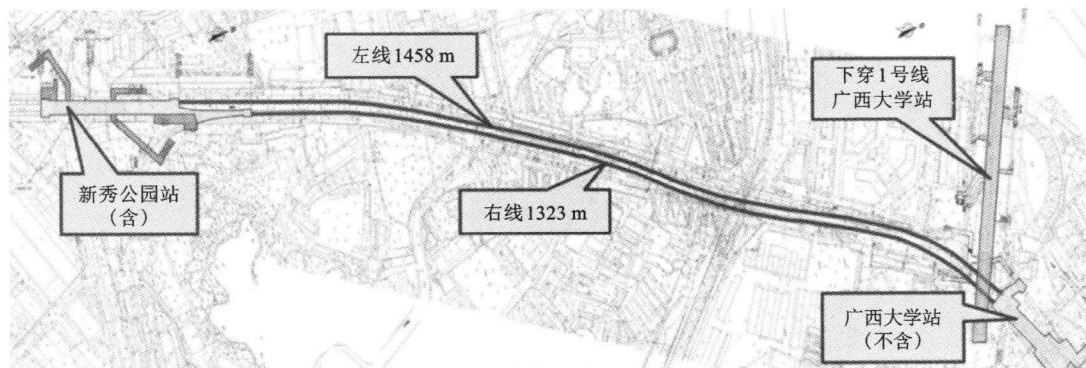

图 4-22　区间平面布置图

2. 地质条件

（1）工程地质条件

本区间范围内主要揭露第四系、古近系及泥盆系地层，包括填土层①、黏性土层②、粉土层③、砂土层④、圆砾层⑤、古近系半成岩的泥岩和粉砂岩地层⑦。本区间隧道地质纵剖面图如图 4-23 和图 4-24 所示，该区间隧道主要穿越地层为②5-2 粉质黏土层、③1 粉土层、

④1-2 粉细砂层、④2-2 中粗砂层、⑤1-1 圆砾层、⑦1-2 和⑦1-3 粉砂质泥岩层以及⑦2-2 和⑦2-3 泥质粉砂层。

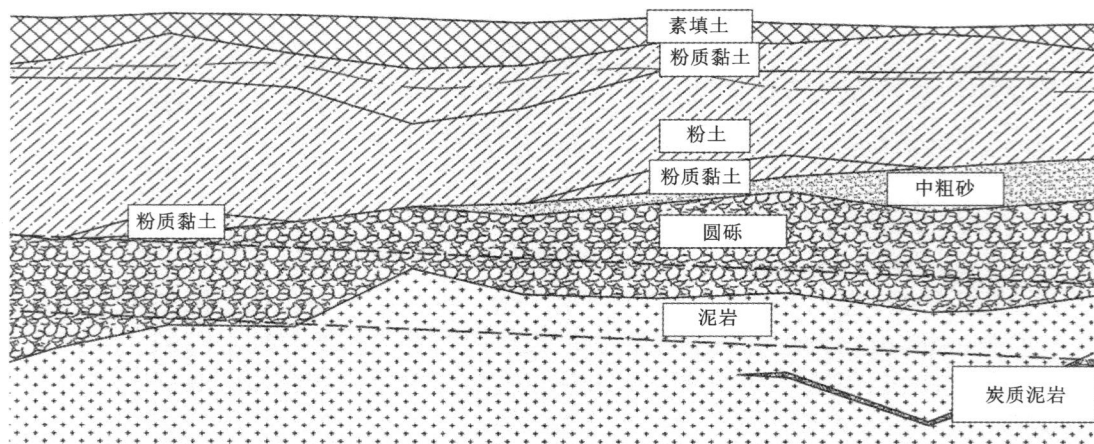

图 4-23 新—广区间左线地质纵剖面图

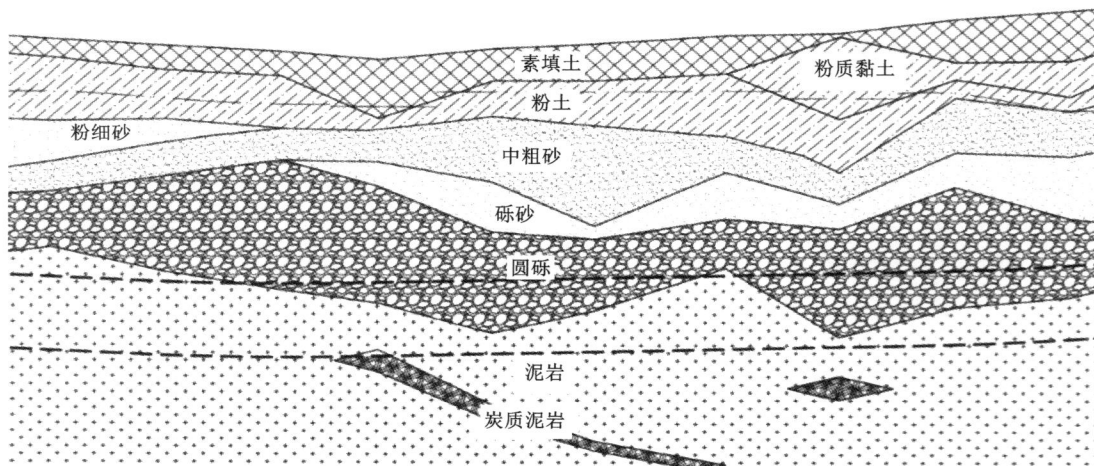

图 4-24 新—广区间右线地质纵剖面图

（2）水文地质条件

本区间地下水类型主要是上层滞水、第四系松散岩类孔隙水、碎屑岩类孔隙裂隙水，地下水主要赋存于第四系砂层、圆砾层中。

本区间工程影响范围内的地下水主要为上层滞水、第四系松散岩类孔隙水、碎屑岩类孔隙裂隙水；地下水类型主要为上层滞水（一）、潜水（二）、承压水（三）。上层滞水主要接受大气降水、农田灌溉和自来水、雨水、污水等地下管线的垂直渗漏补给，排泄方式为大气蒸发及下渗。地下水位的变化受地形地貌、地层岩性、地下水补给来源、气候等因素控制。勘察期间本区间地下水位埋深为 3.50～11.30 m，承压水位高程为 66.53～72.66 m，平均埋深为 5.81 m，平均高程为 68.76 m。圆砾层上部一般为黏性土、粉土层，透水性弱，局部粉砂层黏粒含量较高或夹薄层粉土，透水性变弱，为相对隔水层，隔水层底面有一定起伏。根据抽水试验结果，并综合考虑当地工程经验，各岩土层渗透系数细颗粒土一般为 0.01~0.5 m/d，粗颗粒土一般为 20~70 m/d。

3. 盾构选型重难点

1）盾构长距离掘刀盘刀具的磨损

（1）原因分析

本工区盾构区间较长（左线 1458.433 m，右线 1322.928 m），隧道洞身地层大多位于圆砾层，粉砂所占比例较大，圆砾层黏聚力低，盾构机在圆砾层掘进时，刀盘刀具和螺旋输送机的磨损严重，在掘进过程中降低刀具磨损难度较大。

（2）应对措施

为防止盾构长距离掘进刀具磨损严重无法切削进入素混凝土桩区域，区间掘进采用中铁装备 110 号、111 号盾构机，选用中国中铁 R81#、R82#新制刀盘，开挖直径 6280 mm，刀盘配备 6 把中心可更换撕裂刀（刀高 175 mm）+6 把正面单刃可更换撕裂刀（刀高 175 mm）+16 把正面单刃滚刀（刀高 175 mm）+12 把边缘重型镶斜齿滚刀（刀高 175 mm）+40 把刮刀（刀高 135 mm）+24 把边刮刀（刀高 135 mm）+12 把焊接撕裂刀（刀高 150 mm）+6 把重型保径撕裂刀（伸出量 50 mm）。此外，可以选用以下措施：对盾构机进行针对性设计，根据地质情况选择适合地层结构的刀盘刀具及螺旋输送机，并增强刀圈抗冲击性，增加刀圈有效可磨损体积；根据南宁类似地层的掘进经验，合理调整掘进参数；掘进该段时向仓内添加膨润土等外加剂进行渣土改良，在保证开挖面稳定的同时降低圆砾层对刀盘刀具的磨损。

2）泥岩层盾构掘进

（1）原因分析

泥岩、粉砂质泥岩黏粉粒含量高，盾构机在粉砂质泥岩层掘进过程中可能存在仓内渣土滞排，从而导致渣土堆积，以及刀盘、牛腿和土仓内结泥饼，大大加剧刀具异常磨损，减少刀具使用寿命。

（2）应对措施

①选择合适的盾构机类型，合理配置相应的配套设施。

②加强渣土改良与管理，通过添加泡沫剂等外加剂来防止泥岩层刀盘结泥饼。

③增大土仓冲刷，冲刷牛腿。

④选择合适的掘进参数，尽量避免渣土滞排。

⑤刀盘配置主动搅拌棒，利用好反冲洗模式。

3）盾构开仓施工

（1）原因分析

区间分别在左线掘进 1407 m（即 937 环）和右线掘进 1283 m（即 855 环）后开始下穿 1 号线广西大学站，下穿前区间隧道断面内地质主要为圆砾层或上圆砾下泥岩地层，全程无可开仓换刀点，如何在下穿 1 号线广西大学站之前对刀具进行检查或换刀施工是本工程的难点。

（2）应对措施

①合理配置刀具和选择刀圈，并适当增强刀具耐磨性，尽量避免刀具更换或减少更换数量。标准刀圈材料选用 HRC58~60，通过先进的热处理工艺，使刀圈具有良好的韧性、耐磨性、适应性，适用于单轴抗压强度 20~80 MPa、磨蚀性不高的岩石；选 30 刃宽的宽刀圈。

该刀具材质在南宁地铁 1 号线鹏飞路站—西乡塘客运站区间(黏土及圆砾层)、南宁地铁 3 号线庆歌路站—五象湖站区间(角砾土及中风化灰岩),以及南宁地铁 4 号线良庆圩站—楞塘站区间(粉质黏土及中风化灰岩)均有成功掘进的案例。

②在刀盘上设置液压式磨损检测装置,通过液压油泄漏后的报警及时发现刀盘或刀具的磨损情况。

③充分利用下穿前的三角加固区域对刀具进行开仓检查,待刀盘切入素混凝土桩加固区 3 m 后,对刀具进行常压开仓检查,由于刀盘前方为 M10 砂浆加固区,可规避常规开仓检查刀具时作业掌子面坍塌的风险;若刀具磨损严重需要换刀时,再另行编制开仓换刀安全专项施工方案,并组织专家进行论证后实施。

4. 盾构机针对性选型设计

1) 盾构机主要参数

中铁装备 110 号、111 号土压平衡盾构机型号为 CTE6250,整机总长约 80 m,主机总长为 8388 mm,总重(主机+后配套)约为 500 t;盾构机开挖直径为 6280 mm,刀盘转速为 0~3.7 r/min;最大推进速度约为 80 mm/min;最大推力为 3991 T,适用管片规格[(外径/内径-宽度)/分度](6000/5400-1500)/36°mm。水平转弯半径 250 m;纵向爬坡能力±50‰。

盾构采用液压驱动,被动铰接;螺旋输送机为螺旋轴形式,最大出渣能力为 335 m³/h;管片安装机为中心回转式;采用 VMT 导向系统。

2) 刀盘设计

为了适应圆砾土、粉砂质泥岩层以及需切削四道地下连续墙的地质情况,对盾构机刀盘刀具进行如下布置。

(1) 结构设计

刀盘的基本结构采用准面板结构设计,由 6 根主刀梁、6 个牛腿、6 根牛腿支撑梁以及外圈梁等组成。刀盘整体开口率为 34%,中心开口率为 38%,中心区域的开口较大,刀盘开口率能满足业主招标文件要求。南宁地铁 3 号线五象湖站—平良立交站区间刀盘刀具配置图如图 4-25 所示,仅限于表示南宁地铁 5 号线新—广区间刀盘示意图。

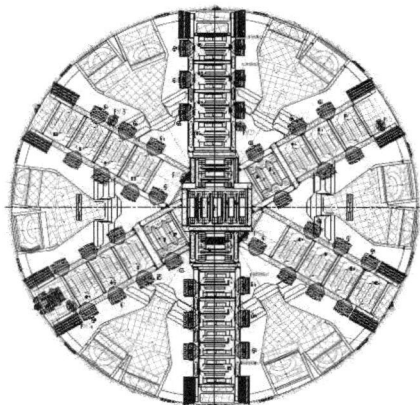 

(a) 构造图   (b) 实物图

图 4-25 原南宁 3 号线五平区间刀盘配置示意图

（2）防泥饼设计

①采用准面板结构设计，由 6 根主刀梁、6 个牛腿、6 根牛腿支撑梁以及外圈梁等组成。刀盘整体开口率为 34%，中心开口率为 38%，中心区域的开口较大。

②刀盘环向牛腿支撑梁在刀盘轴向的高度低于主刀梁，刀盘中心区域开口与周边区域开口贯通，便于中心区域的渣土往周边流动，提高了刀盘径向渣土的流动性。

③为改善中心土仓内渣土的流动性，刀盘及其支撑系统本身应具备一定的渣土搅拌能力，利用刀盘（红色旋转）和承压隔板（蓝色固定）的相对运动进行搅拌，并在隔板加设搅拌棒增强搅拌效果，如图 4-26 所示。

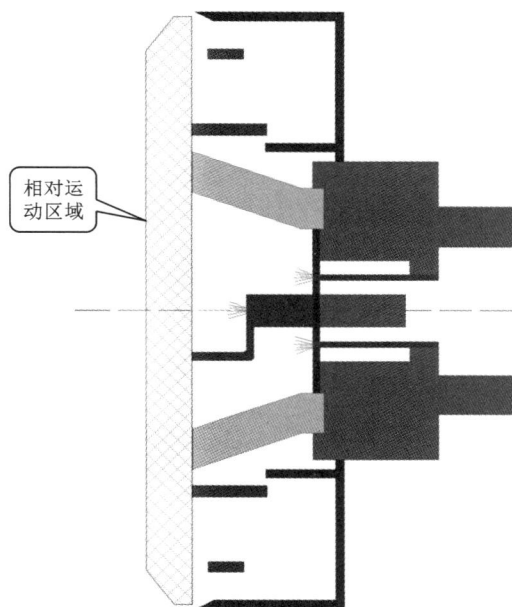

图 4-26　防泥饼设计

④采用外径 ϕ3061 mm 的主轴承，刀盘法兰较大，刀盘中心土仓空间较大。

⑤刀盘管路连接结构采用 L 形梁，L 形梁中心有高压冲水口，配合土仓中心固定隔板上的高压水冲刷口被动搅拌棒，以及土仓中心固定隔板高压水冲刷口，对中心土仓内的渣土进行搅拌和冲刷，能够有效防止土仓中心泥饼产生。

⑥设计 135 mm 高的加强型刮刀，在保证切削和进渣覆盖率的前提下，减少同一根刀梁上刮刀数量，增加同一根刀梁上相邻刮刀之间的间距，便于刀梁上渣土的流动，防止刀梁表面堆积渣土，形成刀梁泥饼。

⑦中心区域刮刀覆盖范围较大，刀盘中心的渣土能顺利地进入土仓，防止中心区域堆积渣土，形成中心泥饼。

⑧刀盘前面板均匀地设计 6 个泡沫注入口，为单管单泵配置，其中 2 路与膨润土共用，具有较强的渣土改良能力，对切削下来的渣土能够进行较强的改良，提高渣土流动性，防止产生刀盘泥饼。

⑨刀盘背部设计 4 根主动搅拌棒，前盾隔板上设计 2 根被动搅拌棒，可对土仓内的渣土进行充分搅拌，提高土仓内渣土的流动性，防止土仓内渣土堆积，形成泥饼。

（3）刀具配置

刀盘配备 6 把中心可更换撕裂刀（刀高 175 mm）+6 把正面单刃可更换撕裂刀（刀高 175 mm）+16 把正面单刃滚刀（刀高 175 mm）+12 把边缘重型镶斜齿滚刀（刀高 175 mm）+40 把刮刀（刀高 135 mm）+24 把边刮刀（刀高 135 mm）+12 把焊接撕裂刀（刀高 150 mm）+6 把重型保径撕裂刀（伸出量 50 mm），如图 4-27 所示。

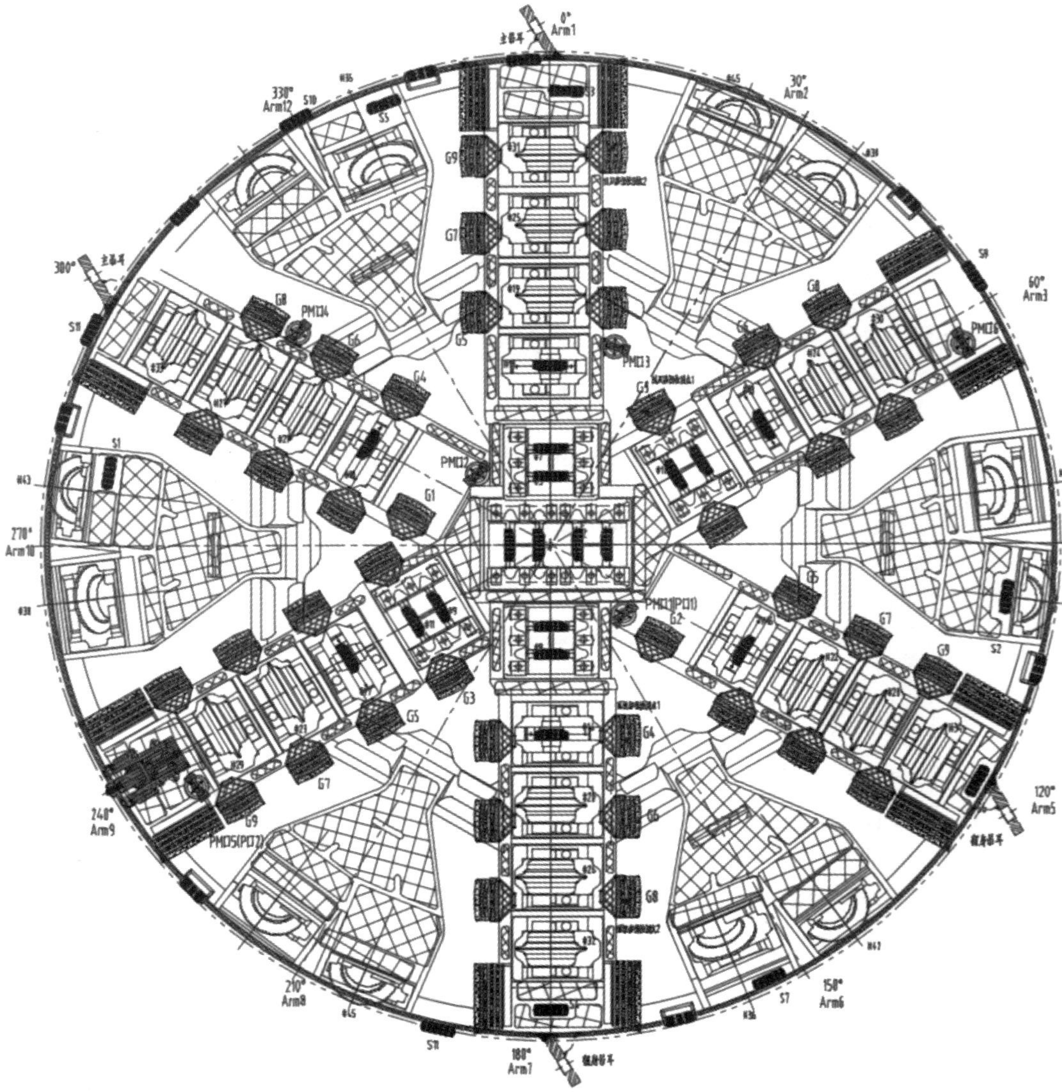

图 4-27　南宁地铁 5 号线新-广区间中铁 R81#、R82#刀盘刀具配置图

(4)磨损检测

刀盘设置有 4 个液压式磨损检测装置,能够通过液压油泄漏后的报警及时发现刀盘刀具的磨损情况。

(5)耐磨设计

刀盘前面板表面堆焊(6.4+6.4)mm 复合钢板,外圈梁外表面堆焊(12.5+12.5)mm 复合钢板,提高刀盘的耐磨性。

(6)临时边刀加高设计

根据施工需要,可以临时加高边刀,扩大刀盘的开挖直径,可适应长距离曲线掘进,加高后单边最大扩挖量可增加 10 mm。

(7)刀盘泡沫及膨润土喷口

刀盘所有管路均布置在背面(设保护),完全堵塞不能清理时可在土仓内更换。喷口可以从刀盘背面抽出,完全损坏或阻塞不能疏通时可在土仓内抽出维修或更换,如图 4-28 所示。

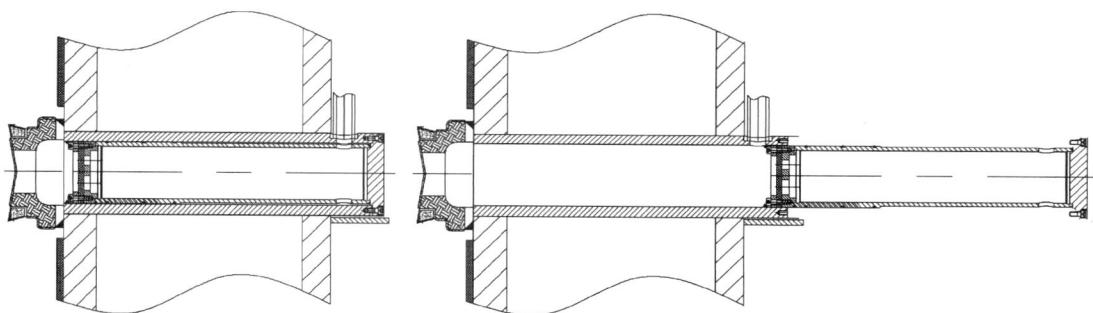

图 4-28　更换喷口示意图

3)盾构机其他系统设计说明

(1)前盾

前盾由壳体、压力隔板、主驱动连接座、人仓连接座、螺机连接座和连接法兰组成,前盾直径设计为 φ6250 mm。

前盾切口焊有 5 mm 耐磨层,增加耐磨性。为了改善渣土的流动性,土压仓内隔板上设有 4 个搅拌棒,搅拌棒表面用耐磨焊条堆焊,增加耐磨性。

前仓压力隔板布置有风、水、电接口,方便带压进仓换刀时使用。

(2)主驱动

主驱动采用中间支承方式,可防止中心泥饼产生。为使渣土具有良好的流动性,刀盘支撑系统采用中间支承方式,利用刀盘(旋转)和承压隔板(固定)的相对运动进行搅拌,若在隔板适当位置加设搅拌棒可以增强搅拌效果。同时,配置中心冲刷装置,可有效防止中心泥饼的形成。

(3)中盾

中盾和盾尾之间设计有两道密封,一道为橡胶密封,另一道为紧急气囊密封。在正常情况下,橡胶密封起作用。在涌水或橡胶密封损坏需要更换时,使用紧急气囊密封。通过调节调节块的螺栓可以调节橡胶密封的压缩量,从而调节中盾与尾盾之间的密封间隙。

（4）盾尾

盾尾由铰接密封环和壳体组成，壳体直径 ϕ6230 mm，盾尾长度为 3890 mm，壳体厚度为 50 mm。

所有注浆及油脂管路都镶嵌在盾壳上。每根注浆管均留有 2 处观察孔，以利于管路保护、清洗和维修。注浆管共 10 根，其中 6 根备用。油脂管数量 12 根，各 6 根通向 2 个尾刷密封室。

尾刷密封由 3 排焊接在壳体上的密封刷组成，防止注浆材料和水漏进盾体内部，在土压平衡时还有保持其各自压力的作用。

盾壳内壁与管片外壁之间的间隙厚度为 30 mm，满足安装管片及调向要求。盾尾尾部有 1 排止浆板，耐磨钢板制成的止浆板可以防止砂浆填充到盾体前部，也可以防止盾体前部的泥浆影响注浆效果。

（5）螺旋输送机

采用 800 mm 内径轴式叶片螺旋输送机，最大通过粒径为 300 mm×560 mm。采用中心周边驱动，第一节螺旋采用五组驱动，最大扭矩为 210 kN·m，最高转速为 25 r/min。其耐磨设计为叶片轴前部外圆焊耐磨块。前盾内筒体采用可更换衬套设计，当磨损严重时，可进行更换；螺旋输送机筒体前段底部采用可更换的耐磨窗，磨损严重后可以更换，如图 4-29 所示；防喷涌设计将节距由常规 630 mm 调整为 550 mm，节距数为 19 个，同时配置双出渣闸门，可有效防止喷涌，如图 4-30 所示。

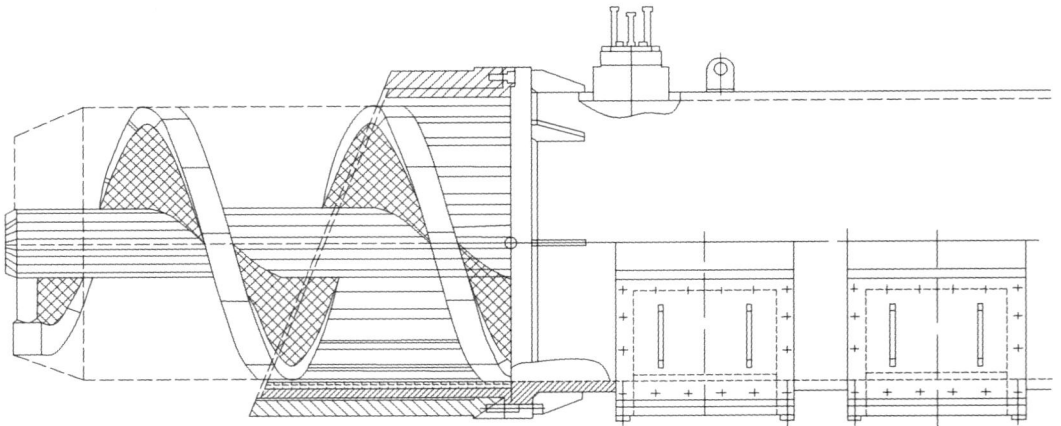

图 4-29 耐磨设计

（6）推进及铰接系统

采用单、双缸均布，共 30 根油缸，分成四组。上下左右各组分别为 7 根、7 根、8 根、3 根油缸，通过调整每组油缸的不同推进速度对盾构进行纠偏和调向。每组油缸安装了一个内置行程传感器。通过这 4 根均布的带传感器的油缸行程，可以判断此时盾构的掘进姿态。推进行程满足安装 1500 mm 宽度管片。

盾构采用被动铰接形式，铰接油缸共 18 根，最大铰接拉力为 1200 T。在曲线段掘进时，盾尾自动随管片调整姿态，在 4 个不同位置的铰接油缸配置了内置位移传感器，用来监测圆周方向不同位置的铰接油缸行程。铰接系统满足极限 250 m 的曲线半径要求。

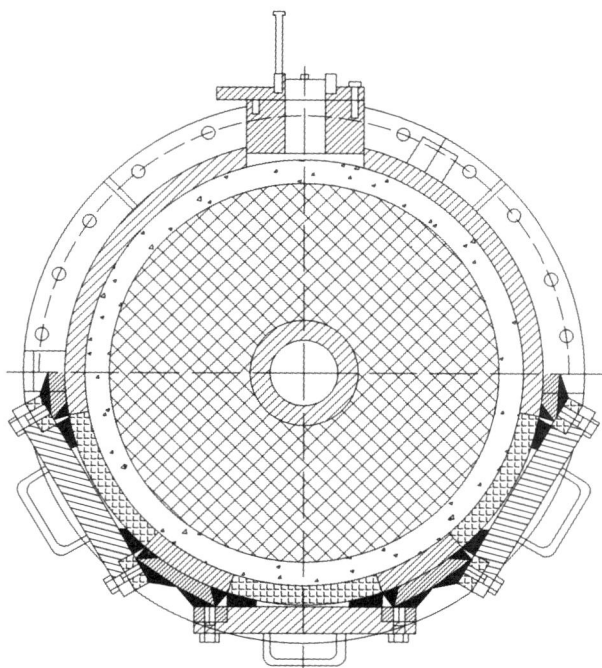

图 4-30　防喷涌设计

(7)注浆系统

配置 2 个注浆泵,每个泵有 2 个出口,注浆系统使用 4 根注浆管。为了实现自动注浆的功能,在管路的注入端安装了压力传感器,用于检测注浆压力。

同步注浆系统控制:同步注浆系统操作可分为手动与自动两种方式。在管路上配置有专用水、气清洗装置,安装在设备桥下,当需要冲洗时,可分别向前和向后冲洗注浆管路。预留二次注浆泵安装位置,可供管片背部二次注浆及超前注浆使用。

(8)泡沫、聚合物注入系统

泡沫系统中泡沫原液通过原液泵注入带有搅拌装置的泡沫混合液箱,在泡沫混合液箱中泡沫原液和水通过一定比例形成泡沫混合液,混合液通过 3 个混合液泵泵送到泡沫发生器,在泡沫发生器里泡沫混合液与空气混合形成泡沫,泡沫通过管路注入刀盘上 3 个泡沫喷口、土仓及螺旋输送机需要改良的位置。其中,原液泵通过变频控制混合液中泡沫的百分含量,以适应不同的地质需要。每路的泡沫注入量通过变频控制混合液泵来实现,根据渣土情况、压力要求,调节控制泡沫注入量。

泡沫混合液通过泡沫混合液泵的频率调节流量,压缩空气的流量由流量传感器进行检测,PLC 控制电控阀门的开度,得到最佳的混合比例。泡沫发生器出来的泡沫压力由压力传感器进行检测,反馈到 PLC,使泡沫的注入压力低于设定的土压力。泡沫系统根据客户的使用习惯和不同要求,系统设置了手动、半自动、自动控制方式。

(9)膨润土注入系统

膨润土系统在拖车上提供了用于存放膨化好的膨润土溶剂的罐,罐的容积是 6 m³。膨润土溶剂通过 2 台挤压泵注入刀盘、土仓、螺机需要改良渣土的位置。刀盘设置的注入口是 1 路 1 泵,用来加强注入效果。每路装有压力传感器和流量计来分别检测压力和流量。每路的开断通过气动球阀实现,按钮设置在主控室。系统设置盾壳膨润土注入装置,注入位置是前中盾各 6 路,每路可单独注入也可循环注入。

4.5.2 下穿水体盾构选型——泥水平衡盾构

1. 工程概况

杭州市望江路隧道工程北起上城区规划秋涛高架—望江东路接地点,下穿钱塘江,南至滨江区江南大道—江晖路交叉口,全长 3587 m。其中越江段采用盾构法施工,盾构隧道左线长约 1837 m,右线长约 1830 m,从江南工作井始发,向北掘进下穿钱塘江后,到达江北盾构工作井拆卸吊出。

2. 地质条件

(1)工程地质条件

盾构段主要位于钱塘江水域内,盾构主要开挖层为淤泥质粉质黏土夹粉砂、淤泥质粉质黏土、砂质粉土夹淤泥质粉质黏土、粉质黏土、粉砂和圆砾,穿越土层软硬不均,盾构隧道土层自上而下土颗粒呈由细渐粗式变化,土层特性差异性较大。圆砾层粒径一般为 0.5~3.0 cm,最大为 10 cm 以上,次圆状为主,个别为次棱角状,含量为 55%~60%,长度约为 600 m,最大切入深度约为 7.5 m。盾构段含圆砾层厚度超过 20 cm 的长度约为 540 m,该段主要穿越淤泥质粉质黏土、淤泥质粉质黏土夹粉砂、粉质黏土、粉砂及圆砾;江北右线盾构开挖范围存在抛石,抛石沿隧道纵向分布长度约为 30 m。江中段存在沼气层,一般压力为 0.05~0.2 MPa。江南 YK2+650 附近揭示有面积较大的暗塘,其余地点呈零星分布状,早期为钱塘江河口冲积形成滩地,经后期人工围垦成鱼塘,且面积较大,现均已回填,局部在回填时未清淤,形成暗塘,力学性质极差。

(2)水文地质条件

场地环境的地下水类型主要分为第四系松散岩类孔隙潜水、第四系松散岩类孔隙承压水和基岩裂隙水三类。其中孔隙潜水为大气降水竖向入渗补给及地表水体下渗补给,钱塘江中段水体与潜水水力联系密切,江水构成了潜水含水层的补给源。地下水位随季节气候及钱塘江水位动态变化明显,据区域资料,动态变幅一般为 1~2 m。勘察期间实测潜水位埋深为 1.30~4.50 m,相对标高为 3.44~5.72 m,平均水位标高为 4.80 m。孔隙承压含水层顶板标高为 -41.30~-18.55 m,厚度大于 25 m,透水性良好,沿线全场均有分布,为钱塘江古河道。裂隙水主要受侧向补给和上部承压含水层下渗补给,径流缓慢,向下游排泄,结合本场地地貌类型为平原区的特征分析,基岩裂隙水水量微弱,对本工程意义不大。

3. 盾构选型重难点分析

(1)对粉质黏土及圆砾地层的适应性要求

本标段盾构施工所穿越地层主要为淤泥质粉质黏土夹粉砂、淤泥质粉质黏土、粉砂、粉质黏土、含砂粉质黏土、圆砾层。粉质黏土层黏性大,易堵塞泥水管路,出渣困难;粉砂及圆砾地层透水性强,在盾构施工扰动下易产生流沙。应针对该隧道地层特征,选用适合该隧道地层特征的盾构机型及盾构刀盘。

盾构设计应重点考虑以下方面:①刀盘刀具、泥浆管路的高耐磨性,刀盘刀具磨损自动监测功能。②合理的刀盘刀具设计，恰当的刀盘开口率，合理的开口位置。③盾构本体在高水压状态下的防水密封性能，同步注浆系统能适应高水压。④带压进仓的功能。⑤盾构排泥吸口刀盘中心及面板正面配置冲刷系统，确保排渣顺畅。⑥泥水分离系统应具备压滤功能，实现泥水"零污染"排放。

（2）适应高水压的要求

由于盾构段水头压力较高，盾构施工时易引起突发性涌水和流砂，导致突然塌陷。隧道底部最高水压力为 0.45 MPa，这对泥水平衡盾构机的主轴承密封、盾尾密封、排泥泵以及隧道排水都有很高的要求，因此盾构设计应重点考虑以下能力：①密封性能较高，能在高水压条件下安全推进。②盾尾止水性能强，能有效防止突发性涌水现象的发生。

（3）盾构穿越抛石或其他孤立异常体地层施工

根据地勘报告，江北在线 YK1+055～YK1+070.8 地下障碍物为抛石或其他孤立异常体，障碍物标高约为-9.7 m；YK1+162.5～YK1+174.4 段地下障碍物主要为抛石和其他孤立异常体，障碍物标高在-5.5 m 左右，障碍物埋深最大处的底板标高均落入隧道盾构施工位置。如何减小抛石或其他孤立异常体对盾构施工的影响是本工程施工的难点，盾构设计应着重考虑以下方面：①合理的刀盘刀具配置，确保刀具能够对一般粒径的抛石进行破碎。②考虑设置碎石机对粒径较大的抛石或障碍物进行破碎，有效防止堵管情况的发生。③刀盘刀具的磨损检测功能。

（4）盾构在含沼气地层中施工及潮汐影响

根据地质详勘报告，隧道范围内江中与江南段存在浅层沼气，浅层沼气主要赋存于 YK2+100 以南线路，南北陆域段未发现沼气溢出，沼气主要在钱塘江主航道附近勘探点零星外溢，个别有短暂井喷现象，压力一般为 0.05～0.17 MPa。盾构掘进过程中存在遭遇沼气的问题，如何确保盾构穿越沼气段施工人员、设备的安全，是本工程施工控制的重点，盾构设计应着重考虑以下方面：①仓内气体检测装置；②盾构在沼气地层中的密封性能，防止沼气泄入隧道；③隧道内的通风、检测要求。

4.盾构选型

1）盾构机选型

泥水平衡盾构机能适应粉质黏土、粉细砂层、卵石、圆砾和砂砾层等各种地层，通过泥浆在开挖面形成泥膜有效抵抗水土压力，开挖渣土通过泥浆管路输送，出渣效率高，避免了涌水涌砂现象的发生。采用泥水平衡盾构机最适应杭州市望江路过江隧道的地质情况和水文情况，可以确保工程施工安全可靠。

2）刀盘布局

刀盘的结构如图 4-31 所示。刀盘是软土型刀盘，刀盘表面和开口部位焊接有耐磨层，外圈焊接有耐磨板。通过刀盘旋转，挖出的渣土从刀盘的开口导入土仓。为了维持对掌子面的良好机械支撑，刀盘的开口率设计为 33%，中心部位的中心冲刷系统将渣土冲入开挖仓以防止中心部位黏结泥饼。刀盘开口部分设计为便于流动的楔形结构，开口逐渐变大，以利于渣土流动。在刀盘背面的支撑臂和搅拌臂将注入的泥水和开挖渣土在刀盘后面进行充分搅拌。

刀盘通过法兰安装在主轴承的内齿圈上，通过变频电机驱动。刀盘设计为双向旋转，其转速可无级调节。为了换刀作业的安全，所有刀具都采用背装式，可以在刀盘背面进行更换。

刀盘

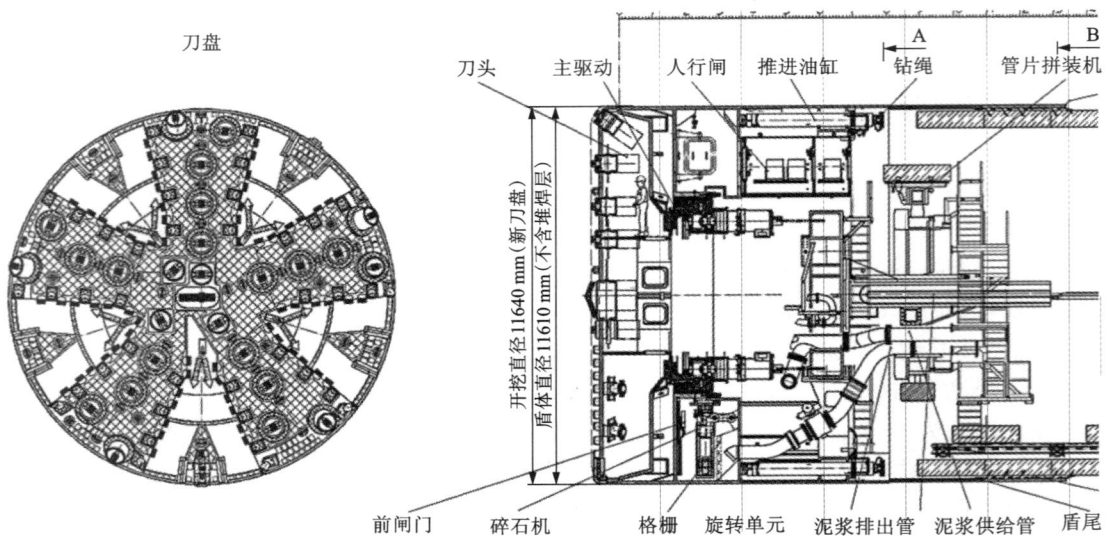

图 4-31　刀盘结构示意图

3）刀具配置

（1）撕裂刀（先行刀）

撕裂刀（先行刀）共安装 20 把可更换先行刀、31 把固定焊接式先行刀，超前刀盘 175 mm，超前刮刀 25 mm，撕裂刀切削地层，对卵石、圆砾、砾砂地层进行破碎，使其失去整体性，方便刮刀开挖，对刮刀起保护作用。每把撕裂刀的切削宽度为 60 mm，切削宽度较窄，可以使撕裂刀在卵石、圆砾、砾砂地层中具有更高的切削效率。撕裂刀按刀盘双向转动设计。

（2）刮刀

刮刀布置在辐条两侧，超前刀盘 150 mm，安装 118 把。刮刀用于切削未固结的土层，并把切削土渣刮入土仓中。刮刀的切削宽度为 100 mm，采用双层碳钨合金刀刃以提高刮刀的耐磨性，双层刀刃的最大磨损高度为 64 mm（2×32 mm）。在第一层刀刃磨损了之后，第二层可以代替第一层继续发挥作用，刮刀背部设有双排碳钨合金柱齿。在不同区域的 3 把刮刀上配备有磨损量检测装置，能够及时掌握刀具的磨损情况，保证刀具正常工作。

（3）铲刀

铲刀安装在刀盘的外圈，安装 10 把，铲刀采用单层碳化钨合金齿和双排碳钨合金柱齿，以确保刀具的高耐磨性，确保在连续掘进 1837 m 后，刀盘仍然有一个正确的开挖直径。

4）盾构主机

（1）盾壳

盾壳结构设计可以承受 10 bar[①] 静态和 7.5 bar 动态的流体压力。盾壳由钢板焊接制成，盾体各个部分均用螺栓组装。

---

①　1 bar=0.1 MPa。

（2）主驱动

主驱动包括主轴承、变频电机、减速箱和安装在后配套拖车上的变频控制柜。主轴承有内外两套密封系统，如图 4-32 所示，外密封采用 4 道唇形密封+1 道迷宫密封的形式，密封系统具有自动润滑、自动密封、自动检测密封的功能。内密封采用了优化的设计方案，不像传统设计一样在开挖仓内直接面对土压力，而是缩回盾构机内部，与刀盘中心空腔相接触，大大提高了内密封的安全性，因此内密封采用 2 道唇形密封。

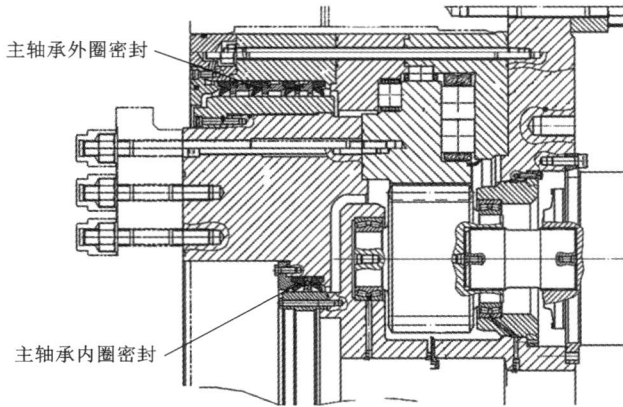

图 4-32　主轴承密封示意图

（3）盾尾密封

为了提高盾尾的止水性，盾尾密封采用 4 道钢丝刷密封，如图 4-33 所示。并在盾尾设计 1 道膨胀应急密封，当钢丝刷密封正常时，该密封收缩在盾尾的沟槽里，不起密封作用。当钢丝刷密封失效时，通过充气使该密封膨胀，将管片外侧与盾尾内侧的间隙完全密封，以防地下水、沼气从盾尾漏入隧道内，并且可在隧道内安全更换前 2 道钢丝刷密封。

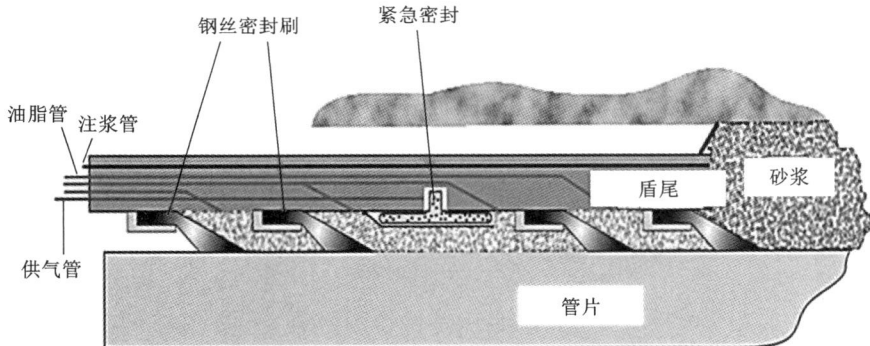

图 4-33　盾尾密封示意图

（4）推进系统

推进系统提供盾构机向前推进的动力，包括推进油缸和相应的液压泵站。推进油缸按照在圆周上的区域分为 6 组。每组油缸均有单独的压力调整，为使盾构机沿着正确的方向开挖，操作手可以单独调整 6 组油缸的压力和行程，对盾构机进行纠偏和调向。6 组推进油缸装有行程测量检测器，推进速度通过控制按钮在主控室进行调整。管片安装过程中，正在安装管片的对应油缸缩回，其他油缸的撑靴保持压紧状态以足够的推力与管片接触，以防盾构机后退。

（5）碎石机

区间盾构隧道施工时可能会遇到卵石或石块，而排泥泵允许通过的最大粒径为 200 mm，因此必须对较大的石块进行破碎处理。在泥水仓底部的排泥管前部安装液压驱动的颚式破碎机，如图 4-34 所示，对较大的砾石进行破碎。颚式破碎机由重型油缸驱动破碎颚，破碎颚的破碎齿可更换，并且可实现自动润滑。在破碎机的出料口安装有 180 mm ×180 mm 间隔的隔栅，以确保不会有大直径石块进入排泥管道。为避免堵管，在破碎机的

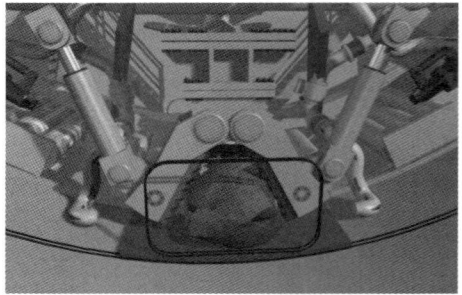

图 4-34　颚式碎石机示意图

出料口旁边安装两支泥水冲洗管。在泥水平衡仓的隔墙上设置安全闸门，关闭闸门后，可在常压下检修破碎机。

（6）管片拼装系统

管片拼装系统主要由管片吊机、管片输送机、管片安装机、升降平台等组成，采用真空吸盘式管片吊机和管片安装机，如图 4-35 所示。管片安装机由两个主要部件组成，用以支撑管片抓取装置的固定框架和用以支撑旋转和提升装置的转动体。转动体由液压齿轮马达和小齿轮驱动，在固定于拼装机定子上的环形齿圈上转动。管片拼装机的所有运动均为液压驱动，采用无线控制。

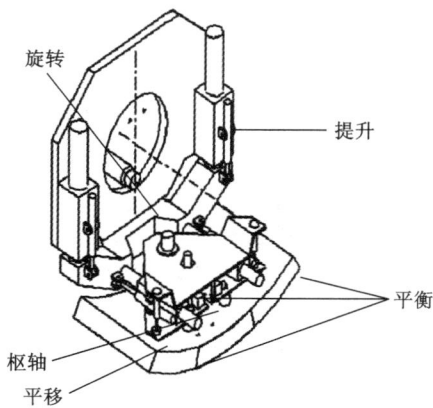

（a）结构图　　　　　　　　　　　（b）实物图

图 4-35　真空吸盘式管片安装器

（7）同步注浆系统

根据类似工程施工经验及本标段区间地质情况，采用单液浆注浆系统。后配套拖车配有砂浆罐和 3 台注浆泵，在掘进过程中，砂浆罐中的砂浆通过注浆泵从盾尾压入管片的背部缝隙中。注浆泵为双活塞式，如图 4-36 所示。

图 4-36　双活塞式注浆泵

（8）气体检测装置

因泥水平衡盾构遇到沼气，除部分沼气可能随泥水排出外，大量沼气会聚集在开挖仓顶部，进而导致开挖仓顶部没有泥浆护壁而失稳，且当有异常情况需人员带压进仓作业时，开挖仓内的沼气将威胁进仓人员的生命安全。因此本工程盾构机需在开挖仓内设置气体检测装置，并设置专用排气装置，该装置可安全、低流量地将富集在开挖仓顶部的气体排出，并进行无害化处理。另外，盾构机中盾、1#台车、2#台车需配置气体自动检测报警装置。并配置手持式气体检测仪，穿越沼气地层时每隔 2 h 对盾构机进行一次全方位检测，并保证隧道通风。

思考题

1. 盾构选型的依据有哪些？
2. 土压平衡盾构机和泥水平衡盾构机各自特点及适用条件有哪些？
3. 土压平衡盾构刀具类型有哪些，其布置有何要求？
4. 土压平衡盾构刀盘类型及其适用情况有哪些？
5. 盾构出渣系统有哪些，其特点及适用条件是什么？
6. 请采用文献调研等方式，收集砂卵石地层、基岩突起地层等任意一种特殊地质条件下盾构选型资料，并提出优化建议。

参考文献

[1]　肖明清. 国内大直径盾构隧道的设计技术进展[J]. 铁道标准设计，2008(8)：84-87.
[2]　李继超. 南宁地铁盾构选型分析[J]. 工程技术研究，2019，4(4)：123-124.

［3］　洪开荣，等.盾构掘进关键技术［M］.北京：人民交通出版社，2018.

［4］　日本地盘学会.盾构法的调查·设计·施工［M］.牛清山，陈凤英，徐华，译.北京：中国建筑工程出版社，2008.

［5］　吕善.盾构选型及综合施工技术研究［D］.石家庄：石家庄铁道大学，2017.

［6］　TAH J H M, CARR V. Towards a framework for project risk knowledge management in the construction supply chain［J］. Advance in Engineering Software，2001（32）：835-846.

［7］　李潮.砂卵石地层土压平衡盾构关键参数计算模型研究［D］.北京：中国矿业大学（北京），2013.

［8］　宋云.盾构机刀盘选型及设计理论研究［D］.成都：西南交通大学，2009.

［9］　杨书江，孙谋，洪开荣.富水砂卵石地层盾构施工技术［M］.北京：人民交通出版社，2011.

［10］　刘建国.深圳地铁盾构隧道施工技术与经验［J］.隧道建设，2012，32（1）：72-87.

［11］　林赟觃.土压平衡盾构机刀盘开口特性及刀具布置方法研究［D］.长沙：中南大学，2013.

［12］　丁志诚，张志勇，白云.广州地铁隧道施工中的盾构选型及盾构改进应用［J］.岩石力学与工程学报，2002（12）：1820-1823.

［13］　刘晓文，唐小萍，李术希，等.广州地铁5号线急转弯段盾构掘进及管片选型［J］.施工技术，2010，39（9）：47-49.

［14］　郑晓燕.盾构技术在城市地铁施工中的应用研究［D］.哈尔滨：哈尔滨工程大学，2007.

［15］　卞章括.复合式土压平衡盾构机刀盘性能评价方法研究［D］.长沙：中南大学，2013.

［16］　卜壮志.盾构螺旋输送机系统的检测分析及对策研究［D］.石家庄：石家庄铁道大学，2017.

［17］　谢俊杰，唐欢，谢杏林.刀体内腔带压的盘形滚刀［P］.湖南：CN202441384U，2012-09-19.

［18］　刘敏，甘威，赵建斌.一种适用于高水压高土压环境下的盾构滚刀［P］.湖南：CN202483584U，2012-10-10.

第 5 章

盾构隧道衬砌结构形式及设计

5.1　盾构隧道衬砌类型与材料

盾构隧道自身筒状的结构物即衬砌，属于永久性结构物。衬砌在隧道建设期需适应施工条件(施工便利性、千斤顶推力、壁后注浆压力)，建成后承受着围岩压力，确保内部建筑空间充足，同时满足使用性能与耐久性能的要求。盾构隧道衬砌可分为单层衬砌和双层衬砌：①单层衬砌，是在盾尾内一次拼装组成的，施工中起到支撑围岩和承受盾构推力的作用，成环后成为永久性结构；②双层衬砌，包括一次衬砌和二次衬砌，其中一次衬砌结构与单层衬砌结构相同，二次衬砌通常是用来提高结构的刚度、加强管片防水和防锈的能力，起到装饰内部的作用，还可以作为防振措施。

我国盾构隧道通常采用单层衬砌结构，其受力性能和耐久性等均可满足隧道的建造与运营要求，且单层管片衬砌的施工工艺单一、工程周期短、投资小、防水效果可控。盾构隧道单层衬砌沿隧道轴向(纵向)一定长度(通常为 1~1.5 m)的一段环状物称为管环；把管环沿周向分割成 n 块弧状板块即为管片。为了提高盾构隧道的构筑速度，通常管片是事先在工厂制作好的预制件，在构筑隧道结构时运至现场拼装为管环。

5.1.1　盾构隧道衬砌结构类型

盾构隧道衬砌有预制装配式衬砌、双层衬砌以及挤压混凝土整体式衬砌三大结构类型。预制装配式衬砌是指用工厂预制的构件(管片)，在盾尾拼装而成。双层衬砌是为了防止隧道渗水和衬砌腐蚀，修正隧道施工误差，减少噪声和振动以及作为内部装饰，在装配式衬砌内部再做一层整体式混凝土或者钢筋混凝土内衬。挤压混凝土衬砌(extrude concrete lining, ECL)就是随着盾构向前推进，用一套衬砌施工设备在盾尾同步灌注混凝土或钢筋混凝土整体式衬砌，因其灌注后即承受盾构千斤顶推力的挤压作用，故称为挤压混凝土衬砌[1]。

1. 装配式管片结构

装配式管片结构又称为预制装配式衬砌。随着盾构机械的发展及工程建设的需要，现浇混凝土技术不能满足盾构掘进的施工要求，预制装配式衬砌应运而生，其在盾构法施工中能够较好地保证管片质量并提高施工速度。

装配式管片结构是盾构施工的主要装配构件，是隧道的内层屏障，承担着抵抗土层压力、地下水压力以及一些特殊荷载的作用。装配式管片一般采用高强度抗渗混凝土生产，保证其可靠的承载性能及防水性能，主要依靠成品管片模具密封浇筑混凝土后即可成型。单层装配式管片结构如图 5-1 所示。

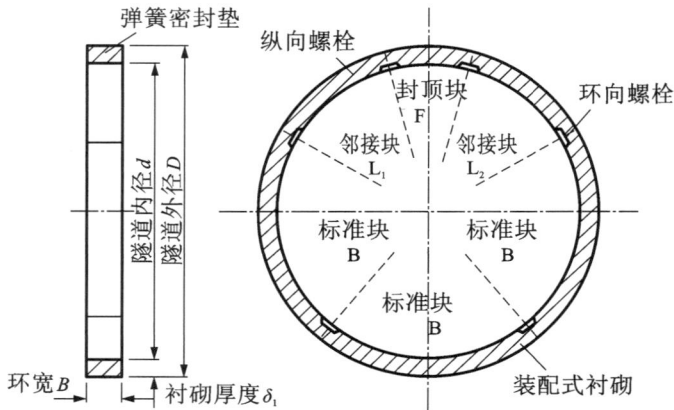

图 5-1 单层装配式衬砌圆环

装配式管片结构的主要作用可以总结如下：
①足够安全地承受作用于隧道上的荷载。
②具有适用于隧道使用目的的功能。
③具有适合于隧道施工条件的结构形式。

因为管片是靠主梁、面板、纵肋和接头板等来支承外部荷载，所以设计时需要分步考虑，此外还需考虑隧道在急弯段管片的设计，以及地震对盾构隧道的影响。

2. 管片层+现浇层衬砌结构

当盾构隧道仅靠一次衬砌管片难以达到隧道的使用目的时，可通过在管片内侧浇筑混凝土二次衬砌来满足设计的功能[2]。二次衬砌的目的虽因隧道用途和管理部门的意愿而有所不同，但在多数情况下还是按照能满足其使用目的与功能要求加以实施的。如广深港客运专线越珠江的狮子洋隧道二次衬砌的目的是防火、防碰撞，考虑到该隧道是高速铁路隧道，施作二次衬砌也可以加强洞口软弱段的管片衬砌整体刚度，减小列车荷载带来的振动效应。隧道主体结构是一次衬砌管片，二次衬砌多用于管片补强、防蚀、防渗、矫正中心线偏离、防震、使内表面光洁和装饰隧道内部等，如图 5-2 所示[3]。盾构隧道采用二次衬砌的作用主要分为两大类，如表 5-1 所示。

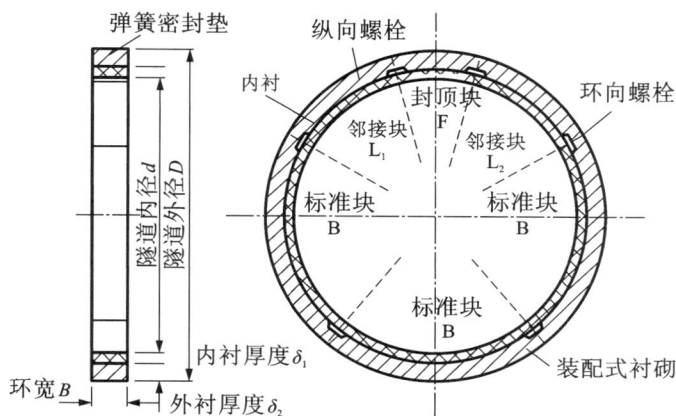

图 5-2　双层衬砌圆环的构造

表 5-1　盾构隧道采用二次衬砌的作用

考虑受力类型	作用	说明
不考虑承载	管片的加固	从长期的角度防止管片变形与老化
	管片的防腐	
	隧道的防水和止水	隔离管片内外环境
	隧道内表面平整	降低糙率、装饰
	隧道的蛇形修正	使用要求
	减小隧道振动	铁路隧道应考虑
	防碰撞、防火	重要隧道特殊考虑
考虑承载	承担内压	输水、油等隧道
	修建隧道附属结构荷载	输水隧道岔道 交通隧道联络通道
	分担后期新增荷载	有内压隧道
	分担局部荷载	
	增加隧道轴向刚度	防止不均匀沉降、抗震

　　随着二次衬砌的应用越来越多，其施作时间也成为广泛关注的问题。施作时间与自身的结构内力和变形息息相关，施作时间越晚，管片衬砌结构受力越趋于稳定，结构所承担的来自管片传递过来的围岩压力越小，对于二次衬砌结构受力越有利。

　　考虑到隧道建成后来自新建相邻结构(隧道、建筑物和填土荷载)的影响，以及隧道分叉处断面补强或不均匀沉降处理和地震时的动态，在轴向设计中，有时必须将二次衬砌当作主体结构考虑；而且应适当考虑隧道的整体刚度或者要对合成结构的工作机理中尚不明确的问题进行充分论证。

3. 挤压混凝土衬砌结构

挤压混凝土衬砌是在盾尾配备模板结构，在盾构壳和模板之间设置堵头板，在盾构掘进时挤压混凝土衬砌，并以一定压力持续地灌注混凝土以形成衬砌结构的施工方法，如图 5-3 所示。

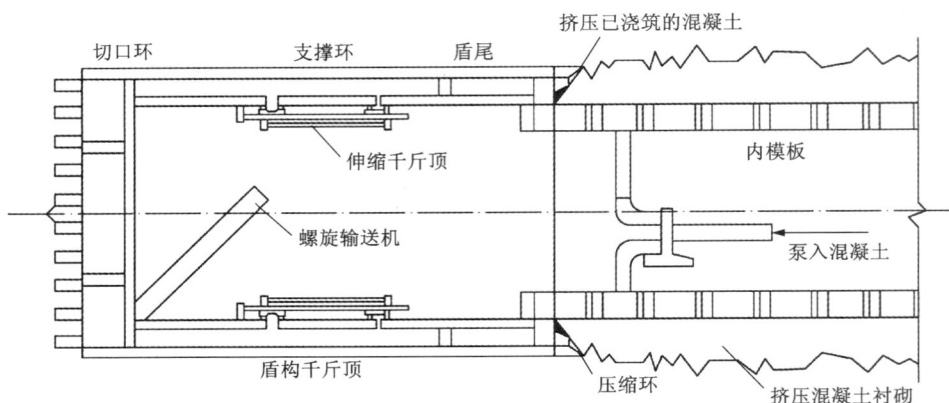

图 5-3　挤压混凝土衬砌施工方法原理示意图

挤压混凝土衬砌可以是素混凝土或钢筋混凝土，应用最多的是钢纤维混凝土。挤压混凝土的衬砌可一次成型，内表面光滑，衬砌背后无空隙，故无须注浆，且对控制地层移动特别有效。但挤压混凝土衬砌需要较多的施工设备，包括混凝土成型用的框模，拼拆框模的系统，混凝土配制车、泵、阀、管等组成的混凝土配送系统；而且混凝土制备、配送、钢筋架立等工艺较为复杂，在渗漏性较大的土层中要达到要求尚有困难。故挤压混凝土衬砌的应用并不广泛[4]。

5.1.2　装配式管片衬砌材料

管片制作的材料主要有铸铁、钢材以及混凝土等。除特殊要求外，一般都选用钢筋混凝土作为衬砌管片的材料，且混凝土的标号不宜小于 C50。此外，使用复合材料制作的管片也日益凸显其不可比拟的优越性，在隧道防水、合理受力和经济性等方面表现突出。

1. 球墨铸铁

球墨铸铁翻砂成形后利用金属切削机械加工成铸铁管片，如图 5-4 所示。铸铁管片具有耐蚀性、延性、防水性能好，质量轻、强度高，易于制成薄壁结构，搬运方便，精度高，外形准确，安装迅速的优点。但是使用铸铁管片耗费金属材料大，机械加工量大，造价高，不宜承受冲击荷载，实际工程中已较少采用。

2. 钢材

钢制管片主要采用型钢或钢板焊接加

图 5-4　铸铁管片

工成钢管片，如图 5-5 所示，主要优点是强度高、延性好、运输安装方便，加工制作为管片的精度稍弱于铸铁材料，但是其刚度较小，在施工应力下容易变形，且耐腐蚀性差，仅在某些特殊场合使用（如平行隧道的联络通道口部的临时衬砌）。

3. 钢筋混凝土

钢筋混凝土材料加工制作比较容易，采用钢模制作，可保证管片精度达到±0.5 mm，具有一定强度，而且造价低、耐腐蚀，是目前最常用的管片形式，如图 5-6 所示。但在工程实践中，钢筋混凝土管片的一些缺点也逐渐暴露出来。钢筋混凝土的厚度一般比较大，因此比较笨重（可达 5~6 t），在运输安装过程中，边缘容易破损，特别像是箱形管片在盾构千斤顶作用下很容易被顶裂；当拼装成环时，由于管片制作精度不够，端面不平，拧紧螺栓时往往使管片局部产生较大的集中应力，导致管片开裂。

图 5-5　钢管片

图 5-6　钢筋混凝土管片

在管片制作时，要选取抗渗性好的高强度混凝土，严格控制水灰比，合理控制含钢量和钢筋混凝土保护层厚度，提高制作精度，拼装时提高拼装质量，采用错缝拼装的方法。除了从管片生产工艺、接缝防水材料和措施等方面综合处理，还要求管片自身具有优良的不透水性。

4. 钢纤维加筋混凝土（SFRC）

钢纤维混凝土的韧性比素混凝土好，是由于钢纤维对混凝土的阻裂作用，有效地改善混凝土材料的抗裂性能。钢纤维混凝土比素混凝土具有更好的软化后性能和抗疲劳性能。此外，钢纤维混凝土在各种物理因素作用下的耐久性一般来说具有不同程度的提高，耐腐蚀性也有所增强[5]。

5. 复合材料

采用钢管片的钢壳作为基本结构，在钢壳中用纵向肋板设置间隔，经填充混凝土后，称为简易的复合管片结构，如图 5-7 所示。用这种材料制成的管片与钢管片相比，其质量比钢管片轻，制作容易，刚度比钢管片大，金属消耗比钢管片少，但是钢板的耐蚀性差，加工复杂，实际上是折中的方案。

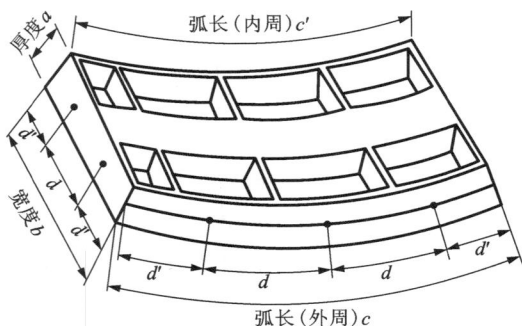

d—螺栓孔间距；*d'*—螺栓孔到管片边缘距离。

图 5-7　复合管片

5.2　管片的类型、特征

5.2.1　管片的分类方法

根据使用材料、断面形状及接头方式的不同可对管片类型进行划分[6]。管片类型及优缺点如表 5-2 所示。

1.按材料分类

目前制作管片的材料主要有铸铁、钢材、钢筋混凝土或钢与钢筋混凝土的复合材料等，此外使用复合材料制作的管片日益突显出不可比拟的优越性，在隧道防水、受力合理和经济性能等方面起着重要的作用。

2.按形状分类

根据施工条件和设计方法的不同，使钢筋混凝土管片具有不同的形式。按照管片的断面形状，可以大致将管片分为箱形和平板形两类。

3.按连接方式分类

（1）管片

管片接缝通过螺栓连接。它可以增强衬砌整体性，承载能力高，适用于不稳定地层中各种直径隧道，但连接时工作量大，增加施工费用和材料费用。

（2）砌块

砌块采用拼装形式，砌块之间无连接，依靠地层约束使圆环稳定。砌块适用于含水量少的稳定地层中，采用砌块方式施工速度快，可降低施工费用和衬砌费用，但也存在一些问题，如接缝间的防水和防泥解决不好，会使圆环丧失稳定性。

4.按线路用途分类

按照管片的线路用途可分为普通环和楔形环，如图 5-8 所示。普通环用于直线段的正常拼装；楔形环主要用于蛇形修正用和缓和曲线。

表 5-2　管片类型及优缺点

管片类型	断面形状	接头方式	特点	缺点
钢筋混凝土管片	平板形	直螺栓、曲螺栓	①成本低、使用最广泛； ②耐久性好； ③可构建实用、无障碍衬砌	①厚度较大、致使掘削面大； ②重量大、运输、组装需要手工辅助，易损伤
钢筋钢纤维混凝土管片	平板形	直螺栓、曲螺栓、插头（或销子）、铰链接头	①抗拉、抗弯及韧性物理力学性能好； ②不易损伤； ③耐久性好、抗裂性能好	①制作较复杂、钢用量较高； ②重量大、运输、组装需要手工辅助
铸铁管片	箱形	直螺栓	①强度好、耐久性好、制作精度高； ②与混凝土管片相比重量轻、掘削面小； ③承受特殊荷载的地点可选用特殊构造	①成本较高； ②焊接困难； ③易脆性破坏
钢管片	箱形	直螺栓	①重量轻、组装运输容易； ②可任意安装加固材、加工容易； ③中小盾构隧道中使用多	①容易变形； ②耐腐蚀性差； ③加工复杂
复合管片	平板形	直螺栓	为混凝土与钢板有效复合构造，比钢筋混凝土管片厚度小	①钢板耐腐蚀性差； ②接头构造复杂

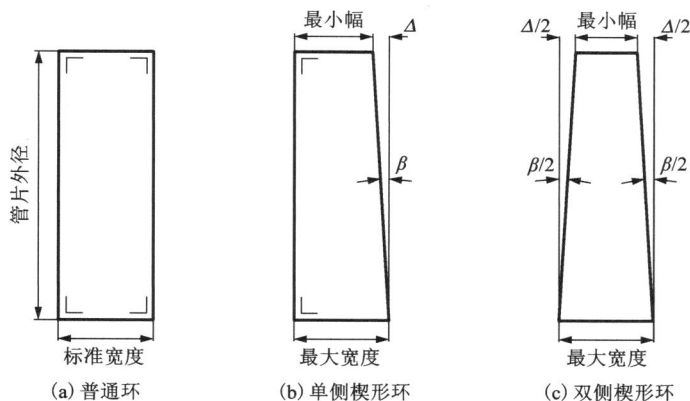

图 5-8　管片

5.2.2　不同断面形状管片的特征

1. 箱形管片

箱形管片是指因手孔较大而呈肋板形结构的管片，如图 5-9 所示。因其手孔空腔很大，看上去像是由肋条和面板组成的箱盒。手孔不仅方便了螺栓的穿入和拧紧，而且节省了大量的混凝土材料，并使单块管片重量减轻。箱形管片通常使用在大直径隧道中，但若设计不当，其在盾构千斤顶顶力作用下容易开裂。

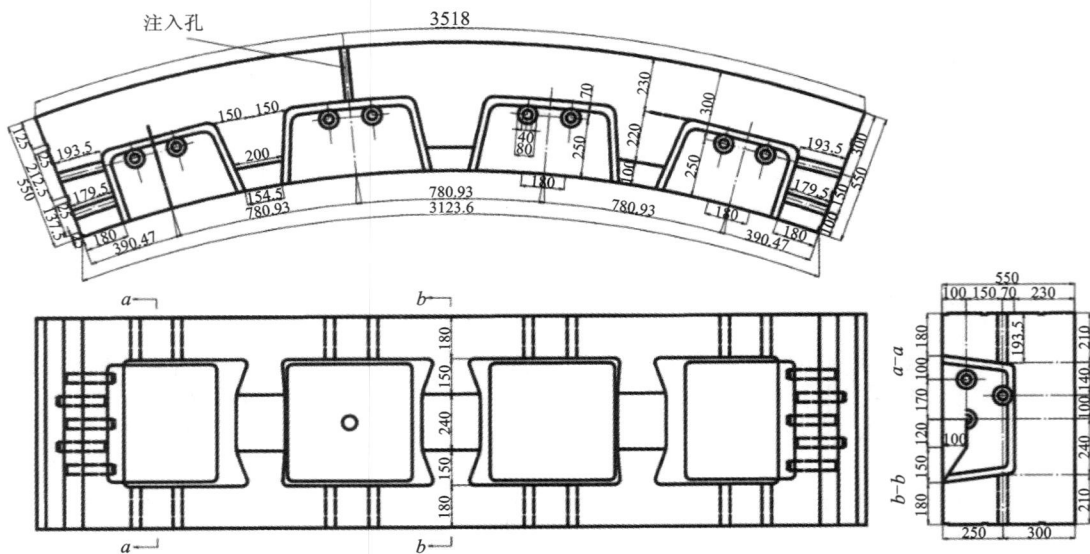

图 5-9　箱形管片（钢筋混凝土）

2. 平板形管片

平板形管片是指因手孔较小而呈曲板形结构的管片，如图 5-10 所示。由于管片混凝土界面削弱少，在相同荷载作用下比箱形管片所需厚度要小，又因其形状简单，使钢模制作、钢筋架设、管片脱模均较方便。这种类型的管片对盾构千斤顶顶力具有较大的抵抗能力，正常运营时对隧道通风阻力较小。

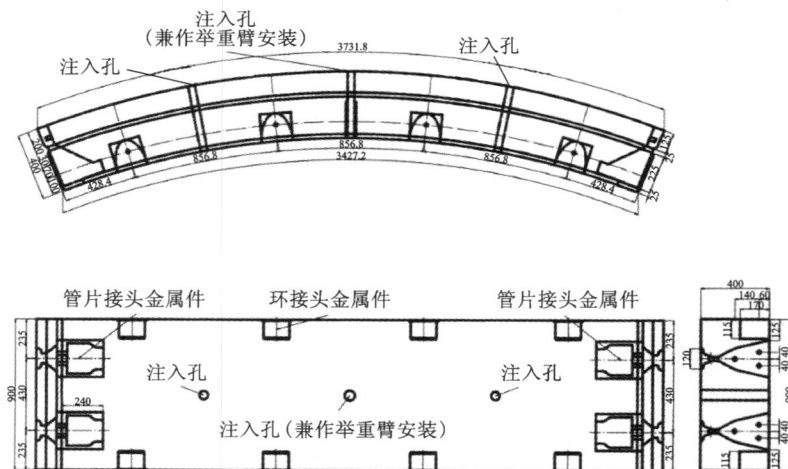

图 5-10　平板形管片（钢筋混凝土）

3. 钢筋混凝土砌块

不设螺栓的平板形管片，通常称为砌块。装配式钢筋混凝土砌块也是圆形隧道中常用的一种结构形式。一般来讲，砌块是不需要螺栓连接即可拼装成刚性稳定的衬砌环。这是由于砌块设计的形状能使两相邻环的砌块凸出、凹下部分相互吻合，能靠砌块斜面的接触面互相卡住，当斜面彼此接触紧密时，能保证每一环砌块端部的压剪力传至相邻环节各砌块的中央部分。砌块与管片相比较，由于断面比较大，在同样荷载下，配筋率可以减小。在某些场合下，也有不放置钢筋的素混凝土、块石砌块。

砌块一般适用于含水量较少的稳定地层。隧道衬砌的分块要求，使得由砌块拼成的圆环（超过 3 块以上）成为一个不稳定的多铰圆形结构。衬砌结构发生限值范围内的变形后，由于地层介质对衬砌环的约束使圆环得以稳定。砌块间以及相邻环间接缝防水、防泥必须得到满意的解决，否则会引起圆环变形量的急剧增加而导致圆环丧失稳定性，造成工程事故。

砌块有多种形式，主要取决于砌块结构周围地质及其施工等条件。按砌块的接缝形式分，可将砌块分为球铰式和榫槽式两类。砌块球铰式接缝分别如图 5-11 和图 5-12 所示。

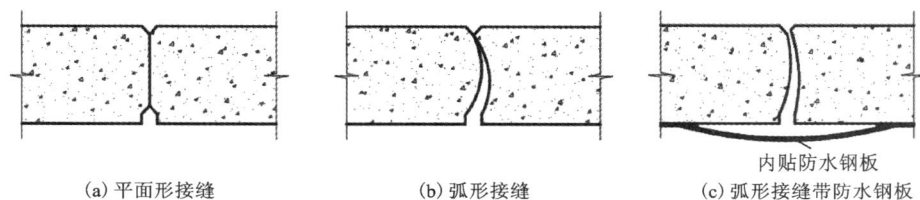

(a) 平面形接缝　　　　(b) 弧形接缝　　　　(c) 弧形接缝带防水钢板

图 5-11　砌块球铰式接缝

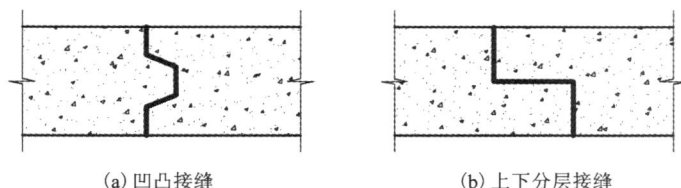

(a) 凹凸接缝　　　　　　　　(b) 上下分层接缝

图 5-12　砌块榫槽式接头

5.2.3　管片环的构造特征

1. 标准块、邻接块和封顶块

管环通常由轴向等分割的 x 个标准块（也称 A 形块）、最后封顶的 1 个封顶块（也称 K 形块）及封顶块两侧的 2 个邻接块（也称 B 形块）这三种管片构成，如图 5-13 所示。

封顶块有径向插入型和轴向插入型两种，如图 5-14 所示。径向插入型封顶块的特点是径向存在一定锥度，从隧道内侧插入；轴向插入型封顶块的特点是轴向存在锥度，沿隧道轴向插入。一般情况下，封顶块的长度应小于标准块和邻接块的长度。

2. 管环分割数

管环的分割数 n（即管片数）$= x+2+1$。x 与管片外径 R_0 有关，R_0 越大，则 x 越大。此外，

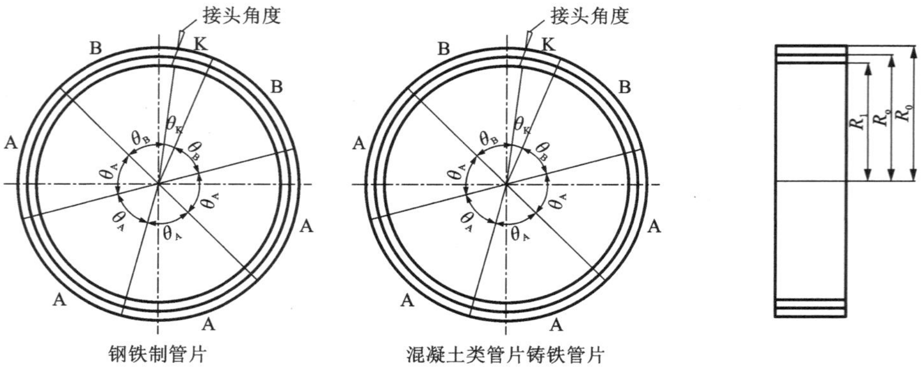

θ_A、θ_B、θ_K——A形块、B形块、K形块管片对应的圆心角。

图5-13 管环构成

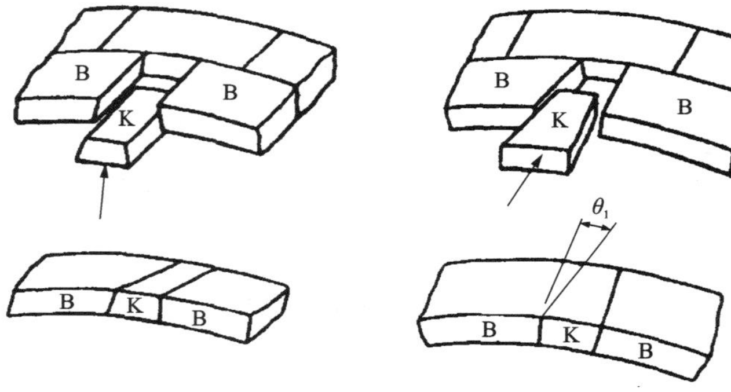

(a)径向插入型　　　　　(b)轴向插入型

图5-14 K型块管片种类

从盾构隧道掘进过程中管环的构成、制作、拼装的速度等方面看，分割数不宜太多；从运输和使用便捷性方面看，分割数以较多为宜。对于铁路隧道而言，x 取 3~8，一般情况下取 3~5；对于下水道、电力和通信电缆隧道而言，x 取 2~4。

3.管片宽度与厚度

管片宽度是指沿隧道轴向(纵向)量测到的管片尺寸，如图 5-15 所示。从便于搬运、拼装、曲线施工及盾尾长度等条件考虑，管片宽度以小为好。但从降低管片制造成本，减少接头数量，提高施工速度等方面考虑，管片宽度以大为好。管片宽度应根据隧道断面大小，结合实际施工经验、经济性及施工性等条件综合考虑。管片宽度因隧道断面大小而异，一般为 300~1500 mm。就混凝土类管片而言，其宽度多为 900~1500 mm。

对于箱形管片而言，管片高度是指管片侧壁的高度；对于平板形管片而言，管片高度是指管片厚度，如图 5-15 所示。管片厚度与管环外径之比的选择，取决于土质条件、覆盖土层厚度、施工荷载状况、隧道的使用目的及管片施工条件等多种因素。就目前的使用状况而言，管片厚度一般为管片外径的 4% 左右。对于大口径管片，特别是箱形管片，管片厚度多为管片外径的 5.5% 左右。

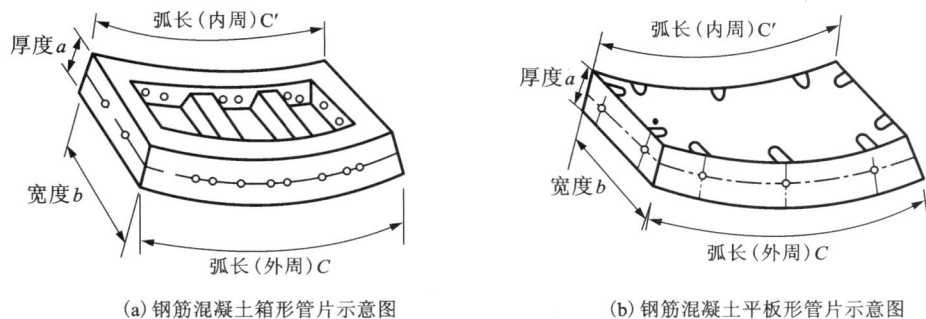

(a) 钢筋混凝土箱形管片示意图　　　　(b) 钢筋混凝土平板形管片示意图

图 5-15　典型管片尺寸图

4. 变形缝

在地层中的圆形隧道衬砌如果是单层衬砌,不均匀沉降、地震影响等因素可能导致隧道纵向变形从而引起裂缝;如果是双层衬砌,由于衬砌管片(砌块)内外侧温度不同,龄期、弹性模量、剩余收缩率均不相同,后浇的混凝土不能自由收缩,而受到偏心拉力的作用,常易发生裂缝。因此,在饱和含水软弱地层中,沿隧道结构纵向,每隔一定距离需设置变形缝。特别是在隧道与竖井连接处,由于刚度有悬殊差别,以设置变形缝为佳。常见的变形缝如图 5-16 所示。

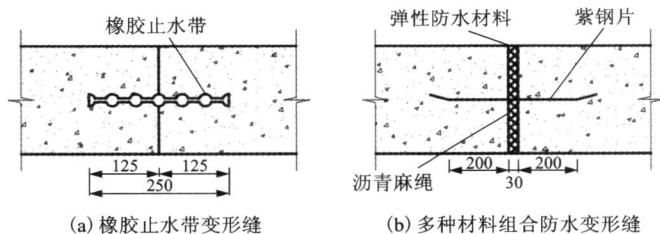

(a) 橡胶止水带变形缝　　　　(b) 多种材料组合防水变形缝

图 5-16　常见变形缝形式(单位:mm)

从理论分析和工程实践中得出,变形缝的构造应满足以下三个主要要求:
①能适应一定幅度的线变形与角变形。
②能释放纵向弯曲应力,但在施工及使用阶段能传递剪力,控制剪切差动。
③变形前后能防水。

5.3　管片接缝及防水

5.3.1　管片连接形式

管片对接主要有两个方向上的对接,一个是沿管片环向的连接,一个是管片纵向环与环之间的连接。在盾构法隧道中用管片构成衬砌时,一般内表面较为平滑,这是为了满足衬砌管片既能壁后充填注浆又能作为衬砌的功能。一般管片是由螺栓连接,在管片内有预留孔,但露出的螺栓和接头等有锈蚀问题，因此管片自动组装时螺栓越少越好[7]。

早期的管片接头多为刚性的，传统观念认为越刚越安全，通过长期的试验、实践和研究，这种传统观念逐渐为后来的柔性结构思想所打破。管片的连接方式也经历了从刚性连接到柔性连接方式的过渡。

1. 纵向连接

（1）有螺栓连接

①直螺栓连接。直螺栓在达到一定螺栓预紧力的条件下，具有较好的抗弯刚度，工程使用效果好，制作简单，用料省，但还需要进行螺栓接头的处理，现有方法是加上速凝混凝土和一个塑料密封盖。由于直螺栓连接造价经济合理，方便安装，得到了广泛的使用。管片间纵、环向用直螺栓连接，在离衬砌内侧 $h/3$（h 为管片厚度）处设置单排螺栓，如图 5-17 所示。同时要考虑它与管片肋部的匹配，即在肋部破坏之前，螺栓应先进入流塑状态，还要考虑各种施工影响，不可选得过小。

直螺栓连接通过管片的钢端肋，称为小钢盒形式。钢端肋虽然可以减短螺栓长度，减少钢材用量，但钢端肋的耗钢量更大，加上预埋钢盒时精度往往得不到保证，现多改为用钢筋混凝土端肋。

②弯螺栓连接。弯螺栓连接多用于平板形管片，所需螺栓手孔小，对截面削弱少，原本是为了加强接头刚度而设置的，对承受正、负弯矩的刚度都较大，如图 5-18 所示。弯螺栓连接与直螺栓连接相比造价高，接头易变形，而且弯螺栓及管片钢模在制作时若不能严格按照设计弧度与精度加工，施工时螺栓穿孔会比较困难，特别是错缝拼装时，螺栓穿孔将会消耗大量的时间与人力。实验表明，弯螺栓接头要比直螺栓接头更易变形，且在实践过程中也证明弯螺栓不方便施工，用料又大，已逐渐被直螺栓取代，但弯螺栓在螺栓接头柔性要求较高、计算弯曲较大的环节使用较普遍。

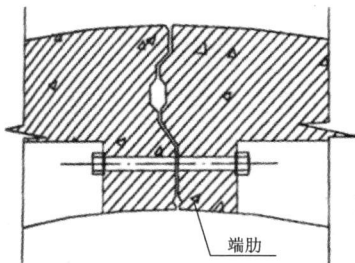

图 5-17　直螺栓连接形式

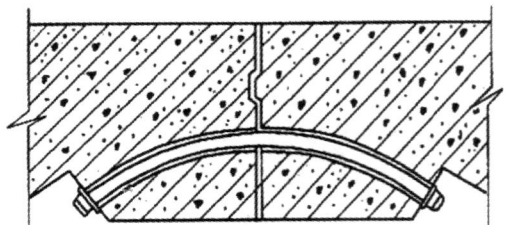

图 5-18　弯螺栓连接形式

（2）无螺栓连接

砌块除依靠本身形状变化外，无其他加强连接的附件接头，一般有球铰式、槽榫式等接头形式，如图 5-19 所示。槽榫式的优点是安装简单、施工速度快且造价低廉，其凸起的槽榫块可为纵向不均匀沉降隧道提供较大的抗剪能力，但它的抗弯刚度很小，不能抵抗外加荷载引起的弯矩作用，必须依靠围岩的抗力达到自身的受力平衡。因此，当出现沿径向的不均匀沉降等原因引起的弯矩时，槽榫式连接会很快出现较大的张开量，对管片整体性和防水性产生不良影响。

（3）销钉连接

销钉连接所用连接件，有的是随构件制作预埋的，有的是拼装时安设的。它们在结构上的作用都是加强构件的连接，防止接头两边相对错动，承担接头上的剪力，因此有时被称为抗剪销，如图 5-20 所示。采用销钉连接的管片本身形状简单，各截面强度一致，形成的隧道内壁光滑平整，易于清理，无特殊需要时可不必另设内衬。同螺栓连接相比，销钉连接接头抗剪、抗弯刚度大，连接便捷，没有手孔，既省力又省时，可以说是用较少材料、较简单的工序达到相当好的连接效果的一种形式。但为了插入安装方便，楔形块与块之间有空隙，不利于防水，因此这一类接头很多用于给排水工程，而且往往配合薄层的二次衬砌。销钉连接有多种形式，如纵向设置、径向插入，如图 5-21 所示。

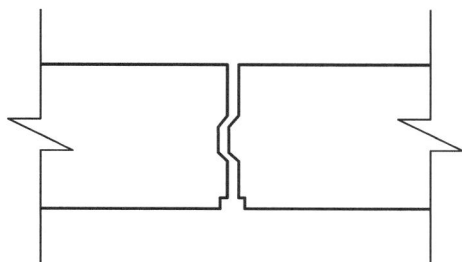

图 5-19　槽榫式连接示意图

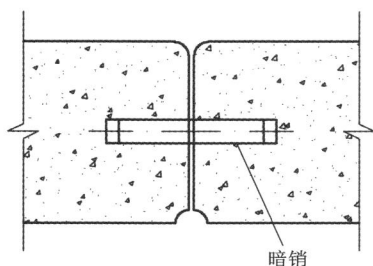

暗销

图 5-20　销钉连接示意图

2. 环向连接

盾构在地层中推进，由于施工工艺的复杂多变，在沿隧道纵向长度范围内，影响和扰动地层的程度也有所不同。建造在地层内的装配式隧道衬砌，就会引起隧道纵向变形，又由于其他种种原因，装配式隧道衬砌接缝密封情况不好，会引起隧道底部漏水、漏泥，从而产生隧道纵向不均匀沉降和环面的相互错动。此外，隧道穿越建筑物、隧道的立体交叉、盾构推进时千斤顶顶力引起大偏心荷重、瞬时均布动荷载的作用，都会引起隧道的纵向变形。因此，隧道衬砌环缝构造设计要达到满意的工程质量要求，必须采取有效的环向连接构造措施。

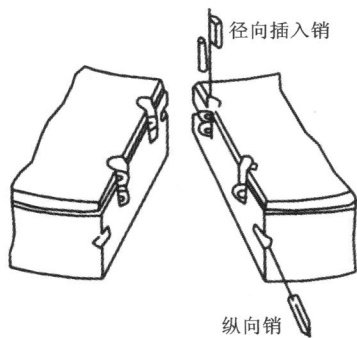

径向插入销

纵向销

图 5-21　纵、径向销钉接头示意图

（1）环面榫槽连接

沿衬砌管片（砌块）环向面上设有不同几何形状的接缝榫槽，使相邻环管片（砌块）间凸出和凹下部分相互吻合并衔接，能靠管片（砌块）的榫槽接触相互卡住，当管片（砌块）制作尺寸精确时，能保证彼此接触紧密，达到环与环之间传递纵向力的效果。为提高防水性，可在管片环肋和纵向肋面上设计一周粘贴橡胶带密封垫的凹槽，凹槽深度和橡胶带厚度及胶带压缩后可回弹的尺寸需满足预计变形后的防水要求。此接缝榫槽的连接方法，适用于各种不同地质地层中的装配式隧道管片（砌块）衬砌环向连接构造。

（2）环面榫槽、螺栓连接

为了更好地加强衬砌环之间的纵向连接，在凹凸不同的环面榫槽连接的基础上，再沿隧道纵轴方向设置一定数量的纵向螺栓。在环缝上设置的纵向螺栓，使隧道衬砌结构进一步增加了抵抗隧道纵向变形的能力，螺栓孔布置位置如图 5-22 所示。

（3）环面光滑平面连接

在稳定不透水地层中的圆形隧道衬砌，砌块环向连接面也常采用光滑的平面连接。由于砌块为沿隧道径向的梯形楔，在外部压力作用下，砌块间形成互相挤压的受力状态，如同修筑的石拱桥一样，衬砌结构仍然是稳定、安全、可靠的。

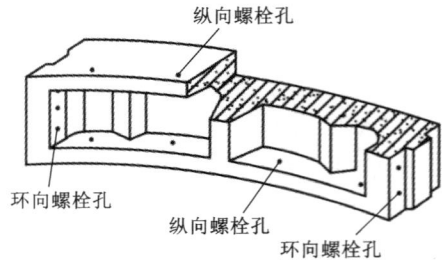

图 5-22 螺栓孔位置布置示意图

3. 新型接头特殊管片

（1）第二代 One-Pass 管片

第二代 One-Pass 管片是日本大林组公司对原先开发的 One-Pass 管片进一步改良的单层衬砌管片，是一种无须螺栓拧紧作业、适用于快速施工的管片，如图 5-23 所示[8]。其块间接头采用了水平销式接头，环间接头采用了推压紧固式接头。水平销式接头由一组 C 形件和附带支撑件的 H 形件构成。H 形件安装在其中 1 个 C 形件上，滑动后与另 1 个 C 形件连接，并通过支撑件反力得到紧固。推压紧固式接头是应用了楔形件的销连接方式接头，雄接头侧的插销螺栓与雌接头侧连接完成紧固。

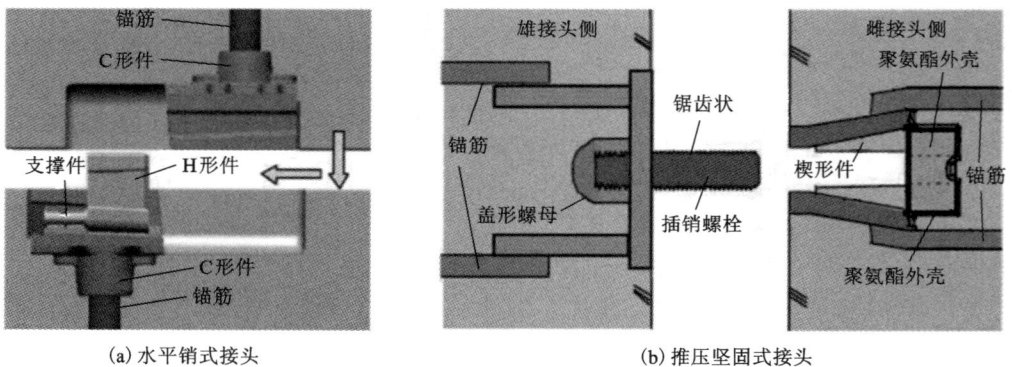

(a) 水平销式接头

(b) 推压坚固式接头

图 5-23 第二代 One-Pass 管片接头示意图[3]

（2）滑销快速接头管片

滑销快速接头管片是前田建设公司开发的一种用于拼装省力化、自动化，且内弧面完全平滑的管片，如图 5-24 所示[9]。其块间接头采用了滑销接头、环间接头采用了新型快速接头（sun quick joint）。块间接头的 C 形件内具有楔形件和作为反力件的聚氨酯橡胶，不仅能够用于产生接头紧固力，还可以通过改变聚氨酯橡胶硬度对紧固力进行调节控制。

滑销新型快速接头是一种仅需推压即可完成紧固的接头，无须复紧作业。此外，能够通过钢棒的弹性变形产生一定伸缩，可适应地震时管环间的接缝张开，具有良好的耐震性能。滑销快速接头管片目前已在多个综合管廊、铁路、道路、下水道等工程中得到广泛应用，管片外径为 2550~13700 mm。

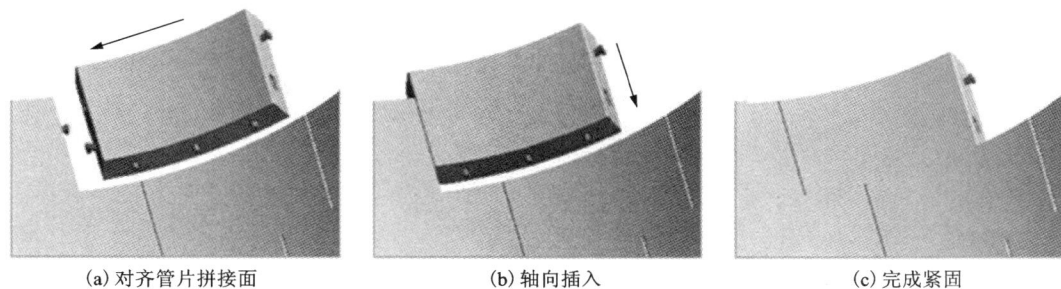

(a) 对齐管片拼接面　　　　　　(b) 轴向插入　　　　　　(c) 完成紧固

图 5-24　滑销快速接头管片示意图[8]

（3）滑动锁定接头

滑动锁定接头是日本前田建设公司开发的适用于快速施工、无须螺栓拧紧作业，且满足接头高刚度要求的啮合式管片块间接头，如图 5-25 所示。接头结构包括螺栓和弹性构件组成的雄接头侧，以及具有螺栓滑动槽的雌接头侧[8]。此外，接头类型分成单螺栓型和多螺栓型，中小直径到大直径的范围内都可应用。

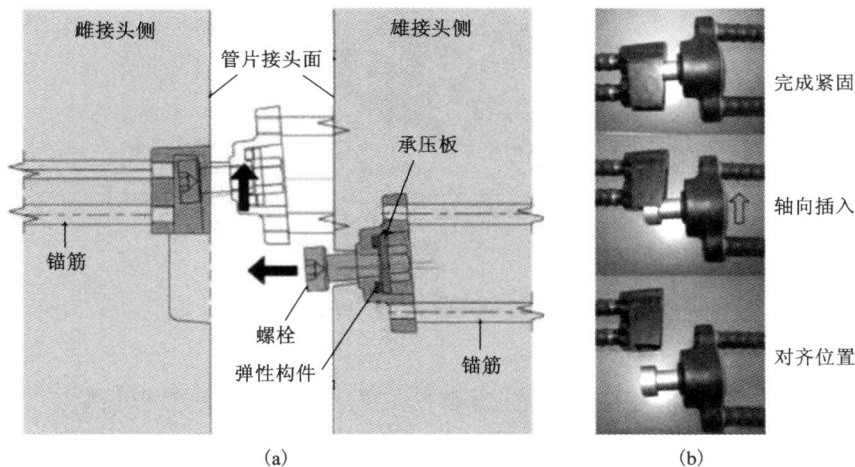

(a)　　　　　　　　　　　(b)

图 5-25　滑动锁定接头管片示意图[8]

采用滑动锁定接头的管片通过轴向滑动，能够完成紧固。目前已用于地下铁道和综合管廊等工程，相比普通螺栓接头的拼装时间短，大约为 5 min/块，且成环的真圆度高、开裂较少。

（4）GT 管片

GT 管片是由鹿岛建设开发、针对普通内弧面平滑管片的接头结构无法复紧的问题而采用了 WW(worm wheel)接头的一种新型管片,如图 5-26 所示[8]。

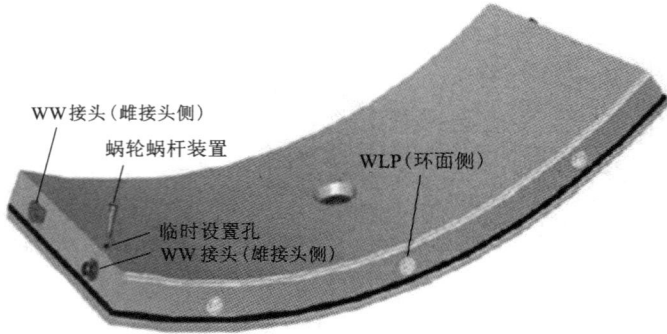

图 5-26 GT 管片示意图[8]

WW 接头的特点是在管片拼装后可通过传动机构对接头引入拧紧力,并且能够调整拧紧力,如图 5-27 所示。雌接头侧为 C 形件,雄接头侧是通过回转蜗轮螺帽拉近雄接头侧螺栓完成紧固。

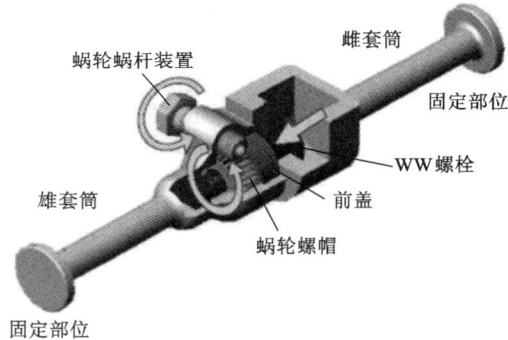

图 5-27 WW 接头示意图[8]

目前,GT 管片已在北海道电力泊核能发电厂 3 号机增设工程(外径 5850 mm、厚 225 mm)以及日本首都高速道路 SJ11 标段(4)~SJ31 标段(外径 12830 mm、厚 500 m)进行了使用。

5.3.2 管片环的接缝

盾构法隧道装配衬砌结构是由若干弧形管片拼装成环,然后每环逐一连接而成的。管片与管片、环与环之间的连接方式如前节所述。管片的拼装方式有通缝拼装和错缝拼装两种形式,所有衬砌的纵缝成一直线的情况称为通缝拼装,相邻两环间纵缝相互错开的情况称为错缝拼装,两者的拼装方式如图 5-28 所示[7]。

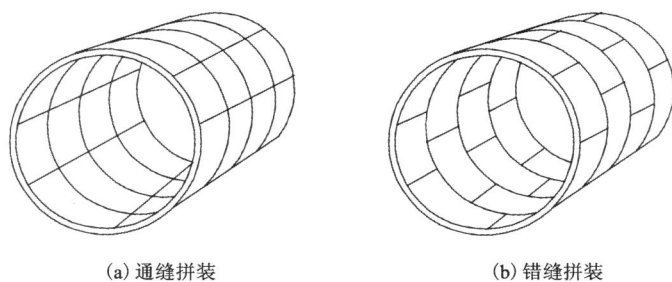

(a) 通缝拼装　　　　　　　　　　(b) 错缝拼装

图 5-28　通缝拼装和错缝拼装示意图

1. 通缝拼装

通缝拼装方式与柔性衬砌设计理论密切相关。柔性衬砌设计理论认为，隧道衬砌并不是受很明确的荷载作用的独立结构，衬砌设计不单是一个结构问题，而是一个地层加结构的问题。衬砌的作用就像是一层将荷载重新分配给围岩(地层)的薄膜，而不像一个支撑地层传来荷载的拱圈。因此，通过适当调整隧道衬砌本身与周围地层之间的相对刚度，可以调整地层的变形，改变衬砌与地层的相互作用，从而有利于衬砌的受力。实现柔性衬砌结构的途径一般有三个：①装配式接头的刚度减小。②接头数量增加。③衬砌厚度减薄。

在通缝拼装方式下，相邻管环间没有剪切力及弯矩的相互传递，纵缝接头的变形没有受到相邻管片体的约束，仅靠接头本身的螺栓连接，因此通缝拼装方式能够使衬砌结构获得较好的柔性。通缝拼装适用于土体良好的地层，能够充分调动土体抗力，在保证衬砌满足使用要求的情况下，使衬砌结构设计更加合理。

2. 错缝拼装

错缝拼装主要通过以下两种形式实现：①相邻环相互错开，这种错缝方式采用的是矩形的管片块，通过相互错开两相邻管片的环向接头而使隧道纵缝不在同一直线上，从而达到提高隧道空间刚度的目的。②采用非矩形的管片块，由于非矩形管片块环向接头面不平行于隧道轴线，由这种类型管片拼装而成的隧道衬砌纵缝自然也不会在一条直线上，从而形成错缝。

错缝拼装的优点是能够使圆环接缝刚度分布均匀，提高管片衬砌的纵向刚度，减少接缝及整个结构的变形；在错缝拼装方式下，纵、环缝相交处仅有三缝交汇，相比通缝拼装时，环、纵缝成十字形相交，在接缝防水上较易处理；而且在错缝拼装方式下，接缝变形较小，有利于防水。

由于错缝拼装方式有这样的优点，在防水要求较高的盾构法隧道(如过江、海底隧道)或软土地区盾构法隧道中。往往采用错缝拼装的方式能够取得较好的空间刚度，达到控制隧道衬砌结构不变形，保证隧道正常使用性能的目的。

5.3.3　管片衬砌环组合形式

盾构隧道通用的管片衬砌环组合形式有三种，如表 5-3 所示，每种方法均可拟合线路平面曲线和纠偏设计。表 5-3 中前两种方法常用于地铁盾构隧道，后一种方法主要用于大直径盾构隧道[9]。

表 5-3　衬砌环组合形式表

方法	特点
标准衬砌环、左转弯衬砌环和右转弯衬砌环	直线地段除施工纠偏外，多采用标准衬砌环；曲线地段可通过标准衬砌环与左、右转弯衬砌环组合使用以拟合线路。该法施工简单，操作简单
左转弯衬砌环和右转弯衬砌环组合	通过左转弯衬砌环、右转弯衬砌环组合来拟合线路。由于每环均为楔形，拼装时施工操作相对麻烦一些
通用楔形管片(万能管片)	通过一种楔形管片拟合直线、曲线及施工纠偏。管片排版时，衬砌环需扭转多种角度，封顶块有时位于隧道下半部，管片拼装相对复杂

5.3.4　管片衬砌防水

在含水地层中建造隧道时，盾构法施工所需的装配式管片除应满足结构强度和刚度的要求外，还要满足隧道衬砌防水的要求，否则会因渗漏水而导致结构破坏、设备腐蚀、照明减弱、危害行车安全、影响外观等一系列问题。

1.管片衬砌防水设计原则

盾构隧道管片环的防水设计应遵循"以防为主，以堵为辅，接缝多道防线，综合治理"的原则，采用高精度钢模制作管片，以管片结构自防水为根本，以接缝防水为重点，确保隧道整体防水。

2.管片衬砌防水等级标准和防水措施

按隧道使用功能及相关规范要求确定防水等级及相应的防水措施，如表5-4所示。

表 5-4　防水等级及相应的防水措施

防水等级	防水混凝土	高精度管片	接缝防水				管片外涂层	金属外露件防腐	阴极保护	内衬
			弹性密封垫	嵌缝	注入密封剂	螺孔密封圈				
一级	应选	必选	应选	应选	可选	必选	可选	应选	应选	宜选
二级	应选	必选	应选	宜选	可选	应选	可选	应选	应选	可选
三级	应选	必选	应选	宜选	—	宜选	可选	应选	应选	—
四级	可选	可选	应选	可选	—	—	—	应选	应选	—

3.管片自身防水

（1）合理选择混凝土的标号和抗渗号

隧道衬砌管片处在含水地层内的地下水压力下工作，要求衬砌结构具有一定的抗渗能力，以防地下水渗入。混凝土强度越高，其抗拉强度越高，抗裂性能越好，有利于管片的防水。但片面提高管片中混凝土的抗渗等级和强度，会导致单位水泥用量增多，水化热增高，收缩量加大，从而导致裂缝的产生。因此，必须合理选择管片中混凝土的标号、抗渗号和外加剂。

（2）提高管片的制作精度

对于装配式钢筋混凝土管片的防水，根据国内外隧道施工的实践，采用高精度钢模来提高管片的制作精度是十分重要的环节。如果制作精度不满足要求，再加上衬砌拼装的累计误差，会导致衬砌接缝出现较大的初始缝隙。同时，管片制作精度不够也容易造成盾构推进时衬砌的顶碎和崩落，并导致漏水。

（3）管片外防水涂层

埋设于地下的钢筋混凝土管片，由于地下水中富含硫酸根离子和氯离子，使混凝土本身受到损坏而引起钢筋的锈蚀。一般在埋深较大或有显著侵蚀性的地段，所用管片必须采用增强防水、耐腐蚀性的外防水涂层，通过化学反应渗入衬砌的孔隙中，防止有害物质的侵蚀，堵住水渗漏的通路。

4. 管片接缝防水

管片接缝防水包括管片间的弹性密封垫防水、隧道内侧相邻管片间的嵌缝防水以及必要时向接缝内注浆等。其中弹性密封垫防水最重要、最可靠，是接缝防水的重点。此时要考虑管片制作精度对接缝防水的影响，一般要求缝宽度不大于 1.5 cm。

（1）弹性密封垫防水

①环缝密封垫。它需要有足够的承压能力和弹性复原力，能承受和均布盾构千斤顶顶力，防止管片顶碎。同时在千斤顶顶力的往复作用下，密封垫仍保持良好的弹性变形性能。

②纵缝密封垫。它具有比环缝密封垫相对较低的承压能力，能对管片的纵缝初始缝隙进行填平衬齐，并对局部的集中应力具有一定的缓冲和抑制作用。

（2）嵌缝防水堵漏

嵌缝防水即在管片内侧嵌缝槽内设置嵌缝材料，构成接缝防水的第二道防线。嵌缝槽的形状要考虑拱顶嵌缝时，不致使填料坠落、流淌，因而通常设计为口窄肚宽。嵌缝材料应具有良好的水密性、耐侵蚀性、伸缩复原性、硬化时间短、收缩小、便于施工等特性。满足上述要求的材料主要有环氧类、聚硫橡胶类、尿素树脂类材料。

几种主要的嵌缝密封防水设计构造如图 5-29 所示。

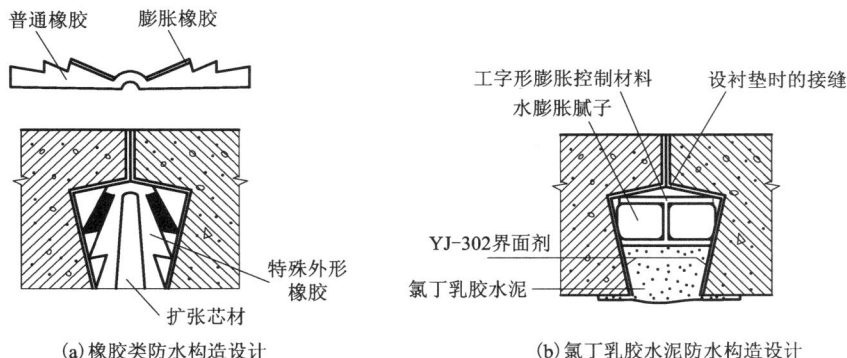

图 5-29　嵌缝密封防水设计构造示意图

（3）其他

管片接缝防水还有其他的一些附加措施可以采用，诸如接缝处注浆堵漏、螺栓孔和压浆孔堵漏、管片表面裂纹的堵漏等，视不同情况予以采用。

5.螺栓孔防水

螺栓孔的密封防水也是管片防水的重要环节之一。管片接缝在螺栓孔外侧均设有防水密封垫，如果密封垫的止水效果好，就不会从螺栓孔发生渗漏。但在密封垫失效和管片拼装精度差的部位，则有可能会从管片接缝和螺栓孔漏水。因此，对螺栓孔进行专门的防水处理是必须的。

应用最广泛的防水方法是将在腔肋一侧的螺栓孔口制成锥形，采用合成树脂或天然橡胶、聚乙烯等做成环形密封圈垫于螺栓垫圈和腔肋面之间，在拧紧螺栓时，密封圈受挤压变形流入螺孔，充填在螺栓与孔壁之间，达到止水效果，如图5-30所示。

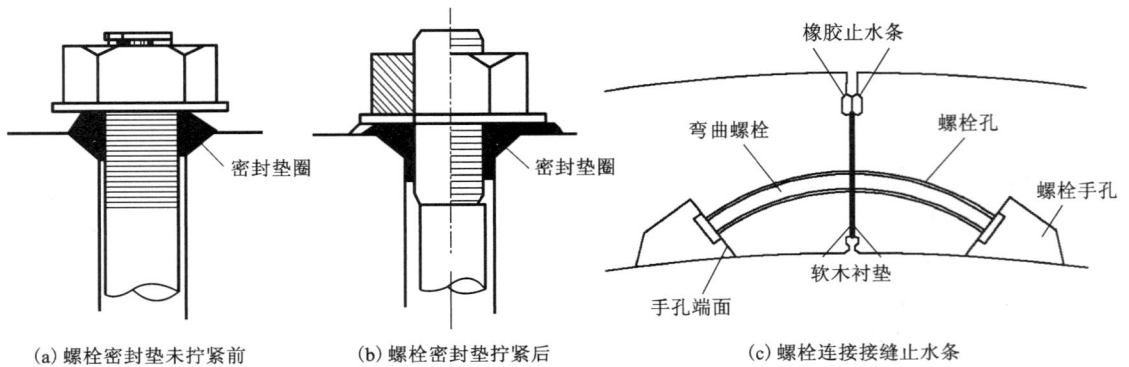

（a）螺栓密封垫未拧紧前　　（b）螺栓密封垫拧紧后　　（c）螺栓连接接缝止水条

图5-30　接头螺栓孔防水

5.4　盾构隧道围岩压力计算

5.4.1　荷载假定

盾构隧道衬砌设计时所要考虑的各种荷载，应根据不同条件和设计方法进行假定，并根据隧道内的用途，组合这些荷载，计算截面内力[10]。对于荷载的分类，可分为主荷载、附加荷载和特殊荷载三个大类，如表5-5所示。

表5-5　荷载的分类

	垂直和水平土压力
主荷载	水压力
	结构自重
	上覆荷载
	地基抗力

续表 5-5

附加荷载	隧道内部荷载
	施工荷载
	地震影响
特殊荷载	相邻隧道的影响
	邻近施工的影响
	其他

　　主荷载是设计时必须考虑的基本荷载，主荷载假定模型如图 5-31 所示。附加荷载是施工中或竣工后的作用荷载，是根据隧道用途、施工条件及周围环境考虑的荷载。特殊荷载是考虑地层条件和隧道用途特殊性的荷载。设计中通常将上述荷载看成静荷载。千斤顶的推力、背后注浆压力等施工荷载以及地震作用等均属瞬时荷载。

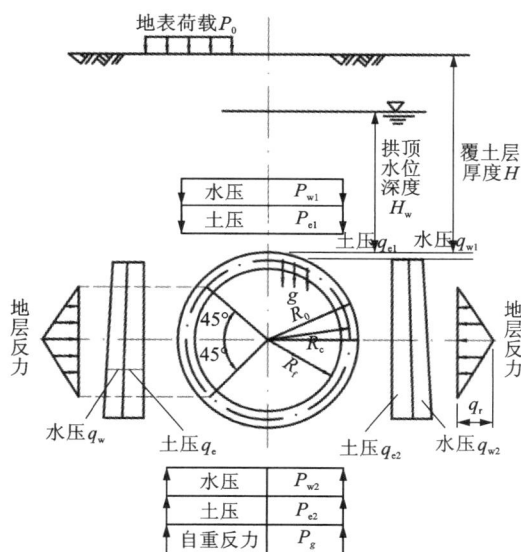

图 5-31　主荷载假定模型

5.4.2　荷载计算方法

1.垂直压力和水平土压力

　　作用于隧道的土压力中，垂直压力和水平压力是确定设计计算用的土压力，与隧道变形无关。此外，对于隧道底部的土压力，考虑为反向土压力，作为地基反力处理。计算土压力有两种方法，一种是将水压力作为土压力的一部分来考虑，一种是将水压力和土压力分开计算，通常前者适用于黏性土，后者适用于砂质土，但对于自立性好的硬质黏土及固结粉土也多以水土分离进行考虑。在水压、土压合算时，地下水位以上用湿容重，地下水位以下用饱和容重；在水压、土压分算时，地下水位以上用湿容重，地下水位以下用浮容重。

1）垂直土压力

将垂直土压力作为作用于衬砌顶部的均布荷载来考虑，其大小宜根据隧道覆土厚度、隧道断面形状、外径和围岩条件来决定。

（1）全覆土理论

考虑长期作用于隧道上的土压力时，如果覆土厚度小于隧道外径，因不能获得土的成拱效果，故采用总覆土压力。

$$P_{el} = P_0 + \sum \gamma_i H_i + \sum \gamma_j H_j \tag{5-1}$$

式中：P_{el}——衬砌顶部的竖向土压力；

P_0——上覆荷载；

γ_i——处于地下水位以上的第 i 号地层土的容重；

H_i——处于地下水位以上的第 i 号地层土的厚度；

γ_j——处于地下水位以下的第 j 号地层土的容重；

H_j——处于地下水位以下第 j 号地层土的厚度。

全覆土理论：没有考虑土体间应力的传递，故适用于软弱浅埋地层中的隧道，而当土质较硬或埋深较大时，便不再适用。

（2）太沙基（Terzaghi）松动土压力理论

当覆土厚度大于隧道的外径时，地层中产生拱效应的可能性比较大，可以考虑在设计计算时采用松动土压力，如图 5-32 和图 5-33 所示。在砂性土中，当覆土厚度大于 $(1\sim2)D$（D 为管片环外径）时，多采用松动土压力；在黏性土中，如果是由硬质黏土构成的良好地基，当覆土厚度大于 $(1\sim2)D$ 时，多采用松动土压力；对于中等固结的黏土和软黏土，将隧道的全覆土重力作为土压力考虑的实例比较常见。

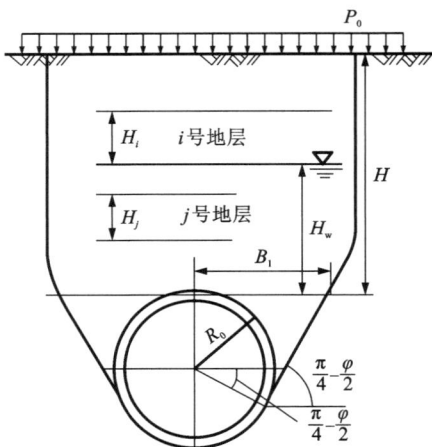

P_0—上覆荷载；H—覆土层厚度；

H_w—拱顶至地下水位线高度；

H_i—第 i 号地层厚度；H_j—第 j 号地层厚度。

图 5-32 隧道与周围地层关系断面图

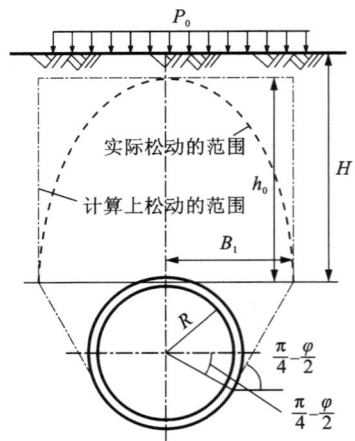

P_0—上覆荷载；h_0—土的松动高度；

B_1—承载拱的半宽度。

图 5-33 松动土压力计算模型图

　　松动土压力的计算，一般采用太沙基公式。当垂直土压力采用松动土压力时，考虑到施工时的荷载以及隧道竣工后的变动，多设定一个土压力下限值。垂直土压力下限值虽然根据隧道使用目的而不同，但一般将其作为相当于隧道外径两倍覆土厚度的土压力值。当地层为多层分布时，以地层构成中的支配地层为基础，将地层假定为单一土层进行计算，或者以多层的状态进行松动土压力的计算。

① $\dfrac{P_0}{\gamma} > H$：

$$h_0 = \frac{B_1(1 - c/B_1\gamma)}{K_0 \tan \varphi}(1 - e^{-K_0 \tan \varphi \times H/B_1}) + \frac{P_0}{\gamma} e^{-K_0 \tan \varphi \times H/B_1} \tag{5-2}$$

$$\sigma_v = \frac{B_1(\gamma - c/B_1)}{K_0 \tan \varphi}(1 - e^{-K_0 \tan \varphi \times H/B_1}) + P_0 e^{-K_0 \tan \varphi \times H/B_1} \tag{5-3}$$

$$B_1 = R_0 \cot\left(\frac{\pi/4 + \varphi/2}{2}\right) \tag{5-4}$$

式中：P_0——地表荷载；

　　　γ——土的容重；

　　　H——覆盖层厚度；

　　　h_0——土的松动高度；

　　　B_1——承载拱的半宽度；

　　　c——土的黏聚力；

　　　K_0——水平和竖直土压力之比（土的侧压力系数）；

　　　φ——土的内摩擦角；

　　　σ_v——竖向土压力；

　　　R_0——管片外径。

② $\dfrac{P_0}{\gamma} < H$：

$$h_0 = \frac{B_1(1 - c/B_1\gamma)}{K_0 \tan \varphi}(1 - e^{-K_0 \tan \varphi \times H/B_1}) \tag{5-5}$$

$$\sigma_v = \frac{B_1(\gamma - c/B_1)}{K_0 \tan \varphi}(1 - e^{-K_0 \tan \varphi \times H/B_1}) \tag{5-6}$$

　　太沙基公式中的竖向土条概念是通过试验获得的，但随着埋深增加，上覆岩体的破裂面已不再是沿着整个岩柱的侧面。

　　（3）普氏土压力理论

　　普氏土压力理论认为在松散介质中开挖隧道，会在上方形成抛物线状的平衡拱（普氏压力拱），作用在隧道结构上的压力是自然拱内松散岩土体的重力。

$$\sigma_v = \gamma h = \gamma \frac{B}{f} \tag{5-7}$$

$$B = R[1 + 1/\sin(45° - \varphi/2)] \times \tan(45° - \varphi/2) \tag{5-8}$$

式中：h——承载拱的高度；

　　　B——承载拱的半宽度；

  f——普氏系数；

  R——结构半径；

  φ——岩土体内摩擦角。

  普氏公式考虑了隧道承载跨度、隧道高度和岩土体内摩擦角等因素的影响，假定隧道拱顶上方能够自然形成平衡拱，公式简洁且物理概念明确，然而普氏公式没有考虑隧道埋深、围岩黏聚力等因素的影响，具有局限性。

  （4）比尔鲍曼公式

  比尔鲍曼公式认为在松散岩（土）体中开挖浅埋隧道时，滑移破裂面可用与两条水平线成（45°+φ/2）角的直线代替，并考虑了两侧岩（土）体的挟持作用。比尔鲍曼公式如下：

$$q_{b}=\gamma H\left[1-\frac{H\tan\varphi\tan^{2}\left(45°-\dfrac{\varphi}{2}\right)}{2B_{1}}-\frac{c\left(1-2\tan\varphi\tan\left(45°-\dfrac{\varphi}{2}\right)\right)}{B_{1}\gamma}\right] \quad (5-9)$$

式中：q_{b} 为围岩压力。

  相比于太沙基公式，比尔鲍曼公式更适用于围岩条件较差时的浅埋隧道，但若围岩条件选取不当，会使围岩压力值出现负值，与工程实际不符。

  （5）《铁路隧道设计规范》（TB 1003—2016）推荐公式[11]

  铁路隧道设计规范关于深埋隧道荷载计算公式是根据大量坍方统计资料整理得出的，隧道上方垂直压力为（当隧道埋深 $h \geqslant 2.5h_{q}$ 适用）：

$$q=\gamma h_{q}=0.45\times 2^{s-1}\times \gamma w \quad (5-10)$$

式中：γ——围岩容重；

  h_{q}——等效荷载高度值，$h_{q}=0.45\times 2^{s-1}w$；

  s——围岩级别；

  w——宽度影响系数，$w=1+i\times(B-5)$（i 为隧道宽度 B 每增减 1 m 时围岩压力的增减率，当 $B<5$ m 时，取 $i=0.2$；当 $B>5$ m 时，取 $i=0.1$）。

  《铁路隧道设计规范》（TB 1003—2016）中关于浅埋隧道围岩压力计算公式考虑了围岩内摩擦角 φ 和围岩黏聚力 c 的影响，而在深埋隧道围岩压力计算公式中虽然没有直接考虑围岩内摩擦角 φ 和围岩黏聚力 c 的影响，但这两种因素均在围岩分级中得到体现，而且由于铁路隧道规范是建立在我国数百余座铁路隧道的上千个坍方样本的基础上，这些隧道的坍方样本数据本身就反映了地质条件和工程因素对隧道围岩压力的影响，因此《铁路隧道设计规范》（TB 1003—2016）给出的计算方法所考虑的影响因素相对较为全面。

  2）水平土压力

  水平土压力考虑为作用在衬砌两侧，自拱顶至隧道底部沿横断面的直径水平作用的分布荷载，其大小根据垂直土压力与侧向土压力系数计算。

  在难以得到地基抗力的条件下，可以考虑将施工条件下的静止土压力系数作为侧向土压力系数。在可以得到地基抗力的条件下，使用主动土压力系数作为侧向土压力系数，或者以上述的静止土压力系数为基础考虑适当地减少进行计算，都是常用的方法，设计计算中拟采用的侧向土压力系数的值应介于静止侧向土压力系数值与主动侧向土压系数值之间。一般来说，侧向土压力系数可以根据与地基抗力系数的关系来进行确定，如表5-6所示。

表 5-6　侧向土压力系数(λ)、地基抗力系数(k)和标贯击数(N)

水土压力计算	土的种类	λ	$k/(\mathrm{MN \cdot m^{-3}})$	N
水土分算	密实砂性土	0.35~0.45	30~50	$30 < N$
	中密砂性土	0.45~0.55	10~30	$15 < N \leqslant 30$
	松散、稍密砂性土	0.50~0.60	0~10	$N \leqslant 15$
	固结黏性土	0.35~0.45	30~50	$25 \leqslant N$
	坚硬、硬塑黏性土	0.45~0.55	10~30	$8 \leqslant N < 25$
	可塑黏性土	0.50~0.65	0~10	$4 \leqslant N < 8$
水土合算	可塑黏性土	0.55~0.65	5~10	$4 \leqslant N < 8$
	软塑黏性土	0.65~0.75	0~5	$2 \leqslant N < 4$
	流塑黏性土	0.70~0.85	0	$N < 2$

式(5-11)~式(5-13)给出了如何确定水平土压力的方法。

①$H_\mathrm{w} \geqslant 0$：

$$
\begin{cases}
P_\mathrm{e1} = P_0 + \sum \gamma(H - H_\mathrm{w}) + \sum \gamma' H_\mathrm{w}(若\ H < 2D) \\
P_\mathrm{e1} = \sum \gamma(h_0 - H_\mathrm{w}) + \sum \gamma' H_\mathrm{w}(若\ H \geqslant 2D,\ 且\ h_0 > H_\mathrm{w}) \\
P_\mathrm{e1} = \sum \gamma h_0(若\ H \geqslant 2D,\ 且\ h_0 < H_\mathrm{w}) \\
q_\mathrm{e1} = \lambda(p_\mathrm{e1} + \gamma' t/2) \\
q_\mathrm{e2} = \lambda[p_\mathrm{e1} + \gamma'(t/2 + 2R_\mathrm{c})]
\end{cases}
\tag{5-11}
$$

②$0 > H_\mathrm{w} \geqslant -2R_\mathrm{c}$：

$$
\begin{cases}
P_\mathrm{e1} = P_0 + \sum \gamma H\ (若\ H < 2D) \\
P_\mathrm{e1} = \sum \gamma h_0(若\ H \geqslant 2D) \\
q_\mathrm{e1} = \lambda(p_\mathrm{e1} + \gamma t/2) \\
q_\mathrm{e2} = \lambda[p_\mathrm{e1} + \gamma(-H_\mathrm{w}) + \gamma'(t/2 + 2R_\mathrm{c} + H_\mathrm{w})]
\end{cases}
\tag{5-12}
$$

③$H_\mathrm{w} < -2R_\mathrm{c}$：

$$
\begin{cases}
P_\mathrm{e1} = P_0 + \sum \gamma H\ (若\ H < 2D) \\
P_\mathrm{e1} = \sum \gamma h_0(若\ H \geqslant 2D) \\
q_\mathrm{e1} = \lambda(p_\mathrm{e1} + \gamma t/2) \\
q_\mathrm{e2} = \lambda[p_\mathrm{e1} + \gamma(t/2 + 2R_\mathrm{c})]
\end{cases}
\tag{5-13}
$$

式中：P_e1——衬砌顶部的竖向土压力；

　　　P_0——上覆荷载；

　　　H_w——拱顶至地下水位线高度；

　　　γ'——土壤浮重度；

　　　h_0——承载拱的高度；

q_{e1}——衬砌顶部的水平土压力;

q_{e2}——衬砌底部的水平土压力;

H——覆盖层厚度;

D——管片外径;

R_c——管片的形心半径;

t——衬砌管片厚度;

λ——侧向土压力系数。

2. 水压力

一般情况下作用在衬砌上的水压力为静水压力,如图5-34所示。但为了简化计算,也可以将水压力取为拱顶以上和隧底以下分别与该处静水压力相等的均布竖向水压力以及由拱顶至隧底均匀变化的水平荷载,其值分别与在拱顶和隧底处的静水压力相等。

由于隧道开挖而失去水的重力作为浮力作用在衬砌上。若拱顶处的竖向土压力和自重(静荷载)合力大于浮力,其差值将是作用在隧底的竖向土压力(地基抗力)。而当作用于衬砌顶部的垂直荷载(除掉水压力)与衬砌自重的和小于浮力时,在衬砌顶部的地层中由于抗力而产生的土压力抵抗浮力作用。这种现象出现在隧道的覆土厚度小、地下水位高以及地震时容易发生液化的地层中。如果顶部难以产生与浮力相当的抗力时,隧道会上浮,于是必须采取诸如施作二次衬砌以增加隧道重力或在地表面进行加载的措施。

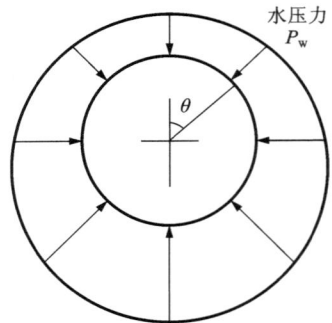

图5-34 静水压力示意图

式(5-14)~式(5-18)分别表示计算水压力、浮力和隧底竖向均布土压力的方法。若采用静水压力,则管片上各点处的水压力为:

$$P_w = \gamma_w \left[(H_w + t/2) + R_c(1 - \cos\theta) \right] \tag{5-14}$$

式中:γ_w——水的容重;

H_w——拱顶至地下水位线高度;

t——衬砌管片厚度;

R_c——管片的形心半径。

采用竖向均布水压力和水平压力均匀变化的组合:

$$\begin{cases} P_{w1} = \gamma_w H_w \\ P_{w2} = \gamma_w \left[H_w + (t + 2R_c) \right] = \gamma_w (H_w + 2R_0) \\ q_{w1} = \gamma_w (H_w + t/2) \\ q_{w2} = \gamma_w \left[H_w + (t/2 + 2R_c) \right] \end{cases} \tag{5-15}$$

式中:P_{w1}——衬砌顶部的竖向水压力;

H_w——拱顶至地下水位线高度;

P_{w2}——衬砌底部的竖向水压力;

R_0——管片外径;

q_{w1}——衬砌顶部的水平压力；

q_{w1}——衬砌顶部的水平压力。

采用静水压力，则浮力为：

$$F_w = \gamma_w \pi R_c^2 \tag{5-16}$$

采用竖向均布水压力和水平压力均匀变化的组合，则浮力为：

$$F_w = 2R_c(P_{w2} - P_{w1}) = 4\gamma_w R_0 R_c \tag{5-17}$$

考虑管片衬砌自重和浮力影响时，隧道底部均布水压力为：

$$P_{e2} = P_{e1} + \pi g - F_w/2R_c \tag{5-18}$$

式中：P_{e1}——衬砌顶部的竖向水压力；

P_{e2}——衬砌底部的竖向水压力；

g——管片自重按式(5-19)计算。

3. 管片自重

管片衬砌自重为作用在隧道横断面形心线上的竖向荷载，管片衬砌的自重按式(5-19)计算：

$$\begin{cases} g = W/(2\pi R_c) \\ g = \gamma_c \times t \text{（若截面为矩形）} \end{cases} \tag{5-19}$$

式中：W——衬砌纵向每延米重力；

γ_c——混凝土的容重。

4. 地面超载

超载参考值如下：$P_0 = 10 \text{ kN/m}^2$(公路车辆荷载)；$P_0 = 10 \text{ kN/m}^2$(铁路车辆荷载)；$P_0 = 10 \text{ kN/m}^2$(建筑物重力)。

5. 地基反力

计算衬砌构件内力时，必须确定地基反力作用的范围、大小和方向。地基反力通常分为两种：一种是独立于地基位移而定的反力；另一种是从属于地基位移而定的反力，具体要结合设计计算方法确定。实际上，前者是作为与给定荷载相平衡的反力，预先假定其是分布均匀的；后者认为与衬砌的地基内位移相关而产生的，并与地层的位移成比例且该比例因子定义为地基反力系数，此比例因子的取值取决于围岩韧度和衬砌尺寸。

地基反作用力是地基反作用系数和衬砌位移的产物，由围岩韧度和管片衬砌的刚度决定，而管片衬砌的刚度取决于管片刚度及接缝数目和类型。

在地基反力的常用计算法中，对垂直方向的与地基位移无关的地基反力取与垂直荷载相平衡的均布反力；作用在隧道侧面的水平方向的地基抗力，则是伴随衬砌向围岩方向的变形而产生，故在衬砌水平直径上下45°中心角范围内，采用以水平直径出发为定点，三角形分布的地基抗力。按作用在水平直径点上，地基抗力大小与衬砌向围岩方向的水平变形成正比关系进行计算，如图5-35所示。

$$q_r = k\delta \tag{5-20}$$

式中：k——地基反力系数，需根据土质条件并考虑与侧向土压力系数 λ 的关系来确定；

δ——位移值。

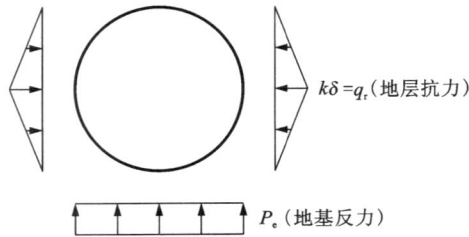

图 5-35 地基反力计算模型

与常用计算法不同,作为确定地基抗力的另一种方法,是将管片环与地基间的相互作用通过地基弹簧模型进行考虑,这一方法是将地基抗力考虑为管片向地基方向变形时所产生的反力。常见的有全周地基弹簧模型和部分地基弹簧模型两种,如图 5-36 所示。

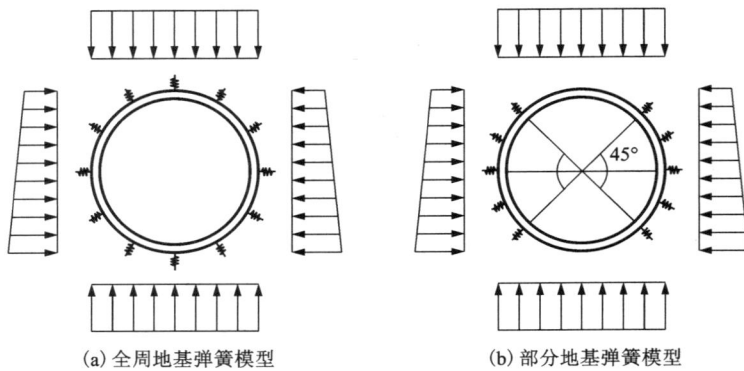

(a) 全周地基弹簧模型　　　　　　　　(b) 部分地基弹簧模型

图 5-36 全周和部分地基弹簧模型示意图

与惯用计算法不同,当选用地基弹簧模型描述管环和地层间的相互作用时,地层反力被看成是管环向地层方向位移而产生的反力。欧美一些国家使用全周地层弹簧模型;而日本则使用部分地层弹簧模型。从应用实例来看,多数只将径向弹簧作为有效弹簧,也有一些考虑切向弹簧进行设计的实例。但是,这时的地层弹簧系数在多数情况下均参考惯用计算法的地层反力系数确认。

6. 内部荷载

内部荷载系指隧道竣工后作用于衬砌内侧的荷载。该荷载因隧道用途的不同而异。

对于铁路车辆等作用于衬砌底部的内部荷载(除极软地层外),因背后注浆材料的硬化,故可认为该荷载由衬砌周围的地层直接支承,对衬砌的影响不大。但是,对隧道内部集中作用的荷载,如底板支力、隧道内部的悬挂荷载等会对衬砌强度和变形造成影响,故应根据实际情况设定该荷载,并在管片设计时予以考虑。就承受内水压力的隧道而言,包括二次衬砌,必须选择恰当的构造模型,考虑荷载与应力历史,在确保隧道构造安全的条件下,慎重地选择作用于管片上的水土荷载。

7. 施工期间荷载

施工荷载是指从管片拼装开始到尾缝中的填充浆液固化止,作用在管环上的临时荷载的总称，包括千斤顶的推力、背后注浆的压力、静孔隙水压力及拼装管片的操作荷载。施工荷载因地层条件和施工方法的不同而异，要想准确地进行数值计算较为困难。但是在管片设计中应力求把施工荷载考虑得全面合理与充分。

8. 地震的影响

地震对地下构造物的影响一般可按下述方法考虑。通常隧道的线重度（单位长的重量）比隧道置换土体小的情况较多。因此，当地震力作用时，与作用在周围地层上的惯性力比作用在隧道上的惯性力大。但是，试验结果发现，当隧道的覆土厚度达到一定程度时，可以认为隧道和地层基本产生相同的震动。因此，当隧道位于良好匀质的地层中，而且覆盖层较厚时，可以认为地震对隧道的影响较小。但是，盾构隧道与其他隧道相比，由于接头的存在使隧道的刚度有所减小，加上在地中挖掘施工的缘故，其跟随地层变位的性能更好。在下列条件下，地震对隧道的影响较大，不容忽视：

① 地下接头部位以及与竖井的连接部位等衬砌构造发生变化的情形（管片种类的变化、二次衬砌的有无等）。

② 在软弱地层中。

③ 地质、覆盖层厚度、基床深度等地层条件发生突变的情形。

④ 急弯曲线部位的情形。

⑤ 在松散的饱和砂质地层及有发生液化可能性的情形。

当然，若在隧道规划阶段进行详细周密的工程地质勘探，正确地选择路线也是作为抗震措施的一种方法。另外，可考虑将隧道断面设计得大一些，以便待地震受损修补加固后仍能确保足够的断面空间。

9. 邻近施工的影响

近年来，作为设计对象的隧道在施工中或施工后，其他盾构隧道或构造物在近旁进行施工的实例有所增加。由于后者施工扰动了先期隧道周围土体，作用于衬砌上的荷载发生变化。当这些土体扰动和荷载变化较大时，会对该隧道衬砌产生较大的影响。若当初设计该隧道时已预想到这一情况，在设计中应把其影响考虑进去；若当初设计隧道时没有考虑这一情况，则应根据衬砌的实际受损状况对衬砌实施加固保护，同时还应对地层进行加固。

5.5　盾构管片内力计算

5.5.1　盾构管片结构内力计算方法简介

在地下结构计算理论的发展过程中，盾构隧道衬砌结构的设计计算方法也逐渐发展形成，目前主要有荷载-结构模式和地层-结构模式两种计算方法。

荷载-结构模式计算方法以衬砌支护结构作为承载主体，围岩对支护结构的变形起约束作用，此方法具有受力明确、计算简单和便于安全评价等优点，目前仍是各国主要采用的盾构隧道衬砌结构设计方法。根据对管片接头的力学上的处理方法的不同，进行结构内力计算时管片环的结构模型大致可以分为三类：假设管片环是弯曲刚度均匀的环的方法、假设管片环是多铰环的方法，以及假设管片环是具有旋转弹簧的环，以剪切弹簧评价错缝接头的拼接效应的方法。常见荷载-结构模式计算方法有惯用及修正惯用计算法、多铰接环计算方法、弹性铰圆环计算法和梁-弹簧模型计算法等，在实际工程中应根据工程的具体情况进行选用[12]。

地层-结构模式计算方法将隧道支护结构和地层视为共同承受荷载的隧道结构体系，支护结构限制围岩向隧道内变形。该方法是反映隧道支护结构原理的一种方法，与当前隧道设计思想较为一致，理论上可以准确求解围岩和支护结构的应力和位移状态，但是由于岩土体的初始应力场以及表示岩土体和衬砌材料特性的各种物理力学参数的多变性和测量的复杂性，使得模拟分析计算具有较大难度且结果变异性较大，一般用于定性分析和复杂工况分析较多。常见地层-结构模式计算方法有基于 ABAQUS、ADINA、FLAC、ANSYS 等软件的数值模拟。

5.5.2　惯用及修正惯用计算法

惯用计算法是将管环作为与管片有相同刚度的刚性均一的环来评价管片的，忽略管片接头的存在。由于过高评价了管片的刚度，对于具备地基反力的良好地基，得到过大的截面内力，而对于不具备地基反力的软弱地基，则得到较小的截面内力，甚至给出偏于危险的设计结果，按此方法修建的隧道预计将产生很大的变形，因此必须引起充分注意。

修正惯用计算法与惯用计算法一样，是将管环作为与管片有相同刚度的刚性均一的环来评价的方法，区别在于修正惯用计算法利用抗弯刚度的有效率 η 及弯矩的增减率 ζ 来修正惯用计算法中管片圆环的刚度，即由于接头所引起的管环的刚度降低及错缝拼装所产生的拼接效应，这种方法比惯用计算法更接近于实际。

修正惯用计算法是一种应用较为成熟的方法，计算模型中不考虑竖向地层抗力的影响，竖向地基反力按隧道所承受的竖向荷载根据荷载平衡条件按均布荷载计算，水平向地层抗力假定为分布在隧道中部90°范围的水平向三角形荷载，如图5-37所示。管片自重引起的地层变形导致的水平地基抗力根据壁后注浆的方式和浆液的早期强度等情况确定是否考虑。该方法可以计算不同土层条件下的管片截面内力，其解析法的截面内力公式如表5-7所示(计算左半环时，表中 θ 取图5-37中 $\theta_{左}$；计算右半环时，表中 θ 取图5-37中 $\theta_{右}$)。值得注意的是图5-37中所表示的是水土分算时的计算简图，而水土合算时只需将土压、水压一并考虑。

表 5-7　惯用法与修正惯用计算法的管片内力计算式

荷载	弯矩 M	轴力 N	剪力 Q
垂直荷载 $(P_{e1}+P_{w1})$	当 $0 \leqslant \theta \leqslant \pi$ 时，$\dfrac{1}{4}(1-2\sin^2\theta)(P_{e1}+P_{w1})R_c^2$	当 $0 \leqslant \theta \leqslant \pi$ 时，$(P_{e1}+P_{w1})R_c\sin^2\theta$	当 $0 \leqslant \theta \leqslant \pi$ 时，$-(P_{e1}+P_{w1})R_c\sin\theta\cos\theta$
水平荷载 $(q_{e1}+q_{w1})$	当 $0 \leqslant \theta \leqslant \pi$ 时，$\dfrac{1}{4}(1-2\cos^2\theta)(q_{e1}+q_{w1})R_c^2$	当 $0 \leqslant \theta \leqslant \pi$ 时，$(q_{e1}+q_{w1})R_c\cos^2\theta$	当 $0 \leqslant \theta \leqslant \pi$ 时，$(q_{e1}+q_{w1})R_c\sin\theta\cos\theta$
水平三角形荷载 $(q_{e2}+q_{w2}-q_{e1}-q_{w1})$	当 $0 \leqslant \theta \leqslant \pi$ 时，$\dfrac{1}{48}(6-3\cos\theta-12\cos^2\theta+4\cos^3\theta)$ $(q_{e2}+q_{w2}-q_{e1}-q_{w1})R_c^2$	当 $0 \leqslant \theta \leqslant \pi$ 时，$\dfrac{1}{16}(\cos\theta+8\cos^2\theta-4\cos^3\theta)$ $(q_{e2}+q_{w2}-q_{e1}-q_{w1})R_c$	当 $0 \leqslant \theta \leqslant \pi$ 时，$\dfrac{1}{16}(\sin\theta+8\sin\theta\cos\theta-4\sin\theta\cos^2\theta)$ $(q_{e2}+q_{w2}-q_{e1}-q_{w1})R_c$

续表5-7

荷载	弯矩 M	轴力 N	剪力 Q
地基抗力 $(q_r = k\delta)$	当 $0 \leqslant \theta < \pi/4$ 时， $(0.2346 - 0.3536\cos\theta)k\delta R_c^2$ 当 $\pi/4 \leqslant \theta \leqslant \pi/2$ 时， $(-0.3487 + 0.5\sin^2\theta +$ $0.2357\cos^3\theta)k\delta R_c^2$	当 $0 \leqslant \theta < \pi/4$ 时， $0.3536\cos\theta k\delta R_c$ 当 $\pi/4 \leqslant \theta \leqslant \pi/2$ 时， $(-0.7071\cos\theta + \cos^2\theta +$ $0.7071\sin^2\theta\cos\theta)k\delta R_c$	当 $0 \leqslant \theta < \pi/4$ 时， $0.3536\sin\theta k\delta R_c$ 当 $\pi/4 \leqslant \theta \leqslant \pi/2$ 时， $(\sin\theta\cos\theta -$ $0.7071\cos^2\theta\sin\theta)k\delta R_c$
自重 $(P_{g1} = \pi g_1)$	当 $0 \leqslant \theta < \pi/2$ 时， $\left(\dfrac{3\pi}{8} - \theta\sin\theta - \dfrac{5}{6}\cos\theta\right)gR_c^2$ 当 $\pi/2 \leqslant \theta \leqslant \pi$ 时， $\left[-\dfrac{\pi}{8} + (\pi - \theta)\sin\theta - \dfrac{5}{6}\cos\theta -\right.$ $\left.\dfrac{1}{2}\pi\sin^2\theta\right]gR_c^2$	当 $0 \leqslant \theta < \pi/2$ 时， $\left(\theta\sin\theta - \dfrac{1}{6}\cos\theta\right)gR_c$ 当 $\pi/2 \leqslant \theta \leqslant \pi$ 时， $(-\pi\sin\theta + \theta\sin\theta + \pi\sin^2\theta -$ $\dfrac{1}{6}\cos\theta)gR_c$	当 $0 \leqslant \theta < \pi/2$ 时， $-\left(\theta\sin\theta + \dfrac{1}{6}\sin\theta\right)gR_c$ 当 $\pi/2 \leqslant \theta \leqslant \pi$ 时， $\left[(\pi - \theta)\cos\theta - \pi\sin\theta -\right.$ $\left.\dfrac{1}{6}\sin\theta\right]gR_c$
管处环的水平直径点的水平方向变位 (δ)	不考虑衬砌自重引起的地基抗力 $\delta = \dfrac{\{2(P_{e1} + P_{w1}) - (q_{e1} + q_w) - (q_{e2} + q_{w2})\}R_c^4}{24(\eta \cdot EI + 0.0454k \cdot R_c^4)}$ i) 考虑了衬砌自重引起的地基抗力 $\delta = \dfrac{\{2(P_{e1} + P_{w1}) - (q_{e1} + q_w) - (q_{e2} + q_{w2}) + \pi g\}R_c^4}{24(\eta \cdot EI + 0.0454k \cdot R_c^4)}$ ii) EI 为单位宽度的弯曲刚度		

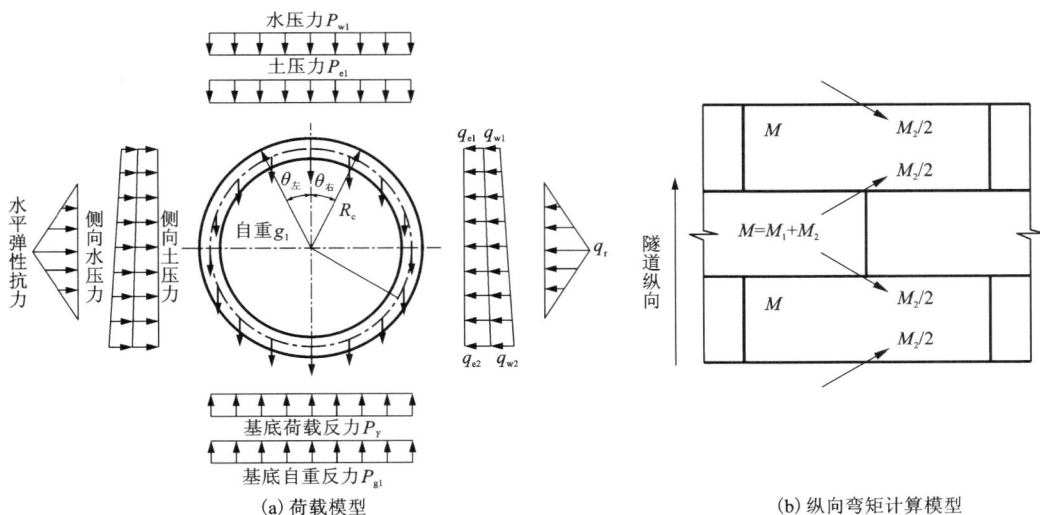

(a) 荷载模型　　　　　　(b) 纵向弯矩计算模型

图 5-37　修正惯用计算法计算模型

该模型考虑管片接头的存在使得管片环整体刚度降低，折减系数为 $\eta(\eta \leqslant 1)$，即管片环是具有等效刚度 ηEI。

进一步考虑到管片错缝拼装的影响，在根据等效刚度为 ηEI 的圆环计算得到内力基础

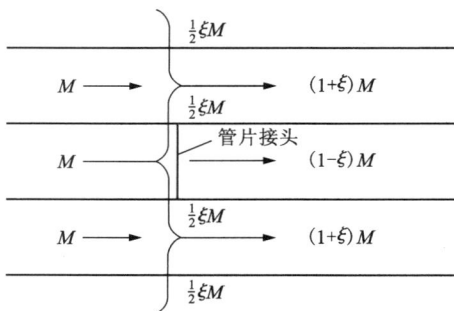

图 5-38　接头引起的弯矩传递（两个环为一组错缝拼装）

上，将弯矩 M 考虑一个增大系数 $\xi(\xi\leqslant1)$，则管片主截面的弯矩为 $(1+\xi)M$，管片接头弯矩为 $(1-\xi)M$，如图 5-38 所示。根据国内外大量地面管片接头荷载试验结果，参数 η 取值为 $0.6\sim0.8$，ξ 取值为 $0.2\sim0.3$。

此模型若取 $\eta=1$，$\xi=0$ 则成为均质圆环模型。因此该模型实际上是对均质圆环模型的修正。修正惯用计算法对于 η 及 ξ 的计算目前只限于定性评价，都是基于经验或者试验来推算，并且这种方法不能直接求出接头处所产生的截面内力。

5.5.3　多铰接环计算方法

多铰接环计算方法是基于将管片作为铰接来进行评价的设计指导思路，将管片接头作为铰结构来计算，如图 5-39 所示。日本山本法是典型的多铰圆环内力计算方法，该原理在于圆环多铰衬砌环在主和被动土压作用下产生变形，圆环由一不稳定结构逐渐转变成稳定结构，在圆环变形过程中，铰不发生突变。计算假定：

①衬砌环在转动时，管片或砌块视作刚体处理。

②衬砌环外围土抗力按均匀分布，土抗力的计算满足对衬砌环稳定性的要求，土抗力作用方向全部朝向圆心。

③计算中不计及圆环与土壤介质间的摩擦力。

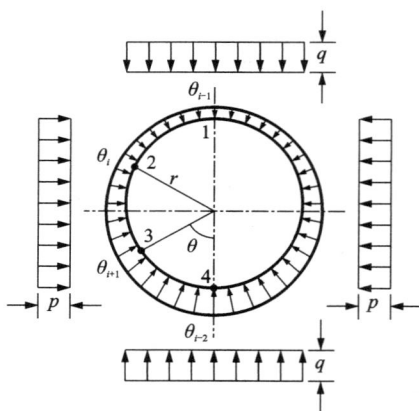

q—作用在铰接环的竖向压力；P—作用在铰接环的水平压力；r—铰接环半径；θ_i——第 i 号铰的计算角度；θ_{i-1}，θ_{i+1} 依此类推。

图 5-39　多铰接环法计算模型

④土抗力和变形间关系按 Winkler 公式计算。

以 1-2 杆为例计算，如图 5-40 所示。图中 $\theta_{i-1}=0°$，$\theta_i=60°$，衬砌各截面处地层抗力为：

$$q_{\alpha_i}=q_{i-1}+\frac{(q_i-q_{i-1})\alpha_i}{\theta_i-\theta_{i-1}} \tag{5-21}$$

由 $\sum X=0$ 解得：$H_1=H_2+0.5pr+0.327q_2r$。

由 $\sum Y = 0$ 解得：$V_2 = 0.866qr + 0.388q_2r$。

由 $\sum M_2 = 0$ 解得：$H_1 = (0.75qr + 0.25p + 0.346q_2)r$。

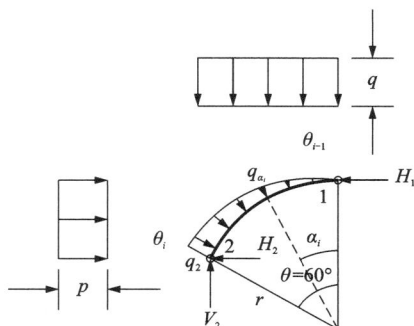

H_1—1 号铰的水平内力；H_2—2 号铰的水平内力；V_1—1 号铰的竖向内力；V_2—2 号铰的竖向内力；

α_i——第 i 计算点的角度；q_{α_i}——第 i 计算点的地层土抗力；q_2——第 2 号铰处的地层土抗力。

图 5-40　1-2 杆计算示意图

同理对 2-3 杆、3-4 杆进行静定求解，可得到各接头处的内力 H_1、V_1、H_2、V_2、H_3、V_3、H_4、V_4，则任意截面的内力（以 1-2 杆为例）为：

$$H_{\alpha_i} = H_2 + pr(1 - \cos\alpha_i) + r\int_0^{\alpha_i - \theta_{i-1}} \frac{q_{\alpha_i}\alpha_i}{\pi/3}\sin(\theta_{i-1} + \alpha_i)\mathrm{d}\alpha_i \tag{5-22}$$

$$V_{\alpha_i} = qr\sin\alpha_i + r\int_0^{\alpha_i - \theta_{i-1}} \frac{q_{\alpha_i}\alpha_i}{\pi/3}\cos\alpha_i\mathrm{d}\alpha_i \tag{5-23}$$

$$M_{\alpha_i} = \frac{(qr\sin\alpha_i)^2}{2} + \frac{p[r(1 - \cos\alpha_i)]^2}{2} + \frac{3r^2}{\pi}q_{\alpha_i}\int_0^{\alpha_i - \theta_{i-1}} \alpha_i\sin(\theta_i - \theta_{i-1} - \alpha_i)\mathrm{d}\alpha_i - H_1r\sin\alpha_i$$

$$\tag{5-24}$$

多铰接环模型只取一个环，接头按铰接处理，受周围土体的支承而成为稳定结构。由于荷载条件及地基反力的设定方法不同，其计算结果也不一样，为此应充分研究所适用地基的情况。多铰接环一般在良好的土体中适用，在软弱地基中将产生较大变形。

对主动土压力作用于环的荷载，采用上述惯用的荷载系列，伴随环的变形和变位而产生的地层抗力，大多采用 Winkler 假设。采用该计算法，以截面内力形式产生的弯矩会有相当大的减少，节约设计成本。另外，因为周围围岩的好坏会对隧道造成决定性的影响，所以对附近施工等会不会破坏隧道竣工后的隧道周围围岩以及隧道防水等问题，需要进行认真的研究。

5.5.4　弹性铰圆环计算方法

因盾构隧道的管环由多块管片拼接而成，且管片与管片间的接头形式多种多样，必要时还得使用连接螺栓，拼接接头不可能与整体现浇钢筋混凝土构造刚度相同。事实上各管片接头处存在一个能承担部分弯矩的弹性铰，它既非刚接，也非全部铰接，其担负弯矩的多少与接头刚度 K 有关。在计算截面内力时可将管片接头看作是弹性铰环构造。接头刚度 K 通常由试验和经验综合确认。截面内力值可由力学模型按解析法求取，由于结构荷载对称于竖直轴，取一半结构用结构力学方法进行分析，计算中忽略轴力、剪力对变位的影响，如图 5-41 所示。

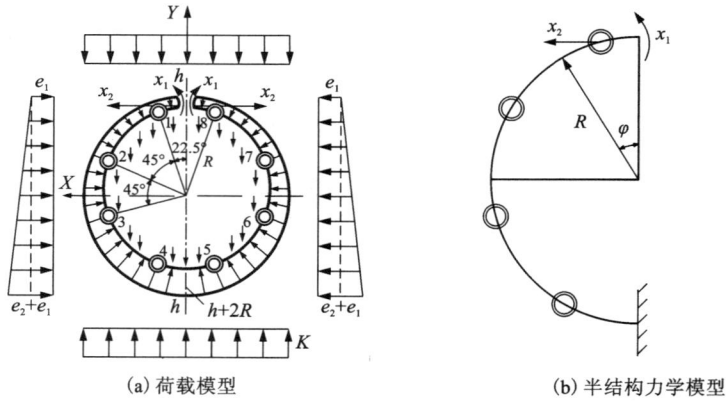

(a) 荷载模型　　　　　　　　(b) 半结构力学模型

图 5-41　弹性铰环计算法模型

建立的力法方程为：

$$\begin{cases} \delta_{11}x_1 + \delta_{12}x_2 + \Delta_{1p} = 0 \\ \delta_{21}x_1 + \delta_{22}x_2 + \Delta_{2p} = 0 \end{cases} \tag{5-25}$$

其中 δ_{11}、δ_{12}、δ_{21}、δ_{22}、Δ_{1p}、Δ_{2p} 分别为：

$$\delta_{11} = \frac{1}{EI}\int_0^\pi \overline{M_1^2}R\mathrm{d}\varphi + \sum_{i=1}^4 \overline{M_1^i M_1^i} \times \frac{1}{K_\theta^i}$$

$$\delta_{12} = \delta_{21} = \frac{1}{EI}\int_0^\pi \overline{M_1 M_2}R\mathrm{d}\varphi + \sum_{i=1}^4 M_2^i \overline{M_2^i} \times \frac{1}{K_\theta^i}$$

$$\delta_{22} = \frac{1}{EI}\int_0^\pi \overline{M_2^2}R\mathrm{d}\varphi + \sum_{i=1}^4 \overline{M_2^i M_2^i} \times \frac{1}{K_\theta^i}$$

$$\Delta_{1p} = = \sum_{i=1}^h \int_0^\pi \frac{\overline{M_1}M_{p(j)}}{EI}R\mathrm{d}\varphi + \sum_{j=1}^h \sum_{i=1}^4 \overline{M_1^i}M_{p(j)}^i \frac{1}{K_\theta^i}$$

$$\Delta_{2p} = = \sum_{i=1}^h \int_0^\pi \frac{\overline{M_2}M_{p(j)}}{EI}R\mathrm{d}\varphi + \sum_{j=1}^h \sum_{i=1}^4 \overline{M_2^i}M_{p(j)}^i \frac{1}{K_\theta^i}$$

式中：$\overline{M_1}$、$\overline{M_2}$——基本结构在单位荷载作用下的弯矩；

　　　M_p——基本结构在荷载作用下的弯矩；

　　　K_θ——各接头的接头刚度；

　　　EI——结构刚度；

　　　i——管片接头个数；

　　　j——荷载作用类型数，用行列式求解可得：

$$\begin{cases} \Delta = \delta_{11}\delta_{22} - \delta_{12}\delta_{21} \\ \Delta x = \delta_{12}\Delta_{2p} - \Delta_{22}\Delta_{1p} \\ \Delta y = \delta_{22}\Delta_{1p} - \Delta_{11}\Delta_{2p} \\ x_1 = \dfrac{\Delta x}{\Delta}; \ x_2 = \dfrac{\Delta y}{\Delta} \end{cases} \tag{5-26}$$

任意截面的内力为：

$$\begin{cases} M = \overline{M_1}x_1 + \overline{M_2}x_2 + \displaystyle\sum_{j=1}^{k} M_{p(j)} \\ N = \overline{N_1}x_1 + \overline{N_2}x_2 + \displaystyle\sum_{j=1}^{k} N_{p(j)} \end{cases} \tag{5-27}$$

5.5.5　梁-弹簧模型计算方法

管片环是由预制管片用螺栓连接拼装而成。这种构造特点使管片连接处(即接头)的受力与变形特点都和管片本体的受力变形特点有很大不同,因此必须用两种不同的受力单元来描述。梁-弹簧模型是将管片主截面简化为圆弧梁或者直线梁构架,用弹簧模拟接头,将管片接头当作旋转弹簧,将环接头当作剪切弹簧(切向、法向)的组合构造模型,如图 5-42(a)所示。管片环与周围土层的作用则采用 Winkler 地基弹簧模拟,无须假设地基反力分布形式,将其管片环弹性性能用有限元法进行构架分析,计算截面内力,如图 5-42(b)所示。

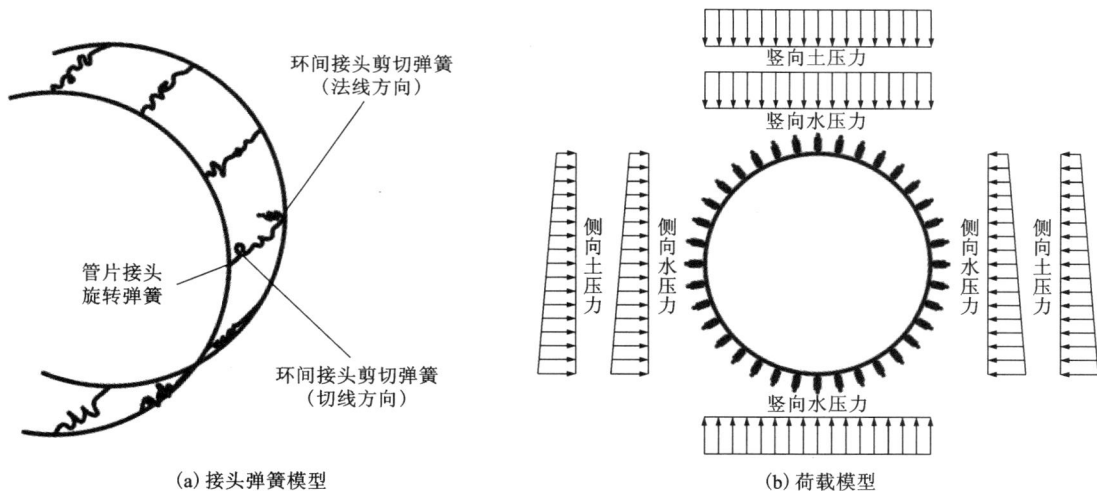

(a) 接头弹簧模型　　　　　　　(b) 荷载模型

图 5-42　梁-弹簧模型示意图

1. 弹簧系数的确定

采用 K_N、K_s、K_θ 分别表示接头的压缩弹簧系数、抗剪弹簧系数及旋转弹簧系数。目前大都依照接头试验数据将这些弹簧系数假定为常数进行计算,但实际上,结构的力学性能很复杂,各种弹簧系数是非线性的,因此这些弹簧系数的确定要以丰富的接头受力试验数据为基础。

对于圆形衬砌这类地下结构，由于周围土层的支撑作用，截面剪力较小，截面强度主要受弯矩和轴力控制。目前有关接头的试验数据较少，其试验方法尚有缺陷。一般弹簧系数应取大一些，能使设计更安全。

2. 单元刚度矩阵的建立

（1）梁单元

对于圆弧形管片，当单元部分较细时，用直梁单元代替曲梁单元不会产生大的误差。为简化计算，这里采用直梁单元。如图 5-43 所示，微单元两端分别施加位移（$\bar{u}_i$，$\bar{v}_i$，$\bar{\varphi}_i$）和（$\bar{u}_j$，$\bar{v}_j$，$\bar{\varphi}_j$），产生的梁端力分别为（$\bar{X}_{ij}$，$\bar{Y}_{ij}$，$\bar{M}_{ij}$）和（$\bar{X}_{ji}$，$\bar{Y}_{ji}$，$\bar{M}_{ji}$）。

下面建立梁端位移和梁端力之间的关系式。先固定 j 端，让 i 端分别单独产生位移 $\bar{u}_i$、$\bar{v}_i$、$\bar{\varphi}_i$，这时它们分别在 i 端和 j 端产生的梁端力，见式（5-28）；在固定 i 端，让 j 端分别单独产生位移 $\bar{u}_j$、$\bar{v}_j$、$\bar{\varphi}_j$，同样可得到一组相似的梁端力，见式（5-29）：

$$\begin{cases} \bar{X}_{ij} = \dfrac{EA}{l}\bar{u}_i \\[2mm] \bar{Y}_{ij} = \dfrac{12EI}{l^3}\bar{v}_i - \dfrac{6EI}{l^2}\bar{\varphi}_i \\[2mm] \bar{M}_{ij} = -\dfrac{6EI}{l^2}\bar{v}_i + \dfrac{4EI}{l}\bar{\varphi}_i \end{cases} ; \begin{cases} \bar{X}_{ji} = -\dfrac{EA}{l}\bar{u}_i \\[2mm] \bar{Y}_{ji} = -\dfrac{12EI}{l^3}\bar{v}_i + \dfrac{6EI}{l^2}\bar{\varphi}_i \\[2mm] \bar{M}_{ji} = \dfrac{6EI}{l^2}\bar{v}_i + \dfrac{2EI}{l}\bar{\varphi}_i \end{cases} \qquad (5-28)$$

$$\begin{cases} \bar{X}_{ij} = -\dfrac{EA}{l}\bar{u}_j \\[2mm] \bar{Y}_{ij} = \dfrac{12EI}{l^3}\bar{v}_j + \dfrac{6EI}{l^2}\bar{\varphi}_j \\[2mm] \bar{M}_{ij} = -\dfrac{6EI}{l^2}\bar{v}_j + \dfrac{2EI}{l}\bar{\varphi}_j \end{cases} ; \begin{cases} \bar{X}_{ji} = \dfrac{EA}{l}\bar{u}_j \\[2mm] \bar{Y}_{ji} = \dfrac{12EI}{l^3}\bar{v}_j + \dfrac{6EI}{l^2}\bar{\varphi}_j \\[2mm] \bar{M}_{ji} = \dfrac{6EI}{l^2}\bar{v}_j + \dfrac{4EI}{l}\bar{\varphi}_j \end{cases} \qquad (5-29)$$

式中：E——管片弹性模量；

$\quad\quad A$——截面积；

$\quad\quad l$——梁单元长度；

$\quad\quad I$——抗弯截面模量。

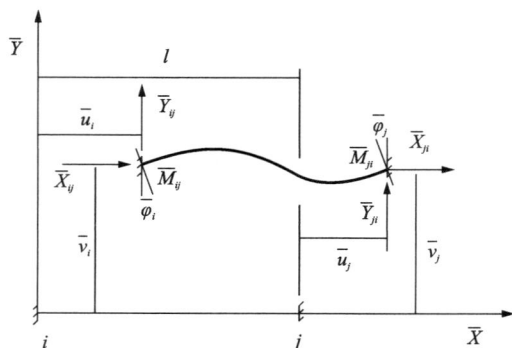

图 5-43 梁端力与梁端位移示意图

根据叠加原理,将上述两种情况对应的梁端力进行叠加,得到梁端力和梁端位移的关系,用矩阵可表示为:

$$|\overline{N}| = |\overline{K}_\mathrm{L}||\overline{\delta}| \tag{5-30}$$

式中:
$$|\overline{K}_\mathrm{L}| = \begin{bmatrix} \dfrac{EA}{l} & 0 & 0 & -\dfrac{EA}{l} & 0 & 0 \\ 0 & \dfrac{12EI}{l^3} & -\dfrac{6EI}{l^2} & 0 & -\dfrac{12EI}{l^3} & -\dfrac{6EI}{l^2} \\ 0 & -\dfrac{6EI}{l^2} & \dfrac{4EI}{l} & 0 & -\dfrac{6EI}{l^2} & \dfrac{2EI}{l} \\ -\dfrac{EA}{l} & 0 & 0 & \dfrac{EA}{l} & 0 & 0 \\ 0 & -\dfrac{12EI}{l^3} & \dfrac{6EI}{l^3} & 0 & \dfrac{12EI}{l^3} & \dfrac{6EI}{l^2} \\ 0 & -\dfrac{6EI}{l^2} & \dfrac{2EI}{l} & 0 & \dfrac{6EI}{l^2} & \dfrac{4EI}{l} \end{bmatrix};$$

$$|\overline{N}| = |\overline{X}_{ij}, \overline{Y}_{ij}, \overline{M}_{ij}, \overline{X}_{ji}, \overline{Y}_{ji}, \overline{M}_{ji}|^\mathrm{T};$$

$$|\overline{\delta}| = |\overline{u}_i, \overline{v}_i, \overline{\varphi}_i, \overline{u}_j, \overline{v}_j, \overline{\varphi}_j|_\circ$$

(2)接头单元

如图 5-37 所示,接头用 3 个弹簧模拟(其中压缩弹簧和抗剪弹簧只能抗拉压,旋转弹簧只能抗弯曲),与梁单元推导过程类似,得到接头受力与位移的关系式:

$$\begin{cases} \overline{X}_{ij} = K_\mathrm{N}\overline{u}_i - K_\mathrm{N}\overline{u}_j \\ \overline{Y}_{ij} = K_\mathrm{S}\overline{v}_i - K_\mathrm{S}\overline{v}_j \\ \overline{M}_{ij} = K_\theta\overline{\varphi}_i - K_\theta\overline{\varphi}_j \end{cases}; \quad \begin{cases} \overline{X}_{ji} = -K_\mathrm{N}\overline{u}_i + K_\mathrm{N}\overline{u}_j \\ \overline{Y}_{ji} = -K_\mathrm{S}\overline{v}_i + K_\mathrm{S}\overline{v}_j \\ \overline{M}_{ji} = -K_\theta\overline{\varphi}_i + K_\theta\overline{\varphi}_j \end{cases} \tag{5-31}$$

式中:K_N、K_S、K_θ——压缩弹簧系数、抗剪弹簧系数及旋转弹簧系数。

将式(5-31)的方程系数用矩阵表示即为接头单元刚度矩阵:

$$|\overline{K}_\mathrm{J}| = \begin{bmatrix} +K_\mathrm{N} & 0 & 0 & -K_\mathrm{N} & 0 & 0 \\ 0 & +K_\mathrm{S} & 0 & 0 & -K_\mathrm{S} & 0 \\ 0 & 0 & +K_\theta & 0 & 0 & -K_\theta \\ -K_\mathrm{N} & 0 & 0 & +K_\mathrm{N} & 0 & 0 \\ 0 & -K_\mathrm{S} & 0 & 0 & +K_\mathrm{S} & 0 \\ 0 & 0 & -K_\theta & 0 & 0 & +K_\theta \end{bmatrix} \tag{5-32}$$

如果将剪切弹簧常数和旋转弹簧常数同时设定为零,该方法则基本上与多铰环计算法相同;如果将剪切弹簧常数设为零,将旋转弹簧常数设为无限大,该方法则与刚度均匀环的计算法相同。同时,可以利用管环接头剪切刚度的大小表征错接接头的拼接效应。因此,从力学机理上看,该方法是解释管环承载机制的有效方法。

该计算方法使用的荷载基本都是惯用荷载系统,然而也有将地基抗力全部或者部分转换成地基弹簧进行计算的方法。用梁-弹簧模型可以对任意一种管片环的组装法以及接头的位置进行解析,也可以计算出环接头上产生的剪力。旋转弹簧常数和剪切弹簧常数除可以用试验求得外，对于一般性的管片接头，还可以通过计算求出。如果剪切弹簧常数取值偏小，则主截面的计算弯矩也会偏小，因此为了安全起见，常采用将其设定为无穷大的方法。

目前，这一方法不仅用于铁路隧道和公路隧道等大断面隧道的设计中，设计条件较为复杂的中小直径隧道也经常用它与惯用计算法及修正惯用计算法进行对比验算。

5.5.6 数值模拟计算方法

由于隧道结构的几何形状多样，周围岩土体具有各种不同的非线性，围岩与隧道支护结构之间的相互作用机理复杂，使得隧道结构力学计算是一个超静定结构的求解问题。这类问题一般采用数值模拟分析方法解决。有限单元法是一种典型的数值模拟方法，其思路是把分析对象连续体分割成有限数目的单元，它们在节点上相连接，即以一个单元集合体来替代连续体，把作用在单元上的力等效地移到节点上，每个单元选择一个位移函数来表示位移分量的分布规律，按变分原理建立单元的节点力与节点位移的关系式。根据节点平衡条件，把所有的单元关系集合形成一组以节点位移为未知量的代数方程组，从而解得各节点位移，其基本求解步骤一般为：

①问题及求解域定义。根据实际问题确定求解域的物理性质和几何区域。

②求解域离散化。将求解域近似为具有不同有限大小和形状且彼此相连的有限数目的单元组成的离散域，称为有限元网格划分。显而易见的是，单元越小，离散域的近似程度越好，计算结果也越精确，但计算工作量增大。

③确定状态变量及控制方法。对具体的物理问题，可用一组包含问题状态变量边界条件的微分方程表示。为适合有限元求解，通常将微分方程转换为等价的泛函数表示。

④单元推导。对单元构造一个适合的近似解，推导有限元的列式，其中包括选择合理的单元坐标系，建立单元试函数，以某种方法给出单元各状态变量的离散关系，从而形成单元矩阵。为保证解的收敛性，单元推导应遵循相关原则。

⑤整体求解。将单元总装形成离散域的总矩阵方程，反映近似求解域的离散域的要求，即单元函数要满足一定的连续条件。总装在相邻单元节点进行，状态变量及其导数的连续性建立在节点处和边界条件处。

⑥联立方程组求解和结果表征。方程组的求解可用高斯消元法、直接法、迭代法和随机法，求解结果是单元节点处状态变量的近似值。对于计算结果，根据精度要求确定是否需要重复计算。

简言之，有限元分析可分为三个阶段，即前处理、处理和后处理。前处理是建立有限元模型，完成单元网格划分；处理是有限元模型的计算分析过程；后处理是分析结果的采集与处理。随着计算机的发展及计算技术的进步，有限元方法也得到了迅速的发展，使得限元分析摆脱了仅为计算验证工具的原始阶段，发展成为一种复杂系统力学分析的有效工具；计算结果的可视化显示从简单的应力、位移和温度场等的静动态显示、彩色调色显示，发展成为对受荷载对象可能出现缺陷（裂纹等）的位置、形状、大小及其可能影响区域的显示等。

1.荷载−结构模式数值模拟

荷载−结构法是将支护结构和围岩分开来考虑，这种模型认为隧道支护结构与围岩的相互作用是通过弹性支撑对结构施加约束来体现的，而土体承载能力则在确定土体压力与弹性支撑的约束能力时间接地考虑。支护结构是承载主体，土体作为荷载的来源和支护结构的弹性支撑，等效为作用于支护结构单元节点上的径向和切向荷载。在大多数情况下，切向荷载比径向荷载小，为简化而忽略其作用，仅对支护结构离散单元进行分析。

根据结构的对称性，对于圆形盾构隧道结构可取 1/4 管片作为简化模型，如图 5-44 所示，选用平面单元模拟管片圆弧，模型顶端施加水平位移约束，底部施加垂直位移约束，管片圆弧外侧施加法向荷载。作用在支护结构上的荷载可以采用 5.4 节内容进行计算，然后换算成作用在管片上的法向压力。

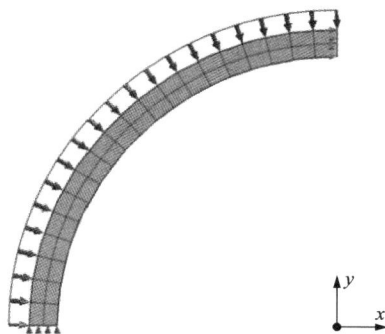

图 5-44 荷载-结构法计算模型

2. 地层-结构模式数值模拟

由于隧道结构是在地层中修建的，其工程特性、设计原则及方法与地面结构不同，隧道结构的变形受到周围土体本身的约束，从某种意义上讲，土体也是地下结构的荷载，同时也是结构本身的一部分。因此，考虑隧道支护结构与围岩相互作用、共同承载的地层-结构模式计算方法更符合隧道的实际受力状态，但是由于岩土介质的力学性质非常复杂，影响其应力和变形的因素很多，如岩土的结构、孔隙、密度、应力历史、荷载特征、孔隙水及时间效应等，这种复杂性决定了在计算有关隧道及地下工程问题时往往需要做一些针对具体问题的简化与假设来建立分析模型。

基于地层-结构模式计算理论的数值模拟一般认为衬砌结构与地层一起构成受力变形的整体，并可按连续介质力学原理来计算衬砌和周边地层的内力和变形。通常的做法是将土体与盾构衬砌联合建模，依靠现代化的有限元或有限差分等计算软件，模拟盾构隧道施工过程中隧道衬砌以及周围土体的受力与变形情况。

（1）管片环的模拟

管片环的三维模拟方式主要有实体单元及壳单元两种。采用壳单元不能很好地模拟管片块与块之间界面的相互作用，特别是如果盾构隧道采用的管片宽厚比较大，用壳单元模拟就不合适，而需采用实体单元对管片进行模拟。

（2）管片接头模拟

在管片环体系中，受到外力作用，管片之间的连接螺栓主要表现为受拉和抗剪的受力特性，受压、受弯作用则主要由接头处混凝土管片承担。在管片环模型中，均质圆环模型对接头仅采用等效折减方式模拟，梁-弹簧模型及薄壳-弹簧模型中接头的受力特性过于集中，与实际情况均有一定差距。因此，近年来出现了较多更直观的螺栓模拟方式，主要包括梁单元和实体单元两种。与实体单元相比，采用梁单元进行模拟能更直接与准确地反应螺栓的拉、压、弯、剪等内力特性。

建立非连续管片模型可实现盾构隧道衬砌结构的精确模拟，增加分析结果的可靠性，但是由于模型中建立的管片、螺栓等部件相对于模型整体来说尺寸很小，故划分网格数量很大，建模过程中需设置的接触点众多，计算过程复杂，计算成本较高。因此，一般建模采用混合模型，对重点关注的管片环建立能满足消除边界影响长度的非连续接触管片模型，其他段衬砌结构则用等效均质圆环模型代替。

为了保证盾构隧道衬砌结构的防水效果，管片侧壁靠外环面设置橡胶止水条，侧壁其他区域则粘贴了较多的弹性橡胶密封垫。因此，管片之间主要是橡胶密封垫相互接触，混凝土界面贴合的面积较小。在数值模型中，在邻近管片之间建立相应的接触关系，通过设定两个管片之间的切向库伦接触摩擦系数来反映橡胶密封垫的作用。

（3）管片接头等效刚度

修正惯用法假设将接头部分弯曲刚度的下降评价为环整体的弯曲刚度的下降，认为管片环是弯曲刚度为 ηEI 的等效均质环，弯曲刚度有效率 η 是等效均质环的弯曲刚度与管片主体截面弯曲刚度的比值。在该方法中，考虑到错缝拼装接头部分的弯矩分配，使把弯曲刚度为 ηEI 的等效均质环推算出来的截面弯矩再增减 ξ，设 $(1+\xi)M$ 为主截面的设计弯矩，$(1-\xi)M$ 为接头的设计弯矩，弯矩的提高率 ξ 是传递给与接头邻近管片上的弯矩 M_2 与等效均质环上产生的弯矩 M 之比。一般情况下，考虑到盾构隧道衬砌结构的特点，对于整条隧道而言，通常将刚度折减系数分为横向刚度折减系数 η_h 和纵向刚度折减系数 η_z。

在隧道横截面上，修正惯用法认为等效连续模型具有 $\eta_h EI$（$\eta_h \leqslant 1$，EI 为均质隧道横断面抗弯刚度）的抗弯刚度，等效试验模型尺寸与拼装试验模型尺寸相同，抗弯刚度的折减反映在弹性模量上的折减。因此，横向弹性模量可以用横断面上的刚度折减系数进行折减：

$$E_r = E_\theta = \eta_h E \tag{5-33}$$

式中：E——拼装模型混凝土管片的弹性模量；

E_r——等效管片环径向弹性模型；

E_θ——等效管片环环向弹性模型。

在隧道纵向上，参照管片环横向刚度折减系数的概念，将实际存在较多环间接缝的隧道等效为一均质隧道，为了考虑接缝对均质隧道整体刚度的影响，需要将其做适当的降低处理，其等效刚度为 $\eta_z EI$，EI 为不考虑接缝的均质隧道的纵向弯曲刚度。当拼装模型和等效模型的最大位移相等时，则认为两者的刚度相同，此时即可得到隧道纵向刚度折减系数 η_z。由以上概念可知：

$$\eta_z = \frac{\Delta_{均质隧道}}{\Delta_{真实}} \tag{5-34}$$

同横向刚度折减，纵向弯曲刚度的折减反映在纵向弹性模量的折减，纵向弹性模量可用纵向上的抗弯刚度折减系数进行折减：

$$E_z = \eta_z E \tag{5-35}$$

主泊松比按规范可取：

$$\nu_{r\theta} = \nu_{rz} = \nu_{\theta z} \tag{5-36}$$

对于横断面上的剪切模量 $G_{r\theta}$ 与横断面上的弹性模量 E_r 和 E_θ 有关，而纵向上的剪切模量 $G_{\theta z}$ 和 G_{zr} 与弹性模量相互独立，可采用纵向上的刚度折减系数进行折减：

$$G_{\theta z} = G_{zr} = \eta_z G \tag{5-37}$$

式中：G——拼装模型混凝土管片的剪切模量。

为求得等效均质圆环的刚度折减系数，通过设计横向、纵向两组数值加载仿真实验，理论上可确定横向刚度折减系数 η_h 和纵向刚度折减系数 η_z，也可以基于计算成本考虑，在确保计算精度的基础上，采用循环实验方法从两组实验结果中确定一个整体刚度折减系数 η。

（4）材料参数选取

①地层。盾构隧道各地层厚度按计算断面实际情况选取，根据地层的排水条件确定分析类型，对应的地层物理力学参数一般可依据隧道地质勘察报告及室内试验确定。盾构、衬

砌、注浆层可采用各向同性弹性材料模拟，土层弹塑性材料模拟，如常用的本构模型有 Duncan-Chang（DC）模型、Mohr-Coulomb（MC）模型、Drucker-Prager（DP）模型、修正剑桥 （MCC）模型等。

②盾构机。盾构机一般可假设为各向同性体，采用弹性单元模拟，材质为钢材。模型中 盾构机模拟为一定厚度、沿掘进方向一定长度的均质圆环，刀盘及土仓对开挖面的作用可采 用施加现场实测的土仓压力及刀盘扭矩等效。

③管片。管片一般也假设为各向同性体，采用弹性单元模拟。非连续衬砌结构参数按管 片混凝土取值，等效衬砌结构强度按前述刚度折减系数进行折减。环、纵向螺栓的材料参数 均按螺栓型号进行取值。

④注浆层单元。注浆层厚度与盾构机相同，考虑其凝结效应，硬化前的物理力学参数按 砂浆材料取值，硬化后则按水泥土材料取值。

数值模型中各结构的空间分布如图 5-45 所示。

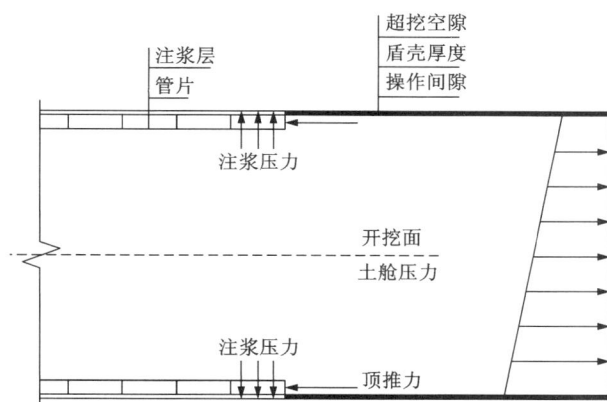

图 5-45　盾构隧道结构模型空间分布

（5）数值模型建立

采用数值模拟分析盾构隧道结构时，为 减弱边界条件对计算精度的影响，计算范围 一般取为 3~5 倍洞径（D），沿盾构隧道横截 面横向、纵向及推进方向均约 5D。然后根据 盾构隧道埋深、内外直径以及管片结构建立 数值模型，一般边界条件为四周及底部法向 约束，顶地表为自由面。三维双线盾构隧道 有限元分析模型及网格图如图 5-46 所示。

5.5.7　管片内力计算工程案例

1. 工程概况

昆明地铁 4 号线小菜园站—火车北站区

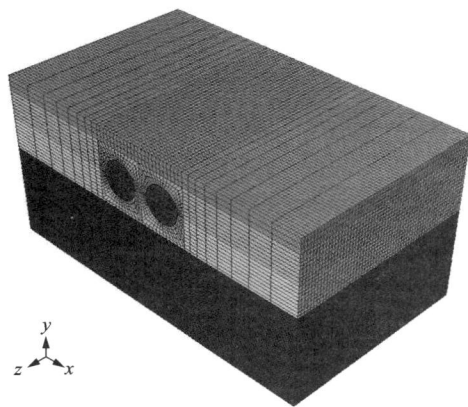

图 5-46　双线盾构隧道地层–结构法三维数值模型

间西起小菜园站，出站后沿昆石铁路米轨线路（目前已停运）敷设，在下穿小菜园立交桥后向东南方向偏移，横穿盘龙江，在下穿万华路后约 300 m 起，区间左、右线纵向间距逐渐拉大，平面间距逐渐减小，最后以上下重叠（左上右下）的方式下穿火车北站隧道涵洞段及昆明地铁 2 号线（已运营），最后接入火车北站。小菜园站—火车北站区间总平面图如图 5-47 所示。

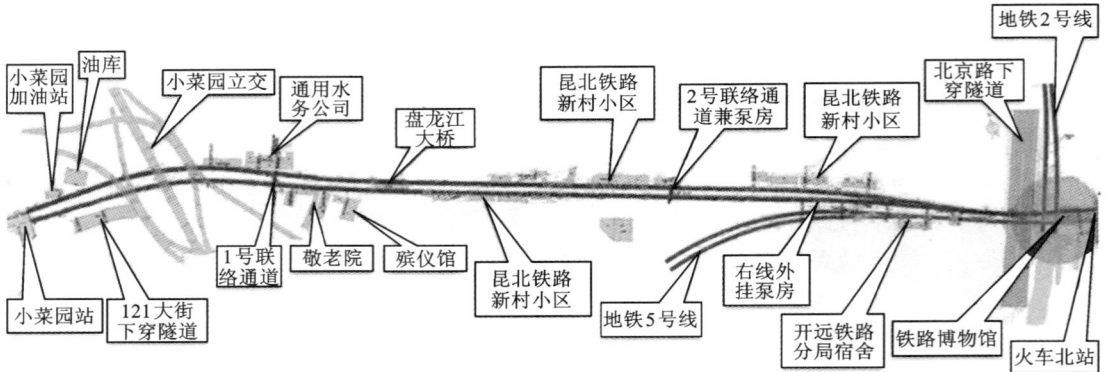

图 5-47　小菜园站—火车北站区间总平面图

2. 地质条件

本案例盾构隧道所穿越的土层主要为圆砾地层，局部地区穿越黏土和砾砂层；圆砾地层中有少量呈透镜状粉土、粉砂、砾砂层；该区域地下水与地表水水力联系紧密，地下水丰富，场地所处区域混合地下水位一般在地表下 1.3~9.1 m。选取盾构隧道区间最大埋深处为计算断面，隧道埋深为 33.388 m，其地质分布和岩土参数分别如图 5-48 和表 5-8 所示。

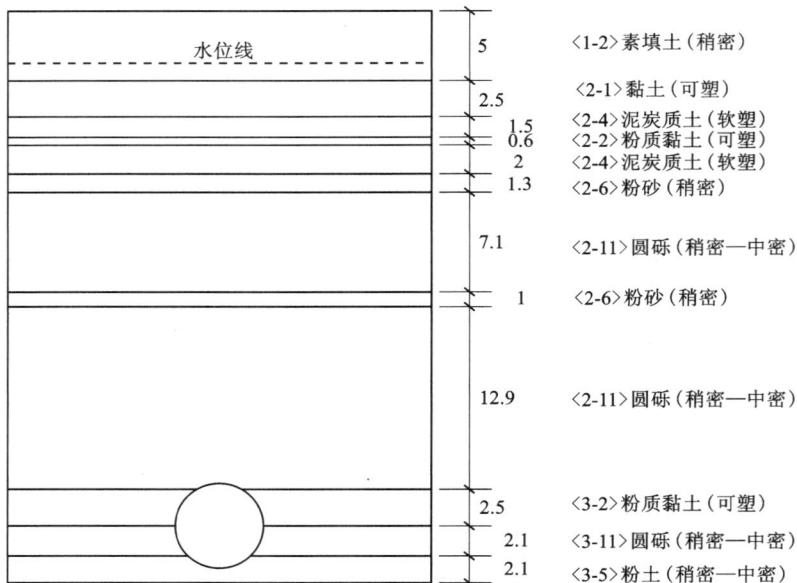

图 5-48　最大埋深处地层示意图

表 5-8　最大埋深处岩土参数表

地层名称	天然重度/ ($kN \cdot m^{-3}$)	黏聚力 c/kPa	内摩擦角 ϕ/(°)	压缩模量 Es/MPa	泊松比 ν	静止侧压力系数 K_0
素填土	18.9	—	—	4.0	0.38	0.6
黏土	18.6	22.0	3.0	5.0	0.35	0.53
粉质黏土	19.2	20.0	3.0	5.0	0.31	0.45
泥质炭土	15.7	10.0	1.8	3.0	0.41	0.7
粉砂	19.3	—	—	6.0	0.30	0.43
圆砾	21.0	—	32	—	0.26	0.33
粉质黏土	18.9	22.0	3.0	5.0	0.31	0.45
粉土	19.3	15.0	16.0	6.0	0.3	0.43
圆砾	22.0	—	—	—	0.25	0.33

3. 管片参数

隧道外直径为 6.4 m，内直径为 5.6 m。管片采用 C60 混凝土，厚度为 0.4 m，宽度为 1.5 m。

4. 管片内力计算

（1）地层松动高度计算

隧道上覆地层厚度为 33.388 m，大于两倍隧道外径。根据规范要求，隧道覆盖层厚度大于两倍区间隧道外径时，可根据太沙基理论考虑卸载拱效应对计算结果的影响。计算参考式(5-2)~式(5-4)，计算结果如下：

卸载拱半径 B_1 为：

$$B_1 = R_0 \cot\left(\frac{\pi/4 + \varphi/2}{2}\right) = 3.2 \times \cot\left(\frac{\pi}{8} + \frac{32\pi}{4 \times 180}\right) = 5.43 \text{ m} \tag{5-38}$$

松动高度 h_0 为：

$$\begin{aligned}
h_0 &= \frac{B_1(1 - c/B_1\gamma)}{K_0 \tan\varphi}\left(1 - e^{-K_0 \tan\varphi \times H/B_1}\right) + \frac{P_0}{\gamma}e^{-K_0 \tan\varphi \times H/B_1} \\
&= \frac{5.43 \times (1 - 2/5.43 \times 21)}{1.0 \times \tan 32°}\left(1 - e^{-1 \times \tan 32° \times 33.388/5.43}\right) + 0 \\
&= 8.35 \text{ m} < 2D = 12.8 \text{ m}
\end{aligned} \tag{5-39}$$

故取 $h_0 = 2D = 12.8$ m

（2）管片外荷载计算

荷载计算时，采用管片宽度为 1 m 的结构计算。根据设计规范，砂性土地层侧向水压力和土压力采用水土分算；黏性土地层的侧向水压力、水压力在施工阶段采用水土合算，使用阶段采用水土分算。本案例中只考虑使用阶段荷载，因此所有地层均采用水土合算的计算方法。在计算隧道土压力时，盾构法施工的隧道土压力按照静止土压力进行计算。荷载计算如下：

①自重 g。

根据之前的设计方案，衬砌厚度 t 为 0.4 m，混凝土容重取 25 kN/m³，因此自重为：

$$g = 25000 \times t = 25000 \times 0.4 = 10 \text{ kPa} \tag{5-40}$$

②自重反力 p_g。

$$p_g = \pi g = 31.4 \text{ kPa} \tag{5-41}$$

③隧道上部竖向荷载。

隧道上部垂直土压力 p_{e1} 为：

$$p_{e1} = \sum \gamma_i h_i = 140.8 \text{ kPa} \tag{5-42}$$

式中：γ_i——隧道上部地层松动高度所在地层第 i 层的有效重度，其中，地下水位以上的土层取天然重度，地下水位以下的土层取浮重度，kN/m³。此例中松动土层全部位于圆砾层中。

h_i——地层松动高度内第 i 层土厚度。

隧道上部竖向水压力 p_{w1} 为：

$$p_{w1} = \gamma_w H_w = 9.8 \times (33.388 - 3.8) = 289.96 \text{ kPa} \tag{5-43}$$

式中：γ_w——水的容重，9.8 kN/m³；

H_w——地下水平面至隧道顶部平面的距离，m。

因此隧道上部竖向荷载 p_1 为：

$$p_1 = p_{e1} + p_{w1} = 140.8 + 289.96 = 430.76 \text{ kPa} \tag{5-44}$$

④隧道底部竖向荷载。

$$p_2 = p_{w2} = \gamma_w (H_w + D) = 350.72 \text{ kPa} \tag{5-45}$$

⑤隧道顶部水平荷载。

隧道顶部水平土压力 q_{e1} 为：

$$q_{e1} = \sum K_{0i} \gamma_i h_i = 140.8 \times 0.33 = 46.46 \text{ kPa} \tag{5-46}$$

式中：K_{0i}——衬砌上部松动高度所在土层的侧压力系数；

h_i——初砌上部松动高度所在土层 i 的厚度。

隧道顶部水平水压力为：

$$q_{w1} = p_{w1} = 289.96 \text{ kPa} \tag{5-47}$$

所以，隧道顶部水平荷载为：

$$q_1 = q_{e1} + q_{w1} = 46.46 + 289.96 = 336.42 \text{ kPa} \tag{5-48}$$

⑥隧道底部水平荷载。

隧道共穿越 2.5 m 粉质黏土层、2.612 m 圆砾层和 1.288 m 粉土层，因此隧道底部水平土压力 q_{e2} 为：

$$q_{e2} = q_{e1} + \sum K_0 \gamma' D = 71.61 \text{ kPa} \tag{5-49}$$

隧道底部水平水压力 q_{w2} 为：

$$q_{w2} = p_{w2} = 350.72 \text{ kPa} \tag{5-50}$$

所以，隧道底部水平荷载 q_2 为：

$$q_2 = q_{e2} + q_{w2} = 71.61 + 350.72 = 422.33 \text{ kPa} \tag{5-51}$$

⑦地基反力。

在日本修正惯用法计算模型中，隧道水平方向所受的地层抗力可近似为分布在砌环两侧

45°~135°的三角形荷载，大小与衬砌结构向地层内的水平位移成正比，其中，水平位移 δ 可用下面的公式计算：

$$\delta = \frac{(2p_1 - q_1 - q_2)R_c^4}{24(\eta EI + 0.045kR_c^4)} \tag{5-52}$$

式中：R_c——衬砌的形心半径，取$(6.4+5.6) \div 4 = 3$ m；

　　　η——衬砌环抗弯刚度折减系数，取 0.7；

　　　E——C60 混凝土弹性模量，取 3.6×10^{10} N/m^2；

　　　I——截面惯性矩，取$\frac{1 \times 0.3^3}{12} = 0.00225$ m^4；

　　　k——衬砌环侧向地基弹性抗力系数，取 2×10^7 N/m^3。

从而抗弯刚度为：

$$\eta EI = 0.7 \times 3.6 \times 10^{10} \times 0.00225 = 5.67 \times 10^7 \text{ N} \tag{5-53}$$

水平位移：

$$\delta = \frac{(2 \times 430.76 - 336.42 - 422.33) \times 10^3 \times 2.95^4}{24(5.67 \times 10^7 + 0.0454 \times 2 \times 10^7 \times 2.95^4)} = 2.6 \times 10^{-3} \text{ m} \tag{5-54}$$

因此，地基反力 $k\delta$ 为：

$$k\delta = 2 \times 10^7 \times 2.6 \times 10^{-3} = 52 \text{ kPa} \tag{5-55}$$

综上，采用日本修正惯用法模型计算时，管片外荷载如表 5-9 所示。

表 5-9　管片外荷载数值　　　　　　　单位：kPa

荷载分类	荷载名称	荷载数值
竖向荷载	衬砌自重 g	10
	衬砌自重反力 p_g	31.4
	隧道顶部垂直土压 p_{e1}	140.8
	隧道顶部垂直水压 p_{w1}	289.96
	隧道底部垂直水压 p_{w2}	350.72
水平荷载	隧道顶部水平土压 q_{e1}	46.46
	隧道顶部水平水压 q_{w1}	289.96
	隧道底部水平土压 q_{e2}	71.76
	隧道底部水平水压 q_{w2}	350.72
地基反力	地基反力 $k\delta$	52

（3）管片内力计算结果

根据表 5-7，可以计算出各荷载引起的管片内力，计算结果如表 5-10~表 5-14 所示。

表 5-10　竖向荷载引起的管片截面内力

截面位置	$M/(\text{kN} \cdot \text{m}^{-1})$	N/kN	Q/kN
0	969.21	0.00	0.00
π/8	685.61	189.07	−456.71
π/4	0.00	645.63	−646.14
3π/8	−684.52	1102.48	−457.44
π/2	−969.21	1292.28	0.00
5π/8	−684.52	1102.48	457.44
3π/4	0.00	645.63	646.14
7π/8	685.61	189.07	456.71
π	969.21	0.00	0.00

表 5-11　均布测压引起的管片截面内力

截面位置	$M/(\text{kN} \cdot \text{m}^{-1})$	N/kN	Q/kN
0	−756.95	1009.26	0.00
π/8	−535.45	861.60	356.69
π/4	0.00	505.03	504.63
3π/8	534.60	148.23	357.25
π/2	756.94	0.00	0.00
5π/8	534.60	148.23	−357.25
3π/4	0.00	505.03	−504.63
7π/8	−535.45	861.60	−356.69
π	−756.95	1009.26	0.00

表 5-12　三角测压引起的管片截面内力

截面位置	$M/(\text{kN} \cdot \text{m}^{-1})$	N/kN	Q/kN
0	−80.55	80.55	0.00
π/8	−62.20	74.08	30.67
π/4	−11.45	53.08	53.03
3π/8	53.37	21.48	51.76
π/2	96.62	0.01	16.21
5π/8	83.35	16.22	−39.27
3π/4	11.66	75.61	−75.79
7π/8	−74.26	145.73	−60.60
π	−112.77	177.21	0.00

表 5-13　侧向地层抗力引起的管片截面内力

截面位置	$M/(kN \cdot m^{-1})$	N/kN	Q/kN
0	−52.85	53.21	0.00
$\pi/8$	−40.88	49.15	20.37
$\pi/4$	−6.87	37.61	37.61
$3\pi/8$	40.55	16.09	38.82
$\pi/2$	67.17	0.00	0.00
$5\pi/8$	40.55	16.09	−38.82
$3\pi/4$	−6.87	37.61	−37.61
$7\pi/8$	−40.88	49.15	−20.37
π	−52.85	53.21	0.00

表 5-14　自重引起的管片截面内力

截面位置	$M/(kN \cdot m^{-1})$	N/kN	Q/kN
0	22.50	−3.69	0.00
$\pi/8$	16.83	−0.08	−4.74
$\pi/4$	2.18	9.68	−14.89
$3\pi/8$	−14.96	22.67	−27.48
$\pi/2$	−25.63	34.75	−38.43
$5\pi/8$	−80.02	36.66	46.26
$3\pi/4$	−21.29	25.07	24.10
$7\pi/8$	−2.19	10.26	8.65
π	27.57	3.69	0.00

将各荷载引起的内力相加，即可得到管片结构内力，如表 5-15 所示。

表 5-15　荷载组合下的管片截面内力

截面位置	$M/(kN \cdot m^{-1})$	N/kN	Q/kN
0	101.36	1139.33	0
$\pi/8$	63.91	1173.82	−53.72
$\pi/4$	−16.14	1251.03	−65.76
$3\pi/8$	−70.96	1310.95	−37.09
$\pi/2$	−74.11	1327.04	−22.22
$5\pi/8$	−106.04	1319.68	68.36
$3\pi/4$	−16.5	1288.95	52.21
$7\pi/8$	32.83	1255.81	27.7
π	74.21	1243.37	0

5.6 管片配筋与结构设计

5.6.1 管片设计原则

管片构造计算基本原则如下：衬砌的构造计算必须针对施工及竣工后的各种状态下的荷载状况进行。计算混凝土管片非静态力及弹性变形时，一般不考虑钢筋，而是将整个截面视为混凝土有效截面进行计算。衬砌横断面的设计荷载，必须以设计隧道区间内的最不利条件为基础进行确定，按下列各控制断面进行[13]：

①上覆地层厚度最大/小的横断面。

②地下水位最高/低的横断面。

③超载重最大的横断面。

④有偏压的横断面。

⑤地表有突变的横断面。

⑥附近现有或将来拟建新的隧道横断面。

5.6.2 管片配筋计算

衬砌结构在各个工作阶段的内力计算完成后，就要配置钢筋以抵抗外荷载产生的内力，保证圆环结构有足够的强度，并验算裂缝宽度是否超过规定的范围。盾构隧道的配筋一般取不同的覆土厚度作为计算断面，如按有效覆土厚度与隧道直径的关系，分为超浅埋($h \leqslant 1.0D$)、浅埋($1.0D < h \leqslant 1.5D$)、中深埋($1.5D < h \leqslant 2.5D$)、深埋($h > 2.5D$)四种断面类型进行管片结构内力计算，结合施工阶段和使用阶段的控制值，分别进行承载能力极限状态和正常使用极限状态的计算配筋，按配筋包络值进行配筋设计。

配筋设计主要分为环向主受力配筋、纵向受力配筋、箍筋或拉筋、构造配筋。我国对于环向主受力钢筋的配置一般有梁式法和板式法，前者是在管片结构中沿纵向设置数道环向的暗曲梁，暗曲梁之间采用纵向钢筋相连；后者是将管片结构按壳板设计，不设置箍筋，只设置拉筋。

1. 环向主受力配筋

管片结构为偏心受压构件，单块管片可按短柱(计算长度可取环形弦长)构件进行强度配筋和裂缝宽度验算，同时应计入管片真圆度不佳引起的附加偏心弯矩的影响(如在结构力学中已计入装配构造内力，可不考虑此项)。

结合管片环的组合方式、钢筋保护层要求，分别对管片环内各分块进行配筋。对于某一种深埋的断面，如果环内各块位置沿纵向相对固定，则根据每块位置及其内力包络图，可按包络图中最大弯矩、最小轴力同时作用的最不利内力组合进行配筋设计；如为通用楔形管片错缝拼装，环内各块位置沿环向无法固定，则根据每块的内力包络图，可按该包络图中的最大弯矩、最小轴力同时作用的最不利内力组合进行配筋设计。

2. 纵向受力配筋

根据纵向内力(主要为弯矩，除地震工况外，一般情况下纵向轴力很小)采用纯弯构件计算配筋，或者按照构造的最小配筋率配筋。

3. 箍筋或拉筋

环向主受力钢筋按梁式法配置时，应按每根暗曲梁分配的剪力来计算箍筋配置量；如按板式法配置时，则应按照构造要求配置拉筋。

应根据施工阶段千斤顶荷载验算环间端面的局部受压承载力。距离端面一倍管片厚度范围的径向抗拉承载力，一般情况从紧邻千斤顶作用的端面开始，由密到疏配置径向拉筋。该拉筋应结合板式配筋法的构造拉筋设置。

拼装孔或吊装孔周边混凝土，要根据拼装力（管片结构自重乘以动力系数）来验算其抗冲切承载能力，据此配置受力钢筋。

4. 构造配筋

为防止螺栓孔、定位孔（真空吸盘拼装时）、手孔周边、管片角部在施工阶段或使用阶段周边混凝土因应力集中产生裂缝甚至脱落、劈裂、掉块，在这些部位配置构造钢筋，如螺旋筋、吊筋、钢筋网片、局部加强筋等。

5.6.3　接缝断面设计

1. 纵向接缝计算

衬砌结构纵向接缝的计算在基本使用荷载阶段要分别进行接缝变形及接缝强度的计算。在基本使用荷载阶段和特殊荷载组合阶段要进行接缝强度计算。计算方法可按接缝的实际构成选择。对于接缝面上无弹性衬垫的接缝，一般近似地按钢筋混凝土构件截面计算；对于有衬垫的接缝，可按考虑衬垫效应的方法计算。

2. 环缝计算

盾构在地层中推进，由于施工工艺的复杂多变，其影响和扰动地层的程度在沿隧道纵向长度范围内也有所不同。装配式隧道衬砌建造在这种地层内，就会引起隧道结构变形。由于装配式衬砌接缝密封情况不好，引起隧道底部漏水露泥，从而产生隧道不均匀沉降和环面的相互错动。此外，隧道穿越建筑物、隧道的立体交叉、盾构推进时千斤顶顶力引起的大偏心荷载及瞬时局部动荷载的作用，都会引起隧道纵向变形。因此衬砌的环缝构造必须满足上述各种因素要求，而在环缝构造的设计中对纵向螺栓的选择是最重要的。

5.6.4　管片细节设计

1. 管片端面接头构造

管片端面接头分为纵向接头和环向接头，其采用的基本构造有螺栓接头、榫槽接头、插销/定位销接头、铰接头、插入栓接头等构造。

螺栓接头是常用的接头构造，适用于管片接头和环间接头，可采用弧形弯曲螺栓、平直螺栓、斜直螺栓等连接提供紧固力。插销/定位销接头主要是用于环间接头的接头构造，因无手孔，不存在由于手孔位置结构削弱管片局部抗弯强度问题，同时可确保错缝拼装时管片环间的剪力传递。铰接头一般在地层良好的场合使用，在地质条件差且地下水位高的地层无法采用，我国应用较少。榫槽接头，适用于管片接头和环间接头，因接头部有凹凸，依靠咬合的作用传递力。

接头构造使用不当，很难组装成充分可靠的管片环，就会降低作业效率，增加施工难度，还会成为衬砌结构上的弱点。因此，在决定接头构造的细节时，要从各个方面研究，才能完全发挥接头的功能，特别要注意组装的精确性和作业性。在一般情况下，可以对上述几种基本构造组合选择，如管片间的接头构造，可选用螺栓+定位销或螺栓+榫槽接头，环间接头可选用螺栓+定位销/插销或螺栓+榫槽接头。

管片端面还应结合是否设置缓冲材料、防水槽位置和尺寸、嵌缝槽形状等因素进行设计。

2.手孔构造

手孔尺寸大小应满足螺栓安装、紧固的工艺要求；手孔的边缘形状构造，应满足管片的脱模要求；手孔间距不宜过大，以免钢筋不好布置，也不宜过小，以免脱模时易掉块；手孔距离结构端边不宜小于150 mm，否则手孔与管片端面之间内弧面容易开裂破损。

3.螺栓设置

管片接头采用的螺栓有弧形弯曲螺栓、平直螺栓、斜直螺栓三种形式，如图5-49所示。一般中等直径盾构隧道管片环(如地铁单线盾构)多采用弧形弯曲螺栓，大直径盾构隧道管片环多采用斜直螺栓。平直螺栓连接不仅在相邻管片连接部位有两个深直手孔，还在其中一个手孔外侧多一个用来退螺栓的孔(暗孔)，对管片强度、刚度的影响均很大，因此目前已很少采用。

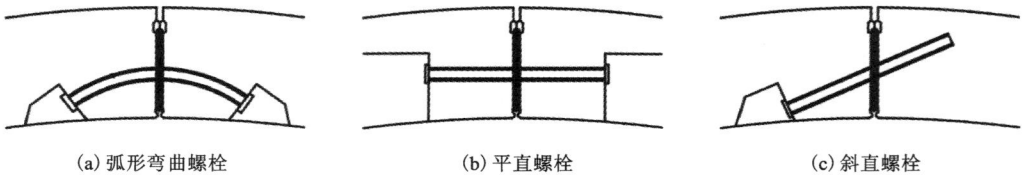

(a) 弧形弯曲螺栓　　(b) 平直螺栓　　(c) 斜直螺栓

图5-49　管片螺栓形式

螺栓孔的直径不应大很多，一般控制在6~9 mm，否则将产生较大的错位。

(1)环向螺栓设计计算方法

在正常使用状态下，盾构隧道结构周围的水、土压力和地面超载等静力作用在管片横截面上产生截面弯矩、剪力和轴力，在主截面上可以通过钢筋及混凝土来抵抗弯矩、剪力和轴力，但在管片接缝处就只有通过连接螺栓和截面混凝土来共同承担该处截面的弯矩、剪力和轴力。根据管片静力分析可知，在管片管顶、管底和管腰的接缝处，其截面的弯矩存在反号现象，即在管顶和管底处的管片外侧受压，而在管腰处则是内侧受压，横向螺栓设计计算方法的计算简图如图5-50和图5-51所示，并由此计算管顶、管底接缝以及管腰接缝处的轴力 N 和弯矩 M。

管顶、管底接缝处轴力 N 和弯矩 M，如图5-50所示，根据截面平衡条件并对螺栓形心取矩可得：

$$N=\alpha f_c B x_b - A_b f_{by} \tag{5-56}$$
$$M=\alpha f_c B x_b (h-h_b-x_b/2) \tag{5-57}$$

管腰接缝处轴力 N 和弯矩 M，如图5-45所示，根据截面平衡条件及管片中心取矩可得：

$$N=\alpha f_c B x_b - A_b f_{by} \tag{5-58}$$
$$M=\alpha f_c B x_b (h/2-x_b/2) \tag{5-59}$$

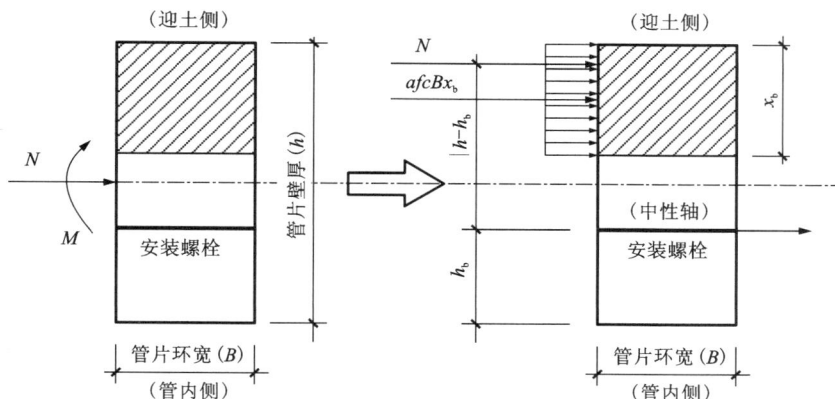

图 5-50　管片管顶、管底接缝处螺栓静力计算简图

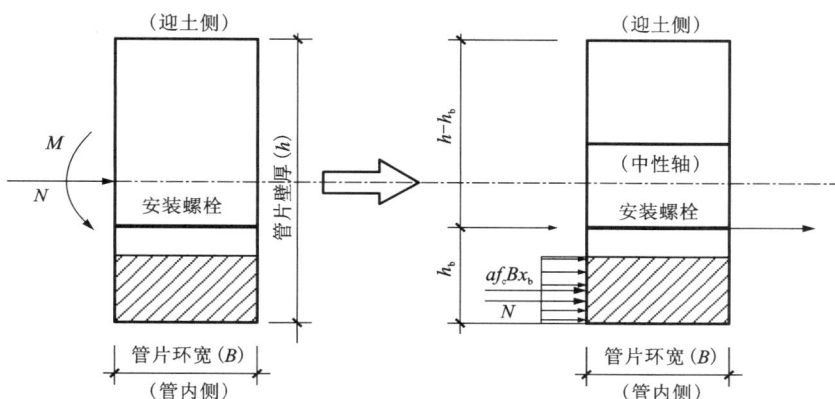

图 5-51　管腰接缝处螺栓静力计算简图

式中：x_b——管片混凝土受压区的折算高度；

　　　α——混凝土强度等级影响系数；

　　　f_c——管片混凝土轴心抗压强度设计值；

　　　B——管片环的宽度；

　　　A_b——螺栓横截面积；

　　　h、h_b——管片厚度（即截面高度）和螺栓中心距离管片内侧的距离（即安装高度）。

（2）纵向螺栓设计计算方法

纵向螺栓主要抵抗不均匀沉降和纵向水平地震作用，在纵向水平地震作用下，纵向螺栓承受纵向水平地震作用引起拉力的同时，还承受纵向水平地震引起的弯矩，在最大弯矩 M_{max} 作用下，螺栓群形心轴在最内排螺栓中心位置，根据平面假设和力矩平衡关系，纵向螺栓设计计算方法的计算简图如图 5-52 所示，并由此计算最外排纵向螺栓最大拉应力 σ_s^M：

$$\sigma_s^M = \frac{N_n^M}{A_b} \leqslant [\sigma_{by}] \tag{5-60}$$

$$N_n^M = \frac{M_{max}}{\sum a_i^2} \times a_n \tag{5-61}$$

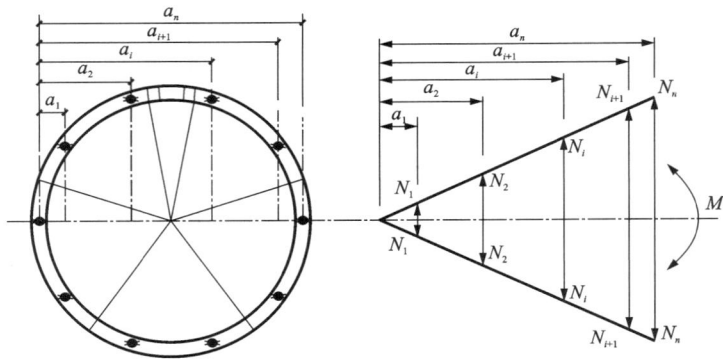

图 5-52 纵向螺栓设计计算简图

式中：A_b——螺栓截面面积；

$[\sigma_{by}]$——纵向螺栓抗震允许应力值，出于安全考虑可取螺栓强度设计值的 50%～70%；

a_i——第 i 颗螺栓到管片环最内排螺栓中心的距离；

a_n——最内、外排螺栓中心之间的距离。

4. 注浆孔或拼装定位孔

在中小直径盾构中，起吊孔或二次注浆孔两者经常合一。但是起吊孔应设置在管片的重心位置，避免拼装时由于附加弯矩造成不稳定。对于中小直径盾构，起吊孔或注浆孔应优先选用高分子材料，保证结构的耐久性。对于大型盾构，经常采用真空吸盘起吊，定位孔和注浆孔一般分开设计，其中定位孔的平面尺寸、弧度、深度以及两孔间距均应符合真空吸盘设备的要求。

5. 其他细节设计

管片上应根据需要设有模具编号、块编号、直径或半径、螺栓孔位置、错缝拼装(激光对中或箭头标识)等标识。

5.7 盾构隧道联络通道设计

5.7.1 联络通道设计原则

盾构隧道大部分处在地下半封闭区域内，四周为围岩介质包裹，盾构隧道结构对来自外部的灾害防御能力较好，而对来自内部的灾害抵御能力较差。在地下狭小的空间里，人员和设备高度密集，一旦发生灾害，救援与疏散十分困难。从世界隧道的历史教训来看，火灾发生频率是最高、造成损失最大的隧道内部灾害形式。如英法海峡隧道连接英国的福克斯顿与法国的凯莱斯，隧道直径均为 7.6 m，全长 50.45 km，由南北两条平行的运营隧道组成。在两条运营隧道之间修建了通长的服务隧道，建有 146 条人行通道与服务隧道相连。1996 年 11 月 18 日夜间，一列从法国开往英格兰的装载货运卡车的驼背式梭形列车在英法海底隧道起火，大火对南向运营隧道造成大面积破坏，先烧毁列车后部的 5 节车厢，随后列车停车，火势又蔓延到列车的前端。隧道控制中心立即确认了火警并采取了措施。卡车司机、乘客及列车乘务员共 34 人按备用救援措施穿过横向通道到达中间的服务隧道，通风系统在服务隧道保持稍高气压，防止从起火隧道排入烟尘，36 min 后遇险人员搭乘北向运营隧道的列车撤离现场。此次火灾造成重大损失，但未造成人员伤亡，横向联络通道发挥了重要的救护作用。

因此，一般双洞分离式交通盾构隧道均考虑设计横向联络通道作为救援和疏散的重要通道。我国《地铁设计规范》（GB 50157—2003）[14]规定两条单线区间隧道之间，当隧道连贯长度大于 600 m 时，应设联络通道，并在通道两端设双向开启的甲级防火门。

5.7.2　联络通道设计要点

1. 主隧道特殊管片结构设计

主隧道结构受力复杂，不同阶段承受的外部荷载不断变化，受力体系也随之发生改变。掘进阶段承受外部水土荷载，联络通道施工阶段还需承受盾构推力。主隧道结构设计不仅要满足不同工况下的受力要求，还要适应易于被切削的工艺要求。

2. 联络通道衬砌结构设计

联络通道断面狭小，周边环境复杂，施工作业区域有限，容易造成工程事故，设计时应充分考虑地层加固对围岩压力的影响变化，施工前应确保地层加固满足要求，特别是开洞前应注意地下水情况及砂层的加固效果，应注意对已建成的盾构隧道采取必要的辅助措施，确保施工安全。

3. T 形接头洞门结构设计

联络通道与主隧道衬砌结构交叉处为一空间曲面，结构刚度不同、变形协调不一致，且长期承受交通振动荷载，受力特性复杂，为整个体系的薄弱环节，采取合适的洞门结构形式保证接头耐久性及防水性能要求尤为至关重要。

5.7.3　联络通道结构形式

1. 联络结构形式

根据联络通道结构所处工程地质和水文地质条件、埋置深度、结构特点，选用合适的参数，并按最不利荷载组合计算后，确定隧道衬砌及支护参数，或者管片结构厚度与内外径。

联络通道衬砌结构形式如图 5-53 所示。当联络通道采用矿山法施工时，隧道衬砌及支护参数主要根据结构断面、围岩类别、水文地质条件、结构受力特点等因素，经计算分析和优化，并类比同类工程而综合确定，特别是设计好开洞前的防水及超前加固措施；当采用机械化施工联络通道时，可采用管片衬砌环和通用环，环间错缝拼装，确定标准环宽、分块尺寸、分块数、楔形量等参数，并增加设计宽度调整环，以确保接收环与主隧道的相对位置在允许范围内，有利于洞门接头的布置。管片块与块间、环与环间均采用弯螺栓相连[15]。

2. 主隧道特殊管片结构形式

联络通道盾构始发、接收均需破除部分主隧道结构，若采用人工凿除，需对主隧道外部地层进行大面积加固，以保证土体的自立性和低渗透性；若由施工时直接切削管片，仅需在外部地层进行少量注浆，起到止水的目的即可。

特殊管片结构的设计应根据联络通道的结构尺寸大小和盾构隧道标准环宽进行设计，可以采用特殊钢管片，或者采用复合管片，如刀盘范围内为玻璃纤维筋混凝土，刀盘范围外为钢管片，螺栓仍采用高强度钢制螺栓，在联络通道施工前破除。这种特殊管片结构的设计有

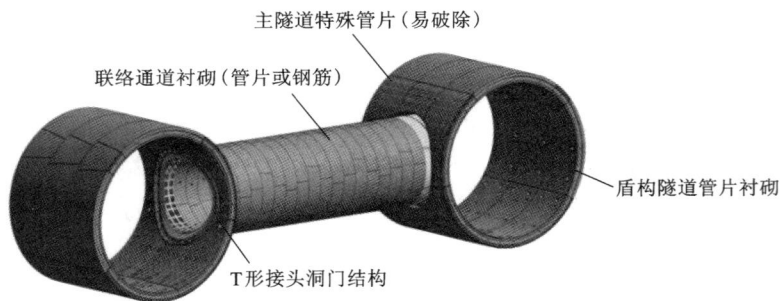

图 5-53　双线盾构隧道联络通道结构示意图

利于结构整体受力和施工便利。

3. T 形接头洞门结构形式

联络通道与主隧道衬砌结构接头部分为整个联络通道结构的薄弱环节，既要承受复杂的外部荷载，包括运营阶段列车的振动荷载，又要满足主隧道与通道变形协调一致的要求，确保止水效果。为使主隧道与通道结构有效连接，联络通道进、出洞环设计通常采用钢管片。主隧道与通道管片间隙采用注浆填充，并以连接钢板焊接，外侧浇筑钢筋混凝土梁，如图 5-54 所示。

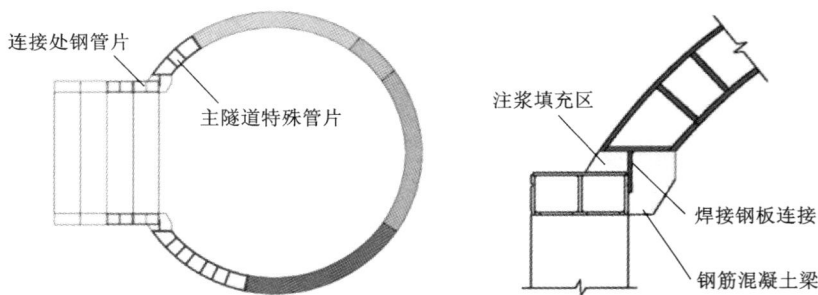

图 5-54　联络通道 T 形接头结构示意图

5.8　盾构隧道抗震设计

盾构隧道衬砌一般采用预制装配式衬砌，由于各种类型接头的存在，使得它与整体现浇式隧道衬砌的力学特性存在较大差异。因此，采用理论分析全面及宏观地把握盾构隧道结构的振动特性及不同地震输入下的结构反应，是盾构隧道抗震设计最为有效的方法。研究地层振动对地下结构的影响可分为两种方法：①波动理论法，以求解波动方程为基础，把地下结构视为无限线弹性（或弹塑性）介质中孔洞的加固区，将整个系统（包括介质与结构）作为对象进行分析，不单独研究荷载，以求解其波动场与应力场。②相互作用法，以求解结构运动方程为基础，把介质的作用等效为弹簧和阻尼，再将它作用于结构，形成地下结构动力运动方程，求解方法与地面结构相同。

在这两种方法的基础上，又发展了一些实用的抗震分析方法，如反应位移法、围岩应变传递法、地基抗力系数法、有限元方法等。它们都属于拟静力分析方法，优点在于方法比较简单，缺点是无法考虑相互作用中的土的黏性阻尼影响。为了进行地下结构抗震特性的全面深入研究，需用地下结构的动力有限元分析法。动力有限元法在计算精度上较为可靠，并且能处理介质中的非均匀性、各向异性、非线性及复杂的边界条件，缺点是计算比较复杂[16]。

5.8.1　地震系数法

这种方法是把动态的地震作用简化为静止作用力进行分析，作用力施加在结构的重心处，大小为结构的重量乘以设计地震系数，具体如下式：

$$F = K_c Q \tag{5-62}$$

式中：F——结构重心处的地震惯性力；

　　　K_c——地震系数；

　　　Q——结构的重量。

地震系数 K_c 可由地震标准系数、工程重要系数、地层性质、种类系数以及埋深系数来确定。另外，在隧道侧壁的一侧施加主动土压力，另一侧施加水平抵抗力。这种方法因计算简便，在工程设计中被广泛使用。

5.8.2　反应位移法

反应位移法是将周围土层对结构的地震荷载通过地基土弹簧刚度与地基土相对位移的乘积以静荷载的形式加以考虑。由此可见，该方法较好地考虑地下结构地震响应的特点，也能够较为真实的反映地下结构的受力特征，因而反应位移法广泛应用于地下结构的抗震分析。

反应位移法主要包括如下五个步骤：

①计算动力弹簧刚度。

$$k = KLd \tag{5-63}$$

式中：k——压缩、剪切动力刚度系数；

　　　K——动力弹簧系数；

　　　L——地基的集中弹簧间距，也就是有限元网格尺寸；

　　　d——纵向计算长度，一般取单位长度，即 $d = 1$ m。

②将地层位移沿深度方向的变化假设为余弦函数，计算地层位移，然后计算出地震土压力。

土层变形计算：

$$u(z) = \frac{1}{2} u_{max} \cos\left(\frac{\pi z}{2H}\right) \tag{5-64}$$

式中：u_{max}——地表与基准面的相对最大位移；

　　　H——土层计算深度；

　　　z——地表以下深度。

地震土压力计算：

$$p(z) = k\left[u_s(z) - u_a(z_B)\right] \tag{5-66}$$

式中：$p(z)$——从地表到深度 z 处单位面积所受到的地震土压力；

　　　z_B——结构底板的深度。

③将地震剪力沿深度变化假设为正弦函数，计算地震剪力。

$$\tau = \frac{G_d}{2H}\pi \frac{1}{2}u_{max}\sin\left(\frac{\pi z}{2H}\right) \tag{5-67}$$

式中：G_d——土层的动剪切模量。

④计算结构自身的地震惯性力。

⑤建立结构的有限元模型，将上述确定的三种地震作用施加在结构上，计算结构的内力及变形。

由此可见，反应位移法主要考虑了周围地层对结构的地震土压力、剪切力以及结构自身的惯性力，其中地层对结构的地震土压力充分体现了地下结构地震破坏的特点。

5.8.3 围岩应变传递法

根据地震波动场分析的基本思想以及根据管道、海底隧道、地下油库等的地震观测结果，表明地下结构地震时应变的波形与周围岩土介质地震应变波形几乎完全相似，因而可以建立关系式：

$$\varepsilon_s = a\varepsilon_g \tag{5-68}$$

式中：ε_s——地下结构的地震应变；

a——应变传递系数，可以把 a 看作是一个静态系数，它和地振动的频率和波长无关，只随地下结构的形状、刚度以及周围岩土的刚度而变化，可通过静力有限元法分析确定；

ε_g——没有洞穴地下结构影响的周围岩土介质的地震应变。

5.8.4 地基抗力系数法

地基抗力系数法是将相互作用的计算模型应用于地下结构横断面地震反应分析的一种方法，可适用于埋设或半埋设的地下结构。周围岩土介质的作用以多点压缩弹簧和剪切弹簧进行模拟，结构可用梁元素进行模拟。方法包括三个基本步骤：①计算周围岩土介质的弹簧常数。②计算围岩的地震变位。③计算地下结构的地震反应。围岩抗力弹簧常数采用静力有限元法进行近似计算，围岩地震变位近似计算采用分段一维模型或平面有限元模型。

5.8.5 动力有限元法

以上各种方法实际上都是拟静力法，它们虽然计算简便，但是由于采用的假设较多，无法精确考虑各种非线性、非均质性和复杂边界变化等因素的影响，因此难以考虑土体与结构之间的动力相互作用。随着计算机和计算理论的发展，以动力有限元法为代表的数值方法应运而生，它可以避免以上理论缺陷，为各种复杂情况下地下结构抗震特性的全面深入研究提供有力工具，人工边界条件与地震动输入方法是其实现的关键技术之一。

思考题

1. 简述装配式管片衬砌结构的优缺点。

2. 请分析管片接头的受力特征。

3. 盾构隧道竖向土压力有哪些计算理论？其适用条件是什么？

4. 地层的抗力是怎样产生的？抗力对管片结构受力是否有影响？

5. 简述盾构隧道荷载计算时水土分算与水土合算的适用条件。

6. 请分析盾构管片内力计算各种方法的异同。

7. 某盾构隧道通过层穿越淤泥质土、粗砾砂、中砂构成的复合地层，下卧层为中砂层，各地层物理力学参数如表 5-16 所示。隧道埋深约为 12 m，盾构隧道外径为 10.8 m，管片厚度为 0.35 m，宽度为 1.5 m。试采用修正惯用法计算该盾构隧道围岩荷载及管片衬砌结构内力。

表 5-16　地层物理力学参数

地层	深度 /m	天然重度 /(kN·m^{-3})	变形模量 /MPa	黏聚力 /kPa	内摩擦角 /(°)	静止侧压力系数	基床系数水平 /(MPa·m^{-1})
人工填土层	1.0	18	5	3.0	5.2	0.46	6.2
淤泥质土层	14.6	16.9	2	11.4	7.6	0.67	3.5
粗砾砂层	17.8	19.2	30	—	35	0.30	13
中砂层	28.5	19.2	25	—	34	0.30	11
黏性土层	36.0	18.8	5	23.5	12.5	0.50	13

参考文献

[1] 张凤祥, 朱合华, 傅德民. 盾构隧道施工手册[M]. 北京: 人民交通出版社, 2005.

[2] 张永冠. 铁路盾构隧道双层衬砌力学行为研究[D]. 西南交通大学, 2010.

[3] 张智博. 基于可靠度理论的水下盾构隧道二衬合理施作时机研究[J]. 铁道建筑技术, 2016(8): 36-41.

[4] 朱敏, 牟瀚林. 挤压混凝土衬砌综述[J]. 隧道建设, 2007 (4): 30-32+51.

[5] 蒲奥. 纤维混凝土管片设计研究及工程应用[D]. 成都: 西南交通大学, 2007.

[6] 张凤祥, 朱合华, 傅德民. 盾构隧道[M]. 北京: 人民交通出版社, 2004.

[7] 黄宏伟, 严佳梁, 徐凌. 软土盾构隧道管片环接头的形式及其设计建议[J]. 地质与勘探, 2003, 39 (z2): 17-22.

[8] JIN S. T. E. C. 国际视野——日本管片快速接头大 PK [EB/OL]. 2019, p. 3-23. <https://mp.weixin.qq.com/s/5m41wGQfKbdGumzh1Kf6eQ>.

[9] 日本地盘学会. 盾构法的调查·设计·施工[M]. 牛清山, 陈凤英, 徐华, 译. 北京: 中国建筑工程出版社, 2008.

[10] 刘建航. 盾构法隧道[M]. 北京: 中国铁道出版社, 1991.

[11] 国家铁路局, 铁路隧道设计规范: TB1003—2016 [S]. 北京: 中国铁道出版社, 2016.

[12] 肖明清, 封坤, 李策, 等. 复合地层盾构隧道围岩压力计算方法研究[J]. 岩石力学与工程学报, 2019, 38(9): 1836-1847.

[13] 陈仁东. 浅议地铁联络通道的规范条款[J]. 隧道建设, 2005(2): 7-9.

[14] 沈张勇. 机械法联络通道结构设计研究[J]. 现代城市轨道交通, 2019(11): 58-63.

[15] 沈慧. 盾构隧道地震反应分析研究[D]. 大连: 大连理工大学, 2006.

[16] 中华人民共和国住房和城乡建设部. 地铁设计规范: GB50157—2013 [S]. 北京: 中国建筑工业出版社, 2014.

第 6 章

盾构始发与接收

　　盾构的掘进分为始发试掘进、正常掘进和接收掘进三个阶段。盾构始发试掘进是指在始发竖井内利用临时拼接管片、反力架等设备使台架上的盾构机推进，从井壁上的洞门处贯入地层，并沿着设计路线掘进的一系列作业，如图 6-1 所示。始发试掘进长度与始发井内管片负环拆除之前的掘进距离保持一致，以便隧道内管片拼装足够的长度来提供摩阻力，防止拆除负环管片后隧道内管片后移。另外，通过盾构司机和技术管理人员对地层的熟悉情况，确定合适的盾构掘进参数，通常始发试掘进长度为 50~100 m。盾构始发作业主要包括始发前竖井端头的土体加固、安装盾构机始发基座、盾构机组装及试运转、安装反力架、凿除洞门临时墙和围护结构、安装洞门密封、盾构机姿态复核、拼装负环管片、盾构机贯入作业面建立土压和试掘进等[1]。

　　盾构接收掘进是指盾构机接近竖井的井壁处，从井内侧把井壁上的洞门拆除，随后盾构机进入井内台架上的一系列作业，如图 6-2 所示。通常，把盾构隧道贯通前的约 50 m，称为盾构机接收掘进阶段。盾构接收作业主要包括接收基座的安装固定、洞门密封安装、洞门破除、盾构机接收等[1]。

图 6-1　盾构始发试掘进

图 6-2　盾构接收掘进

　　盾构始发试掘进与接收掘进之间的阶段称为正常掘进阶段，相比而言，盾构的始发试掘进与接收掘进作业是盾构掘进施工中最容易产生事故的两道工序，也是确定盾构掘进参数的关键工序。盾构机类型不同，竖井井壁始发口、到达口的构造不同，始发、接收的作业存在一定的差异。

6.1　盾构工作井

盾构工作井是用于盾构组装、解体、调头、空推、吊运管片和输送渣土等使用的竖井，包括始发工作井、接收工作井和检查工作井，其中，在盾构机始发前必须先开挖出一个地下空间，以满足盾构机组装、始发作业对场地的需求，该地下空间称为始发井（基地）；盾构机掘进到解体吊出的作业基地称为接收井（基地）；用于盾构机刀盘刀具工作状态检查的作业基地称为检查井。

通常，这些工作井是由地表竖直延伸到地下的筒形构造物构成的，主要有两个功能：①作为施工作业基地的使用，即盾构机的搬入或搬出、组装或解体、始发或接收、管片等隧道构筑原材料/施工设备等物资的运入或运出、掘削下来渣土的运出等作业均在竖井空间内完成。②隧道施工结束后，可把工作井作为通风井、排水井、存储地铁车站设备等永久性地下构造物使用。针对地铁盾构区间或市政公路等，一般将地铁车站或明挖段的基坑端头作为工作井，除非是（特）长盾构隧道，考虑施工工期需求，有时会在盾构隧道中间位置专门设置工作井。在线路设计上，若无地铁车站或明挖段基坑的情况下，需要考虑专门设置竖井进行盾构始发和接收。

关于盾构工作井的设置，其尺寸等方面需满足以下要求[2]：①始发工作井的长度应大于盾构主机长度 3 m，宽度应大于盾构直径 3 m。②接收工作井的平面内净尺寸应满足盾构接收、解体和调头的要求。③始发、接收工作井的井底板应低于始发和到达洞门底标高（一般相差 700 mm），并应满足相关装置安全和拆卸所需的最小作业空间要求。④工作井上需预留洞门，以备盾构破门始发或接收。

盾构竖井的围护方式主要有围护桩、地下连续墙和沉井围护等。其中，围护桩主要有钢板桩、柱列桩等，沉井施工方法主要包括排水下沉、不排水下沉和气压沉箱等方法。

6.1.1　围护桩

1.钢板桩

钢板桩围护施工竖井时，一般用锤击或者振动打桩机将钢板桩插入地中，如图 6-3 所示。使用振动打桩机，不仅效率高，而且成本低，但是由于噪声、振动等环境污染问题，在城市中使用往往受限。钢板桩与其他挡土结构相比，刚度较小，容易出现较大变形。因此，钢板桩构筑的竖井深度较浅，一般适用范围在 15 m 以下。

钢板桩施工的一般要求：

①钢板桩的设置位置要符合设计要求，便于沟槽基础土方施工，即在基础最突出的边缘外留有支模、拆模的余地。

②钢板桩的支护平面布置形状应尽量平直整齐，避免不规则的转角，以便标准钢板桩的利用和支撑的设置，各周边尺寸尽量利于整模数的板装。

③在基坑挖土、吊运、扎钢筋、浇筑混凝土等施工作业中，严禁碰撞支撑，禁止任意拆除支撑，禁止在支撑上任意切割、电焊，也不应在支撑上搁置重物。

钢板桩施工工艺的具体施工流程如图 6-4 所示。

| (a) 钢板 | (b) 钢板桩支撑效果 |

图 6-3 钢板桩示意图

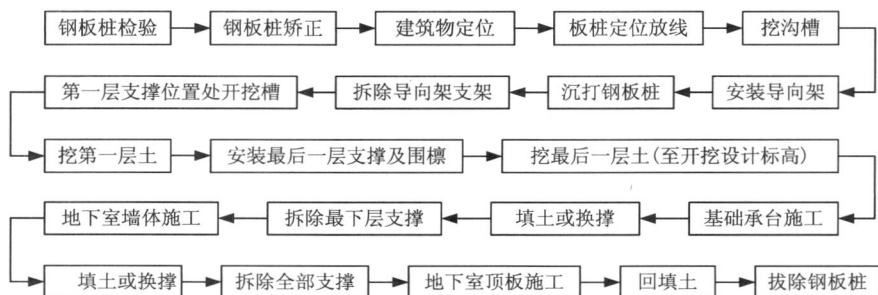

图 6-4 钢板桩施工流程图

2.柱列桩

柱列桩围护结构属板式支护体系，它是把单个桩体并排连接起来形成的地下围护结构，如图 6-5 所示。其形式主要有钻孔灌注桩、水泥土搅拌桩、新型水泥土搅拌桩(soil mixing wall，SMW)等。针对富水强渗透性地层，一般钻孔灌注桩成一字形排列时容易发生桩间渗漏水，故采用咬合桩技术解决或者在外排采用水泥搅拌桩做防渗墙。

①钻孔灌注桩是指在地基土挖孔中

图 6-5 柱列桩——以钻孔灌注桩为例

形成桩孔，在孔内放置钢筋笼、灌注混凝土而成的桩。桩基础有较强的适应能力，便于机械化施工，并且稳定性好、承载力高、桩测土沉降量小，相对于其他围护结构，适用范围最广。施工工艺流程如图 6-6 所示。

```
          ┌──────────────┐
          │   平整场地    │
          └──────┬───────┘
                 ↓
          ┌──────────────┐
          │   桩位放样    │
          └──────┬───────┘
                 ↓
          ┌──────────────┐
          │   埋设护筒    │
          └──────┬───────┘
                 ↓
┌────────────────┐  ┌──────────────┐
│ 开挖泥浆池、沉淀池 │→│ 配置泥浆设泥浆泵 │
└────────────────┘  └──────┬───────┘
                           ↓
                    ┌──────────────┐
                    │   钻机就位    │
                    └──────┬───────┘
                           ↓
                    ┌──────────────┐
                    │    钻进      │
                    └──────┬───────┘
                           ↓
                    ┌──────────────┐
                    │    清孔      │
                    └──────┬───────┘
                           ↓
              ┌────────────────────┐
              │ 测量钻孔深度、斜度、孔径 │
              └──────────┬─────────┘
                         ↓
┌────────────────┐  ┌──────────────┐
│ 制作钢筋笼并运至孔位 │→│   吊放钢筋笼   │
└────────────────┘  └──────┬───────┘
                           ↓
                    ┌──────────────┐  ┌────────────────┐
                    │   安装导管    │→│ 导管试拼装、密封检验 │
                    └──────┬───────┘  └────────────────┘
                           ↓
┌────────────────┐  ┌──────────────┐  ┌────────────┐
│  测量混凝土面高度 │→│  灌注水下混凝土 │←│  输送混凝土  │
└────────────────┘  └──────┬───────┘  └────────────┘
                           ↓
                    ┌──────────────┐
                    │   拔除护筒    │
                    └──────────────┘
```

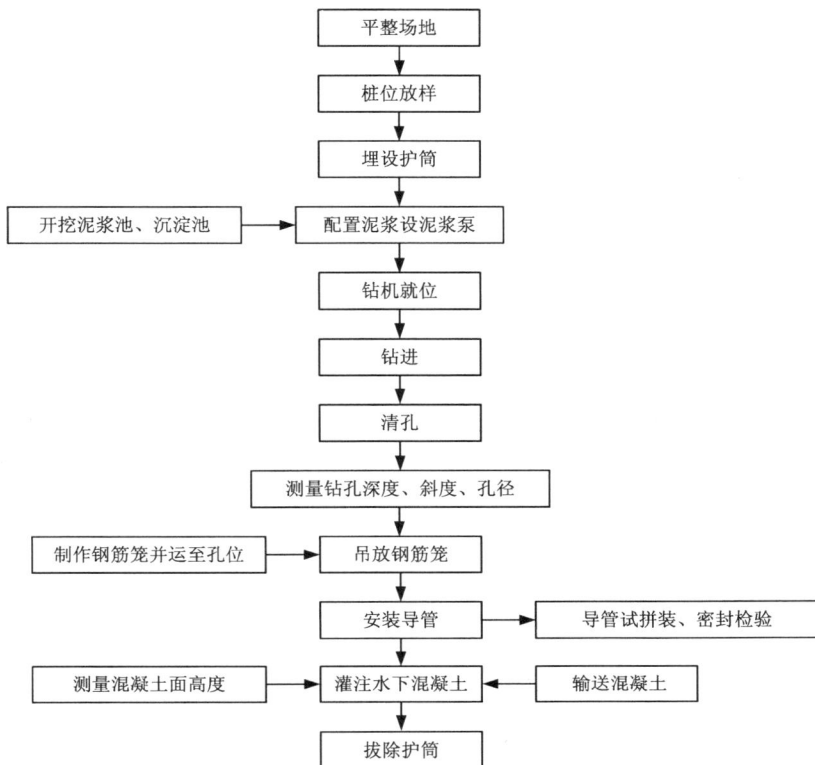

图 6-6　钻孔灌注桩施工工艺流程图

②水泥搅拌桩是指利用水泥（或石灰）等材料作为固化剂，使用专门的搅拌机械在钻进的同时向软土中喷射浆体或雾状粉体，在地基深处就地将软土和固化剂强制搅拌，使喷入软土中的固化剂与软土充分拌和。由于固化剂中含有活性成分，能与软土中的矿物质等成分发生一系列的物理、化学反应，使软土硬结成具有水稳性、整体性和较大强度的竖向增强体，即水泥搅拌桩。水泥搅拌桩施工工艺流程如图 6-7 所示。

③双排桩是富水强渗透性地层较为常见的竖井围护方法，通常钻孔灌注桩起主要挡土作用，水泥搅拌桩起止水作用，两类桩型的联合使用可以很好地解决竖井的挡土和止水问题。根据基坑的开挖深度、坑壁土物理力学性能、地下水位状况、地面荷载的分布与大小、周围环境及基坑的设计允许变形量等，采取不同的排列形式，如图 6-8 所示，钻孔灌注孔与水泥搅拌桩可以错缝配置，也可搭接使用。

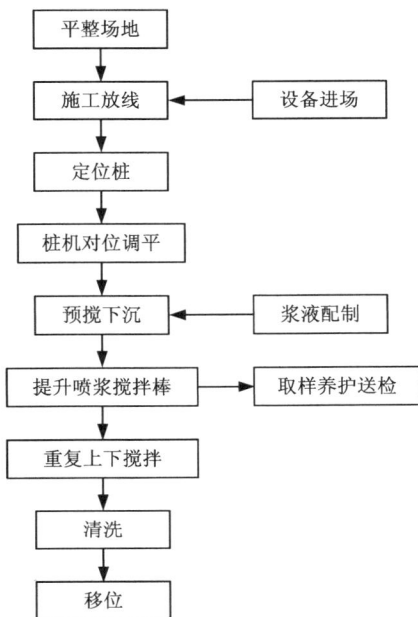

```
    ┌──────────────┐
    │   平整场地    │
    └──────┬───────┘
           ↓
    ┌──────────────┐  ┌──────────┐
    │   施工放线    │←│  设备进场  │
    └──────┬───────┘  └──────────┘
           ↓
    ┌──────────────┐
    │   定位桩     │
    └──────┬───────┘
           ↓
    ┌──────────────┐
    │  桩机对位调平  │
    └──────┬───────┘
           ↓
    ┌──────────────┐  ┌──────────┐
    │   预搅下沉    │←│  浆液配制  │
    └──────┬───────┘  └──────────┘
           ↓
    ┌──────────────┐  ┌────────────┐
    │  提升喷浆搅拌棒 │→│  取样养护送检 │
    └──────┬───────┘  └────────────┘
           ↓
    ┌──────────────┐
    │  重复上下搅拌  │
    └──────┬───────┘
           ↓
    ┌──────────────┐
    │    清洗      │
    └──────┬───────┘
           ↓
    ┌──────────────┐
    │    移位      │
    └──────────────┘
```

图 6-7　水泥搅拌桩施工工艺流程图

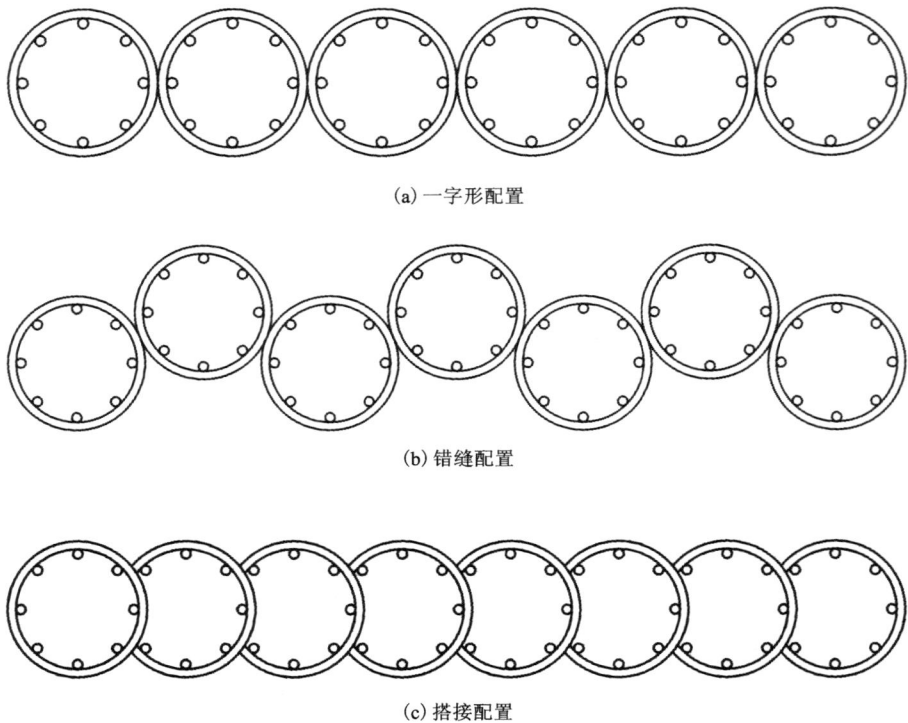

(a)一字形配置

(b)错缝配置

(c)搭接配置

图 6-8 钻孔灌注桩围护排列形式

④SMW 桩称为新型水泥土搅拌桩,即在水泥土桩内插入型钢等(多数为 H 型钢,亦有插入拉森式钢板桩、钢管等),将承受荷载与防渗挡水结合起来,使之成为同时具有受力与抗渗两种功能的支护结构的围护墙。SMW 工法的噪声低、振动小、效率高、土质适用范围宽,近年来在我国得到了快速的发展。

SMW 工法是以专用多轴型搅拌钻机在原地层向一定深度进行钻进,切削土体,同时在钻头处喷出水泥类悬浊液(固化剂)与地基土反复搅拌充分混合,在各施工单元间采取重叠搭接施工,然后在水泥土混合体未硬化之前,按挡墙功能在墙体中插入 H 型钢、U 型钢板、钢筋笼、钢筋混凝土件等作为其加劲材料,直至水泥土硬化,便形成一道具有一定强度和刚度的、连续完整的、无接缝的柱列式桩排挡土墙。SMW 工法构造及施工工艺流程如图 6-9 和图 6-10 所示。

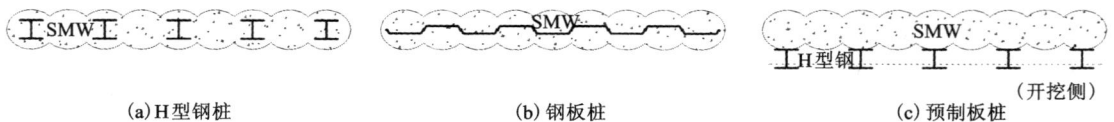

(a)H 型钢桩

(b)钢板桩

(c)预制板桩

(开挖侧)

图 6-9 SMW 工法构造示意图

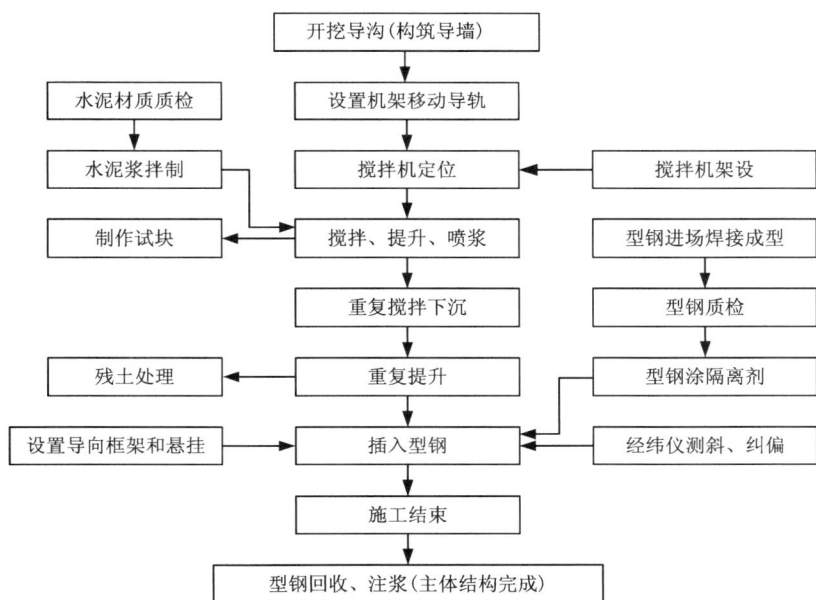

图 6-10　SMW 工法施工工艺流程图

6.1.2　地下连续墙法

地下连续墙(简称地连墙)是利用专用的挖槽设备,沿深基础或地下结构的周边,采用泥浆护壁的方法,在土中开挖一条具有一定宽度、长度和深度的深槽,然后安放钢筋笼,浇筑水下混凝土,形成一个单元的墙段。各单元墙段之间以各种特制的接头相互连接,逐步形成一道就地灌注的连续地下钢筋混凝土墙,作为截水、防渗、承重、挡土结构。地下连续墙法是解决大型盾构隧道工作井深基坑常用的方法之一,它既可以作为工作井的挡土防渗结构,又可以作为工作井永久结构的一部分。

1.地下连续墙的特点[1]

地下连续墙的优点如下:①能适应各种地质条件。我国除岩溶地区和承压水头很高的砂砾地层难以采用外,在其他土质中均可应用地下连续墙。目前采用地下连续墙施工的最大深度超过 140 m,当盾构竖井深度超过 25 m 时,宜考虑采用地下连续墙方案。不受地下水位影响,无须采取降水措施,可避免降水对邻近建筑的影响。②当用于基坑支护时,变形小,工作井周围地表沉降小,在建(构)筑物密集地区可以施工,对临近建筑物、地面交通和地下设施影响较小,能够紧邻相近的建筑物及管线施工。④可以减少工程施工对周围环境的影响,施工噪声小、振动小,适于在城市施工。⑤施工机械化程度高,工效高,工期短,质量可靠。

地下连续墙的缺点如下:①工程造价较高。②室内施工存在对废弃泥浆的处理等问题。③对技术和设备要求高,施工水平直接与地下连续墙的施作质量有直接关系。

2.地下连续墙的施工

地下连续墙的施工流程如图 6-11 所示,主要包括导墙施工、钢筋笼制作、泥浆配制、成槽放样、成槽、下接头、钢筋笼吊放和下钢筋笼、下放混凝土导管浇筑混凝土、拔锁口管等。其中,导墙施工如图 6-12 所示,下钢筋管如图 6-13 所示。下面对导墙、泥浆、槽段和锁口管这四个方面进行相应解释。

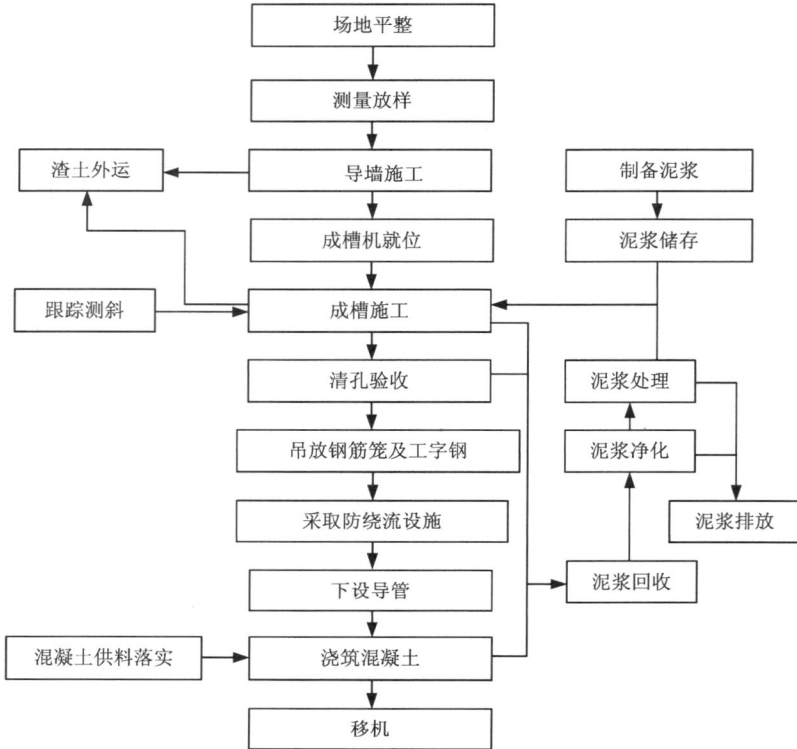

```
                    ┌─────────────┐
                    │   场地平整   │
                    └──────┬──────┘
                           │
                    ┌──────▼──────┐
                    │   测量放样   │
                    └──────┬──────┘
                           │
┌─────────┐        ┌──────▼──────┐        ┌─────────┐
│ 渣土外运 │◄───────│   导墙施工   │        │  制备泥浆 │
└─────────┘        └──────┬──────┘        └────┬────┘
     ▲                     │                    │
     │              ┌──────▼──────┐        ┌────▼────┐
     │              │  成槽机就位  │        │  泥浆储存 │
     │              └──────┬──────┘        └────┬────┘
┌─────────┐        ┌──────▼──────┐              │
│ 跟踪测斜 │───────►│   成槽施工   │◄─────────────┤
└─────────┘        └──────┬──────┘              │
                           │              ┌──────▼──────┐
                    ┌──────▼──────┐        │  泥浆处理   │
                    │   清孔验收   │        └──────┬──────┘
                    └──────┬──────┘              │
                    ┌──────▼──────────┐   ┌──────▼──────┐
                    │吊放钢筋笼及工字钢 │   │  泥浆净化   │──► 泥浆排放
                    └──────┬──────────┘   └──────┬──────┘
                    ┌──────▼──────────┐          │
                    │  采取防绕流设施   │          │
                    └──────┬──────────┘   ┌──────▼──────┐
                    ┌──────▼──────┐       │  泥浆回收   │
                    │   下设导管   │───────►└─────────────┘
                    └──────┬──────┘
┌───────────┐      ┌──────▼──────┐
│混凝土供料落实│─────►│  浇筑混凝土  │
└───────────┘      └──────┬──────┘
                    ┌──────▼──────┐
                    │     移机     │
                    └─────────────┘
```

图 6-11　地下连续墙主要施工流程

图 6-12　导墙施工

图 6-13　下钢筋笼

(1) 导墙

导墙作为地下连续墙施工中必不可少的构筑物,具有以下作用:①控制地下连续墙施工精度,确定地下连续墙的位置。②挡土作用。③作为重物的支撑台。④能维持稳定泥浆液面。导墙内存蓄泥浆,目的是保证槽壁的稳定,要使泥浆液面始终保持高于地下水位一定的高度。一般来说,导墙顶的标高要使泥浆液面保持高于地下水位 1.0 m。

(2)泥浆

在地下连续墙成槽过程中,泥浆的作用是护壁、携渣、冷却机具等,其中护壁最为重要。泥浆应具有一定的密度,在槽内对槽壁有一定的静水压力,相当于一种液体支撑,泥浆能渗入土壁形成一层透水性很低的泥皮,有助于维护土壁的稳定性。泥浆还应具有较高的黏性,能在挖槽过程中将土渣悬浮起来,这样就可使钻头时刻钻进新鲜土层,避免土渣堆积在工作面上影响挖槽效率,同时便于土渣随同泥浆排出槽外。在地下连续墙成槽过程中,泥浆技术的正确运用,是施工中尤为重要的一环,尤其是泥浆的护壁作用,更是保证成槽成败的关键。

泥浆由水、黏土(膨润土)、CMC、纯碱、聚合物混合而成,用优质黏土和膨润土造浆时,黏土块先行打碎,放入泥浆搅拌机内与水充分搅拌。随后根据泥浆参数加入膨润土、CMC 等外加剂,使搅拌出来的泥浆性能指标符合各地层施工的使用要求。泥浆配合比应按土层情况确定,一般泥浆配合比的选用如表 6-1 所示,遇土层极松散、颗粒粒径较大、含盐或受化学污染时,应配制专用泥浆。

表 6-1　泥浆配合比[3]　　　　　　　　　　　单位:/%

土层类型	膨润土	增黏剂 CMC	纯碱 Na_2CO_3
黏性土	8~10	0~0.02	0~0.5
砂性土	10~12	0~0.05	0~0.5

为提高泥浆的护壁作用,可通过提高泥浆的液面高度、调整泥浆的容重、增大泥浆黏度、降低泥浆含砂率等方法实现。对于泥浆的容重,在实际施工中一般采用重度较小的泥浆,这是因为其施工性好,易于泵吸泵送,管道输送压力小,携带土砂能力大,渣土易于在机械分离装置内分离,但必须确保槽壁的稳定性,可根据土体应力平衡条件来确定泥浆的容重,槽壁上水平应力状态可表示为[4]:

$$\sigma_x^i = \gamma_i H_i \tan^2(45° - \varphi_i/2) - 2c_i \mathrm{tg}(45° - \varphi_i/2) + \gamma_w h_i \tag{6-1}$$

式中:σ_x^i——槽壁上水平应力;

$\quad\gamma_i$——土体加权平均容重;

$\quad H_i$——地下连续墙开挖深度;

$\quad\varphi_i$——土体内摩擦角;

$\quad c_i$——土体黏聚力;

$\quad\gamma_w$——水的容重;

$\quad h_i$——承压水头。

槽壁上主动土压力为:

$$P_a = \sum_{i=1}^{n} \frac{\sigma_x^{i-1} + \sigma_x^i}{2} H_i \tag{6-2}$$

槽壁上泥浆压力为:

$$P_m = \frac{1}{2} \gamma_m H^2 \tag{6-3}$$

式中：γ_m——泥浆的容重。

槽壁稳定性的安全系数可以定义为：

$$F_s = \frac{P_m}{P_a} \tag{6-4}$$

根据具体工程中规定的安全系数，进一步确定泥浆的容重。除此之外，泥浆液面与地下水位之间的相对高差成为工程实施的控制条件之一，施工中一般要求泥浆液面高出地下水位0.5 m以上。

(3) 槽段

槽段开挖是地下连续墙施工中的重要环节，约占工期的一半，挖槽精度又决定了墙体制作精度，是决定施工进度和质量的关键工序。地下连续墙通常是分段施工的，每一段称为地下连续墙的一个墙幅，一个墙幅是一次混凝土灌注单位。

(4) 接头

地下连续墙接头是为了提高墙幅之间接缝抗渗能力而设置的，根据地下连续墙接头的受力特点，接头可分为刚性接头和柔性接头。合理地选用适应特定工程地质条件和工况条件的接头形式是预防地下连续墙接缝渗漏的重要环节。

设置柔性接头的地下连续墙抗剪和抗弯能力较差，一般仅作为地下临时围护结构的外墙，不承担结构的垂直荷载和主体承重结构[5, 6]。锁口管是一种柔性接头，即在灌注墙幅混凝土前，在墙幅的端部预插一根直径和槽宽相等的钢管，即锁口管，待混凝土初凝后将钢管徐徐拔出，使端部形成半凹榫状。然后将下一副地连墙钢筋笼的凸口放下衔接，浇筑混凝土，通过多段墙幅连续形成一个整体。锁扣管大多为圆形，在此基础上，结合工程实际和相应的理论研究，圆形接头管衍生出了缺口圆形、带翼形、带凸榫形、波形等接头管，如图6-14(a)~(e)所示，通过改变与混凝土接触面的形式，增长止水路径，提高止水带长度，进而提高接缝的抗渗性能，同时增强接头的抗剪和抗弯能力。锁扣管的外径应不小于设计混凝土墙厚的93%。

刚性接头可以增强相邻墙幅结构在接头处共同承受较大弯矩和剪力的能力，主要包括隔板式接头、钢筋混凝土预制接头、工字钢型钢接头和铣接头，如图6-14(f)~(i)所示。隔板式接头取消了接头箱和接头管，施工工序较少，施工方便，刷壁清除泥浆简便，易保证接头混凝土质量；钢筋混凝土预制接头适用于不需入岩的地层，易控制接头的垂直度和平整度，刷壁清浆比较方便，防渗效果好；工字形钢接头大多使用在需要入岩的地层，该方法止水效果好、施工周期短，其缺点混凝土的绕流现象严重；对于较深的地下连续墙槽段之间连接可采用铣接法，即在两个一期槽段中间下入铣槽机，铣掉一期槽孔端的部分混凝土，浇筑二期槽混凝土时可以很好地与一期槽混凝土结合，此方法在国内外大型地下连续墙项目中得到了广泛应用[7]。不同接头形式的对比情况如表6-2所示。

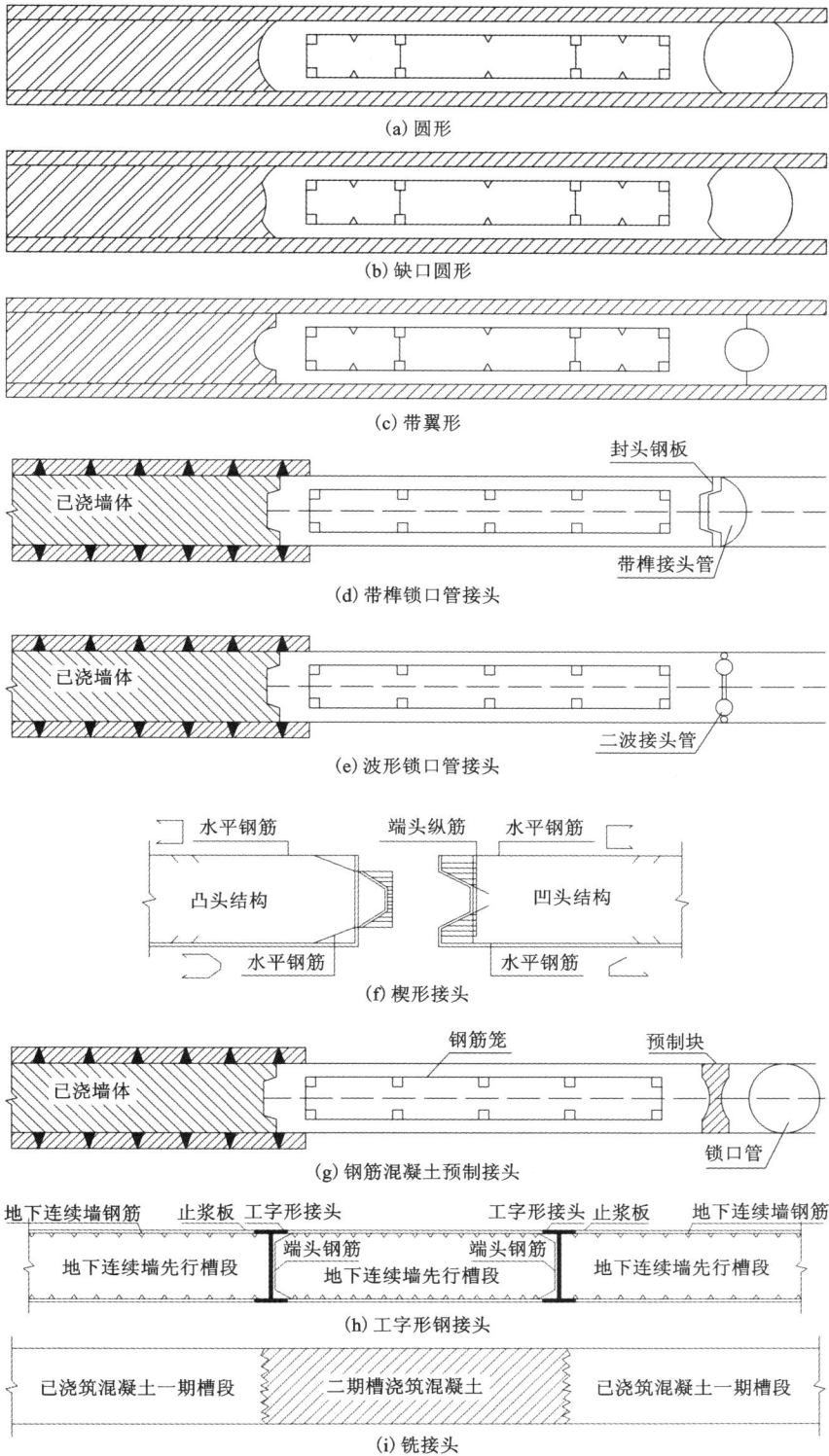

(a) 圆形

(b) 缺口圆形

(c) 带翼形

(d) 带榫锁口管接头

(e) 波形锁口管接头

(f) 楔形接头

(g) 钢筋混凝土预制接头

(h) 工字形钢接头

(i) 铣接头

图 6-14 地下连续墙接头形式

表 6-2　不同接头形式的对比情况

接头形式	受力类型	优点	缺点	适用地层
锁口管接头	柔性接头	锁口管制作简单，施工、安装工艺较为成熟，加工成本低，可重复利用，场地要求小	传递应力差，缺乏抵抗弯矩的能力，容易发生变形，接头处容易渗漏，千斤顶顶拔锁口管较为困难，间隔时间不易把握	软土地层、砂土层(需要采取一定措施)
隔板式接头	刚性接头	隔板式接头取消了接头箱和接头管，施工工序较少，刷壁清除泥浆简便，设有隔板和罩布，能防止先施工槽段的混凝土外溢，保证了接头质量	化纤罩布施工困难，易受到风吹、坑壁碰撞、塌方挤压，易损坏而局部失效，刚性较差，受力后易变形，造成接头渗水	软土地层
钢筋混凝土预制接头	刚性接头	能够传递弯矩、轴力和剪力，施工工艺简单、止水效果良好，成本较低，基本无绕流现象	自重较大，有时需要分节制作，制作时占地大，施工周期较长，需要养护，接桩时精度要求较高，需要采取有效防止混凝土侧压的措施	无须入岩的各种地层
工字钢型钢接头	刚性接头	能够传递弯矩、轴力和剪力，施工工艺简单、止水效果良好，施工周期短，场地占用面积小，无须考虑混凝土灌注时的侧压	自重大，加工制作较为烦琐，含钢量较大，成本高，制作时需考虑热应变，有绕流现象产生，工字钢翼板范围内不能预埋水平接头构件	各种地层
铣接头	刚性接头	施工简单，施工方法成熟，可满足超深地连墙的施工要求	接缝不严密，后期需要接缝注浆	适用于较深的地下连续墙

3. 地下连续墙的渗漏水检测新技术

地下连续墙作为基坑围护结构被广泛应用，但水文地质条件的复杂性和不确定性以及地下连续墙施工工艺和施工技术的局限性，造成地下连续墙接缝处发生渗漏的概率较大。基坑开挖后在地下连续墙接缝位置出现渗漏，会影响基坑稳定以及周围环境的安全，并造成工期延误、成本增加。在基坑开挖前检测地下连续墙接缝处是否存在渗漏风险，并有针对性地采取补强措施，有效规避基坑开挖风险。近年来，围护结构渗漏检测形成了一些新技术，主要有高密度电法、电渗法、自然电场法、声呐渗流检测法、流场法等。

（1）高密度电法

高密度电法是以地下介质电性差异为基础的一种电探方法，根据电场作用下地层传导电流的分布规律，推断地下不同电阻率的地质体分布情况。高密度电法工作原理示意图如图 6-15 所示，采集时通过 A、B 电极向地下提供电流 I，然后在 M、N 电极之间测量电位差

ΔV，从而求得 M、N 两点之间的视电阻率值，根据得到的视电阻率剖面进行计算和分析，得到地下实际的电阻率分布情况，从而确定异常区。

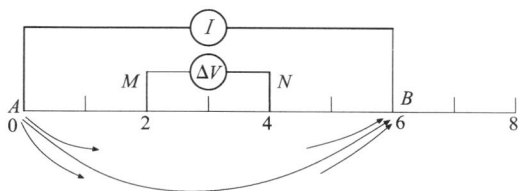

图 6-15 高密度电法工作原理示意图

电阻率 CT 法是为准确勾画出渗漏的具体位置而采用的一种类似于医学 CT 的探测手段，是普通高密度电法的改进，在孔中供电和接收。在实际采集过程中，根据现场情况，在基坑内外布置若干钻孔，通过在钻孔内布置一系列电极，测试两孔之间电阻率的空间分布，通过分析电阻率空间分布情况，再进行三维空间数据处理，把电阻率的分布与围护结构的质量对应起来，如基坑内外存在水力联系，则此处的电阻率必然较周边的电阻率产生差异，因此分析测试区域的电阻率变化情况，可了解围护结构的渗漏位置，从而达到检测的目的。

（2）电渗法

电渗现象是土体动电现象的一种。土体中的动电现象是指土体通电后因两端电势不同而在土体内部表现出的一些运动现象，包括电渗、电泳、流动电位、迁移或沉积电位。在含水量较大的土体两端施加电压后，在定向电流的作用下，土体空隙中的自由水和离子会发生定向流动，土体中的阳离子向阴极移动，这些阳离子同时拖拽水使水朝向阴极运动，形成水流运动，这种现象称为电渗[8]。

电渗法检测围护结构渗漏是利用以上原理，通过对地下工程发生渗漏处的微弱离子运动进行高灵敏度的测量，来探测复杂地下结构的渗漏情况。在渗漏情况下，即便是轻微的渗漏，也会由于离子的运动导致整个地层电场的变化，对于此变化，通过开发的多通道多传感器高精度量测系统，可以把握电场异常的位置，从而探得渗漏点。对于更加微弱的渗漏，可以进行人工主动追踪，从而获得更加精确的渗漏点探测结果。人工主动追踪法通过在外围多点多深度施加追踪电势，与内侧的对应电极协同测量，在潜在的渗漏点或弱化面存在的情况下，放大该异常值就能高灵敏度地迅速取得探测结果。

在对围护结构检测时，该方法仅需利用现场施工完成的坑内降水井和坑外观测井，在坑外观测井中放置仪器正极，坑内降水井中放置仪器负极，围护结构坑内侧地表处放置传感器，如图 6-16 所示。首先通过传感器的高精度测量可以掌握电场异常变化的位置，进而探测到渗漏点的平面位置。然后采用不同的电压级别进行测量，可以分析出渗漏点的渗漏严重程度。如果需要寻找渗漏点竖向位置，应改变放置在坑外观测井中仪器正极的深度，通过数据比较得出能量最大点的位置，即渗漏点的竖向位置，如图 6-17 所示。

（3）声呐渗流检测法

声呐渗流检测技术，是利用声波在水中的优异传播特性，实现对水流速度场的测量。如果被测水体存在渗流，则必然在测点产生渗流场，声呐探测器阵列能够精细地测量出声波在流体中能量传递的大小与分布，依据阵列测量数据的时空分布，即可显示出渗流声源发出的

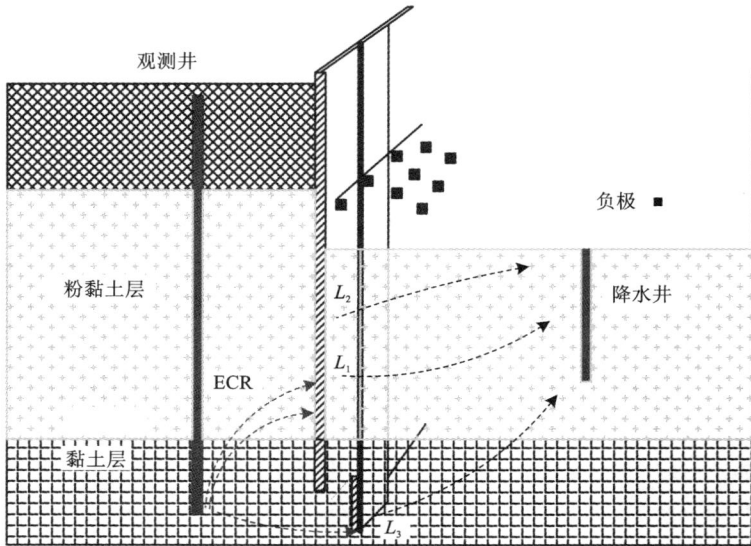

图 6-16　电渗检测渗漏点平面位置原理示意图[2]

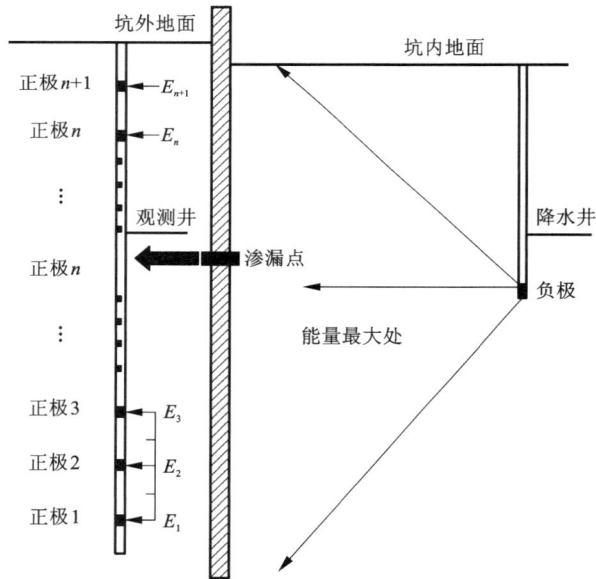

图 6-17　电渗检测渗漏点纵向位置原理示意图

方向。同时,利用渗流声源方向上的声呐探测器与探头顶部声呐探测器的距离和相位之差,建立连续的渗流场水流质点流速方程。

$$U = -\frac{L^2}{2X}\left(\frac{1}{T_{12}} - \frac{1}{T_{21}}\right) \tag{6-5}$$

式中:U——流体通过传感器 T_{12}、T_{21} 之间声道上平均流速;

L——声波在传感器之间传播路径的长度；

X——传播路径的轴向分量；

T_{12}、T_{21}——从传感器 T_{12} 到传感器 T_{21} 和从传感器 T_{21} 到传感器 T_{12} 的传播时间。

三维流速矢量声呐测量仪由测量探头、电缆和笔记本电脑三部分组成，如图 6-18 所示。仪器测量之前，通过室内标准渗流试验井进行渗流参数标记后进行现场渗流测量。

（4）流场法

流场法（或流场伪拟合法）是利用水流场与电流场的相似原理，在水中发送一种特殊波形的电流场（伪随机信号），通过测量水中电流密度分布，间接地确定管涌与渗漏入口位置。流场法的核心技术是用电流场拟合渗漏的水流场，电流场的密度向量分布与渗漏水流场的水流密度向量相似，电流场的密度向量将集中指向渗漏水的入口，根据电流场

图 6-18　三维流速矢量声呐测量仪

的密度变化确定渗漏区的部位。此方法可非常准确地找到渗漏的入水口，但无法确定渗漏水通道位置。

6.1.3　沉井法

沉井的工程造价较低，当附近区域的地表沉降控制要求不高，开挖深度较浅时，可考虑采用沉井法施工盾构工作井。适宜采用沉井法施工的竖井开挖深度取决于具体的地质情况，例如容易产生流砂的砂质粉土、粉砂、黏质粉土或者在坑底难以稳定的淤泥质黏土中，当实施井点降水及其他辅助施工条件后，沉井深度控制在 15 m 以下，当采用不排水下沉时，沉井宜控制在 25 m 之下，而气压沉井工法则可施工更深的竖井。以下将从沉井的特点、构造、类型三个方面对沉井法做简单介绍。

1. 沉井特点

沉井的主要优点在于：①沉井躯体刚度大、断面大、承载力高、抗渗能力强、耐久性好、内部空间可供利用。②单体工程较为经济。③施工周期较短。④施工设备简易。

沉井的主要缺点在于：①沉井在下沉过程中，相邻范围（通常为刃脚底部深度的 1.5 倍水平距离）的地表沉降量大，并且会使外侧的土体产生扰动，因此不宜在建筑物密集的城市中心地区采用。②沉井在下沉过程中，常会在井壁外侧的土体中夹带石块和杂物一起下沉，给盾构进出洞带来困难。③当沉井的下沉深度很深时（大于 25 m），常伴有下沉困难，井内土体不稳定（流砂，坑底土体隆起），或由于采用不排水下沉导致抓斗挖土困难。④因井壁外侧土体的相对动、静摩阻力变化，或土体灵敏度高等因素，沉井常会产生突沉，工作井洞门的标高难以控制。

2. 沉井构造

沉井的基本构造如图 6-19 所示。沉井一般由井壁、刃脚、内隔墙、井孔凹槽、底板、顶盖等构成。井壁（也称井筒）是井体的主要构成部分，必须具备一定的强度，以便承受作用在其上的水土压力造成的弯曲应力，通常为钢筋混凝土结构或钢结构。此外，井壁必须具备一

定的自重,以克服下沉时的摩阻力。刃脚即井壁最下端的尖角部分,是井筒下沉过程中切土受力最集中的部位,因此必须具有足够的强度,以免破损。对于坚硬地层来说,刃脚应用钢板或者角钢保护。内墙当井体内空缺较大或者设计要求将其内空分割成多个小空间时,井内设置的内隔墙,其作用是把井体内空分割成多个小空间,客观上还有提高井体刚度的作用。

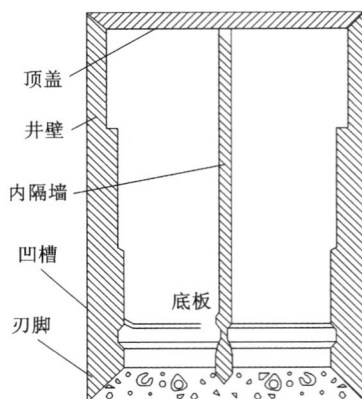

图 6-19 沉井构造图

底板是井体下沉到设计标高后,为防止地下水涌入井内,需在下端从刃脚至凹槽上缘的整个空间填充抗渗性能好、能承受基底地层反力、并具一定刚度的材料,以防地下水的涌入和基底的隆起。这层填充材料的整体即底板,通常底板为两层浇筑的混凝土,下层为无筋混凝土,上层为钢筋混凝土,底板的厚度取决于基底反力(水压+土压)、底板的构造材料的性能和施工方法等多种因素。

3. 沉井的类型[1]

(1)干挖法沉井

干挖法沉井是排水开挖法。为了确保干挖法的施工安全,发挥其工期短、成本低等特点,控制好地下水位是其关键。必须依据施工地点以往的土质资料和现行调查结果,邻近构筑物、水井的状况及施工条件,制订出切实合理的排水措施。同时也应注意在考虑排水措施时,必须严禁抽取地下水带来的周围地层沉降、井水干枯等现象的发生。

(2)不排水沉井

不排水沉井开挖法是水挖法。这种方法的特点是沉井内外的水位基本一致,因此地下水位以下的开挖是水中挖掘。该方法适于渗水强的砂砾层和流砂层等不稳定地层(可避免排水造成的涌砂等不良现象的发生)或者施工现场环境条件限制不允许排水(如大量排水影响周围构造物安全或排水污染水源等)等情形。

(3)气压沉箱法

刃脚的上方一定距离处设置一道隔板(即底板)的井筒称为箱体,底板下方的空间称为作业室。边排土边下沉的方式使箱体沉入地中,即沉箱。沉箱的基本原理是向沉箱下部的作业室内压送气压与地下水压相当的压缩空气,阻止地下水渗入作业室,利用压缩空气抑制地下水,从而保证开挖作业在干涸状态下进行。

4. 沉井施工主要工序

1)施工工序

沉井施工工序如图 6-20 所示。

2)井筒施工

(1)井筒施工工序

井筒施工工序如图 6-21 所示。

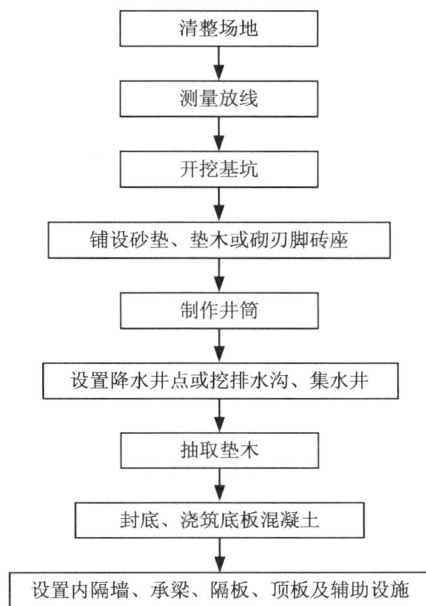

图 6-20　沉井施工流程图

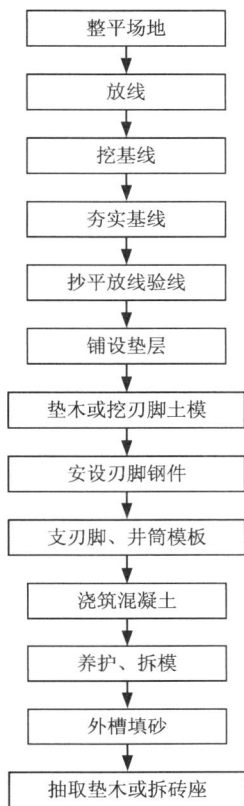

图 6-21　井筒制作流程图

（2）地基处理

对于天然较硬的地层，只需将地表杂物清除、整平后，即可制作井筒。若在松软地层上制作井筒，则应先对地基做填砂（或灰土、砂砾等）夯实处理。在软硬不均的地面上制作井筒时，应先挖一个基坑，然后铺砂压实，这样可以有效防止不均匀沉降，避免井筒出现裂纹。砂垫厚度不得小于 0.5 m。

（3）刃脚支设

刃脚的支设方法有垫架法、半垫架法、砖座法和土底模法。对位于软土层，重而大的沉井来说，多选用垫架法或半垫架法；对土质较好的地层来说，可采用砖座法；对土质条件好、小而轻的沉井，可选择砂垫、灰土垫或直接在地层中挖槽做成土模。

垫架具有使井筒自重均匀地作用于地基上，防止浇筑混凝土过程中出现裂缝，防止井筒倾斜，便于支撑和拆除模板容易等优点，故垫架法适于软地基的情形。

砖座的水平抗力应大于刃脚斜面对其产生的水平推力，方可使结构稳定。

（4）井筒制作

井筒的制作方式有以下三种：

①在基坑中制作，这种方式适于在地下水位低的情况下使用。

②在构筑物的地面上制作，这种方式适于在地下水位高的情况下使用。

③人工岛上制作，这种方式适于在水中制作。

第一种方式通常使用较多，选用这种方式时，基坑的平面尺寸应比沉井外围尺寸大2~3 m；四周需设排水沟、集水井，其目的是使地下水位至少降至比基坑底面小0.5 m；用挖出来的土方在四周筑堤挡水，堤的宽度不得小于2 m。

3）抽垫

井筒制作完工后，进行井筒下沉。井筒下沉包括抽垫、挖土、排土、下沉、助沉和监测。在挖土下沉过程中，工长、测量人员、挖土工人应密切配合，加强观测，及时纠偏。筒壁下沉时，外侧会随之出现下陷，与筒壁间形成空隙，一般在筒壁外侧填砂，保持高度不少于30 cm，随下沉灌入的间隙，减小下沉的摩阻力，并减少以后的清淤工作。雨季应在填砂外侧做挡水堤，以阻止雨水进入空隙，防止出现筒壁外的摩阻力接近于零，而导致沉井突沉或倾斜的现象。当沉井下沉接近设计标高时，应加强观测，防止超沉。同时，可在四角或筒壁与底梁交接处砌砖墩或垫枕木垛，使沉井压在砖墩或枕木垛上，保证沉井稳定。

4）沉井封底

沉井下沉至设计标高，再经2~3 d下沉稳定，或经观测在8 h内累计下沉量不大于10 mm，即可进行封底。封底一般铺一层150~500 mm厚卵石或碎石层，再在其上浇一层混凝土垫层，在刃脚下切实填严，振捣密实，以保证沉井的最后稳定，达到50%强度后，在垫层上铺卷材防水层，绑钢筋，两端伸入刃脚或凹槽内，浇筑底板混凝土。混凝土养护期间应继续抽水，待底板混凝土强度达到70%后，对集水井逐个停止抽水，逐个封堵。封堵方法是将集水井中的水抽干，在套管内迅速用干硬性混凝土填塞并捣实，然后上法兰盘用螺栓拧紧或四周焊接封闭，上部用混凝土垫实捣平。

6.2　盾构隧道端头加固

由于始发时盾构密封仓压力逐步建立，接收时密封仓压力逐步减小，因此在始发、接收阶段，盾构开挖面的土压力易处于非平衡状态，地面沉降值较大，且容易发生坍塌。为了防止盾构始发完全进入地层之前与盾构接收完全脱出地层之后，端头周围流入地下水和泥砂造成端头失稳，需要根据地层条件、水文条件、隧道埋深及周边环境等因素对盾构始发和接收端头进行加固处理。必须确保端头加固方法选择得当，加固区域合理，加固效果良好，以保证盾构在密封仓压力建立起来之前（盾构始发）和消失之后（盾构接收）的一段时间里，上覆土体的变形可控。

6.2.1　端头加固工法

始发端头土体加固的常用方法有注浆加固法、高压旋喷桩法、MJS（metro jet system）桩法、三轴搅拌桩法、冻结法、井点降水法、临时墙切削工法等，可根据土体种类、渗透系数、标贯值、加固深度和目的、工程规模和工期、环境要求等条件进行合理选择。以上各地层加固方法，可单一使用，也可根据地层条件组合两种及以上使用。

1. 注浆加固法

注浆加固法是指通过高压将水泥浆等注入地层，浆液以填充、渗透、压密、劈裂等形式进入土体中并使之固结成为固结体, 压实地基空隙, 从而提高地层止水性和强度的方法[9]。在盾构的初始掘进与接收工程中, 可以改良隧道周边土体的防渗性和稳定性, 防止地下水及土砂等从隧道坑口处流入竖井内。注浆加固法通常采用袖阀管注浆、水平深孔注浆、地表深孔注浆等注浆加固工法。

袖阀管注浆是通过较大的压力将浆液注(压)入岩土层中, 注浆芯管上下的阻塞器可实现分段分层注浆, 可由施工需要选择连续或跳段注浆, 如图 6-22 所示。此工法在需要全程注浆的施工中, 通过分段注浆, 使得松散和较密实地层均得到的注浆加固, 避免以往的注浆工艺在松散地层和较密实地层一起存在时, 松散地层注浆量大、较密实地层注不进浆的现象发生。

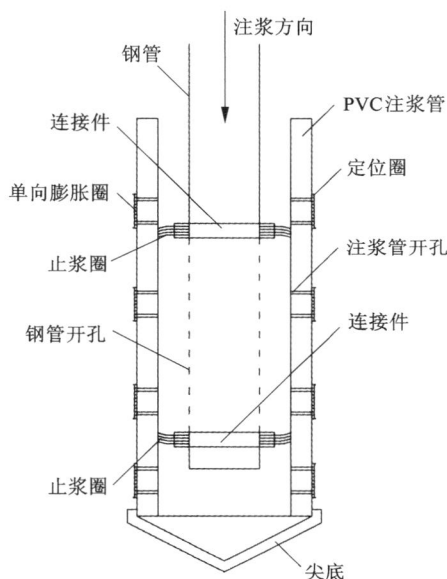

图 6-22　单向袖阀管注浆示意图

水平深孔注浆通过在端头井对地层进行水平深孔注浆, 用水泥-水玻璃双液浆通过双液注浆泵、注浆孔道均匀地注入土体中, 以填充、渗透和挤密等方式, 驱走砂层和黏土颗粒间的水分和气体, 并填充其位置, 通过水泥中所含矿物与土体中的水土分别发生水解、水化反应以及团粒作用等, 形成悬浮胶体和团粒, 硬化后形成强度大、压缩性小、抗渗性高、稳定性好的水泥土。双液浆本身胶凝时间短, 在处理含水较大、渗透系数较大的砂层时能及时加固止水。砂层中注浆效果可靠, 有保证, 且施工占用场地小, 施工机械易操作; 在紧急加固施工中具有较高的灵活性。但地面隆起上浮量不易控制, 地面易出现裂缝; 注浆量较大, 工期较长。

地表深孔注浆主要施工工序为: 平整场地→孔位放样→钻孔→安放注浆管→清稀泥、挖边缘槽及孔口坑→绑扎、焊接钢筋→灌注止浆盘混凝土→养护止浆盘→配浆→注浆→注浆效果检验。深孔注浆是通过劈裂与压密注浆, 浆液劈入土体呈脉状连续, 最后形成网状, 产生骨架效应, 增大土体的抗剪强度[4]。

2. 高压旋喷桩法

高压旋喷桩法是在化学注浆法的基础上采用高压水射流切割技术而发展起来的一种地基加固方法，如图6-23所示。它彻底改变了化学注浆法的浆液配方和工艺措施，改以水泥为主要原料，加固土体质量好、可靠性高，具有增加地基强度、提高地基承载力、止水防渗、减少建筑支挡土压力、防止砂土液化和降低土的含水量等多种功能[10]，适用于砂土、黏性土、淤泥土及人工填土的等土质。自20世纪70年代以来，高压喷射注浆技术在我国得到较广泛的应用。高压旋喷桩法在盾构的始发与接收工程中，在临时墙的外侧形成改良区域，拆除洞门临时墙可以有效控制土压力及水压力。高压旋喷桩法有单管法、二重管法、三重管法以及近几年出现的多重管法。

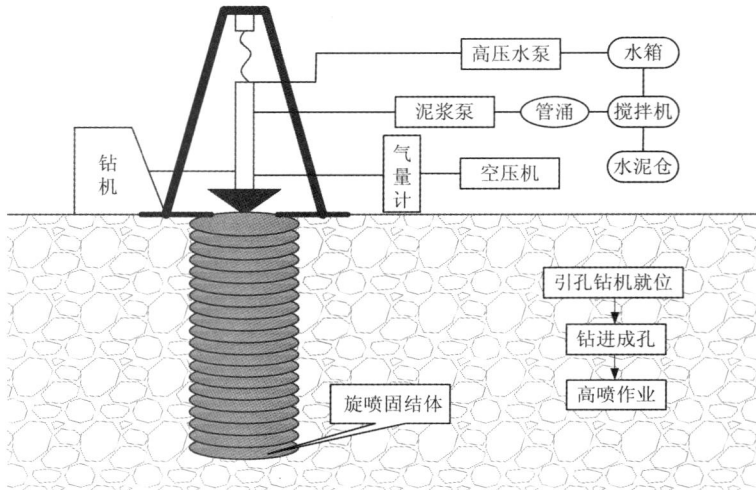

图6-23 高压旋喷桩工作原理示意图

（1）工艺特点

①高压旋喷桩法可指定加固某一深度的土层。

②可以克服渗透系数很小的细颗粒土层中无法进行灌注浆液的土体加固，并且浆液灌注均匀，范围可调节控制。

③施工方便、灵活，既可形成单排桩体，又可形成多排桩体，桩径可适当调节。

④结合定喷法，可有效形成垂直向隔水墙、水平向隔水墙或封闭式的隔水帷幕。

⑤桩体固结强度高，在黏土中采用水泥浆液形成的旋喷桩体的无侧限抗压强度可达到5~10 MPa，在砂土中可达到10~20 MPa。

⑥旋喷桩还有耐久性好、材料来源广、价格低廉、浆液流失少、设备简单和无公害无污染的特点。

（2）工艺原理

利用工程钻机钻孔到设计深度，将一定压力的水泥浆液和空气，通过其端面侧面的特殊喷嘴同时喷射，并强制与喷射出来的浆液混合，胶结硬化。喷射的同时，旋转并以一定速度提升注浆管，即在土体中形成直径明显的拌和加固体。

（3）施工流程

施工流程如图 6-24 所示。

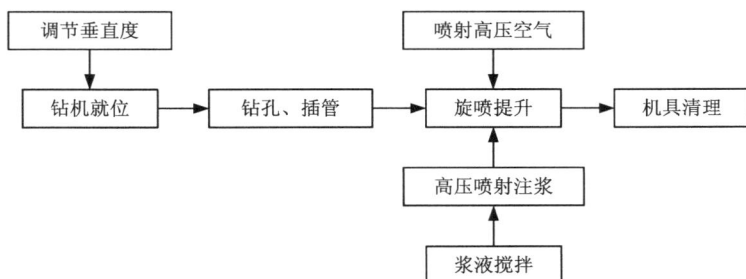

图 6-24　高压旋喷桩施工流程

钻机就位：主要是指需要钻孔后才能安放注浆管，若直接打入或沉下注浆管就不必钻孔，但要保证其垂直度。

旋喷提升：必须同时喷射浆液和气体。提升速度既要与浆液流量密切配合，以免桩径及桩体质量达不到设计要求，还要与旋转速度相配合。

机具清理：务必冲洗注浆管。全部完毕或阶段性停顿时，要对注浆、注浆设备作清理。

（4）注浆量计算

注浆量计算有两种方法，即体积法和喷量法，取大者作为设计喷射浆量。根据计算所需的喷浆量和设计的水灰比，即可确定水泥的使用数量。

体积法计算公式如下：

$$Q = \frac{\pi D_e^2}{4} K_1 h_1 (1+\beta) + \frac{\pi D_0^2}{4} K_2 h_2 \tag{6-6}$$

喷量法计算公式如下：

$$Q = \frac{H}{V} q (1+\beta) \tag{6-7}$$

式中：Q——需要的喷浆量；

　　　D_e——旋喷固结体直径；

　　　D_0——注浆管直径；

　　　K_1——填充率，取 0.75~0.9；

　　　h_1——旋喷长度；

　　　K_2——未旋喷范围土的填充率，取 0.5~0.75；

　　　h_2——未旋喷长度；

　　　V——提升速度；

　　　H——喷射长度；

　　　q——单位喷浆量；

　　　β——损失系数，取 0.1~0.2。

为了确保高压旋喷桩加固效果，对其工艺进行质量控制，要点如下：

①不冒浆或冒浆量少。其通常原因是所加固土层粒径过大，孔隙较多，可采取以下措施：a.加大浆液浓度，可以从 1.1 加大到 1.3 左右继续喷射；b.灌注黏土浆或加细砂、中砂，待孔隙填满后再继续正常喷射；c.在浆液中掺加骨料；d.加泥球封闭后继续正常喷射；e.灌注水泥砂浆后，再将孔内水泥浆置换成黏土浆，待孔隙填满后继续正常喷射。

②冒浆量过大。通常是有效喷射范围与喷浆量不适应有关，可采取以下措施：a.提高喷射压力；b.适当缩小喷嘴直径；c.适当加快提升速度。由于冒浆量中含有地层颗粒和浆液的混合体，目前对冒浆中的水泥的分离回收尚无适宜方法，在施工中多采用过滤、沉淀、回收调整浓度后再利用。

③凹穴处理。a.在喷射灌浆完毕时，立即连续或间断地向喷射孔内静压灌注浆液，直至孔内混合液凝固不再下沉。b.在喷射灌浆完成后，向凝固体与其上部结构之间的空隙进行第二次静压灌浆，浆液的配比应为不收缩且具有膨胀性的材料，如采用水泥：水：铝粉的质量配比为 9.8：6.9：0.3 的浆液。

3. MJS 工法

MJS 工法是全方位超高压喷射工法。其工艺原理为：在原来高压喷射注浆法的基础上，采用独特的多孔管和前端强制吸浆装置，实现了孔内强制排浆和地内压力监测，并通过调整强制排浆量来控制地内压力，使深处排泥和地内压力得到合理控制，使地内压力稳定，从而降低在施工中出现地表变形的可能性，大幅度减少对环境的影响，而地内压力的降低也进一步保证了成桩直径。和传统旋喷工艺相比，MJS 工法减小了施工对周边环境的影响。其工艺原理如图 6-25 所示。

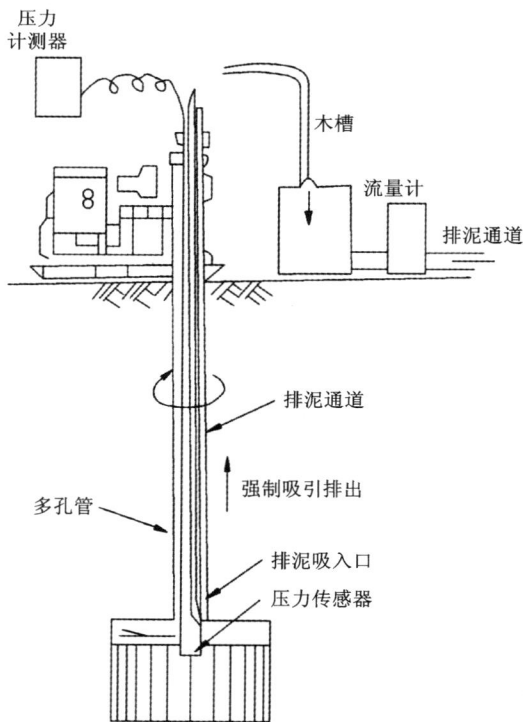

图 6-25 MJS 工法工艺原理图

（1）工艺特点

①排浆方式不同。MJS 工法具有强制吸浆装置，强制排走施工过程中产生的废浆，可以通过吸浆管选择较好的排浆场所，对周边环境污染少。而传统的高压喷射注浆产生的废浆是利用气升效果，通过注浆管与原状土的环状空隙排出地表自流，受排浆场所限制，不利于环境保护。

②对周边环境影响小。MJS 工法钻头前端安装有压力传感器装置，排浆量可以根据孔内压力进行调节。而传统高压喷射注浆法没有配备压力传感装置，也无法调节孔内压力，会因为挤土效应对周边产生相对较大的影响。

③成桩直径大、质量好。MJS 工法采用约 40 MPa 的超高压喷射，注浆流量为 90～130 L/min，提升速度为 2.5～4 cm/min，一般可形成直径为 2.5 m 左右的加固桩体。由于是直接采用超高压水泥浆液喷射成桩的，再加上稳定的同轴高压空气的保护和对地内压力的调整，使得成桩质量较好。

④加固深度大。根据厂方资料，MJS 工法最大有效加固深度可达 100 m，在上海地区试验，约 50 m 深度处开挖外露桩径可达 2.5 m。

⑤可在净高 3.5 m 以上隧道内、室内及相对狭小的空间施工，适应性强。

⑥可以全方位进行高压喷射注浆施工。MJS 工法可以进行水平、倾斜、垂直各方向、5°～360°的施工。

（2）施工方法

①作业基础（承台）设置。若施工作业是在竖井内进行，则应该在竖井挖基结束后铺设 H 型钢及钢管等形成作用基础，以便形成支持反力；若专用钻机备有专用作业承台，则应该在施工前清理出专用钻机承台可以安放的位置，然后安放承台，进而设置专用钻机。

②水平钻孔基口管的设置。设置水平钻孔基口管时，用气割法切断挡土墙的 H 型钢板桩，确认专用钻机的坡度后，安装坑口保护设施。

③专用钻机的安装。用水准仪测量确认套杆的坡度，由安装在专用钻机后方的经纬仪测量施工测点与基准线对比，由对比结果设置专用钻机。

④钻孔。使用外径分别为 ϕ165 mm（外杆）和 ϕ118 mm（内杆）的双重管钻杆（节长 1.5 m）钻孔。另外，在钻尖处插入接有信号灯的靶点，由安装在钻机后方的经纬仪测量靶点的位置，以此确认钻孔精度。

⑤引拔内杆。钻孔到预定深度后，在专用机上分段引拔内杆。

⑥插入多孔杆。逐节续接 ϕ130 mm 的多孔杆（节长 1.5 m），使喷嘴到达预定位置。

⑦加固施工。插入多孔杆后，以预定的引拔速度和转数，同时引拔外杆和多孔内杆，同时喷射浆液进行加固注入。

⑧注后探测。注入结束后，应根据注入目的正确地选用探测方法，确认注入效果。

4. 三轴搅拌桩法

三轴搅拌桩法采用长螺旋桩机，同时有三个螺旋钻孔，施工时三条螺旋钻孔同时向下施工，是软基处理的一种有效形式，利用搅拌桩机将水泥喷入土体并充分搅拌，使水泥与土发生一系列物理化学反应，使软土硬结而提高地基强度。三轴搅拌桩加固主要采用跳槽法和顺作法进行桩位施工，如图 6-26 所示，其中跳槽法一般用于地基加固。

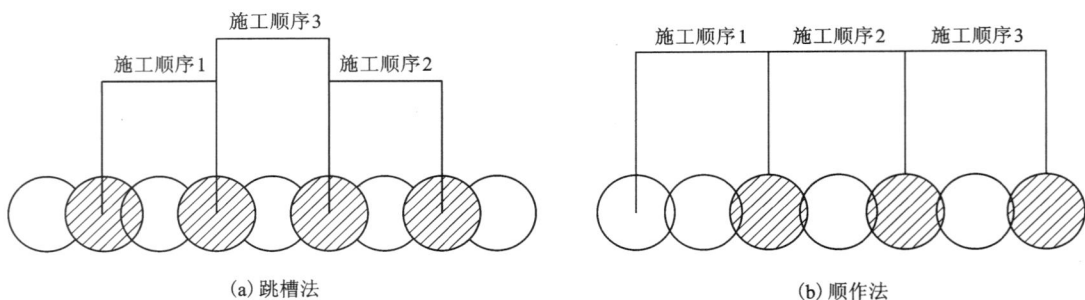

图 6-26　三轴搅拌桩施工顺序示意图

（1）工艺特点

三轴搅拌桩的优点有：三轴搅拌桩与其他支护形式的桩相比，施工速度快，每幅成桩时间为 30~40 min（24 h 可完成 60 m 左右）；成桩后止水效果显著；机械自动化控制，操作程序简单；人工投入少，施工成本低；三轴搅拌桩由于沟槽开挖完成后即可进行施工，现场不需要泥浆池，施工现场安全文明有保障。插入型钢后三轴搅拌桩既起到止水又起到支护作用；同时型钢可以回收利用。

其缺点有：三轴搅拌机械及附属设施安装时间需要 10 d 左右，而此机械及附属设施需要工作场地较大，所需水泥储存量大，同时用电量大，一台 500 kW 的变压器只能供应一台三轴搅拌机的运转。三轴搅拌桩的施工也需对地质情况进行考虑，适用于处理淤泥、淤泥质土、泥炭土和粉土土质。

（2）施工方法

三轴搅拌桩施工前应进行不小于两根的成桩工艺性试验，以确定三轴搅拌桩机喷浆量、钻进速度、提升速度、搅拌次数等参数。总体施工工艺流程如图 6-27 所示。

（3）确保加固强度和均匀性的控制措施

①压浆阶段不允许出现断浆现象，输浆管道不能发生堵塞。②严格按照设计要求，控制喷浆和搅拌提升速度，误差不得大于 10 cm/min。③控制重复搅拌时的下沉和提升速度，以保证加固范围内每一深度均得到充分搅拌。④预搅拌时，软土应完全予以切碎，以利用水泥浆均匀搅拌。⑤水泥浆要严格按照设计的配比配置，预先筛除水泥中的结块，为使水泥浆不发生离析，可在灰浆拌和机中不断搅动待压浆前再倒入集料斗中。⑥水泥必须有质保单和 28 d 补报单，并进行水泥试验。

5. 冻结法

冻结法是指采用人工方法暂时冻结地层，将预加固范围内土体中的水冻结为冰，并与土体胶结在一起，形成一个密闭的冻结体，从而固化富水软弱地基，修建具有完全挡水性能的冻土及有高强度的隔水墙或承重墙的工法[11-13]。冻结法适应性强，隔水性好，支护结构灵活，适用于：①含水量大于 10% 的土层和岩层。②地下水含盐量小于 3%。③地下水流速小于 40 m/d，当流速过大时，可考虑预先采取其他隔水方案来降低地下水流速。在盾构的始发及接收工程中，特别是当盾构断面大、埋深大、水压高时，适宜采用冻结法达到盾构端头井的土体改良目的。冻结法是专业化程度的辅助施工工法，读者可参考专著《地层冻结法》[14]。

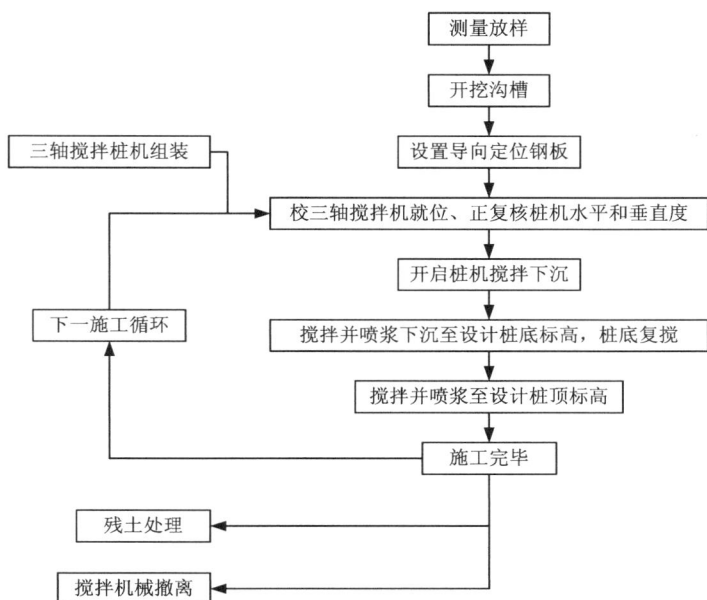

图 6-27　三轴搅拌桩施工工艺流程图

（1）按照冷却地层的方式分类

①直接冻结法。这是一种低温液化气方法。从工厂将低温液化气（液氮-193℃）直接运到工地，输入预先埋设在地层中的冻结管内，液氮在冻结管中汽化而使冻结管周围地层的土壤冻结，气化后的氮气放入大气中。插入土体内的液氮冻结管如图 6-28 所示。

液氮冻结温度极低、速度快、时间短。一般适用于暂时性的小规模工程施工，常用于地下的危急工程。

②间接冻结法。通常采用盐水冻结法，盐水冻结系统图 6-29 所示。盐水冻结法是利用氨压缩调节制冷，并通过盐水媒介热传导原理

图 6-28　冻结法现场示意图

进行冻结。一般是在工地现场设置冷冻设备，冷却不冻液（一般为盐水）至-30～-20℃，然后盐水进入冻结管内使地层土体冻结，温度升高后的盐水回流到冷却机再冷却。这样盐水就可以循环交换使用，冻结管周围地层的冻土圆柱体直径不断扩展增大，并与相邻冻土圆柱体相交，在工程施工范围内形成完整的屏蔽，成为具有一定厚度和强度且能防渗的挡土墙和拱形体。

盐水冻结一般适用于规模较大的冻结工程。

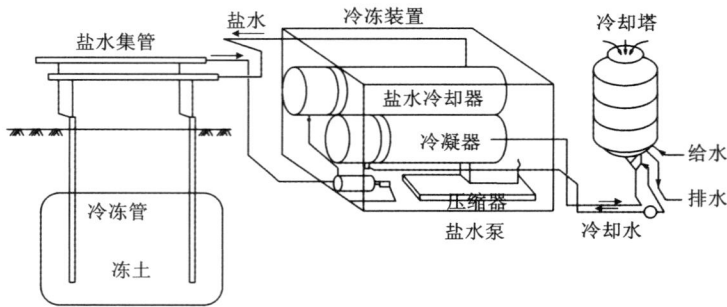

图 6-29　盐水方式冻结系统示意图

（2）按照冷却位置的方式分类

①水平冻结采用水平圆筒体冻结加固方式，即在盾构进出洞的工作井内，在洞口的周围布置一定数量的水平冻结孔，经冻结后，在洞内形成封闭的冻土帷幕，起到盾构破壁时抵御水土压力、防止土层塌落、地表沉降和泥水涌入工作井内的作用。一般水平冻结设置深度为 5~10 m，冻结孔布置圈位比洞口直径大 1.6~2 m，采用水平钻孔机施工。

②垂直冻结是采用板状冻结加固理论设计的，对盾构进出洞口上部的土体布置一定数量的垂直冻结孔，经冻结后，在洞门处形成板状冻土帷幕来抵御盾构进出洞破壁时的水土压力，防止土层塌落和泥水涌入工作井内。垂直冻结分为全深冻结和局部冻结，全深冻结是对所需要的冻结深度全部冻结，而局部冻结是一种只对盾构穿透的土层范围进行局部冻结加固，其他土体不进行加固的局部加固方法。

（3）冻结法施工特点

①利用热传导原理，适用于从黏土层到砂砾层地基。

②被冻结的土砂相当坚固，且具有较高的防水性能。

③对基地和地下水没有污染。

④易于冻结管理和预测冻结范围。

（4）盐水冻结法工艺流程

盐水冻结法工艺流程如图 6-30 所示。

（5）采用冻结法时的注意事项

①在布置冻结管时，应适当设置测温管和水位观测孔，用以测定地层中的温度变化，确切掌握地层中土体冻结发展状况，如冻土厚度、冻土圆柱体之间的交圈情况等。

②在冷冻施工过程中必须防治因冻结管折损而引起的盐水泄露。

③在地下水丰富而且透水性大的砂层或砂砾层中，应注意流动的地下水对冻土发展的影响，必要时应根据实际情况采取化学注浆或设置板状等技术措施，以降低地下水的流动速度，使冻土易形成交圈。

④随着冷冻温度的降低，冻土强度随之增大。但是，当土体中含水率较小时（10%以下），冻土强度不会增大。

⑤冻结时的冻土膨胀和隆起以及解冻时的地基下沉很难避免。因此，有必要根据实际需要采取相应措施予以解决。

```
┌─────────────┐
│  施工准备   │
└──────┬──────┘
       │
   ┌───┴────────────────┐
   ▼                    ▼
┌─────────┐      ┌──────────────┐
│ 冻结孔钻进│      │ 施工机房、基础 │
└────┬────┘      └──────┬───────┘
     ▼                  ▼
┌─────────┐      ┌──────────────┐
│ 冻结器安装│      │  冻结站安装   │
└────┬────┘      └──────┬───────┘
     └─────────┬────────┘
               ▼
     ┌───────────────────┐
     │  盐水系统安装、保温  │
     └─────────┬─────────┘
               ▼
     ┌───────────────────────┐
     │ 充R₂₂、CaCl₂、试运转    │◄──────┐
     └─────────┬─────────────┘       │
               ▼                     │
         ┌──────────┐                │
   ┌────►│ 积极冻结  │◄───┐          │
   │     └────┬─────┘    │          │
┌──┴───┐      ▼          │    ┌──────┴──┐
│设备保养│   ┌──────┐     │    │  监测   │
└──┬───┘   │ 探孔  │◄────┤    └─────────┘
   │       └──┬───┘     │
   │          ▼         │
   └────►┌──────────┐◄──┘
         │ 维护冻结  │
         └────┬─────┘
              ▼
        ┌──────────┐
        │ 封孔、注浆 │
        └────┬─────┘
             ▼
        ┌─────────┐
        │  撤场   │
        └─────────┘
```

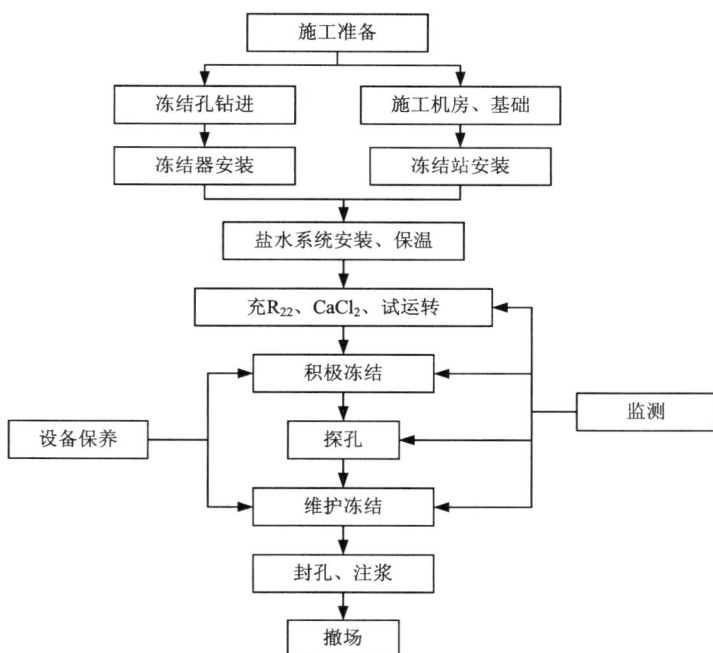

图 6-30　盐水冻结法工艺流程

6. 临时墙切削工法

近年来，盾构刀具直接切削井壁的进井、出井的新技术被推出，这一新技术的关键是必须在保证正常井壁功能及不损伤刀具寿命的前提下，竖井井壁上的盾构进、出部位可以直接被切削[13]。代表性的工法为 NOMST 工法和 SPSSS 工法。

（1）NOMST（novel material shield-cuttable tunnel-wall system）工法

NOMST 是指使用一种新材料混凝土，以碳纤维、芳族聚酰胺等的纤维增强树脂代替钢筋，以石灰石为粗骨料，用易于切削的高强度混凝土修建挡土墙的工法，此种材料修建的挡土墙结构可用盾构刀具边切削边进洞或者出洞。

（2）SPSS（super packing safety system）工法

SPSS 工法是指在入口密封件中使用尼龙纤维加强的环形橡胶管（超级密封件），待盾构切入后在管内注浆或充气使之鼓起，以该压力来防止地下水及泥浆流入竖井内的工法，在此种工法下，盾构可用刀具边切削边实现推进。

此类工法具有以下特征：①需要的注浆量少。②不需要拆除临时墙，不释放开挖面土体的应力，取消了临时墙的危险作业，可确保安全性。③工期较短。然而，需注意的是：①因为掘进时的开挖面管理压力变大，所以要确保入口密封件的止水性。②需采取防止磨损刀具的措施。③当在盾构外周处有同步壁后注浆装置等突起物时，必须考虑突起部分的切削方法，确保入口密封件与突起部分的止水性。

6.2.2 端头加固验算

考虑盾构机必须能顺利切割加固土体，加固土体强度不能过高，但为了能控制地表沉降，控制端头水土流失，加固土体应具有一定的强度[15]。对于加固土体需要达到的强度，目前有以下计算方法。

1.强度验算法

将加固土体视为厚度为 t 的周边自由支撑的弹性圆板，如图 6-31 所示，在外侧水土压力作用下，按弹性力学原理求解，可得土体的最大抗拉强度 σ_{max} 和最大抗剪强度 T_{max} 验算公式如下[16]：

$$\sigma_{max}=\frac{P \cdot D^2}{4t^2}\times\frac{3}{8}(3+\mu)\leqslant\frac{\delta_t}{k_1} \tag{6-8}$$

$$\tau_{max}=\frac{P \cdot D}{4t}\leqslant\frac{\tau_c}{k_2} \tag{6-9}$$

式中：P——作用于开洞中心处的侧向水土压力；

D——工作井洞门半径；

t——加固土体厚度；

δ_t——加固土体的极限抗拉强度，一般可取极限抗压强度的 10%；

μ——加固后土体的泊松比，一般取 0.2；

k_1、k_2——安全系数，一般取 1.5；

τ_c——加固后土体的抗剪强度，一般可取极限抗压强度的 1/6。

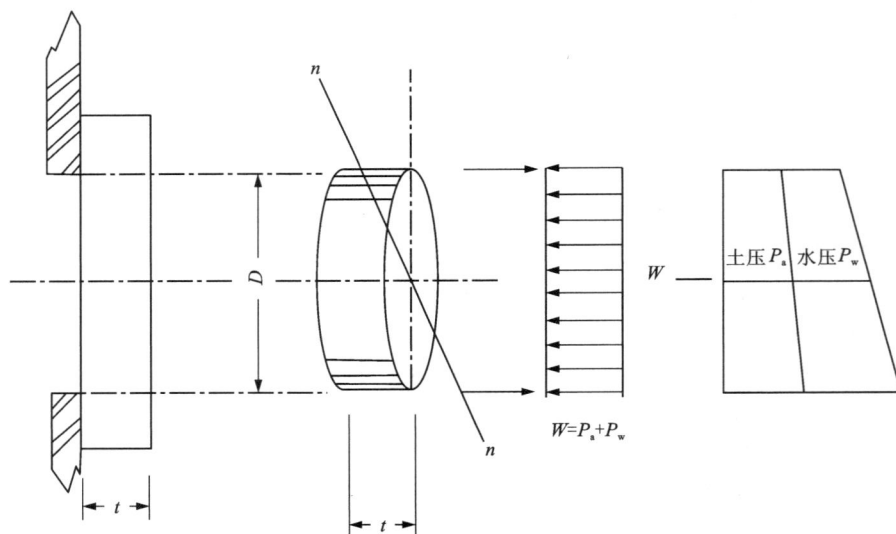

图 6-31 强度验算示意图

2.改进的强度验算法

已有的理论模型将端头加固土体受到的水土侧压力(梯形荷载)简化为均布荷载，虽然能近似求得盾构始发与到达端地层加固强度与纵向加固范围之间的相互关系,但是荷载简化模型无法反映端头加固土体的实际受力情况。

鉴于此,为了反映端头加固土体的真实受力状况、加固土体的强度特征和破坏模式,罗富荣等[17]、江玉生等[18]分析和总结了传统荷载简化模型的优缺点后,在弹性允许范围内,建立了端头加固土体的等效力学模型。将侧向梯形荷载等效为均布荷载和三角形反对称荷载的叠加,即将非对称问题等效为一个对称问题和一个反对称问题的叠加。

计算模型以图 6-32 所示,在求解过程中首先分别对均布荷载和三角形反对称荷载作用下加固土体内力进行求解,然后通过内力叠加求出梯形荷载作用下端头加固土体的挠度和内力,具体如下式:

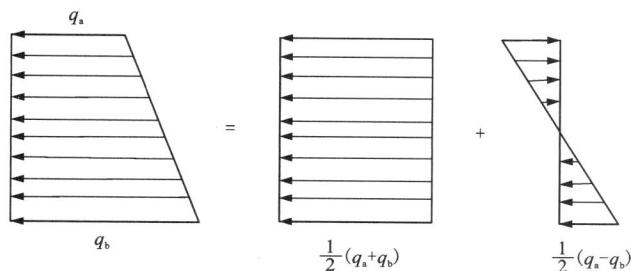

图 6-32 梯形荷载等效力学模型示意图

$$\begin{cases} \omega_{梯形} = \omega + \omega' \\ M_{\rho梯形} = M_\rho + M'_\rho \\ M_{\varphi梯形} = M_\varphi + M'_\varphi \end{cases} \quad (6-10)$$

代入式(6-10),可得:

$$\begin{cases} \omega_{梯形} = \dfrac{q_0 D^3}{1024}\left(1 - \dfrac{4\rho^2}{D^2}\right)\left(\dfrac{5+\mu}{1+\mu} - \dfrac{4\rho^2}{D^2}\right) + \dfrac{q_1 D^2}{1536}\left(1 - \dfrac{4\rho^2}{D^2}\right)\left(\dfrac{7+\mu}{3+\mu} - \dfrac{4\rho^2}{D^2}\right)\rho\cos\varphi \\ M_{\rho梯形} = \dfrac{(3+\mu)q_0 D^2}{64}\left(1 - \dfrac{4\rho^2}{D^2}\right) + \dfrac{q_1 D}{96}(5+\mu)\left(1 - \dfrac{4\rho^2}{D^2}\right)\rho\cos\varphi \\ M_{\varphi梯形} = \dfrac{q_0 D^2}{64}\left[(3+\mu) - (1+3\mu)\dfrac{4\rho^2}{D^2}\right] + \dfrac{q_1 D}{96}\left[\dfrac{(5+\mu)(1+3\mu)}{3+\mu} - (1+5\mu)\dfrac{4\rho^2}{D^2}\right]\rho\cos\varphi \end{cases} \quad (6-11)$$

根据叠加后加固土体的内力表达式(6-11)的特点,利用强度理论可以求得最大拉应力和最大剪应力。具体求解过程如下所述。

(1)最大剪应力

根据圆形薄板的几何条件和剪应力的作用特征可知,在 $\varphi=0$,$\rho=D/2$ 处,加固土体受到的剪应力最大。由弹性力学基本知识可得,最大剪力为:

$$(Q_{\rho梯形})_{max} = -D_{抗弯刚度}\left(\frac{\partial}{\partial\rho}\nabla^2\omega_{梯形}\right)_{\rho=\frac{D}{2}}$$

$$= -\left(\frac{q_0 D}{4} + \frac{3q_1 D^2}{32} - \frac{q_1 D}{24}\frac{5+\mu}{3+\mu}\right)$$

$$= -\left[\frac{(q_{a}+q_{b})D}{8} + \frac{3(q_{b}-q_{a})D^{2}}{64} - \frac{(q_{b}-q_{a})D}{48}\frac{5+\mu}{3+\mu}\right] \tag{6-12}$$

根据最大剪力的计算公式，可以求得相应的最大剪应力为：

$$(\tau_{\rho梯形})_{max} = -\left(\frac{q_{0}D}{4t} + \frac{3q_{1}D^{2}}{32t} - \frac{q_{1}D}{24t}\frac{5+\mu}{3+\mu}\right)$$

$$= -\left[\frac{(q_{a}+q_{b})D}{8t} + \frac{3(q_{b}-q_{a})D^{2}}{64t} - \frac{(q_{b}-q_{a})D}{48t}\frac{5+\mu}{3+\mu}\right] \tag{6-13}$$

$$(\tau_{\rho梯形})_{max} \leqslant \frac{\tau_{c}}{k_{1}} \tag{6-14}$$

（2）最大拉应力

根据拉应力的作用特征，令 $\begin{cases} \dfrac{\partial M_{\rho梯形}}{\partial \rho} = 0 \\ \dfrac{\partial M_{\rho梯形}}{\partial \varphi} = 0 \end{cases}$，将式（6-11）中的第二个表达式代入求解，可得：

在 $\varphi = 0$，$\rho_{1} = (-B_{1} + \sqrt{B_{1}^{2} - 4A_{1}C_{1}}/2A_{1}\sqrt{a^{2}+b^{2}})$ 处，加固土体的最大径向弯矩为：

$$(M_{\rho梯形})_{max} = \frac{D}{96}\left(1 - \frac{4\rho_{1}^{2}}{D^{2}}\right)\left[\frac{3(3+\mu)(q_{a}+q_{b})D}{4} + \frac{(q_{a}-q_{b})(5+\mu)\rho_{1}}{2}\right] \tag{6-15}$$

则端头土体受到的最大径向弯曲应力为：

$$(\sigma_{\rho梯形})_{max} = \frac{D}{32t^{2}}\left(1 - \frac{4\rho_{1}^{2}}{D^{2}}\right)\left[\frac{3(3+\mu)(q_{a}+q_{b})D}{2} + \rho_{1}(q_{b}-q_{a})(5+\mu)\right] \tag{6-16}$$

$$(\sigma_{\rho梯形})_{max} \leqslant \frac{\delta_{t}}{k_{2}} \tag{6-17}$$

式中：$A_{1} = 3(5+\mu)(q_{b}-q_{a})/D$，$B_{1} = 3(3+\mu)(q_{a}+q_{b})$，$C_{1} = -D(5+\mu)(q_{b}-q_{a})/4$。

同理可得，令 $\begin{cases} \dfrac{\partial M_{\varphi梯形}}{\partial \rho} = 0 \\ \dfrac{\partial M_{\varphi梯形}}{\partial \varphi} = 0 \end{cases}$，在 $\varphi = 0$，$\rho_{2} = (-B_{2} + \sqrt{B_{2}^{2} - 4A_{2}C_{2}})/2A_{2}$ 处，端头加固土体的最

大环向弯矩为：

$$(M_{\varphi梯形})_{max} = \frac{q_{0}D^{2}}{64}\left[(3+\mu) - (1+3\mu)\frac{4\rho_{2}^{2}}{D^{2}}\right] + \frac{q_{1}\rho_{2}D}{96}\left[\frac{(5+\mu)(1+3\mu)}{3+\mu} - (1+5\mu)\frac{4\rho_{2}^{2}}{D^{2}}\right] \tag{6-18}$$

则端头土体受到的最大环向弯曲应力为：

$$(\sigma_{\varphi梯形})_{max} = \frac{3(q_{a}+q_{b})D^{2}}{64t^{2}}\left[(3+\mu) - (1+3\mu)\frac{4\rho_{2}^{2}}{D^{2}}\right] + \frac{(q_{b}-q_{a})\rho_{2}D}{32t^{2}}\left[\frac{(5+\mu)(1+3\mu)}{3+\mu} - (1+5\mu)\frac{4\rho_{2}^{2}}{D^{2}}\right] \tag{6-19}$$

$$(\sigma_{\varphi梯形})_{max} \leqslant \frac{\delta_{t}}{k_{3}} \tag{6-20}$$

式中：$A_{2} = (1+5\mu)(q_{b}-q_{a})/(16D)$；

$\qquad B_{2} = (1+3\mu)(q_{a}+q_{b})/16$；

$C_2 = -(5+\mu)(1+3\mu)(q_a-q_b)D/[192(3+\mu)]$。

D——工作井洞门半径；

t——加固土体厚度；

δ_t——加固土体的极限抗拉强度，一般可取起极限抗压强度的 10%；

k_1、k_2、k_3——安全系数，一般取 1.5；

τ_c——加固后土体的抗剪强度，一般可取极限抗压强度 1/6；

q_a、q_b——作用于开洞处顶部、底部的侧向水土压力；

μ——加固后土体的泊松比，一般取 0.2。

江玉生等[18]通过对比分析两种强度计算模型，得到隧道埋深不变，两种模型条件下加固土体受到的最大剪应力和最大拉应力随着盾构直径的增加而增加，当盾构直径小于 10 m 时，两种模型的计算结果较为接近。

改进后的梯形荷载等效力学模型能更好地反映端头加固土体的真实受力状态，但计算过程较为复杂，故其在实际工程中没有得到很好的应用。

3. 整体稳定验算法

假定加固土体滑动面是以洞门最外侧 O 点为圆心，洞门直径 D 为半径的圆弧滑动面，如图 6-33 所示，通过验算可得下面结果：

加固土体在上部土体、地面堆载（P）等作用下，会沿着某滑动面向洞内整体滑动，假定滑动面是以端墙开洞外顶点 O 为圆心，开洞直径 D 为半径的圆弧面。

引起下滑的力矩为：

$$M = M_1 + M_2 + M_3 \qquad (6-21)$$

抵抗土体滑动的力矩为：

$$\overline{M} = \overline{M_1} + \overline{M_2} + \overline{M_3} = C_u hD + C_u D^2\left(\frac{\pi}{2}-\theta\right) + C_{ut}\theta D^2 \qquad (6-22)$$

抵抗土体整体失稳的安全系数为：

$$k_3 = \frac{\overline{M}}{M} \qquad (6-23)$$

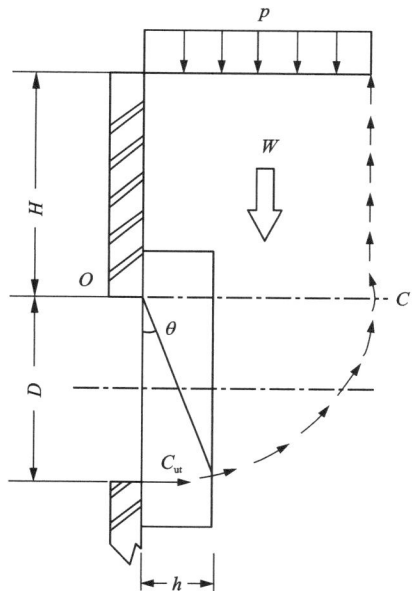

图 6-33 整体稳定验算示意图

式中：M_1——地面堆载 P 引起的下滑力矩，$M_1 = PD^2/2$；

M_2——上覆土体自重 W 上引起的下滑力矩，$M_2 = WD/2$；

M_3——滑移圆弧线内土体下滑力矩，$M_3 = \gamma_1 D^3/3$，此处的 γ_1 为加固后土体的重度；

C_u——加固前土体的黏结力；

C_{ut}——加固后土体的黏结力；

h——加固土体厚度；

k_3——抗滑移安全系数，应大于 1.5。

整体稳定性验算法只适用于黏性土，对砂性土并不适用，砂土经过加固后是按照黏性土还是砂性土考虑，仍没有定论。

4. 砂性土稳定性模型

砂性土体的力学模型不同于黏性土体，砂性土体无内聚力。长久以来，世界各国的专家和学者在研究砂性土坡的破坏模式时，对砂性土坡的滑动进行了室内及室外模型试验研究[19, 20]。研究结果表明，砂性土坡的破坏过程表现出突发性，其滑裂面从坡顶至坡脚形成一条近似直线形的滑裂面[21, 22]；太沙基松动土压力原理以及离心试验表明，盾构隧道分界面上方砂性土体的破坏面是竖直滑动面，分界面下方土体则不再是圆弧面，而是通过坡脚的斜直面。据此建立砂性土体端头的破坏模型，如图 6-34 所示。

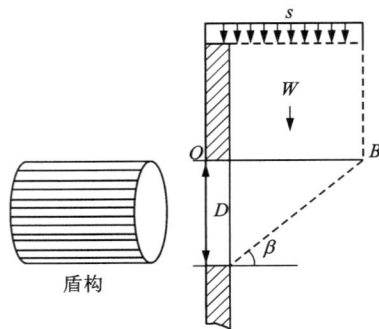

图 6-34 砂性土稳定性验算示意图

砂性土体没有黏聚力，在上覆土体自重力的作用下，竖直土坡发生滑移破坏。假设破裂面与水平方向的夹角为 β，则滑动力为：

$$T_1 = W \times \sin \beta \tag{6-24}$$

式中：W——滑移线上覆土体自重；

β——土体滑移破坏角。

抗滑力为：

$$T_2 = W \times \cos \beta \times \sin \varphi \tag{6-25}$$

假设砂性土体的破坏滑移面为斜直面，当竖直土坡处于极限平衡状态时，潜在的破坏滑移面上滑动力与抗滑力处于静力平衡状态：

$$T_1 = T_2 \tag{6-26}$$

将式（6-24）和式（6-25）分别代入式（6-26）的两边，得到静力平衡方程：

$$W \times \sin \beta = W \times \cos \beta \times \sin \varphi \tag{6-27}$$

根据静力平衡公式定义砂性土体的稳定安全系数 F_s 为：

$$F_s = \frac{\tan \varphi}{\tan \beta} \tag{6-28}$$

当 $F_s = 1$ 时，$\beta = \varphi$，这个值等于砂土在松散状态时的内摩擦角，则砂性土体端头纵向滑移范围为：

$$OB = \frac{D}{\tan \varphi} \tag{6-29}$$

式中：D——隧道洞门直径；

φ——砂性土的内摩擦角。

在实际工程中，砂性土体通常是经过压密后的无黏性土，内摩擦角往往比松散的砂土大，稳定坡脚也随之增大，因此适当地减小端头土体的加固范围也可以达到土体稳定性的要求，即按照上述方法求得的纵向加固范围相对较保守。但是由式(6-29)可知，砂土地层纵向加固范围只受直径 D 的影响，忽略埋深对纵向加固范围的影响，因此砂性土的计算模型与实际情况存在一定的误差。

对于不受地下水影响或者受地下水影响较小的土层(黏土、粉质黏土层等)，可直接根据强度验算和稳定性验算的计算结果和工程经验取值；对于稳定性较差且受地下水影响较大的地层(如砂层、砂卵石层等)，除考虑强度验算和稳定性验算的计算结果外，还要考虑水土沿盾壳与土体间的间隙流入始发井的情况。当盾构始发端地层稳定性较差且受地下水影响较大时(特别是有承压水影响存在时)，端头加固长度应该取盾构主机长度+(2~3)环管片长度。若端头加固长度大于盾构主机长度，如图 6-35(a)所示，盾尾进入洞门圈并开始注浆后，盾构刀盘尚未脱离加固区，这样盾构刀盘出了加固区以后，由于同步注浆浆液的密封止水作用，不会有水土沿盾壳与土体间的间隙流入始发井；若端头加固长度小于盾构主机长度，如图 6-35(b)所示，当盾尾尚未进入洞门密封圈，同步注浆无法实施时，盾构刀盘已经脱离加固区，此时无法采取同步注浆，加固区前方的水土(特别是砂层或粉土层)可能沿着盾壳与土层之间的间隙进入始发井，造成水土流失，引起大的地表沉降。

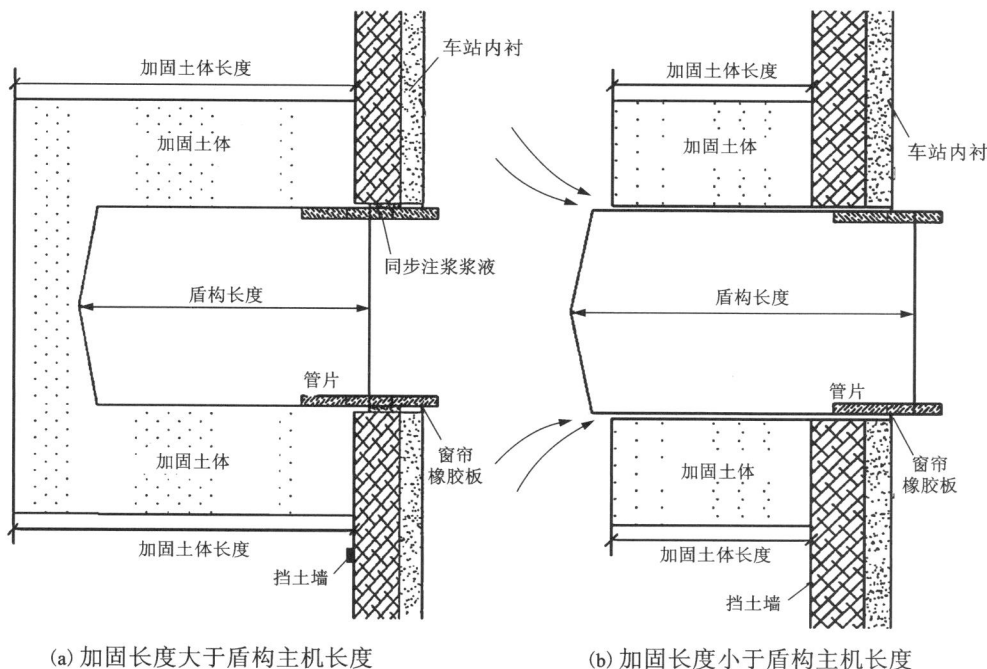

(a)加固长度大于盾构主机长度　　(b)加固长度小于盾构主机长度

图 6-35　盾构始发端土层加固示意图[23]

6.2.3 端头加固范围

盾构始发端土层加固范围应该根据始发端头的地层情况、盾构主机长度、端头土体强度以及整体稳定性验算结果来综合确定。

1. 纵向土体加固范围的确定

（1）弹性薄板强度理论

按弹性力学中薄板小挠度弯曲问题求解可知[16]，在均布荷载的作用下，加固土体中心板面处的弯曲应力最大，薄板周边支座处中面位置剪应力最大。以图 6-31 为计算模型。

满足抗拉要求的端头土体的纵向加固范围为：

$$t_1 \geqslant \sqrt{\frac{3(3+\mu)k_1 PD^2}{32\sigma_t}} \qquad (6-30)$$

满足抗剪要求的端头土体的纵向加固范围为：

$$t_2 = \frac{k_2 PD}{4\tau_c} \qquad (6-31)$$

因此，根据静力学理论强度准则，端头土体加固后应同时满足抗拉和抗剪强度的要求，所以端头土体的纵向加固范围为：

$$t = \max\left\{ \sqrt{\frac{3(3+\mu)k_1 PD^2}{32\sigma_t}}, \ \frac{k_2 PD}{4\tau_c} \right\} \qquad (6-32)$$

式中：t——加固土体的厚度。

（2）改进的强度理论

以图 6-32 为计算模型，端头土体强度的验算，可以按如下方式计算确定纵向土体的加固范围[17, 18]。

①最大剪应力理论。

根据最大剪应力理论，当 $\begin{cases} \varphi = 0 \\ \rho = D/2 \end{cases}$ 时，有：

$$\begin{cases} \tau_{\max} = \dfrac{\beta_1}{t_1} \leqslant \dfrac{\tau_c}{k_1} \\ \beta_1 = -\left[\dfrac{(q_a+q_b)D}{8} + \dfrac{3(q_b-q_a)D^2}{64} - \dfrac{(q_b-q_a)D}{48}\dfrac{5+\mu}{3+\mu} \right] \end{cases} \qquad (6-33)$$

则满足最大剪应力理论要求的纵向加固范围为：

$$t_1 \geqslant \frac{\beta_1 k_1}{\tau_c} \qquad (6-34)$$

②最大拉应力理论。

根据最大拉应力理论，当 $\begin{cases} \varphi = 0 \\ \rho = (-B_1 + \sqrt{B_1^2 - 4A_1 C_1})/2A_1 \end{cases}$ 时，最大径向拉应力为：

$$\begin{cases} \sigma_{\rho\max} = \dfrac{\beta_2}{16t_2^2} \leqslant \dfrac{\sigma_t}{k_2} \\ \beta_2 = 2\left(1 - \dfrac{4\rho^2}{D^2}\right)\left[\dfrac{3(3+\mu)(q_a+q_b)D^2}{4} + \dfrac{(q_a-q_b)(5+\mu)D\rho}{2}\right] \end{cases} \tag{6-35}$$

则满足最大拉应力理论要求的纵向加固范围为：

$$t_2 \geqslant \sqrt{\dfrac{\beta_2 k_2}{16\sigma_t}} \tag{6-36}$$

式中：$A_1 = 3(5+\mu)(q_b - q_a)/D$；

$\quad\quad B_1 = 3(3+\mu)(q_a + q_b)$；

$\quad\quad C_1 = -D(5+\mu)(q_b - q_a)/4$。

同理，当 $\begin{cases} \varphi = 0 \\ \rho = (-B_2 + \sqrt{B_2^2 - 4A_2C_2})/2A_2 \end{cases}$ 时，最大环向拉应力为：

$$\begin{cases} \sigma_{\varphi\max} = \dfrac{\beta_3}{16t_3^2} \leqslant \dfrac{\sigma_t}{k_3} \\ \beta_3 = \dfrac{3(q_a+q_b)D^2}{4}\left[(3+\mu) - (1+3\mu)\dfrac{4\rho^2}{D^2}\right] + \dfrac{(q_b-q_a)\rho D}{2}\left[\dfrac{(5+\mu)(1+3\mu)}{3+\mu} - (1+5\mu)\dfrac{4\rho^2}{D^2}\right] \end{cases} \tag{6-37}$$

$$t_3 \geqslant \sqrt{\dfrac{\beta_3 k_3}{16\sigma_t}} \tag{6-38}$$

式中：$A_2 = (1+5\mu)(q_b - q_a)/(16D)$；

$\quad\quad B_2 = (1+3\mu)(q_a + q_b)/16$；

$\quad\quad C_2 = -(5+\mu)(1+3\mu)(q_b - q_a)D/[192(3+\mu)]$；

$\quad\quad \beta_1$、β_2、β_3、k_1、k_2、k_3 均为计算系数。

综上，在盾构始发与到达过程中，为了保证端头加固土体在水土侧压力作用不被破坏，端头土体加固后应该同时满足拉应力理论和剪应力理论的要求，即端头土体加固后要同时满足抗拉强度与抗剪强度的要求，求得端头土体纵向加固范围与加固强度之间的关系式为：

$$t = \max\left\{\dfrac{\beta_1 k_1}{\tau_c}, \sqrt{\dfrac{\beta_2 k_2}{16\sigma_t}}, \sqrt{\dfrac{\beta_3 k_3}{16\sigma_t}}\right\} \tag{6-39}$$

（3）黏性土滑移失稳模型

以图 6-33 为计算模型，黏性土端头土体整体稳定性的验算，可以按如下方式计算确定纵向土体的加固范围[23]。

$$\theta = \dfrac{K_3(M_1 + M_2 + M_3) - M_d}{C_{ut} \times D^2} \tag{6-40}$$

$$t = D \times \sin\theta \tag{6-41}$$

式中：t——加固土体的厚度。

（4）砂性土端头滑动模型

罗富荣等[17]、江玉生等[18]提出了基于稳定性理论的砂性土端头滑动模型。以图 6-34 为计算模型，砂性土端头土体整体稳定性的验算，可以按如下方式计算确定纵向土体的加固范围。

当 $F_s = 1$ 时, $\beta = \varphi$, 端头土体滑移范围为:

$$OB = \frac{D}{\tan \beta} = \frac{D}{\tan \varphi} \qquad (6-42)$$

则根据抗滑要求, 砂土的纵向加固范围为:

$$t \geq OB = \frac{D}{\tan \beta} = \frac{D}{\tan \varphi} \qquad (6-43)$$

2. 横向土体加固范围的确定

(1) 土体上下侧加固范围

盾构隧道开挖, 打破了土体之间的三向应力平衡状态, 隧道开挖对围岩产生了扰动, 在洞壁周围产生应力集中, 当最大剪应力超过土体的抗剪强度时, 隧道周围土体产生破坏, 破坏区由洞壁周围逐渐向土体深部扩散, 形成一个塑性松动圈, 如图 6-36(a) 所示。塑性松动圈的出现使圈内一定范围内的应力因释放而明显降低, 而最大应力集中由原来的洞壁移至塑性圈与弹性圈交界处[18, 24, 25]。因此为了确定盾构始发与到达过程中端头横向土体的稳定, 必须提前对端头横向土体进行加固。土体横向加固示意图如图 6-36(b) 所示。

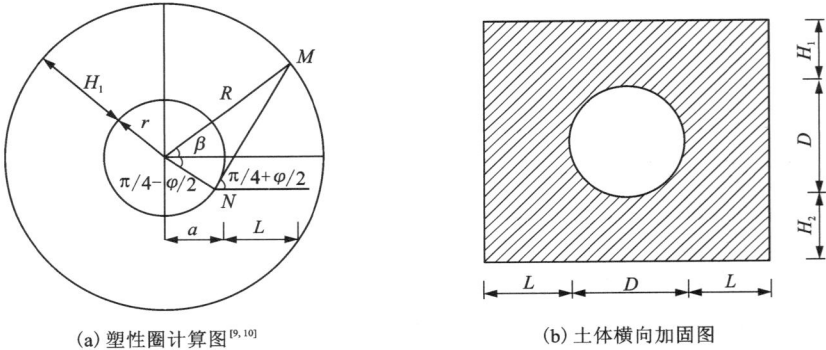

(a) 塑性圈计算图[9, 10]   (b) 土体横向加固图

图 6-36 塑性区和土体横向加固宽度图

弹性力学平衡微分方程在极坐标下可表示为:

$$\begin{cases} \dfrac{\partial \sigma_r}{\partial y} + \dfrac{1}{r} \dfrac{\partial \tau_{r\theta}}{\partial \theta} + \dfrac{\sigma_r - \sigma_\theta}{r} = 0 \\ \dfrac{1}{r} \dfrac{\partial \sigma_\theta}{\partial \theta} + \dfrac{\partial \tau_{r\theta}}{\partial r} + \dfrac{2\tau_{r\theta}}{r} = 0 \end{cases} \quad (\text{不计体力}) \qquad (6-44)$$

如图 6-36 所示, 假设盾构隧道上部土体的加固厚度为 H_1, 则在均质、各向同性的土体中开挖一直径为 D 的水平圆形洞室, 开挖后形成的塑性松动圈半径为 r, 土体中的原始应力为 σ_m, 松动圈内土体强度服从莫尔-库仑破坏理论, 根据塑性圈应力平衡(轴对称问题)和土体破坏条件可列平衡方程:

$$\sin \varphi = \frac{\sigma_\theta - \sigma_r}{\sigma_\theta + \sigma_r + 2c \cdot \cot \varphi} \qquad (6-45)$$

式中: c——土体的黏聚力;

φ——土体的内摩擦角。

隧道的横向扰动可以等效为轴对称问题，因此有忽略体积力的平衡微分方程：

$$\frac{\partial \sigma_r}{\partial r}+\frac{\sigma_r-\sigma_\theta}{r}=0 \tag{6-46}$$

为了方便计算，将式(6-45)进行变换，得：

$$\sigma_\theta-\sigma_r=(\sigma_\theta+\sigma_r)\cdot\sin\varphi+2c\cdot\cot\varphi\cdot\sin\varphi \tag{6-47}$$

即

$$\frac{\sigma_\theta+c\cdot\cot\varphi}{\sigma_r+c\cdot\cot\varphi}=\frac{1+\sin\varphi}{1-\sin\varphi} \tag{6-48}$$

变换式(6-46)，得：

$$\sigma_\theta=\frac{r\partial\sigma_r}{\partial r}+\sigma_r \tag{6-49}$$

将式(6-49)代入(6-48)中，得：

$$\frac{\frac{r\partial\sigma_r}{\partial r}+\sigma_r+c\times\cot\varphi}{\sigma_r+c\times\cot\varphi}=\frac{1+\sin\varphi}{1-\sin\varphi} \tag{6-50}$$

简化上式，可得：

$$\ln(\sigma_r+c\times\cot\varphi)=\frac{2\sin\varphi}{1-\sin\varphi}\ln r+A \tag{6-51}$$

将边界条件 $\begin{cases}r=D/2\\\sigma_r=0\end{cases}$ 代入式(6-51)，求得：

$$A=\ln(c\times\cot\varphi)-\frac{2\sin\varphi}{1-\sin\varphi}(\ln D-\ln 2) \tag{6-52}$$

将式(6-52)代入(6-51)，可得：

$$\ln(\sigma_r+c\times\cot\varphi)=\frac{2\sin\varphi}{1-\sin\varphi}\ln r+\ln(c\times\cot\varphi)-\frac{2\sin\varphi}{1-\sin\varphi}(\ln D-\ln 2) \tag{6-53}$$

将松动圈边界应力 σ_m 代入，可求得松动圈的半径，即 $\sigma_r=\sigma_m$ 时，得

$$R=\left(\frac{D}{2}\right)\times^{\frac{2\sin\varphi}{1-\sin\varphi}}\sqrt{\frac{\sigma_m}{c\times\cot\varphi}+1} \tag{6-54}$$

则盾构隧道上部加固土体厚度应该为：

$$H_1=H=k\left(R-\frac{D}{2}\right) \tag{6-55}$$

式中：k——加固安全系数，通常取盾构隧道下部土体的加固厚度 $H_2=H_1$。

（2）土体左右侧加固范围

如图 6-36 所示，假设盾构隧道左右两侧土体需要加固的宽度为 L，根据朗肯土压力理论，剪切破坏面与最大主应力方向的夹角为 $45°-\varphi/2$，即与最大主应力作用面的夹角为 $45°+\varphi/2$；再根据塑性松动圈主应力的分布特点，如图 6-36(a)所示，三角形 OMN 为直角三角形，因此可以求出角 β 为：

$$\beta = \arccos\left(\frac{D}{D+2H_1}\right) - \left(\frac{\pi}{4} - \frac{\varphi}{2}\right) \tag{6-56}$$

则由图 6-36(b) 上的几何条件可知,盾构隧道两侧的加固范围为:

$$L = \left(\frac{D}{2} + H_1\right) \times \cos\beta - \frac{D}{2} \tag{6-57}$$

盾构到达端土层加固范围应根据到达端的地层情况和盾构主机长度来综合确定。对于不受地下水影响或者受地下水影响较小的地层(黏土、粉质黏土层等),可根据工程经验和盾构施工方案的不同而灵活取值;对于稳定性较差且受地下水影响较大的地层(如砂层、砂卵石层等),除考虑经验取值外,还要考虑水土沿盾壳与土体间隙涌入接收井的情况。当地层稳定性较差且受地下水影响较大时(特别是存在承压水时),如图 6-37(a) 所示,盾构到达端加固长度应该取盾构主机长度+(2~3)环管片长度,这样当盾构刀盘顶到挡土墙(桩)时,已经进行了 2~3 环的同步注浆,初步凝固的浆液可以将盾壳和加固土体之间的空隙堵住,封堵水砂涌入,确保到达施工的安全。若端头加固长度小于盾构主机长度,如图 6-37(b) 所示,由于盾构开挖直径大于盾壳直径,地下水土(特别是有水砂层或粉土层)很可能沿着盾壳与加固土体的空隙流入接收井,造成地表沉陷、隧道下沉、管片损坏,更严重的可能引起整个隧道的结构失稳。

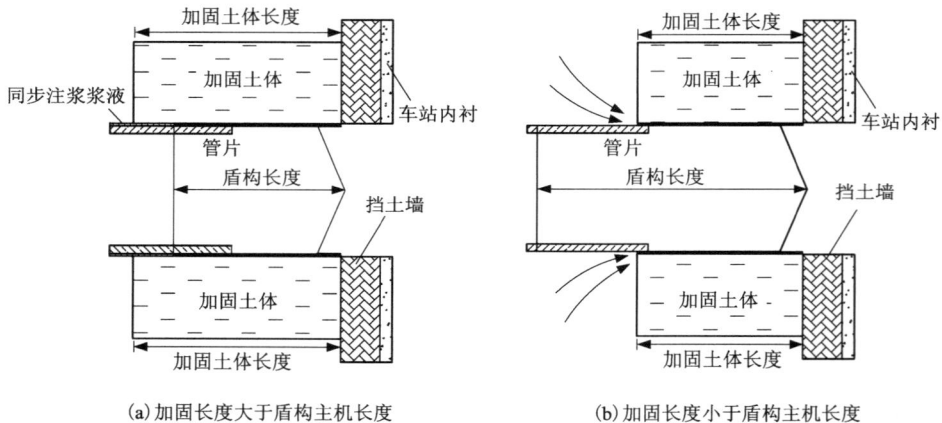

(a)加固长度大于盾构主机长度　　　　　(b)加固长度小于盾构主机长度

图 6-37　盾构接收端土层加固示意图[23]

6.2.4　加固土体效果检查

端头土体加固效果检验是避免工程事故发生的重要手段,加固体的检测方法多种多样,如标准贯入试验、静力触探、旋转触探、弹性波检测、电探、化学分析等,但端头加固的主要检测手段如下所述。

①竖向抽芯检测。目测判断加固体强度是否满足设计要求,是否连续(抽芯率);试验判断加固体强度、抗渗性能。在砂层中,特别注意加固体连续性是否良好,抽芯率要达到 90% 以上。抽芯位置一般选取在桩间咬合部位。(桩体垂直度的控制)抽芯数量按规范选取,且每个端头应不少于 1 根。

②水平抽芯检测。沿洞门四周加固体范围内打数个水平探孔,观察渗水情况。探孔数量不少于 6 个,在中间和四周均布探孔。

③挖孔桩检测。在粉细砂地层,加固后效果可以采用挖孔桩代替竖向抽芯进行检测。

④冻结法测温检测。确定冷却速度、厚度等参数。

6.2.5 端头加固验算案例

某盾构区间隧道端头地层较差,自上至下为〈1-2〉素填土、〈2-2〉淤泥质粉细砂、〈2-4〉淤泥质粉细砂等地层,其中洞身地带加固深度至〈2-4〉淤泥质粉细砂,洞身顶部至地面距离 $H = 9.3$ m,地层参数如表 6-3 所示,端头土体加固范围示意图如图 6-38 所示。

表 6-3 地层参数表

地层代号	重度 /(kN·m^{-3})	厚度 /m	侧压力系数
〈1-2〉	18.8	2	0.51
〈2-2〉	19.6	5.5	0.57
〈2-4〉	19.7	12	0.44

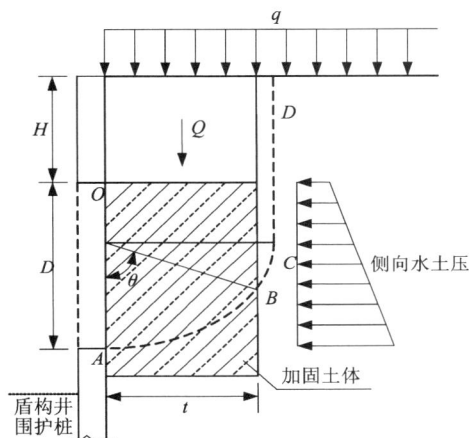

图 6-38 端头土体加固范围示意图

根据盾构机尺寸,为确保盾构始发接收安全,此盾构始发端头土体的纵向加固长度 t 初步取为 6 m(从盾构井外侧沿隧道方向)。地面堆载 q 为 70 kN/m,上覆土体高度 H 为 9.3 m,洞门中心处埋深 12.3 m。土体加固前的黏聚力取为 12 kPa;土体加固后的重度取为 20 kN/m³,黏聚力取为 150 kPa,土体加固后的极限抗压强度 q_u 不小于 1.0 MPa,泊松比取为 0.2。

1. 强度验算

$D = 6$ m,$t = 6$ m,$\mu = 0.2$,$K_1 = K_2 = 1.5$,$\sigma_t = \dfrac{q_u}{10} = 0.1$ MPa $= 100$ kPa,$\tau_c = \dfrac{q_u}{6} = 0.1667$ MPa $= 166.7$ kPa。

(1)洞门中心处的侧向水土压力 P

$$P = \sum_{i=1}^{3} K_0(q + \gamma_i h_i) = 0.44 \times (70 + 18.8 \times 2 + 19.4 \times 5.3 + 19.0 \times 5) = 134.38 \text{ kPa}.$$

(2)最大拉应力验算 σ_{max}

$$\sigma_{max} = \frac{P \times D^2}{4t^2} \times \frac{3}{8}(3 + \mu) = \frac{134.38 \times 6^2}{4 \times 6^2} \times \frac{3}{8}(3 + 0.2) = 41.57 \text{ kPa} \leqslant \frac{\delta_t}{k_1} = \frac{100}{1.5} = 66.7 \text{ kPa}.$$

(3)最大剪应力验算 τ_{max}

$$\tau_{max} = \frac{P \times D}{4t} = \frac{134.38 \times 6}{4 \times 6} = 33.60 \text{ kPa} \leqslant \frac{\tau_c}{k_2} = \frac{166.7}{1.5} = 111.13 \text{ kPa}$$，故端头加固土体的强度满足要求。

2. 稳定性验算

$q = 70 \text{ kN/m}$，$\gamma = 20 \text{ kN/m}^3$，$H = 9.3 \text{ m}$，$\theta = \arcsin \frac{t}{D} = \arcsin \frac{6}{6} = \frac{\pi}{2}$，$C_u = 12 \text{ kPa}$，$C_{ut} = 150 \text{ kPa}$。

$$W = \sum_{i}^{n} \gamma_i h_i \times D = (18.8 \times 2 + 19.4 \times 5.3 + 19.0 \times 2) \times 6 = 1070.52 \text{ kN}$$。

（1）土体滑动力矩

$$M = M_1 + M_2 + M_3 = \frac{pD^2}{2} + \frac{WD}{2} + \frac{\gamma D^3}{3} = \frac{70 \times 6^2}{2} + \frac{1070.52 \times 6}{2} + \frac{20 \times 6^3}{3} = 5911.56 \text{ kN/m}$$。

（2）土体抗滑力矩

$$\overline{M} = \overline{M}_1 + \overline{M}_2 + \overline{M}_3 = C_u hD + C_u D^2 \left(\frac{\pi}{2} - \theta \right) + C_{ut} \theta D^2 = 12 \times 9.3 \times 6 + 150 \times 6^2 \times 0 + 150 \times \frac{\pi}{2} \times 6^2$$
$$= 9147.6 \text{ kN/m}$$。

（3）抗滑移安全系数

$$k_3 = \frac{\overline{M}}{M} = \frac{9147.6}{5911.56} = 1.547 > 1.5$$，故端头加固土体的稳定性满足要求。

以上结果表明，端头加固土体的强度和稳定性满足要求。

6.3 盾构始发装置及技术控制

6.3.1 盾构始发装置

盾构始发装置包括始发托架、洞门密封垫圈、反力架、负环管片等，下面对其功能和构成做简单介绍。

1. 始发托架

在始发托架上组装盾构机和支承组装好的盾构机，并且可使盾构机处于理想的预定始发位置（高度和方向），确保盾构机的始发掘进稳定。因此，对其做出以下要求：①托架的结构合理，可以确保组装作业的施工性。②构件刚度好、强度高、不易损坏，可承受几百吨重的盾构机。③与竖井底板固定要牢靠、晃动变位小，确保盾构机位置稳定、推进轴线始终与设计轴线重合。

始发托架安装的重点是控制托架的安装精度和结构强度。盾构机置于始发托架上以后，不仅要保证盾构轴线与设计轴线吻合，还要考虑到盾构始发后轴线的变化与盾构机进入加固圈后的姿态控制。为保证始发托架的结构强度，始发托架就位后需进行加固支撑，以确保其强度和刚度。钢制始发托架的安装位置按照测量放样的基线吊入井下就位，始发托架底部与竖井底板预埋钢板焊接牢固。

盾构始发托架有如下三种形式：

①钢筋混凝土托架。这种托架通常为多块钢筋混凝土构造的组合体，有现浇式和拼接式两种，其优点是结构稳定、抗压性能好。

②钢结构托架。钢结构始发托架有现场拼接式和平底整体安装式两种，如图 6-39 所示，其优点是加工周期短、适应性强，是目前普遍采用的始发托架形式。

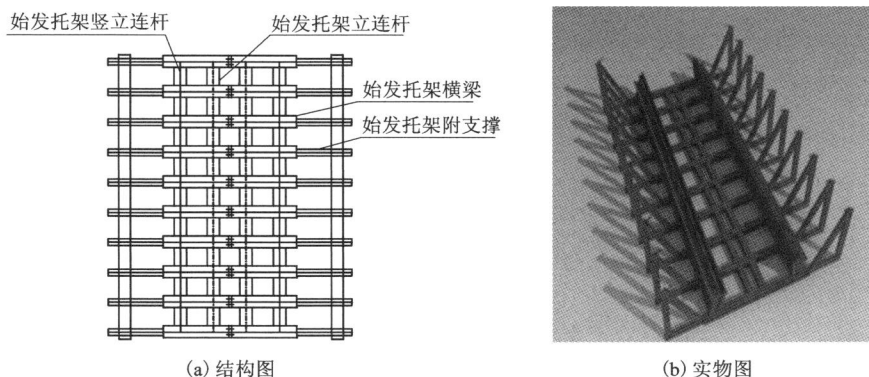

图 6-39　钢结构盾构始发托架

③钢筋混凝土与钢结构组合托架。这种组合聚集了上述①和②两种托架的优点，使用较多。通常，始发托架用工字钢和钢轨等材料装配制作，如图 6-40 所示，由管片运进和排土空间等条件确定其形状。反力设备应具有足够的强度，且保证盾构推进时基本无变形。

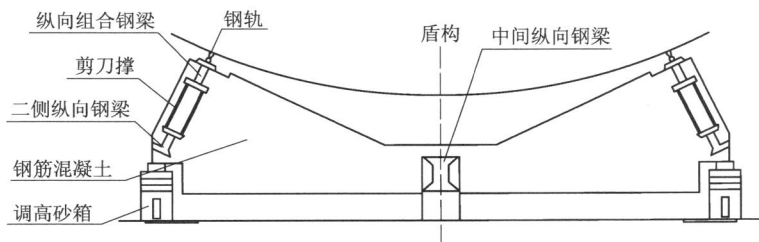

图 6-40　组合式盾构始发托架

2. 洞门密封垫圈

为了防止盾构始发时泥土、地下水从盾壳和洞门的间隙处流失，以及洞门后管片壁后注浆浆液通过盾尾流失，在盾构始发前需安装洞门密封垫圈。特别是泥水平衡盾构始发后，必须保持泥水压力。为了不使临时密封装置发生破损和反转，必须周密地考虑盾构机始发口的净空和垫圈的质材、形状及尺寸。

洞门预埋环是为满足盾构机始发临时封堵洞门要求的环状钢板。环向每隔一定角度预埋一个螺栓。为了环板能够牢固地嵌入竖井主体结构内，环板背面与盾构始发井主体结构钢筋连接牢固，并且每根预埋螺栓必须与竖井主体结构钢筋连接牢固。

盾构始发井衬砌绑扎钢筋至洞门位置时，将已分块制作好的环状钢板精确定位后焊接在端墙钢筋上，再立设端墙和洞门模板，浇筑混凝土。在施作过程中应保证：钢板位置的纵向偏差不得大于 5 mm，环板必须牢固地嵌入混凝土且单面紧靠模板，灌注混凝土时不得松动而影响使用。洞门钢环的总体结构是一个圆环形，靠近洞门处向外翻呈 L 形。

为保证洞门预埋钢环的圆度，应做到：①环状钢板加工完成后，内部必须采用型钢定形，定形型钢在钢板环预埋完成后再去掉。②在预埋浇筑混凝土时，预埋钢环内部必须支撑牢固，以免钢环变形。③为防止混凝土浇筑时模板变形，在上部模板焊接支撑，顶部支撑在端墙结构上。

3. 反力架

以隧道洞门为基准，通常洞内为正环，洞外为负环。在始发时，盾构机推进油缸顶不到任何物体，也就提供不了反作用力，因此需要反力架来提供盾构前进的反力。

盾构始发环境主要有竖井始发、车站始发和暗挖隧道始发三种情况。盾构始发时，需要安装一个为盾构机提供反作用力的反力架，反力架好比盾构机的"后背"，它的作用是在盾构始发期间为盾构机提供一个强大的支撑反力，有了它盾构始发时才能更稳定、更安全地向前掘进[26, 27]。

反力架通常采用钢结构设计，而反力架的固定则根据设计和施工环境的差异采取不同的方式，但相同点是必须保证反力架安装的稳定、牢固，充分保证在强大的盾构推力下不发生变形与位移。反力架通常是由门式框架和若干支撑杆组成的左右对称结构，其设计是否合理直接关系着盾构始发施工的成功和安全进行。

（1）设计原则

始发反力架设计应遵守以下原则[28]：

①在保证盾构始发安全的前提下，反力架在始发掘进反力支撑作用下，应满足结构强度和刚度要求，使反力架整体变形最小。

②反力架与盾构机之间不能产生空隙，且确保反力架与盾构轴线的垂直关系，反力架在布设时必须和始发架布设的轴线相吻合。

③充分结合工程盾构始发井的具体结构特点，利用连续墙和底板作为反力架支撑受力点，选择合理的节点连接方式使反力架支撑力充分作用于地连墙和底板。

④应避免反力架设计外形尺寸与盾构机各部件和隧道洞口空间发生干涉，反力架结构设计应尽量使加工制造方便、用料节省、便于运输。

⑤反力架的最佳受力状态是尽量使截面在各个方向上的惯性矩相等，因此采用圆环形截面做支撑结构是理想选择。

（2）反力架形式及组成

在盾构始发时，反力架的支撑位置一般有三种：采用直撑直接作用于后方的端墙；采用斜撑作用于底板；两种并存的支撑方式。

①主梁部分。一套满足多次使用次数的反力框架由于结构和几个部分的设计是不同的，如果要让反力架能够满足不同截面的断面，就必须将反力架的主梁划分成竖向、横向以及八字形，其中竖向主梁通常使用是两槽型钢焊接加工，横向以及八字形主梁通常使用的厚钢板焊接而成。

②支撑部分。反力架支撑部分一头焊接于主梁，另一头焊接在预埋件上。依据断面的结构形式可以使用斜支撑，如果主梁后面就是墙体的话，就可以将钢管直接固定在墙体之上，或者两种方式并存，具体的支撑方式还需要结合实际情况而定，但是不管采用何种方式，都

能够有很大的适用范围。

③预埋件部分。预埋件具有固定反力架支承钢管的用途,它根据先前计算出的支承钢管根部受力度的大小,从而来进行预埋筋和预埋钢板的设置。

④钢环部分。钢环使用的是封闭结构,先是上下部位用盖板,然后焊接成箱形,由于要满足安装方便、运输的要求,需要用钢板加固,因为钢环是一个箱形结构,所以需要在每个预留孔的位置用混凝土结构管片螺栓进行加强。钢环是反力支撑工作面,保证平整度的钢环工作面小于 5 mm,并在加工过程中严格控制。

(3)反力架安装

根据负环数量及 0 环位置反算出反力架的位置,测量人员提前放出隧道中线位置和高程、反力架前端和后端的里程,严格控制反力架的中线、高程、垂直度和安装精度。反力架安装示意图如图 6-41 所示,现场已安装就位的反力架如图 6-42 所示。

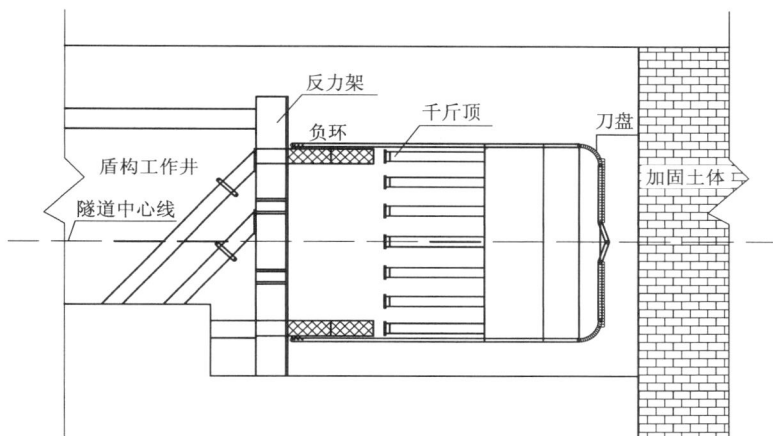

图 6-41 反力架安装示意图

图 6-42 盾构始发反力架

根据反力架的宽度和斜撑的角度在车站此段施工时按照测量放样的基线在盾构始发位置设置预埋钢板,钢板与下部拉筋采用锚焊连接。

4. 负环管片

负环管片也称临时管片,盾构始发时在反力架和盾构千斤顶之间安装环状管片,以给盾构机向前掘进的作用力。在拼装负环前必须完成反力架、支撑加固,使其可以提供盾构始发推进时需要的反力。

始发负环管片采用满环始发,根据盾构井及洞门长度要求,确定所需要的负环数量。负环管片全部采用标准环,采取错缝拼装,完成了7环负环管片的拼装如图6-43所示,盾构始发方向示意图如图6-44所示。

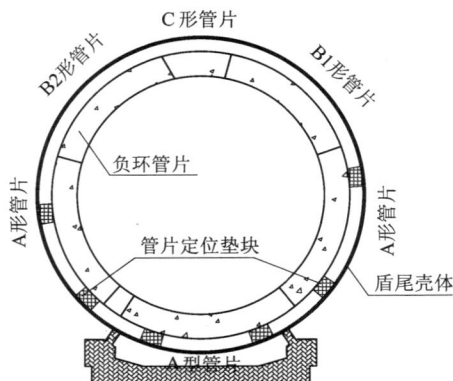

图6-43 负环管片拼装示意图

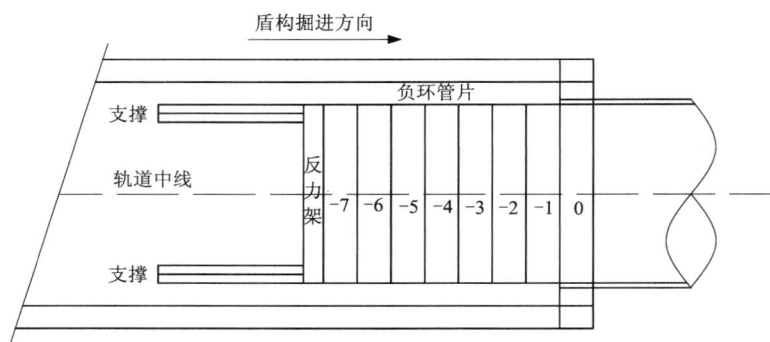

图6-44 盾构始发方向示意图

负环管片只粘贴丁腈软木橡胶板(纵缝)和软木衬垫(环缝),不粘贴止水条和自黏性橡胶薄片,负环连接螺栓也不需要加遇水膨胀橡胶圈,从0环开始必修正常使用防水材料。

①在盾尾壳体内安装管片支撑垫块,为管片在盾尾内的定位做好准备。

②从下到上安装第一环管片,要注意管片的转动角度一定要符合设计,换算位置误差不能超过10 mm。

③安装拱部的管片时,由于管片支撑力不足,一定要及时加固。

④第一环负环管片拼装完成后，用推进油缸把管片推出盾尾，并施加一定的推力把管片压紧在反力架上的负环钢管片上，用螺栓固定后即可开始下一环管片的安装。

⑤管片推出盾尾时，要及时支撑加固，防止管片下沉或者失圆。同时要考虑到盾构推进时可能产生的偏心力。

⑥当刀盘到达掌子面时，推进油缸已经可以产生足够的推力稳定管片，就可以把管片定位块取掉。

⑦负环管片环纵缝要贴传力衬垫，0 环开始粘贴弹性密封垫，与洞门密封相对应的管片纵缝应采用自黏性橡胶将纵缝封堵，避免纵缝漏浆。

6.3.2　始发掘进控制

1. 始发准备作业

（1）吊装场地及机械设备准备

为了顺利吊装盾构机及其配套设备，吊装场地及机械设备需满足以下要求：①施工现场的吊装用地面应较为平坦及宽阔，方便吊车停放及配套设备的组装。②场地周边的起重机旋转范围不应有电线杆、架设物等设施。③起重吊车摆放位置的地面必须坚硬且承载力较大，即必须大于起重吊车自重和最大被吊物的重量总和的 1.2 倍，因此，地面要采用钢筋混凝土进行硬化，并铺设 10000 mm×20 mm 承压钢板，使履带受力均匀，增加地面承载力[29]。④机械设备主要包括吊车、吊具、吊耳及其他辅助设备等，吊装额定荷载必须提前进行强度验算。

采用泥水平衡盾构机时，需配备泥水处理设备、泥水输送设备、背后注浆设备、器材搬运设备等。采用土压平衡盾构机时，需配备出土设备、背后注浆设备、器材搬运设备等。

（2）支撑地基强度验算

支撑地基强度验算应选用最重的单件物品起重设备的自重和在空中各种因素影响阻力的总和进行计算，对起重设备摆放的位置进行校验。经计算后起重机摆放位置的地基支承重量应大于吊车与盾构机最重单件重量总和。如果地基支承重量小于吊车与盾构机最重单件重量之和时，则应对地基采用加固措施（如搅拌桩、旋喷桩和其他加固方法），并且地面加铺300 mm 钢筋混凝土及铺设 20 mm 厚钢板等措施，保证吊车履带下的地基承受压力大于吊车与盾构机最重单件重量总和。

（3）辅助设施安装

①一般在盾构机下井前，龙门吊安装应完成，便可以投入使用。

②始发架下井直接摆放在始发隧道洞口，并进行组装，始发架与井下地面的预埋件电焊固定连接，要保证盾构下井上架后的中心线与隧道洞门中心一致，避免盾构始发时超出设计要求。

③安装盾构始发轨道、电力线路、照明用具、消防设施、防汛设施等。

④清除地面井口及井下始发架上和周边的障碍物体，保证吊装工作的场地和空间的需求。

在进行起重设备的安装调试后，待盾构始发井的始发基座精准定位后及后配套拖车处的钢轨铺设完成后，方可进行盾构机下井组装工作。

盾构始发基座（也称为始发托架）分前后两段放在井下始发台上，两段轨面必须在同一水平面上,符合盾构始发定位的要求,前后两段轨架需要固定在底板上。

为保证盾构始发时的正确姿态,必须对盾构始发基座的吊装过程进行精确测量,经测量定位后与底板预埋钢板焊接牢固,防止盾构向前推进时产生位移。

测量定位要求:

①始发基座轴线安装测量。始发基座的轴线在下吊前必须进行标记。当基座吊入始发井后,先对照始发井底部测量的轴线及两侧端墙上的中心标记,采用投点辅以钢丝投点的方法对基座进行初步的安放,然后在始发井的圈梁上的轴线点同时架设经纬仪进行精确测量,使基座的轴线标记点和设计轴线点位于同一竖平面内。确保始发基座的轴线标志点的误差在3 mm 以下。

②始发基座高程安装测量。在始发基座轴线位置安装完成后进行高程测量,其方法为:采用水准仪将所需要的高程放样于两侧端墙上,并做上明显标记;放样的高程点要有足够的密度,均匀分布于端墙两侧,高程标记完成后需进行复核,保证两个标记点之间的高程差不超过 2 mm,与绝对高程之差不超过 1 mm。

在完成始发基座的安装后,需进行全面的复核,确保安装准确。

2.盾构机组装

由于盾构机体积庞大,通常把刀盘、前盾、中盾和尾盾多块设计制造,分块分批运至施工现场,进行组装焊接。盾构机和后配套吊装及安装次序:履带吊机就位→始发托架下井→后配套拖车下井→设备桥(连接桥)下井→螺旋输送机下井→中盾下井→前盾下井并与中盾组装→刀盘下井及安装→主机前移→管片拼装机下井及安装拼装机导轨→盾尾下井及安装→安装螺旋输送机→设备桥架→后配套与主机连接→始发反力架下井及安装。盾构组装前,需制订详细的组装方案和计划,本着"先后后前,先下后上,先机械后液压、电气"的总体原则。

(1)始发托架下井

始发托架的具体安装见前述始发准备作业部分,始发托架下井示意图如图 6-45 所示。

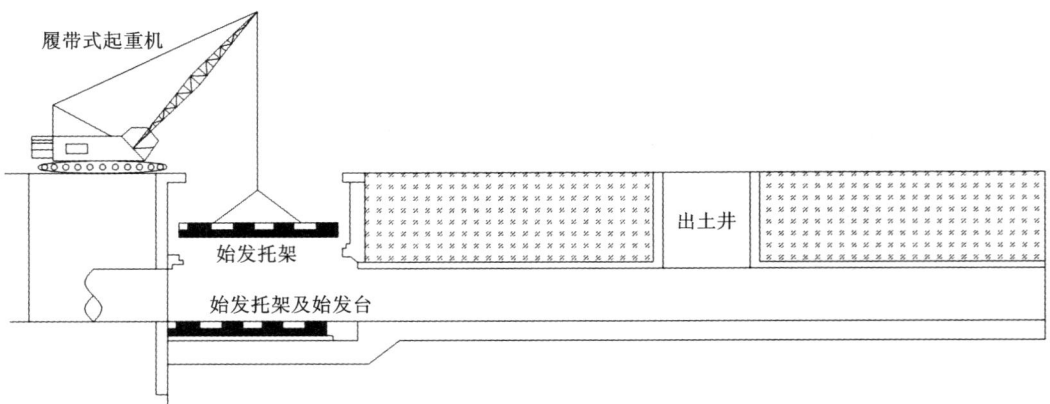

图6-45 始发托架下井

(2)后配套拖车下井及组装

起吊时,选用拆机时的固定吊点。在地面先安装好拖车与车轮,并按 6 号→1 号(一般为

6 节)拖车的顺序下井到井下路轨上。拖车下井后,组装拖车内的设备及其相应管线,由蓄电池牵引车牵引至指定区域。拖车之间用连接杆连接在一起,如图 6-46 所示(4 节拖车)。

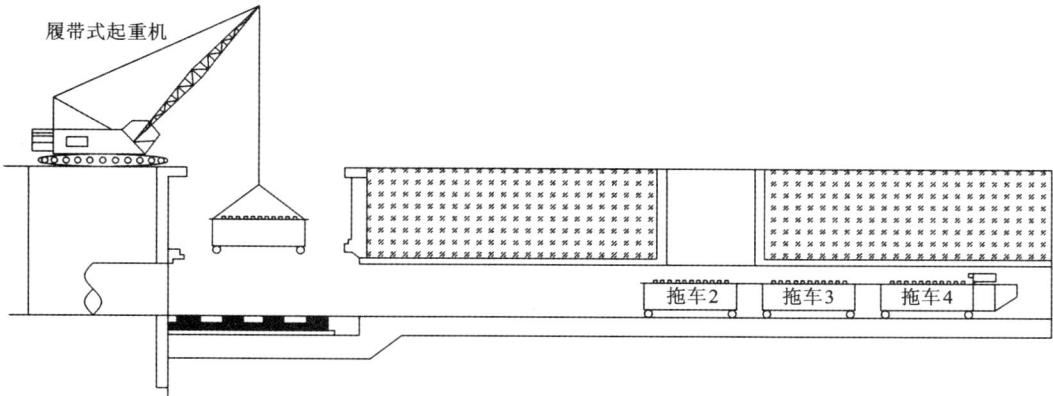

图 6-46　后配套拖车下井

(3)设备桥(连接桥)下井

设备桥长度较长,下井时须由汽车式起重机与履带式起重机配合着倾斜下井。下井后其一端与 1 号拖车由销子连接,另一端支撑在现场施焊的钢结构上,然后将上端的起重机缓缓放下后移走吊具。用电机车将 1 号拖车与设备桥向后拖动,将设备桥移出盾构组竖井,1 号拖车与 2 号拖车连接,如图 6-47 所示。

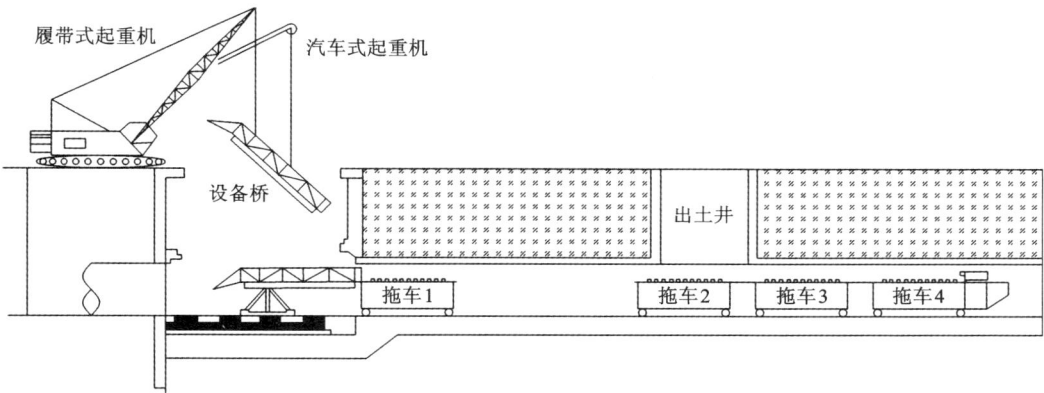

图 6-47　设备桥下井

(4)螺旋输送机下井

由于螺旋输送机较长,下井时需由汽车式起重机与履带式起重机配合着倾斜下井。在盾体下井前,需提前将螺旋输送机下井,然后临时放在平板车上,后推离井口,保证不影响盾构主体下井组装,如图 6-48 所示。

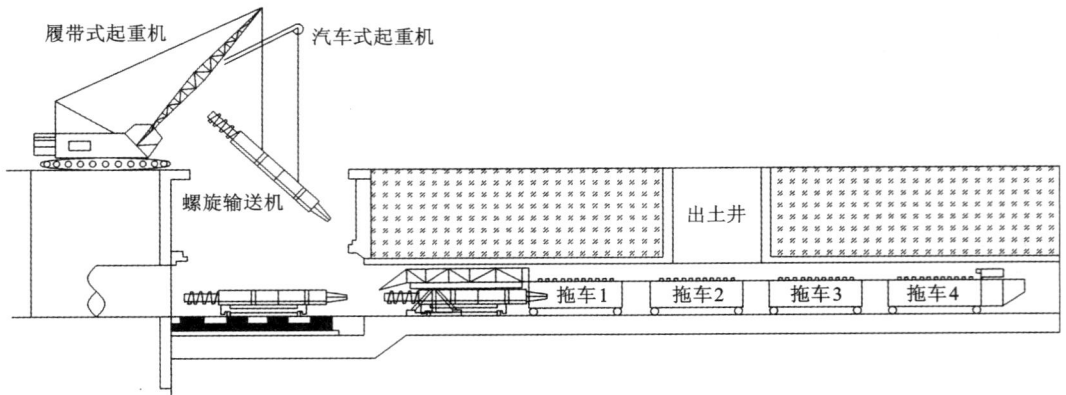

图 6-48　螺旋输送机下井

（5）中盾下井

中盾在下井前将两根软绳系在其两侧，向下吊运时，由工人缓慢拖着，防止中盾扭动，吊机缓慢下吊，使中盾自然下垂，由平放翻转至立放状态送到始发托架上，如图 6-49 所示。

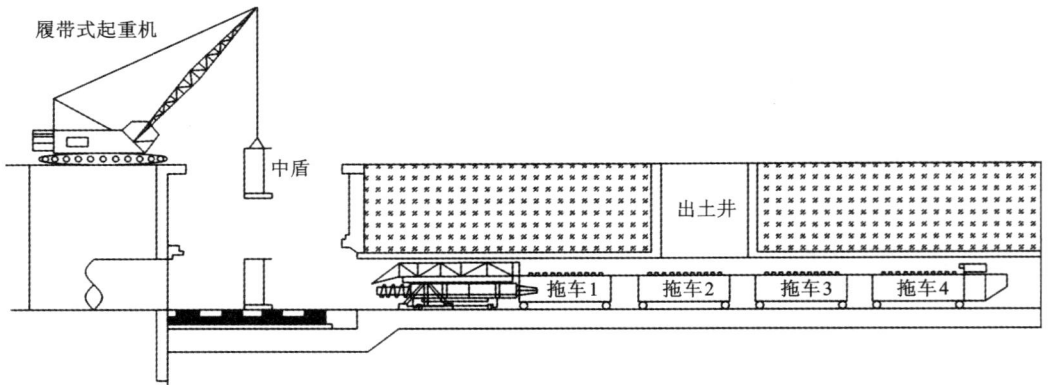

图 6-49　中盾下井

（6）前盾下井及与中盾组装

前盾下井及翻转与中盾相同，送至始发托架上，与中盾进行对位，然后安装与中盾的连接螺栓，如图 6-50 所示。需要注意的是前盾与中盾贴近前需安装好入仓密封和中前盾密封，并涂上黄油以防密封脱落。

（7）刀盘下井及安装

刀盘下井及翻转同中盾。刀盘下井送至始发托架后，将其慢慢靠向前盾，螺栓孔位完全对准后，再穿入拉伸预紧螺栓，按拉伸力由低到高分两次预紧螺栓。预紧完毕后，再用紧固专用工具复紧一遍，如图 6-51 所示。

（8）主机前移

在始发托架两侧的盾构外壳上焊接顶推支座，借助 2 个液压千斤顶，使得主机前移，并使刀盘顶到掌子面。

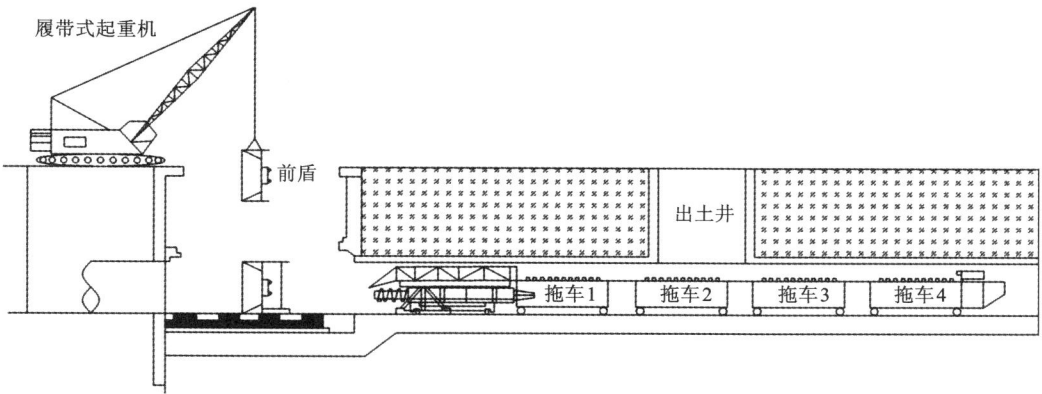

图 6-50 前盾下井

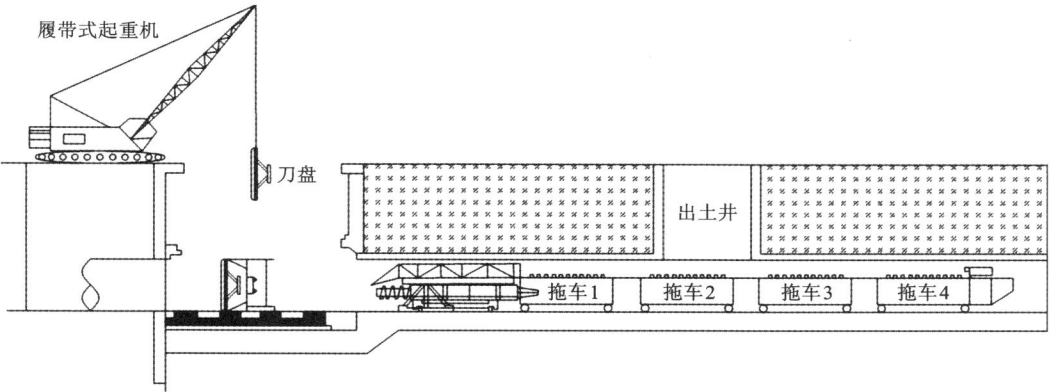

图 6-51 刀盘下井及安装

（9）管片拼装机下井及安装

管片拼装机翻转及下井同中盾，下井安装后再进行 2 个端梁的安装，如图 6-52 所示。

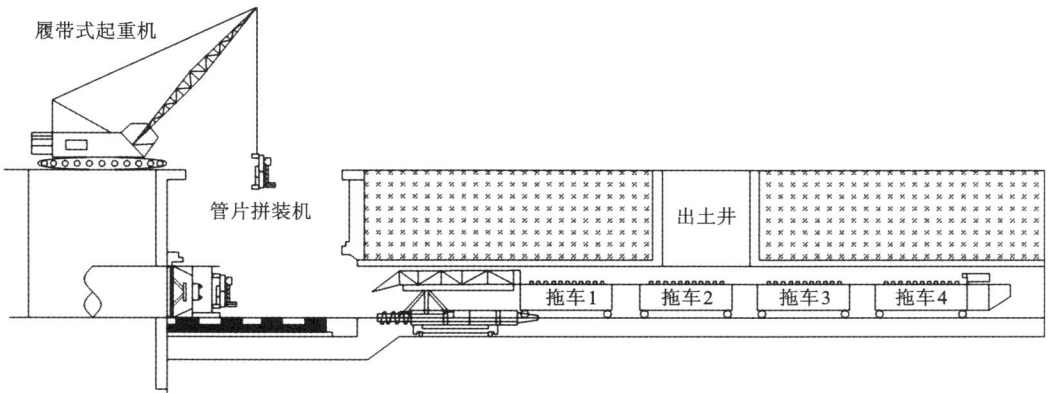

图 6-52 管片拼装机下井及安装

（10）盾尾下井及安装

盾尾焊接完成后，在汽车式起重机与履带式起重机配合下，倾斜着将盾尾穿入管片安装机梁，并与中盾对接，如图 6-53 所示。

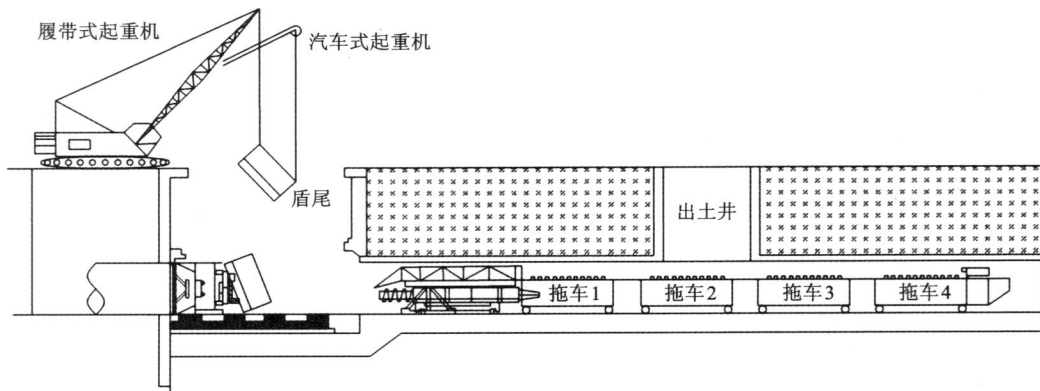

图 6-53 盾尾下井及安装

（11）安装螺旋输送机

延伸铺设轨道至盾尾内部，将螺旋输送机与矿车底盘一起推进盾壳内。螺旋输送机前端用倒链拉起，是螺旋输送机前端通过管片安装机中空插到中盾内部。螺旋输送机与前盾连接处密封安装要求紧固，中体与螺旋输送机固定好，如图 6-54 所示。

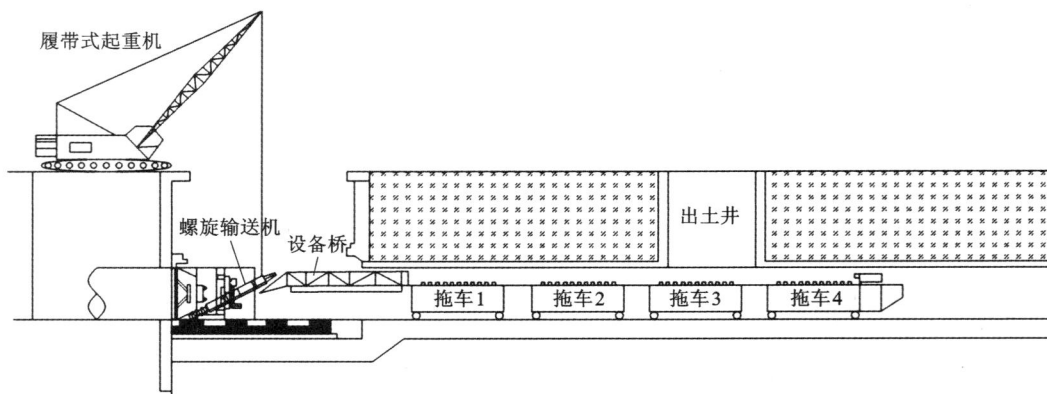

图 6-54 安装螺旋输送机

（12）反力架下井及安装

根据负环数量及 0 环位置反算出反力架的位置，测量人员提前放出隧道中线位置和高程、反力架前端和后端的里程，严格控制反力架的中线、高程、垂直度和安装精度。始发反力架下井示意图如图 6-55 所示，反力架安装示意图如图 6-56 所示。

然后根据反力架的宽度和斜撑的角度在车站此段施工时按照测量放样的基线在盾构始发位置设置预埋钢板，钢板与下部拉筋采用锚焊连接。

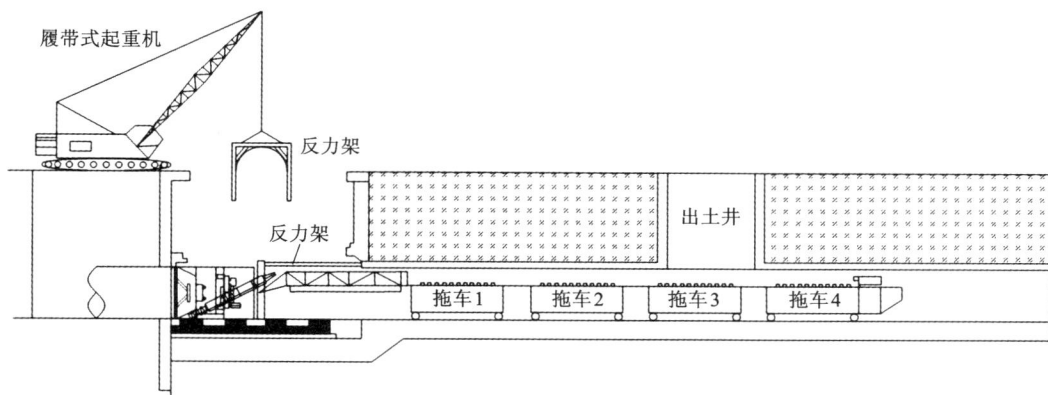

图 6-55 反力架下井示意图

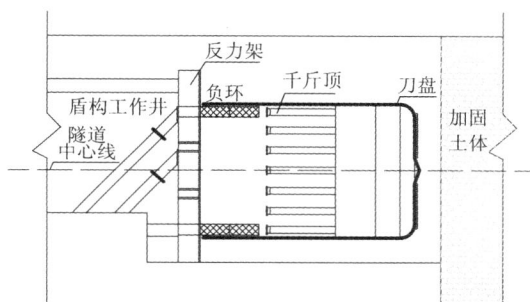

图 6-56 反力架安装示意图

3. 拆除洞门围护结构

盾构始发一般都在基坑或竖井内进行，而基坑或竖井一般用混凝土围护结构作为挡土墙，盾构机始发之前，需把洞门围护结构的混凝土凿除、钢筋切断，以便盾构机始发时钢筋不会绞住盾构机刀盘或者卡住螺旋输送机，或因混凝土而损坏刀具。

因为始发口的作业容易造成地层坍塌，地下水涌入，所以拆除临时挡土墙前要确认地层自稳、止水等状况，应本着对土体和工作井结构扰动小的原则，把挡土墙分成多个小块，为了避免凿除上面部分造成下部凿除施工过程中上部土体滑落对人员安全的威胁，宜从下到上依次拆除，拆除时应注意在盾构机前面进行及时支护，拆除作业要迅速、连续。以北京某地铁为例，如图 6-57 所示，洞门凿除时分九块进行，凿除时，露出内外钢筋，割除内排钢筋，保留外排钢筋，在每块混凝土中间开凿一个吊装孔，清理干净洞门圈底部的混凝土块，割除外排钢筋，吊出所有的混凝土块。注意在外排钢筋割除时，需将侵入开挖轮廓线的钢筋割除干净。

4. 始发掘进

端头井洞门拆除后，立即推进盾构机，若采用泥水平衡盾构机，由于临时墙残渣会堵塞泥水循环，故必须在确认障碍物已清除干净后才能推进。盾构贯入地层后，对掘削面加压，监视导口密封垫圈状况的同时缓慢提高压力，直到预定压力值。盾尾通过导口密封垫圈时，因为密封垫圈易成反转状态，所以应密切监视，同时盾构应低速推进，盾尾通过洞口后，进行壁后注浆，稳定洞口。始发流程如图 6-58 所示。

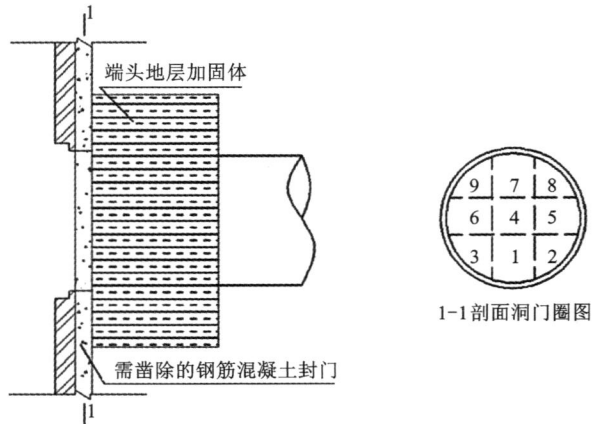

图 6-57　洞门凿除示意图

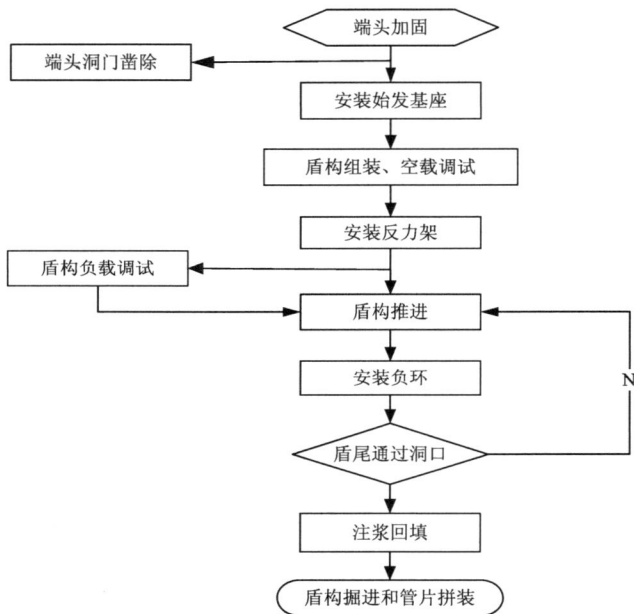

图 6-58　盾构始发流程图

　　一般在正 100 环左右, 正环的管片能提供足够的反作用力时, 可以准备拆掉反力架和负环管片。

　　负环的数量直接取决于管片环宽、0 环及反力架基准环的位置。设反力架基准环距离洞门长度为 L_1, 0 环伸出洞门长度为 L_2, 管片环宽为 W(1.2 m 或 1.5 m), 则负环数量为 $(L_1-L_2)/W$。

　　盾构掘进过程中不可避免地存在轴线偏差, 因此, 始发 0 环位置的确定主要考虑始发洞门环圈的设计尺寸范围及反力架基准环的位置。反力架基准环位置的确定除需满足盾体长度要求外, 还要满足两个条件: ①基准环中轴线与盾构机主体相同。②基准环环面必须保持垂直, 不得后仰。

6.4　盾构接收装置及技术控制

6.4.1　盾构接收装置

盾构接收装置包括接收基座、洞门密封等，下面对其功能和构成做简单介绍。

1. 接收基座

接收基座的中心轴线应与隧道设计轴线一致，同时还需兼顾盾构出洞姿态。接收基座的轨面标高除适应于线路情况外，还应进行适当调整，以便盾构顺利上基座。为保证盾构刀盘贯通后拼装管片有足够的反力，将接收基座以盾构进洞方向+3‰的坡度进行安装。对接收基座进行加固，在接收井铺设钢板与接收架焊接，并利用膨胀螺栓、工字钢等材料将接收托架支撑在接收井的混凝土结构上，尤其要加强纵向加固，保证盾构能顺利到达接收基座上。盾构接收基座如图6-59所示[30]。

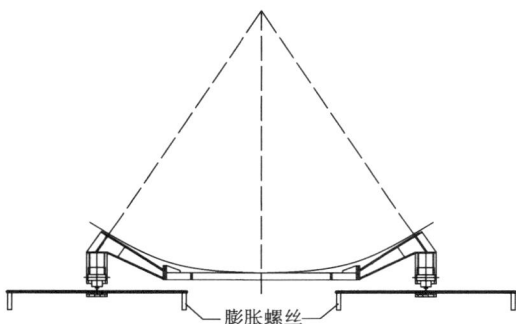

图6-59　盾构接收基座示意图

需要注意：①基座离洞门墙的纵向距离应控制在100 mm左右，以利于盾构平稳上基座并防止盾构机出洞扎头；②基座定位后，测量复测，符合要求后在基座两侧焊接挡板，避免侧向平移；③在基座最前端两侧需焊接斜撑，以防基座发生前移。

2. 洞门密封

盾构到达接收井前，在接收井洞门安装洞门密封装置，主要采用帘布橡胶，其作用是防止地下水流出，并对管片背后空隙充填的砂浆形成封堵，保证空隙充填效果，要保证帘布橡胶板能紧贴盾壳或管片外弧面。洞门密封装置如图6-60所示。

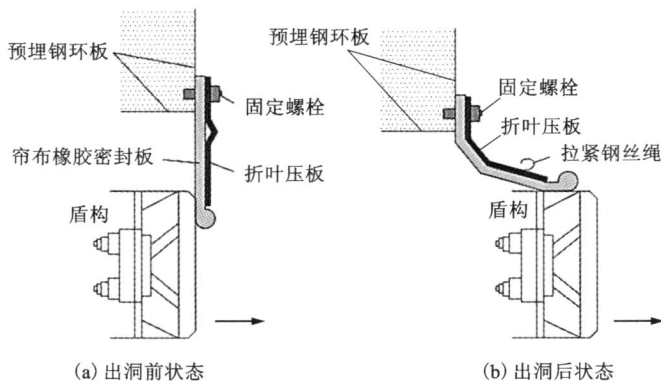

(a) 出洞前状态　　(b) 出洞后状态

图6-60　洞门密封装置

6.4.2　接收控制

根据拆除洞门围护结构的时期不同,盾构的接收方法有如下两种。

(1)盾构抵墙后拆除挡土墙,之后推进到既定位置的工法

如图6-61所示,该方法是待地层加固之后,盾构推进到接收竖井的洞门墙外,确认了地基改良的效果之后,拆除洞门墙,再将盾构推进到指定位置。该方法拆除洞门墙时,盾构刀盘与接收竖井间的间隙小,故自稳性强,由于工序少,可操作性强,而被广泛采用。但盾构再推进时地层易发生坍塌,因此多用于地层稳定性好、地下水压较低的中小断面盾构工程。

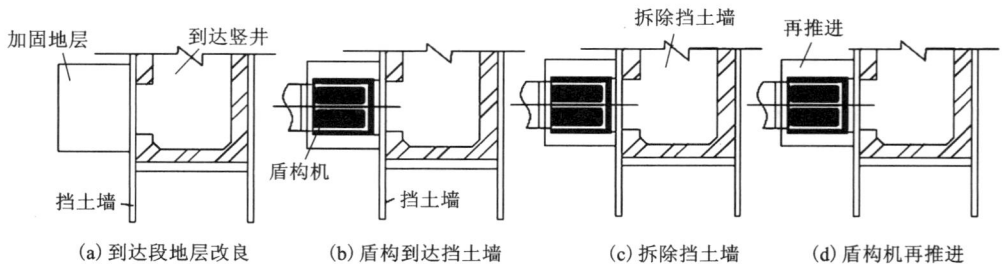

(a)到达段地层改良　(b)盾构到达挡土墙　(c)拆除挡土墙　(d)盾构机再推进

图6-61　盾构接收后拆除挡土墙再推进的施工步骤

(2)盾构接收前拆除洞门墙,设置隔墙后再接收的工法

如图6-62所示,该工法事先要拆除洞门墙,在拆除前应进行高强度的地层加固,在井内构筑易拆除的钢制隔墙。然后从下到上拆除洞门墙,用水泥土或贫配比砂浆依次充填地层及加固体与隔墙间的空隙,完全换成水泥土或贫配比(水泥用量少)砂浆后,将盾构推进到隔墙前,拆除隔墙,完成接收。因不让盾构再次推进,有防止地层坍塌之效果,洞口防渗性也较好,但地层加固的规模增大,而且必须设置隔墙,故扩大了接收准备作业的规模。这种方法多在大断面、大深度、地下水压较大的盾构工程中使用。

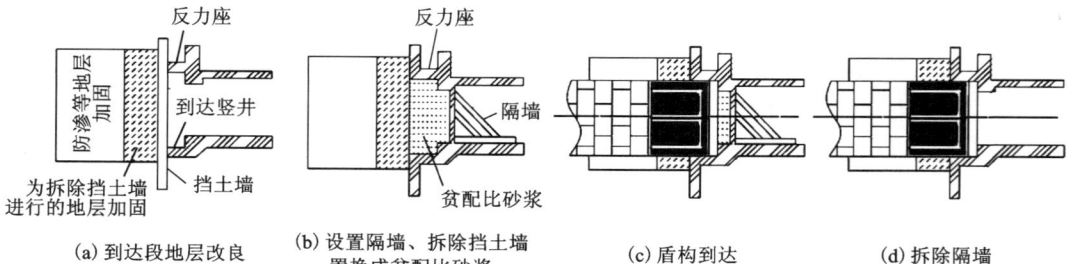

(a)到达段地层改良　(b)设置隔墙、拆除挡土墙置换成贫配比砂浆　(c)盾构到达　(d)拆除隔墙

图6-62　盾构接收前拆除挡土墙再接收的施工步骤

6.4.3　盾构解体

盾构掘进完成后,为了方便运输,需进行拆解运输,盾构拆解主要流程包括解体前准备工作、盾构及后配套系统拆解。

（1）解体前准备工作

为了确保盾构解体安全有序开展，需做好以下准备工作：①场地、照明等设施准备。②盾构机吊运及解体所需的设备及机具准备。③盾构摆放及解体时所需材料（木材、钢板）的准备。④人员准备：各专业技术人员、技术工人，明确分工。

（2）盾构及后配套系统拆解

拆机顺序严格按照下列顺序依次进行，盾构主要部件吊装顺序如下[31]：①拆吊刀盘，与主驱动分离。②分解尾盾，依次拆吊尾盾上部、右部、左部。③拆吊管片拼装机及行走梁，与米字梁分离。④拆吊中盾上部，与中盾下部、米字梁分离。⑤拆吊米字梁。⑥拆吊前盾上部，与主驱动、前盾下部分离。⑦拆吊主驱动，与中、前盾下部分离。⑧拆吊前盾下部、中盾下部、尾盾下部。⑨依次分解拆吊 1 号至 6 号台车。

6.5 特殊条件下盾构始发接收技术

6.5.1 钢套筒辅助盾构始发接收技术

盾构始发与接收之所以风险较大，主要是因为受地层条件限制，尤其是在软弱地层及富水地层中始发与接收更是风险控制重难点[32]。针对盾构始发井和接收井邻近存在建（构）筑物等敏感环境，常采用钢套筒进行始发与接收。

盾构始发钢套筒辅助工法是在始发井台架上安装密封的钢套筒，将其与洞门密封环连接，在钢套筒内填充砂子等材料，然后进行必要的注浆使松散体适当固化，使盾构进入洞门前便可在密封的环境下进行开挖掘进，建立土仓压力平衡端头地层，从而有效地防止富水软弱地层出现大变形乃至坍塌等风险。

盾构始发钢套筒辅助工法由于增设了密闭始发钢套筒，盾构始发施工工序也相对繁杂，如图 6-63 所示。施工关键技术操作要点主要如下：①始发洞门背水面钢筋保护层凿除钢筋割除及检查。②过度环下半圆环板、钢套筒下半圆和反力架定位安装。③钢套筒内安装钢轨。④第一次钢套筒内底部填砂（钢轨之间铺砂、压实）。⑤盾构主机钢套筒内组装与调试。⑥过度环上半圆与下半圆及洞门钢环连接。⑦钢套筒上半圆与下半圆安装连接固定。⑧预加反力设置及反力架钢套筒各部件检查。⑨负环安装、盾构刀盘推进至洞门开挖面。⑩钢套筒与盾构之间第二次填砂。⑪钢套筒压力测试。⑫负环管片安装及同步注浆。⑬盾构在钢套筒内始发[33, 34]。

在盾构接收端头加固不具备或未完全具备施工作业条件时（比如管线复杂，交通疏解困难），或位于较厚填石层地区，加固效果不好等，为了有效地规避盾构进站接收存在的安全隐患，可采用盾构站内钢套筒辅助接收工法。盾构接收辅助工法的主要原理是在盾构井内施作一个能完全包住盾构机身的一端开口、另一端封闭的圆柱形容器（钢套筒结构）。其开口端与洞门预埋环板相连，这样形成一个整体密闭的容器，容器内充满回填料，在钢套筒内模拟出隧道正常开挖的土层压力条件，在盾构破洞门过程中建立起正常掘进的压力，并把洞门环与钢套筒密闭连接，防止出洞过程中水土涌入盾构井，从而保证盾构接收的安全。为钢套筒辅助接收施工现场如图 6-64 所示。

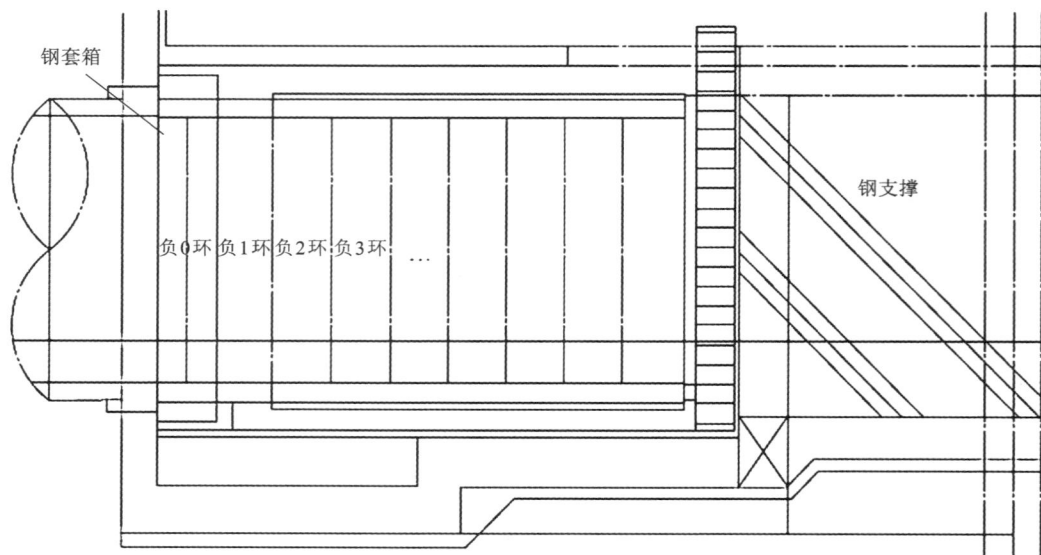

图 6-63 钢套筒始发结构示意图

图 6-64 钢套筒辅助接收现场

　　整个钢套筒结构由筒体(含托架)、后端盖板、反力架、顶推托轮组和前后左右支撑等部分组成。钢套筒辅助接收工法具有适用性广、免除端头加固、出洞安全、可以循环使用、占用面积少、对水土影响小等优点,也存在工期长、费用高、运输和保管困难、密封性能差及出洞操作麻烦等缺点[35]。

　　钢套筒辅助接收技术存在以下注意事项:

　　①钢套筒安装精度和质量是接收成功与否关键的外在控制因素。盾构掘进穿越端头加固连续墙并进入钢套筒则是新技术成败关键的内在控制因素。应以施工预控为主,加强盾构操

控、注浆管理和盾构姿态监测等关键工序或环节的精细化管理。钢套筒定位时必须严格控制钢套筒底部高程,确保洞门中心线与钢套筒中心线重合,钢套筒组装完成后,应在筒体内加气检查其密封性[36]。

②应在原洞门环向预埋板的基础上,钢套筒与洞门环板之间设一过渡连接板,洞门环板与过渡连接板采用烧焊连接,钢套筒的法兰端与过渡连接板采用螺栓连接。

③应根据实测的洞门姿态,修正盾构掘进姿态,确保盾构够顺利进入钢套筒。

④根据钢套筒顶部安装的压力表读数,及时调整推进压力,避免推进压力过大,对钢套筒密封处出现渗漏状况,压力过大时,打开钢套筒后板盖上的排浆口,进行卸压。

此外,当盾构采用钢套筒辅助始发与接收时,钢套筒的回填料要满足以下要求:一方面,要能增强盾构施工的整体保压性能;另一方面,要具有一定的承载力,避免盾构筒体"栽头"导致筒体直接与接收钢套筒内壁接触。根据施工经验,应综合土层情况和盾构选型情况进行钢套筒填料的选择。土压平衡盾构始发采用填砂的方式,泥水平衡盾构始发采用在钢套筒轨道处填浓泥浆的方式,土压平衡盾构接收采用底部填砂(钢套筒 1/3 处)、顶部填惰性泥浆的方式,泥水平衡盾构接收采用底部填砂(钢套筒 1/3 处)、顶部填浓泥浆的方式[32]。

6.5.2　叠线隧道接收技术

城市轨道交通通过换乘,实现线路之间的人流流通,使得线路由点线的连接升级为面的覆盖。地铁换乘车站处区间隧道常常采用上下平行的叠线式布置,以实现换乘客流的同站台换乘,有效地缩减了换乘时间。

上下重叠盾构隧道施工相比传统的平行隧道,有许多的不同点及特点。重叠盾构隧道施工对周围土体扰动大,重叠隧道下穿施工时,后行线掌子面需要与先行线掌子面保持一定距离,会对既有线产生二次扰动,易造成既有隧道结构不均匀下沉,影响其正常使用,也会造成叠线隧道在接收端先后上下重叠接收的情况,因此,盾构中板接收是一大难题。

1.盾构接收工艺流程

采用钢套筒接收在上行线中板接收时大大增加了中板荷载,不利于中板稳定,因此需要采用一套针对叠线隧道中板接收的施工工艺。工艺流程如图 6-65 所示。

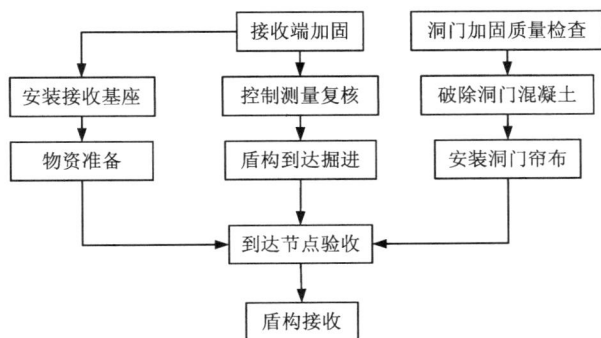

图 6-65　盾构接收工艺流程

2.盾构接收准备工作

(1)盾构定位及接收洞门位置复核测量

在盾构推进至盾构到达范围时,对盾构的位置进行准确的测量,明确成洞隧道中心轴线与隧道设计中心轴线的关系,同时应对接收洞门位置进行复核测量,确定盾构的贯通姿态及掘进纠偏计划,以保证盾构时刻按照设计轴线掘进,使得盾构顺利正常破门,不至于在破门过程中发生太大偏移而影响盾构正常进入钢套筒。

(2)出洞段的地层土体加固与降水止水

到达前一个月进行端头加固,并检查加固效果是否满足盾构到站掘进要求,如工程需要可辅以降水措施,从而保证地层本身的刚度,抑制盾构破门过程中的涌水量,尽可能减小接收过程中的地表沉降。

(3)接收中板加固

将6根主立柱分别布置在支承上行线盾构出洞的中板两侧,每侧三根,立柱间距视实际工程需要及现场条件而定。然后在中板下方按需求密布钢支撑,进一步对接收中板进行加固。

(4)盾构接收基座与钢套筒安装

根据隧道轴线和底板标高,设置接收架,并适当设置纵向坡度。盾构到达接收采用钢套筒接收工艺,提前严格按照施工要求架设钢套筒,避免盾构破门时的大量涌水。

(5)洞门破除

在盾构抵达车站围护结构时,对洞门进行第1次破除;在接收套筒安装的最后阶段时,快速将洞门围护结构剩余部分破除,确保钢筋割除干净。

(6)盾构到达掘进与接收

盾构到达接收具有时效性,在洞门破除后需以最快的速度将盾构推进至接收架上,封堵洞门,规避风险。应在接收段对盾构的停检查进行加密,确保盾构及配套设备在到达掘进及接收期间状态良好,不因机械故障等影响盾构接收操作。

(7)盾构在加固区掘进

在该阶段盾构掘进严格控制掘进参数,密切关注总推力、推进速度、注意刀盘扭矩等推进参数有无突变,快切入加固区时放慢掘进速度,保证刀盘充分切削土体,盾构前方均匀受力,防止切入加固区过快卡住刀盘或引起姿态突变。及时对盾构进行纠偏,保证盾构平稳前进顺利进入钢套筒。重视渣土改良,避免各项掘进参数的突变,即将破门时注意及时调整土压防止盾构顶裂洞门,确保混凝土封门凿除的施工安全。

(8)盾构进入钢套筒接收

钢套筒需与洞门良好接触并密封。在该过程中同样需要加强掘进参数控制,以免掘进过程中掘进压力过大,钢套筒密封性受到影响进而引发地层涌水。需要注意盾构姿态控制,保持盾构掘进方向与钢套筒轴线一致,以免盾构顶歪破坏钢套筒。

6.5.3 盾构地表接收技术

针对盾构到达端地面为城市主干道路或交通繁忙道路,无法进行地面加固且隧道范围内地层为软弱围岩的情况,盾构到达接收主要采用地面明洞接收方式[37]。在盾构接收时,为确保洞门破除和接收安全,先在站内通过水平注浆与水平冻结相结合的方式加固地层,再在车站内浇筑钢筋混凝土明洞结构并向明洞内回填砂浆，使盾构在明洞内接收，进一步加强盾构接收的安全性，其具体技术流程如图 6-66 所示。

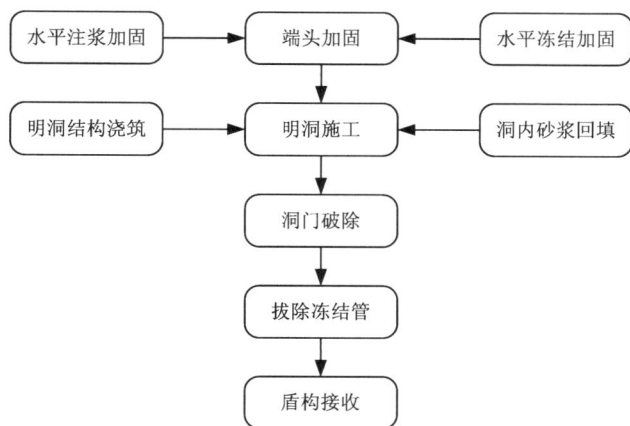

图 6-66　盾构地表接收技术流程图

1. 端头加固

①水平注浆加固，在盾构接收端头采用全断面分层注浆，加固隧道横向范围内 1.5 倍洞径内地层，纵向加固地连墙外 2 倍洞径范围内地层。

②水平冻结加固，水平冻结外圈加固长度 1.5 倍洞径，内层强冷冻加固体厚度 0.5 倍洞径，盾构洞门圈外围冻结厚度 1.5 m。

2. 明洞施工

为确保盾构出洞的安全和有效防止地下水渗漏，采取在盾构接收井内施作混凝土明洞的措施接收盾构。明洞内回填 M2.5 砂浆，盾构推出洞门后继续切削砂浆，盾构在砂浆内接收。

明洞结构分两步浇筑，首先浇筑侧墙及端墙，并于端墙预留物料人行通道；其后施作顶板，在明洞顶板预留 1 个回填砂浆灌注口；在洞门破除冻结拔管完成后，回填砂浆前封闭预留门洞，通过顶板预留灌注孔向内回填砂浆。

3. 洞门破除

当土体冻结达到设计要求后即可进行洞门的破除，洞门破除从下到上依次破除，首先破除内衬砌范围内的混凝土，然后破除围护结构地下连续墙，在洞门破除剩余 0.3 m 时，在洞门范围内按米字形打水平探孔，探孔深度为 1.6 m（深入冻结土体 0.6 m），进一步判断冻结情况，确定冻结效果已达到冻结设计要求后，方可将最后一层完全破除，最后一层破除时间在 1 d 以内，以防冻土表面温度回升融化影响其强度。

4. 冻结管拔除

洞门破除后开始进行拔管，根据拔除进度逐根停止洞门圈范围内的冻结管冻结，外部冻结管保持冻结。

5. 明洞回填

砂浆回填施工一次性完成，冻结管拔除完成后立即将明洞内的材料设备清理干净，将端墙预留洞门密封完成后及时回填砂浆。

6. 盾构接收

在进入明洞前应将盾构姿态及参数调整为最佳状态，确保盾构顺利进入箱体。当盾构盾尾进入加固区后立即对盾尾连续 10 环进行全断面注浆加固，在加固区与非加固区之间形成密封环。盾构进入接收明洞距端墙 800 mm 左右时，在盾构盾尾内部开孔进行密封注浆，填充盾尾壳体与洞门钢环间的结构间隙；注浆完成后盾构继续掘进 500 mm，从洞内将盾尾与洞门钢圈之间的混凝土清除干净，然后用弧形钢板将洞门钢圈与盾尾焊接封死，完成盾构接收，进行后续混凝土明洞破除及拆机工作。

6.5.4 过站技术

在盾构施工过程中，由于车站、盾构始发井结构施工进度影响、接收井地面场地条件限制等原因需要进行盾构直接过站作业，主要的过站方法有弧形导台过站、液压夹轨过站以及回填式过站等方法，下面对常见的弧形导台过站进行详细说明，技术流程如图 6-67 所示[38]。

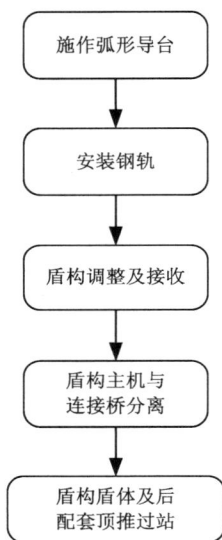

图 6-67　弧形导台过站流程图

1. 弧形导台过站前的准备

盾构到达中间风井或者暗挖区间时，在底板结构处以设计线路中心线及轨面为基点施作混凝土导台，并在混凝土导台斜面处留安装两道钢轨，盾体在钢轨上移动，弧形导台样式如图 6-68 所示。

在盾构空推过中间风井或者暗挖段前，要求在中间风井或者暗挖段底板上施作弧形导台。为了便于盾构过站时能在混凝土弧形导台上顺利推进，需要在导台两侧安装导轨。

2. 盾构接收

通常情况下，盾构是先接收，后过站，再进行(二次)始发，因此接收和(二次)始发位置弧形导台的施工精度要求较高。若接收前盾构已经经过较长的盾构区间施工，为消除测量误差影响，建议在站内接收端空出一段不施作弧形导台，而放置等长度接收托架替代，以便于

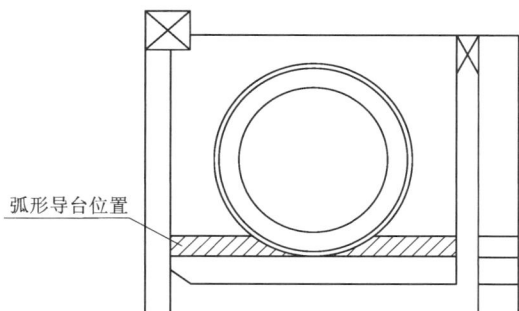

图 6-68　弧形导台设置简图

托架随机调整，保证盾构顺利接收。

盾构在进入接收装置前，对接刀盘刀具进行调整，避免刀具与接收装置接触。利用导轨将盾构主机引导至接收托架或弧形导台上的钢轨上，并通过最后一环管片提供反力，用千斤顶将盾构主机完全推上接收托架或弧形导台。

3.盾构主机与连接桥分离

盾构主机完全推上接收托架或弧形导台之后，平移前需要将主机与连接桥之间断开，断开处选择在连接桥前后端的连接处，连接桥断开前通过在管片小车上特制的门框支撑架对连接桥前端进行支撑，支撑稳固后即可将连接桥与盾构主机分离。同时，还需将各种管线与主机拆开分离，分离前注意进行管线的标示。

4.盾构过站施工工艺

（1）盾构主机过站

①盾构平移。前期准备工作做好后，待盾构接收后，把始发托架与预埋钢板分离，并把盾体与托架焊接成整体，并在盾体上焊接 4 个牛腿，开动液压泵站，把顶升液压千斤顶油缸均匀平稳地慢慢伸出，顶起盾构，在下面放置过站钢轨，用液压千斤顶顶推托架，开始盾构的横向平移。

②盾构顶推。盾体平移到位后，调整过站钢轨位置，并在末端焊接反力支座，在反力支座上放置推进油缸，开始顶推，顶推 1 m 后收回推进油缸，放置 1 m 长顶撑，再次顶推，2 m 为一个循环，完成后把盾体顶起，卷扬机牵引钢轨前移，开始下一个循环，直至盾构主机推进到位即完成盾构主机过站。

（2）后备套过站

①后配套过站轨道。在盾构前进的同时，要开始后配套轨道及运输轨道的铺设工作。为了加快轨道铺设速度，需提前加工过站马镫。

②后配套设备过站。后配套设备的轨道铺设完成后，在始发端头位置盾体发生平移，可能导致后配套与盾体连接不上，因此铺设轨道时要及时测量复合，调整好轨道的位置，保证后配套设备的顺利过站。将后配套连接桥的前端支撑在管片运送车上，直接利用 45 T 电瓶机车牵引整个后配套系统向前移动，完成后配套过站。

6.5.5 空推接收技术

当盾构穿越诸如软硬不均复合地层等复杂地质区域时，地质条件各异使盾构隧道施工出现许多问题，造成盾构无法顺利掘进。面对此种情况，多工法组合施工成为一种新的解决方式，暗挖法与盾构法组合就是一个典型的方法。该方法由暗挖法先行开挖施工，后由盾构法空推穿越。

1. 施工流程

盾构接收施工前，对暗挖段接收端头土体进行旋喷加固，暗挖隧道全段浇筑混凝土弧形导台，将导台面作为盾构盾体支点，支点标高按照轨面线设置，盾构直接在导台上接收不解体。盾体全部进入导台后，继续推进并拼装拱底管片，在拱底管片上安装台车和电瓶车轨道，使台车随盾构前行，技术流程如图 6-69 所示[39]。

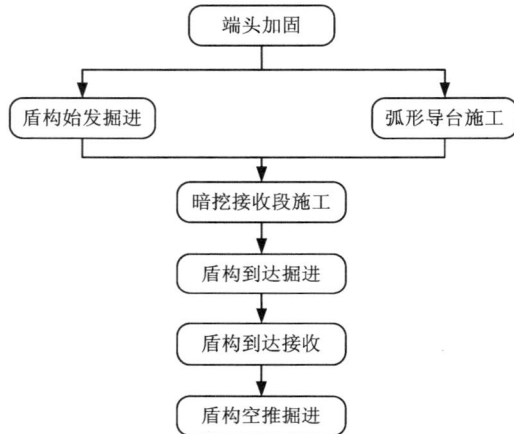

图 6-69 盾构空推接收技术流程图

2. 弧形导台施工

盾构盾体由导台支撑，导台采用 C35 混凝土浇筑，施工采取分段浇筑，每段 10~20 m（按特殊变形缝分段），施工前对底部仰拱混凝土进行凿毛处理，安装模板及浇筑混凝土时要保证导台高程准确，导台斜面与盾体支点垂直，且两侧导台对称于隧道中线。

3. 导台接收端施工

暗挖段接收端导台标高一般要根据刀盘外径适当降低，盾构出洞段掘进略微抬头向上，还要根据刀盘实际位置在洞门钢环上焊接楔形导轨，导轨一端割成 30°斜坡，保证盾构能顺利到达接收段的导台上。为了保证盾构能够顺利出洞且能推进至混凝土导台上，洞口处导台标高降低 20 mm（以支点为中心，降低导台弧面），从洞口处至第一段特殊变形缝处 15 m 设计为 1.3‰的上坡，盾构出洞段掘进略微抬头向上，盾构出洞后根据盾构实际平面及高程位置，在导台上加垫钢板调整，将盾构主机推进至混凝土弧形导台上。

4. 盾构空推施工

①利用负环管片提供的反力推动盾构前进，推进前将导台面打磨光滑，并在其上涂抹黄

油,始发阶段以低速度、小推力缓慢伸出油缸。前盾与导台稳定接触后开始推进,盾构推进时在盾尾内安装拱底块管片,利用连续拼装的拱底块管片提供的反力处使盾构沿导台面推进;采用底部 C 组油缸提供推力使盾构沿导台推进前移时,速度不可过快,前期施工时推进速度一般控制在 10~20 mm/min,稳步推进后可适当加快推进速度,但不宜超过 40 mm/min。

②盾构在导台上推进时,每推进一环管片长度,即安装一环管片。在推进过程中要在盾构前方提供反力,以确保管片安装质量,增强管片防水效果。

5.盾构接收施工

①在盾构到达暗挖段前,要对洞内所有的测量控制点进行一次整体的、系统的控制测量复测,对所有控制点的坐标进行精密准确的平差计算。在盾构到站前的最后一次测量系统搬站中,以精密测量并经过平差的地面导线点和水准点为基准,用测量二等控制点的办法精确测量测站后视点的坐标和高程(测量全站仪和后视棱镜的坐标和高程)。盾构到达前 50 m 地段即加强盾构姿态和管片测量,根据复测结果及时纠正偏差,并结合实测的暗挖隧道洞门钢环的实际位置适当调整隧道贯通时的盾构姿态,确保盾构按设计线路从到达口进入暗挖隧道的导轨上,当盾构到达暗挖段时,其刀盘平面偏差允许值:平面小于等于±15 mm,高程 0~10 mm,出洞时注意调整盾构姿态与管片拼装姿态。

②盾构到达接收。隧道贯通盾构刀盘露出洞口后,迅速清除洞口渣土,根据刀盘实际位置在洞门钢环上焊接楔形导轨,导轨一端割成 30°斜坡;当高度不够时,在下面垫钢板调整,保证盾构能顺利到达接收段的导台上,并根据盾构实际姿态对暗挖接收段预留槽内钢轨的平面及高程位置进行精确定位,然后采用钢板对钢轨进行加固处理,防止导轨水平移位,导轨定位时高程可略微抬高 10~30 mm,达到盾构接收要求后,完成盾构接收。

思考题

1.盾构始发与接收作业主要内容包括哪些?

2.盾构始发井与到达井施工方法包括哪些?

3.盾构始发端与接收端地层加固的目的是什么?如何确定加固范围?

4.盾构始发装置包括哪些?并简述主要流程。

5.简述盾构接收装置及方法。

6.简述盾构组装与解体的基本步骤。

7.盾构始发与接收辅助工法有哪些?

参考文献

[1] 陈馈,洪开荣,吴学松.盾构施工技术[M].北京:人民交通出版社,2009.

[2] 中华人民共和国住房和城乡建设部.盾构法隧道施工与验收规范:GB 50446—2017[S].北京:中国建筑工业出版社,2017.

[3] 上海市城乡建设和交通委员会.地下连续墙施工规程:DG/TJ 08—2073—2010[S].上海:2010.

[4] 胡中雄.土力学与环境土工学[M].上海:同济大学出版社,1997.

[5] 张思源,童立元,朱文骏,等.常州地铁车站基坑地下连续墙不同接头型式分析[J].岩土工程学报,

2019, 41(增2): 240-248.

[6] 吴兴宏, 吴卫宏. 地下连续墙不同施工接头类型的分析与应用[J]. 土工基础, 2017, 31(1): 14-15.

[7] 谢小松. 大型基坑逆作法施工关键技术研究及结构分析[D]. 上海: 同济大学, 2007.

[8] 郝利伟, 彭显晓. 电渗法在地下连续墙渗漏检测中的应用[J]. 中国科技信息, 2014(12): 40-42.

[9] 喻涛锋. 前进式水平注浆加固在天津软土中的应用[J]. 隧道建设, 2011, 31(S2): 157-161.

[10] 高成梁, 梁小强. 旋喷桩在盾构法隧道端头井洞口土体加固工程中的应用[J]. 探矿工程, 2009(2): 69-72.

[11] 代峪. 盾构始发端头冻结加固技术及其应用[J]. 工程建设与设计, 2015(9): 134-136+139.

[12] 王文灿. 冻结法和水平注浆在天津地铁盾构接收中的组合应用[J]. 现代隧道技术, 2013, 50(3): 183-190.

[13] 日本地盘学会. 盾构法的调查·设计·施工[M]. 牛清山, 陈凤英, 徐华, 译. 北京: 中国建筑工程出版社, 2008.

[14] 陈湘生. 地层冻结法[M]. 北京: 人民交通出版社, 2013.

[15] 李大勇, 王晖, 王腾. 盾构机始发与到达端头土体加固分析[J]. 铁道工程学报, 2006, 1(91).

[16] 施仲衡. 地下铁道设计与施工(2版)[M]. 西安: 陕西科学技术出版社, 2006.

[17] 罗富荣, 江玉生, 江华. 基于强度与稳定性的端头加固理论模型及敏感性分析[J]. 工程地质学报, 2011, 19(3): 364-369.

[18] 江玉生, 王春河, 江华. 盾构始发与到达—端头加固理论研究与工程实践[M]. 北京: 人民交通出版社, 2011.

[19] ROMO M P, DIAZ M C. Face stabilty and ground settlement in shield tunneling[C]//Proceedings of Tenth International Conference on Soil Mechanics and Foundation Engineering. Rotterdam: A. A. Balkema, 1981: 357-359.

[20] CHAFFOIS S, LAREAL P, MONNET J. Study of tunnel face in a gravel site[C]//Proceedings of the 6th International Conference on Numerical Methods in Geomechanics. Rotterdam: A. A. Balkema, 1988: 1493-1498.

[21] 周小文, 濮家骝, 包承钢. 砂土中隧洞开挖稳定机理及松动土压力研究[J]. 长江科学院院报, 1999(4): 10-15.

[22] 周小文, 濮家骝. 砂土中隧洞开挖引起的地面沉降试验研究[J]. 岩土力学, 2002(5): 559-563.

[23] 江玉生, 杨志勇, 江华, 等. 论土压平衡盾构始发和到达端头加固的合理范围[J]. 隧道建设, 2009, 29(3): 263-266.

[24] 张庆贺, 唐益群, 杨林德. 盾构进出洞注浆加固设计与施工技术研究[J]. 地下工程与隧道, 1993(4): 93-101.

[25] 吴韬, 韦良文, 张庆贺. 大型盾构出洞区加固土体稳定性研究[J]. 地下空间与工程学报, 2008(3): 477-482+585.

[26] 祝全兵, 李雪. 成都地铁火车南站大直径盾构始发反力架安全性能受力分析[J]. 施工技术, 2018, 47(S1): 791-794.

[27] 赵宝虎, 王燕群, 岳澄, 等. 盾构始发过程反力架应力监测与安全评价[J]. 工程力学, 2009, 26(9): 105-111.

[28] 陈鹏. 大直径泥水盾构始发过程反力架的结构设计及分析[C]//工业建筑2018年全国学术年会论文集(下册). 北京: 中国建筑工业出版社, 2018: 419-423.

[29] 欧阳璋, 李会光. 盾构机及后续设备下井组装技术[J]. 西部探矿工程, 2006(10).

[30] 高会中, 陈馈, 王助锋, 等. 大直径盾构拆机关键技术研究[J]. 建筑机械化, 2015, 36(11): 70-74.

［31］　吕传田，刘东亮. 盾构机的组装和拆卸技术［J］. 建筑机械化，2005(6).

［32］　杨宇. 土压平衡盾构始发密闭钢套筒辅助施工技术［J］. 工程建设与设计，2017(16)：133-134.

［33］　马天文. 盾构平衡始发与到达施工技术及其风险控制［J］. 中国工程咨询，2015(6)：60-62.

［34］　伍伟林，朱宏海，邹育，等. 盾构钢套筒始发和接收关键技术研究［J］. 隧道建设，2017(7)：97-102.

［35］　陈珊东. 盾构到达接收辅助装置的使用分析［J］. 隧道建设，2010，30(4)：492-494.

［36］　赵立锋. 土压平衡盾构到达钢套筒辅助施工接收技术［J］. 铁道标准设计，2013(8)：89-93.

［37］　王雷. 盾构施工明洞接收技术［J］. 天津建设科技，2016，26(3)：32-35.

［38］　雷升祥. 地铁施工手册［M］. 北京：人民交通出版社股份有限公司，2020.

［39］　温庆峰. 西安地铁典型地裂缝段盾构接收、整体空推、始发施工技术［J］. 施工技术，2018，47(S4)：1302-1306

第 7 章

盾构掘进与管片拼装

7.1 土压平衡盾构掘进

土压平衡盾构利用土仓压力平衡开挖面的水土压力，在确保开挖面稳定、控制地层变形的前提下，实现盾构安全快速掘进。在掘进过程中，刀盘旋转带动刀具切削土体，挖掘下来的渣土从刀盘开口进入土仓，再通过螺旋输送机将渣土排出。土压平衡盾构主要适用于黏土和粉土含量高、透水性低的黏性土等地层，通过渣土改良，可大大扩大它的地层适用范围。土压平衡盾构隧道施工主要包括盾构掘进、同步注浆、渣土改良、管片拼装、同步注浆、渣土运输等环节。

盾构掘进参数的选取对掘进效率、刀具磨损、刀盘保护、开挖面稳定、地表变形控制有着至关重要的作用。土压平衡盾构掘进参数主要包括掘进速度、刀盘转速、土仓压力、总推力、刀盘扭矩、螺旋输送机转速等，其中刀盘转速、总推力和螺旋输送机转速可人为主动设定，而掘进速度、土仓压力、刀盘扭矩、螺旋输送机扭矩等除受前面掘进参数的影响外，还受工程地质、渣土改良等条件的影响。

7.1.1 掘进参数的计算与选取

下面对盾构土仓压力、总推力、掘进速度、刀盘转速、刀盘扭矩、螺旋输送机转速等掘进参数做简单介绍。

1.土仓压力

土压平衡盾构的土仓压力对开挖面的稳定极为重要。土仓压力监测元器件一般位于土仓隔板上，其测得的压力为土仓压力，而非开挖面支护力，因此土仓压力只能间接反映开挖面支护力。在正常掘进情况下，开挖面处土压力要大于隔板上土压力，此压力差是开挖面土体从土仓前部流向土仓后部的保证，可使仓内土体克服流动过程中的阻力。两个力之间的大小关系表示土仓压力的传递性，如下式：

$$P = \alpha P_0 \tag{7-1}$$

式中：P——土仓隔板压力；

α——土仓压力的传递系数，主要与刀盘开口率和土仓内的渣土性质有关；

P_0——掌子面土压力。

王洪新(2012)[1]利用流体力学理论推导了土仓压力传递系数的计算公式：

$$\alpha = 1 - \frac{L}{\xi^2 D}\left[\frac{4c}{k_1 K_0 \gamma H} + 2\left(1+\frac{1}{K_0}\right)\frac{\tan\varphi}{k_2}\right] \tag{7-2}$$

式中：L——土仓的长度；

　　　ξ——刀盘开口率；

　　　D——刀盘直径；

　　　c、φ——分别表示土体黏聚力和内摩擦角；

　　　k_1、k_2——分别表示土体黏聚力和内摩擦角折减系数；

　　　γ——土体容重；

　　　H——隧道埋深；

　　　K_0——土体静止侧向系数。

土仓压力的设定主要基于两个原则。①土仓压力应能够维持开挖面的稳定和地层位移的控制，不会因压力过低而导致开挖面土体坍塌、地表过大沉降或地下水流失，也不会因压力过高而导致地层隆起过大甚至失稳。②土仓压力应尽可能低，以降低掘进时的总推力和刀盘扭矩，减小刀盘刀具磨损和结泥饼程度，从而减小盾构机施工负载和掘进成本。

在盾构掘进过程中，土仓压力并非直接设定，而是受出渣速度、掘进速度和盾构总推力的影响。由于掘进速度受盾构总推力的影响，所以土仓压力应通过螺旋输送机转速和千斤顶推力予以控制。当开挖面坍陷、失水，地表沉降及其速率超过预警值时，说明土仓压力偏低，应减小出渣速度或者增加盾构总推力(进而提高掘进速度)，提高土仓压力值，以保持开挖面平衡。当开挖面前方地层被挤压，地表隆起值超过预警值，说明土仓压力偏高，应增加出渣速度或者减小盾构总推力(进而降低掘进速度)，降低土仓压力值。因此，土仓压力是盾构掘进中控制开挖面内外水土压力平衡的重要参数。

盾构掘进前需明确土仓压力的设定范围，因此需先根据地质情况计算开挖面处的土压力值(视情况，考虑地下水压力)。开挖面处土压力分为主动土压力、被动土压力、静止土压力等。主动土压力是开挖面产生向掘进后方破坏的压力，是土压力管理值中的最小值。静止土压力是因开挖而被释放的压力，用此压力进行压力设定时，开挖面在没有变形的情况下是最理想值。如前所述，为了降低盾构推力和刀盘扭矩，减小刀具磨损和结泥饼程度，土仓压力应尽可能设定小些，这样有利于掌子面被切削形成的渣土顺畅地流入土仓内。因此，一般将静止土压力作为土仓压力上限值的设定依据，将主动土压力作为土仓压力下限值的设定依据。开挖面的压力管理通过开挖面前方适当间距(例如 20 m)的开挖断面土质进行土仓压力的上下限值计算。

土仓压力取值范围的设定需考虑施工条件，当土体自稳性比较好时取较小的压力；当地层变形需控制在很小范围时，则取较大的压力。

$$P_{max} = 地下水压力+静止土压力+预备压力 \tag{7-3}$$
$$P_{min} = 地下水压力+主动(或松动)土压力+预备压力 \tag{7-4}$$

式中：预备压力——弥补施工中损失的压力，通常取值为 10~20 kPa。

需要说明的是，以上将地下水压力和土压力分开考虑，土的容重、黏聚力、内摩擦角等均采取有效值，这种情况适用于粗颗粒土地层。针对盾构穿越细颗粒土地层的情况，一般采取水土合算的办法，即前面公式中土的容重、黏聚力、内摩擦角等均采取总应力状态的数值，不另外计算水压力。

2. 总推力

盾构机的推进油缸是盾构机的关键部件，前部设置在盾构支承环内环形中梁上，尾端支撑在刚拼装好的管片上，靠管片端部提供反力。推进油缸不仅提供盾构前进的动力，还是盾构姿态调整的重要手段。推进油缸一般分为四组，通过调整每组（通常为上、下、左、右四组）油缸的不同推进压力，可以对盾构进行纠偏和调向。盾构推力一般由五部分组成，如图 7-1 所示，具体计算公式如下：

$$F_d = F_1 + F_2 + F_3 + F_4 + F_5 \tag{7-5}$$

式中：F_1——盾壳外壁与周围地层之间的摩阻力；

　　　F_2——盾构机推进时正面推进阻力；

　　　F_3——盾尾与管片之间的摩阻力；

　　　F_4——切口环贯入地层时的阻力；

　　　F_5——后接台车牵引阻力。

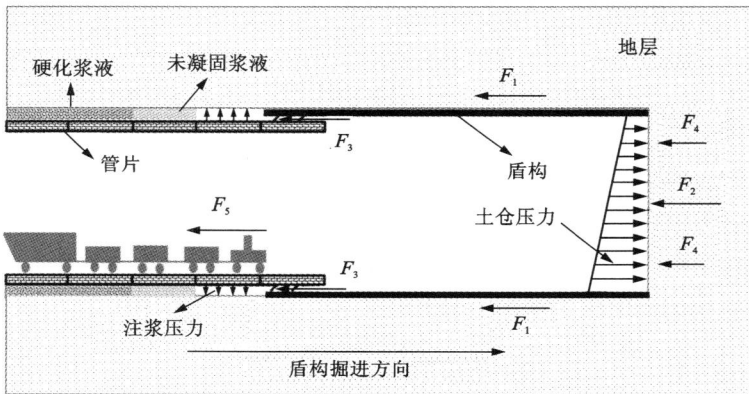

图 7-1　盾构推力组成

（1）盾壳外壁与周围地层之间的摩阻力 F_1

对隧道范围内均质砂土地层而言，如图 7-1 所示，盾壳受到地层的围岩压力，这里忽略地下水的吸附力。取盾壳周围的平均正应力（即盾壳中心）进行盾壳摩阻力计算，则盾壳摩阻力如下：

$$F_1 = (q'_{e1} + q'_{e2} + q'_1 + q'_2) \pi D_e L \mu / 4 \tag{7-6}$$

式中：q'_{e1}——盾壳顶部竖向有效土应力；

　　　q'_{e2}——盾壳底部竖向有效土应力；

　　　q'_1——盾壳顶部水平有效土应力；

　　　q'_2——盾壳底部水平有效土应力，计入盾构重量；

　　　μ——盾壳外壁与地层的摩擦系数，无量值情况下可按 $\tan \varphi'$ 进行计算。

对隧道范围内均质黏土地层而言，摩阻力可按下式进行简单计算：

$$F_1 = \pi D_e L c'　\tag{7-7}$$

式中：c'——地层的有效黏结力。

张凤祥等[2]指出，由于隧道往往处于复合地层，而且土体同时存在不等于零的 c' 和 φ'，导致以上方法的计算结果与实际偏差存在较大差异，为此他们在考虑复合地层的同时依据摩尔-库仑准则给出了抗剪强度，具体计算方法详见参考文献[2]。

（2）盾构机推进时正面推进阻力 F_2

$$F_2 = \pi D_i^2 (q_e' + p_w + \alpha)/4 = \pi D_i^2 q_e'/4 + \pi D_i^2 (p_w + \alpha)/4 = F_{2 \cdot 1} + F_{2 \cdot 2}　\tag{7-8}$$

式中：q_e'——正面平均有效土应力，取 $(q_{e1}' + q_{e2}')/2$；

p_w——正面平均水压力；

α——防坍压力；

$F_{2 \cdot 1}$——正面掘削压力决定的推进阻力，取 $\pi D_i^2 q_e/4$；

$F_{2 \cdot 2}$——密封仓压力决定的推进阻力，取 $\pi D_i^2 (p_w + \alpha)/4$。

（3）盾尾与管片之间的摩阻力 F_3

$$F_3 = n_1 W_s \mu_1　\tag{7-9}$$

式中：n_1——盾尾内的管片环数；

W_s——单环的自重；

μ_1——盾尾密封刷与管片环的摩擦系数，取 0.3～0.5。

（4）切口环贯入地层时的阻力 F_4

对砂土地层而言，

$$F_4 = \pi (D_e^2 - D_i^2) q_4/4 + \pi D_e Z K_p P_v　\tag{7-10}$$

式中：q_4——切口环插入处地层的反压强度；

Z——切口环插入地层的深度；

K_p——被动土压系数；

P_v——作用在切口环外侧的平均土压。

对黏土地层而言，

$$F_4 = \pi (D_e^2 - D_i^2) q_4 + \pi D_e Z c'　\tag{7-11}$$

（5）后接台车牵引阻力 F_5

$$F_5 = W_5 \times \mu_5　\tag{7-12}$$

式中：W_5——后接台车的自重；

μ_5——后接台车与其运行轨道的摩擦系数。

除上面五部分外，还有盾构变向阻力，这部分计算相对复杂。从大量的实际计算结果发现，一般情况下，无论是砂层还是黏土层，$F_1 + F_2$ 都占了总推力 F_d 的 95%～99%，说明其他推进阻力 F_3、F_4 和 F_5 的贡献很小，因此，只计 F_1 和 F_2，对工程来说影响很小。从以往实例来看，除盾构正面推进阻力外，其他阻力的合力大概可取盾构的单位面积乘以 300～400 kPa[2]。

以上给出来的 F_d 是计算推力，当作为推进装置千斤顶设计时，需要考虑安全系数，一般千斤顶群的总推力等于 $(3～4)F_d$[2]。

总推力大小直接影响地层变位及盾构机工作性能：当顶推力过大时，开挖面土体因挤压作用发生背离刀盘的移动，导致开挖面前方一定范围内的土体发生隆起，另外，顶推力过大还会引起刀盘与开挖面土体间的摩擦力增加，从而导致刀盘扭矩过大，影响盾构机械负荷；当顶推力过小时，会影响盾构掘进速度，降低施工效率，还可能会引起盾构机受开挖面前方土体发生推移，导致开挖面土体发生坍塌。因此，盾构掘进过程中应合理设置盾构顶推力的大小。

3. 掘进速度

掘进速度是盾构掘进施工效率的直观指标，而掘进速度主要由总推力和刀盘扭矩控制，须根据现场实际情况来确定。一般盾构机始发掘进阶段和接收掘进阶段控制在 20 mm/min 以下，正常掘进阶段控制在 40 mm/min 以下，如果地层变位和盾构机工作状态无异常，甚至可达 80 mm/min 以下。

设定掘进速度时，应注意以下几点。①盾构启动时，盾构司机需检查千斤顶是否顶实；开始推进和结束推进之前，速度不宜过快；每环掘进开始时，应逐步提高掘进速度，防止因启动速度过大而冲击扰动地层。②在每环正常掘进的过程中，掘进速度值应尽量保持恒定，减少波动。③掘进速度的快慢必须满足每环掘进注浆量的要求，保证同步注浆系统始终处于良好的工作状态。④选取掘进速度时，必须注意地质条件与地表建筑物条件相匹配，避免速度选择不合适对盾构刀盘和刀具造成非正常损害或造成隧道周边土体扰动过大。一般盾构下穿高风险建(构)筑物时，以往主张低速掘进，但是考虑地层变位存在滞后性，近年来现场往往主张均匀快速掘进来通过高风险建(构)筑物，然后通过同步注浆等及时填充盾尾间隙来控制地层变位。

4. 刀盘转速

盾构切削硬岩和软土所需的切削扭矩及转速变化很大。在切削硬岩时，通常为快速小扭矩；在切削软岩时，通常为低速大扭矩。根据设计需要，刀盘速度的变化范围为 0~3.5 r/min。在低速时，刀盘扭矩可以恒定不变，是恒扭矩控制；在快速时，刀盘功率恒定不变，是恒功率控制。当恒功率控制时，若土仓压力过大，刀盘扭矩增大，会使得刀盘旋转速度变小。

5. 刀盘扭矩

刀盘扭矩是保证盾构正常掘进的关键参数之一，盾构出土不畅，会造成总推力急剧增长，进而导致刀盘扭矩急剧增大，如果刀盘扭矩增大到最大额定扭矩，盾构就不能正常推进。

刀盘扭矩主要包括刀盘面板与土体的摩擦扭矩、刀具切削土体的切削扭矩及搅拌棒搅拌土体的扭矩等。其计算公式如下：

$$T_d = T_1 + T_2 + T_3 \tag{7-13}$$

式中：T_1——刀盘面板与土体的摩擦扭矩(包括刀盘面板前表面与土体的摩擦扭矩、刀盘圆周面的摩擦扭矩以及刀盘背面的摩擦扭矩)；

T_2——刀具切削土体的切削扭矩；

T_3——搅拌棒搅拌土体的搅拌扭矩。

摩擦扭矩 T_1 可按如下公式计算：

$$T_1 = \frac{2\pi\mu_1 R^3 P_c(1-\xi)}{3} + \frac{2\pi\mu_1 R^3 P_w(1-\xi)}{3} + 2\pi\mu_1 RBP_z \tag{7-14}$$

式中：μ_1——土体与刀盘之间的摩擦系数；

ξ——开口率；

R——刀盘半径；

P_c——盾构前方面板处土压力；

P_w——土仓设定的土压力；

B——刀盘周边厚度；

P_z——刀盘周边的平均土压力。

土压平衡盾构机的刀盘上一般都会布置多种刀具，如切削刀、滚刀、先行刀、周边刀、中心刀等，刀具在切削土体的过程中地层抗力扭矩为：

$$T_2 = \sum_{i=1}^{n} T_{2i} = \sum_{i=1}^{n} F_{2i} L_i \tag{7-15}$$

式中：T_{2i}——第 i 把刀具切削土体时的地层抗力扭矩；

F_{2i}——第 i 把刀具切削土体时受到的环向地层抗力；

L_i——第 i 把刀具到刀盘中心的距离。

搅拌棒搅拌土体的扭矩 T_3 为：

$$T_3 = \gamma H_0 D_b L_b R_b f \tag{7-16}$$

式中：γ——土体的重度；

H_0——搅拌叶片的覆土深度；

D_b——搅拌叶片的直径；

L_b——搅拌叶片的长度；

R_b——搅拌叶片到盾构掘进机中心的距离；

f——土体与搅动叶片的摩擦系数。

根据公式，刀盘扭矩的影响因素如下所述。

（1）刀盘直径、开口率与刀盘形式

刀盘面板与土体的接触面积会影响刀盘摩擦扭矩的大小。对于一定开口率的刀盘，直径越大，接触面积越大，摩擦扭矩越大；对于同种形式和直径的刀盘，开口率越大，刀盘与土体的接触面积越小，摩擦扭矩越小；对于同样直径的刀盘，辐条式刀盘比面板式刀盘开口率大，因此摩擦扭矩小。

（2）刀盘接触压力（开挖面压力与土仓压力）

根据库仑摩擦准则，刀盘与土体的接触压力越大，刀盘旋转所受摩擦扭矩越大。刀盘正面与土体的接触压力主要取决于隧道埋深、地质条件以及盾构总推力；土仓压力会影响刀盘背面的摩擦扭矩。

（3）土层性质

土层性质决定土体与刀盘的摩擦系数、刀盘切削压力的大小和搅拌棒搅拌土体的扭矩的大小。通过渣土改良可以提高渣土的塑流性，因此渣土改良程度会影响刀盘摩擦扭矩的大小。

（4）贯入度

贯入度是指刀盘旋转一周前进的距离，即

$$\text{贯入度} = \text{掘进速度} / \text{刀盘转速} \tag{7-17}$$

贯入度主要与刀盘转速和盾构掘进速度相关，通过调整总推力和刀盘转速可以控制贯入度。盾构的贯入度和刀具的布置决定了刀盘的切削扭矩，同一围岩条件下的切削扭矩随着贯入度的增加而增加。

（5）搅拌棒的布置

刀盘转动时，搅拌棒的搅动会使刀盘产生附加扭矩（搅拌棒分主动搅拌棒和被动搅拌棒）。土仓内渣土改良状态、盾构掘进模式均会对搅拌棒的搅拌扭矩产生影响。

6. 螺旋输送机转速

螺旋输送机作为土压平衡盾构出土设备，其转速对保持土仓压力的稳定，控制地层变形具有重要的意义。当土仓压力较大时，应增加螺旋输送机转速，增加排土量；反之，则应减小螺旋输送机转速，减小排土量。

最后需要说明的是，由于掘进参数受盾构机选型、地层条件等多方面的影响，以上掘进参数的计算一般只作为始发掘进阶段的参考值，后续正常掘进参数应根据始发掘进阶段的具体情况来确定盾构掘进的最佳参数。

7.1.2 土压平衡盾构平衡控制

在土压平衡盾构掘进过程中，可以通过地表变形情况、土仓压力、出土率和土压平衡比四种方法来控制，如表 7-1 所示。

表 7-1 土压平衡盾构平衡控制方法

控制方法	控制标准	平衡状态判别		控制值	实际值
		土仓压力状态	判别式		
地表变形	地表无变形	超压	地表隆起 $u>0$	明确	可测定
		平衡	地表无变形 $u=0$		
		欠压	地表沉降 $u<0$		
土仓压力	土压平衡时土仓压力 P_0	超压	$P>P_0$	可计算确定，但不明确	可测定
		平衡	$P=P_0$		
		欠压	$P<P_0$		
出土率	100%	超压	<1	可测定	难测定
		平衡	$=1$		
		欠压	>1		
土压平衡比	$(N/V)_b$	超压	$\left(\dfrac{N}{V}\right)<\left(\dfrac{N}{V}\right)_b$	可计算确定，较明确	可测定
		平衡	$\left(\dfrac{N}{V}\right)=\left(\dfrac{N}{V}\right)_b$		
		欠压	$\left(\dfrac{N}{V}\right)>\left(\dfrac{N}{V}\right)_b$		

1. 以地表沉降来控制

通过监测地表沉降来控制盾构进出渣平衡：当地表沉降大于零时，说明开挖面支护力小于静止土压力，土仓处于欠压状态；当时地表沉降小于零时，说明开挖面支护力大于静止土压力，土仓处于超压状态；理想状态下，地表沉降为零，说明开挖面支护力等于静止土压力。

然而，由于地层存在一定的自稳性，应力重分布和地层变形从开挖面传递到地表需要一定的时间，导致地表沉降往往存在滞后效应。因此，以地表沉降来控制土仓进排土往往难以起到良好的效果。但是，由于地表沉降直观，而且通过前期地表沉降时变规律分析和出渣量管理，现场往往通过地表沉降来控制土仓进排土。

2. 以土仓压力来控制

第 7.1.1 节详细介绍了土仓压力的计算依据，是为了平衡开挖面的水土压力。然而，由于开挖面水土压力计算理论存在一定的局限性，并且受刀盘形式、开口率、渣土状态等因素的影响，土仓压力设定难度大，其计算结果往往只能作为盾构始发掘进阶段参数值设定的依据，还得根据实际情况对其予以调整。

3. 以排土量来控制

控制排土量是盾构在土压平衡工况模式下工作时的关键技术之一。渣土的排出量必须与掘进的挖掘量相匹配，以获得稳定而合适的支撑压力值，使掘进机的工作处于最佳状态。

一般而言，出土量有体积衡量和质量衡量两种方式。①通过出土体积衡量的话，原地层土体在被盾构掘削开挖后应力释放，会变得松散，体积比原体积要大，要乘以一个松散系数来获得较为准确的排土量。松散系数是指土体开挖后的体积与开挖前原岩土的体积之比，不同地层的松散系数不同，一般通过现场实测来确定。②通过质量衡量的话，由于盾构掘进过程中，以渣土改良为目的会往刀盘前方和土仓内注入水和膨润土等改良剂，以及地层前方地下水的影响，通过质量衡量排土量也存在误差。较为合理的是通过质量和体积双重标准来对出土量进行衡量。土压平衡盾构土仓内的土体通过螺旋输送机排出，螺旋输送机一转出土量为：

$$Q_{实际} = \frac{\pi}{4}\eta\left(D_2^2 - D_1^2\right)P \tag{7-18}$$

式中：η——螺旋输送机出土效率，实际上，土体一般不能填充满叶片间的空隙，螺旋输送机一转实际出土量小于理论出土量 $Q = \frac{\pi}{4}\left(D_2^2 - D_1^2\right)P$，取 $\eta = Q_{实际}/Q$，成为螺旋输送机出土效率。

D_2——螺旋输送机螺纹外径；

D_1——螺旋输送机轴直径；

P——旋转翼片的间距。

螺旋输送机出土效率与掘进速度、螺旋输送机转速、土仓压力等都有关系。

土体的松散系数一般分为自然状态下松散系数 K_1 和压实后松散系数 K_2，它们的计算式如下：

$$K_1 = \frac{V_2}{V_1} \tag{7-19}$$

$$K_2 = \frac{V_3}{V_1} \tag{7-20}$$

式中：V_1——土在自然状态下的体积；

V_2——土挖出后松散状态下的体积；

V_3——土经压实后的体积。

根据土体的松散系数，可以计算得出盾构理论最大出土量 Q_{max} 和理论最小出土量 Q_{min}，其计算见式(7-22)和式(7-23)。

$$Q_w = \frac{1}{4}\pi D^2 VT \qquad (7-21)$$

$$Q_{max} = K_1 Q_w \qquad (7-22)$$

$$Q_{min} = K_2 Q_w \qquad (7-23)$$

式中：D——盾构开挖直径；

　　　V——盾构掘进速度；

　　　T——掘进时间；

　　　Q_w——盾构理论进土体积。

当开挖土体进入土仓后，其状态介于松散状态 Q_{max} 和回填压实状态 Q_{min} 之间，即 $Q_{min} < Q_P$（进入土仓的渣土体积）$< Q_{max}$。在实际工程中，出土量应控制在区间 $[Q_{min}, Q_{max}]$。否则，挖土量和出土量的不平衡会导致开挖面失稳。理论出土率用 $K = Q/Q_p$ 表示。由于出土量受地层松散系数、地下水或渣土改良等因素的影响，因此，通过控制出土量来实现出土率 = 1，施工现场往往难以做到。

4. 以土压平衡比来控制

根据文献[3]，土压平衡盾构在土层掘进 ds 的挤压量 dl 为：

$$dl = \left(1 - \frac{4K_e \eta kQn}{\gamma_0 V\pi D^2}\right)ds \qquad (7-24)$$

式中：K_e——出土中原状土所占比例；

　　　k——换算为重量的参数，与土层性质有关的参数；

　　　Q——螺旋输送机一转理论出土量；

　　　n——螺旋输送机转速；

　　　γ_0——土在天然状态下的容重；

　　　V——盾构推进速度；

　　　D——盾构开挖直径。

进一步推导可得到一个衡量土压平衡盾构掘进时盾构挤土的重要参数，称为挤压率 ε：

$$\varepsilon = \frac{dl}{ds} = 1 - \frac{4K_e \eta kn}{\gamma_0 V\pi D^2} \qquad (7-25)$$

盾构掘进时的出土率 e 为

$$e = 1 - \varepsilon = \frac{ds - dl}{ds} = \frac{4K_e \eta kn}{\gamma_0 V\pi D^2} = \frac{4K_e \eta k}{\gamma_0 \pi D^2}\left(\frac{N}{V}\right) \qquad (7-26)$$

当 $e = 100\%$ 时，盾构出土量与推进应该达到的出土量相等，盾构达到掘进的平衡状态。此时，螺旋输送机转速和掘进速度之比为：

$$\left(\frac{N}{V}\right) = \frac{\gamma_0 \pi D^2}{4K_e \eta k} \qquad (7-27)$$

式(7-27)为土压平衡比的表达式，当进出土平衡时，称为理想土压平衡比 $(N/V)_b$。在盾构掘进中，由于螺旋输送机转速与掘进速度简单易测，因此可以使用土压平衡比作为判断盾构是否偏离平衡状态的重要指标。当 N/V 小于理想土压平衡比时，盾构处于超推进状态，此时盾构应加大螺旋输送机转速；当 N/V 大于理想土压平衡比时，盾构处于欠推进状态，此时盾构应减小螺旋输送机转速。

以上四种盾构进出渣平衡控制方式，往往难以单一性地起作用，需要结合两者以上来指导盾构掘进参数设定。以地表沉降控制为目标，以出渣率控制为手段，协同土仓压力和土压平衡比控制来调整掘进参数，经过不断试验，最终获得理想盾构掘进参数。

7.1.3　掘进模式的选择

土压平衡盾构掘进有三种模式：敞开模式、气压辅助平衡模式和土压平衡模式。采取何种掘进模式的关键在于地层自稳性、渗透性、地下水和周边环境等情况。

1.敞开模式

该模式适用于自稳性良好的地层。该掘进模式类似于 TBM 掘进，盾构机切削下来的渣土进入土仓内即被螺旋输送机排出，土仓内仅有极少量的渣土，土仓基本清空。敞开式掘进模式是在非土压平衡的状态下掘进，土仓内的气压力为常压，不需要在土仓内建立土压或气压平衡来支撑工作面的土体压力和水压力，依靠地层强度来实现开挖面自稳和地层沉降控制。这种掘进模式具有较强的破岩能力，碎石通过刀盘上的开口进入土仓内，并在土仓的底部聚集，通过伸入土仓底部的螺旋输送机排出。敞开掘进模式控制流程如图 7-2 所示。

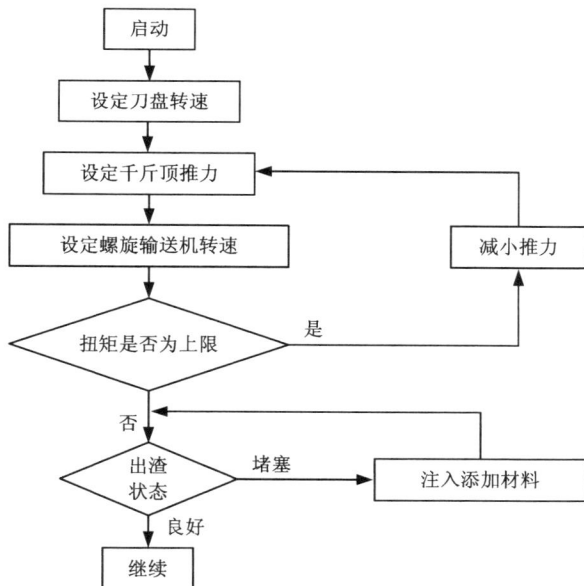

图 7-2　土压平衡盾构敞开掘进模式控制程序

2.气压辅助平衡模式

采用气压辅助平衡模式盾构掘进时，土仓内下部分是渣土，上部分是压缩空气，气压与开挖面水土压力保持平衡，以防开挖面坍塌和地下水涌出。相对于土压平衡模式，气压辅助平衡模式盾构掘进的破岩能力较好，掘进效率高，盾构刀盘扭矩小，而且刀具磨损小，结泥饼概率低。该掘进模式适用于具有一定自稳能力和地下水压力不高的地层，其防止地下水渗入的效果主要取决于压缩空气的压力，这种模式多用于上软下硬地层的施工。当气压辅助平衡模式盾构掘进中遇到富含地下水的地层、局部出现失稳塌陷的地层或者破碎带等不良地层时，应增大掘进速度以求快速通过，并暂时关闭螺旋输送机出土闸门停止出土，使土仓的下部充满渣土。同时，向开挖面和土仓注入适量的添加材料(如膨润土、泥浆或添加剂)和压缩空气，增加土仓内渣土的密实性。在压力作用下，添加材料会渗进开挖面前方地层，在开挖面上产生一层致密的泥膜，通过气压和泥膜阻止开挖面涌水和坍塌现象的发生。

3. 土压平衡模式

土压平衡盾构在开挖地层稳定性不好或有较多的地下水且渗透性强的软弱地层或穿越敏感性建(构)筑物区域，需采用土压平衡模式。盾构机在掘进开挖面前方土体的同时，使掘进下来的渣土充满土仓内；通过控制进土量和出土量的比例，使土仓内充满的渣土形成一定的压力，让土仓压力与隧道开挖面上的水、土压力实现动态平衡，这样开挖面上的土壤就不会轻易坍落，从而达到既完成掘进又不会造成开挖面土体失稳的目的。

采用土压平衡模式时，以齿刀、切刀为主切削土层，以低转速、大扭矩推进，土仓内压力值应略大于静水压力和地层土压力之和。在砂卵石等渗透性较强地层掘进时，需要添加泡沫剂、聚合物膨润土等，以改善渣土性能；也可在螺旋输送机上安装止水保压装置，使土仓内的压力稳定平衡。

7.2 泥水平衡盾构掘进

泥水平衡盾构是将水、黏土(多为膨润土)及添加剂混合制成的泥浆经输送管道泵入泥水平衡盾构的泥水仓中，待泥水充满整个泥水仓，然后盾构机的千斤顶向前推进，推力经仓内泥水传递到开挖面的土体上(此处以日系盾构为例，德系泥水平衡盾构则通过泥水仓后面的气仓来调节泥水仓压力)，泥水仓中的泥浆浓度和压力逐渐增大，并平衡于开挖面水土压力，在开挖面上形成泥膜或泥水压形成的渗透壁，对开挖面进行稳定挖掘。掘进中，刀盘旋转切削下来的渣土与地下水顺着刀盘开口流入泥水室中，经搅拌装置搅拌形成含切削渣土的高浓度泥水，然后经排泥泵送到地表的泥水分离系统。待土、水分离后，再把滤除渣土的泥水重新压送回泥水仓。如此不断循环，完成切削、排土和掘进。为了使开挖面保持相对稳定而不坍塌，进入泥水仓的泥水量和渣土量需保证与从泥水仓中排出的泥浆量相平衡，则开挖可顺利进行。除泥水仓压力外，泥水平衡盾构总推力、刀盘扭矩等掘进参数与土压平衡盾构具有较大的相似性，主要区别在于刀盘与密封仓内介质不同，在此不做赘述。以下主要对泥水仓压力及掘土量管理进行介绍。

7.2.1 掘进时切口泥水仓压力管理

掘进时的盾构切口泥水仓压力由地下水土压力和预留压力组成，其值应介于理论计算值上下限之间，并根据地表构筑物的情况和地质条件适当调整。切口泥水仓压力值计算类似于土压平衡盾构开挖面顶部的侧向压力计算，不同之处在于泥水处于完全流动状态，开挖面压力与隔板压力受刀盘开口率影响十分有限，因此认为隔板所检测的泥水仓压力等于开挖面压力。泥水仓压力理论值上限计算时应考虑静止土压力，而下限计算时应考虑主动土压力。预留压力是为了使泥水仓压力高于地下水土压力，以使泥水向土体渗透，填充其孔隙以形成泥膜，预留压力值要根据渗透系数、开挖面松弛状态、渗水量等进行设定，一般标准为 20 kPa。

泥水平衡盾构可根据泥水仓压力的管理方式分为直接控制型和间接控制型。直接控制型泥水平衡盾构(日系)在开挖面上用泥浆形成不透水的泥膜,通过该泥膜的张力保持泥浆压力,以平衡作用于开挖面的水土压力,然后利用循环悬浮液的体积对泥浆压力进行调节和控制;间接控制型泥水平衡盾构(德系)的泥水系统由泥浆和压缩空气双重回路组成,盾构通过调节气垫仓压力来间接调节泥浆支护压力,使之与开挖面的水土压力相平衡。

当盾构掘进时,有时由于泥浆流失或推进速度变化,进、排泥量会失去平衡,导致泥浆压力出现波动,而两类型泥水平衡盾构相比,间接控制型的气垫仓起缓冲层作用,压缩空气系统可以更精确地控制和调节压力,所以泥水仓内压力波动较小,盾构操作控制对开挖面地层支护更稳定,对地表变形控制也更有利。

此外,在掘进过程中如发现排泥不通畅,应转换至旁路状态,如发现吸口堵塞,必须进行逆洗清除障碍物。逆洗时应提高排泥流量,但不能降低切口泥水仓压力。盾构推进、逆洗和旁路三状态切换时的切口泥水仓压力偏差值均控制在 $-40 \sim +40$ kPa。

7.2.2　掘土量管理

因为泥水平衡盾构无法目视开挖面的稳定状况,所以多通过监测送排泥管上设置的流量计和密度计来控制盾构的掘土量,进而维持开挖面稳定。泥水平衡盾构掘土量控制方法分为容积控制法与干砂量控制法,相关掘土参数的测量方法如图 7-3 所示,统计对比掘土量、掘削干砂量的实测值和理论值可判断掘进是否正常。

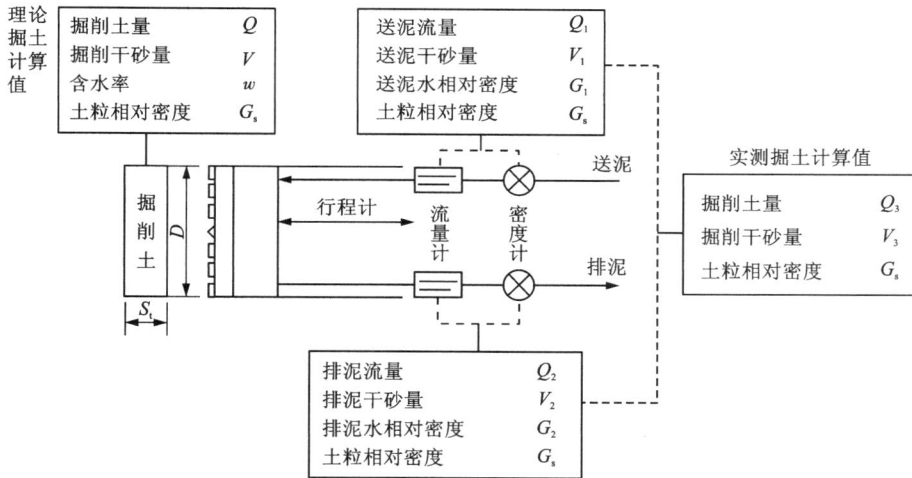

图 7-3　掘土参数测量方法[4]

1. 容积控制法

在不产生超掘的情况下,理论掘土体积可按下式计算:

$$Q = \frac{\pi}{4} \times D^2 \times S_t \qquad (7-28)$$

式中:Q——理论掘土体积,m^3;

D——盾构外径，m；

S_t——掘进行程，m。

实际掘土体积(在行程为 S_t 时)可用下式表示：

$$Q_3 = Q_2 - Q_1 \tag{7-29}$$

式中：Q_1——送泥量，m^3；

Q_2——排泥量，m^3；

Q_3——掘土体积，m^3。

对比 Q 与 Q_3，当 $Q>Q_3$ 时，可以判断泥水平衡盾构开挖面处于逸泥状态(泥水或者泥水中的水渗入地层)；当 $Q<Q_3$ 时，表示开挖面处于涌水状态(仓内泥水压低于地层水土压力，地层中地下水流入泥水仓)。当开挖面坍塌时，塌方体进入泥水中与泥水混合，但此时 Q 与 Q_3 并无变化，因此采用这种方法难以检测开挖面坍塌引起的超掘量。根据实践经验，在开挖面无坍塌的正常掘进状态下，出现逸泥状态的情形较多。

2.干砂量控制法

干砂量是地层或者输入、排出泥水中土颗粒所占的体积。另外，假定地层、输入泥水、排出泥水中土颗粒的密度相同，则理论掘削干砂量可按下式计算：

$$V = Q \times \frac{100}{100 + G_s w} \tag{7-30}$$

式中：V——理论掘削干砂量；

G_s——土颗粒相对密度；

w——地层的含水率，%。

送泥含水率和排泥含水率无法直接测量，因而可通过泥水的相对密度和土颗粒密度换算得到。其中送泥含水率可按下式计算：

$$w_1 = \frac{[100(G_s - G_1)]}{[G_s(G_1 - 1)]} \tag{7-31}$$

式中：w_1——送泥含水率，%；

G_1——送泥水相对密度。

送泥干砂量计算类似式(7-30)，但含水率要通过式(7-31)置换，计算式如下：

$$V_1 = \frac{Q_1(G_1 - 1)}{(G_s - 1)} \tag{7-32}$$

式中：V_1——送泥干砂量，m^3。

同理，排泥干砂量可按下式计算：

$$V_2 = \frac{Q_2(G_2 - 1)}{(G_s - 1)} \tag{7-33}$$

式中：V_2——排泥干砂量，m^3；

G_2——排泥水相对密度。

实际掘削干砂量可按下式计算：

$$V_3 = V_2 - V_1 = \frac{1}{G_s - 1}[(G_2 - 1) \times Q_2 - (G_1 - 1) \times Q_1] \tag{7-34}$$

式中：V_3——实际掘削干砂量，m^3。

式(7-34)计算结果是单位掘进行程结果,实际上应对掘进时间进行积分获得。经过对比 V 与 V_3,当 $V>V_3$ 时,可判定为逸泥状态,否则为超掘状态。

7.3　管片运输与拼装

7.3.1　管片的存储与运输

当存储管片时,既不能损伤管片及密封材料,也不能使管片遭受腐蚀,必须采取可靠的防护措施。混凝土管片重量大,容易产生损伤,在存储和运输过程中应密切注意。管片以单环管片块为单位进行叠放,宜内面朝上,呈船形堆放,如图 7-4 所示,管片之间应垫上枕木。另外,应采取措施避免雨水浸湿及避开日光直射,当贴附止水用的密封材料后存储在室外时,应利用薄膜进行防护。为了便于管片拼装及洞内外运输,每环管片存储时需做标识,否则可能会造成洞内拼装时管片块选择错误。

图 7-4　管片堆放

管片运输分为垂直运输和水平运输。管片一般依靠行车的吊运进行垂直运输,吊运至井下,然后使管片平稳地堆放在电机车托运的平板车上。管片水平运输依靠电机车进行水平运输,运输至车架内,井下施工人员使用车架内的单、双轨梁对管片进行吊运、安放。

7.3.2　管片拼装作业

1.管片拼装

盾构每推进一环管片宽度的距离后,迅速拼装管片成环。在纠偏或小半径曲线施工的情况下,有时采用通缝拼装,通常都采取错缝拼装。在管片拼装时,先安装拱底落底块管片,作为第一块定位管片,然后自下而上,左右交叉,对称依次拼装标准块和邻接块管片,最后纵向插入安装封顶块管片,封顶成环。封顶块安装前,应对止水条进行润滑处理。封顶块的插入方式包括径向插入、纵向插入以及径向插入结合纵向插入,最后一种方式结合了前两者的优点,故一般选择这种插入方式,封顶块管片先纵向搭接 2/3 管片长度,再径向推上,调整位置后缓慢纵向插入成环。管片块安装到位后,应及时伸出相应位置的推进油缸顶紧管片,其顶推力应大于稳定管片所需的力,然后可移开管片安装机。管片每安装一片,先人工初步紧固连接螺栓,紧固块间接头(环向),再紧固环间接头(纵向);安装完一环后,用风动扳手对所有管片螺栓进行紧固;盾构继续掘进,在盾构千斤顶推力、脱出盾尾后土(水)压力的作用下管片产生变形,拼装时紧固的连接螺栓会松弛,因此在管片环脱离盾尾后,应对管片连接螺栓进行二次紧固。管片拼装作业流程如图 7-5 所示。

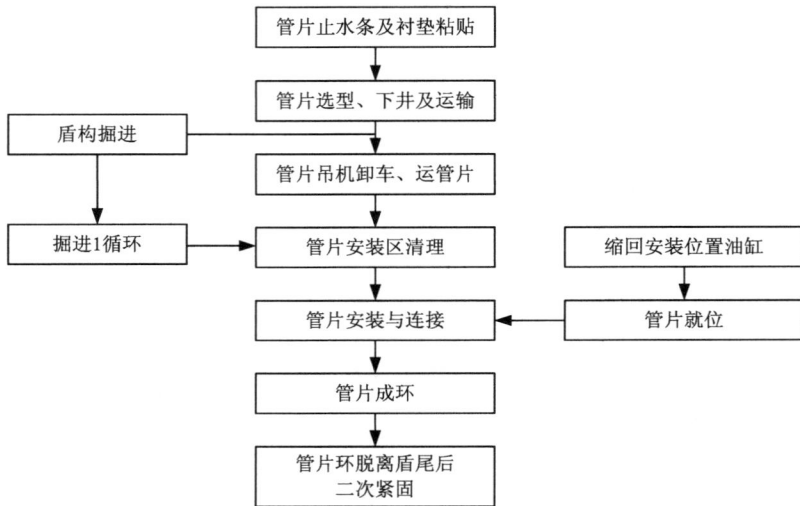

图 7-5 管片拼装作业流程[5]

2. 真圆保持

圆形管片环变形后的最大半径与最小半径之间的差值称为真圆度，真圆即真圆度为零的圆环。管片拼装保持真圆状态对确保隧道尺寸精度、提高施工速度与止水性、减少地层沉降非常重要。管片环从盾尾脱出后，管片受到自重和土压的作用会产生变形，当该变形量很大时，已成环管片与拼装环在拼装时就会产生高低不平，给安装纵向螺栓带来困难，因此从盾尾脱空到注浆浆体硬化到一定强度的过程中，可采用真圆保持装置。如图 7-6 所示，真圆保持装置支柱上装有可伸缩的千斤顶，上下两端装有圆弧形支架，该支架可在伸出梁上滑动。当一环管环拼装结束后，就把真圆保持装置移到该管环内，当支柱上的千斤顶使支架紧贴管环后，盾构就可以推进。然而，由于真圆保持装置占据一定的空间，对盾构机内作业、材料运输等方面产生一定的影响，因此在现场没有得到广泛应用。

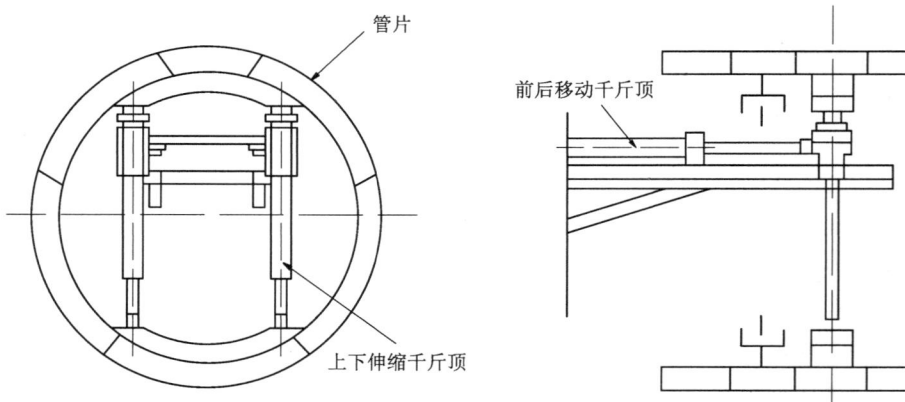

图 7-6 真圆保持装置示意图

7.3.3　管片排版

管片选型即根据隧道线路走向，通过管片型号和拼装位置的选择，以达到符合隧道线路要求的管片组合。管片选型正确与否、安装是否规范直接关系到管片是否出现错台、渗漏水、破损等现象。选型过程中主要考虑以下几点因素：管片排版、拼装点位、盾壳内壁与管片外壁之间的间隙厚度、推进油缸行程差和铰接油缸行程差。

1.管片排版

管片拼装时，通过转弯环与标准环的组合或采用通用楔形环来适应不同的曲线要求，转弯环和通用楔形环由于楔形量的存在，可在管片排版过程中实现纠偏或曲线拟合的功能。盾构隧道工程开工之前要根据设计线路对管片做一个统筹安排，通常把这一步骤叫管片排版。通过管片排版，掌握整个盾构隧道区间需要多少转弯环（包括左转弯、右转弯）、多少标准环以及曲线段上标准环、转弯环的布置方式。如图 7-7 所示，当曲线段施工时，采用标准环与转弯环配合形成曲线线路。注意排版时需模拟出联络通道和泵房位置，管片拼装到联络通道处时，点位要正好和设计点位符合，否则联络通道位置会被改变。

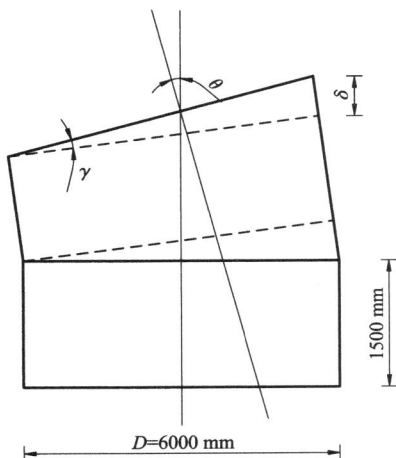

图 7-7　标准环与转弯环关系图

下面分别对圆曲线段和缓和曲线段上的管片排版方式进行介绍。

（1）圆曲线段的管片排版

首先计算转弯环偏转角：

$$\theta = 2\gamma = 2 \times \arctan(\delta / D) \tag{7-35}$$

式中：θ——转弯环的偏转角；

　　　δ——转弯环的最大楔形量的一半；

　　　D——管片直径。

根据圆心角的计算公式：

$$\alpha = \frac{180L}{\pi R} \tag{7-36}$$

式中：α——圆曲线对应的圆心角；

　　　L——该段线路的长度；

　　　R——曲线半径。

若将 $\theta = \alpha$ 代入，即可得出一环转弯环的偏转角所对应的的线路长度：

$$L = \frac{\theta \pi R}{180} \tag{7-37}$$

式中：L——一环转弯环的偏转角所对应的的线路长度。

上式表明，在半径为 R 的圆曲线上，每隔 L 要用一环转弯环，转弯环位置可随之确定。

整段圆曲线线路长需加设的转弯环数量可由下式得出：

$$N = \frac{L'}{L} \qquad (7-38)$$

式中：N——圆曲线所需转弯环数量；

L'——该圆曲线段线路长度。

按照这种方式可以算出任意转弯半径的理论管片排版。

（2）缓和曲线段的管片排版

①转弯环数量计算。

缓和曲线的基本要素有曲线半径 R、缓和曲线长度 L_s、缓和曲线对应的切线角 β，其相关关系如图 7-8 所示。

首先计算单条缓和曲线长对应切线角，根据缓和曲线上任一点处的切线角公式：

$$\beta = \frac{L^2}{2RL_s} \qquad (7-39)$$

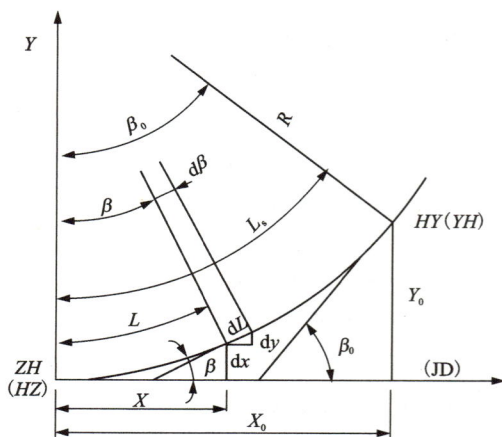

图 7-8　缓和曲线图

式中：β——缓和曲线上任一点处的切线角；

L——缓和曲线上任一点处的切线长；

L_s——单条缓和曲线长度；

R——曲线半径。

当 $L_s = L$ 时，即可得出：

$$\beta_0 = \frac{L_s}{2R} \qquad (7-40)$$

式中：β_0——单条缓和曲线长对应切线角。

在缓和曲线段内，单条缓和曲线切线角 β_0 与转弯环偏转角 θ 的比值即为曲线上所需转弯环的数量。

则单条缓和曲线需加设的转弯环数量可由下式求得

$$N = \frac{\beta_0}{\theta} \qquad (7-41)$$

式中：N——单条缓和曲线需加设的转弯环数量；

θ——转弯环的偏转角，计算同式（7-35）。

②转弯环位置确定。

考虑缓和曲线上任一点切线角 β 累计超过转弯环偏转角 θ 的一半时即应该放置一个转弯环管片，可以计算出当 $\beta = 0.5\theta$、1.5θ、2.5θ、3.5θ……时所对应的曲线长，即将每一个转弯环所对应的曲线长度逐一计算出来，再通过曲线位置计算出转弯环在线路上的具体里程，则转弯环的位置即可确定。下面通过一个具体案例加以说明。

【案例】

某一地铁右线隧道某段为缓和曲线，各曲线要素如表 7-2 所示，试确定该缓和曲线上所需转弯环数量和安装位置。所用转弯环关键技术参数如下：管片外径 $D=6000$ mm，楔形量为 38 mm。

表 7-2　各曲线要素

符号	量值	符号	里程
R	450	ZH	$K6+273.459$
L_s	60	HY	$K6+333.459$

解：

（1）转弯环数量计算

缓和曲线长对应切线角：$\beta_0 = \dfrac{L_\text{s}}{2R} = \dfrac{60}{2\times450} = 0.067$；

转弯环偏转角：$\theta = 2\times\arctan(\delta/D) = 2\times\arctan(19/6000) = 0.3629°$；

则所需转弯环数量：$N = \dfrac{\beta_0}{\theta} = \dfrac{0.067\times180}{0.3629\pi} = 10.58$。

由此可以看出，在该缓和曲线上需放 10.58 环转弯环管片，但是管片都要成环拼装，整条曲线的弯环数按取整数进行取舍，如果有不足一环的管片存在，可以多拼出一个转弯环，但不能少拼，因此此处取 11 环。

（2）转弯环拼装位置确定

计算出当 $\beta = 0.5\theta$、1.5θ、2.5θ、3.5θ……时所对应的曲线长，再通过曲线位置计算出转弯环在线路上的具体里程，如表 7-3 所示。从表 7-3 中可以清楚地看出每个转弯环管片准确的位置。

表 7-3　转弯环管片的位置

转弯环数	切线角 β	曲线上任一点到 ZH 点（或 HZ 点）的距离 L/m	转弯环位置对应的里程
1	0.5θ	13.077	$K6+286.536$
2	1.5θ	22.650	$K6+296.109$
3	2.5θ	29.241	$K6+302.700$
4	3.5θ	34.599	$K6+308.058$
5	4.5θ	39.232	$K6+312.691$
6	5.5θ	43.372	$K6+316.831$
7	6.5θ	47.150	$K6+320.609$
8	7.5θ	50.648	$K6+324.107$
9	8.5θ	53.919	$K6+327.378$
10	9.5θ	57.002	$K6+330.461$
11	10.5θ	59.927	$K6+333.386$

2. 拼装点位

为了使用管片成型的隧道能够达到很好的线形,完成隧道的左转弯、右转弯、上坡、下坡等功能,需要使用楔形量不同的管片,这就要求以转弯环封顶块拼装在不同的位置来达到此目的。拼装点位是指管片拼装时封顶块所在的位置。转弯环在实际拼装过程中,可以根据不同的拼装点位来控制不同方向上的偏移量;通过管片不同点位的拼装,可以控制盾构隧道的曲线走向。

常用的盾构隧道管片一般有 10 个拼装点位,如图 7-9 所示。对管片宽度为 1.5 m 而言,不同点位右转弯环计算楔形量结果如表 7-4 所示。

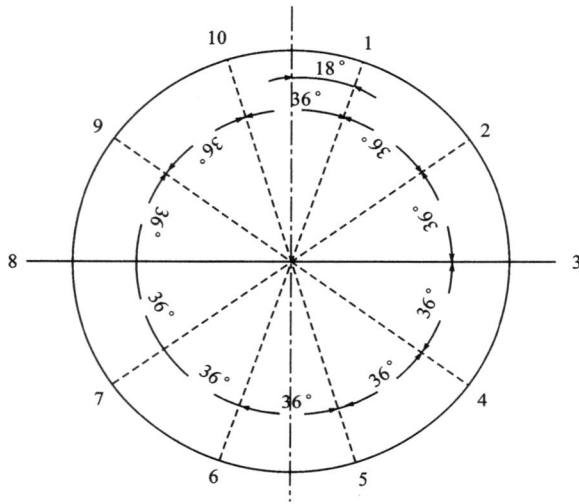

图7-9 管片拼装点位图

表7-4 右转弯环楔形量 单位:mm

点位	左侧长度	右侧长度	楔形量	上侧长度	下侧长度	楔形量
10 点	1518.24	1481.75	右弯 36.49	1491.91	1508.09	上弯 16.18
1 点	1518.24	1481.75	右弯 36.49	1508.09	1491.91	下弯 16.18
2 点	1512.56	1487.43	右弯 25.13	1516.04	1483.96	下弯 32.08
9 点	1512.56	1487.43	右弯 25.13	1483.96	1516.04	上弯 32.08
8 点	1500.00	1500.00	0	1481.00	1519.00	上弯 38.00
3 点	1500.00	1500.00	0	1519.00	1481.00	下弯 38.00

3. 盾壳内壁与管片外壁之间的间隙厚度

如果盾壳内壁与管片外壁之间的间隙厚度过小,盾壳上的力直接作用在管片上,则盾构机在掘进过程中盾尾将会与管片发生摩擦、碰撞,轻则增加盾构机向前掘进的阻力,降低掘进速度,重则造成管片错台。另外,如果盾构一边间隙过小,另一边相应过大,这时盾尾刷密封效果降低,在注浆压力作用下,水泥浆很容易渗漏出来,破坏盾尾的密封效果。

管片选型时，应在每次安装管片之前，对管片的上、下、左、右四个位置进行测量，如发现有任意方向上的盾壳内壁与管片外壁之间的间隙厚度接近 50 mm，应用楔形环对该间隙进行调节（在盾构掘进过程中，应及时跟踪该间隙，发现有变小趋势时，应通过千斤顶推力来调整间隙）。调整的规则是哪边的间隙过小，就选择拼装反方向的楔形环。

4. 推进油缸行程差和铰接油缸行程差

盾构机是依靠推进油缸顶推在管片上所产生的反力向前掘进的。把推进油缸按上、下、左、右四个方向分成四组，每个掘进循环这四组油缸的行程差值反映了盾构机与管片之间的空间关系，可以看出下一掘进循环盾壳内壁与管片外壁之间的间隙厚度的变化趋势。当管片平面不垂直于盾构机轴线时，各组推进油缸就会有差异，当这个差值过大时，推进油缸会在管片环的径向产生较大的分力，从而影响拼装好的隧道管片以及盾构机掘进姿态。如图 7-10 所示，从中可以看出如果继续拼装标准环的话，下部的间隙将会进一步缩小。

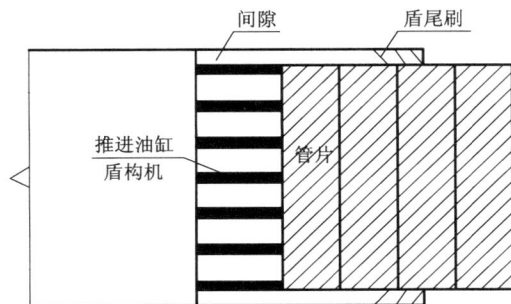

图 7-10　盾构机与管片、推进油缸关系图

通常以各组油缸行程差值的大小来判断是否拼装楔形环，即在两个相反的方向上的行程差值超过一定值（一般为 40 mm）时，就应该拼装楔形环进行纠偏。

目前，地铁盾构工程中大多采用的是铰接式盾构机，即盾构机不是一个整体，而是在盾构机中体与盾尾之间采用铰接油缸进行连接，这样就更加有利于盾构机在曲线段的掘进及盾构机的纠偏。当铰接油缸的上下或左右的行程差值较大时，盾构机中体与盾尾之间产生一个角度，这将影响到推进油缸行程差的准确性，此时应当将上下或左右的推进油缸行程差值减去上下或左右的铰接油缸行程的差值，最后的结果即可作为管片选型的依据。

7.3.4　管片拼装误差及其控制

1. 盾构姿态控制

（1）基本原则

以隧道轴线为目标，根据自动测量显示的轴线偏差和偏差趋势，把偏差控制在设计范围内，同时在掘进过程中进行盾构姿态调整确保不破坏管片，即保头护尾。

（2）盾构方向控制

方向控制是指及时纠正盾构机推进过程中产生的方向偏离，使推进方向时刻与计划路线保持一致。通过分组油缸的推进力和推进行程，实现盾构的左转、右转、抬头、低头和直行。例如，当盾构机抬头时，可加大上部千斤顶的推度进行纠偏；当盾构机叩头时，可加大下部千斤顶的推度进行纠偏。当盾构机向左偏时，加大左侧千斤顶推度；当盾构机向右偏时，则加大右侧千斤顶推度。方向控制包含以下要点：

①控制基点：以盾尾位置为控制基点。

②调节量控制：一环掘进调节 5 mm 以下较为合理，线性最佳。

③趋势调节：趋势调节不能变化太大，避免急于纠偏。

（3）盾构机滚动控制要点

①改变刀盘旋转方向。

②改变管片拼装左右交叉先后顺序。

③调整两腰推进油缸轴线，使其与盾构机轴线不平行。

④当旋转量较大时，可在切口环和支撑环内单边加压重。

2. 管片拼装允许偏差

盾构姿态是为满足盾构机掘进的施工需要，由自动测量系统或人工测量系统经过测量或计算所得到的盾构机主机偏离设计轴线的状态，其主要参数有水平偏差、垂直偏差（俯仰角）、旋转角、铰接行程等。水平偏差反映盾构机在水平方向上偏离设计轴线的平曲线情况；垂直偏差（俯仰角）反映盾构机在竖直方向上偏离设计轴线的竖曲线情况；旋转角反映盾构机自身的旋转情况。盾构机偏离设计轴线的程度直接反映了已成型隧道偏离设计轴线的程度，盾构姿态的好坏反映了隧道施工质量的好坏。拼装管片时，各管片连接面要拼接整齐，连接螺栓要充分紧固。管片不得有内外贯穿裂缝和宽度大于 0.2 mm 的裂缝及混凝土剥裂现象。

《盾构法隧道施工及验收规范》（GB 50446—2017）[6]对隧道轴线和高程允许偏差和检验方法做出了规定，如表 7-5 所示。另外，施工中管片拼装允许偏差和检验方法如表 7-6 所示。

表 7-5　隧道轴线和高程允许偏差和检验方法

检验项目	允许偏差/mm						检验方法	检验数量	
	地铁隧道	公路隧道	铁路隧道	水工隧道	市政隧道	油气隧道		环数	点数/(点·环⁻¹)
隧道轴线平面位置	±50	±75	±70	±100	±100	±100	用全站仪测中线	逐环	1
隧道轴线高程	±50	±75	±70	±100	±100（隧道底高程）	±100	用水准仪测高程	逐环	

注：本表中市政隧道包括给水排水隧道、电力隧道等。

表 7-6　管片拼装允许偏差和检验方法

检验项目	允许偏差						检验方法	检验数量	
	地铁隧道	公路隧道	铁路隧道	水工隧道	市政隧道	油气隧道		环数	点数/(点·环⁻¹)
衬砌环椭圆度/%	±5	±6	±6	±8	±5	±6	断面仪、全站仪测量	每 10 环	—
衬砌环内错台/mm	5	6	6	8	5	8	尺量	逐环	4
衬砌环间错台/mm	6	7	7	9	6	9	尺量	逐环	

3. 盾构纠偏

为控制隧道的施工质量，《盾构法隧道施工及验收规范》（GB 50446—2017）[6] 规定，当盾构壳体滚转角达到 3°，或者盾构轴线偏离隧道轴线达到 50 mm，应及时予以逐步纠正。盾构纠偏就是指如何合理进行掘进参数控制，使盾构机沿着设计隧道轴线前进，当盾构轴线偏离设计轴线时又应如何操作使其尽快回到设计轴线上来。如果发现施工中管片拼装偏差超标，盾构纠偏应及时连续。纠偏必须有计划、有步骤地进行，盾构机的纠偏要点如下：

①盾构机在每环推进的过程中，应尽量将盾构机姿态变化控制在±5 mm 以内。

②应根据各段地质情况对各项掘进参数进行调整。

③尽量选择合理的管片类型，避免人为因素对盾构机姿态造成过大的影响。严格控制管片拼装质量，避免由此而引起的对盾构机姿态的调整。

④注意控制盾构机的滚角值。

⑤在纠偏过程中掘进速度要放慢。

⑥当盾构机偏离理论较大时，纠偏和俯仰角的调整力度控制在 5 mm/m，不得猛纠猛调。

⑦纠偏时要注意盾构机姿态，控制在设计轴线中心±20 mm 以内，间隙要均匀平衡。

7.4　盾构开仓换刀

7.4.1　开仓换刀原因

盾构机在孤石、砂卵石、硬岩地层中长时间施工后，刀具会有极大磨损，如果不及时进行刀具更换处理，在极端情况下会导致刀盘报废的严重后果。当盾构机在复杂地层中掘进时，盾构机的耐久性极为重要，而影响盾构机耐久性最重要的因素就是切削刀具的耐久性。在实际工程中，尤其是长距离穿越上软下硬的土岩复合地层时，切削刀具的磨耗破损、脱落等现象频繁发生[7, 8]，这不仅会导致盾构机掘进速度降低，刀盘旋转负荷上升，严重时还会导致盾构机被迫停机，而不得不进行开仓检查或维修，大大延长工期长度，增加施工成本[9, 10]。因此，及时进行开仓换刀是必要的工作。

盾构机在掘进过程中如果发现渣温过高、扭矩增大、推力增大、掘进速度减慢等参数异常情况，应在稳定掌子面的情况下进行刀具检查，对确实需要换刀检修的刀具应组织专家会审，确定合理的换刀点进行换刀检修。在不同的地质条件下，换刀点的选择和施工管控工作是确保安全换刀的重要环节，以下将对两种不同换刀方式进行讲解说明。

7.4.2　开仓换刀方法

1. 常压开仓换刀

常压开仓换刀是指施工人员在常压下由通道进入装有磨损刀具的主刀臂内，利用液压油缸并配合刀腔闸板，在常压条件下将刀具从刀腔内抽出，待对刀具进行必要的检查与更换后，将刀具装回，实现常压刀具更换。相比于带压开仓换刀方式，在开挖面地层稳定的条件下，常压开仓换刀技术具有成本低、安全高效、施工快速等特点，能够保持换刀作业时掌子面的安全稳定，同时避免带压作业给施工人员的健康造成危害。因此，开挖面地层稳定的条件下，常压开仓换刀成为盾构施工换刀作业的首选方式。常压开仓换刀空间示意如图 7-11 所示。

该技术安全性较高,工艺相对成熟,一般适用于地层条件较好,或者具备地层加固条件[地面建(构)筑物较少或者无大量水体的地段]的工程。但是因其工期相对较长,且容易受到隧道上部环境限制,在地表建构筑物密集或者水下隧道等不具备地层加固条件的工程并不适用。

2. 带压开仓换刀

带压开仓换刀是指在刀盘前方掌子面形成优质泥膜,保证刀盘前方周围地层稳定,气泡仓和开挖仓满足气密性要求,气泡仓和开挖仓下部通过前闸门连通,上部压缩气体连通,在开挖仓内,通过压缩气体来平衡刀盘前方水、土压力,达到稳定掌子面和防止地下水渗入的目的,作业人员在气压条件下,通过气泡仓和开挖仓之间的人闸门安全地进入开挖仓内进行检查、维修保养及更换刀具等作业。带压开仓换刀空间示意如图 7-12 所示。

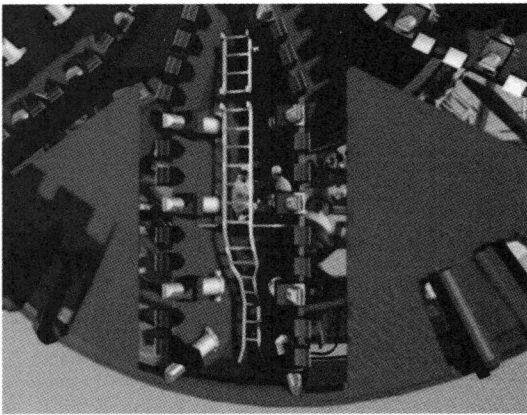

图 7-11 常压开仓换刀空间示意图

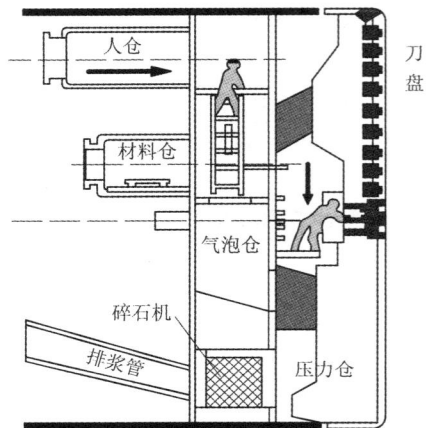

图 7-12 带压开仓换刀示意图

带压开仓换刀技术一般适用于盾构需长距离穿越江河湖海、下穿密集建筑物群、地下水丰富且刀盘掌子面不具备自稳能力等无法实施敞开式作业的复杂地质隧道工程。实施带压地段刀盘前方周围地层要保证不发生大的气体泄露或该段地层经加固处理后达到带压作业所需的气密性要求,刀盘前方没有股状流水或经加固后刀盘前方没有股状水。

7.4.3 开仓换刀工艺

1. 常压开仓换刀施工工艺

盾构常压开仓换刀作业应选取区间地质情况好,地层自稳性强且天然含水量少的地段进行,若地质条件较差,但仍需开仓时,必须在盾构机到达换刀位置前进行地基加固。常压开仓换刀施工工艺的具体施工流程如图 7-13 所示。

常压开仓换刀常见问题及处理:

①土仓内有人员工作时,除操作室内有人员值班外,一定要按下刀盘急停按钮,以防操作失误引发事故。

②需要旋转刀盘时,土仓内的人员必须全部撤离土仓后才允许旋转刀盘。

③有毒气体的检测工作除工作内容更改时进行检测外,在正常换刀过程中每隔 1 h 要测一次,并做好相关的记录。

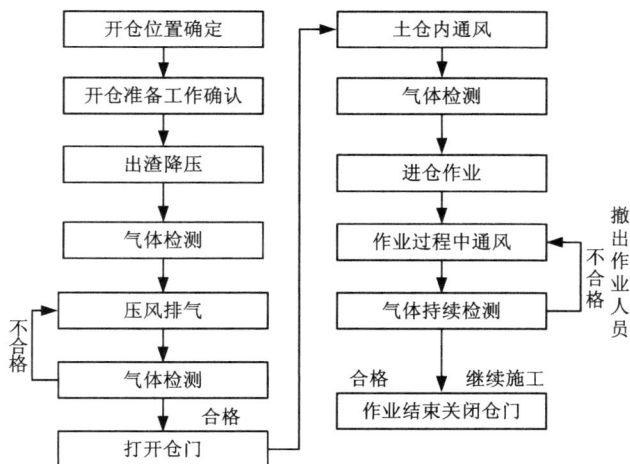

图 7-13 常压开仓换刀施工流程图

④刀具在土仓内水平运输时，绝不允许操作人员站在正在运输的刀具下方。

⑤刀具的吊装和定位必须使用抓紧钳等吊装工具。所有用于吊装刀具的吊具和工具都必须经过严格检查。

2. 带压开仓换刀施工工艺

对刀盘前方地层加固处理后，在保证刀盘前方周围地层和土仓满足气密性要求的条件下，通过在土仓建立合理的气压来平衡刀盘前方水、土压力，达到稳定掌子面和防止地下水渗入的目的，为在土仓内维修作业创造工作条件。带压开仓换刀施工工艺的具体施工流程如图 7-14 所示。

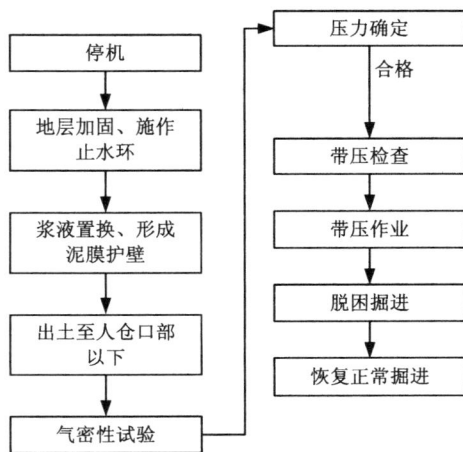

图 7-14 带压开仓换刀施工流程图

带压开仓换刀常见问题及处理：

①带压换刀前，必须通过压气试验检查地层气密性，当发生漏气或泄压时，应注浆对地层进行加固。

②换刀作业前，通过施作止水环，封闭管片后方来水。

③带压作业前，必须保证带压设备完好，管路无漏气，盾构机上必须配备备用空压机及发电机。

④降压操作过程中通常会出现土仓门漏气现象，造成人仓气压降不到 0 bar，现场实践得出若降压后气压能小于 0.3 bar 则为安全，若气压降不到 0.3 bar 以下，则需要带压进行土仓门密封的处理。

7.5 联络通道施工

7.5.1 联络通道的功能

根据城市地铁隧道消防施工要求，区间内应设置联络通道，在发生灾难的时候，方便乘客通过联络通道进行紧急避险。联络通道的位置一般处于各段区间隧道的中间段，在实际工程中，常将其与地下泵站的建设相结合，采用合并建设的模式。

因此，联络通道一般设置在地铁区间中间，起连通、排水及防火等作用。联络通道根据其设计形式主要有单洞联络通道及联络通道兼做泵房两种形式。具体的地铁联络通道示意如图 7-15 所示。

图 7-15　地铁联络通道示意图

7.5.2 联络通道的施工方法

主体隧道一般采取矿山法或盾构法进行施工。联络通道的建设通常在主体隧道建设完成后进行，所以其在施工过程中不可避免地会对主体隧道和周围的环境产生影响，直接关系到主体隧道的施工质量。因此，联络通道的施工不仅要考虑自身结构和地面建筑物的安全，而且要确保主隧道的稳定。但其安全防护系统远不如主隧道完备，尤其在周围地层为透水性强、承载力低的软土时，必须对施工区域土体进行加固，从而保证施工安全，减小对周围环境的影响。

在地铁修建的 100 多年以来，区间联络通道因不同地质及施工要求，产生了许多施工方法。当前联络通道施工方法以矿山法、顶管法、冷冻法等为主。其技术最早被应用于少数几个工业发达的国家，如 19 世纪的英国、德国和 20 世纪的德、日、美、法等国。我国联络通道施工技术受到经济发展的限制，发展较为缓慢，应用也相当有限。进入 20 世纪 90 年代后，我国开始大规模地引进、应用国际先进的盾构施工技术和设备,地铁工程在一些城市得到了快速建设,所涵盖的联络通道工程也相应得以快速发展。

1. 矿山法

矿山法建造联络通道,一般适用于围岩稳定性较好、地下水位较低(或已采取降水施工)的地层。为确保开挖安全和稳定,在施工联络通道时,需采取隧道内支撑,并安装应急安全防护门。在施工准备工作做好后,根据探孔情况,可先拆除一片钢管片,观测工作面情况,认为可行后,拆除剩余钢管片。通道开口处管片拆除后,采用矿山法进行联络通道的开挖与支护,并根据使用功能进行泵房的建造。

矿山法建造联络通道施工工艺的具体施工流程如图 7-16 所示。

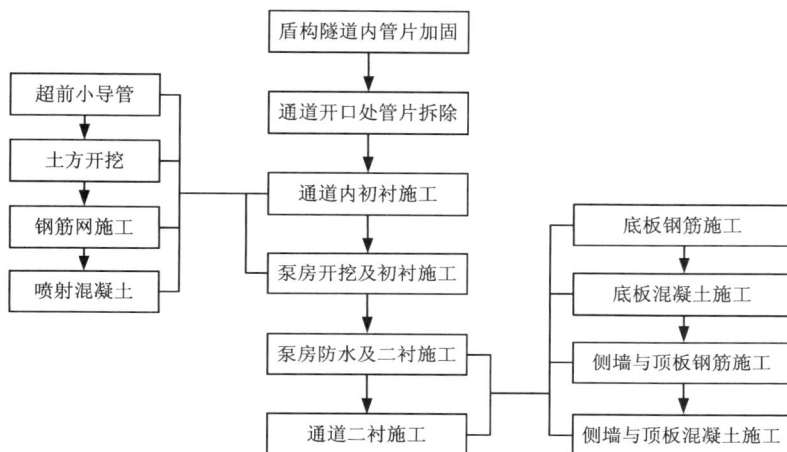

图 7-16 矿山法联络通道施工流程图

2. 顶管法

顶管法是广泛应用于软土地区地下通道、综合管廊等短距离隧道的成熟技术,上海、南京、无锡等少数地铁隧道工程中也有采用顶管法建造联络通道的施工案例。其具体做法是首先在联络通道位置的钢管片上开孔对地层进行注浆加固,待加固体达到设计强度后,再逐渐打开钢管片进行顶管推进;顶管推进通过建立顶推平台,将预制联络通道管片逐环顶推拼装,直至通道贯通。

顶管法建造联络通道施工工艺的具体施工流程如图 7-17 所示。

3. 冷冻法

冷冻法联络通道的工法原理是将冷盐水通过一根根打入土层的管道灌入土层,不断循环,把土层中的热量带出来,使土层慢慢降温,最后土层温度可降到零下 28℃ 到零下 30℃,使富水地层形成冻土帷幕,然后采用矿山法进行联络通道施工。冷冻法联络通道施工工艺主要适用于对通过断层破碎带、流砂层、淤泥层等易坍塌且富含水的隧道地层加固。

冷冻法建造联络通道施工工艺的具体施工流程如图 7-18 所示。

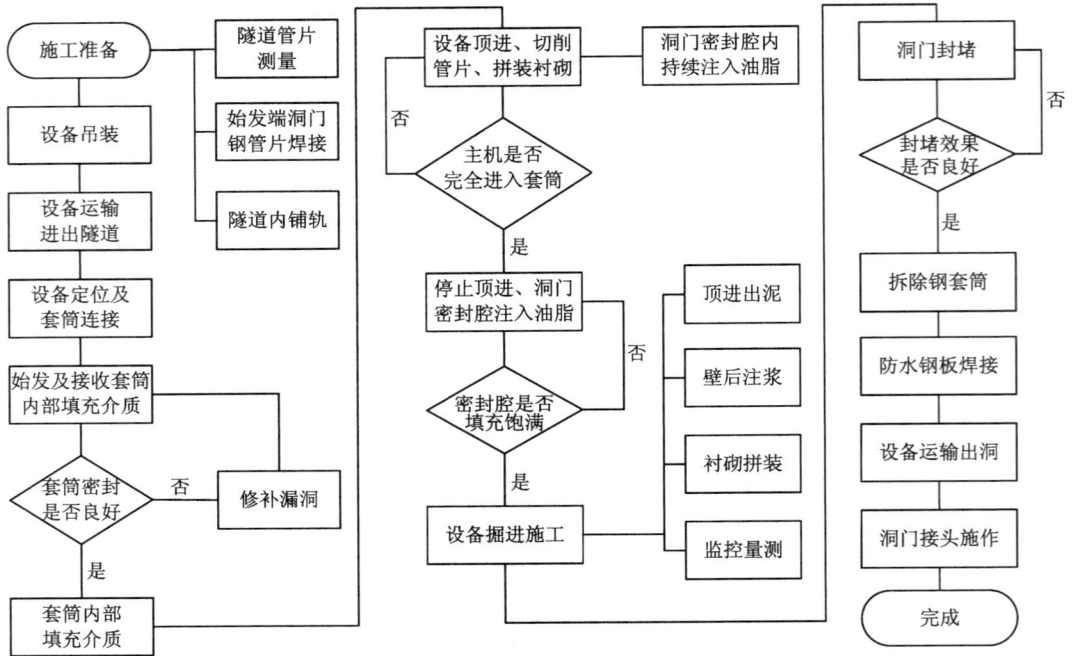

图 7-17　顶管法联络通道施工流程图

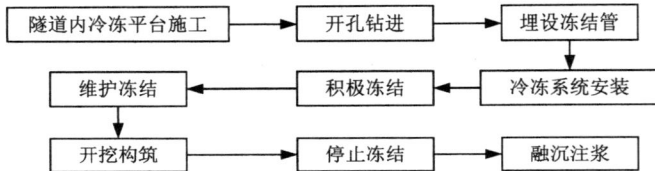

图 7-18　冷冻法联络通道施工流程图

7.6　监控量测

盾构隧道监控量测应根据施工环境、工程地质条件、水文地质条件、掘进指标等因素确定方案。盾构隧道监测内容包括隧道结构、附属结构、周围岩土体及周边环境的监测。监测工作应贯穿盾构隧道整个施工过程,当隧道完成贯通且周围岩土体和周边环境变形趋于稳定时,可结束监测工作。监测项目应符合现行国家标准《盾构隧道工程设计标准》(GB/T 51438—2021)[11]的规定,如表 7-7 所示。当监测数据达到预警标准或实测变形值大于允许变形的 2/3 时,应进行警情报送。

表 7-7　监控量测项目

类别	监测项目
必测项目	地表隆起或沉降
	隧道竖向位移、水平位移和净空收敛
	临近建(构)筑物竖向位移、裂缝
	地下管线变形
选测项目	地层位移(包括垂直和水平)
	地层压力
	地下水位、空隙水压力
	管片结构应力

注：①隧道竖向位移包括隧道沉降和上浮；②邻近建筑物竖向位移包括整体沉降、整体倾斜和局部倾斜；③对于特殊性岩土地层的盾构隧道，应根据特殊性岩土地层的工程特点和监测项目进行调整。

7.6.1　隧道环境监控量测

隧道环境监控量测包括线路地表沉降量测、沿线邻近建(构)筑物变形量测以及地下管线变形量测等。线路地表沉降量测应沿线路中线按断面布设，观测点埋设范围应能反映变形区域变形状况，可参考相关要求设置监测断面，如表 7-8 所示。在地表建(构)筑物、地下物体较少地区的断面设置可放宽。沿线邻近建(构)筑物变形量测应根据结构状况、重要程度、影响大小有选择地进行变形监测。对于地下管线变形量测，有条件的应直接在管线上设置观测点。盾构穿越地面建筑物、铁路、桥梁、管线等时除对穿越的建(构)筑物进行特别观测外，还应增加对其周围土体的变形监测。隧道环境的监控量测，应在施工前进行初始观测，直至观测对象稳定时结束，监测的横断面宽度应大于变形影响范围。

盾构隧道工程的监测范围不应小于隧道正上方隧道轴线两侧地表沉降曲线边缘 $2.5i$ 处之间的距离[11]，如图 7-19 所示。但是当隧道周边的地层情况较差时，应根据工程经验扩大监测范围。

表 7-8　观测点埋设范围　　　　　　　　　　　　　　　　　　　　单位：m

隧道埋设深度	观测点纵向间距	观测点横向间距
$H>2D$	20~50	7~10
$D<H<2D$	10~20	5~7
$H<D$	3~10	2~5

1.监测的主要内容和测点布设

（1）地表变形监测

为了保证盾构施工时地面安全，应加强地面沉降点监测。首先在隧道沿线，地表影响范围外布设监测基准点，基准点按照国家二等水准观测的技术要求实施。然后根据规范要求在

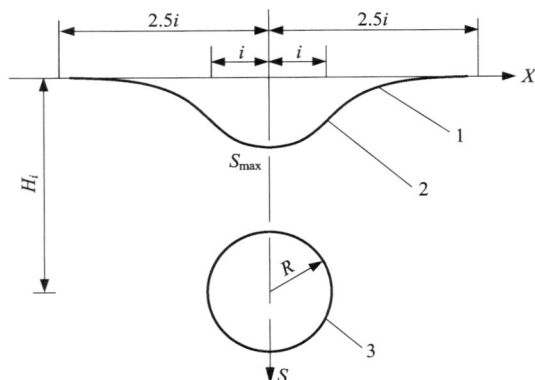

1—沉降曲线；2—反弯点；3—隧道；i——地表沉降曲线 Peck 公式中的沉降槽宽度系数；
H_i——隧道中心埋深；S_{max}——隧道中线的地面沉降。

图 7-19　盾构隧道地表沉降曲线

隧道的上方沿隧道方向每间隔 50 m 布置一个横向地表变形监测断面，断面垂直于线路方向，监测断面内监测点布置在隧道中线两侧 30 m 范围内的地面上，每个监测断面布设 13 个测点，如图 7-20 所示。此外，在隧道中线方向上每 10 m 布置一个纵向地表监测点。

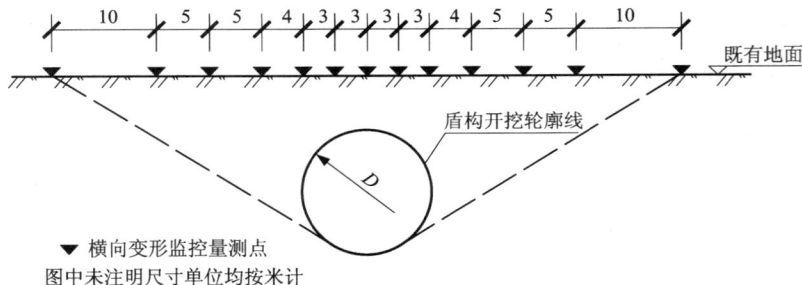

▼ 横向变形监控量测点
图中未注明尺寸单位均按米计

图 7-20　隧道横向地表变形监测点布置示意图

（2）洞外观察

洞外观察的内容主要包括地表开裂、地表隆沉、建（构）筑物开裂、倾斜、沉降等状况的观察和记录，根据周边环境状况确定观测频率，且不少于 1 次/d。

（3）周边建（构）筑物监测

周边建（构）筑物监测包括沉降监测、倾斜监测和位移监测，采用电子水准仪或全站仪及测缝计进行量测。建（构）筑物监测点布置在其结构外墙四角和受力结构柱处，对低于 5 层（含 5 层）的邻近建筑物，可只在底层布置测点；对高于 5 层的建筑物，在建筑物的底部、中部及上部四角埋设位移测点；建筑物边长超过 50 m 时，在边长中部约按 10 m 布置 1 个测点。倾斜监测仅对 8 层以上高层建筑物进行监测。对距离隧道中线 30 m 以下的建筑物应布置测点纳入监测范围。

（4）深层土体位移监测

深层土体位移监测是为了监测分析盾构隧道施工过程中引起的土体变形及其规律，分析隧道掘进时引起土体变形的大小、范围及对周边环境的影响，提前预测周边敏感建筑物的变形。根据隧道与建筑物的相对位置关系，采用断面形式布置测斜管，每个断面布设 1~4 个检测孔，位于隧道一侧的检测孔深度与隧道结构底部同深，隧道中线处监测孔高于隧道外轮廓不小于 1 m。监测孔内竖向每隔 1 m 测量一次深层土体位移，深层土体变形位移监测布置剖面图如图 7-21 所示。

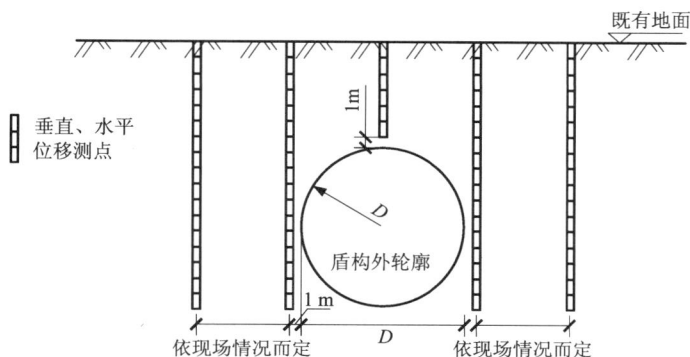

图 7-21　深层土体变形位移监测布置剖面图

采用电子水准仪按照二等水准测量要求测定孔口标高，通过侧斜仪观测各层深度处水平位移。埋设沉降标志，通过分层沉降仪测定孔内沉降标志的沉降。

（5）地下水位监测

地下水位实行全程监测，但间距可适当增大。地下水位监测孔位于隧道结构外侧不小于 3 m 处，孔底位于隧道结构底 3 m 处。钻孔内设置水位管，利用水位计对地下水位进行量测的方法测试。

（6）地下管线变形量测

地下管线变形量测包括水平位移和垂直位移量测。在隧道施工前应对隧道穿越地区进行详细的地下管线调查，并对重要的地下管线进行监测。根据已有资料标出隧道周边的地下管线分布及测点布设情况，原则上按照地表沉降的监测范围对隧道中线两侧各 30 m 范围内的既有管线进行监测，尤其将上水管、煤气管等有压管道作为重点监测管线，一般在管线接头部位布设测点，其余段按管线长度方向每隔 10 m 布设一个监测点，采用电子水准仪或全站仪监测。根据具体的管材、接头方式及其内部压力等具体情况和相关规范要求，地下管线变形量测采用直接法和间接法相结合的方式进行。原则上地下管线的变形量测应直接在管线上设置观测点进行监测，当无法直接进行观测时应去除其覆盖土体进行观测或监测管线周围土体变形。当采用间接法监测管线周围土体变形来反映管线变形时，监测点应埋入土中距管线距离不大于 0.5 m 处且应与管线底同深。

2. 施工监测控制精度和监测频率

（1）施工监测控制精度

监测基准点按国家二等水准的技术要求进行测量：基辅分划读数差 $M \leqslant 0.5$ mm；每站高

程中误差 $M \leq 1.0$ mm；往返较差成环线闭合差 $M \leq 8L$（mm）或 $0.8n$（mm）。每次沉降观测时，对工作基点进行检核，基准网定期检测，每隔三个月检测一次。

施工监测控制精度采用二等水准高程测量的方法，由精密水准网向各监测点引测高程，测得各监测点上高程变化值。要求精度：基辅读数差 $\Delta h \leq 0.5$ mm，转站高差中误差 M 站 $\leq \pm 1.0$ mm，相邻基准点测量闭合差 $\Delta h \leq 1.0$ mm 或 $0.6n$（mm）。

（2）监测频率

根据《盾构法隧道施工及验收规范》（GB 50446—2017）[6]，监测频率如表 7-9 所示。

表 7-9　监测频率

监测部位	监测对象	开挖面与监测点或监测断面的距离	监测频率
掘进面前方	周围岩土体和周边环境	$5D<L \leq 8D$	1 次/（3~5 d）
		$3D<L \leq 5D$	1 次/（2 d）
		$L \leq 3D$	1 次/d
掘进面后方	隧道结构、周围岩土体和周边环境	$L \leq 3D$	1~2 次/d
		$3D<L \leq 8D$	1 次/（1~2 d）
		$L>8D$	1 次/（3~7 d）

注：①D 为隧道开挖直径，m；L 为掘进面与监测点或监测断面的水平距离，m；②隧道结构位移、净空收敛在衬砌环脱出盾尾且能通视时进行监测；③监测数据趋于稳定，监测频率宜为 1 次/（15~30 d）。

3. 变形控制标准

（1）隧道周边建筑物变形控制标准

建筑物裂缝宽度控制标准为 1.5 mm，且每两次监测期间裂缝发展不超过 0.1 mm，建筑物最大沉降累计值按 20 mm 进行控制。

砌体承重结构房屋基础局部倾斜不得大于 0.002；混凝土框架结构相邻柱基的沉降差不得大于 0.002 倍的柱间距；$H_g \leq 24$ m 的高层整体倾斜不得大于 0.004；24 m$<H_g \leq 60$ m 的高层整体倾斜不得大于 0.003；$H_g>60$ m 的高层整体倾斜不得大于 0.0025（H_g 为自室外地面起算的建筑物高度）。

当隧道施工对周边建筑物的影响不到以上标准的 50% 时，隧道正常施工。

当隧道施工对周边建筑物的影响大于以上标准的 50% 时，加密监测频率，及时跟踪注浆。

当隧道施工对周边建筑物的影响大于以上标准的 75% 时，应在现设计基础上再及时增加保护措施。

当隧道施工对周边建筑物的影响达到以上标准时，启动紧急预案，必要时疏散民众。

（2）地表变形控制标准

地表变形应按照如下标准进行控制：

当地表隆起值不大于 10 mm，沉降值不大于 30 mm 时，隧道正常施工；当地表隆起值为 10~15 mm，沉降值为 30~40 mm 时，加密监测频率，密切注意施工过程；当地表隆起值不小于 15 mm，沉降值不小于 40 mm 时，隧道施工暂缓，进行施工检查，启动紧急预案。

（3）深层土体变形控制标准

深层土体变形监测作为一种辅助手段，可根据深层土体变形值推测邻近建筑物桩基变形，以 10 mm 作为控制标准。

当变形量测值超过控制标准时，应对周边监测项目进行加密观测，及时跟踪注浆，如果量测值持续增大，应结合建筑物监测进行分析，隧道施工暂缓，进行施工检查，待变形稳定后正常掘进。

（4）地下水位、管线位移控制标准

地下水位按初始稳定水位累计升降 1 m、变化速率 0.5 m/d 作为控制标准。

按《建筑基坑工程监测技术标准》（GB 50497—2019）[12]规定的管线位移控制标准如下：刚性管道（压力）累计值为 10~20 mm，变化速率为 2 mm/d；刚性管道（非压力）累计值为 10~30 mm，变化速率为 2 mm/d；柔性管线累计值为 10~40 mm，变化速率为 3~5 mm/d。地下管线种类繁多，结构形式、接头形式多样，不同的管线抗变形能力有较大差别，控制标准也有一定差别，因此在准确调查管线情况后，对管线的沉降曲线允许最小曲率半径确定最大变形值，才能合理确定地下管线的变形控制标准。

在监测过程中出现管线变形较大，超过变形控制标准后，应加密监测频率，调整施工方法，加强盾构同步注浆，并在必要时对管线进行跟踪注浆加固或开挖暴露后进行悬吊。对于煤气管、上水管，在特殊情况下应采取暂时关闭，待加固完成变形稳定后恢复。

7.6.2　隧道结构监控量测

1. 隧道结构变形监测内容

隧道结构监控量测包括盾构始发井和接收井结构、隧道沉降和椭圆度量测，必要时还应进行衬砌环内力等量测。隧道管片环的变形量测包括水平收敛、拱顶下沉和底板隆起；隧道管片应力量测应采用压力计量测，量测的目的在于了解施工过程中的结构受力情况，初始观测值应在管片浆液凝固后 12 h 内采集。

各监测项目应集中于同一横断面，监测横断面纵向间距 50 m，建议采用激光断面仪进行结构变形监测，精度应不低于 1 mm。

2. 隧道结构变形监测方法

成型管片的纵向垂直位移监测；采用水准测量的方法测量隧道底正下方固定位置的高程变化量，监测精度与地表监测相同。圆度变形监测与水平偏移监测采用 4 m（5 m）长铝合金直尺法测量。水平横置直尺，用全站仪测定铝合金直尺中心坐标，比对与设计中心坐标的变化量测定水平偏移值，并推算下半环隧道圆度的变化值，采用收敛仪测定环片脱出盾尾后的净空收敛变化值。

3. 隧道结构变形监测频率

隧道结构变形监测频率距开挖面不大于 20 m，1 次/d；距开挖面 20~50 m，1~2 次/周；距开挖面大于 50 m，1 次/月。监测应持续直至结构变形稳定。

4. 变形控制标准

隧道结构变形控制标准如表 7-10 所示。初始观测值应在隧道壁后注浆凝固后 12 h 内量测。

表 7-10　隧道结构变形控制标准

隧道结构监测项目	变形控制标准
拱顶沉降/mm	±10
水平收敛/mm	±15
拱底隆起/mm	±15
盾构环直径椭圆度/‰	≤3

7.7　特殊条件下盾构施工技术及实例

7.7.1　盾构法施工常见特殊条件

随着城市地铁的发展,盾构法隧道不可避免地遇到一些不利于施工的特殊地质或环境。常见的特殊地质或环境有上软下硬地层、砂卵石地层、基岩或孤石地层、溶洞地层、瓦斯地层、小间距重叠或并行隧道段、小曲线隧道段等。

特殊条件下盾构隧道施工在进度、安全、结构质量等方面都会受到周围特殊地质或环境不同程度的不良影响,因此在特殊地质或环境中掘进方式及模式选择、掘进参数合理性控制都比在单一地层或环境中复杂得多,这就要求盾构施工在其应用中加强施工组织设计与管理,重视风险管理和预控技术,充分利用辅助措施,确保盾构安全高效掘进。

盾构隧道在特殊地质或环境中施工时,需考虑以下几点控制措施:

①施工前应详细分析工程地质和水文地质资料,细致地进行施工现场调研,并根据情况所需开展补充勘察工作,制订相应的施工方法和辅助措施,准备相关机具和材料,认真编制并实施施工组织设计,以使工程施工安全、优质、高效。

②将盾构穿越特殊地质或环境前的一定掘进长度区段作为试验段,跟踪观察地层、结构的监控量测结果以及掘进参数的变化,判定辅助措施的试验效果及相应参数选择,优化调整施工方案。

③掘进前应根据特殊地层进行刀具选型,掘进时应跟踪盾构推力和刀盘扭矩的变化情况,有计划地停机开仓检查刀盘刀具的磨损情况,科学进行刀具更换,检查和换刀的位置一般选在稳定均一地层中或开仓前进行地层加固处理。

④根据隧道所处的地层地质情况,合理设定土仓压力、掘进推力和螺旋输送机转速,从而控制盾构土仓压力、排土量、姿态纠偏量等,稳定盾构开挖面和平衡进排土量,减小地层变位。

⑤重视土压平衡盾构渣土改良技术,盾构掘进过程中渣土的理想状态是低抗剪强度、可压缩性、低渗透系数、低黏附强度、一定的塑流性,若开挖渣土的性质状态对掘进不利,掘进时可向前方相应地添加泡沫剂、膨润土等改良剂来改良土体,保证土仓压力的稳定和进排土的顺畅。

⑥明确壁后注浆的用材、注浆压力和浆液流量,在施工过程中跟踪并分析对周围环境的监控量测结果,从而及时调整同步注浆量,必要时进行二次补充注浆。

⑦隧道现场常因施工人员对特殊条件下盾构掘进认识不足而导致事故多发，故需加强技术人员队伍管理和落实重难点专项施工方案的实施。

7.7.2　上软下硬地层盾构隧道施工

受限于隧道埋深、平纵线形及既有障碍物的制约，加上大直径盾构的逐渐推广，部分盾构隧道的开挖断面上同时存在土层和岩层，即盾构机穿越上软下硬地层，如图 7-22 所示。由于岩层和土层的物理特性（如矿物成分、强度、刚度、渗透性等）差异很大，盾构隧道在这种特殊地层中施工将会面临各种难题，从而影响工程顺利实施。

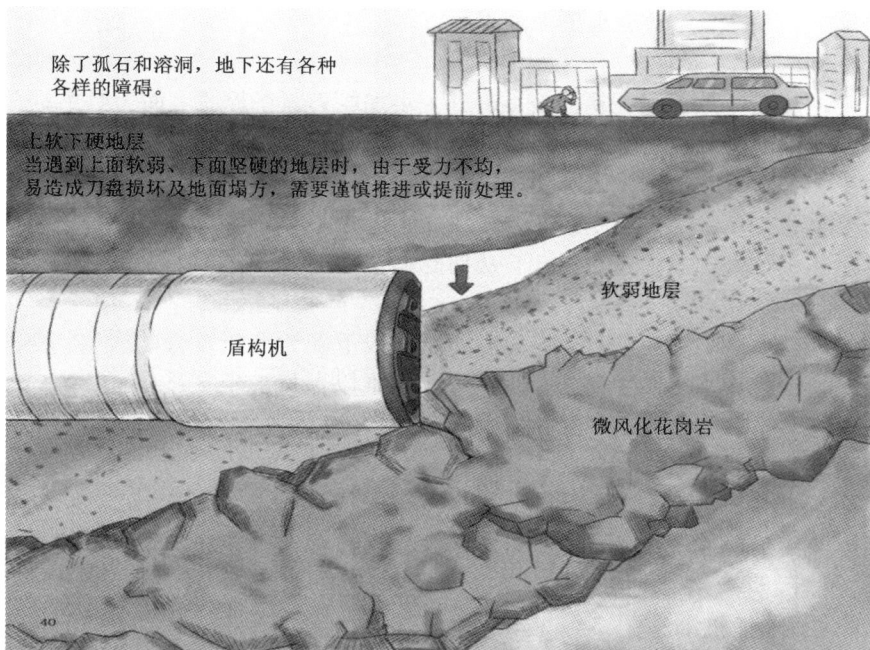

图 7-22　盾构机在上软下硬地层中掘进[13]

1. 施工重难点

（1）盾构姿态控制难

不同于盾构在均一土层中掘进存在叩头现象，盾构在上软下硬地层中掘进时，刀盘受开挖面下部硬岩的阻碍较大，导致推力和扭矩变化剧烈，因而随着掘进，盾构易往开挖面上部软土层偏移，造成隧道出现抬头线形，引起盾构纠偏困难、千斤顶受力不均、管片错台或损坏等问题。

（2）上覆地层或周边构筑物易受扰动

开挖面上部软土强度较低，因此盾构掘进时穿越的软弱地层及上覆地层易受扰动，存在地层变位过大、盾构上方构筑物出现开裂破坏等风险。

（3）盾构刀盘刀具损坏严重

开挖面下部硬岩具有较高的强度和硬度，尤其是石英含量较高的岩层（石英的莫氏硬度为7,比铁、不锈钢、钛等都硬),盾构掘进时易出现刀盘磨损、刀具崩断等问题;加上刀具随刀盘旋转在硬岩与软土地层中交替切削,刀具从切削软土过渡到切削硬岩的过程中,易发生磕碰冲击,造成刮刀脆断、滚刀崩刃等。刀具损坏程度取决于刀具线速度,因此刀盘边缘附近刀具损坏最严重。

(4)盾构刀盘结泥饼

若开挖面下部岩层以黏性矿物含量较高的泥岩、粉砂岩为主,盾构掘进时刀盘刀具切削下来的含大量黏粒的渣土流动性差,易黏结在刀盘形成泥饼,导致刀具失效,刀盘开口处进土困难。其中滚刀被"糊死"后所受的正压力和摩擦力增大,发生滚刀偏磨现象。此外,由于刀盘刀具与硬岩的剧烈摩擦,产生了大量热量,而温度升高易引起刀盘泥饼的烧结,形成硬度更大的块体,使刀盘开口处进土更为困难。

(5)盾构掘进效率降低

摩擦产生的热量导致刀盘泥饼的烧结,进一步加剧刀具的磨损,而刀具磨损和刀盘结泥饼又将引起温度不断升高,陷入恶性循环,严重影响掘进效率。边缘刀具的异常损坏使刀盘开挖断面减小,增加了地层对盾体前进的摩阻力,使盾构掘进时推力和刀盘扭矩更大。此外,若掘进速度过大,刀具不能完全切碎岩体,而大块岩体无法顺利从泥水平衡盾构的排浆管或土压平衡盾构机的螺旋输送机排出,从而影响正常掘进。

(6)开仓换刀难

盾构穿越上软下硬地层时,若上层为砂卵石土或下部为裂隙发育的岩层,则开挖面处渗透系数大且气密性差,加固难度较大,因此开挖面难以保持稳定,开仓检修困难,不具备常压开仓换刀条件,带压开仓施工难度亦较大。

2. 解决方案与措施

(1)加强监测频率

现场及时监测地层变位或地表变形数据,并根据数据指导现场施工,及时调整同步注浆量,建立健全的上下联动机制。

(2)关注螺旋输送机动态

在掘进过程中注意观察螺旋输送机扭矩,若扭矩过小则螺旋输送机易发生喷涌,若扭矩过大则易出现螺旋输送机滞排现象,需通过调整渣土改良参数或螺旋输送机转速来调节扭矩大小。此外,减少螺旋输送机停机时间可防止大颗粒沉淀于土仓底部,堵塞螺旋输送机进口处。

(3)跟踪渣土改良

在掘进过程中观察渣土的塑流程度,通过现场坍落度测试评价渣土的塑流性状态,测量渣土温度,及时对渣土改良剂种类和用量做出调整,以期使渣土达到合理的塑流性状态且温度不太高。

(4)合理选择刀盘刀具和掘进时及时更换刀具

盾构需选择合适的刀盘开口率和刀具类型,在进入上软下硬地层前需在稳定地层内停机开仓检查刀具情况,而在上软下硬地层掘进时,需根据掘进姿态和掘进参数的变化等实际情况定期对刀具进行检查、更换,不能长时间停机,保证盾构的掘进效率。

3. 案例分析

(1)工程概况

南昌轨道交通1号线一期工程的中—子区间 SK13+030 到 SK13+262 段,盾构上部基本处在砾砂和细砂层，下部处在中风化泥质粉砂岩层，中间夹杂薄层的强风化泥质粉砂岩层，盾构穿越上软下硬且地下水丰富的地层。

（2）隧道设计及盾构选型

采用预制装配式钢筋混凝土管片，管片内径 5.4 m，外径 6.0 m；拼装方式为楔形环错缝拼装；隧道采用土压平衡盾构机进行掘进；刀盘开口率为 34%，泡沫口数量和膨润土口数量分别为 3 个和 2 个，主动搅拌臂数量为 4 个；刀盘布置滚刀 6 把，切刀 40 把，边刮刀 12 把。

（3）盾构施工出现的问题及解决办法

①掘进断面上部地层为对扰动较敏感的富水砂砾石地层，下部为中风化泥质粉砂岩，因此土仓内的渣土为混合渣土，改良剂的注入配比难以确定，而且地下水的存在使注入刀盘前方的改良剂有所损耗。

解决方法：通过室内渣土坍落度试验和渗透试验明确各改良参数与渣土改良状态的变化关系，改良剂采用水、泡沫，以便实际掘进中渣土改良参数的调整，使掘进过程中土仓压力保持稳定，进排土量保持平衡。

②盾构穿越的泥质粉砂岩地层黏粒含量高，盾构掘进时渣土改良不合适或停机时间过长会诱发渣土固结，从而使刀盘结泥饼。

解决方法：及时跟踪刀盘扭矩变化情况和渣土状态，调整注入刀盘前方泡沫和水的用量；对泡沫系统进行不定期检修，检验并保证其发泡效果的稳定；减少停机时间，同时适当降低停机时的土仓压力。

③盾构在富水地层掘进时遇到小断层或者破碎带造成水头突然增大，或者地层变化使渣土含水率较大而细颗粒含量较小，这些都会致使地下水大量涌入土仓造成喷涌。

解决方法：遇到喷涌等状况时，将提前准备好的膨润土注入土仓可有效改善渣土的止水性，及时封闭开挖面的渗流通道，缓解喷涌；为预防喷涌发生，在盾构停机时保压不宜过小，否则导致水回流到土仓内，预防喷涌的发生，这一举措与预防结泥饼的措施有点矛盾，因此实际应把土仓压力控制在一定的范围内。

7.7.3　砂卵石地层盾构隧道施工

大粒径土含量高、力学性质极其不稳定的砂卵石地层在我国地铁区间等盾构隧道工程中十分常见，广泛分布在成都、兰州、北京等地。若在砂卵石地层中采用盾构掘进，渣土粒径较大、流动性较差的特点对土压平衡盾构的渣土改良或泥水平衡盾构的泥浆处理都提出了很高的要求。此外，渗透性强的砂卵石地层一般含丰富的地下水，高水压带来的隧道防水、防螺旋输送机喷涌等问题急需解决。盾构在砂卵石地层中的掘进情况如图 7-23 所示。

1. 施工重难点（最主要的难点是刀盘刀具、螺旋输送机磨损较大，开仓换刀频繁）

（1）地层稳定性差

砂卵石土分选性、均一性较差，且含水率大，渗透系数大，因此砂卵石地层颗粒间几乎无黏聚力，本身自稳能力差，需要严格控制土仓压力。

（2）地表沉降过大

盾构掘进过程中开挖面土体被挤压，刀盘、盾壳对周围地层有摩擦作用，然而砂卵石松散、无胶结，因此砂卵石地层易松弛和被扰动，造成地层变位，进而使地表发生变形和对邻近构筑物的基础造成影响。盾构掘进时必须及时拼装管片和同步注浆，尽量减小塑性区的扩

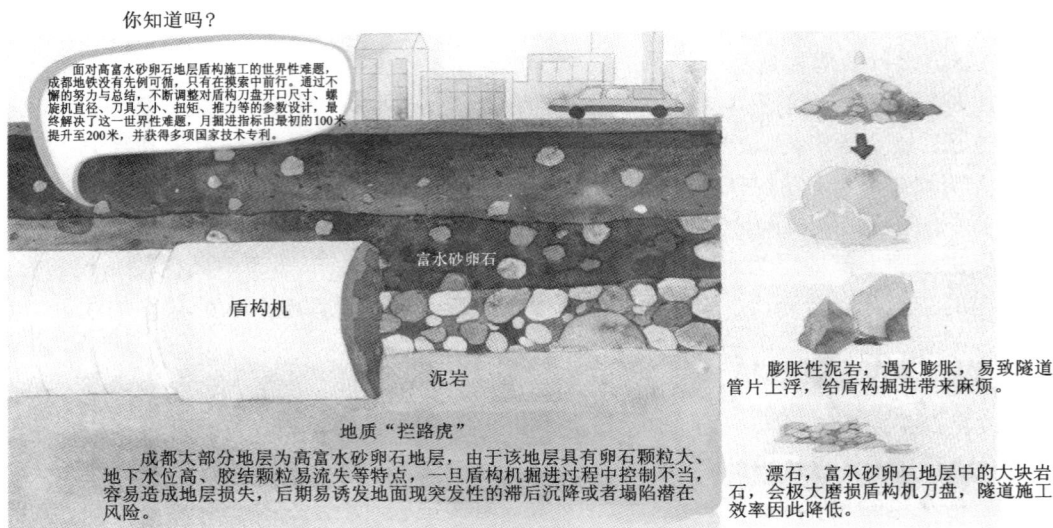

你知道吗?

面对高富水砂卵石地层盾构施工的世界性难题,成都地铁没有先例可循,只有在摸索中前行。通过不懈的努力与总结,不断调整对盾构刀盘开口尺寸、螺旋直径、刀具大小、扭矩、推力等的参数设计,最终解决了这一世界性难题,月掘进指标由最初的100米提升至200米,并获得多项国家技术专利。

富水砂卵石

盾构机

泥岩

地质"拦路虎"

成都大部分地层为高富水砂卵石地层,由于该地层具有卵石颗粒大、地下水位高、胶结颗粒易流失等特点,一旦盾构机掘进过程中控制不当,容易造成地层损失,后期易诱发地面现突发性的滞后沉降或者塌陷潜在风险。

膨胀性泥岩,遇水膨胀,易致隧道管片上浮,给盾构掘进带来麻烦。

漂石,富水砂卵石地层中的大块岩石,会极大磨损盾构机刀盘,隧道施工效率因此降低。

图 7-23　盾构在砂卵石地层中掘进[13]

展半径,限制围岩的变形。

(3)流砂、管涌

砂卵石围岩中随机分布粉细砂土软弱夹层,盾构掘进扰动了砂卵石地层,地下水压力分布和渗流路径改变导致可能发生流砂、管涌等风险,进而造成地表坍塌、管片失稳等。

(4)抗浮

若盾构隧道穿越富水砂卵石地层,施工时必须重视地下水的水压力及浮托作用的影响,对未满足结构抗浮验算要求的隧道必须采取抗浮措施。

(5)排土困难

经刀盘刀具切削后的砂卵石颗粒塑流性极差,土仓压力稳定性难以控制,造成土仓内外压力难以保持平衡,同时流动性差的渣土也难以向外排出。砂卵石地层泥水平衡盾构排泥过程中易遇到大粒径颗粒土卡管堵塞现象。

(6)螺旋输送机喷涌

若盾构隧道穿越富水砂卵石地层,渣土由于细颗粒含量少或中间粒组缺失,止水性差,无法在土压平衡盾构螺旋排土器中形成土塞效应,螺旋输送机出口处易发生喷涌。

(7)掘进参数设定值范围不明确

由于盾构刀盘在砂卵石地层中的切削机理尚不明确,盾构推力与刀盘扭矩的取值范围难以确定。

2.解决方案与措施

(1)加强施工监测及地面沉降监测

及时调整同步注浆量并根据沉降情况进行二次注浆,防止砂卵石地层受扰动后造成的地表坍塌、构筑物变形等问题。

(2)盾构刀盘刀具合理选型

盾构系统应具备处理大粒径卵石和漂石的能力。刀盘要有足够的刚度、驱动扭矩和开口率，刀具要具有中硬岩切削能力，其中双刃滚刀能对大粒径漂石进行破碎，齿刀用于刮土进仓以适应地层及减少切削过程中对地层的扰动，而且刀盘刀具要具有高耐磨性和抗磨损保护措施。此外，应有功能齐全的人仓供带压进仓对无法切削的大漂石进行人工破碎。

（3）提高防水密封性能

要具有处理高地下水的能力，防止涌砂突水，这就要求盾构机的铰接系统和盾尾密封系统在压力状态下具有可靠的防水密封性能，同时适当增加土仓压力（设定为理论值的 1.0～1.2 倍），保证开挖面的稳定性，并在掘进中不断调整优化。

（4）排土系统合理设计

土压平衡盾构螺旋输送机要满足一定粒径卵石和破碎后漂石的排出能力，相较于轴式螺旋输送机，带式螺旋输送机输送卵石的能力大得多，因此，宜采用带式螺旋输送机，以尽可能加大螺旋输送机排出卵石（砾石）的能力，提高排土的适应性。另外，螺旋输送机要进行耐磨处理，通常在螺旋输送机的螺旋叶片和套筒内表面施焊耐磨材料，或者设计成双层筒。为防止螺旋输送机喷涌，可采用消减水压的加长螺旋输送机、可靠的闸门密封系统或安装于螺旋输送机出口处的保压泵等。

（5）对渣土进行合理改良

针对砂卵石地层土压平衡盾构掘进难题，应采取添加膨润土、泡沫、高分子聚合物等渣土改良剂提高盾构渣土的流动性，降低其渗透性，关注地下水渗透压力变化和螺旋输送机排土情况以及时调整改良剂的添加种类和数量。

3.案例分析

（1）工程概况

成都 10 号线 1 标区间盾构主要穿越地层有<2-6-4>卵石土、<3-6-4>卵石土以及局部夹杂<2-4-2>细砂、<3-4>细砂，盾构采用土压平衡盾构模式。

（2）刀具配置

刀具具体配置为 4 把 17 in 中心双联滚刀，22 把 17 in 单刃滚刀，10 把 17.6 in 双刃滚刀，28 把刮刀，8 把边刮刀，20 把导流刀。刀具配置能够保证掘进 500 m 以下不换刀。

（3）主要掘进参数

成都 10 号线 1 标盾构穿越富水砂卵石地层掘进参数如表 7-11 所示。

表 7-11　成都 10 号线 1 标盾构穿越富水砂卵石地层掘进参数一览表

编号	项目	参数
1	土仓压力/bar	1～2
2	刀盘转速/(r · min^{-1})	1.0～1.5
3	推力/kN	900～1200
4	掘进速度/(mm · min^{-1})	50～70

（4）盾构施工出现的问题及解决办法

①渣土改良不合适时渣土流动性极差，大颗粒松散，导致刀盘扭矩过大，掘进速度缓慢，

进一步使刀盘刀具和螺旋叶片磨损严重；同时，在富水地层中，渣土渗透性强会诱发螺旋输送机喷涌，使螺旋叶片无法正常转动，导致大颗粒土在土仓堆积，进一步加剧刀盘扭矩的增加和刀具的磨损程度。

解决办法：刀盘扭矩应控制在 2500~3500 kN·m，螺旋输送机扭矩应控制在 10~20 kN·m，因此盾构维持合适的土压平稳掘进时，要及时对刀盘扭矩和螺旋输送机扭矩做出预判和调整；盾构在砂卵石地层中掘进时，泡沫起润滑、改善渣土流动性的作用，膨润土或高分子聚合物起提高渣土黏聚性和止水性的作用，因此刀盘前方 7 个注入孔和土仓 2 个注入孔注入泡沫，刀盘前方 1 个注入孔注入膨润土或高分子聚合物，从而改善刀盘前方及土仓内渣土的塑流性和低渗透性，减小地层及土仓内渣土摩擦力，减少盾构刀盘、刀盘和螺旋叶片磨损，也降低螺旋输送机发生喷涌的可能性。需要注意的是，不合理的膨润土改良方案往往造成卵石层渣土在刀盘上形成泥饼。

②盾构掘进扰动松散的砂卵石地层，导致地表沉降、坍塌频繁。

解决办法：合理调整盾构掘进参数，以快速、匀速、连续的原则施工；地表在盾尾通过后沉降比较明显，因此推进时一般在盾尾第 4 环顶部开孔注入双液浆，以加快同步浆液的初凝时间，更好地填充盾尾间隙；对于单点沉降较大的情况，可针对性地在二次注浆时注入双液浆，直至地表变形趋于稳定；对于掘进超方的情况，可在超方处脱出盾尾后及时补注快凝的双液浆以及时填充空隙，或在地面打设探孔，对超方后形成的空隙进行砂浆填充，防止二次坍塌。

7.7.4 穿越基岩、孤石等障碍物盾构隧道施工

孤石是花岗岩不均匀风化的产物，与周围岩土体强度存在较大差异，其自身强度很高，一般都在 100 MPa 以上，甚至达到 200 MPa。如图 7-24 所示，对盾构穿越基岩、孤石等障碍物盾构隧道施工而言，盾构机刀盘难以直接切削，易出现刀盘严重磨损或卡死现象，对施工安全、质量、工期都有较大影响。

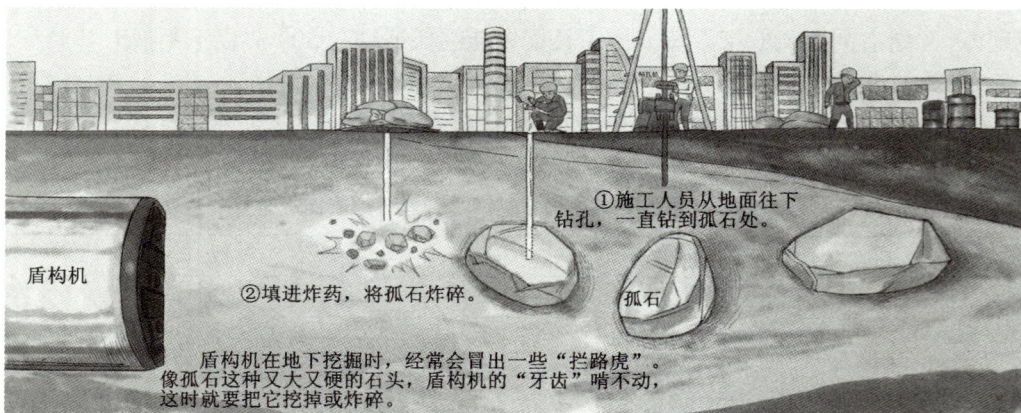

图 7-24 盾构穿越孤石[13]

1. 施工重难点

①孤石随刀盘一起滚动，阻碍刀盘掘进，甚至卡死刀盘。

②孤石的存在导致盾构姿态和掘进方向难以控制。

③刀盘磨损致使刀盘强度和刚度降低而无法掘进。

④刀盘受力不均致使主轴承受损或密封破坏。

⑤刀具磨损严重。

⑥掘进震动大，对保护地面建筑物不利。

2. 解决方案及措施

（1）选择合适的盾构机类型

①为适应基岩、孤石强度高的特点，应选择高耐磨加强型刀盘，同时刀盘应能兼容安装破岩刀与挖土刀。

②盾构机应具有足够的推力和驱动扭矩。盾构机具有足够的刀盘驱动扭矩，可以防止刀盘被球状风化体卡死。

③在基岩、孤石段掘进时，盾构机易偏离掘进方向。因此，盾构机应选择高精度导向系统，以保证线路方向的正确性。一是采用先进的激光导向技术保证盾构掘进方向的正确；二是盾构机本身能进行纠偏和转向。

（2）地面处理方法

①地面钻孔地下爆破破岩。

在较准确掌握了球状风化花岗岩的地下分布规律后，可通过引孔至球状风化花岗岩的位置采用松动爆破的方式破碎孤石。孤石破碎后采用黏土回填并进行土体压密注浆，以满足盾构机掘进的要求。

②冲孔锤破岩。

当地铁隧道埋深较深时，可在地表采用冲击锤破碎球状风化花岗岩。根据球状风化花岗岩的大小确定冲击锤头的大小、钻孔间距及钻孔个数。钻孔后采用黏土回填并进行土体压密注浆，以满足盾构机掘进的要求。

（3）地下处理措施

①开挖面人工破岩。

在保证开挖面稳定的情况下，作业人员进入开挖面前方，通过静态爆破或破岩机械将球状风化花岗岩破碎后，通过盾构机的人仓和料仓搬运出来，直至该段的球状风化花岗岩被全部处理后，盾构机才能继续推进。

②盾构机直接破岩。

当刀盘前面的孤石堆积到一定程度时，会导致刀盘被卡死而无法掘进。此时可采取地质超前钻进注浆对周围软地层进行加固，使盾构机前方球状风化花岗岩和花岗岩风化堆积物胶结连成一体，这样当盾构刀盘旋转时，球状风化花岗岩无法松脱而随刀盘一起滚动，刀具受力均匀并可以有效切削前方岩土体。

3. 案例分析

（1）工程概况

台山核电站位于台山市赤溪镇腰古村的腰古咀，厂址地理坐标为东经 112°59′，北纬 21°54′。厂址距台城 44.5 km，东面为黄茅海，其余三面环山，东南约 5 km 处为大襟岛，规划建设 6×1000 MW 级压水堆核能发电机组。核电站取水隧洞位于陆域腰古咀至大襟岛之间的海域中,隧洞全长 4330.6 m,隧洞两端有陆域侧工作井及大襟岛侧工作井各 1 座。取水隧洞为双洞取水方式,开挖洞径为 9.03 m,隧洞埋深 11~29 m,两洞中线间距为 29.2 m,主要采用大断面泥水平衡盾构施工,两侧取水构筑物及隧洞硬岩段采用钻爆法施工。盾构机选型为德国海瑞克公司制造的复合式泥水平衡盾构机 S-551,刀盘开挖直径 9.030 m,刀盘开口率约 34%。1#、2#隧洞前 300 m 的盾构掘进是整个取水隧洞工程的瓶颈,基岩突起及孤石众多,风险极大。

(2)施工方案选择要点

①本工程采用冲击钻冲孔和水下爆破两种方式进行基岩和孤石的处理。

陆地爆破孔钻孔采用潜孔跟管钻机与地质钻机配合成孔,跟管钻机在回填层中预先引孔和下套管,然后地质钻机在跟管钻机套管内下套管至基岩顶面,再钻至设计标高。

海上孤石处理采用船只配合地质钻机,海上孤石处理的孔间距为 1 m×1 m。其中未钻到孤石的空孔采用水泥单液浆封孔,单液浆的水灰比 1:1。

②由于孤石埋深较深,体积较大,厚度不均等,从而导致其一次性爆破破碎难度较大。为了便于施工及爆破破碎效果,首先对前排孔进行爆破,然后利用前排空爆破挤压周围土层产生的自由面,再对后排孔进行逐个爆破。

基岩爆破时,为了便于施工及爆破破碎效果,首先对前排孔进行爆破,然后利用前排空爆破挤压周围土层产生的自由面,再对后排孔进行逐个爆破,将基岩爆破成 30 cm 块径大小的碎块。为了确保盾构掘进过程中掌子面的稳定和泥水保压,需对爆破区域进行注浆加固,注浆加固采用袖阀管注浆工艺。

③根据刀盘刀具对地层的适应性分析对刀盘进行耐磨改造,在刀盘外圈焊接镶嵌合金的耐磨环以提高其耐磨性;刀盘外圈滚刀刀箱和边刮刀刀座周围增设贝壳刀,贝壳刀的高度高于滚刀刀箱和边刮刀刀座,保护作用显著。

④安装刀具磨损检测装置以便及时掌握刀具的磨损情况。

7.7.5 溶洞地层盾构隧道施工

当隧道穿过溶洞发育区时,盾构施工面临着重大挑战,如图 7-25 所示。有的溶洞岩质破碎,容易发生坍塌;有的溶洞位于隧道底部,充填物松软且深,使隧道基底难于处理;有时遇到填满饱含水分的充填物溶槽,当坑道掘进至其边缘时,含水充填物不断涌入坑道,难以遏止,甚至使地表开裂下沉,山体压力剧增;有时遇到大的水囊或暗河,岩溶水或泥砂夹水大量涌入隧道;有的溶洞和暗河迂回交错、分支错综复杂、范围宽广,处理十分困难。

1.施工重难点

①溶洞旳存在使地基承载力减小,增加了围岩的不稳定因素,降低了结构的安全可靠度,溶洞顶板坍塌会造成盾构的沉陷,带来严重后果。

②隧道顶部溶隙与地面漏斗、地表水系相连通,贯通坍塌可上延至地面,使地表产生较大沉降。

③隧洞切穿岩溶有压管流通道或暗河出现突水、涌水将洞内堆积物携出造成突泥、掩井等安全事故,造成人员伤亡。

④地下洞体的存在使隧洞部分悬空,隧道底部溶洞充填物厚度大且松软,暗河水流给隧

图 7-25　溶洞地层盾构隧道施工[13]

道基底处理造成困难。

⑤洞穴堆积物松软易坍塌下沉，使洞穴周边地层产生应力重分布，应力变化对隧道结构受力不利。

⑥盾构姿态容易失控、管片错台严重、浆液流失严重。

2. 解决方案及措施

①采用物探、勘探技术对盾构前进路线进行地质超前预报，详细掌握地层中岩溶分布规律。

②对盾构机设计选型进行改进：增大刀盘驱动功率，使盾构机在较高转速下扭矩得到较大提高；采用重型刀具及刀座，减小刀间距，增强破岩能力。

③在可能出现突、涌水的地方进行预处理，尽可能减少掘进过程中突水、涌水的情况发生。岩溶涌突水灾害治理应该遵循"重视疏导，堵排结合，因地制宜，综合治理"的原则。

④选择合适的注浆材料、注浆方式对溶洞进行注浆填充。

⑤盾构掘进过程中应及时进行同步注浆、二次注浆，选择适用于该种地层的浆液配比，及时对隧道周围地层进行加固，增强围压稳定性，减小地层沉降量。

3. 案例分析

（1）工程概况

长沙地铁 3 号线湘江盾构隧道全长 1400 m，如图 7-26 所示，区间越江段地层松散，岩石风化带含砾、砂较多且裂隙发育，透水性强，部分强—中风化基岩上覆全风化岩和残积粉质黏土等，渗透系数为 2.4×10^{-2} cm/s，部分区域为岩溶分布区，成串珠状发育，多数含充填物，岩溶裂隙水有一定承压性，且与江水相互贯通。选取泥水平衡盾构机，管片外径 6200 mm，盾构开挖直径 6480 mm。

（2）解决方案要点

①针对复杂的水下岩溶特点，提出"加密钻探找洞为主，多种物探技术为辅，物探先行，钻探验证，综合探测分析"的探测方法，通过探测与分析得到了盾构掘进区间岩溶的发育特

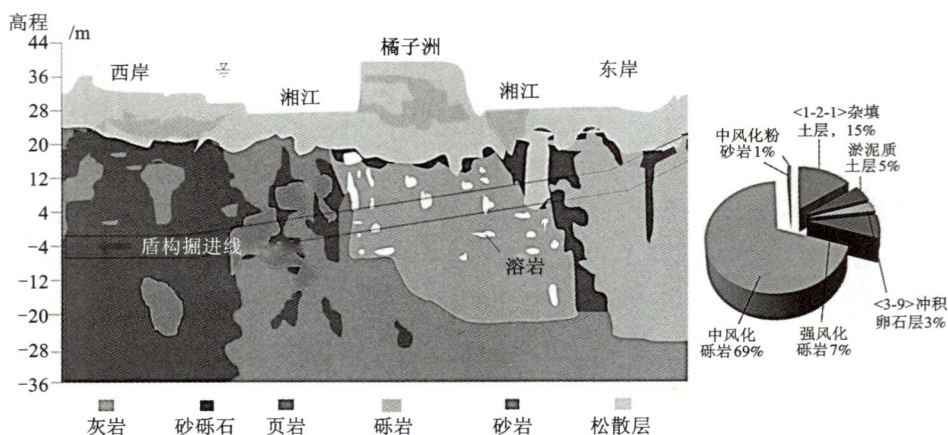

图 7-26 长沙地铁 3 号线湘江盾构隧道地质纵断面

征和岩溶分布规律。通过对岩溶勘探资料进行统计分析，得到了岩溶发育特征和分布规律，在此基础上采用三维数值仿真软件实现了对富水岩溶区盾构隧道地质、施工等的可视化。

②针对盾构沉陷与栽头风险，盾构通过岩溶发育区前，调整盾构掘进姿态，使得盾构掘进纵向趋向为正，并调整底部推进油缸的压力稍高于顶部的压力，避免因操作导致盾构机栽头。掘进期间应特别关注盾构机的姿态，盾构机姿态出现栽头的趋势时应立即分析原因，并及时调整。

③盾构姿态控制，由于溶洞区岩面不规则，且软硬不均（强度差异性大），盾构掘进宜采用"小推力、低转速"模式推进，尽量减少刀具冲击破坏，合理控制刀盘转速匀速连续掘进，保证盾构掘进姿态。

④在现场详细勘察的基础上，针对湘江饮用水保护区与岩溶水下溶洞特点，分别采取溶洞注浆处理和围岩加固措施，研究合理的处理措施，特别是在水下研究合适的环保型钻孔及注浆工艺，研发合适的环保经济型浆液及配比，全面进行现场试验，提出合适的注浆工艺，并且提出溶洞注浆加固效果的环保型检测方法。

7.7.6 瓦斯地层盾构隧道施工

瓦斯是有毒、有害、易燃、易爆气体，当盾构施工穿越瓦斯地层时，随着土体不断开挖，瓦斯气体从地层中释放出来，气体浓度随之升高。瓦斯气体容易从刀盘与盾壳接缝处、盾壳内壁与管片外壁之间的间隙、管片衬砌接缝处、管片裂缝处进入隧道中，使隧道中瓦斯浓度增加，导致施工人员中毒窒息、燃烧、爆炸等安全事故发生。

1. 施工重难点

（1）瓦斯的体积分数超过标准尺度

根据相关法律法规，在地铁工程及其他隧道工程施工时的瓦斯体积分数不能超过总体积的 5‰，若瓦斯体积分数在整体体积的 5‰以上就会引发燃烧事故甚至是爆炸事故。

（2）瓦斯地层被线路全断面穿越

伴随着盾构隧道的掘进，隧道的掌子面土体被一次性彻底疏松。在土体中包含的瓦斯气体也基本上全部释放出来，将会使大部分的瓦斯气体残留在隧道内部，又由于隧道属于一个密封的空间，这就使瓦斯气体的体积分数不断升高，而当瓦斯气体的体积分数超过了标准尺度，就可能引发瓦斯的燃烧甚至是爆炸事故。

（3）隧道内通风条件差，瓦斯浓度易超标

瓦斯气体易从刀盘与盾壳接缝处、盾壳内壁与管片外壁之间的间隙、管片衬砌接缝处、管片裂缝处进入隧道中，而盾构隧道施工过程中通风条件较差，如果有害气体含量过高可能导致隧道内施工人员窒息伤亡。

（4）土体中瓦斯溢出，引发地层变形

瓦斯主要存于地下水和地下水以下的土体，且以团状形式存在。在盾构掘进施工中带出的大量瓦斯易造成地面下沉，对周围的建（构）筑物和地下管线造成破坏。

2. 解决方案及措施

（1）做好超前地质预报

在地铁盾构区间穿越瓦斯地层时，首先，施工单位要根据对隧道地质的超前探测（包括对瓦斯的探测）制订一份预报措施与施工方案，并由工程监理单位对该方案进行审批，提出相关意见；其次，施工单位要定期对隧道内部情况进行地质探测，并编制出一份超前地质预报检测报告，对预报结果进行认真分析，并由监理单位在施工现场对该预报进行见证，注意及时收集好相关资料；另外，当地质预报存在瓦斯风险时，施工单位要进行相关应急预案的落实，以确保施工的安全性。

（2）渣土改良

在地铁工程的隧道施工过程中，为了有效地避免瓦斯等有害气体泄漏到隧道中，施工单位要切实提高盾构施工的安全系数，对盾构施工的参数进行适当调整，将施工参数重点放在如何有效控制盾构螺旋输送机的出土以及如何有效对盾尾进行密封等问题上。当瓦斯扩散到隧道中时，第一个通道就是通过螺旋出土口进入，这时施工人员要根据螺旋输送机的出渣情况，及时将质量较好的泡沫灌注到开挖面，并及时将添加剂注入开挖面。

（3）提高管片拼装质量

在地铁盾构区间穿越瓦斯地层时，瓦斯泄漏的第二个主要通道是盾尾和管片的接缝，因此，施工单位要通过有效措施提高管片的拼装质量，从而防止瓦斯发生泄漏。首先，提高管片的拼装质量可以从管片的制作以及管片的运输入手，除此之外，还要从管片下井的整个过程入手，这样才能避免破损管片用于盾构隧道施工过程中。其次，施工单位要安排专业技能较高的人员进行管片的拼装作业，严格控制好管片拼接中发生的错缝及错台，以免管片发生破碎。

（4）加强洞内瓦斯浓度监测

对于已成型的隧道，要在内部每隔 100 m 的位置安装一台红外甲烷传感器，并将其布设成为一个自动监测并报警的网络系统，使其能够自动且连续地将隧道内部的瓦斯浓度数值转换成为数字信号，并将该信号传输给控制中心。当任何一点的传感器检测出的数值在报警值以上时，监测系统就会立即发出报警信号和关联设备的控制指令，并将闭锁应急功能同步启动。

（5）加强盾构隧道内通风措施

在施工期间应保持连续通风，无特殊情况不得停风。若遇特殊情况停风，必须同时停止洞内工作，并撤出施工人员。

（6）严格贯彻盾构瓦斯隧道施工的指导思想

将"控掘进、严出土、重通风、勤监测"的指导思想，严格贯彻到盾构隧道施工全过程中。

（7）掘进中的姿态控制

严格控制盾构机在掘进过程中的姿态，使盾壳内壁与管片外壁之间的间隙厚度保持均匀，避免单侧间隙过大而导致的盾尾密封失效，从而避免产生漏水、漏砂，以及瓦斯等进入盾壳内部的情况。

3.案例分析

（1）工程概况

成都轨道交通 1 号线三期段家山站—武汉路站区间隧道长 1067.125 m，该区间施工穿越的主要地层有中风化泥岩、中风化砂岩。因原地勘资料中未显示低瓦斯、高富水存在，盾构机并未进行针对性设计；后期通过地质补充勘察，发现隧道内存在甲烷和一氧化碳（瓦斯），开始深度在 50~70 m，浓度随深度增加呈增加趋势，且区间范围内地下水赋存于基岩风化带裂隙中，渗透系数 k 平均为 2.89×10^{-3} cm/s，属于高富水地层。

（2）解决方案

为保障低瓦斯地层隧道盾构施工安全，根据瓦斯隧道的危害特点，主要从降低浓度、控制明火、加强监测三个方面来进行控制，以解决低瓦斯地层盾构掘进风险。

①降低浓度。

消散孔：施工期间在左线左侧和右线右侧提前打设瓦斯消散孔，孔径 0.108 m、孔距 5 m、结构轮廓外 3 m、左右交错布设，孔深至结构底板，土层深度内设钢护管以防塌孔及地下水流入，钢护管高出地面 1 m，以便及时将地层中的瓦斯进行消散。

加大通风：每个隧道设置 2 台隧道外通风设施，1 用 1 备；在盾构机上安装防爆局扇风机，每节台车安装 4 个，共 48 台。

②控制明火。瓦斯地层隧道内固定敷设的照明、通信、信号和控制用的电缆全部更换为防静电阻燃电缆；盾构前端照明灯具及隧道内固定照明灯具采用防爆照明灯。

③加强监测。采用人工监测和自动监测系统相结合的方式对隧道内的瓦斯含量进行监测，一是在盾构机及后配套台车上共设置 3 个红外甲烷传感器、1 个硫化氢传感器和 1 个一氧化碳传感器；二是采用便携式瓦斯检测仪和光感式瓦斯检测仪，以 60 min 1 次的频率对作业区瓦斯易聚集处、出渣口、回风流中的瓦斯浓度进行检测；三是通过放置活禽的方式验证瓦斯浓度。通过多种监测方式相互印证，当任一点出现报警时，立即紧急关闭螺旋输送机闸门，停止盾构机掘进。

7.7.7　小间距并行盾构隧道施工

城市地铁常被设计成并行两孔隧道形式，由于地铁线路规划、地质条件、临近构筑物或管线密集布置的限制，城市轨道两相邻单线隧道往往出现小间距的情况，两线隧道在进行盾构施工时必然会产生一定程度的相互影响，影响围岩应力状态和位移、地层变位及支护荷载。

1.施工重难点

(1)地表沉降二次叠加

小间距并行隧道距离太近,先后盾构施工会对地层造成多次扰动,引起的地面沉降较大,若加固措施不当会严重影响周边构筑物。

(2)后建隧道施工风险大

由于先建隧道盾构施工扰动了后建隧道穿越的地层,后建隧道在盾构掘进时更容易发生围岩失稳、开挖面塌陷等问题,需要采取相关加固措施保证后建隧道的掘进安全。

(3)先建隧道变形或破坏

后建隧道盾构施工对先建隧道的影响是复杂的挤压、卸载过程,极易导致先建隧道轴线移位、管片变形或破损、接头螺栓断裂甚至出现两个隧道串通、盾构机被困等现象。

2.解决方案及措施

(1)及时监测地层和先建隧道的情况

在后建隧道进行盾构掘进时,除了及时监测施工隧道的变形和周围地层的变位,还要对先建隧道的应变、裂缝和位移进行监测,保证后建隧道施工不影响先建隧道的结构稳定和运营安全。

(2)合理控制盾构掘进参数

在掘进过程中,参考监控量测数据及时调整推力、土仓压力、同步注浆量等,保证后建隧道和先建隧道以及周围构筑物的安全。

(3)对受并行隧道盾构施工双重扰动的土体进行注浆加固

为保证后建隧道施工时围岩的自稳能力,避免地层和先建隧道的大变位,可在先建隧道管片标准块和邻接块增加预留注浆孔,增加二次注浆量,增强围岩的抗压和抗剪能力。

(4)在先建隧道设置临时内支撑系统

如图 7-27 所示,在先建隧道内部架设十字钢支撑或采用液压轮式台车加固,以改善其隧道结构受力情况,提高其纵向刚度和整体稳定性。

3.案例分析

(1)工程概况

广佛环城际 3 标陈村 2 号隧道盾构区间全长 3566.5 m,采用 ϕ8.8 m 海瑞克土压平衡盾构机在小间距浅覆土条件下施工,围岩级别为 V ~ VI 级,始发段最小埋深 6.46 m,中间段埋深 30 m 左右,到达端最小埋深 13.6 m,始发端和到达端附近地层均较软弱,且始发端两线最小间距为 2.1 m,地层为淤泥层、淤泥质粉土和粉细砂层等。地表情况复杂,盾构先后下穿广珠西线高速公路、陈村水道、广明高速陈村大桥、武广客专桥桩后进入广州南站,隧道沿线多为厂房及苗圃地、大洲村建筑物群和广州南站高架桥等,地下管线较多,建筑物较密集。

(2)施工工艺

本工程并行隧道采用先施工右线隧道再施工左线隧道的工序掘进。先建隧道掘进时,及时监测周边构筑物变形及地表沉降,从而控制同步注浆量和二次注浆量;后建隧道掘进时,及时监测周边构筑物和地表的二次沉降以及先建隧道的位移和管片应力,从而控制同步注浆量和二次注浆量。此外,为确保先建隧道的结构安全和后建隧道盾构的安全接收及吊出,两线盾构的始发端和到达端所处地层均采用旋喷桩加固。本工法适用于小间距、浅覆土复杂工况下采用大直径土压平衡盾构掘进施工作业。

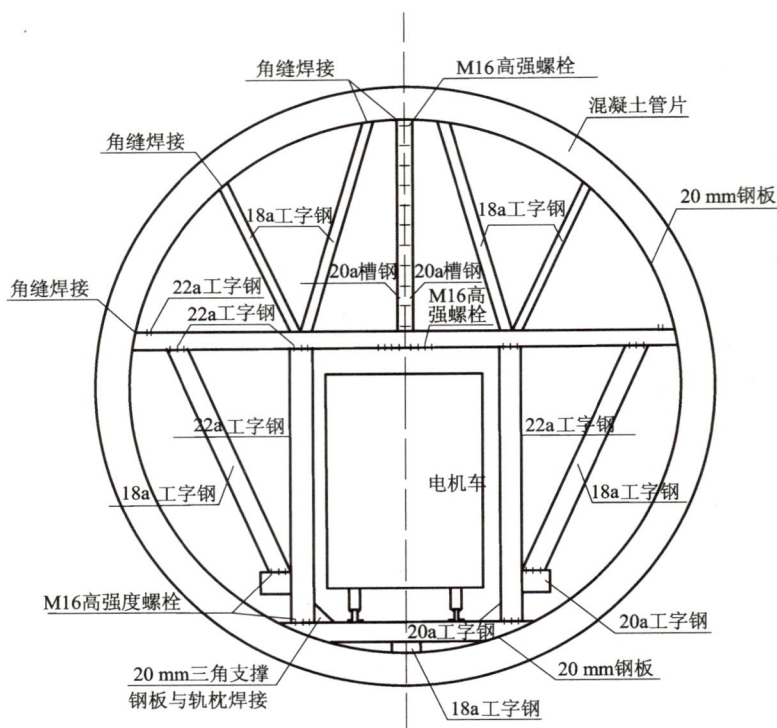

图 7-27 临时钢支撑设计图

（3）盾构施工出现的问题及解决办法

①先建隧道掘进不当，过度扰动后建隧道的穿越范围或轴线偏移影响后建隧道的线路走向，纠偏难度大。

解决方法：先建隧道盾构采用满仓掘进模式，且调整好膨润土和泡沫剂的使用量以控制渣土改良效果，从而减少对地层的扰动；施工时需及时监测和将轴线偏差及地层变形控制在允许的范围内，避免大幅度的轴线纠偏；适当增大同步注浆量，且采用双液浆减小浆液初凝时间，增强隧道的防水能力和隧道间受剪切破坏夹层土体的强度，尽量减小先建隧道掘进对地层的扰动。浆液配比如表 7-12 所示。

表 7-12　双液浆浆液配比

浆液名称	水玻璃	水灰比	稳定剂/%	减水剂/%	A、B 液混合体积比
双液浆	35Be	0.8~1.0	2~6	0~1.5	(1∶1)~(1∶0.3)

②后建隧道掘进不当导致先建隧道的轴线移位、管片变形且出现渗漏水等，同时导致二次扰动后的周围地层变形加剧。

解决方法：后建隧道盾构施工时，低掘进速度会对土体扰动较大，高掘进速度难使土仓压力保持稳定，均加剧已被扰动地层的变形，故并行段盾构掘进速度控制在 10~20 mm/min；

结合先建隧道内超声波探测管片背后孔洞的方法，判断是否需要二次注浆，防止地表出现过大沉陷；在右线隧道管片处布设混凝土应变计，监测先建隧道的管片变形情况，以指导盾构掘进参数调整，尽量减小后建隧道对先建隧道的变形影响。仪器埋设位置如图 7-28 所示。

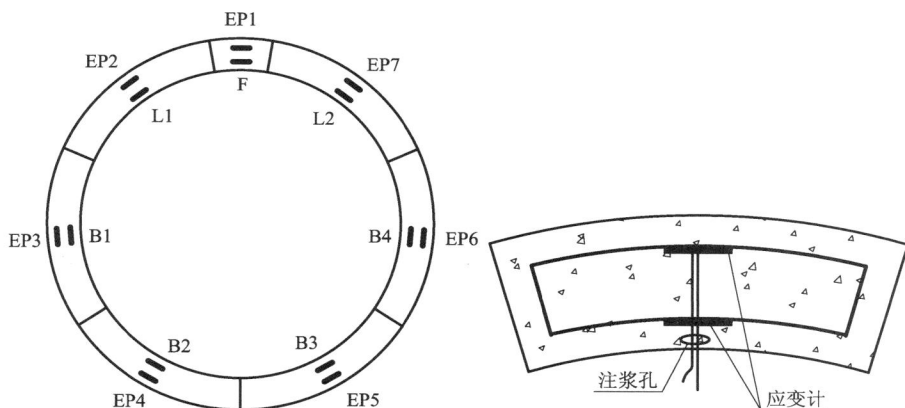

图 7-28　仪器埋设位置示意图

7.7.8　小半径曲线盾构隧道施工

《地铁设计规范》（GB 50157—2013）[14] 根据车辆类型、地形条件等因素，对最小曲线半径做出了规定，如表 7-13 所示。由于盾构机本身具有一定长度和较大刚度，在小半径曲线段盾构机难以转弯，而且盾构姿态控制不好会对盾构管片和周围地层均会产生不可忽视的影响，因此小半径曲线盾构隧道施工技术要求高。

表 7-13　地铁线路圆曲线最小曲线半径车型　　　　　　　　　　　　　单位：m

线路	A 型车		B 型车	
	一般地段	困难地段	一般地段	困难地段
正线	350	300	300	250
出入线、联络线	250	150	200	150
车场线	150	—	150	—

1.施工重难点

（1）隧道整体向弧线外侧偏移

小曲线隧道每掘进一环，管片端面与该处轴线的法线方向在平面上将产生一定的角度，在千斤顶的推力下产生一个侧向分力。管片出盾尾后，受到侧向分力的影响，隧道向圆弧外侧偏移。另外，由于盾构机外壳与管片外壁存在建筑空隙，在施工过程中，掘进产生的空隙与同步注浆的浆液填充量不可能做到完全同步、完全符合一致。如果存在空隙或同步注浆浆液早期强度不够的现象，则管片在侧向压力作用下向弧线外侧发生偏移，从而增加曲线段盾构推进轴线控制的难度。

（2）地层损失增加

曲线段盾构推进时掘进轴线为一段折线，且曲线外侧出土量又大，这样会造成曲线外侧土体的损失，并存在施工空隙。曲线仿形刀也处于开启状态进行超挖，实际掘进面为一椭圆形，实际挖掘量超出理论挖掘量。

另外，在采用适当技术和良好操作的正常施工条件下，小半径曲线掘进也会增加地层损失。在不同曲线半径线路情况下，地层的最大可能损失与盾构机的长度关系密切；与直线段相比，盾构在曲线线路情况下的地层最大可能损失随线路曲线半径的减少而显著增加。

（3）纠偏量工作量大，对土体扰动增加

在小曲线段，由于盾构机本身为直线形刚体，不能与曲线完全拟合。在小曲线段盾构机掘进形成的线形为一段段连续的折线，为了使得折线与小曲线接近吻合，掘进施工时需连续纠偏。曲线半径越小，盾构机越长，则纠偏量越大，纠偏灵敏度越低。纠偏工作量增加的同时也增加了对隧道周围土体的扰动，这样容易造成较长时间的后期沉降。在小曲线处掘进时如果隧道的纵向刚度和地层的刚度过小，则可能引起管片和其外地层的过大位移，以及使土压超过被动土压力而产生较大扰动。

（4）管片破损

盾构机的推进是依靠管片提供推进反力，在一个循环过程中，特别在小半径曲线段上掘进时，盾构机的姿态变化较大，这就在推进油缸靴板与管片之间产生一个微小的侧向滑移量（至少是一种趋势），导致管片局部受力过大而产生裂纹或崩裂。管片向外侧扭曲挤压地层，使地层和管片结构均受到复杂的影响，极易造成盾构与管片之间的卡壳及管片碎裂现象发生。

（5）盾构卡壳

小半径曲线隧道时刻处于转弯状态，管片左超或右超量较大，施工人员如不能很好地控制，将造成左超或右超滞后，从而产生盾构与管片之间的卡壳，造成盾构偏离隧道轴线。

（6）容易造成渗流隐患，引起地表沉降

在曲线段施工时，由于盾壳内壁与管片外壁之间的间隙分布不均匀，盾尾刷密封装置受管片偏心挤压后易产生塑性变形而失去弹性，使密封性能下降；同时在曲线段施工容易出现管片错台，而在纵缝错台产生后，盾尾刷无法紧密包裹整环管片，极易形成渗流通道。这无疑增加了隧道渗漏水的风险。另外，若盾尾发生渗漏，将污染盾构管片安装的工作面，并出现较大的地表沉降。

2. 解决方案及措施

（1）增加铰接装置

为控制急曲线隧道施工轴线，需提高盾构机的纠偏灵敏度。在盾构机的中部增加铰接装置，即可减少盾构机固定段的长度，使盾构切口环至支撑环，支撑环至盾尾都形成活动体。由此增加盾构机的灵敏度，推进时可以在减少超挖量的同时产生推进分力，确保曲线施工的推进轴线控制，管片外弧碎裂和管片渗水等情况也将大大改善。

（2）使用仿形刀

使用铰接装置后，盾构机掘进过程中所穿越的孔洞将不再是理论上的圆形。其作为一种辅助手段，需要与仿形刀的超挖、锥形管片、曲线内外侧千斤顶的不同推力等施工措施配合在一起使用。仿形刀的使用效果将直接影响盾构机铰接装置的作用,超挖量过大将严重地扰动土体,过小将不能充分发挥铰接装置的作用,以至达不到所要求设计轴线的半径。

(3)选择合适的隧道管片

①选择适当楔形量的管片。

盾构机在曲线段掘进时,需要利用安装相应的楔形管片来逐步消除推进油缸的行程差,以使盾构机每环开始掘进时的每组推进油缸行程差尽可能趋于最小,保证盾构机掘进方向的准确性。

②减小管片宽度。

对于小半径曲线地段,根据已有类似地铁工程的施工经验,采用宽 1.0 m 的管片比 1.2 m 的管片更有利于线路曲线的拟合,管片拼装更容易,还有利于减少管片的碎裂和隧道的整体防水。

(4)增加管片纵向刚度

从盾构机对土体的反力来看,小曲线外侧不需要用反力壁进行弯曲。但盾构推进反力依赖着管片或反力壁的刚度,为了确保合理的推进反力,有必要增大管片的纵向刚度,或者采取地层加固措施以及两者的组合措施。

(5)控制纠偏量

①预留隧道偏移量。

在盾构掘进过程中,管片承受侧向压力后将向弧线外侧偏移。为了使隧道轴线最终偏差控制在规范要求的范围内,盾构掘进时考虑给隧道预留一定的偏移量。将盾构沿曲线的割线方向掘进,管片拼装时轴线位于弧线的内侧,以使管片脱出盾尾时受侧向分力向弧线外侧偏移时留有预偏量;而预偏量的确定往往依据理论计算和施工实践经验的综合分析得出,同时需考虑掘进区域所处的地层情况。

②严格控制盾构纠偏量。

盾构曲线推进时,每一环都在纠偏。此时需做到勤测勤纠,而每次的纠偏量应尽量小,尽量控制在 2~3 mm/m,确保楔形块的环面始终处于曲线半径的径向竖直面内。

(6)盾构施工参数控制

①严格控制盾构的掘进速度。

推进时速度应控制在 1~2 cm/min,既可以避免因推力过大而引起的侧向压力的增大,又可以减小盾构推进过程中对周围土体的扰动。

②严格控制盾构正面平衡压力。

盾构在穿越过程中必须严格控制切口平衡土压力,使得盾构切口处的地层有微小的隆起量(0.5~1 mm)来平衡盾构背土时的地层沉降量。

③严格控制同步注浆量和浆液质量。

曲线段推进增加了地层的损失量,纠偏次数的增加导致对土体扰动次数的增加,因此,在曲线段推进时应严格控制同步注浆量和浆液质量。

④加强监测,及时调整施工参数。

严格的地层损失率限制标准及强有力的监控手段是化解盾构施工中各种风险的根本。在小曲线段盾构推进时必须加强监测,不断调整优化施工参数,进行全方位盾构施工控制。

3. 工程案例

(1)工程概况

上海市轨道交通 12 号线 5 标东兰路站—虹梅路站区间起始于东兰路站北端头井 XK5+258.562 m，止于虹梅路站西端头井 XK5+746.866，总长 488.304 m（共 425 环管片，其中 35~230 环上方存在建筑物），在里程 XK5+547.058 处设旁通道及泵站一座，整个隧道轴线基本是一段 $R=350$ m 的小半径曲线，线路纵断面最小坡度为 2‰，最大坡度为 11.77‰，隧道覆土厚度最小为 8.87 m，最大为 11.23 m，如图 7-29 所示。

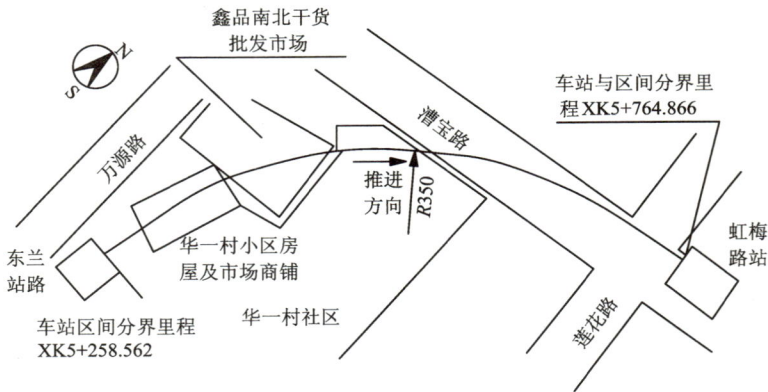

图 7-29 东兰路站–虹梅路站平面图

(2)施工方案选择要点

①严格控制盾构正面土压力。土仓中心土压力值根据埋深及土层情况设定，压力波动控制在±0.02 MPa。在盾构施工过程中，根据监测单位地表监测点的监测数据，结合以往盾构施工过程中的推进土压值来确定盾构穿越隧道顶部建筑物的合理土压力值。

②掘进速度控制。盾构机在推进过程中，土仓里土压传感器将实时的土压值传送给盾构司机，盾构司机再通过调节推进千斤顶来控制掘进速度，掘进速度控制在 20~40 mm/min。

③合理地开启铰接。根据本工程的情况，在选择盾构机时特意增加了铰接功能，提高了盾构在小半径曲线下推进过程中的灵敏度，大大减小了推进时超欠挖对上部建筑的影响，使盾构机在推进时能够更好地对轴线进行控制。

④出土量控制。对每环的实际出土量和理论出土量进行比较，严格保持开挖面的土压平衡，减少对土体的扰动，防止超挖及欠挖。

7.7.9 下穿既有建(构)筑物的盾构隧道施工

城市建(构)筑物众多，盾构施工中无法全部避免，从而面临着盾构下穿建(构)筑物带来的诸多问题。根据沿线环境保护要求及盾构法施工特点，施工过程中主要从盾构操作方面来减少地表沉降，并配以其他辅助措施，确保盾构施工影响范围内建(构)筑物的安全。常见的盾构下穿建(构)筑物包括既有隧道、既有铁路、地铁车站、桥梁、建筑物、管线、河堤等，在下穿上述项目时谨防出现安全事故，盾构施工时需要严格控制相关项目。下面以下穿既有盾构隧道为例进行介绍。

土压平衡盾构施工较为突出的问题是盾构挤压推进对周围土体的扰动较大,下穿既有隧道时合理设置和控制土压对保障既有隧道至关重要。控制新建隧道穿越既有地铁隧道所引起的变形,确保既有地铁隧道的结构安全和新建隧道的顺利掘进,也必将是施工及运营中关注的焦点问题。

1.施工重难点

(1)既有隧道安全使用

确保运营车辆的正常运行,即保证运营地铁隧道的轨道平顺度、轨向偏差和高低差满足规范要求。

(2)控制开挖面稳定性

开挖面上的水土压力不平衡导致开挖面失去稳定性。当压力仓的压力大于开挖面土压力时,地层出现隆起现象;反之则出现地层沉降。

(3)地层扰动

盾构掘进过程中容易对地层造成扰动。在蛇曲修正或曲线掘进时,一定程度的超挖容易使围岩松动范围增大,难以保证地铁隧道结构安全,且很难将沉降、变形、收敛、裂缝等控制在规范容许范围内。

(4)掘进参数控制

盾构法施工下穿既有隧道时务必做好盾构掘进控制,相关的掘进参数以及渣土改良控制技术要求高。

(5)监控量测

地铁周边市民活动频繁,既有线和地层状态监测难度大,但监控量测在地铁下穿既有隧道尤为重要,监测若受到其他因素影响将导致风险预测不及时。

2.解决方案与措施

(1)信息化施工

上下行隧道内分别布置自动监测和人工监测系统,分别对垂直沉降、水平位移、轨道左右两侧高差、隧道断面收敛变形等进行详细监测,及时采集数据并做出反馈,相关单位做好应急预案。

(2)既有隧道调查

对既有隧道结构现状进行详细调查,对其安全性进行论证,并与地铁运营部门共同进行确认,同时对既有轨道、电力系统等进行维修保养,以确定其安全状态。

(3)地层加固

下穿隧道掌子面打入钢花管,可对距离较近的既有隧道下行线底部土体进行注浆加固,形成管棚,以提高地层的抗渗能力和承载能力,增加对地铁一号线下行线的保护。

(4)施工设备检修

确保门吊、砂浆搅拌机、二次注浆机、电瓶车等设备下穿时的零故障;选择合适的地方开仓对刀具进行全面检查,对需要更换的刀具进行更换,同时加强对盾构其他部位的维护保养,保证加压系统、泡沫系统、出渣系统在下穿施工时运行良好。

(5)经验总结

对前期盾构掘进情况进行分析总结,掌握本标段地层特点,对盾构施工的适应性做出合理判断,熟悉相关参数,从而为下穿阶段施工提供借鉴,选择符合施工情况的掘进模式。

3.案例分析

(1)工程概况

昆明轨道交通某区间盾构隧道所穿越的主要土层为圆砾地层,局部地区穿越黏土和砾砂层;圆砾地层中有少量呈透镜状粉土、粉砂、砾砂层。昆明地铁 4 号线区间于 YDK9+885 ~ YDK9+915 里程左右线重叠下穿昆明地铁 2 号线,如图 7-30 所示,此处为整个盾构区间风险控制的重中之重,下穿过程中务必保障 2 号线安全。叠线隧道右线位于左线下方,4 号线右线和左线先后下穿 2 号线右线和左线,重叠隧道在下穿 2 号线段平面最小净距约为 6.5 m。

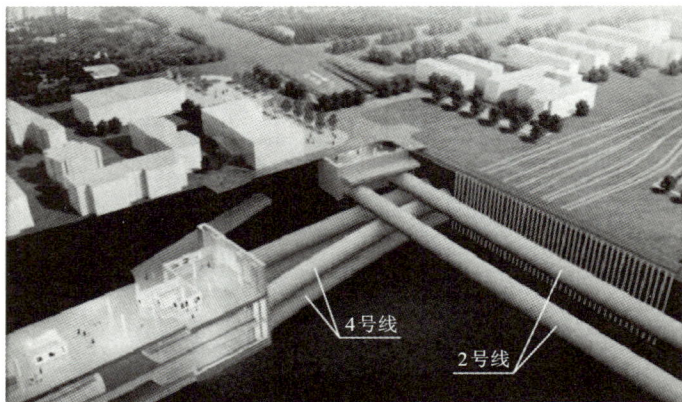

图 7-30 4 号线重叠下穿 2 号线概况图

(2)风险研究

①北站隧道位于昆明市主干道"三横四纵"中最重要的北京路上,下为北京路穿行,上为昆明火车北站,拔桩施工对既有交通影响大,地铁双线隧道将上下重叠从火车北站隧道中间无桩基的箱涵下的狭小空间穿过。穿过北站隧道后,双线盾构立即下穿地铁 2 号线,竖向距离仅约 3.0 m,要求务必做好地层加固和盾构掘进控制,确保昆明地铁 2 号线地铁列车正常运营。

②盾构主要穿越高富水圆砾地层,盾构掘进对地层扰动大,螺旋输送机易出现喷涌等现象,危及隧道开挖面稳定性,特别是下穿火车北站隧道和地铁 2 号线,盾构掘进风险更高。因此,为了保证高富水圆砾地层上下重叠双线隧道盾构顺利掘进,盾构渣土改良和掘进参数控制技术要求高。

③隧道周边既有线保护要求高和掘进参数难于控制对盾构施工监控量测提出了很高的要求。为了保证盾构顺利掘进,要求建立完善的盾构信息化施工控制技术体系,实时准确监测地层和既有线状态,及时处理洞内外监测数据,提出预警系统,反馈于盾构施工。

(3)应对措施

①施工控制。应根据盾构穿越及上覆的地层情况及试验段成果,设定适当的掘进参数并进行严格控制,其中主要包括刀盘转速、刀盘扭矩、千斤顶总推力、螺旋输送机转速、外加剂选择及注入量等。在施工过程中应对刀盘面板推力和土仓压力、出土量及出土状态进行密切观察和记录,并将数据反馈到盾构控制中心,及时调整或优化掘进参数。施工过程中严抓渣土管理,及时分析出渣数据,严格控制地层损失率,应采用质量和体积两个指标控制出土率,

使其地层损失率在 0.5% 以下。在管片衬砌环脱出盾尾后，立即采用双浆液同步注浆，以充分填充管片与地层之间的空隙；要提早进行二次注浆，以同步注浆层和地层之间的间隙为主要填充对象进行注浆填充，必要时重复二次注浆。

②渣土改良。针对盾构主要穿越富水圆砾地层，为了避免渣土喷涌风险，在下穿既有线前选取试验段开展渣土改良研究。首先通过大型渗透试验评价地层的渗透性，然后对试验段内每环的渣土进行坍落度试验，分析渣土改良对盾构掘进参数的影响，最后通过监测地表沉降，检验并评价渣土改良的实际效果，进而给出下穿既有线盾构渣土合理改良技术建议。

③克泥效工法。通过在盾壳中部开孔埋管，在掘进过程中同步注入克泥效，及时补偿地层损失，以减少对周边土体的扰动，从而减小施工风险。克泥效工法的作用效果已在试验段得到验证。

④洞内注浆加固。在下穿段采用增设注浆孔的特殊管片，利用注浆孔打设注浆管，对隧道周边一定范围内土体进行深孔注浆加固。根据盾构施工安排，右线隧道主要采用洞内钢花管注浆。注浆采用纯水泥浆静压注浆。左线隧道采用钢花管洞内静压注浆。重叠段隧道均采用加强型管片，以提高管片的强度和承载力，确保结构受力安全。

⑤先行线安全防护。在盾构隧道下穿此段处，左、右线隧道均采用加强型管片及螺栓，以提高管片强度及变形能力。后行线施工期间，在先行线隧道内设置支撑台车，以提高管片的整体性。支撑台车应位于盾体正下方，随着盾构施工逐渐往前移动。

⑥既有线实时监测。施工期间应对既有线变形、受力等进行 24 h 全自动在线监测，监控量测项目主要包括隧道结构的位移、管片应力和净空收敛等。一旦数据异常，系统会触发相应的报警机制，第一时间以短信、传真、广播等形式通知，并立即启动安全预案。

思考题

1. 请介绍土压平衡盾构开挖面平衡控制方式，并对比分析各自特点。
2. 请介绍土压平衡式盾构机掘进存在哪些掘进模式，并对比分析各自特点。
3. 请简述泥水平衡盾构泥膜生成机理。
4. 请简述泥水平衡盾构泥水掘土量管理与土压平衡盾构出渣量管理的差异。
5. 某一地铁盾构区间隧道右线某段为缓和曲线，其要素如表 7-14 所示，试确定该缓和曲线上所需转弯环数量和安装位置。另外，管片外径 $D=6200$ mm，楔形量为 42 mm。

表 7-14　各曲线要素

符号	量值	符号	里程
R	420	ZH	K8+372.115
L_s	80	HY	K8+452.115

6. 试对比分析常压开仓换刀和带压开仓换刀的地层适应性及工艺特征。
7. 结合文献调研，对比分析穿越黏土地层、砂卵石地层、上软下硬地层、基岩/孤石、岩溶地层盾构隧道施工的技术重难点及解决措施。

8.请收集一份地铁单洞盾构区间隧道的地质纵断面图及相关工程地勘资料,计算该区间隧道施工过程中盾构土仓压力、推力、刀盘扭矩的设定范围。

参考文献

[1] 王洪新. 土压平衡盾构刀盘开口率对土舱压力的影响[J]. 地下空间与工程学报,2012,8(1):89-93.
[2] 张凤祥,朱合华,傅德明. 盾构隧道(精)[M]. 北京:人民交通出版社,2004.
[3] 王洪新,傅德明. 土压平衡盾构平衡控制理论及试验研究[J]. 土木工程学报,2007(5):61-68+110.
[4] 日本地盘学会. 盾构法的调查·设计·施工[M]. 牛清山,陈凤英,徐华,译. 北京:中国建筑工程出版社,2008.
[5] 盾构机司机培训教程编写委员会. 盾构机司机培训教程[M]. 北京:中国建筑工业出版社,2016.
[6] 中华人民共和国住房和城乡建设部. 盾构法隧道施工与验收规范(GB 50446—2017)[S]. 北京:中国建筑工业出版社,2017.
[7] 黄清飞. 砂卵石地层盾构刀盘刀具与土相互作用及其选型设计研究[D]. 北京:北京交通大学,2010.
[8] 吴俊,袁大军,李兴高,等. 盾构刀具磨损机理及预测分析[J]. 中国公路学报,2017,30(8):109-116.
[9] 宋克志,潘爱国. 盾构切削刀具的工作原理分析[J]. 建筑机械,2007(2):74-76.
[10] ZHAO J, GONG Q M, EISENSTEN Z. Tunelling through a frequently changing and mixed ground: a case history in Singapore[J]. Tunnelling and Underground Space Technology, 2007, 22(4): 388-400.
[11] 中华人民共和国住房和城乡建设部. 盾构隧道工程设计标准(GB/T 51438—2021)[S]. 北京:中国建筑工业出版社,2021.
[12] 中华人民共和国住房和城乡建设部. 建筑基坑工程监测技术标准(GB 50497—2019)[S]. 北京:中国计划出版社,2020.
[13] 广州市地下铁道总公司. 地铁是怎样建成的[M]. 广州:新世纪出版社,2014.
[14] 中华人民共和国住房和城乡建设部. 地铁设计规范(GB 50157—2013)[S]. 北京:中国建筑工业出版社,2014.

第 8 章

盾构壁后注浆

8.1　壁后注浆的目的及分类

在盾构施工中，随着盾构机的推进，盾构机掘进直径与混凝土管片外径之间存在尺寸差异，盾尾脱离后管片与地层之间通常存在 160~370 mm 的环形空隙，且空隙在一段时间内处于无支撑状态。盾构壁后注浆即通过一定压力将可固结的浆液注入空隙内，最终实现管片与地层间的有效填充。1864 年，Barlow 首次在伦敦与巴黎的地铁隧道建设中利用水泥浆液进行衬砌背后充填注浆，并获得了第一个适用于盾构领域的注浆专利，自此，盾构壁后注浆的概念与技术开始被工程研究人员广泛关注[1]。

8.1.1　盾构壁后注浆的目的

当盾构管片与地层之间的空隙处于无支撑状态时，地层受扰动而产生的变形或局部坍塌直接影响着地表沉降的程度，地层荷载与地下水将直接作用于管片结构之上，对盾构隧道结构的稳定性造成不利影响。因此，盾构壁后注浆的主要目的如图 8-1 所示。下面对其中几个目的加以介绍。

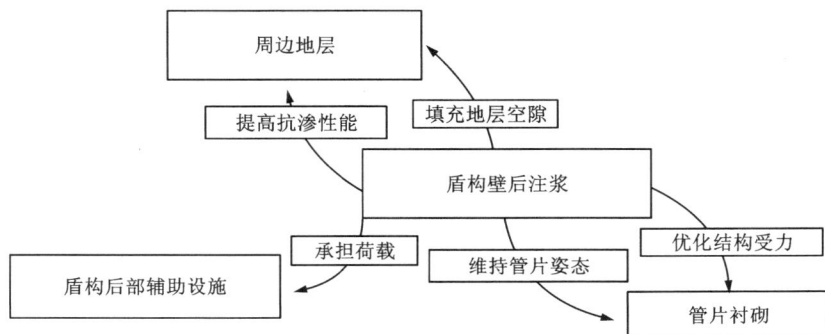

图 8-1　盾构壁后注浆的目的[2]

1.填充地层空隙

盾尾脱离后产生的空隙体积占隧道空间体积的3%~16%。当空隙处于无支撑状态下，周边土体将向空隙内挤入导致变形或发生局部坍塌，进一步引起更大范围的地层松动破坏，最终导致盾构隧道上方地表发生沉降，并破坏邻近地层中既有城市管线、地下结构，给复杂的城市环境带来安全隐患。因此，通过壁后注浆的方式，在较短时间内使浆液固结并有效填充空隙，是弥补土体损失、控制地层变形的重要手段。

2.优化结构受力

当管片与地层之间存在空隙时，地层变形易对管片结构产生不均匀荷载，从而劣化管片的受力状态。而盾构壁后注浆可使管片与地层均匀、紧密地贴合在一起，这对盾构隧道衬砌结构的受力是有利的。此外，固结后的浆液充填体还可以为管片分担一部分盾构后部辅助设施的附加荷载。

3.维持管片姿态

盾构机在推进过程中会对拼装好的管片结构产生反向推力，若此时管片结构处于悬空状态，则在附加推力与管片的自身重力下，管片极易发生空间位置的歪斜、偏移，进而对接头部位的纵向螺栓产生较大的剪切应力，对结构稳定产生不利影响。若及时对空隙进行注浆填充，固结后的浆液可以限制管片结构的空间整体位移，可有效改善螺栓连接处的受力情况。

4.提高抗渗性能

盾构壁后注浆层可以作为盾构隧道抗渗漏的第一层防护圈，能够有效地缓解因盾构管片衬砌出现裂缝或防水垫层损坏而导致的渗水、漏砂等工程问题。

5.承担盾构后部辅助设施产生的荷载

盾构后部存在大量辅助设施，这些设施产生的荷载将直接作用在管片衬砌上，管片本身及螺栓将承受较大的剪切应力。若及时对空隙进行注浆充填，可有效改善管片及螺栓受力情况。

8.1.2 盾构壁后注浆的分类

根据注浆方式与注浆阶段的不同，盾构壁后注浆可分为以下几类。

1.盾尾注浆

盾尾注浆又称为同步注浆，是在盾构机作为衬砌管片的支撑尚未完全脱出时通过盾尾注浆管进行即时充填稳固管片和地层的注浆方式，如图8-2所示。

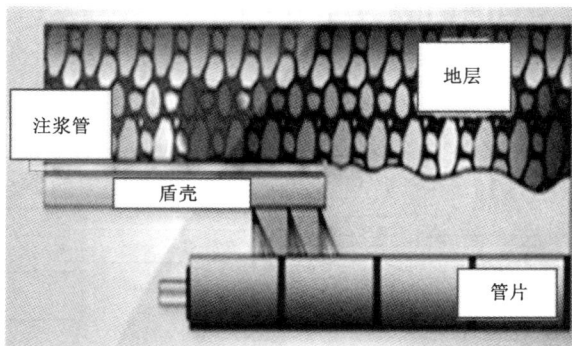

地层

注浆管

盾壳

管片

图8-2 盾尾注浆示意图

盾尾注浆是将按一定配比拌和好的浆液运送至盾构机后储浆罐中，通过注浆泵由盾尾注浆管道（通常为上下对称布置）泵送至管片壁后间隙，实现注浆充填，整个注浆过程与盾构机掘进是同步进行的。该方法能够较好地实现注浆填充效果，及时调控盾构姿态，控制管片偏移和地层发生变形，不仅适用于稳定地层、软土地层，也适用于砂土、黏性土、富水地层等自稳能力较差的复杂地质环境，已成为现阶段盾构施工中的主要壁后注浆方式。

2. 管片注浆

盾构管片注浆是在盾构机向前掘进一定环数后，通过管片上预留的注浆孔向间隙内注入浆液稳固管片和地层的注浆方式，如图 8-3 所示。

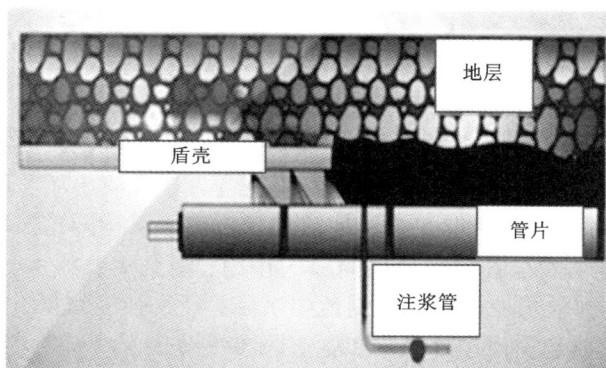

图 8-3　管片注浆示意图

管片注浆与盾构掘进、盾尾脱离管片的时间是不同步的。因此，在富水地层、软土地层等复杂地质条件下，若管片注浆滞后盾构掘进时间过长，则易造成管片上浮、管片位置偏移、地层沉陷等问题，故这种注浆方式适用于稳定性较好的地层。

3. 二次注浆

二次注浆主要是为补充第一次注浆填充不均、浆液体积缩减的部分而进行的。同时，二次注浆也可用于提高注浆层抗渗性等施工效果。

8.2　壁后注浆材料及性能需求

8.2.1　壁后注浆材料及其适用性

壁后注浆技术在应对地表沉降、管片渗漏水等方面问题时具有显著效果，在盾构衬砌背后填充的注浆结石体不仅可以充填因开挖导致的地层损失空隙，还可以作为一道防护墙阻挡地下水等侵蚀性物质进入隧道内[3]。但不同的盾构隧道工程所在的地层条件是不一样的，因此对浆液凝结时间、结石体抗渗性、抗压强度等注浆体特性的需求也不同。为了提高盾构隧道的施工质量以适应更复杂的地层环境，必须深入研究壁后注浆材料的组成成分、材料配合比及其工作性能。

1. 常见的壁后注浆材料及其分类

目前，盾构壁后注浆材料按注入类型可分为单液型和双液型两大类，如表 8-1 所示。其中，单液型根据材料的不同又可分为单液惰性浆液与单液活性浆液。

表 8-1 壁后注浆材料分类

分类标准	浆液类型	浆液材料名称
注入类型	单液型	单液惰性浆液、单液活性浆液等
	双液型	水玻璃-水泥基浆液等
浆液材料性质	无机型	水泥基浆液等
	有机型	丙烯酰胺类、聚氨酯类、木质素类、环氧树脂类、不饱和酯类等

单液惰性浆液是由粉煤灰、砂、石灰膏、水和外加剂等拌和而成，不含水泥等凝胶物质[4]。该类材料具有凝结时间长、早期强度低、收缩率高、流动性好以及施工性能好等特点，适用于较稳定的干燥地层，在 19 世纪中后期被广泛应用于盾构隧道工程中。但是单液惰性浆液仅起到填充管片与管片、管片与地层间隙的作用，固结主要靠水分蒸发，其防水性差、收缩大、凝结时间长，在软弱地层难以控制地层沉降，且其强度较低、抗渗性能差等缺点始终无法被克服，不利于隧道衬砌早期稳定和隧道防渗效果[5]。

单液活性浆液凭借早期强度高、凝固时间可控以及易于泵送等优点，逐渐在盾构壁后注浆工程领域得到了认可。单液活性浆液是水泥基材料，不含石灰膏，主要由水泥、粉煤灰、砂、膨润土、水和外加剂等拌和而成，相比于单液惰性浆液，单液活性浆液大大缩短了凝结时间，控制了体积收缩，且能够在水中硬化，使盾构技术在软弱不稳定地层和富水地层的施工成为可能。此外，由于其对施工管理要求和浆液材料成本较低[6]。

双液型浆液是活性浆液，也是水泥基材料，其由 A、B 两部分液体混合而成。其中 A 液是普通水泥浆液，B 液一般为水玻璃溶液。水泥水化后的浆液中含有活性很高的 $Ca(OH)_2$，水玻璃溶液中具有硅酸钠（$Na_2O \cdot nSiO_2$），两者混合后会迅速反应生成硅酸钙凝胶（$CaO \cdot nSiO_2 \cdot mH_2O$）并产生一定的强度，如式 8-1 所示。根据两部分液体的配比不同可以控制双浆液的胶凝时间，需要时可加入一定的速凝剂或缓凝剂以调整凝结时间。

$$Ca(OH)_2 + Na_2O \cdot nSiO_2 + mH_2O \longrightarrow CaO \cdot nSiO_2 \cdot mH_2O + NaOH \qquad (8-1)$$

水玻璃-水泥基浆液克服了单液水泥浆凝结时间长且不易控制、体积收缩率大等缺点，还具有凝结时间较短、早期强度高、不容易被水稀释等优点，早在 20 世纪 90 年代就被应用于上海市延安东路隧道南线工程中[7]。然而，双液型浆液的缺点也很明显，一方面是胶凝体不够稳定，抗蚀性较差；另一方面是该浆液对注浆应用时的施工管理要求较高，浆液凝结时间难以控制，容易产生堵塞输浆管道的问题，进而对工程进度造成影响，这些都会大幅提高双液浆的应用成本。

此外，按浆液材料性质，还可将壁后注浆材料分为无机型和有机型，如表 8-1 所示。无机型注浆材料以水泥基浆液为代表，有机型注浆材料以有机高分子（如丙烯酰胺类、聚氨酯类、木质素类、环氧树脂类、不饱和酯类等）等化学浆液为代表。此类有机高分子化学注浆材料可以解决普通水泥浆液无法解决的工程问题，一般通过管片注浆孔或管片裂缝进行二次补注，可以起到加固地层、堵水防渗的作用。但大多数的化学浆液都具有一定毒性，且价格不菲，这在一定程度上限制了有机型注浆材料的发展。尤其是 1974 年日本上岗县发生化学注浆污染事故后，日本政府颁布了使用化学灌浆材料的有关规定，明令禁止使用除水玻璃之外的其他任何化学浆材。

另外，还有许多研究以上述浆液为基液，掺入外加剂或者其他材料成分，或者通过替换基液成分中的部分材料得到新型浆液，这种新型浆液通常具有工程特异性，即浆液性能可以在最大限度上满足某盾构工程的现场施工需要。比如部分学者以活性浆为基液，通过加入一定掺量的聚丙烯酰胺高分子聚合物或黄原胶提高了浆液的假塑性，该新型浆液能有效填充盾尾间隙，增加与管片的黏结力、抵抗隧道上浮；为满足富水地层条件下的水下盾构工程同步注浆浆液的早强性、抗水分散性及较好的耐蚀性要求，可将快硬硫铝酸盐水泥作为主要胶凝材料，加入一定含量的减水剂、早强剂进行调配。另外，目前还有很多研究利用矿渣、钢渣等废弃产物或者盾构掘进弃渣来代替部分传统注浆材料成分进行壁后注浆浆液的配制，从绿色回收、综合利用的角度来处理这些盾构废弃渣土，不仅符合当今我国国情及国际发展趋势，还能有效解决弃渣难处理、易堆积的工程难题[8]。

总之，随着地铁隧道工程的迅速发展，盾构施工挑战越来越严苛的地质环境，注浆材料的耐久性问题、环保问题及不同环境的适应性仍需要做更深入的研究，寻求绿色环保、防渗防腐、凝结时间易控、经济效益好、施工方便等综合性高的新型同步注浆材料是今后注浆材料的开发方向[3]。

2. 壁后注浆材料的选择

注浆材料的选择与地层条件、施工环境、施工成本等因素有较大关系。因此，实际工程中应在充分了解浆液性能的基础上按照情况选择最合适的浆液。单液型、双液型浆液的基本性能及适用环境的分析如表 8-2 所示。

表 8-2 单液型、双液型壁后注浆浆液的性能及其适用环境

性能及适用环境	单液惰性浆液	单液活性浆液	双液型浆液
凝结时间	≥20 h	5~15 h	3~30 min
充填性能	很好	较好	较好
早期强度	低	较高	很高
后期强度	低	高	较高
管道堵塞问题	不易堵塞	偶尔堵塞	容易堵塞
应用成本	低	较低	较高
适用环境	稳定地层	稳定地层或软土、富水地层	软土、富水地层

目前，工程上常根据地层情况进行注浆材料的选择。若地层较稳定，一般使用单液型浆液，无须注浆与掘进同时进行；若地层为稳定性较差的淤泥或易塌方的砂层，则需注浆与掘进同时进行。对于富水砂砾层或砂层，大多宜使用双液型浆液，还可以选择具有水下抗分散

性的单液活性浆液;对于淤泥层或黏土层,使用单液活性浆液或双液型浆液均可起到较好的效果。

8.2.2 壁后注浆材料性能指标

经过大量试验研究及现场相关资料分析,盾构壁后注入的浆液必须快速、有效地充填管片与地层的空隙。一般盾构壁后注浆工程中的浆液材料需要满足如下要求[8]:

①浆液的流动性好、离析小,能满足长距离注浆泵送要求。

②浆液充填性好、稳定性高,能快速、充分地充填盾尾空隙。

③浆液应具有一定的稠度,不易被泥水稀释。

④浆液充填后能及时凝固,有一定的早期强度,浆液的凝结时间可调。

⑤浆液硬化后体积收缩率和渗透系数小。

⑥浆液原材料来源丰富、绿色环保、价格低廉且残留于注浆管内的浆液易清洗。

其具体技术性能要求一般如表 8-3 所示。

表 8-3 同步注浆材料性能指标

检验项目	技术性能要求
初凝时间/h	3~12
结石体强度	1 d 不小于 0.2 MPa, 28 d 不小于 2.5 MPa
浆液稳定性	不沉淀、不离析或在胶凝时间内静置沉淀离析少,泌水率小于5%
结石率	固结收缩率小于10%
砂浆密度/(g·cm⁻³)	1.80~2.00
浆液流动性	初始流动度 220~250 mm, 4 h 内流动度不小于 200 mm, 8 h 仍可泵

在上述要求中,浆液的充填性、流动性及早强性等特性是实现壁后注浆目标的关键。但值得注意的是,上述条件之间存在一定的矛盾关系,而如何通过设计不同的浆液配合比或掺入不同的添加剂来协调浆液各性能之间的关系是获得浆液最优性能的关键。

8.2.3 壁后注浆材料基本性能测试

目前,现有规范与行业标准对壁后注浆浆液性能的测试一般从以下几个方面进行试验:密度试验、黏度试验、泌水率试验、流动度试验、稠度试验、凝结时间试验、结石体抗压强度试验以及结石体收缩率试验。

1. 浆液密度

浆液密度指浆液的质量与其体积的比值。测定浆液密度时,应在浆液所有成分充分混合后,且在浆液胶凝前测定完成。若浆液胶凝时间太短,应先对不同组分分别进行测定,再按照各组分在配方中的用量来计算密度,具体可参照《建筑砂浆基本性能试验方法》(JGJ/T 70—2009)进行测定。

2. 浆液黏度

浆液的黏度大小决定了浆液的扩散能力,也决定了注浆压力、流量等参数的确定,是影响注浆效果的关键。对于理想的壁后注浆材料黏度应是初期黏度低，一旦胶凝后，黏度迅速增大。浆液的黏度需在浆液各组分混合后立即测定，常用的测定方法有旋转式黏度计和漏斗式黏度计，工程实际中习惯于厘泊（cp）表示。其中，旋转式黏度计既可以测量牛顿型流体的绝对黏度，也可以测量非牛顿型流体的绝对黏度；而漏斗式黏度计则可以测量水泥浆等颗粒型材料的黏度，其通过测量 500 mL 浆液从漏斗流出的时间长短来表示浆液黏度，常用时间秒（s）表示。

3. 浆液泌水率

浆液泌水率用浆液凝结后所析出水的体积与浆液体积的比值来表示。试验时，在量筒内装满浆液，静置一定时间后读出量筒上部析出水的高度，该高度数即为泌水率（用百分比表示）。具体测试方法可参照《预应力孔道灌浆剂》（GB/T 25182—2010）的水泥浆常压泌水率试验方法进行测定。

4. 浆液流动度

浆液的流动度是表示水泥静浆流动性的一种量度，具体参照《水泥胶砂流动度测定方法》（GB/T 2419—2005）进行测定。

5. 浆液稠度

浆液稠度是衡量一种材料的固态或流动性的程度的量，是指浆液受外力作用所引起变形或破坏的抵抗能力，是黏性流体最主要的物理状态特征，具体参照《建筑砂浆基本性能试验方法》（JGJ/T 70—2009）进行测定。

6. 浆液凝结时间

凝结时间分为初凝时间和终凝时间，初凝时间表示水泥浆开始失去可塑性的时间，而终凝时间指水泥浆完成失去可塑性的时间。凝结时间常采用维卡仪测量，参照《水泥标准稠度用水量、凝结时间、安定性检测方法》（GB/T 1346—2001）提供的测定方法进行。

7. 结石体抗压强度

结石体抗压强度是反映壁后注浆质量的重要指标，它与水泥标号、浆液水灰比等诸多因素有关。而对于壁后注浆，一般希望结石体早期强度较高，后期强度与围岩强度相匹配，具体参照《建筑砂浆基本性能试验方法》（JGT/T 70—2009）测定。

8. 结石体收缩率

结石体收缩率指浆液固结后结石体积和浆液体积之差与浆液体积之比的百分数。对壁后注浆材料而言，体积收缩率越低，则充填更密实，注浆效果更好。

8.2.4　典型盾构工程注浆材料配合比

注浆材料的成分及其配合比变化将会直接影响浆液性能的表现。单液活性浆液对比惰性浆液，其凝结时间大大缩短，具有一定早期固结强度且随时间增长较快，体积收缩率也大为减小；相比双液浆而言，其应用成本大大降低，且不容易产生堵塞输浆管道的问题。至今我国盾构同步注浆施工中大部分仍然采用单液型活性浆液。我国部分工程实例采用单液型活性水泥砂浆同步注浆材料的配合比如表 8-4 所示。

表 8-4　我国部分工程实例采用单液型活性水泥砂浆同步注浆材料配合比　　　　单位：kg

盾构项目名称	水泥	粉煤灰	膨润土	砂	水	外加剂
成都地铁	120~260	241~381	70~80	779	460~470	—
广州地铁 3 号线	122	223	248（黏土）	910	248	2.5（减水剂）
广州地铁 4 号线	240	320	30	1100	470	2.5（减水剂）
广州地铁	120	381	54	779	465	—
南京地铁 15 标（洞门段）	225	400	50	1000	245	0~2（膨胀剂）
南京地铁 15 标（区间段）	100	300	75	1350	225	0~2（膨胀剂）
上海地铁 11 号线	100	360	20	400	210	—
深圳地铁 1 号线	180	310	37	875	310	2.5（减水剂）
重庆排污过江隧道（始发段）	120	381	54	779	344	—
重庆排污过江隧道（区间段）	80~160	381	60	779	460	—
重庆排污过江隧道（到达段）	160	341	56	779	324	—
武汉长江隧道	80~260	241~381	50~60	779	460~470	—
南水北调中线一期穿黄工程	187	313	37.5	770	375	4.25（减水剂）

8.3　壁后注浆常用设备

壁后注浆设备主要由拌浆设备、注入设备和控制系统组成。其中，拌浆设备由注浆材料储存设备、计量设备、拌浆机和贮液槽等构成；注入设备由注浆泵、输浆装置等构成；控制系统由千斤顶速度测定装置、浆液注入量调节装置、注入率设定装置等构成。在实际施工过程中，施工人员先使用拌浆设备按照需要的浆液配合比将原料进行混合、搅拌，配制成浆液并贮存，再由注入设备泵送浆液至盾尾处注入，同时通过控制系统实时监测和调控注浆参数，防止出现浆液堵管、外漏等问题，确保施工安全顺利进行[9-12]。

8.3.1　拌浆设备

1. 注浆材料储存设备

目前，施工现场用于储存水泥、粉煤灰、膨润土等浆液原材料的设备主要是筒仓。筒仓根据空间位置可以分为纵型筒仓和横型筒仓两种，可按现场条件选用仓型。其中，纵型筒仓相比横型筒仓占地面积小，如图 8-4 所示，筒仓高度距地表 10 m 时便能达到 20 t 的储存量，但由于荷载相对集中，设置时对基础的可靠性要求较高。横型筒仓占地面积大，其筒仓台下空间可以利用，且荷载分散，设置工作较纵型要简单得多，因此近年来得到了广泛的应用。

除了广泛用于储存粉末原材料的筒仓，对于双液型浆液，还必须使用贮藏液态材料的罐。其中，使用最多的是铁制硅酸罐，分为圆柱形和箱形两种，一般的贮液量为 $6 \sim 10 \ m^3$，直径和高度均为 $2 \sim 3 \ m$。

图 8-4　纵型筒仓

2.计量设备

计量设备通常用于计量浆液原材料的质量和容积这两个参数。一般粉体计量质量，液体计量容积，必要时也使用特定测量系统计量粉体的容积。

3.拌浆机

拌浆机依据结构可分为搅拌式和旋喷式两类，如图 8-5 所示，其中搅拌式应用更为普遍。在实际施工中，拌浆机参数一般要求搅拌容量为 $200 \sim 600 \ L$，叶片转速为 $250 \sim 500 \ r/min$。

（a）搅拌式

（b）旋喷式

图 8-5　搅拌式和旋喷式搅拌机

4.贮液槽

拌浆机拌好的浆液在使用前一般需要用料仓或贮液槽贮存。常用的带搅拌器的贮液槽容量一般要求为 $1.5 \sim 4 \ m^3$，搅拌器的转速为 $20 \sim 30 \ r/min$ 的低转速。

8.3.2　注入设备

1.注浆泵

注浆泵主要分为液压式注浆泵、活塞式注浆泵、挤压式注浆泵以及螺杆式注浆泵四大类。其中，压送泵多为活塞式，注入泵多为液压式。对于不同的壁后注浆方式，泵的设置位置不同，呈现出不同的作业特点，其优缺点如表 8-5 所示。

表 8-5　泵的设置地点及其优缺点比较

设置地点	优点	缺点
竖井	①略去注入浆液的运送作业； ②不重复掘削面附近的作业； ③适于小口径断面	①注入泵和材料均有限制； ②注入管理困难； ③输浆管的堵塞等事故多
洞内后方台车	①注入管理容易； ②输浆管事故少、清理简单； ③注入材料对泵的适应范围宽	①给掘削、管片组立作业带来障碍； ②增加注入材料的运送作业
洞内壁后专用列车	不用台车	①建立壁后注浆作业专用路线； ②掘削面与拌浆联系困难

一般盾构机注浆系统会匹配 2 个注浆泵，每个注浆泵有 2 个注浆（出料）口，注浆流量可以通过电磁流量阀按期望值设定；每个注浆泵包括 2 个相邻的缸体活塞、吸料腔和排料腔、液力驱动的盘型阀座、活动活塞和盘型阀座的缸体清洗水腔、行程自动控制装置和 1 个带手柄的液力阀（无压力时可往返操作）。泵送注浆量是通过调整液压油缸的速度进行调整，泵组件安装在一个基础支架上，通过该支架和其他基础相连接。

2. 输浆装置

输浆装置由注入输浆管、注入橡皮管等装置构成。从拌浆设备向洞内运送注浆材料时，一般 A 液砂浆使用 51 mm 的普通低压钢管，B 液使用 19~38 mm 的铁管或塑料管。输浆管的口径通常需要参考施工经验或者按压送清水时的阻力乘以输浆时的管片摩擦阻力系数的方法确定输浆时的阻力。

3. 盾尾注浆管

盾尾设有 8 根内置注浆管道，管道采用内置式的形式依附在盾构壳体上，沿盾尾圈对称布置，如图 8-6 所示。管道共分为四组，相邻两根管道为一组，每组中的 2 根管道分别为 1 用 1 备（施工中只用每组管道中的 1 根，另外 4 根作为防止盾尾注浆管发生堵塞后的备用管道）。备用管道在拼装好盾构机后应灌入黄油脂，以防止管道生锈或杂物等进入管道而堵塞。内置注浆管的分布如图 8-7 所示，注浆口位于后盾前方，出浆口位于后盾盾尾密封刷之后，每条管在注浆口处设有手动阀门[13]。

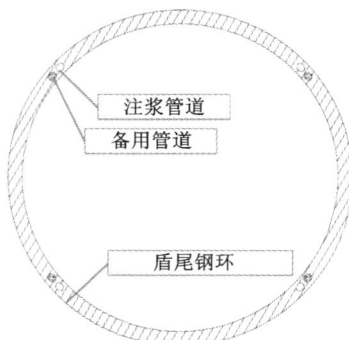

图 8-6　内置注浆管横断面

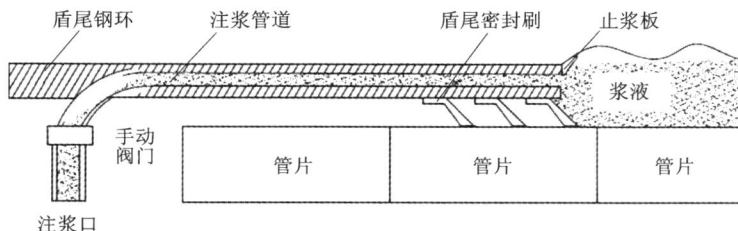

图 8-7　内置注浆管纵断面

8.3.3　控制系统

操作台及可编程逻辑控制器(programmable logic controller，PLC)均位于盾构机操作控制室内，该控制器是整个盾构机控制的核心部分，它担负着数据的采集与控制任务。PLC通过串行通信接口与控制室内数据采集系统计算机通信，实现数据采集与储存、显示、统计、打印。盾构控制及数据采集、显示有关的各种数字量(如开关、按钮状态及各种数字量传感器状态等)、模拟量(如油温、油压、液位等)均通过各种传感器经数字量输入接口(DI)与模拟量输入接口(AI)接入PLC控制器。同时，根据各种控制策略经PLC内部控制程序运算分析后形成相应的数据信息，通过输出接口(DO)控制各指示灯、接触器、继电器、电磁阀等执行相应的注浆压力、浆液注入量、注入率等参数的调控对确保管片壁后注浆施工的顺利进行有着极为重要的意义[13]。注浆作业控制面板如图8-8所示。

壁后注浆控制系统由下列各种装置构成：千斤顶速度测定装置；注入量调节装置；自动注入率设定装置；变速电动机；压力调节装置；记录装置；报警显示装置；A液、B液注入比例的设定装置等。主要装置的相关介绍如下。

1. 千斤顶速度测量装置

该装置是掘进机推进速度的测量装置，由安装在盾构千斤顶上的速度检测器测量千斤顶的速度，用速度转换器把速度信号送到中央监视操作盘内的数字运算器上，并在盘面上指示千斤顶的瞬时速度。

2. 注入率与注入量的设定与计算

中央监视操作盘设有专门为壁后注浆设计制作的计算装置，以便按照式(8-2)计算最佳注入量：

$$
\begin{cases}
Q = \alpha \times S \times V \\
S = \dfrac{\pi}{4}(D_1^2 - D_2^2)
\end{cases} \tag{8-2}
$$

式中：Q——最佳注入设定量；

α——注入率，一般取 $100\% \sim 200\%$；

S——尾隙的面积；

V——千斤顶的速度，由千斤顶速度测量装置反馈；

D_1——盾尾外径；

D_2——管片外径。

3. 压力调节装置

压力控制装置能自动测量控制注入流量，同时还能自动控制注入压力。每个泵送油缸都

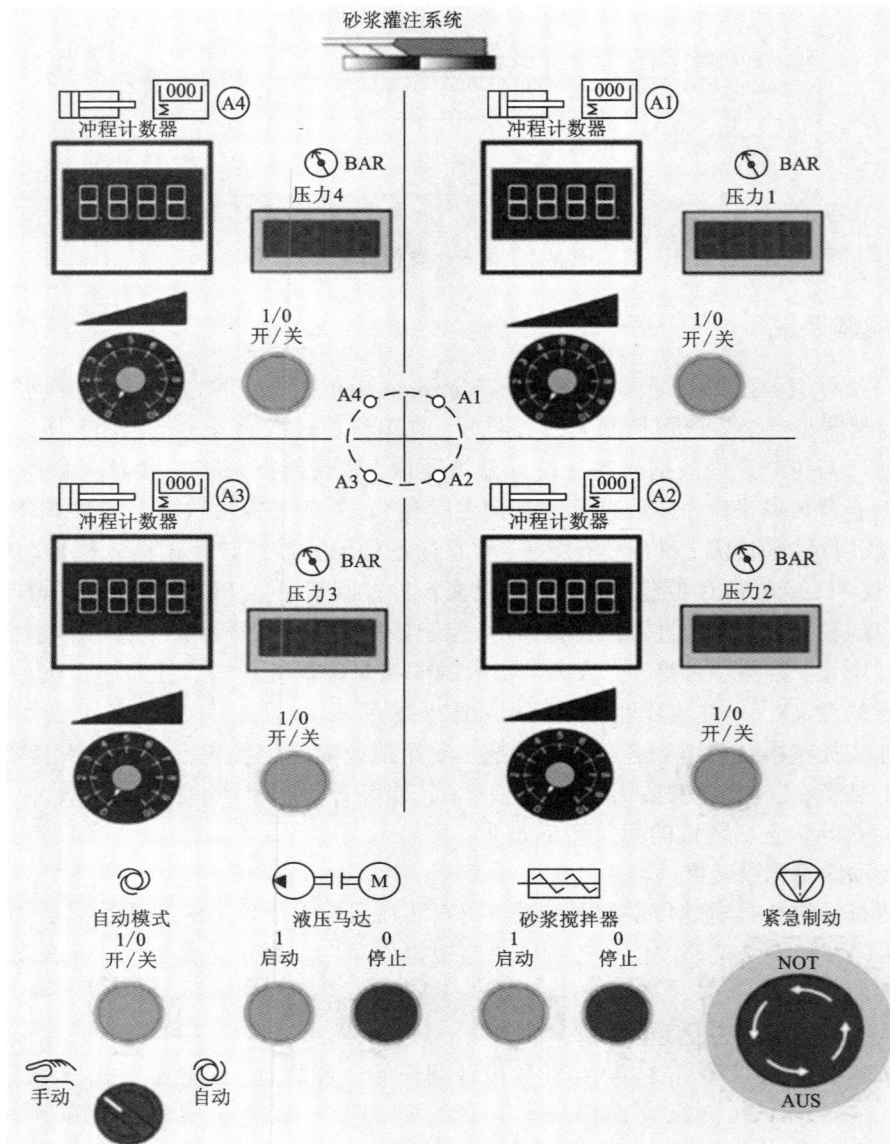

图 8-8   注浆作业控制面板

装有计数指示器, 泵工和盾构司机可以根据计数器传送到 PLC 上的读数了解每根注浆管内的注浆量。在盾尾注浆管路的出口处装有压力传感器, 在盾构操作室和注浆控制箱上都可以看到注浆时管路出口处的压力。四个压力传感器分别监测四个注浆管路的注浆压力, 并把数据传给 PLC, 经过 PLC 内部自动程序的计算和处理之后传到控制面板的显示器上。如果注入压力在设定范围内, 则可按设定注入率的流量进行注入。如果注入流量比最佳注入量多, 则注入压力上升[14]。

4. A 液、B 液注入比例的设定装置

对一般注浆系统来说, 若涉及双液浆, 控制面板还会显示 A 液、B 液注入比例的设定。

8.3.4　注意事项

①注浆系统使用的一般步骤如下：注浆料输送到搅拌罐，不断搅拌；连接注浆管路，确保管路畅通；启动泵站；选择注浆控制模式；启动注浆管路，如有需要只启动特定的管路单独注浆；根据掘进速度调节注浆速度。

②在注浆过程中，应注意冲程数和压力值的变化，并由此判断是否堵管及堵管的位置。如果压力值骤然升高，盾尾堵管的可能性较大；如果压力值不变，冲积数不发生变化，可能是盾尾与泵之间或泵与砂浆罐之间堵管。堵管应及时清理，避免时间过长造成难以清理的现象[15]。注浆停止时，应及时清洗管道，检查注浆泵和管道是否堵塞。

③在注浆操作面板上有每路注浆压力的显示和掘进速度显示，掘进速度应与注浆速度相匹配，避免出现掘进结束后浆液还没有注完或浆液提前注完等情况的发生。

④在注浆过程中，如果感觉一条管路注浆压力高，且注入量少，则有可能是管路堵塞，应立即停机清洗。

8.4　盾构壁后注浆施工与控制

盾构壁后注浆是保证地层与管片结构稳定性的关键环节。因此，对其工艺流程进行合理设计、严格控制、持续监测与及时调整是确保壁后注浆的质量与安全的关键。

8.4.1　壁后注浆工艺参数控制

对于盾构壁后注浆工艺，其主要设计参数包括注浆量、注浆压力、注浆速度等，下面分别展开叙述。

1.注浆量

同步注浆量的选择一般与盾构工程本身关系密切，但由于地层、线路及掘进方式等经常出现超挖、漏浆等，实际中应适当加大注入率，以保证盾尾间隙充填密实。一般而言，每环管片的理论注浆量 Q 参考式（8-3）进行：

$$Q = \lambda \pi (D^2 - d^2) L/4 \qquad (8-3)$$

式中：λ——充填系数，应根据地质情况、施工情况和环境要求综合确定，一般地层条件下充填系数取 1.3~1.8，在裂隙比较发育或地下水较丰富地段，充填系数取 1.5~2.5；

　　　D——盾构开挖外轮廓直径；

　　　d——盾构管片外径；

　　　L——单环管片长度。

在实际施工过程中，若发现注入量持续增多，必须检查超挖、漏失等因素；而注入量低于预定注入量时，可能是注入浆液的配比、注入时期、注入地点、注入机械不当或出现故障所致，必须认真检查并采取相应的措施。

2.注浆压力

注浆压力是指注入孔附近的压力，但在实际施工过程中，注入孔附近不便设置压力表，常采用泵的喷射压力来取代。目前，行业内对注浆压力的选择多根据经验方法以及理论计算结合选取。

经验方法大多根据注浆位置处的水土压力值判断选取：日本学者认为注浆压力的大小可在注浆位置处水压力的基础上增加 0.2 MPa；我国部分工程研究人员认为注浆压力应略大于地层土压与水压之和，一般可选取地层土压与水压之和的 1.1~1.15 倍，或选择与开挖面泥水压力设定值大致相等。在理论分析方面，通常认为注浆压力如果太大，会产生劈裂现象，进而导致浆液沿裂隙流失；注浆压力如果太小，则难以平衡上覆土压，在注浆前期极易导致地层变形。因此，根据劈裂注浆确定的注浆压力上限值以及土体稳定性确定的注浆压力上、下限值，可基本确定合理的注浆压力取值范围。一般而言，注浆压力值应介于注浆孔位置处的主动土压力与被动土压力之间，其上、下限值可按式(8-4)、式(8-5)计算：

$$P_{上} = \gamma_f h_a \times \tan^2\left(\frac{\pi}{4} + \frac{\varphi}{2}\right) + 2c \times \tan\left(\frac{\pi}{4} + \frac{\varphi}{2}\right) \tag{8-4}$$

$$P_{下} = \gamma_f h_a \times \tan^2\left(\frac{\pi}{4} - \frac{\varphi}{2}\right) - 2c \times \tan\left(\frac{\pi}{4} - \frac{\varphi}{2}\right) \tag{8-5}$$

式中：γ_f——该埋深以上土层的浮重度；

h_a——埋深；

φ——该地层内摩擦角；

c——该地层黏聚力[16]。

3. 注浆速度

同步注浆速度宜与掘进速度相匹配，按盾构掘进一环的时间内完成当环注浆量来确定其平均注浆速度，达到均匀注浆目的。一般盾构机掘进 0.1 m 时开始同步注浆，掘进结束前 0.1 m 停止同步注浆。此外，为防止注浆使管片受力不均产生偏压导致管片错位造成错台及破损，同步注浆时对称均匀的注入十分重要。

4. 注浆结束标准

一般采用注浆压力、注浆量的双指标控制作为注浆结束标准，即当注浆压力达到设计压力，注浆量达到理论注浆量的 85% 以上时停止注浆。对注浆不足或注浆效果不好的地方需进行补强注浆，以增加注浆层的密实性。

8.4.2 注浆施工组织与管理

1. 前期准备

注浆施工前需进行前期准备工作，主要包括技术准备、材料准备、设备准备、施工人员准备、施工现场条件准备等。

（1）技术准备

施工前组织技术人员与管理人员对施工现场进行勘测和熟悉，再一次校核施工图纸，学习有关施工技术规范，结合现场实际情况编制施工作业指导书、技术资料以及数据记录表格等。

（2）材料、设备准备

对于注浆采用的浆液材料，应检查并确保其按设计施工配合比拌制；浆液的相对密度、稠度、和易性、杂物最大粒径、凝结时间、凝结后强度和浆体固化收缩率均应满足工程要求；拌制后浆液应易于压注，在运输过程中不得离析和沉淀。对于注浆设备，应进行相关质量检测工作。注浆前，应根据注浆施工要求准备拌浆、储浆、运浆和注浆设备，并应进行试运转。

宜配备对注浆量、注浆压力和注浆时间等参数进行自动记录的仪器,确保注浆过程的实时监测。

(3)施工人员准备

根据施工需要,在进场前制订不同施工阶段的详细施工人员需求计划,并做好各部门协调工作,保证人员调度合理、高效。

(4)施工现场条件准备

做好交通运输、水电、通信现场条件准备工作,并做好后勤管理工作,确保施工快速安全进行。

2. 注浆施工

为了使环形间隙能较均匀地充填,并防止衬砌承受不均匀偏压,应同时对盾尾预置的 4 个注浆孔进行压注,并在每个注浆孔出口设置分压器,以便对各注浆孔的注浆压力和注浆量进行检测控制,从而获得对管片背后的对称均匀压注。为确保注浆效果与注浆质量,在施工过程中应及时做出 P-Q-t(注浆压力-注浆量-注浆时间)曲线,分析注浆效果,反馈指导下次注浆。此外,应格外关注注浆系统所反馈的冲程数与压力值的变化,由此判定是否发生堵管,并及时查看堵管位置。

同时,应根据洞内管片衬砌变形和地面及周围建筑物变形监测结果及时进行信息反馈,修正注浆参数及设计和施工方法。在注浆过程中应做好注浆孔的密封,保证其不渗漏水;做好注浆设备的维修保养及注浆材料供应,保证注浆作业顺利连续不间断地进行。同步注浆施工工艺流程如图 8-9 所示。

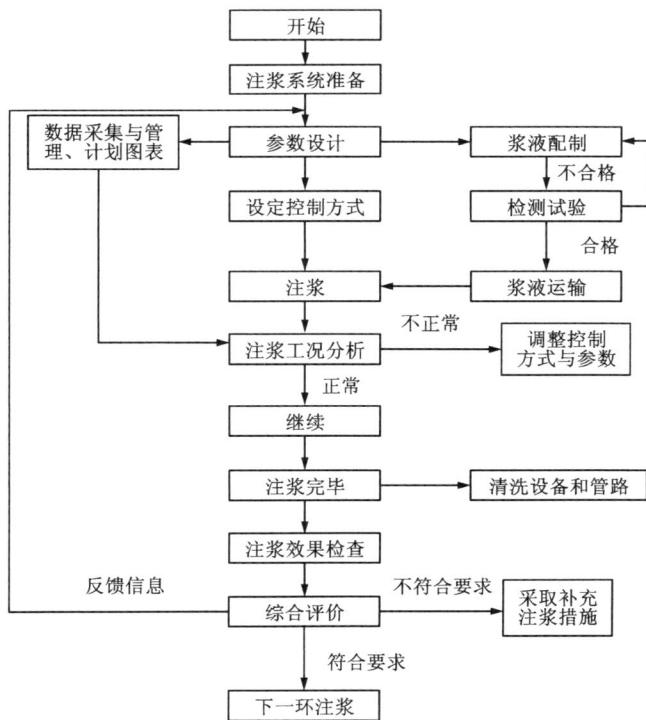

图 8-9 同步注浆施工工艺流程

3. 注浆结束

注浆结束后，需按流程拆卸设备，并完成设备的清洗检修工作。采用管片注浆口注浆后，应封堵注浆口。另外，要做好注浆效果检查工作，如未达到预期效果，则需进行补注。

8.4.3 管片壁后注浆效果评价

盾构施工注浆效果的好坏，直接关系到盾构隧道本身的施工安全及周围建筑物的稳定。因此，对浆液分布情况和注浆效果的好坏评价也一直是工程技术人员重点关注的问题。

目前，管片壁后注浆效果检查的主要方法有分析法、传热学方法、光学方法、放射线法、电磁学方法等。其中，分析法是根据 $P\text{-}Q\text{-}t$ 曲线，结合衬砌、地表及周围建筑物变形量测结果进行综合分析判断；而传热学方法、光学方法以及电磁学方法属于无损检测方法，满足隧道施工检测技术精确、快速、无损伤的发展需求，现阶段在国内外工程建设中被广泛采用。在众多无损探测技术中，探地雷达方法以其分辨率高、速度快、无损作业等优点，且相对探测深度范围较大，被大量工程技术人员认为是最理想的盾构同步注浆检测手段之一。

探地雷达（ground penetrate/probing radar，GPR）是利用高频电磁波束的反射来探测不可见目标体或地下界面，以确定其内部结构形态或位置的一种高分辨率电磁扫描技术。对于盾构壁后注浆，其检测范围是管片壁后大约 1 m 以内的区域。由探地雷达检测对象中的混凝土管片、注浆材料及壁后土体电性参数可知，这三种介质间的电性质相差较大，电磁波在管片和浆液层，以及在浆液层和土体之间都会产生明显的反射。根据电磁波反射以及电磁波在不同介质中的传播速度，采用探地雷达发射和采集波形，可取得良好的检测效果。

在应用探地雷达方法进行壁后注浆效果检测时，一方面，由于浆液在凝固前是自由流动的液体状态，探测中应该注意隧道环向上注浆体分布的不同；另一方面，管片一环与一环之间的注浆压力和注浆量均有所不同，施工中在部分管段有补浆。因此，在隧道轴向和环向上均应布测线形成网格，将各测线的剖面图综合分析，就可以得到管片壁后注浆分布状态。网格状探测测线布置方案及探测结果如图 8-10 所示。

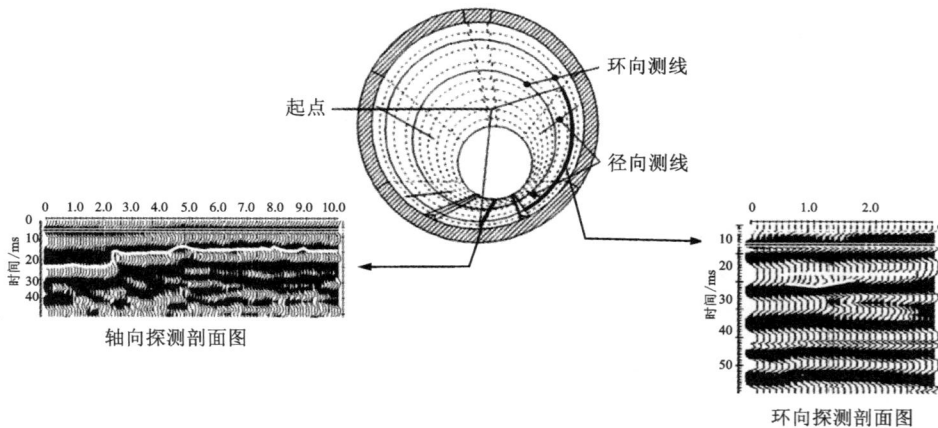

图 8-10 网格状探测测线布置方案及探测结果[17]

8.4.4　常见问题及解决措施

1. 注浆材料性能指标不达标

注浆材料性能指标不达标易导致注浆效果差，引发工程事故。主要原因：注浆材料与地层不相适应；注浆材料配合比设计不合理；注浆原材料质量不合格或计量、运输设备不达标等。主要预防措施：注浆材料的选取需与地层环境等相匹配；按规定对注浆材料进行质量抽检和有效质量管控；按时对计量设备、运输设备等进行维护保养与修检；对制拌后的浆液进行性能评估检测。

2. 施工过程中地表沉降过大

在施工过程中，地表沉降量过大导致地表建筑物或地下管线等遭到破坏。主要原因：壁后注浆不及时或注浆质量不达标；注浆充填不密实，注浆量偏少；注浆控制不合理，注浆压力与注浆量发生大幅度变化。主要预防措施：合理确定注浆施工参数，并及时进行注浆；控制好注浆速率与注浆材料质量；定时压注盾尾密封油脂，确保盾尾钢丝刷的使用功能。

3. 注浆过程中发生管路堵塞

在注浆过程中发生管路堵塞会引起注浆压力骤增，甚至发生爆管等现象。主要原因为：注浆间歇时间过长，滞留在管路中的浆液发生凝固，堵塞管路；注浆材料中砂或其他大颗粒物含量过高；管路拐角或三通位置处浆液存积过多；双液注浆控制不合理，A 管路与 B 管路压力存在较大差异，导致一方材料进入另一方管路中引起堵塞；管路清洗不到位。主要预防措施：临时停止注浆时采取循环回路，确保浆液不沉淀；长时间停止注浆，应及时清洗管路，清洗时前序循环采用膨润土浆液；合理设计注浆材料配比、注浆施工参数；定时清理管路拐角或三通位置。

8.5　盾构壁后注浆过程优化技术与案例应用

在盾构壁后注浆过程中，为确保达到较优的注浆效果，需控制注浆材料与注浆过程满足浆液稳定性好、泵送期间浆液流动顺畅、浆液注入后可以较快凝固并达到一定的早期强度等一系列控制要求。这些控制目标之间的关系往往是复杂且相互影响的，因此，常将盾构壁后注浆过程概化为数学模型，通过多目标规划的方法进行求解。

8.5.1　最优配合比求解

多目标规划法是最优化理论和方法中的一个重要分支，它是在线性规划的基础上，为解决多目标决策问题而发展起来的一种数学方法[8]。优化研究的一般思路如下：①提出优化目标并采用某种数量形式对目标进行描述；②确定优化变量及其各种约束条件，即给出问题的解空间；③通过以上两步形成优化模型，最后选用适当的优化算法对该模型进行求解[15]。

在多目标规划问题中，其数学模型的标准形式为：

$$\begin{cases} V\text{-}\min & F(x) \\ s.t. & g_i(x) \geqslant 0 (i=1, 2, \cdots, m) \\ & h_i(x) = 0 (i=1, 2, \cdots, l) \end{cases} \tag{8-6}$$

式中：$x = \begin{bmatrix} x_1 & x_2 & \cdots & x_n \end{bmatrix}^{\mathrm{T}}$；

$F(x) = \begin{bmatrix} f_1(x) & f_2(x) & \cdots & f_p(x) \end{bmatrix}$，$p \geqslant 2$。

V-min $F(x)$——对向量形式的 p 个目标函数求最小值，且目标函数 $F(x)$ 和约束函数 $g_i(x)$、$h_i(x)$ 可以是线性函数也可以是非线性函数。

多目标规划问题的绝对最优解一般情况下是不存在的[16]。针对多目标规划问题，常采用的求解方法包括约束法、评价函数法以及功效系数法等。下面对采用评价函数法中的理想点法对约束条件下的最优配比求解的过程进行简要介绍。

采用理想点法求解多目标规划问题的一般流程如图 8-11 所示。

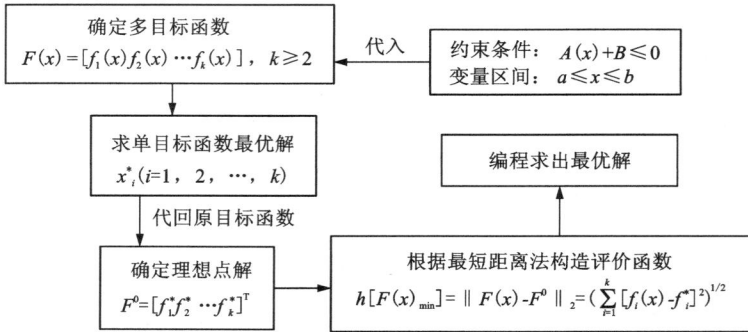

图 8-11　理想点法求解流程

理想点法的本质是利用各个目标函数 $F(x)$ 构造出评价函数 $h[F(x)]$，从而将多目标规划问题转化为一个单目标规划问题进行求解，单目标问题的最优解 x^* 即可作为多目标规划问题的最优解[17]。其具体实现方法为：在多目标规划中分别求得各个目标函数的单目标规划问题最优解 x_i^* 及其目标函数值 f_i^*，这些目标函数值所组成的向量 $\boldsymbol{F}^0$ 即为多目标规划问题的理想点，而该理想点是几乎不可能达到的。如果能在可行域 R 中找到一点 x^*，使其对应的 $F(x^*)$ 与理想点 $\boldsymbol{F}^0$ 最为接近，则可实现该多目标规划问题的最优解。

8.5.2　案例应用

杭州望江路过江盾构隧道总长约 1.837 km，属于双线隧道，盾构段主要位于钱塘江水域内，线路与钱塘江垂直，埋深为 12~22 m。盾构掘进过程中，为缓解掘进弃渣对城市环境的影响，研制了一种利用盾构废渣的新型壁后注浆材料，并在实际工程中进行应用。新型注浆材料的应用需满足一系列工程要求，因此，采用多目标-理想点的规划方法对注浆材料的性能及配比进行优化控制。优化控制技术的总体思路如图 8-12 所示。

目前，单液活性浆液性能的配比影响因子主要有水胶比、胶砂比、膨水比和粉灰比四种不同材料之间的质量比。其中，水胶比为水与胶凝材料(水泥与粉煤灰)的质量之比，胶砂比为胶凝材料与砂的质量之比，粉灰比为粉煤灰与水泥的质量之比。为了得到各试验因子对浆液性能的影响规律，应对每个影响因子设定多水平的试验。如果采用正交设计方法进行试验，则水平数在 5 个以上时的试验量是非常大的；但如果采用均匀设计的试验方法，则可有效避免大量的试验次数、节约成本，适合于多因素多水平试验。关于均匀设计的方法具体可参考方开泰的《均匀设计与均匀设计表》[17]。为保证最优配合比结果的正确性，各组试验结果应尽量包含现场浆液性能要求值。

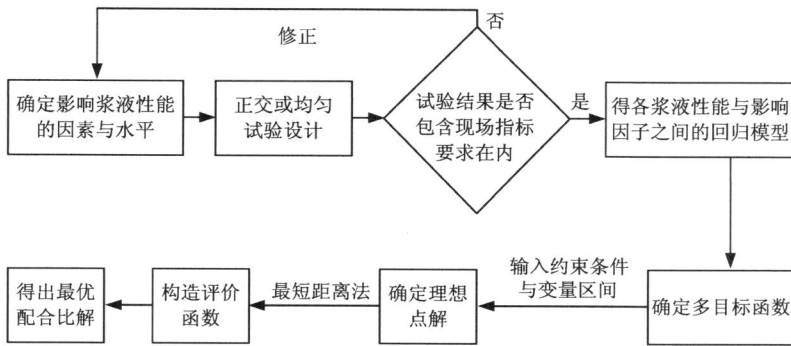

图 8-12　浆液材料优化控制技术的总体思路

第一步：结合杭州望江路过江隧道盾构同步注浆浆液的现场配比情况，确定试验水胶比范围为 0.6~1.0，胶砂比范围为 0.60~0.84，膨水比范围为 0.08~0.24，粉灰比范围为 1.8~4.2，设计了 4 因素 5 水平的均匀试验。均匀试验结果中，各试验组的浆液比重为 1.6~2.0、28 d 收缩率为 2.3%~13.5%、稠度大于 11.7 cm、初始流动度为 11.5~37.0 cm、3 h 泌水率为 1.0%~9.0%、初凝时间为 8~26 h、24 h 抗压强度为 0.17~0.92 MPa、7 d 抗压强度为 0.36~1.36 MPa、28 d 抗压强度为 0.54~2.70 MPa。结合望江路现场同步浆液性能要求（表 8-6）可知，以上 15 个试验组（4 因素 5 水平均匀试验设计获取）的浆液的各项性能指标试验值几乎全部将同步注浆材料性能指标要求值区间包含在内，说明可以在这些试验组配比中寻求最优解，即本次均匀设计合理，所得数据可通过进一步的回归拟合、理想解等理论分析来得到材料的最优配比。

表 8-6　望江路隧道壁后注浆浆液的性能指标要求

检验项目	技术性能要求
初凝时间/h	10~14
结石体强度	1 d 不小于 0.2 MPa，7 d 不小于 0.6 MPa，28 d 不小于 3.0 MPa
浆液稠度/cm	10~14
泌水率	3 h 泌水率小于 5%
结石体收缩率	28 d 收缩小于 8%
砂浆比重	1.8~2.0
浆液初始流动度/mm	220~240

第二步：建立浆液材料的配比影响因子与各浆液性能的关系，即因变量与自变量的关系方程，这是后续做配合比优化工作的基础。回归分析是用来研究因变量和自变量之间关系的首选方法，在预测建模、查找变量间关系等领域有较为广泛的应用。通俗地说，回归分析就是一种拟合方法，这种拟合方法能够做出一条曲线，使得所有的试验数据的散点都能尽量分

布在这条曲线上。回归分析法可以有两个及以上的自变量数目。

利用望江路过江隧道浆液配比均匀试验的结果数据，最终选取初始流动度 J、3 h 泌水率 B、28 d 结石体收缩率 S、初凝时间 T 和不同龄期的无侧限抗压强度（C_1、C_7 和 C_{28}）七项关键浆液性能指标进行多元回归分析。回归模型采用二次型多元回归模型，以进一步反映水胶比、胶砂比、膨水比和粉灰比四个自变量及两两交互作用对浆液各项性能的影响。其理论回归模型见下式：

$$y_i = \sum_{k=1}^{4} b_{ik}x_{ik} + \sum_{j=1}^{4}\sum_{k=j}^{4} b_{ijk}x_{ij}x_{ik} + \varepsilon_i \tag{8-7}$$

式中：y_i——各浆液性能水平（即因变量）；

$\quad\quad x_{ij}$、x_{ik}——试验因素（即自变量）；

$\quad\quad \varepsilon_i$、b_{ik}、b_{ijk}——回归系数，$i = 1, 2, 3, \cdots, 7$。

利用统计分析软件，得到各回归方程如下式：

$$\begin{cases}
f_J = 110.363 - 138.383x_1 - 112.344x_2 - 2.104x_4^2 + \\
\quad 151.906x_1x_2 - 28.169x_3x_4 + 21.043x_1x_4 \\
f_B = 59.899 - 106.475x_1 - 44.939x_2 + 60.612x_1^2 + \\
\quad 169.458x_3^2 + 53.211x_1x_2 - 103.695x_1x_3 \\
f_T = 168.216 - 358.256x_1 - 19.815x_4 + \\
\quad 155.741x_1^2 + 43.271x_1x_2 - 193.668x_2x_3 + \\
\quad 156.641x_1x_3 + 28.668x_1x_4 \\
f_S = 52.163 - 51.91x_1 - 63.615x_2 - 4.132x_4 + \\
\quad 78.416x_1x_2 - 33.476x_1x_3 + 5.772x_1x_4 \\
f_{C_1} = 5.664 - 7.708x_1 - 1.055x_4 + 3.142x_1^2 + \\
\quad 0.08x_4^2 + 0.607x_1x_3 + 0.501x_1x_4 \\
f_{C_7} = 7.889 - 9.064x_1 - 0.404x_2 - 1.589x_4 + \\
\quad 3.25x_1^2 + 0.123x_4^2 + 0.748x_1x_4 \\
f_{C_{28}} = 15.950 - 18.618x_1 - 2.761x_4 + 6.264x_1^2 + \\
\quad 0.143x_4^2 + 1.403x_1x_4
\end{cases} \tag{8-8}$$

式中：S——28 d 结石体收缩率，%；

$\quad\quad J$——初始流动度，cm；

$\quad\quad B$——3 h 泌水率，%；

$\quad\quad T$——初凝时间，%；

$\quad\quad C_i$——养护 i 天后的无侧限抗压强度，MPa。

第三步：结合本工程具体浆液性能要求，得出目标函数与约束条件如下式。

$$
目标函数 = \begin{cases} \min & f_J \\ \min & f_B \\ \min & f_T \\ \max & f_{C_1} \\ \max & f_{C_7} \\ \max & f_{C_{28}} \\ \min & f_S \end{cases}; \quad 约束条件 = \begin{cases} 220 \text{ mm} \leqslant f_J \leqslant 240 \text{ mm} \\ f_B \leqslant 5\% \\ 10 \text{ h} \leqslant f_T \leqslant 14 \text{ h} \\ f_{C_1} \geqslant 0.2 \text{ MPa} \\ f_{C_7} \geqslant 0.6 \text{ MPa} \\ f_{C_{28}} \geqslant 3.0 \text{ MPa} \\ f_S \leqslant 8\% \end{cases} \tag{8-9}
$$

利用 MATLAB 编制程序, 计算目标函数的理想点解并构造评价函数, 解得浆液各材料的最优配比为水胶比 0.745、胶砂比 0.84、膨水比 0.161 和粉灰比 2.014, 则进一步可解得各材料的实际优化配比参数。

思考题

1. 根据壁后注浆与盾构掘进的关系, 从时效性上可将壁后注浆分为哪几类?

2. 简述盾尾注浆与管片注浆的异同点, 并讨论各自的优点与缺点。

3. 常用壁后注浆材料有哪些? 注浆材料与地层如何匹配?

4. 水胶比、胶砂比、膨水比和粉灰比的含义是什么?

5. 当水胶比为 0.745、胶砂比 0.84、膨水比 0.161 和粉灰比 2.014 时, 求出每 1000 kg 浆液中所含水、水泥、粉煤灰和膨润土的各材料质量。

6. 某盾构工程盾构机尾盾内径为 11.46 m, 尾盾钢板厚 70 mm, 管片内径为 10.3 m, 管片厚度为 0.5 m, 注入率设为 150%, 盾构掘进速度为 50 mm/min, 则该盾构注浆时的最佳注入量为多少?

参考文献

[1] 韩鑫, 叶飞, 何彪, 等. 盾构隧道壁后注浆试验的研究现状与发展[J]. 筑路机械与施工机械化, 2019, 36(4): 62-67.

[2] SHIRLAW J N, RICHARDS D P, RAMOND P, et al. Recent experience in automatic tail void grouting with soft ground tunnel boring machines [J]. Tunnelling and Underground Space Technology Incorporating Trenchless Technology Research, 2004, 19(4).

[3] 唐晶晶, 黄靖, 周永祥, 等. 盾构法同步注浆材料的研究进展[J]. 现代城市轨道交通, 2016(04): 89-92.

[4] 赵天石. 泥水盾构同步注浆浆液试验及应用技术研究[D]. 上海: 同济大学, 2008.

[5] 毛家骅. 基于渗滤效应的盾构隧道壁后注浆浆液扩散机理研究[D]. 西安: 长安大学, 2016.

[6] 叶飞, 毛家骅, 纪明, 等. 盾构隧道壁后注浆研究现状及发展趋势[J]. 隧道建设, 2015, 35(8): 739-752.

[7] 许茜, 王彦明, 范延勇, 等. 注浆材料的发展及其应用[J]. 21 世纪建筑材料, 2010, 2(1): 58-62.

[8] 戴勇, 阳军生, 张聪, 等. 泥水盾构弃渣在同步注浆材料中的再利用研究[J]. 华中科技大学学报(自然科学版), 2019, 47(10): 40-45.

［9］ 周秀普，孟学文，李志强. 注浆技术在盾构施工中的应用［C］//北京市政第一届地铁与地下工程施工技术学术研讨会论文集. 北京：市政技术杂志社，2005：130-133.

［10］ 文杰豪. 浅析 ZTE6250 盾构机注浆设备及注浆系统［J］. 城市建设理论研究（电子版），2013（8）.

［11］ 叶飞，苟长飞，毛家骅，等. 黏土地层盾构隧道临界注浆压力计算及影响因素分析［J］. 岩土力学，2015，36（04）：937-945.

［12］ 毛盛昌，周兆勇. 富水砂层泥水盾构同步注浆施工技术［J］. 西部探矿工程，2014，26（5）：182-184.

［13］ 中华人民共和国住房和城乡建设部. 盾构法隧道施工与验收规范（GB 50446—2017）［S］. 北京：中国建筑工业出版社，2017.

［14］ 黄宏伟，刘遹剑，谢雄耀. 盾构隧道壁后注浆效果的雷达探测研究［J］. 岩土力学，2003（S2）：353-356.

［15］ 黄本生，李西萍，王水波，等. 多目标规划及其在危险废物管理中的应用［J］. 四川环境，2009，28（2）：96-101.

［16］ 伞冰冰，武岳，卫东，等. 膜结构的多目标形态优化［J］. 土木工程学报，2008（9）：1-7.

［17］ 方开泰. 均匀设计与均匀设计表［M］. 北京：科学出版社，1994.

第 9 章

盾构渣土改良及资源化再利用

9.1　渣土改良的原因

由于施工相对安全快速经济，盾构法已经成为城市隧道等地下工程的主要施工工法。常见的盾构机包括土压平衡盾构机和泥水平衡盾构机。泥水平衡盾构机施工存在占地大、有环保隐患和造价高等缺点，除穿江、跨海等水下隧道施工优先考虑采用泥水平衡盾构机外，陆域隧道往往采用土压平衡盾构机进行施工。安全高效的盾构隧道施工取决于合理的盾构机选型，否则先天性的盾构机选型问题将给隧道施工带来致命性灾难。然而，即便盾构机选型至关重要，但它并非"包治百病"，隧道穿越的地层往往复杂多变，而盾构一旦始发后就难以更改硬件装置。由于工程地质水文条件的复杂性、渣土改良机理认识不足、渣土改良技术不合理等原因，盾构掘进常出现刀盘刀具结泥饼、螺旋输送机喷涌、刀具磨损等典型问题。

刀盘刀具结泥饼如图 9-1 所示，这类问题易发生在黏土矿物含量高的土层和风化岩层。盾构渣土一旦饼化，轻则导致盾构推力和扭矩增大、掘进效率降低，重则导致刀盘开口闭塞、刀具偏磨、土仓进排土不畅，从而造成被迫停机开仓去除泥饼、更换刀具。为了控制渣土饼化，工程师提出了多种应对措施，例如优化刀盘开口布置和刀具配置、采用高压水冲刷刀盘

(a) 刀盘糊死　　　　　　　　(b) 刀座结泥饼引起刀具偏磨

图 9-1　刀盘刀具结泥饼

上泥饼,甚至有学者提出电渗法使土颗粒电荷极化,避免渣土黏附刀盘刀具[1]。虽然这些方法发挥了一定作用,但仍然无法有效解决黏性地层盾构长距离掘进情况下刀盘结泥饼难题。

螺旋输送机喷涌如图9-2所示,这类问题易出现在高水压条件下强渗透性粗颗粒土地层。螺旋输送机严重喷涌会导致出渣速率无法有效控制,土仓内压力急剧降低,进而引发地层沉降过大,甚至造成开挖面失稳。螺旋输送机轻度喷涌虽然不至于威胁地层稳定性,但是频繁的喷涌致使泥水喷射在盾构机内,影响施工环境,导致设备污渍不堪,此时应采用水冲刷管片,避免其拼装接缝止水效果不佳,严重影响施工效率,给施工人员带来极大困扰。为了防止喷涌,现场尝试对螺旋输送机进行改造,如在螺旋输送机出口安装保压泵、在螺旋输送机进口安装双闸门、采用二级螺旋输送机等。这些措施在一定程度上缓解了喷涌难题,然而,保压泵的使用会影响盾构出渣效率,双闸门是为了防止喷涌而关上闸门停止盾构掘进,它们均属于应急措施,无法适用于常态盾构掘进。二级螺旋输送机虽然在一定程度上降低了螺旋输送机内渣土水力梯度,但由于盾构机内空间有限,往往无法安装二级螺旋输送机。

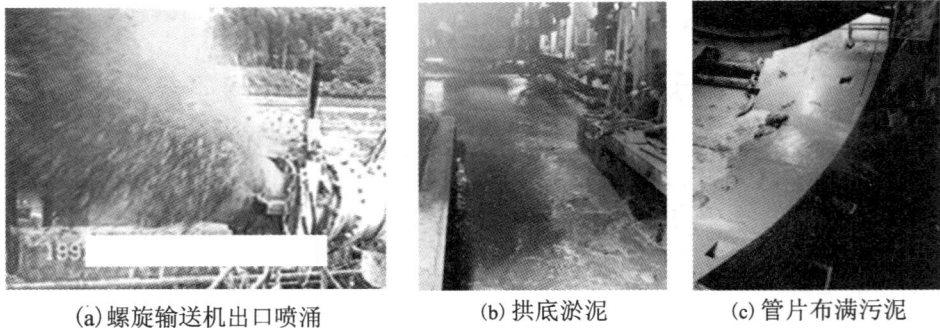

(a)螺旋输送机出口喷涌　　(b)拱底淤泥　　(c)管片布满污泥

图9-2　螺旋输送机喷涌

刀具磨损如图9-3所示,这类问题易出现在石英含量高的粗颗粒土地层,尤以强—全风化花岗岩和砂卵石等地层为典型。刀具磨损轻则导致盾构掘进效率降低,重则迫使盾构停机换刀。而停机换刀少则需要一个星期,多则由于地层降水或加固等措施需要一两个月才能完成,将严重影响现场施工进度。另外,由于停机开仓换刀而引发地层失稳的工程事故屡见不鲜。因此,为了降低刀具磨损,除渣土改良外,可从两方面采取技术措施。①采用耐磨性更强的刀具材料,多以硬质合金为主。硬质合金随含碳量增加,耐磨性增强,但过高的含碳量会导致硬质合金延展性降低,盾构刀具易崩裂。②采用土仓辅助气压和欠压模式,减少刀具与渣土的接触面积,降低刀具与渣土之间的摩擦。然而当辅助气压和欠压模式用于孤石爆破预处理地层和近距离穿越建(构)筑物时,将面临土仓漏压致使地层失稳等重大风险。因此,以上两种措施均有一定的局限性,此时渣土改良不失为降低刀具磨损的一种重要辅助措施。

除刀盘刀具结泥饼、螺旋输送机喷涌和刀具磨损三类主要难题外,渣土改良不佳还会引发盾构土仓闭塞、出土不畅、土仓压力波动大等问题。盾构机的顺利掘进往往"诉求"于渣土改良,通过向刀盘前方、土仓和螺旋输送机内注入改良剂使渣土达到良好状态,防止黏性渣土饼化、富水强渗透性地层发生喷涌和石英含量高地层刀具严重磨损等诸多问题的发生。自土压平衡盾构机使用以来,国内外学者针对渣土改良理论和应用技术展开了大量的研究,降

(a) 高石英含量花岗岩块体　　　　(b) 刀鼓损坏　　　　(c) 刀圈严重磨损

图 9-3　刀具磨损

低了土压平衡盾构机施工风险, 拓展了土压平衡盾构机的地质水文条件适用范围, 提高了盾构法施工技术水平。

9.2　盾构渣土特性

盾构渣土的特性对盾构机安全顺利掘进具有至关重要的影响, 与原始地层岩石、土的性质关系密切, 同时又与渣土改良紧密相关。岩石是由具有一定结构构造的矿物(含结晶和非结晶)集合体组成的, 土是地壳表层岩石在长期风化、挤压和解体后经地壳运动、水流、冰川、风等自然力剥蚀、搬运及堆积等作用在各种自然环境中生成的松散堆积物, 而土压平衡盾构渣土是指由于盾构刀具对地层岩石/土的切削作用形成的松散体。土压平衡盾构渣土属于土, 但又有其独特的物理力学性质。

9.2.1　渣土的组成

土压平衡盾构渣土主要由水、土、气和改良剂组成, 含有固、液和气三项介质, 属于非饱和土。这三项介质本身的性质以及它们之间的比例关系和相互作用决定了渣土的物理力学性质。

1. 固体颗粒

渣土中的固体物质包含原始地层中的土颗粒(对于岩体, 被刀具切削形成土颗粒)、少部分改良剂中的固体。其中土颗粒构成了渣土的骨架, 对渣土的物理力学性质起决定性作用。而根据颗粒大小的不同, 土的性质有很大的差异, 因此渣土的颗粒级配能对其物理力学性质有重大影响。为保证渣土能够顺利排出, 盾构渣土一般要具有良好的级配, 当地层中渣土粗颗粒较多时, 就需要注入膨润土等细颗粒, 增强渣土的塑流性。

2. 液体

液体物质包括地层中的水和改良剂中的水, 而渣土中的水又可分为结合水和自由水。受颗粒表面电场作用力吸引而包裹在土颗粒表面的水称为结合水, 结合水可分为强结合水和弱结合水, 其中弱结合水的存在是黏性土具有可塑性的原因。土颗粒中不受电场引力作用的水称为自由水。在理想黏性渣土中，主要含有弱结合水，渣土处于可塑状态；在理想粗颗粒渣土中，颗粒间的自由水使渣土具有合适的塑流性。

3.气体

气体物质包含地层中的气体、泡沫中的空气和盾构掘进过程中注入的气体（非满仓模式掘进时）。按照是否与大气相连，渣土中的气体可分为自由气体和密闭气体。自由气体与大气相连，对渣土的性质无较大的影响；密闭气体的体积与压力有关，盾构渣土中注入泡沫则主要是增加渣土中密闭气体的含量，因此可增加渣土的压缩性。

9.2.2 渣土的物理力学性质

土压平衡盾构渣土既要在土仓中支撑掌子面，又要能够从螺旋输送机中顺利排出，因此理想的盾构渣土要具有合适的物理力学参数。为了确保渣土能够顺利排出，渣土需要具有合适的塑流性。目前学者普遍认为理想渣土的坍落度应为 10~20 cm，黏性渣土黏稠指数 I_c 应为 0.4~0.75[1, 2]。其中 I_c 的计算方法如下：

$$I_c = \frac{w_L - w}{w_L - w_p} \tag{9-1}$$

式中：w_L——土样的液限；

　　　w_p——土样的塑限；

　　　w——土样的含水率。

为减小隧道掘进时土压平衡盾构机的扭矩值，减小地层对刀具的磨损，改良后的渣土需要有较小的抗剪强度，其不排水抗剪强度一般为 10~25 kPa[2, 3]。在黏性地层中，为防止盾构掘进过程中结泥饼，渣土还应该具有较小的黏附性。盾构在富水地层中掘进时，渣土应具有一定的抗渗性以避免喷涌现象发生，其渗透系数应小于 10^{-5} m/s[2]。此外，当渣土的压缩性较小时，盾构机的掘进速度和螺旋输送机的转速也会有较小的变化，从而引起土仓压力有较大的波动；当渣土的压缩性过大，则渣土的流动性较大，螺旋输送机易发生"喷土"，不利于盾构出渣控制。因此，渣土还应具有合适的压缩性。

另外，由于盾构渣土是由盾构刀具对地层切削后形成的松散体，其体积与原地层中土的体积存在一定差异，而盾构渣土与原地层中土的体积比值，则称为松散系数。渣土松散系数 K 取决于原始地层、盾构刀具配置、盾构掘进参数、土体改良情况等，其理论计算公式为：

$$K = K_1 \times K_2 \times K_3 \times K_4 \times K_5 \tag{9-2}$$

式中：K_1——土体从开挖面到进入螺旋输送机前产生的松散系数；

　　　K_2——土体经螺旋输送机产生的松散系数；

　　　K_3——土体从螺旋输送机出土口自由落到皮带机上产生的松散系数；

　　　K_4——土体经皮带机产生的松散系数（可能会小于1）；

　　　K_5——土体从皮带机末端自由落到土箱产生的松散系数。

松散系数的确定方法是通过将单位体积的渣土进行烘干（并扣除加膨润土及加泡沫的影响），得出土样的干容重，然后将其与地勘报告中得出的干容重相除，即可得到渣土的松散系数。《工业企业总平面图设计规范》（GB 50187—2012）关于土壤松散系数的参考值如表 9-1 所示，其中最初松散系数用于计算挖方量，最终松散系数用于计算填方量。

表 9-1　土壤松散系数

土的分类	土的级别	土壤的名称	最初松散系数	最终松散系数
一类土（松散土）	I	略有黏性的砂土，粉末腐殖土及疏松的种植土；泥炭（淤泥）（种植土、泥炭除外）	1.08~1.17	1.01~1.03
		植物性土、泥炭	1.20~1.30	1.03~1.04
二类土（普通土）	II	潮湿的黏性土和黄土；软的盐土和碱土；含有建筑材料碎屑，碎石、卵石的堆积土和种植土	1.14~1.28	1.02~1.05
三类土（坚土）	III	中等密实的黏性土和黄土；含有碎石、卵石或建筑材料碎屑潮湿的黏性土或黄土	1.24~1.30	1.04~1.07
四类土（砂砾坚土）	IV	坚硬密实的黏性土或黄土；含有碎石、砾石（体积为10%~30%，重量为25 kg以下的石块）的中等密实黏性土或黄土；硬化的重盐土；软泥灰岩（泥灰岩、蛋白石除外）	1.26~1.32	1.06~1.09
		泥灰石、蛋白石	1.33~1.37	1.11~1.15
五类土（软土）	V~VI	硬的石炭纪黏土；胶结不紧的砾岩；软的、节理多的石灰岩及贝壳石灰岩；坚实的白垩；中等坚实的页岩、泥灰岩		
六类土（次坚土）	VI~IX	坚硬的泥质页岩；坚实的泥灰岩；角砾状花岗岩；泥灰质石灰岩；黏土质砂岩；云母页岩及砂质页岩；风化的花岗岩、片麻岩及正常岩；滑石质的蛇纹岩；密实的石灰岩；硅质胶结的砾岩；砂岩；砂质石灰质页岩	1.30~1.45	1.10~1.20
七类土（坚岩）	X~XIII	白云岩；大理石；坚实的石灰岩、石灰质及石英质的砂岩；坚硬的砂质页岩；蛇纹岩；粗粒正长岩；有风化痕迹的安山岩及玄武岩；片麻岩；粗面岩；中粗花岗岩；坚实的片麻岩，粗面岩；辉绿岩；粉岩；中粗正常岩		
八类土（特坚石）	XIV~XVI	坚实的细粒花岗岩；花岗岩片麻岩；闪长岩；坚实的玢岩、角闪岩、辉长岩、石英岩；安山岩；玄武岩；最坚实的辉绿岩、石灰岩及闪长岩；橄榄石质玄武岩；特别坚实的辉长岩；石英岩及玢岩	1.45~1.50	1.20~1.30

9.3　渣土改良剂的类型和技术参数

9.3.1　渣土改良剂的类型

目前，盾构中使用的渣土改良剂按照其功能可分为水、泡沫剂、分散剂、黏土矿物、絮凝剂、吸水剂。其中泡沫剂主要是表面活性剂，黏土矿物主要是膨润土，分散剂、絮凝剂、吸水剂主要是高分子聚合物。这几种材料有时单独使用，有时也可同时使用，适用的地层条件做如下归纳。

1. 水

渣土中含水量对其自身性质影响极大，其改良作用主要表现在以下方面：对于粗粒土及岩质地层，通过向盾构刀盘及土仓内注水，可以减小刀具的磨损，降低刀具、刀盘和渣土温度，同时能够改善渣土的流动性；对于黏性土地层，通过向盾构刀盘及土仓内注水，不仅能改变渣土的塑流状态，便于盾构出渣，还可以降低其黏附性，防止渣土附着于刀盘或土仓隔板；通过向刀盘和土仓内注水，使渣土具有合适的含水率，进而配合其他改良剂对渣土进行联合改良，达到最佳改良效果，例如当渣土含有适量的水分时才能注入泡沫，否则泡沫极易破灭，难以达到理想的改良效果。

2. 泡沫剂

泡沫剂又称起泡剂，能降低液体表面张力，通过与加压空气混合产生大量均匀而又稳定的泡沫。泡沫剂成分包括表面活性剂、稳泡剂等。表面活性剂分子中含有亲水基和憎水基两个部分，其在溶液中趋向集中在液体和气体的分界面，形成薄分子膜从而降低液体表面张力，使溶液具有发泡功能。稳泡剂的主要作用是减小泡沫的消散性，稳定泡沫。根据作用效果，泡沫剂可以分为通用型泡沫剂和分散型泡沫剂。通用型泡沫剂主要用于黏性低的地层，分散型泡沫剂主要用于黏性较大的地层。

将泡沫剂按一定浓度配制成溶液，通过发泡装置产生大量的泡沫，生成的泡沫与渣土混合后即可改善渣土性能。泡沫对渣土的改良作用主要表现在以下几个方面：泡沫注入渣土后，能起到润滑作用，可以显著降低渣土的内摩擦角，提高渣土的塑流性，使盾构排土顺畅，便于有效地建立土仓压力平衡开挖面，同时能够减小盾构能耗；由于泡沫填充于土颗粒间孔隙，所以可以显著提高改良渣土的抗渗性；泡沫改良后的渣土可在土仓内形成一个缓冲垫层，类似于一块不透水但具有可压缩性的"海绵垫"，提高渣土的压缩性，当掌子面压力发生突然变化，盾构机响应的敏感度降低时，起到缓冲作用，有利于保持开挖面的稳定[4~6]；分散型泡沫剂还可以使微粒间的黏合力降低，从而防止渣土絮凝或附聚的发生，降低刀盘以及土仓内结泥饼现象的概率。

3. 分散剂

分散剂是指使物质分散于水等介质中而形成胶体溶液的物质，主要作用是使微粒间的黏合力降低，防止絮凝或附聚的发生。分散剂一般分为无机分散剂和有机分散剂两大类。常用的无机分散剂有硅酸盐类和碱金属磷酸盐类（例如三聚磷酸钠、六偏磷酸钠和焦磷酸钠等），有机分散剂包括纤维素衍生物、聚羧酸盐类、古尔胶等。目前，盾构渣土改良常用的有机分散剂包括纤维素衍生物、聚羧酸盐等。分散剂可以减弱黏土颗粒间的连接，释放黏土颗粒间的结合水，从而减小黏性渣土的黏附性，降低盾构发生结泥饼概率[7]。

4. 黏土矿物

黏土矿物指以天然黏土矿物作为主要成分的改良剂，该类改良剂主要作用机理是通过增加土体的细颗粒土含量，减小土颗粒间的内摩擦角，并产生一定的黏聚力，从而改善渣土的连续性，增加土颗粒的流动性，并提高其抗渗性。目前，盾构渣土改良常用的黏土矿物类改良剂主要是膨润土。膨润土是以蒙脱石作为主要成分的非金属黏土类矿物，蒙脱石具有很强的吸附功能，使得膨润土具有很强的膨胀能力。从微观结构来看，膨润土颗粒是粒径小于 $2~\mu m$ 的无机质，当膨润土中 Na^+ 或 Ca^{2+} 含量占其可交换阳离子总量的 50%以上时，分别称为钠基或钙基膨润土。其中钠基膨润土的吸水率和膨胀倍数更大，阳离子交换容量更高，水分散性更好，其胶体悬浮液的触变性、黏度、润滑性、热稳定性等都更好。膨润土水化后形成不透水的可塑性胶体，同时挤占与之接触的土颗粒之间的孔隙，形成致密的不透水层，从而达到降低渗透性的目的[8]。

膨润土对渣土的改良作用主要表现在以下几个方面。①在土仓内及刀盘前方注入的膨润土泥浆，在压力作用下会向开挖面地层进行渗透，泥浆中细小的颗粒在渗透过程中会在开挖面前方形成一定厚度的滤饼或泥膜。其主要由胶结和固结的膨润土组成，形成一个低渗透性的薄膜，以达到止水的目的，从而保证盾构能够维持开挖面前方的稳定性，控制地表沉降。②膨润土泥浆在土仓内与开挖下来的渣土混合，增加了渣土内部细粒的含量，提高了渣土的抗渗性。③由于膨润土泥浆具有一定的黏性，混合在渣土内会使其产生一定的黏聚力，提高了渣土的和易性，便于渣土的排出。④膨润土泥浆的注入可以起到一定的悬浮作用，将土仓内的粗颗粒悬浮起来便于出渣。

5. 絮凝剂

絮凝剂能使悬浮在溶液中的微细粒级和亚微细粒级固体物质或胶体通过桥联作用形成大的松散絮团，如图 9-4 所示，从而实现固-液分离的药剂。目前，盾构渣土改良领域最常用的絮凝剂为聚丙烯酰胺（PAM）、羧甲基纤维素（CMC）、聚阴离子纤维素（PAC）等。絮凝剂对渣土的改良主要针对富水地层。当地层渗透性较大时，螺旋输送机口处极易发生喷涌，通过向土仓和螺旋输送机内注入絮凝剂，可以将渣土内颗粒聚团，改善渣土的塑流性状，便于在螺旋输送机内形成"土塞"，以达到止水的目的。另外，当地层中的孔隙较大时，单独采用膨润土或絮凝剂难以取得理想的改良效果，可考虑同时添加絮凝剂（CMC 或 PAC）和膨润土，两者反应后生成更大的絮状物填充渣土孔隙，达到止水的目的[1]。

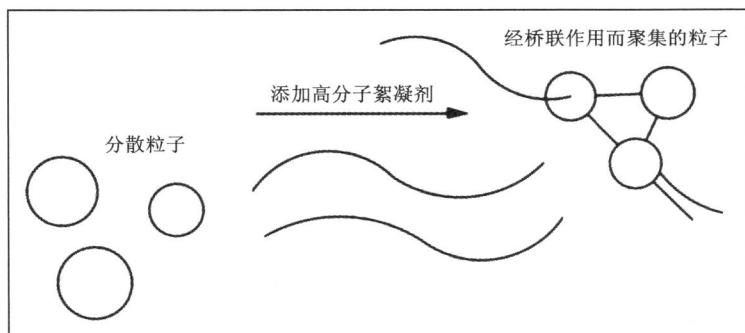

图 9-4　絮凝剂改良机理示意图

9.3.2　渣土改良技术参数及确定

1. 改良剂技术参数

（1）泡沫剂的技术参数

在盾构施工中，泡沫剂的主要参数是泡沫剂浓度、发泡率、半衰期和消泡率。泡沫剂的浓度能够显著影响泡沫的发泡率和稳定性，现场一般根据厂家建议或现场试验确定，一般为 $0.5\% \sim 5\%$[2]。

发泡率（FER）是影响泡沫工作性至关重要的参数，一般来说发泡率越大，泡沫性质越佳。但过大的发泡率亦会引起泡沫稳定性的降低，因此在渣土改良中往往将发泡率控制在 $10 \sim 20$。其中发泡率的计算方法如下式：

$$FER = \frac{V_f}{V_L} \tag{9-3}$$

式中：V_f——工作压力下泡沫的体积；

V_L——泡沫剂溶液的体积。

消泡率指消散泡沫的质量与泡沫总质量的比值，该指标反映了泡沫随时间的变化情况，是衡量泡沫稳定性的重要指标之一。当消泡率 r 达到50%时，即泡沫消散一半所需要的时间称为半衰期[2,9]。根据工程经验，泡沫的半衰期应超过5 min，才能满足盾构施工要求[10]。当泡沫与渣土混合后，由于泡沫的排水、粗化及液膜破裂等作用减缓，其半衰期将大大增加。当泡沫在一定压力环境下，其消泡速率同样将大幅减缓[11]。

$$r = \frac{M_d}{M_0} \tag{9-4}$$

式中：M_0——初始泡沫溶液质量；

M_d——泡沫消散质量。

盾构施工现场在确定泡沫剂浓度时应进行发泡率和半衰期试验，当产生的泡沫发泡率大于10、泡沫半衰期超过5 min 时，此时的泡沫剂浓度即为合适的发泡浓度。

（2）黏土矿物的技术参数

现场应用的黏土矿物类改良剂主要是膨润土泥浆，工程上常见的膨润土按其成分可分为钙基和钠基膨润土，膨润土泥浆的技术参数主要有浓度、黏度。泥浆浓度是泥浆重要的指标之一，当泥浆浓度过大时，其泵送性能较差，难以运送至土仓和刀盘前方；当泥浆浓度过小时，又难以填充渣土间的孔隙。现场采用的膨润土泥浆的浓度一般为10%~20%，Kusakabe 等[12]提出膨润土浓度的计算公式为：

$$D = a \times (30-p_{0.074}) \times \alpha + (40-p_{0.25}) \times \beta + (60-p_{2.0}) \times \gamma \tag{9-5}$$

式中：D——泥浆浓度；

$p_{0.074}$——粒径小于0.074 mm 的颗粒百分比；

$p_{0.25}$——粒径小于0.25 mm 的颗粒百分比；

$p_{2.0}$——粒径小于2.0 mm 的颗粒百分比；

α——取值为2.0；

β——取值为0.5；

γ——取值为0.2，当括号内数值小于0时，取值为0；

a——取决于不均匀系数 U_c，当 $U_c>4$ 时，$a=1.0$；当 $3<U_c\leqslant4$ 时，$a=1.1$；当 $1<U_c\leqslant3$ 时，$a=1.2$。

对盾构施工来说，通过提高泥浆的黏度可以改变渣土的 c、φ 值，利于成膜，保证开挖面的稳定，防止砾石在泥水仓中的沉积，利于输送渣土。但泥浆表观黏度过大，不利于配制和输送，成本相对提高。对于易发生喷涌的地层，合理提高泥浆的黏度可以减小渣土的渗透性，避免喷涌事故的发生。施工中可根据具体地层条件，通过马氏黏度计实验确定合适的黏度值范围。

（3）分散剂、絮凝剂的技术参数

分散剂和絮凝剂的主要技术参数是浓度。浓度是指添加改良剂之前，改良剂体积与溶液体积的比值。由于不同厂商生成的改良剂化学成分和浓度不同，一般根据厂商提供的参数并结合现场渣土改良效果予以确定。

2. 渣土改良参数及确定

（1）泡沫的改良参数及确定

泡沫的主要改良参数是注入比（FIR），即泡沫添加体积与渣土体积的比值：

$$FIR = \frac{V_F}{V_S} \times 100\% \tag{9-6}$$

式中：V_F——泡沫的添加体积；

　　　V_S——开挖土体的体积。

盾构机正常掘进时，渣土应首先满足塑流性要求，目前主要依靠坍落度试验评价渣土的塑流性，因此泡沫的注入比应通过坍落度试验确定；当盾构机在富水地层中掘进时，渣土还应该具有一定的抗渗性，在确定泡沫注入比时应进行渗透试验，确保盾构在掘进过程中不出现喷涌问题。在砂土中，Kusakabe 等[12]指出泡沫注入比的经验值为：

$$FIR = \frac{a}{2}\left[(60-4.0X^{0.8}) + (80-3.3Y^{0.8}) + (90-2.7Z^{0.8}) \right] \tag{9-7}$$

式中：X——粒径小于 0.074 mm 的颗粒百分比；

　　　Y——粒径小于 0.25 mm 的颗粒百分比；

　　　Z——粒径小于 2.0 mm 的颗粒百分比。

　　　a——取决于不均匀系数 U_c，当 $U_c > 15$ 时，$a = 1$；当 $4 < U_c \leqslant 15$ 时，$a = 1.2$；当 $U_c \leqslant 4$ 时，$a = 1.6$。

需要指出的是，式（9-7）给出了砂土地层的泡沫注入比仅供参考，在现场应用时应结合坍落度试验、渗透试验最终确定合适的泡沫注入比。

（2）黏土矿物的改良参数

土压平衡盾构施工时一般需要在无黏性地层中注入黏土矿物，补充渣土中的细粒，从而使渣土具有合适的塑流性和抗渗性。黏土矿物的现场改良参数是泥浆注入比，即泥浆与渣土的体积比。由于地层不同，其取值变化也较大，现场一般根据具体地质条件，通过坍落度试验和渗透试验确定泥浆注入比。

（3）分散剂、絮凝剂的改良参数

分散剂和絮凝剂的主要施工参数是添加比。改良剂添加比指改良剂溶液与渣土的体积比值。由于不同厂商生成的改良剂化学成分和浓度不同，一般根据厂商提供的参数并结合现场渣土改良效果予以确定。

9.3.3　渣土改良剂地层适应性

在实际应用中需根据地质水文条件来合理确定改良剂类型和技术参数，不同改良剂的地层适应性及改良特征等如表 9-2 所示。需要注意的是，在实际渣土改良过程中，可以根据不同改良剂的改良机理，组合两种及以上的改良剂来达到理想的改良效果。

表 9-2　改良剂地层适应性简表

改良剂类型	适应地层	局限性	现场实施注意事项
水	各种地层	富水地层应注意注水量	需根据渣土状态调整注水量
泡沫剂	各种地层	对于缺乏细粒及高水压地层，仅采用泡沫剂很难确保渣土具有较好的塑流性状态及抗渗性	需注意泡沫剂的浓度及发泡压力，并根据出渣情况调整泡沫注入量
分散剂	黏性较大的地层	对于黏性较大地层的分散效果较好，但是分散作用需要一定时间，且改良成本较高，一般与泡沫剂混合使用	需注意分散剂的选型及渣土有效分散所需时间
黏土矿物类	缺乏细粒的地层	对于砂卵石地层等粗粒含量较多的地层，改良渣土的塑流性不理想	注意膨化时间，及时调整注入量防止发生刀盘刀具结泥饼
絮凝剂	富水地层	地层中细粒不足时，改良渣土的塑流性 r 及抗渗性不理想	需要注意絮凝剂浓度和改良配比

9.4　渣土改良装置

　　目前，在盾构渣土改良系统研发方面，德国海瑞克集团与日本三菱集团等走在世界前列。虽然我国绝大多数盾构渣土改良系统是随主机进口或从国外盾构机生产厂商处采购，但我国具有自主研发能力的厂家均投入了人力物力进行研制。盾构渣土改良系统主要为泡沫系统和黏土矿物类系统，此外，可根据地层条件针对性地对泡沫和黏土矿物系统改装或增加分散剂、絮凝剂系统等。

9.4.1　泡沫注入系统

　　盾构泡沫渣土改良系统，常采用单管单控式，即每条管路均有单独的泡沫发生器，常见的盾构渣土改良系统示意图如图 9-5 所示。在操作界面设置泡沫混合液浓度、发泡率和各管路泡沫注入流量，控制系统控制各管路泵抽取一定比例的泡沫原液和水在混合液罐内混合；然后系统根据发泡率和泡沫注入流量计算每条管路的混合液流量和空气流量，通过 PLC 系统控制泡沫混合液的流量计和气压控制阀来调节混合液的流量和空气流量，混合液和空气在泡沫发生器中混合生成泡沫后，通过管路注入刀盘前方和土仓中。

　　泡沫发生器是产生泡沫的主要装置，其发泡原理是通过高压空气挤压泡沫剂溶液通过泡沫发生器内部细小的孔隙结构后生成泡沫。泡沫发生器中多孔结构的类型分为由多层网格组成的网格型、由多层孔状薄膜组成的薄膜型和由颗粒材料密集堆积而成的颗粒材料型，如图 9-6 所示。现场盾构的泡沫发生器如图 9-7 所示。

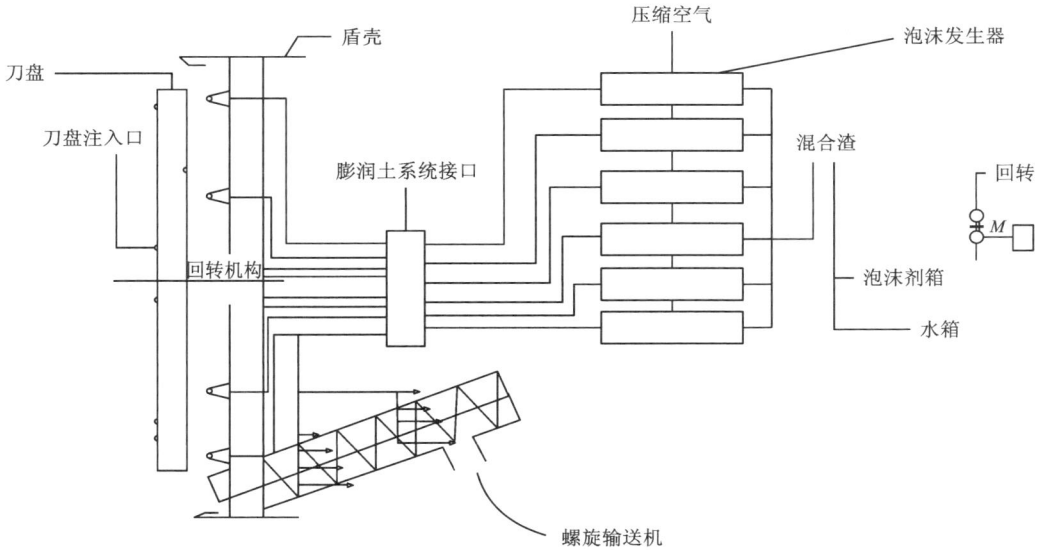

图 9-5　某地铁盾构机渣土改良泡沫和膨润土系统示意图

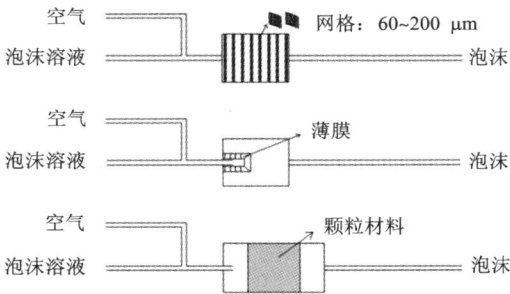

图 9-6　泡沫发生器类型

图 9-7　泡沫发生器

9.4.2　黏土矿物类注入系统

黏土矿物类注入系统主要由储浆罐、挤压泵，以及相应的流量计、传感器等组成，如图 9-8 所示。黏土矿物类注入系统可在设备桥前部与泡沫系统和水喷口切换。

9.4.3　分散剂、絮凝剂注入系统

分散剂、絮凝剂注入系统一般与黏土矿物类注入系统通用，当需要同时使用膨润土时，因我国同步注浆常采用单液浆系统，双液浆搅拌系统基本闲置，所以分散剂和絮凝剂溶液常在双液浆 A 液（水泥浆）搅拌器中搅拌后，再通过泡沫管路或黏土矿物类管路注入。某工程采用的独立聚合物注入系统如图 9-9 所示，系统由单独的搅拌罐搅拌分散剂溶液后，通过泡沫增压泵经管路注入螺旋输送机、土仓、刀盘前方等位置，分散剂注入系统可与泡沫注入系统切换，可根据实际情况灵活选择。

图 9-8　一般盾构膨润土注入系统

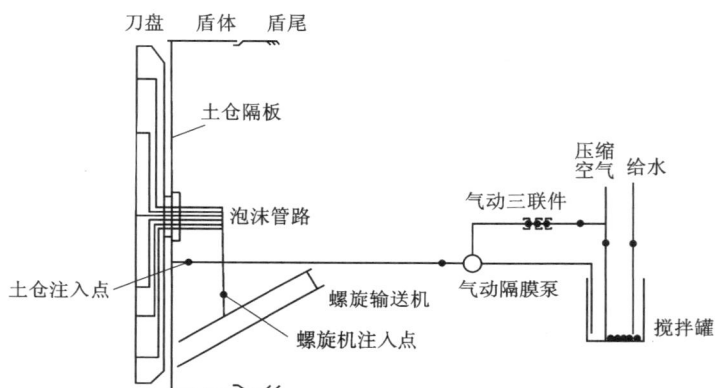

图 9-9　盾构机渣土改良聚合物注入系统示意图

9.5　渣土改良评价指标及确定方法

为了提高土压平衡盾构机的地层适应性，便于排土和土仓压力控制，往往需对渣土进行改良。理想的渣土需要具有良好的流动性、合适的塑性、较低的抗剪强度和黏附强度、较小的渗透系数和一定的压缩性。

9.5.1　塑流性

1.坍落度试验

坍落度试验原本为测试新搅混凝土和易性的重要手段，如今国内外众多学者将此方法引入盾构渣土改良领域，用坍落度评价改良渣土的塑流性。不同学者建议的理想改良渣土坍落度范围如表 9-3 所示。

表 9-3　理想改良渣土坍落度范围　　　　　　　　　　　　单位：mm

作者	Ye 等[13]	Quebaud 等[9]	乔国刚[6]	Jancsecz 等[14]
坍落度	170~200	120	100~160	200~250
作者	Leinala 等[15]	Limited[16]	Pena[17]	张凤祥[18]
坍落度	50	100~150	100~150	100~150
作者	Vinai 等[19]	Peila 等[20]	Budach 和 Thewes[21]	邱龑等[22]
坍落度	150~200	150~200	100~200	195~210

尽管坍落度试验已经广泛应用于渣土塑流性评价，但是理想渣土的坍落度范围尚未统一，且差别较大。这主要是因为理想渣土状态受地层类型、土仓压力、掘进模式等影响，例如当盾构采用满仓模式掘进时，其理想渣土状态与半仓模式掘进时的理想渣土状态就可能完全不同。另外，坍落度试验也有一定的局限性，例如不能较好反映黏性渣土对刀具等金属材料的黏附性，且要求试验土样的最大粒径不能超过 40 mm。此外，在运用坍落度试验评价渣土塑流性时，具有一定的主观性，例如需要观察试验渣土是否析水、析泡沫，渣土与改良剂是否混合均匀等。

2. 流动度试验

水泥胶砂流动度试验也可用来评价粗细颗粒混合的黏性渣土塑流性[23, 24]，如图 9-10 所示，水泥胶砂流动度测定仪由锥形筒、可以上下震动的玻璃底板组成。根据《水泥胶砂流动度测定方法》(GB/T 2419—2005)，将土样分层填满锥形筒后将筒提起，然后将玻璃板上下振动 25 次，测定试样的上表面直径，依此评价渣土的塑流性。

3. 稠度试验

通过水泥砂浆稠度试验也被用来评价渣土的塑流性[23, 25]。试验仪器主要由带滑杆的圆锥体[高 145 mm，锥底直径为 75 mm，重 (300±2) g] 和圆锥形金属筒容器组成，如图 9-11 所示。将搅拌均匀的渣土装入试验容器内，至距容器上口约 1 cm 时按测试规定捣实土样，然后使圆锥体自砂浆表面中心处自由下沉，经 10 s 后测读下降距离，即为该砂浆的稠度值，又称为沉入度，据此即可评价渣土的塑流性。

图 9-10　水泥胶砂流动度测定仪

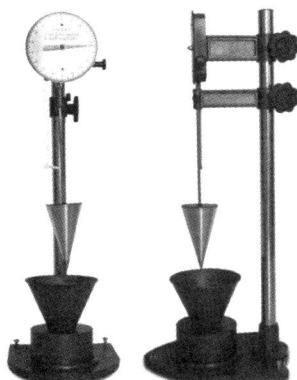

图 9-11　水泥砂浆稠度仪

4.搅拌试验

搅拌试验是在室内砂浆搅拌机的基础上增加功率表，当搅拌机转动搅拌渣土时，功率表可实时测定搅拌渣土所消耗的能量[9, 26]。通过记录小型搅拌机搅拌消耗的能量，对比有无添加改良剂情况下的渣土能耗，即可得到渣土的流动性评价指标——能量消耗减小量 G_p，从而评价泡沫改良土的塑流性。

9.5.2 渗透性

为了防止螺旋输送机喷涌、开挖面失稳等问题，盾构土仓内的渣土需要具有较好的止水性。将泡沫等改良剂注入粗颗粒地层中，能够有效填充渣土内孔隙，切断水的渗透通道，减小渣土的渗透性。渗透试验是测定渣土渗透性最直接的方法。为了满足盾构掘进需要，国内外众多学者对改良渣土的渗透性提出了要求，如表9-4所示。渣土改良目标一般是将土的渗透系数控制在 10^{-5} m/s 以下，由于地下水位、盾构形式等差异，渗透系数取值有一定差别。另外，考虑盾构停机等情况下土仓里渣土滞留时间，渣土渗透系数维持在规定值以下的时间至少达到 90 min。

表9-4　合理改良渗透系数范围表　　　　　　　　单位：m/s

作者	朱伟等[27]	马连丛[28]	Quebaud 等[9]	Budach 和 Thewes[21]	贺少辉等[29]	申兴柱 等[30]
渗透系数	$<(1.5\sim2.3)$ $\times10^{-7}$	$<(9.551\sim4.672)$ $\times10^{-7}$	$<10^{-6}$	$<10^{-5}$	$<(4.456\sim5.601)$ $\times10^{-7}$	$<10^{-7}$

9.5.3 磨损性

当盾构穿越高硬度矿物（如石英等）含量较大的地层时，渣土往往容易对盾构刀具等造成过量的磨损，进而引发掘进效率低下、换刀频繁等工程问题。渣土改良是提高盾构刀具耐磨性能的有效途径之一，SAT[TM]、LCPC、SGAT、SATC 等是目前研究岩石对刀盘刀具磨损性能比较经典的试验评价指标[31, 32]，但这类指标的测定往往需要依托大型试验设备。针对此问题，Barbero 等[33] 和 Küpferle 等[34] 分别研制了测定渣土磨蚀性的小型仪器，如图9-12所示。采用旋转金属盘或刀具的磨损率 α 表征改良渣土的磨蚀性，计算如下：

$$\alpha=\frac{\Delta m}{m} \tag{9-8}$$

式中：Δm——受磨前后刀盘或刀具金属材料的质量变化；
　　　m——刀盘或刀具的原质量。

磨损性测试试验利用相关仪器将金属刀具以不同转速在渣土上进行磨损以评价渣土的磨蚀性，通过磨损率可非常直观地呈现岩土体的磨蚀能力，但既有试验设备不能测定温度和水压对岩土体磨蚀性的影响。

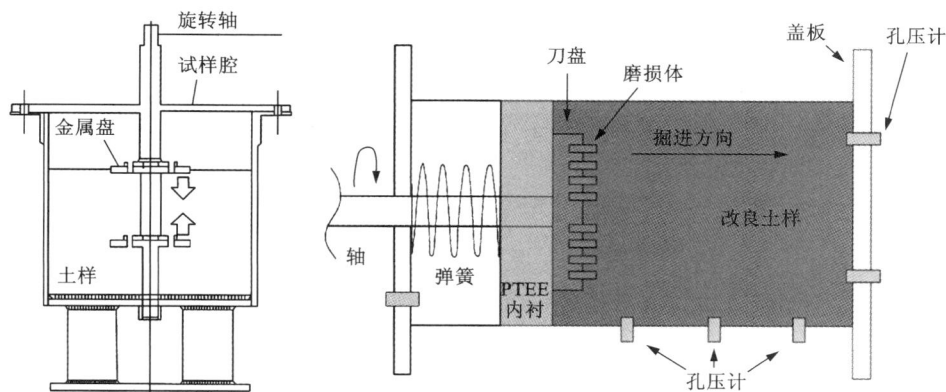

图 9-12　改良渣土磨蚀性小型测定装置

9.5.4　黏附性

在盾构掘进过程中时常需要穿越黏性地层，渣土易黏附于盾构刀盘刀具等金属材料上，在高温高压下极易在金属材料上形成泥饼，并造成刀具偏磨等问题，严重影响掘进效率。然而添加改良剂能够显著降低土与金属界面间的黏附强度，进而避免渣土的饼化。目前学界对渣土黏附性主要有如下几种评价方法。

1. 界限含水率试验

液限表征土由流动状态转入可塑状态的界限含水率，塑限表征土由可塑状态转变为坚硬状态的界限含水率，结合土的实际含水率，可判定土的黏附性[35]。目前，测定渣土液塑限最常用的仪器是液塑限联合测定仪，该仪器适用于粒径不大于 0.5 mm、有机质含量不大于试样总质量 5%的土。

Hollmann 和 Thewes[36]基于土的界限含水率、实际含水率等提出黏性地层盾构结泥饼风险的评价方法，通过对渣土的液限、塑限和含水率测量，计算黏稠指数，如图 9-13 所示，从而判断渣土的结泥饼风险。但这种方法具有一定的局限性，如不能评价改良后的渣土。

2. 滑动试验

滑动试验指取一定量土样置于金属活动板上，缓慢转动抬高金属板活动端，直至土样开始在金属板上滑动，如图 9-14 所示，此时所对应的斜面角度即为该土样所对应的 α 角。α 角越大，土对金属界面的黏附性越强[37]。

3. 搅拌黏附试验

搅拌黏附试验是指将一定土样装于置样器内，将搅拌器伸入试样中搅拌一定时间，最终测定黏附于搅拌器上土的比例，如图 9-15 所示，即为土样的黏附率 λ。λ 越大，代表土样的黏附性越强[38]。

$$\lambda = \frac{G_{MT}}{G_{TOT}} \tag{9-9}$$

式中：G_{MT}——黏附在搅拌扇叶上面的土的质量；

　　　G_{TOT}——搅拌土样的总质量。

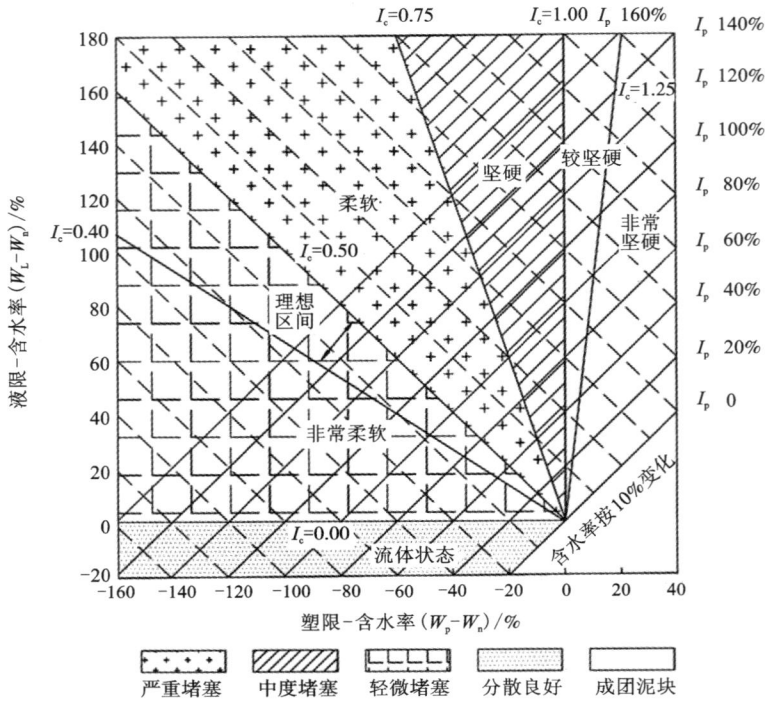

图 9-13　未改良下盾构黏性渣土饼化程度判据[36]

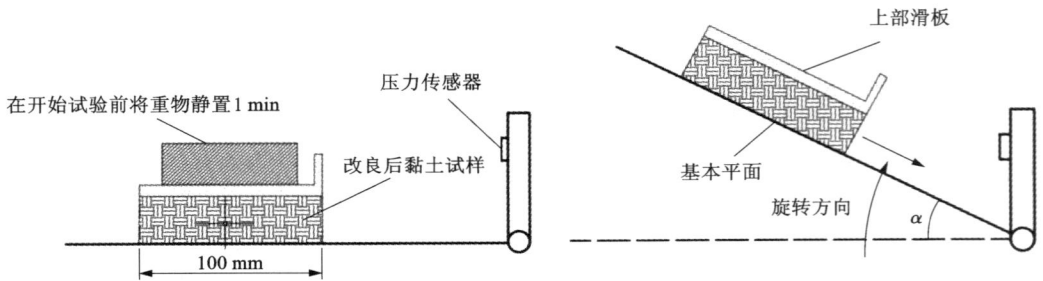

图 9-14　改良土 α 角测定装置

4. 拉拔试验

拉拔试验仪器由锥形金属块、试样腔和拉拔系统组成，如图 9-16 和图 9-17 所示。试验时首先将试样腔内填满渣土，然后将锥形金属块压入土样一段时间，再缓慢提起锥形金属块，以金属块所受拉力和黏附土样质量评价渣土的黏附性[39, 40]。

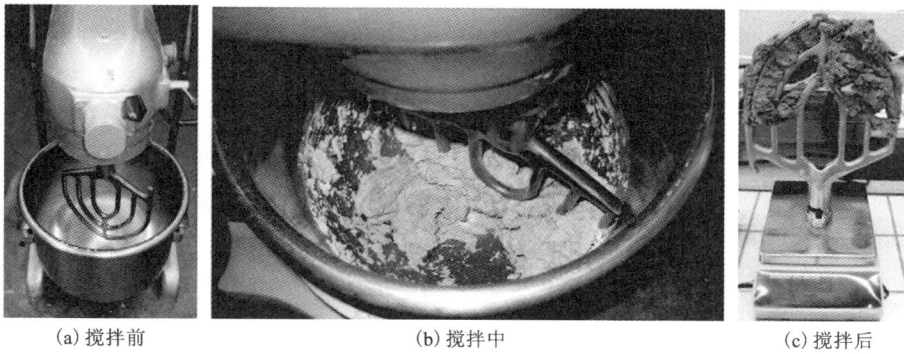

(a) 搅拌前　　　　　　　　　(b) 搅拌中　　　　　　　　　(c) 搅拌后

图 9-15　改良土黏附率 λ 测定装置

(a) 局部　　　　　　　　　　(b) 整体

图 9-16　锥形金属拉拔试验仪

图 9-17　金属块拉拔装置

5. 旋转剪切试验

旋转剪切仪能够测定黏土与金属界面的切向黏附强度,如图 9-18 所示。试验时将金属剪切圆盘埋入土样之中,对试样腔施加一定压力,使金属剪切圆盘在一定土压下进行旋转剪切,并记录剪切所需的扭矩 T,按照下式即可换算为土-金属界面黏附强度[38]。

$$a = \frac{6T}{\pi D^3} \tag{9-10}$$

式中:a——土-金属界面黏附强度;

　　　T——旋转扭矩;

　　　D——圆金属板的直径。

此装置可模拟盾构开挖过程中在不同压力、转速条件下土-金属界面的黏附强度,然后通过对比改良前后渣土的黏附强度,评价改良剂对土样黏附强度的影响。

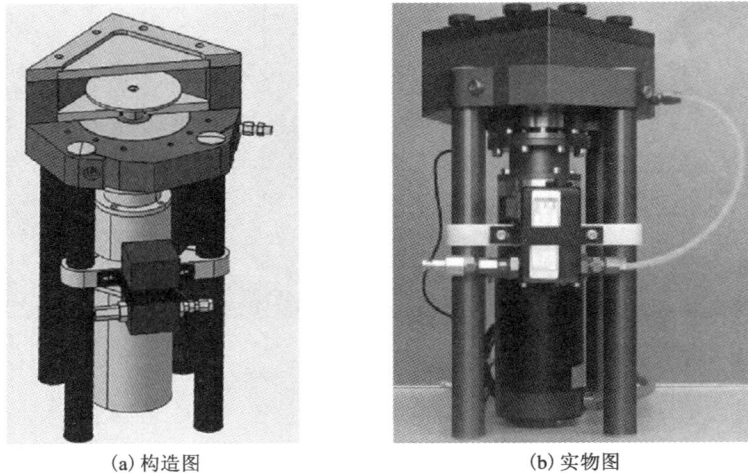

(a) 构造图　　　　　　　　　　　(b) 实物图

图 9-18　旋转剪切仪

9.5.5　抗剪强度

渣土改良可以显著降低渣土内摩擦角，降低刀盘和螺旋输送机的扭矩。盾构渣土需要有较小的抗剪强度，Efnarc[2]提出不排水抗剪强度应为 10~25 kPa。目前，渣土抗剪强度的确定方法要包括以下几种。

1. 直剪试验

将渣土放入直剪盒内，加载法向压力后启动剪切即可得到渣土的抗剪强度。在盾构实际施工过程中，由于土仓内及掌子面前方的渣土受到改良剂的作用，其排水性能较差，且盾构在掘进过程中渣土来不及排水，一般测量其不排水抗剪强度，因此可采用直剪试验得到土样的不排水抗剪强度。直剪试验仪器构造简单，操作方便，但也存在一些局限性，如：破坏面不一定是试样抗剪能力最弱的面；剪切面上的应力分布不均匀，而且剪切面面积愈来愈小；不能严格控制排水条件，测不出剪切过程中孔隙水压力的变化。

2. 十字剪切试验

运用室内十字剪切仪对制备的土样进行剪切，记录剪切扭矩 T，按下式即可求得在大气压条件下土样的不排水抗剪强度 s：

$$s = \frac{6T}{7\pi D^3} \tag{9-11}$$

式中：T——剪切扭矩；

　　　D——十字剪切板的直径。

由于常规室内十字剪切仪仅能在大气压条件下进行试验，土样的受力状态与盾构土仓内的渣土不符，因此研究学者自主研制了一套可以测定在一定压力下渣土抗剪强度的十字剪切试验装置，如图 9-19 所示。改良后的土样装入试样腔后，通过竖向压缩的弹簧施加法向压力，同时旋转弹簧进行剪切试验，监测不同改良参数下的最大扭矩值，然后据此计算改良土样的抗剪强度[41]。此外，Messerklinger 等[42]自主研制了联合剪切仪，使土样上部压力、十字板和圆盘旋转速度可控，且试样腔的密封性能较好，能够在不同压力、转速条件下测定渣土的抗剪强度，可近似模拟渣土在盾构土仓内的受力状态。

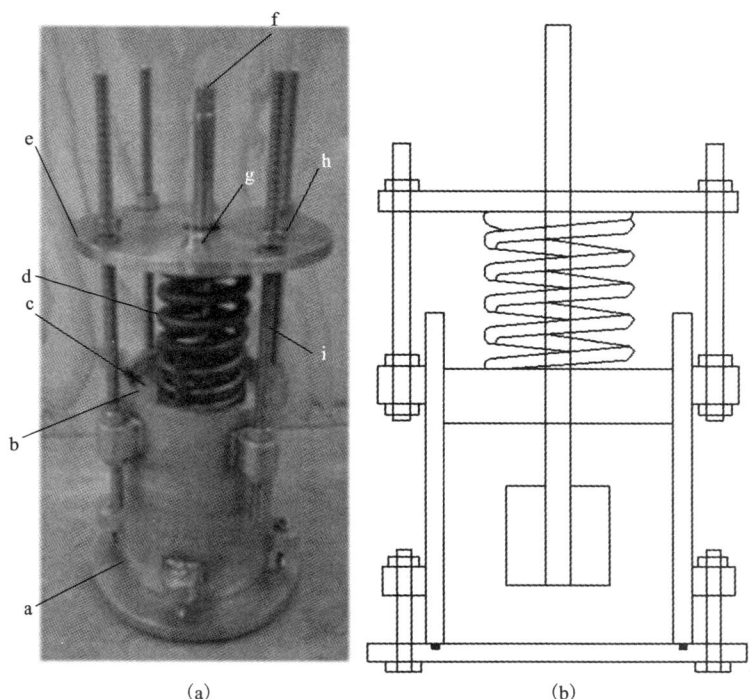

a—试样腔；b—顶板；c—排气阀；d—压缩弹簧；e—反力板；f—十字板转轴；g—中心圆孔；h—螺栓；i—螺柱。

图 9-19　可带压十字剪切试验装置

3. 大型锥入度试验

大型锥入度试验是将一定质量的圆锥从土样表面落下，测量圆锥在土样中的锥入深度 d，如图 9-20 所示。此试验在本质上仍然是测量土样的不排水抗剪强度，利用式（9-12）可求得土样的不排水抗剪强度 S_u：

$$S_u = \frac{K_\alpha W}{d^2} \qquad (9-12)$$

式中：S——土样的不排水抗剪强度，kPa；

K_α——理论圆锥角度系数，（$K_{30} = 0.85$，$K_{45} = 0.49$，$K_{60} = 0.29$，$K_{75} = 0.19$，下标表示圆锥角的度数）；

W——圆锥的质量；

d——圆锥的锥入深度。

试验结果表明，大型锥入度试验得到的土样不排水抗剪强度与室内大气压条件下十字剪切板试验

图 9-20　大型锥入度实验装置

得到的结果基本一致，因此可用此试验得到的抗剪强度评价渣土改良前后的抗剪强度变化[43]。

4. 三轴试验

三轴试验可用来测定改良后渣土的抗剪强度。然而由于改良土是渣土与改良剂的混合物，试样呈塑流状态，其制备满足三轴试验要求的试样是非常困难的，尤其是泡沫改良砂性渣土，且三轴试验所需要的时间较长，而泡沫改良土的性质本身就具有时变性，在长时间的试验过程中改良土本身的抗剪性能可能发生较大变化。这些不足大大限制了三轴试验在评价改良渣土抗剪性能方面的应用。

9.5.6 压缩性

渣土应具有一定的压缩性，以便在螺旋输送机转速和掘进速度变化能在一定程度上抑制土仓压力的波动。运用罗氏固结仪可测量在一定压力下试样的压缩量，即竖向的位移，如图 9-21 所示。通过分析上部压力与竖向位移的关系，从而求取土的压缩系数，可评价改良前后渣土的压缩性[44]。压缩性越好，越有利于盾构施工中的掌子面压力控制，土仓压力波动性就越小。但该仪器仅适用于测定细粒土的压缩系数，对于粗粒土，考虑到因颗粒尺寸增大而带来的边界效应，应选用相应大尺寸压缩仪进行试验。

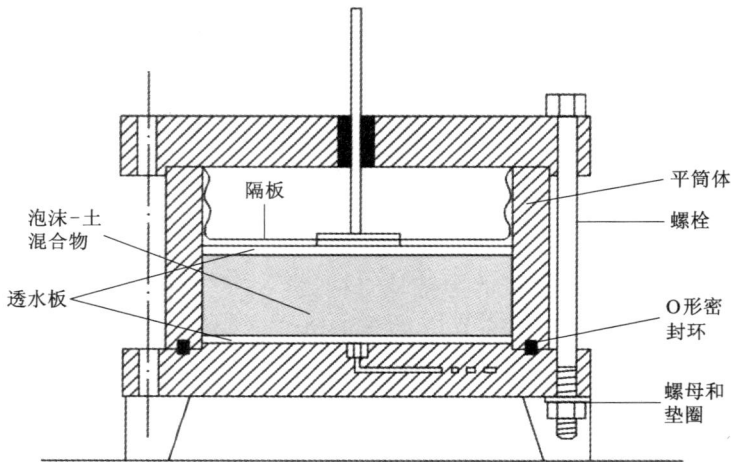

平筒体
螺栓
隔板
泡沫-土混合物
透水板
O形密封环
螺母和垫圈

图 9-21 罗氏固结仪示意图

9.5.7 盾构掘进参数

渣土改良的最终目的是保证盾构安全高效掘进，因此几乎所有渣土改良效果最终都要经受盾构掘进参数的"考验"。渣土改良的成功与否，将直接影响到盾构机的掘进安全、效率和工程造价。在掘进过程中要求螺旋输送机排出的渣土具有较好的塑流性，出土连续且包裹大颗粒[45]。通过采用泡沫、膨润土泥浆、分散剂、絮凝剂及其相互组合，改良盾构掘进过程中产生的渣土，然后通过监测改良前后刀盘扭矩、盾构推力、掘进速度、土仓压力、渣温等掘进参数的变化情况，结合对渣土出渣状态的观察，可合理评价盾构掘进过程中渣土改良效果。此评价方法比较贴近工程现场，能够直接反映改良效果，但由于现场影响因素较多，难以对影响规律进行探讨。

9.5.8 盾构渣土评价方法总结

根据前面总结的现阶段盾构渣土改良效果评价的基本指标及其测定方法，如表 9-5 所示，可见目前国内外对渣土改良效果的评价主要有两大途径：一方面是通过对改良渣土的物理力学参数进行室内试验来探究渣土改良效果；另一方面是采用现场试验，通过对比盾构掘进参数的变化来评价渣土改良的效果。在处理实际渣土改良问题时，可结合工程实际和既有条件来合理选择渣土改良评价指标及其确定方法。

表 9-5 盾构改良渣土评价指标及确定方法总结

评价指标	依托试验	概述	优点	不足
塑流性评价	坍落度试验	结合坍落度、渣土析水等表观观察，评价渣土的塑流性	试验简便，可为渣土塑流性的评价提供借鉴	理想坍落度没有定论，土颗粒最大不能超过 40 mm
	液塑限和含水率试验	通过渣土的液塑限和含水率得到黏稠指数，评价其塑流性	简单易行	仅适用于粒径小于 0.5 mm 的黏性渣土
	流动度试验	借用水泥砂浆的测试方法，测量渣土的扩展率	相比于坍落度试验可更好地测定黏性渣土的流动性	仅适用于细颗粒渣土
	稠度试验	通过测量标准圆锥体在渣土中的沉入量来表征渣土塑流性	以圆锥下沉量表示渣土的流动性，试验简单直观	本试验不能进行粗粒渣土的稠度测试
	搅拌试验	测定搅动改良土时的扭矩，评价改良土塑流性	采用电动机械测定渣土流动性，减小了测量误差	试验设备比较复杂，需要专门定制
渗透性评价	渗透试验	测定改良渣土渗透系数，评价渣土的渗透性	能够客观地反映渣土的渗透性	渣土的最大粒径受试验仪的尺寸限制
磨损性评价	磨蚀试验	将金属刀具以不同转速在渣土上进行磨损，以评价渣土的磨蚀性	通过磨损率直观呈现岩土体的磨蚀性	不能反映温度等对磨蚀性的影响

续表9-5

评价指标	依托试验	概述	优点	不足
黏附性评价	液塑限试验	测定改良土的液塑限和塑性指数,结合黏稠指数评价渣土的黏附性	试验简单方便	仅适用于粒径小于0.5 mm的黏性渣土
	滑动试验	通过测定土样在金属板上滑动的最小倾角评价土的黏附性	试验方法简单,易于操作	结果为金属板倾角,间接反映渣土黏附性
	搅拌黏附试验	通过搅拌改良土测定黏附在搅拌器上渣土的比例,衡量其黏附性	直接以土的黏附比例作为黏附性评价指标,指标简单且较为直观	黏附量受搅拌器形状和试验操作影响较大,黏附率与容器内土量有关
	拉拔试验	通过记录分开金属块和土样的拉力来评价土的黏附性	操作简单,以拉力表征黏附力比较直观	断裂面有可能位于土样内部
	旋转剪切试验	利用旋转剪切盘在改良土中进行旋转剪切,评价土的黏附性	能够反映土的黏附性,且能对土样加压剪切	试验对仪器设备要求较高
抗剪强度评价	直剪试验	利用直剪试验测定渣土抗剪强度	简单便捷	难以对含水率较高的渣土进行直剪试验
	十字剪切试验	运用十字剪切仪,对制备的土样进行剪切,利用测得的扭矩求得改良土的不排水抗剪强度	能够真实地反映出改良土的不排水抗剪强度	仅适用于侧向土压力系数约为1的软土
	大型锥入度试验	将圆锥从土样表面落下,测量其在土样中的锥入深度,以此换算改良土样的不排水抗剪强度	试验设备简单	由于是大型试验,其试验难度和成本较高
	三轴试验	采用三轴试验测定土的抗剪强度	能够模拟改良土在实际工程中的应力状态	改良土制样十分困难且试验时间较长
压缩性评价	压缩试验	运用罗氏固结仪测定试样的压缩量,评价改良土的压缩性	试验方法简便,能够测出土的压缩系数	试样粒径受仪器尺寸限制
掘进参数评价	现场掘进试验	通过监测改良前后掘进参数的变化合理评价渣土改良效果	贴近工程现场,直接反映改良效果	现场影响因素多,难以分析影响规律

9.6 渣土改良下盾构掘进及地层响应

9.6.1 改良渣土力学行为仿真

随着数值方法和计算机技术的发展，盾构掘进过程中地层变形、掘进参数变化和渣土运动的数值仿真可以通过商业软件或自主编程来实现。目前模拟盾构掘进的方法主要包括有限元法、有限差分法、离散元法和计算流体动力学法。渣土改良作为盾构中一项重要的施工措施，能够显著改变渣土的力学参数，因此在数值模拟过程中首先需要选择合适的参数模拟渣土的力学行为。

有限元法和有限差分法均是将固体域划分为有限个单元后再求解，在岩土工程领域常被用来计算岩土的受力变形。该法用于模拟盾构开挖时，需要提前采用室内试验方法获得不同改良情况下渣土的力学参数，然后在计算软件中选择合适的本构模型，输入渣土的力学参数，进一步分析不同渣土改良工况下盾构掘进力学特征[46]。

离散元法是把不连续体分离为具有一定质量和形状的刚性颗粒的集合，使每个颗粒单元满足运动方程和接触本构方程，用时步迭代的方法求解各颗粒单元的运动和相互位置，进而获得整个集合的变形和演化。由于离散元所用细观参数并非土体通过室内试验获得的各项物理力学参数，所以为了使得离散元所用细观参数能表征所模拟的土体的物理性质，常常需要土工试验对土颗粒的细观参数进行标定，然后通过改变颗粒间的细观参数表征改良渣土的力学参数变化[47]。因为盾构尺寸较大，若采用离散元的方法模拟盾构掘进过程将导致计算量巨大，基本离散元颗粒难以模拟真实渣土粒径尺寸，所以有学者采用有限差分软件来模拟外围地层，而用离散元软件模拟盾构附近区域和盾构系统内渣土运动，如图 9-22(a)所示，并通过耦合面交换数据实现两者间位移和速度的传递，然后通过降低土颗粒间摩擦系数来实现渣土改良，分析不同渣土改良工况下土仓内渣土流动特性[如图 9-22(b)所示]、土仓压力分布、掌子面前方平均土压力分布规律、盾构推力、刀盘扭矩以及地表沉降差异，从而揭示渣土改良对土仓渣土状态和盾构掘进力学行为的特征。

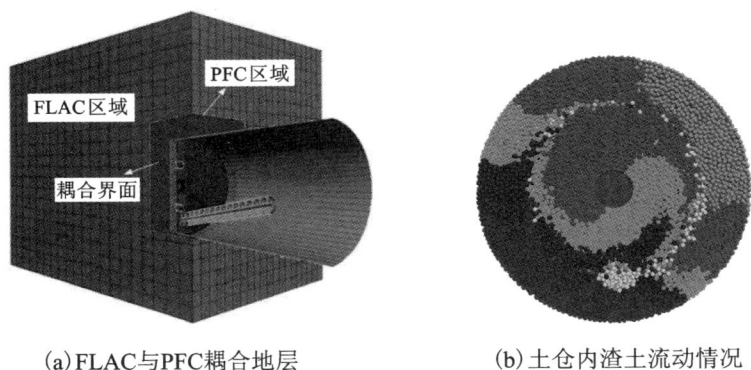

(a)FLAC与PFC耦合地层　　　　(b)土仓内渣土流动情况

图 9-22 离散元与有限差分耦合地层模型

计算流体动力学法综合了经典流体动力学与数值计算方法，通过计算机求解一系列质量守恒、动量守恒和能量守恒方程组成的偏微分方程组，在时间和空间上定量描述和研究特定边界条件下的流场。在土压平衡盾构施工中，渣土在螺旋输送机内的输送过程伴随着土体剪切破坏和塑性流动两种失效形式，改良后的渣土主要表现为黏性和塑性，因此可将改良渣土视为流体，采用黏塑性流体本构关系来模拟土体的变形。

9.6.2　渣土改良下盾构掘进参数和地层响应

在复杂地质条件下采用泡沫、膨润土等改良渣土，能够对掘进参数产生明显的影响，进一步影响地层响应。土压平衡盾构渣土需要保持合适的状态，当渣土含水率较低时，易引起排土不畅，造成盾构推力、扭矩增大，掘进速度减小，土仓压力波动性增大，进一步引起地表隆起；当渣土含水率较高时，在螺旋输送机口处易引起"喷土"现象，引起盾构推力、扭矩、掘进速度、土仓压力等参数波动性较大，排土量难以控制，从而导致地层变形较大，甚至引起掌子面失稳。而当渣土采用泡沫、膨润土等改良至合适状态时，盾构的推力、扭矩明显减小，掘进速度明显上升，土仓压力的波动幅度减小，地层对盾构刀盘和刀具的磨损也减小，更有利于盾构掘进过程中的地层变形控制[48]。

9.7　盾构渣土资源化再利用

9.7.1　再利用的意义

城市地铁建设中，盾构法成为隧道施工的主要选择之一。盾构掘进施工产生的大量废弃渣土给城市环境带来了多方面的挑战，渣土的脱水、运输、堆填等过程均会对环境产生较大的不利影响[49]。随着大规模建设的发展，渣土堆填场地已经严重不够用。以长沙为例，现有消纳场的总库容只有近 800×10^4 m³，而长沙市 2015 年已处理的渣土量有 1800×10^4 m³，且每年以15%的速度在增长。仅仅是长沙地铁 2 号线施工，产生的渣土大概有 400×10^4 m³，且盾构渣土含水率高，稳定性差，如未做处理直接堆填容易发展成为安全隐患[50]。

因此，对盾构出渣土进行回收再利用，既可以减少其他天然资源的开发，又可以保护城市环境，符合国家发展循环经济，保护生态环境，建设资源节约、环境友好型社会的要求。而截至目前，常用的出渣土再利用形式有以下几种：路基填料、注浆材料、水泥混合材、陶粒和制砖等。若能通过绿色回收、综合利用等方法高效、经济、环保地处理这些盾构工程渣土，将具有非常重要的现实意义和工程应用价值[51]。

9.7.2　渣土资源化再利用方式及案例

1.同步注浆

水泥、膨润土、砂石料等原材料价格越来越高，进而造成同步注浆浆液成本增加。我国地质条件复杂多样，不同城市地质条件差异较大，如长沙以上软下硬地层为主，成都以砂卵石地层为主，郑州以砂质粉质黏土、细砂地层为主等。一般渣土含有一定的同步注浆材料，如砂质粉质黏土渣土中含黏土和砂，黏土可以部分代替膨润土[52]，砂可以直接作为同步注浆材料。如果能使盾构渣土细化后进入浆液制备中替代现有的膨润土或砂，不仅可以减少大量膨润土和砂的采购，还可以减少一部分渣土的外运，降低环境污染[53]。另外，盾构泥砂可以替代膨润土和河沙，通过正交试验方法调整优化配合比，制备出性能满足要求、经济环保的同步注浆材料[54]。

【案例】

（1）工程概况

郑州市轨道交通 3 号线一期工程黄河路站—金水路站区间地层以第四纪松散沉积物为主，下伏基岩埋置较深，区间隧道顶板穿过的主要土层为黏质粉土夹砂质粉土，局部为粉质黏土、黏质粉土夹砂质粉土层，修正后围岩分级均为Ⅵ级，而Ⅵ级围岩稳定性差。试验段地层为杂填土、粉砂、砂质粉土、黏质粉土、细砂和粉质黏土，其中主要掘进地层为细砂和粉质黏土。

（2）现场应用

为了保证渣土作为同步注浆材料再利用，需使用特殊设备对粉质黏土渣土进行搅拌。基于现场拌浆的需要，特制了专门的设备进行拌浆，其主要由破碎机、搅拌机、料仓、架子等组成。试验同步注浆配比为室内试验的最优配比，具体如表 9-6 所示。渣土细砂代替原同步注浆的细砂；渣土粉质黏土代替原同步注浆材料中膨润土，其他材料与原同步注浆材料一致。

表 9-6　盾构渣土的壁后注浆配比 　　　　　　　　　　　　　　　　单位：kg

类型	水泥	粉煤灰	渣土粉质黏土	渣土细砂	水
重量	166	456	53	740	462

具体过程如下：先利用渣土再利用拌浆设备将渣土粉质黏土与一定量水进行搅拌，形成泥浆；再利用泥浆泵将泥浆抽入盾构搅拌站中拌浆罐中，与其他材料同步搅拌；最后形成同步注浆浆液，利用砂浆车运入隧道。

（3）应用效果

①采用部分渣土作为同步注浆相关材料时，注浆过程中，平均注浆压力为 1.68 bar 方，未出现注浆管堵塞等问题，注浆效率与原同步注浆效率无差异，同时浆液的充填效果较好。

②相对采用常规同步注浆材料，采用以部分渣土作为同步注浆材料后管片脱出盾构后的沉降相对较大，但满足规范对盾构地表沉降的控制要求，规范规定盾构地表沉降最大允许值为±30 mm。盾构穿越对沉降有特殊要求的建构筑物时，采用渣土作为部分注浆材料需谨慎考虑。

③采用部分渣土作为同步注浆材料时，能减少渣土的环境污染，节省同步浆液材料的物资成本。以郑州地铁为例，浆液材料可以节省成本 59.6 万元/km，渣土外运节省 20.8 万/km，合计节省成本 80.4 万/km。

2. 免烧砖

盾构隧道开挖出的渣土可作为制作免烧砖的基材，通过加入相应的固化剂、级配增强材料可使其具有较好的工作性能。Seco[55] 等采用混凝土、陶瓷废料、泥灰质黏土混合进行免烧砖的制备，Espuelas 等[56] 在免烧砖制作过程中加入氧化镁，研究发现其力学性能和吸水性均得到一定程度的优化。渣土免烧砖的制备既能够解决部分建筑垃圾的初值问题，又能够将制备的免烧砖用于建筑物建造、固体废弃物的绿色处置及循环利用[57]。

【案例】

(1) 工程概况

杭州地铁 10 号线汽车北站—国展中心站盾构区间所穿越的主要土层为粉质黏土、粉质黏土夹粉土、淤泥质粉质黏土，沿线隧道盾构掘进地层主要呈上硬下软，局部上软下硬，沿线地层均一性差[58]。杭州地铁 10 号线汽—国区间以黏土地层为主，基坑及盾构隧道开挖出的渣土可作为制作免烧砖的基材。

(2) 现场应用

试验过程主要分为原料准备阶段、制砖阶段和养护阶段。原料准备阶段：首先取出渣土放入烘箱中，105℃烘干 24 h 以上；然后用粉碎机粉碎至 0.25 mm 以下。制砖阶段：在免烧砖的制备过程中，可分为原料拌和与压制成型两个阶段。原料拌和阶段：按试验工况称量各种原料，实验配比如表 9-7 所示，放入轮碾强制搅拌机中拌和 10 min。压制成型阶段：将拌和好的材料装入 240 mm×115 mm 的模具中，放置在数显压力试验机上进行压制。养护阶段：将制好的砖样按工况标号并竖立排放在架子上，置于透明雨棚内，采用自然晾晒方法，并在前 3 d 进行喷水养护。

表 9-7　渣土制砖配比　　　　　单位：%

水泥掺量	砂土掺量	粉煤灰掺量	秸秆纤维掺量	渣土占比
20	15	7.5	0.2	57.3

(3) 应用效果

渣土制砖 28 d 抗压强度可达 10.2 MPa，软化系数为 0.80，达到了《非烧结垃圾尾矿砖》(JC/T 422—2007) MU10 等级要求。通过分析各工况材料使用配比情况可知，普通硅酸盐水泥是利用粉质黏土制备免烧砖的关键材料，水泥水化反应生成如水化硅酸钙（C—S—H）凝胶等，可以更好地包裹砂和黏土，让砂和黏土能够更好地胶结在一起，增强免烧砖的整体性，使之具有较高的强度和较好的工程性质。

实际生产单砖成本约为 0.144 元/块。目前，相同性能非烧结垃圾尾矿砖市场售价为 0.4 元/块，因此采用基坑渣土为基本材料按照最优配比生产出的单砖利润为 0.256 元/块，按照单日 45000 块砖的生产标准，单日总利润为 11520 元。

3. 水泥混合材

水泥混合材是在水泥生产过程中，为改善水泥性能、调节水泥标号而加到水泥中的矿物掺合料。其主要作用是改善水泥的某些性能、调整水泥标号、降低水化热、减少水泥产量、降低成本等。目前水泥中使用的混合材种类繁多，应用最广泛的有矿渣（包括矿渣粉）、粉煤灰、石灰石和烧黏土。然而，随着水泥产量的飞速增长，粒化高炉矿渣和粉煤灰的数量无法满足水泥工业对混合材的需求，而且目前粉煤灰和矿渣的价格甚至已经高于水泥熟料的价格。因此，将盾构渣土作为混合材应用到水泥生产中具有很好的前景[59]。

【案例】

(1) 工程概况

郑州地铁 4 号线某标段和 14 号线某标段的盾构渣土以粉质黏土和黏质粉土为主，颗粒直径集中在 0.15 mm 以下。两种渣土的含水率均较大，分别为 23.43% 和 14.38%。在干燥过程中，泥浆状的渣土易结块，导致渣土内部水分难以排出。干燥后的渣土具有一定强度，经破碎筛分后，两种渣土中粒径小于 0.08 mm 的颗粒含量分别为 60% 和 30%。

（2）现场试验

抗压强度比随煅烧温度的变化规律表明，在 700℃ 以下，抗压强度随着温度的变化不显著，抗压强度比仅提高 3.4%～10.3%；当煅烧温度大于 700℃，特别是大于 800℃ 以上时，抗压强度随着温度的升高而显著提高。

适量的煅烧渣土与水泥粉体混合，降低了体系中氢氧化钙含量，提高了钙矾石、水化硅酸钙等在界面附近聚集长大的可能性，改善了界面结构。煅烧渣土中的微细颗粒可以为氢氧化钙的结晶提供大量晶体，改善其微观结构，从而提高水泥胶砂的强度和耐久性。

以 CaO 和 $CaSO_4 \cdot 2H_2O$ 作为激发剂时，其抗压强度呈现先增大后减小的趋势，添加量过高不仅无法进一步提高渣土活性，还会造成严重的强度倒缩。通过实验现象以及相关资料得知原因主要有两点：第一，添加剂掺量增加导致试块的需水量增加，浆体流动性降低，成型时的试块密实度下降，进而影响试块的强度；第二，过量的 CaO 和 $CaSO_4 \cdot 2H_2O$ 在水化反应过程中会产生体积膨胀，导致稳定性不佳，进一步降低试块的强度。

（3）应用效果

①盾构渣土经 400～800℃ 煅烧后活性提高，试块抗压强度比为 64%～85.7%。温度低于 700℃ 时，抗压强度比仅提高 3.4%～10.3%；700℃ 以后抗压强度比迅速提高，在 800℃ 达到 85.7%，满足水泥活性混合材的要求。煅烧温度是影响渣土活性的重要因素。

②CaO 和 $CaSO_4 \cdot 2H_2O$ 两种激发剂对提高盾构渣土的活性都有一定作用，但是效果有限。两种激发剂的最佳掺量为 2% 和 1%，超过最佳掺量后试块强度严重下降，抗压强度比低于对照组。

③由于地铁建设的特殊性，盾构渣土的成分具有很大的差异性，具有较强的区域性和地域性，这对大规模的资源化利用造成相当大的困难，难以形成统一的标准，需要因地制宜地加以利用。

④虽然证明了盾构渣土通过煅烧处理可以作为水泥混合材使用，但仍具有较大的局限性，需要更多的理论支持和试验研究；同时成分的不稳定性以及市场的认可度是制约其发展的原因之一。

4. 陶粒

陶粒是一种在回转窑中经发泡生产的轻骨料，它具有球状的外形，表面光滑而坚硬，内部呈蜂窝状，有密度小、热导率低、强度高的特点。采用廉价且黏结性能较好的盾构渣土作为主要原料，固体废弃物稻草秸秆粉末作为造孔剂，氧化镁作为改性剂，通过烧结法可制备盾构渣土基碳复合陶粒，以期克服陶粒表面结釉及孔隙率低的缺点[60]。另外，还可使用盾构渣土制作免烧免蒸陶粒。与纯渣土相比，该陶粒中 5 种重金属离子最大浸出量均有着显著降低。免烧免蒸盾构渣土基陶粒可以有效固化重金属离子，避免了其对水质的污染，亦为节能环保的处理盾构渣土提供了新的途径[61]。通过改变原料配比、烧结温度、溶液初始 pH、吸附温度和吸附时间可以改变陶粒吸附磷性能的影响，盾构渣土制作的陶粒有一定除磷能力。

【案例】

(1) 材料与仪器来源

材料来源：盾构渣土取自合肥市地铁 1 号线大东门站 6 m 深处；稻草秸秆取自合肥郊区；MgO(分析纯，天津光复精细化工研究所)；KH_2PO_4、NaOH、四水合钼酸铵、抗坏血酸、酒石酸锑钾(分析纯，国药集团化学试剂有限公司)；实验用水为超纯水。仪器来源：WFJ7200 型可见光分光光度计(尤尼克仪器有限公司)；JW-BK132F 型比表面超微孔孔径分析仪(北京精微高博科学技术有限公司)。

(2) 现场试验

将盾构渣土、稻草秸秆粉末和氧化镁按一定质量配比混合均匀，如表 9-8 所示，加入 5% 的去离子水搅拌均匀后造粒制成 3~5 mm 粒径的坯料。自然状态风干后，在烧结炉中 300~900℃ 的温度下烧结 30 min，升温速率为 3℃/min。烧结完成后自然冷却即得到复合陶粒。

表 9-8　渣土样品和稻草秸秆灰分的主要化学成分(质量分数)　　　　单位：%

成分分析	Na_2O	MgO	Al_2O_3	SiO_2	Fe_2O_3	K_2O	CaO
渣土	1.31	0.79	10.25	74.85	3.31	1.91	1.53
稻草秸秆灰	1.0	1.7	1.0	74.7	0.8	12.3	3.0

(3) 应用效果

当固体废弃物盾构渣土、稻草秸秆粉末和氧化镁的质量比为 7∶2∶1 时，在较低温度 700℃ 下烧结的陶粒磷吸附性能最佳。在酸性条件下，随着溶液初始 pH 升高磷去除效果增强；在碱性条件下，陶粒对磷的去除效果变化趋势没有酸性环境下明显。当 pH 为 6.3 时，陶粒对磷的去除效果最佳。吸附过程在开始阶段(0.5~8 h)吸附速度较快，12 h 内基本达到吸附平衡，该吸附过程适合准二级动力学反应。陶粒对磷的吸附随着温度的升高而增大。陶粒吸附磷后可以利用 2 mol/L 的 NaOH 溶液解吸，解吸率在 97% 以上。

9.8　盾构掘进渣土改良实例

9.8.1　工程概况

南昌市地铁 1 号线一期工程五标段中山西路站—子固路站(SK13+016.072~SK13+681.556)盾构区间单线总长 1612.12 m。该区间地层主要有杂填土、粉质黏土、淤泥质粉质黏土、砾砂和泥质粉砂岩，还有少量卵石层，如图 9-23 所示，盾构需要穿越砾砂层、泥质粉砂岩和淤泥质粉质黏土地层。砾砂为浅黄—褐黄色，饱和，成分以石英、长石及硅质岩等为主，含少量卵石，磨圆度较好，呈次圆—浑圆状。其颗粒组分：粒径大于 20 mm 约占 7.0%，粒径 2~20 mm 约占 33.4%，粒径 0.5~2 mm 约占 39.3%，粒径 0.25~0.5 mm 约占 11.7%，粒径 0.075~0.25 mm 约占 12.0%，粒径小于 0.075 mm 约占 1.1%。泥质粉砂岩为紫红色，中厚层状构造，泥质结构，岩石质软，属软质岩，岩石遇水易软化，失水易干裂，未风化岩石基本质量等级为 Ⅳ 级。淤泥质粉质黏土为灰色，软塑—塑流，局部夹薄层粉砂，含腐殖质，压缩性高。厚度为 1.6~10.2 m，主要位于抚河段。以盾构穿越泥质粉砂岩地层为例，阐述黏性地层渣土改良参数确定方法。

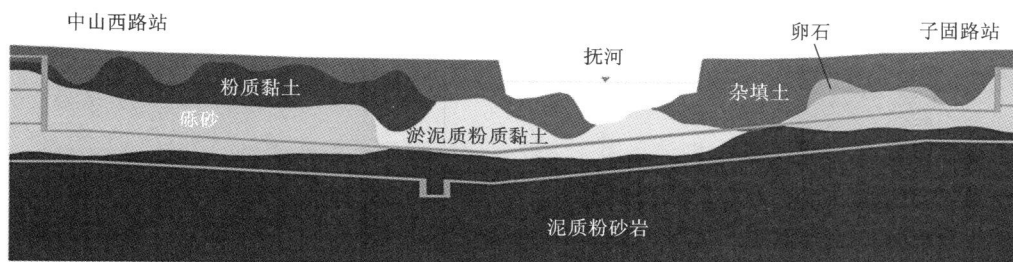

图 9-23 中山西路站-子固路站纵断面图

通过矿物成分分析发现泥质粉砂岩中含量最多的矿物成分为石英，达到 46.7%，黏土矿物含量也较高，其中高岭石 27.8%、伊利石 8.3% 和蒙脱石 4.4%，而蒙脱石、伊利石和高岭石等黏土矿物是刀盘结泥饼的主要原因，特别是蒙脱石和伊利石，盾构在此地层中掘进存在刀盘结泥饼的可能性。因此，必须对泥质粉砂岩地层中的渣土进行改良，防止刀盘结泥饼。

9.8.2 改良剂选型

在黏性地层中改良剂主要采用分散剂和泡沫剂，由于此泥质粉砂岩地层中含有较多的石英，相对于黏土黏性较小，因此在此工程中主要考虑采用泡沫剂改良渣土。工程现场选取了 A、B、C 三种泡沫剂，如图 9-24 所示，通过产生泡沫的发泡率和半衰期并结合经济因素确定泡沫剂的类型。

图 9-24 从左至右依次为 A、B 和 C 三种泡沫剂

1. 发泡率测定试验

根据泡沫剂生产厂家的建议，将泡沫剂配制成体积浓度为 3% 的溶液，然后将溶液倒入发泡装置内，根据盾构土仓压力设置发泡压力（本工程取 0.2~0.3 MPa），待发泡装置产生均匀的泡沫后，将泡沫放入量筒内，封闭量筒口，待泡沫消散完全后读取溶液的体积，泡沫与消散后溶液的体积比即为泡沫的发泡率。经测量可知泡沫剂 A、B、C 的发泡率分别为 16、20、36，三种泡沫剂的发泡性能为：A 的发泡率最高，发泡性能越好；B 次之；C 最差。但这三种发泡剂的发泡倍率均在 10 倍以上，故都能满足使用要求。

2. 半衰期测定试验

通过半衰期测定试验得到 A、B、C 的半衰期分别为 5.3 min、13.5 min、大于 18 min。由此可以得到 A 所产生的泡沫的稳定性最差，而 C 的泡沫稳定性最好，但三种泡沫都能够满足半衰期大于 5 min 的要求。

综合考虑三种泡沫剂的发泡率及其稳定性，C 的性能最好，A 的性能最差，但都能满足盾构基本使用要求。结合经济因素的影响，本工程最终选用 B 作为渣土改良剂。

9.8.3 改良参数确定

采用坍落度评价渣土的改良效果时，能较好地反映改良后渣土的流动性与和易性，但它存在一定的缺陷，在进行改良后渣土评价时，改良后渣土的坍落度可能比较大，但渣土可能出现离析或析水的现象，这类改良后的渣土显然不符合改良的标准。采用坍落度以及改良后渣土的状态来判定渣土的改良效果比较合理。因此，本工程渣土改良试验的评价标准采用坍落度与渣土改良效果相结合的方式。

地层中泥质粉砂岩的含水率为 11.4%，故取此含水率条件的土进行试验，再通过试验结果进一步添加水，再对其进行添加泡沫的试验，从而得到一个良好的改良效果。因为在实际施工过程中很难控制水的量，所以在进行坍落度试验时，在渣土的含水率方面应给出一个合理区间以方便施工。针对盾构施工时注水量的不同计算出试验中应加入水量，再根据泡沫添加量的不同来衡量渣土改良效果，具体为盾构时每掘进一环分别注入 6.9 方、8.3 方、9.5 方时渣土的含水率分别为 19.7%、21.2%、22.7%，然后在此含水率基础上对其进行坍落度试验。为了得到渣土改良效果较好时准确的添加比，对渣土在其含水率条件下进行多个泡沫添加比的改良试验。其具体添加方法为：分别加不同量的泡沫进行渣土改良试验，泡沫添加比的值从 0 开始，每次增量为 5%，直至坍落度达到目标值。其中，在改良过程中应根据各组试验结果调整添加比的增量，如渣土对泡沫的敏感性较高可适当减小此增量，反之则增大以得到较精确的泡沫添加量。试验结果如表 9-9 所示，当渣土的含水率为 19.7% 时，获得好的渣土改良效果的泡沫添加比为 30% ~ 35%，含水率为 21.5% 和 22.7% 时的泡沫添加比分别为 20% ~ 25% 和 17.5% ~ 20%，理想渣土的坍落度值为 17 ~ 22 cm。

表 9-9 全断面泥质粉砂岩盾构渣土坍落度试验

含水率 ω/%	FIR/%	坍落度/cm	评价	照片
19.7	5	1.0	不适合，塑流性差，析水	图 9-25(a)
	10	7.8	不适合，流动性差	图 9-25(b)
	15	10.5	不适合，塑流性差	图 9-25(c)
	20	14.0	不适合，塑流性不好	图 9-25(d)
	25	18.0	不适合，塑流性不好	图 9-25(e)
	30	19.7	适合	图 9-25(f)
	35	21.5	适合	图 9-25(g)

续表9-9

含水率 ω/%	FIR/%	坍落度/cm	评价	照片
21.2	5	7.0	不适合,塑流性差,析水	图 9-25(h)
	10	12.0	不适合,塑流性差,出现离析	图 9-25(i)
	12.5	14.3	不适合,塑流性差,出现离析	图 9-25(j)
	15	15.0	不适合,塑流性差	图 9-25(k)
	20	17.0	适合	图 9-25(l)
	25	19.2	适合	图 9-25(m)
22.7	5	12.0	不适合,塑流性差,出现离析	图 9-25(n)
	10	16.0	不适合,塑流性差,出现离析	图 9-25(o)
	12.5	18.0	不适合,塑流性差	图 9-25(p)
	15	20.0	不适合,塑流性差	图 9-25(q)
	17.5	21.0	适合	图 9-25(r)
	20	21.0	适合	图 9-25(s)

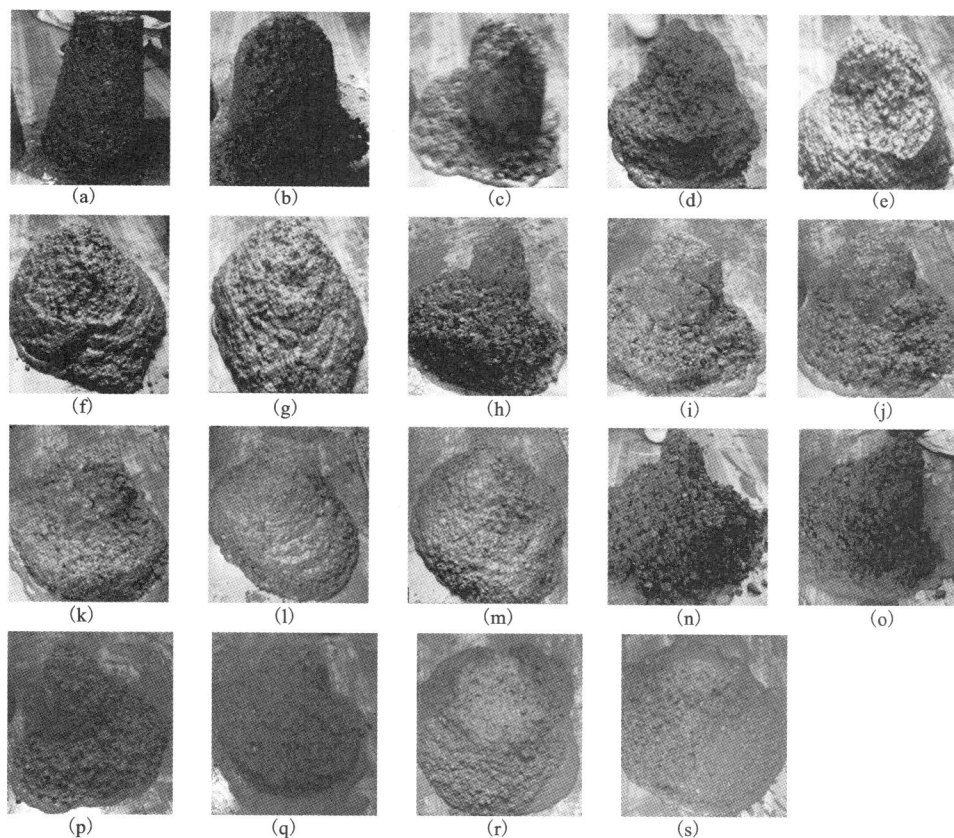

图 9-25 全断面泥质粉砂岩盾构渣土坍落度照片

9.8.4　盾构渣土改良参数

根据室内试验可知盾构在此泥质粉砂岩地层中掘进时,渣土的含水率应控制在19%～23%,注水量为6～10 m³/环,泡沫注入比为15%～35%,可根据现场改良渣土效果进行调整。根据室内试验得到的泡沫注入比(FIR),可以得到现场盾构每条改良管路的流速Q为:

$$Q = \kappa \frac{\pi D^2 v}{4n} FIR \qquad (9\text{-}13)$$

式中:Q——每条管路的流速;

　　　κ——松散系数;

　　　D——盾构切削直径;

　　　v——盾构掘进速度;

　　　n——盾构改良管路条数;

　　　FIR——泡沫注入比。

9.8.5　渣土改良效果分析

在盾构掘进时,将渣土改良参数调整为目标参数5 min后,对排出的渣土进行坍落度试验,通过与掘进参数(推力、扭矩)进行对比分析,得到渣土改良状态较好时的掘进参数范围,验证渣土改良的合理性。

如图9-26所示,对全断面泥质粉砂岩地层的盾构掘进渣土进行取样(11个样本),与盾构掘进时的推力进行对比可知,渣土的坍落度值与盾构推力成反比关系。当坍落度较大时,盾构的顶推力相应减小,这是由于坍落度较大,渣土较稀,盾构推进时所遇到的来自渣土的阻力减小,从而推力与坍落度值呈现反比关系。当渣土坍落度超过20 cm时,盾构渣土流动性过强,在螺旋输送机口渣土有被挤出的风险,因此控制渣土最大坍落度不得超过20 cm;当渣土坍落度小于17 cm时,盾构推力有增加趋势,因此确定渣土的坍落度不得小于17 cm。改良渣土的坍落度为17～20 cm时,对应的盾构推力为16500～1800 kN。

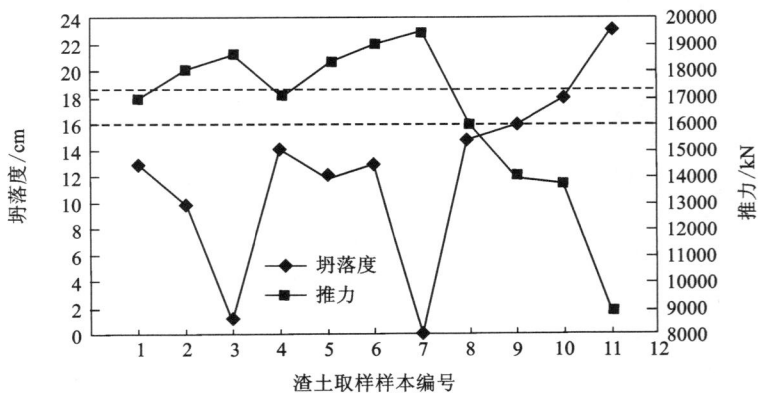

图9-26　坍落度与推力的关系曲线

盾构掘进时的刀盘扭矩同样可作为衡量渣土改良状态好坏的因素之一。如图9-27所示,从刀盘扭矩与土仓内渣土的坍落度可以得到其变化规律和推力与坍落度的变化趋势相一致。当坍落度增加时，说明渣土较稀，刀盘搅拌渣土时所需的扭矩相应减小。其变化趋势亦与实际情况相符。当渣土处于理想状态(坍落度为 17~20 cm)时，刀盘扭矩为 3300~3500 kN·m。

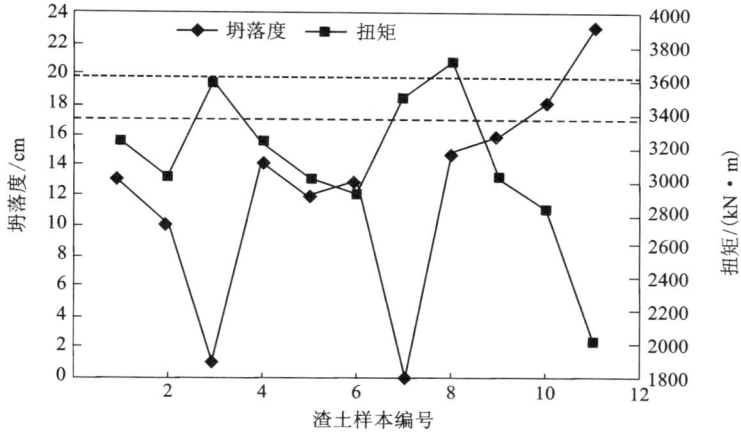

图 9-27　坍落度与刀盘扭矩的关系曲线

综合考虑盾构的掘进参数、渣土改良参数的连续性等因素，选取盾构正常掘进 160 环的参数进行分析，即对 220~300 环以及 380~460 环的渣土改良参数进行统计并与室内试验得到的改良参数进行对比分析，分析结果如表 9-10 所示。

表 9-10　全断面泥质粉砂岩地层盾构渣土改良参数统计

改良参数	全断面泥质粉砂岩地层	
	泡沫剂注入量/L	水的注入量/m³
平均值	61.2	5.6
观测数	160	80
中位数	62.5	5.6
标准差	14.4	2.0
偏度	-0.19	0.27
峰度	0.31	1.05
最小值	24.4	0.8
最大值	108.5	10.8

续表9-10

改良参数	全断面泥质粉砂岩地层	
	泡沫剂注入量/L	水的注入量/m³
分布直方图		

在全断面泥质粉砂岩地层中盾构掘进的渣土改良参数如表 9-10 的总结，从表中的统计结果可以看出，渣土改良的参数与室内试验得到的改良参数相似度较高。具体来说，泡沫剂的用量较集中，主要集中在 56~76 L，且平均用量为 61.2 L/环，这与室内试验结果相符。相比较而言，室内试验结果中当泡沫剂用量为 56~65 L 时，注水量为 6.9 m³/环，而实际注水量为 5.6 m³/环，其原因可能为全断面泥质粉砂岩地层的天然含水率有少量变化，导致注水量有所减少。

综上可知，当盾构在此泥质粉砂岩地层中掘进时，可采用泡沫改良渣土。当泡沫剂体积浓度为 3%，每环注入 56~76 L 泡沫剂、4.8~6.8 m³ 水时，可得到坍落度值为 17~20 cm 的理想状态渣土，对应的盾构推力为 16500~1800 kN，扭矩为 3300~3500 kN·m。

9.9 盾构渣土改良技术问题

渣土改良作为盾构隧道施工的一项辅助措施，近些年取得快速发展。改良剂多样化，改良剂效果愈加良好，对改良渣土的物理力学性质认知水平逐步提升，促进了复杂地质条件下盾构安全施工。然而不可否认的是，渣土改良"试错"传统经验做法还屡见不鲜，国内研究多注重现场应用，实用性较强，但缺乏深入的基础理论研究，导致工程事故经常发生。国外所遇到的工程问题比较单一，研究侧重于改良渣土的物理力学规律探讨，缺乏我国这种大量复杂工程的实践。

随着我国隧道工程的快速发展，盾构隧道工程所处地质水文条件愈加复杂，所面临的周边环境愈加敏感，渣土改良技术急需跳出"试错"的传统做法，进一步提升盾构渣土改良基础理论和应用技术水平，更好地服务于盾构隧道工程安全高效施工。具体建议如下所述[48]。

①目前常用改良剂主要有水、泡沫、分散剂、黏土矿物和絮凝剂等。渣土合适的含水量是其他改良剂发挥良好作用的前提，水是渣土改良优先考虑的对象，应使渣土处在合理的含水量最优范围内，否则其他改良剂难以有效发挥作用，因此建议渣土改良重视水的作用。另外，高温会促使渣土饼化，加速泡沫破灭，降低改良剂作用效果，地下水 pH、化学成分等均

对改良效果产生不同程度的影响，而目前渣土温度和地下水化学成分对改良剂作用的影响研究成果有限，需要开展耐高温和相应地下水条件下改良剂的研发。

②盾构穿越黏性或含黏土矿物较高的岩层，结泥饼仍然是困扰现场施工的一大难题，目前主要是通过向渣土中加入泡沫和分散剂改良渣土，但其效果有限。根据国外学者提出的理念，在黏性地层中的渣土改良剂应该能够有效地封闭渣土表面，防止黏性渣土遇水分解，这样既能减小渣土的黏附强度，又能保持渣土的抗剪强度，从而有效地防止盾构结泥饼。但是目前需要开发一种既能达到改良目的，又能对环境友好的改良剂。

③富水粗颗粒地层盾构渣土改良难度大，特别是砂卵石地层，一方面渣土渗透性强，另一方面渣土摩擦生热。过高温度促使泡沫快速破灭，仅靠泡沫表面活性剂起润滑作用。若注入膨润土泥浆降低渣土渗透性和润滑刀盘刀具，由于摩擦生热，渣土高温促使膨润土裹着粗颗粒土饼化，不仅改良效果降低，而且引起刀盘刀具结泥饼次生危害。因此，砂卵石等粗颗粒地层的渣土改良不仅难度大，而且易引起次生风险，急需研究出适用于渗透性强和易摩擦生热的砂卵石等粗颗粒渣土改良技术。

④改良剂能够显著增加渣土的塑流性和压缩性，减小渣土的抗剪强度、黏附强度、渗透系数，减弱渣土对刀具的磨损，但是目前缺乏统一的评价标准，不同学者采用的试验仪器和评价指标也各不相同，因此建立统一的评价体系有效地指导施工，是渣土改良急需解决的问题。

⑤渣土改良影响渣土塑流性和出渣控制，进而影响盾构土仓压力控制、地层变形和稳定性。目前虽有少数学者尝试基于离散元–有限元等耦合技术建立地层、土仓、螺旋输送机、渣土等耦合数值模型，但由于离散元颗粒数量限制，渣土力学行为跟实际还存在一定差异，仅限于定性出渣分析，无法有效地应用于工程实践。因此，急需采用新的数值模拟技术，开展盾构出渣和地层响应的研究，进而探究渣土改良对它们的影响，为精细化渣土改良技术提供理论支撑。

⑥由于地层的变化，渣土改良室内试验指导于现场存在滞后性，因此，应开展智能化渣土改良技术研究，根据渣土掘进参数、出渣状态等适时对渣土改良方案和参数进行快速调整，以适应工程水文地质等变化。

思考题

1. 试简述渣土改良对盾构掘进的影响。
2. 请给出几种常见的渣土改良剂类型，并简述其作用原理及地层适应性。
3. 请简述常见的泡沫发生系统类型及其工作原理。
4. 为何含水率、改良剂对渣土的作用效果具有重要影响？
5. 结合文献调研等手段，分析渣土黏附性评价常见方法及其特点。
6. 结合文献调研等手段，简述渣土抗剪强度测定的常见方法及其特点。
7. 请论述如何评价渣土改良效果，并结合现场应用等角度，提出你的渣土改良评价思路。
8. 请收集一个典型盾构隧道工程渣土改良案例，并对其技术进行评价，提出你的优化思路。

参考文献

[1] MILLIGAN G. Lubrication and soil conditioning in tunneling, pipe jacking and microtunnelling: a state-of-the-art review[R]. London: Geotechnical Consulting Group, 2000.

[2] EFNARC. Specification and guidelines for the use of specialist products for soft ground tunnelling[R]. Surry, UK: European Federation for Specialist Construction Chemicals and Concrete Systems, 2005.

[3] HEUSER M, SPAGNOLI G, LEROY P, et al. Electro-osmotic flow in clays and its potential for reducing clogging in mechanical tunnel driving[J]. Bulletin of Engineering Geology & the Environment, 2012, 71(4): 721-733.

[4] ZUMSTEG R, PLÖTZE M, PUZRIN A. Effect of soil conditioners on the pressure and rate-dependent shear strength of different clays[J]. Journal of Geotechnical and Geoenvironmental Engineering, 2012, 138(9): 1138-1146.

[5] ZUMSTEG R, LANGMAACK L. Mechanized tunneling in soft soils: choice of excavation mode and application of soil conditioning additives in glacial deposits[J]. Engineering, 2017, 3(6): 863-870.

[6] 乔国刚. 土压平衡盾构用新型发泡剂的开发与泡沫改良土体研究[D]. 北京: 中国矿业大学, 2009.

[7] LIU P F, WANG S Y, Ge L, et al. Changes of atterberg limits and electrochemical behaviors of clays with dispersants as conditioning agents for EPB shield tunnelling[J]. Tunnelling and Underground Space Technology, 2018, 73: 244-251.

[8] 魏康林. 土压平衡盾构施工中泡沫和膨润土改良土体的微观机理分析[J]. 现代隧道技术, 2007, 44(1): 73-77.

[9] QUEBAUD S, SIBAI M, HENRY J. Use of chemical foam for improvements in drilling by earth-pressure balanced shields in granular soils[J]. Tunnelling and Underground Space Technology, 1998, 13(2): 173-180.

[10] 闫鑫, 龚秋明, 姜厚停. 土压平衡盾构施工中泡沫改良砂土的试验研究[J]. 地下空间与工程学报, 2010, 6(3): 449-453.

[11] WU Y, MOONEY M A, CHA M. An experimental examination of foam stability under pressure for EPB TBM tunneling[J]. Tunnelling and Underground Space Technology, 2018, 77: 80-93.

[12] KUSAKABE O, NOMOTO T, IMAMURA S. Geotechnical criteria for selecting mechanized tunnel system and DMM for tunneling[C]//Panel discussion, Proceedings of 14th International Conference on Soil Mechanics and Foundation Engineering. Rotterdam, 1999: 2439-2440.

[13] YE X, WANG S Y, YANG J S, et al. Soil conditioning for EPB shield tunneling in argillaceous siltstone with high content of clay minerals: case study[J]. International Journal of Geomechanics, 2016: 05016002.

[14] JANCSECZ S, KRAUSE R, LANGMAACK L. Advantages of soil conditioning in shield tunneling: Experiences of LRTS Izmir[C]//WTC, Proceedings of Congress Challenges for the 21st Century, Rotterdam: Balkema, 1999: 865-875.

[15] LEINALA T, GRABINSKY M, KLEIN K. A review of soil conditioning agents for EPBM tunneling[C]//NATC. Proceedings of the North American Tunnelling Conference. Rotterdam: NATC, 2000.

[16] LIMITED P M. Easing the way soil conditioning[J]. Tunnels and Tunnelling International, 2003, 35(6): 48-50.

[17] KÜPFERLE J. Soil conditioning for sands[J]. Tunnels and Tunnelling International, 2003, 35(7): 40-42.

[18] 张凤祥. 盾构隧道[M]. 北京: 人民交通出版社, 2004.

［19］ VINAI R, OGGERI C, PEILA D. Soil conditioning of sand for EPB applications：A laboratory research［J］. Tunnelling and Underground Space Technology，2008，23(3)：308-317.

［20］ PEILA D, OGGERI C, BORIO L. Using the slump test to assess the behavior of conditioned soil for EPB tunnelling［J］. Environmental and Engineering Geoscience，2009，15(3)：167-174.

［21］ BUDACH C, THEWES M. Application ranges of EPB shields in coarse ground based on laboratory research ［J］. Tunnelling and Underground Space Technology，2015，50：296-304.

［22］ 邱龑，杨新安，唐卓华，等. 富水砂层土压平衡盾构施工渣土改良试验［J］. 同济大学学报(自然科学版)，2015，43(11)：1703-1708.

［23］ 李培楠，黄德中，黄俊，等. 硬塑高粘度地层盾构施工土体改良试验研究［J］. 同济大学学报(自然科学版)，2016，44(1)：59-66.

［24］ OLIVEIRA D, THEWES M, DIEDERICHS M, et al. Consistency index and its correlation with EPB excavation of mixed clay-sand soils［J］. Geotechnical and Geological Engineering，2018(2)：1-19.

［25］ LANGMAACK L. Advanced technology of soil conditioning in EPB shield tunneling［C］//NATC. Proceedings of the North American Tunnelling Conference. Rotterdam：NATC，2000：525-542.

［26］ 刘大鹏. 新型泡沫对土压平衡盾构土体改良作用评价［D］. 北京：中国地质大学(北京)，2012.

［27］ 朱伟，秦建设，魏康林. 土压平衡盾构喷涌发生机理研究［J］. 岩土工程学报，2004，26(5)：589-593.

［28］ 马连丛. 富水砂卵石地层盾构施工渣土改良研究［J］. 隧道建设，2010，30(4).

［29］ 贺少辉，张淑朝，李承辉，等. 砂卵石地层高水压条件下盾构掘进喷涌控制研究［J］. 岩土工程学报，2017，39(9)：1583-1590.

［30］ 申兴柱，高锋，王帆，等. 土压平衡盾构穿越透水砾砂层渣土改良试验研究［J］. 铁道标准设计，2017，61(4)：121-125.

［31］ JAKOBSEN P, LANGMAACK L, DAHL F, et al. Development of the Soft Ground Abrasion Tester (SGAT) to predict TBM tool wear, torque and thrust［J］. Tunnelling and Underground Space Technology，2013，38(9)：398-408.

［32］ BARZEGARI G, UROMEIHY A, ZHAO J. Parametric study of soil abrasivity for predicting wear issue in TBM tunneling projects［J］. Tunnelling and Underground Space Technology，2015，48：43-57.

［33］ BARBERO M, PEILA D, PICCHIO A, et al. Test procedure for assessing the influence of soil conditioning for EPB tunneling on the tool wear［J］. Geoingegneria Ambientale e Mineraria，2012，49(1)：13-19.

［34］ KÜPFERLE J, ZIZKA Z, SCHOESSER B, et al. Influence of the slurry-stabilized tunnel face on shield TBM tool wear regarding the soil mechanical changes-experimental evidence of changes in the tribological system ［J］. Tunnelling and Underground Space Technology，2018，74：206-216.

［35］ 刘朋飞，王树英，阳军生，等. 渣土改良剂对黏土液塑限影响及机理分析［J］. 哈尔滨工业大学学报，2018，50(6)：91-96.

［36］ HOLLMANN F, THEWES M. Assessment method for clay clogging and disintegration of fines in mechanised tunnelling［J］. Tunnelling and Underground Space Technology，2013，37(13)：96-106.

［37］ PEILA D, PICCHIO A, MARTINELLI D, et al. Laboratory tests on soil conditioning of clayey soil［J］. Acta Geotechnica，2015，11(5)：1061-1074.

［38］ ZUMSTEG R, PUZRIN A. Stickiness and adhesion of conditioned clay pastes ［J］. Tunnelling and Underground Space Technology，2012，31：86-96.

［39］ SPAGNOLI G. Electro-chemo-mechanical manipulations of clays regarding the clogging during EPB-tunnel driving［D］. Aachen：RWTH Aachen University，2011.

［40］ SASS I, BURBAUM U. A method for assessing adhesion of clays to tunneling machines［J］. Bulletin of

Engineering Geology & the Environment, 2009, 68(1): 27-34.

[41] MORI L, MOONEY M, CHA M. Characterizing the influence of stress on foam conditioned sand for EPB tunneling[J]. Tunnelling and Underground Space Technology, 2018, 71: 454-465.

[42] MESSERKLINGER S, ZUMSTEG R, PUZRIN A M. A new pressurized vanes hear apparatus [J]. Geotechnical Testing Journal, 2011, 34(2): 1.

[43] MERRITT, STUART A. Conditioning of clay soils for tunnelling machine screw conveyors[D]. Cambridge: University of Cambridge, 2005.

[44] HOULSBY G, PSOMAS S. Soil conditioning for pipe jacking and tunnelling: properties of sand/foammixtures [C]//UCS, Underground construction 2001. London: Brintex Ltd, 2001: 128-138.

[45] 郭彩霞, 孔恒, 王梦恕. 无水大粒径漂卵砾石地层土压平衡盾构施工渣土改良分析[J]. 土木工程学报, 2015, 48(S1): 201-205.

[46] 胡长明, 张延杰, 谭博, 等. 富水砂卵石地层土压平衡盾构隧道渣土改良试验研究[J]. 现代隧道技术, 2017, 54(6): 45-55.

[47] QU T, WANG S, HU Q. Coupled discrete element-finite difference method for analysing effects of cohesionless soil conditioning on tunneling behaviour of EPB shield[J]. KSCE Journal of Civil Engineering, 2019, 23(10): 4538-4552.

[48] 王树英, 刘朋飞, 胡钦鑫, 等. 盾构隧道渣土改良理论与技术研究综述[J]. 中国公路学报, 2020, 33(5): 8-34.

[49] 阳栋, 谭立新, 李水生. 土压平衡盾构渣土物理特性分析与资源化利用[J]. 工程勘察, 2019, 47(11): 17-22+34.

[50] 吴志斌, 熊爽, 姚文敏, 等. 渣土受纳场边坡底面不同平台的优化设计研[J]. 工程勘察, 2018, 46(6): 7-12.

[51] 朱考飞, 张云毅, 薛子斌, 等. 盾构渣土的环境问题与绿色处理[J]. 城市建筑, 2018(29): 108-110.

[52] 戴勇, 阳军生, 张聪, 等. 泥水盾构弃渣在同步注浆材料中的再利用研究[J]. 华中科技大学学报(自然科学版), 2019, 47(10): 40-45.

[53] 郝彤, 李鑫箫, 冷发光, 等. 郑州市地铁粉质黏土层中盾构渣土制备同步注浆材料特性[J]. 长安大学学报(自然科学版), 2020, 40(3): 53-62.

[54] 许可. 盾构泥砂高性能注浆材料的研究与应用[D]. 武汉: 武汉理工大学, 2011.

[55] SECO A, OMER J, MARCELINO S, et al. Sustainable unfired bricks manufacturing from construction and demolition wastes [J]. Construction & Building Materials, 2018: 154.

[56] ESPUELAS S, OMER J, MARCELINO S, et al. Magnesium oxide as alternative binder for unfired clay bricks manufacturing[J]. Applied Clay Science, 2017, 146: 23.

[57] 姜军, 尹宝党. 盾构渣土制作新型墙材研究探析[J]. 砖瓦, 2019(03): 45-48.

[58] 姚清松, 蔡坤坤, 刘超, 等. 粉质黏土地层基坑渣土免烧砖配比及力学性能研究[J]. 隧道建设(中英文), 2020, 40(S1): 145-151.

[59] 郝彤, 王帅, 李鑫箫, 等. 利用盾构渣土制备水泥混合材的可行性研究[J]. 硅酸盐通报, 2019, 38(4): 1018-1023.

[60] 谢发之, 李海斌, 李国莲, 等. 盾构渣土基碳复合陶粒的制备及除磷性能[J]. 应用化学, 2017, 34(2): 211-219.

[61] 张卓, 张峰君, 谢发之, 等. 盾构渣土基免烧免蒸陶粒固化重金属离子研究[J]. 广州化工, 2015, 43(9): 51-53.

第 10 章

泥水平衡盾构泥浆处置

10.1　概述

　　泥水平衡盾构通过加压泥水或泥浆（通常为膨润土悬浮液）来稳定开挖面，其盾构刀盘后侧有一密封隔板，将水、黏土及其添加剂混合制成的泥水经输送管道压入泥水仓，形成泥水压力室。土压平衡盾构则以土料作为稳定开挖面的介质，刀盘后隔板与开挖面之间形成泥土室，刀盘旋转开挖使泥土料增加，再由螺旋输料器旋转将土料运出[1-3]。

　　相较于土压平衡盾构，在泥水平衡盾构隧道工程施工过程中，掘削下来的渣土不断涌入泥水仓，导致泥浆的成分和性质在施工过程中不断发生变化，最终使泥浆的工程性质变差。而不合格的泥浆无法满足稳定掘削面、运送排放、掘削土砂和冷却刀盘的工程需求，甚至无法保证施工的顺利进行。因此，工程上会对不能满足工程需求的泥浆及时处理或者废弃。现场盾构泥浆循环处理流程如图 10-1 所示，从掌子面削切的渣土随着泥浆进入泥水分离设备，

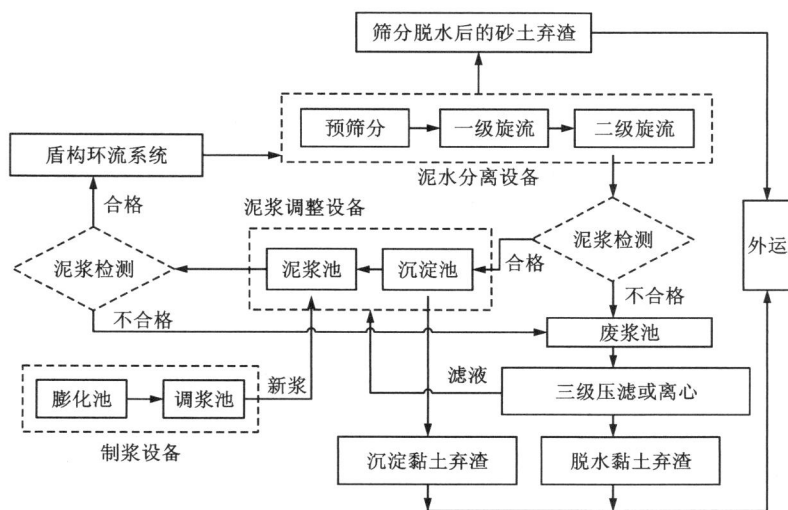

图 10-1　现场盾构泥浆循环处理流程

通过预筛分、一级旋流和二级旋流等处理流程，先将粒径较大的砂土弃渣分离出来，然后对剩余泥浆进行泥浆相对密度、颗粒粒径等参数的检测，若符合要求则适当调浆后继续泵入掌子面帮助形成泥膜平衡水土压力；若不符合要求则送入废浆池进行三级处理，筛分出粒径较小但仍不符合要求的黏土弃渣并进行脱水处理[4-5]。

开挖土料与泥浆混合由泥浆泵输送到洞外分离厂，经分离后泥浆重复使用。

10.2 泥水平衡盾构掘进泥浆

10.2.1 掘进泥浆的作用

1. 形成泥膜与稳定掘削面

泥膜是指泥水在压力差作用下在掘削面上形成的一层不透水或微透水的致密物质，它的存在能起到抵消掘削面地层中水压力和土压力的作用，可防止地层大变形及掘削面坍塌等现象的发生，进而保证地层及以上周边建(构)筑物的安全稳定。泥膜形成机理如图10-2所示。

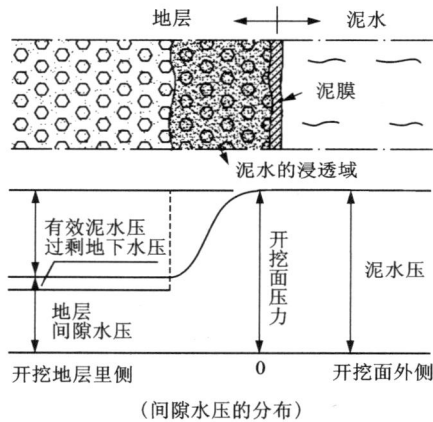

图 10-2 泥膜形成机理示意图

在泥水与开挖面前方地层接触时，由于作用在开挖面上的泥水压大于前方地层地下水压，泥水中的细粒成分及水通过地层间隙流入地层。其中，细粒成分填充地层间隙，使地层的渗透系数变小。随着时间的增加，地层间隙被细粒成分填充得越来越充分，由于细小颗粒在土体间聚集产生的堵塞作用和粗颗粒的"架桥"效应，地层的渗透系数越来越小；泥水中的水通过间隙流入地层的数量(脱水量)越来越小；过剩地下水压(脱水量的出现导致地层间隙水压上升，此地层间隙水压的升高部分即为过剩地下水压)的增加速度越来越慢，最后过剩地下水压稳定在某一数值上，即完全被填充开挖面不透水性增强，泥浆中带负电荷的黏土颗粒在静电引力的作用下吸附聚集在掘削面上带相反电荷的地层土颗粒上而形成泥膜。泥膜的形成既杜绝了泥水仓中的泥水进入开挖面前方地层，又防止了地层中的地下水涌入泥水仓，达到了双向隔离作用，保证了开挖面的稳定。

2. 运送排放掘削土砂

盾构掘削的土砂要以泥浆的形式输送至地面，泥浆需同时起到携渣、排渣的作用。在实际施工过程中，被掘削土砂能否被泥浆成功带出，关键在于泥浆流速大小能否大于细颗粒不发生沉淀的最低泥浆流速和块石等粗颗粒的最小起动泥水流速。此外，泥浆需要有较好的黏滞性能，才能保证地层土或岩屑悬浮在泥浆中不发生沉积，起到预防管路堵塞、减少输送过程中颗粒沉积对管道造成磨损等作用。

3. 冲刷、润滑和冷却刀盘

刀盘在切削土体时，其与土体的作用力（推力和扭矩）非常大，会产生大量的热量致使刀盘疲劳变形，而泥浆的冲刷不仅能有效带走热量，而且泥浆冲刷可带走刀盘上因切削而黏附的大量泥土，使刀盘清洁，减轻刀盘的负荷，有效减小盾构推力。此外，泥浆也能起到润滑掌子面与刀具的作用，在一定程度上减小刀盘扭矩。

10.2.2　掘进泥浆的组成

泥浆是一种由水、颗粒材料（黏土、陶土、石粉、粉砂、细砂）、添加剂（化学试剂）组成的悬浊体系。其中，水占 70%~80%，固体颗粒占 20%~30%[6-9]。

1. 黏土（膨润土）

黏土主要由各类黏土矿物和其他杂质矿物组成。其中黏土矿物主要包括蒙脱石、高岭石、伊利石等，杂质矿物主要包括未风化的岩石碎屑、石英砂、长石、云母、方解石、黄铁矿、有机杂质等。膨润土属于黏土中的一种，因其主要成分为蒙脱石，所以水化分散性能好，造浆能力强，在泥浆配制中最为常用。我国使用较多的膨润土有钠基膨润土和钙基膨润土。由于黏土是泥浆的主要成分，因此应最大限度地使用掘削排放至泥水中的黏土来降低原材料成本。在施工过程中为了取得较好的工程性能，需要对回收黏土进行筛分，即选择粒径小于 0.075 mm 的黏土颗粒。

2. CMC（羧甲基纤维素）

CMC 是木材、树皮经化学处理后的高分子化合物，溶于水时呈现极高的黏性，可作为增黏剂用于砂砾层中，有降低滤水量和防止逸泥的作用，也可抵抗阳离子污染。

3. 水

泥浆主要液相材料选用现场干净自来水。若使用地下水或江河水作为调质泥浆的水源，应进行水质检查和泥水调和试验，必须去除不纯物质并调整 pH。

4. 砂

盾构在松散地层中掘进时，为填充掘削地层的孔隙，需在泥浆中添加一定的砂，并根据可渗比（$n = 14~16$）的条件来确认砂的粒径。

5. 其他添加剂

在泥浆配制过程中，还可根据现场情况加入适当添加剂调节其性能：PAA（丙烯酸改性树脂）有利于泥浆渗入掘削面土壤颗粒间隙，胶结掘削面的土壤颗粒，进而形成一定厚度的加固层，从而减少逸泥和地下水涌入压力仓现象的发生；腐殖酸钠、碳酸钠等分散剂可以有效降低泥水的密度和黏度；稀硫酸、磷酸等酸性药剂可以中和泥浆中的碱性成分，防止泥浆性能的劣化。

在实际工程中，考虑到添加剂价格普遍昂贵、环保性差等特性，仅在传统泥浆无法成膜时才考虑使用。另外，添加剂一般以水溶液的形式添加到基浆中，对难溶于水的高分子添加剂，需要通过搅拌等手段将其先溶于水形成均匀的溶液，再添加到基浆中。

10.2.3 掘进泥浆性能及指标

1.物理稳定性

物理稳定性是指泥浆经长时间静置后泥浆中黏土颗粒始终保持浮游散悬物理状态的能力，一般用界面高度来描述物理稳定性的优劣。界面高度系指置于量筒中一定量的泥浆，在经过一段时间静置后，顶部析出清水与泥浆分界面的高度。界面高度的经时变化越小，说明泥浆物理稳定性越好。

2.化学稳定性

化学稳定性是指泥浆中混入带正离子的杂质后，泥膜功能减退的化学劣化现象。研究表明，发生该现象的主要原因为泥浆中带正离子的杂质会使带负电荷的泥浆颗粒从散悬状转为凝聚状，进而增加泥浆的黏性，从而导致泥膜生成难度增大。

3.相对密度

一般而言，泥浆的相对密度越大，成膜性越好，地下水压越小，掘削面变形越小，且掘削土砂在相对密度较大的泥水中浮力也大，可保证掘削土砂的运送排放效果。当然，相对密度较大的泥浆，其流动的摩阻力大，流动性差，易使泥浆运送泵超负荷运转，同时也会增大泥浆的分离难度；而相对密度较小的泥浆具有流动摩阻力小、流动性好等特点，但尚存在成膜速度慢等缺陷，不利于掘削面的稳定。因此，在实际工程施工过程中应选取合理的泥浆相对密度，保证工程正常运行。

4.黏度

在实际施工过程中，泥浆应保持在一定的黏度范围内，既要防止泥浆的颗粒成分在仓内沉积和逸泥，又要确保掘削土砂的顺利运送。工程上常用的泥浆黏度值如表10-1所示。

表 10-1　稳定掘削面的泥水黏度值　　　　　　　　　　　　单位：S

掘削土质	漏斗黏度计法测定的泥水黏性值(500 mL)	
	地下水影响较小的情形	地下水影响较大的情形
夹砂粉土	25~30	28~34
砂质黏土	25~30	28~37
砂质粉土	27~34	30~40
砂	30~38	33~40
砂砾	35~44	50~60

5.滤失量

滤失量是指泥膜在形成过程中泥水中的颗粒成分填充地层孔隙，而泥水中的水通过地层间隙流入地层的水量。滤水会使地层的地下水压(孔隙水压)上升，地层孔隙水压的升高部分称为过剩地下水压。此外，滤水量过大导致地层过剩，地下水压增大，即泥水有效压力减小。

6. 失水量

失水量是指泥水中的水通过地层孔隙流入地层的水量。失水量增大会使地层中的过剩地下水压增大，导致稳定掘削面的有效性减小。因此，可以通过检测失水量大小来判定泥水稳定掘削面的有效性。

7. 可渗比

考虑到群粒堵塞因素，常用地层孔隙直径 L 与泥浆黏粒有效直径 G 的比值 n 来表征泥浆在掘削面上能否形成泥膜的条件，可用式（10-1）表示：

$$n = \frac{L}{G} \begin{cases} <2（泥浆颗粒无法渗入地层）\\ =2\sim4（泥浆颗粒可以渗入地层）\\ >4（泥浆颗粒通过孔隙流走）\end{cases} \tag{10-1}$$

在砂、砾石地层条件下，需把式（10-1）中的 L 和 G 分别用 $0.2D_{15}$ 和 G_{85} 替代，可得式（10-2）：

$$n = \frac{0.2D_{15}}{G_{85}} \begin{cases} <10\\ =10\sim20\\ >20\end{cases} \tag{10-2}$$

式中：D_{15}——地层粒径累加曲线 15% 的粒径，mm；

　　　　G_{85}——泥水粒径累加曲线 85% 的粒径，mm。

8. pH

泥水中的正离子杂质浓度过高会腐蚀设备和管路。已有研究表明，未遭受正离子污染的泥浆 pH 为 7~10，而遭受正离子杂质污染后的泥浆 pH 远大于 10。因此，施工现场可以通过测定 pH 来判定正离子造成的劣化程度，从而鉴别泥水的化学稳定性。

10.2.4　掘进泥浆性能要求

一般而言，泥浆在进入盾构机前需要对泥浆的相关性质进行评定，工程上常用相对密度、黏度和失水量来评价泥浆是否合格。此外，在不同地层条件下，泥浆需要满足的工程性质存在较大差异，故泥浆的配置应综合考虑地层性质。以下对泥浆的配制步骤进行具体阐述：

①通过土质调查项目中的粒度试验，求出掘进地层的 D_{15}。

②选定膨润土类型，确定该膨润土的粒度级配累加曲线。

③选定 2~3 种颗粒添加材料与选定的膨润土混合。

④向选定的膨润土和颗粒添加材料的混合液中加入增黏剂和分散剂，并按相对密度为 1.2、漏斗黏度为 25~30 S、n 值为 14~16 的标准质量确认。该方法确定的泥水配比对应掘削地层的过剩地下水压产生量最小，泥浆特性最佳。

⑤泥水与土层的匹配性。

在淤泥质粉质黏土地层中，地层渗透系数小、地层孔隙小，开挖面泥膜易形成。地层颗粒中粉黏粒含量高，地层自我造浆能力强，但泥浆的相对密度参数难以控制，且泥浆中多余的渣土颗粒粒径较小，不容易被泥水分离设备分离出去，故泥浆的相对密度容易偏高。在粉细砂地层中，若地层粒径比较单一，级配较差，则开挖面稳定问题比较重要，要保证开挖面稳定必须在开挖面上形成致密的泥膜，而粉细砂地层颗粒粒径较小，泥浆不易渗入地层内部形成渗透带，仅在地表淤堵形成泥皮，因此需保证在开挖面表面形成致密强度高、抗扰动能力强的泥皮。砾砂、圆砾地层渗透性高，属于强透水地层。该类地层中细颗粒含量不足，地层自造浆能力差，因此要保证工程的正常施工必须向泥水系统中添加黏土等细颗粒物质；同时由于地层的渗透系数较大，泥浆中需含有一定量的细砂来帮助淤堵地层孔隙，防止泥浆向地层中大量滤失诱发开挖面失稳等现象的发生。

泥浆的配制比例需要通过室内试验、现场试验进行验证，而以往的工程经验对泥浆的配制具有重要的参考意义。典型工程项目的地层条件、泥浆配比及相应的泥浆性质如表 10-2 所示。

表 10-2　典型工程的泥浆配比及其性质

项目	地层条件	材料配比	相对密度 /(g·cm⁻³)	黏度 /S	失水量/mL
兰州地铁 1 号线	砂卵石地层	水：黏土：膨润土：泡沫剂 = 800：(80~120)：(80~120)：120：70	1.15~1.2	25~35	15~25
北京站至北京西站地下直径线	砂卵石地层	红色改性钠膨润土：PAA：正电胶：黏土=4：0.0038：0.0028：5.940	1.08	30	18
沈阳地铁 10 号线	富水砂砾(卵)石地层	水：膨润土：NaOH：CMC=1000：100：1.1：2.2	1.05	26.5	13.4
武汉天兴洲长江穿越铺管工程	人工填土层，新进湖积层，黏土层，淤泥质土，砂土，粉细砂	青山现场土：纯碱：CMC：LG：XC=700：400：40：40：3	1.09	50~70	11.5
日本广岛市电力中央线隧道	大卵石层	水：一般黏土：膨润土：CMC=875：270：35：0.5	1.14~1.25	25~35	5

10.3　泥浆处理场地布置及设备

10.3.1　泥浆处理场地布置

作为泥水平衡盾构的核心之一，泥水处理系统的重要性不言而喻。合理确定泥水处理系统的布置对现场施工质量及效率至关重要[10]。

泥水处理系统主要由泥水分离系统、弃浆系统、新浆拌制系统、取水系统、泥水处理控制系统五部分组成，包括废浆堆放池、弃浆处理池、新浆储浆池、调浆池、过渡池、沉淀池、清水池、泥水分离设备基础、新浆材料仓库、膨润土拌制池、设备坑等。其中，沉淀池、调浆池、新浆储浆池、膨润土拌制池、清水池尽量集中布置，弃浆处理池按方便机械运输原则布置，各区域面积大小应根据设施容量要求计算。泥水处理系统应与生活区、办公区及外界住房保持尽量远的距离以避免噪声污染；与渣土场位置临近，避免渣土内倒影响效率。其中，具有较大噪声的泥水处理设备应集中布置于角落，尽量减小噪声影响，典型布置案例如图 10 -3 所示。

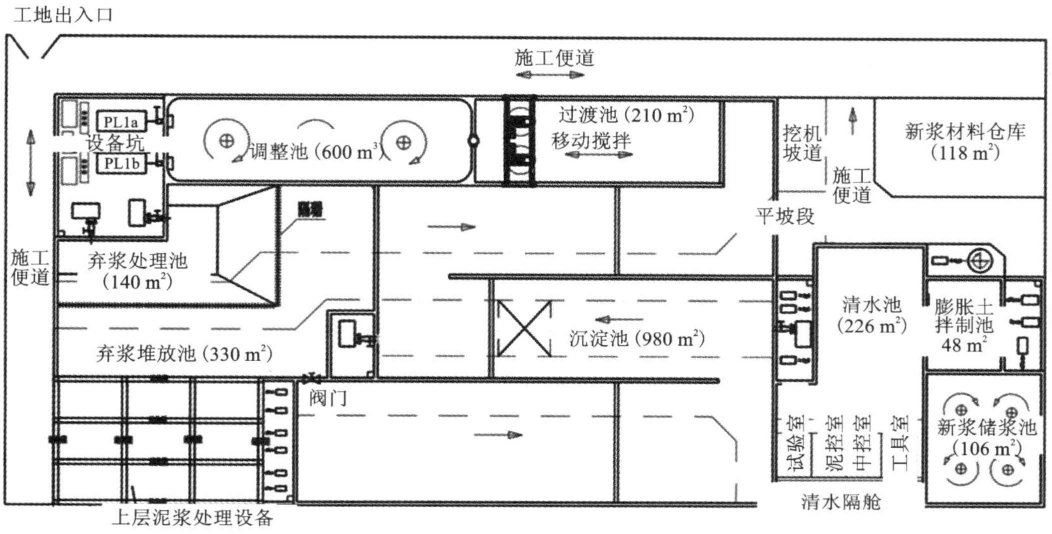

图 10-3　泥浆处理场平面布置图[10]

泥水处理过程一般可细分为一次处理、二次处理、三次处理。其中，一次处理将排出泥浆的砾、砂及黏土结块等粒径大于 74 μm 的粗颗粒从泥水中分离出去，处理设备包括振动筛、离心机或二者组合；二次处理将一次处理后多余的泥水进一步土（细粒成分）、水分离（凝集脱水），处理设备包括凝聚分离设备、脱水设备等；三次处理将二次处理后产生的水和坑内排水等 pH 高的水处理成达到排放标准的水进行排放，处理设备一般通过硫酸等进行中和，降低废水 pH。泥水处理设备工作流程如图 10-4 所示。

10.3.2　泥浆处理设备

泥浆处理设备可分为两部分：一部分包括筛分单元、旋流分离单元、调浆单元，主要对泥浆的成分与特性进行改进，使泥浆的相关指标重新满足工程需求；另一部分则是通过机械脱水单元实现过剩泥浆的泥浆分离，进而实现过剩泥浆的无害化与减量化。在实际工程中，泥浆处理设备的应用情况存在较大的差异，地质情况、处理流量、经济成本都是泥浆处理设备选取的决定因素。例如，在细砂、粉砂岩、页岩等为主的地层条件下产生的泥浆常采用振动筛或滚动筛、旋流器等分离设备实现泥浆中粗颗粒的分离，泥浆中的细颗粒则进入后续设备中处理；而在以黏土、粉土、粉质黏土、淤泥质黏土等细微颗粒（0.1～0.0035 mm）为主的饱和含水软弱地层条件下，单独使用上述设备进行泥浆分离往往收效甚微，此时泥浆处理还需结合沉淀等其他泥浆分离方法才能达到相应效果[11-12]。

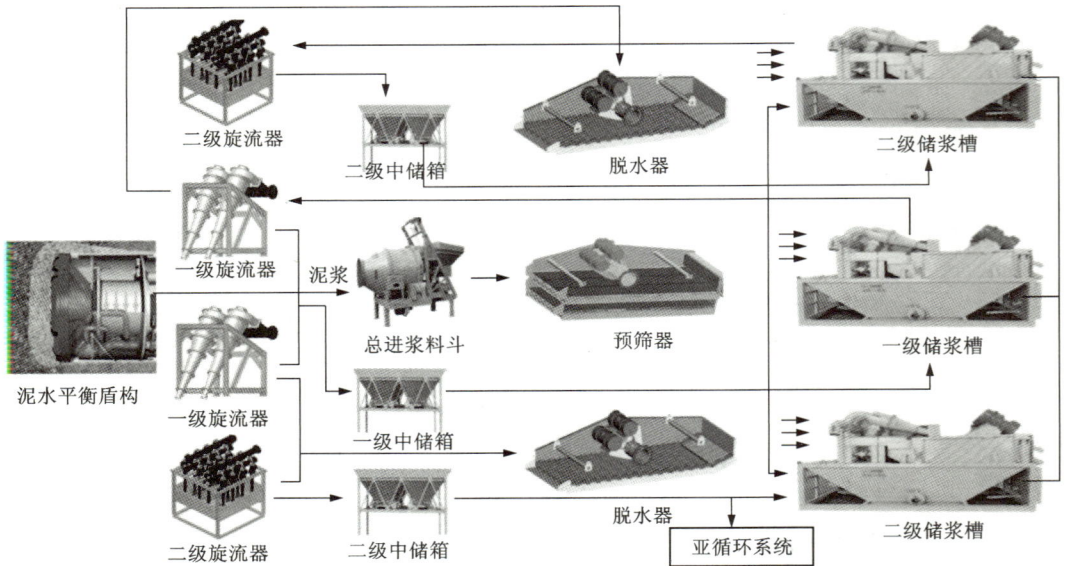

图 10-4　泥水处理工程流程

1.筛分单元

预筛器(振动筛)是泥浆处理的常用设备,如图 10-5 所示,盾构机排出的泥浆首先经预筛器筛出直径大于 2 mm 的泥浆颗粒。

预筛器的工作原理是将泥浆多次通过均布布孔的单层或多层筛面进行振动,粒径大于筛孔的泥浆颗粒截留在筛面上,而小于筛孔的泥浆颗粒则透过筛孔。在筛箱的振动作用下,筛上的泥浆颗粒结构更为松散,增大了筛网上层细颗粒穿过间隙转移到下层的可能性,使原本杂乱无章的颗粒形成了细颗粒在下、粗颗粒在上的排列规则,与筛面接触、粒径小于筛孔的泥浆颗粒透过筛网,进而实现粗、细颗粒的分离。

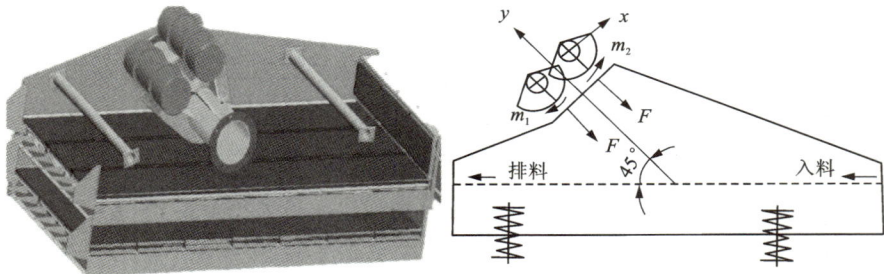

图 10-5　振动筛结构示意及工作原理

2.旋流分离单元

旋流分离单元分为一级旋流分离单元和二级旋流分离单元,旋流器如图 10-6 所示。其中，一级旋流分离单元的功能是分离预筛后泥浆中粒径为 2~74 mm 的颗粒，二级旋流分离单元的功能是分离一级旋流分离后泥浆中粒径为 20/45~74 μm 的颗粒。

旋流分离单元的作用原理主要是利用泥浆粗颗粒与细颗粒存在一定的粒度差，不同粒径的颗粒在旋流器内所受离心力、拖拽力、向心浮力存在差异，由于离心沉降作用，粗颗粒会克服水力阻力向器壁运动，并沿器壁螺旋向下运动形成外旋流，经旋流器底流口排出，而大部分细颗粒由溢流管流出，从而达到细颗粒与粗颗粒分离的目的。

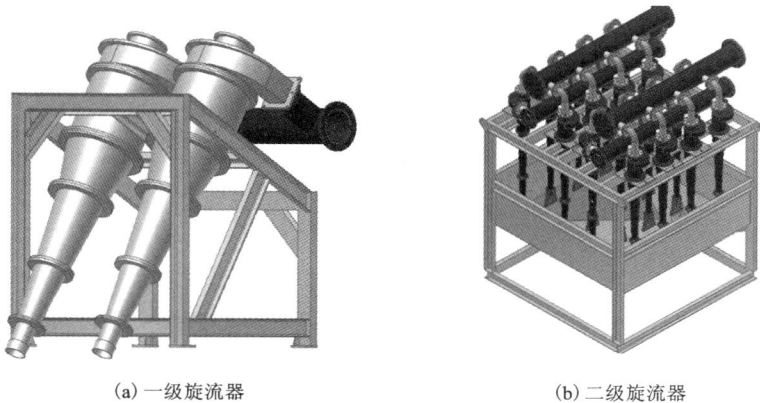

(a) 一级旋流器　　　　　　　　　　　(b) 二级旋流器

图 10-6　旋流器单元结构示意图

3.调浆单元

调浆是泥水平衡盾构施工关键的一个环节，分为盾构初始始发时的调浆和盾构正常掘进的调浆。初始始发时，一般采用黏土或者膨润土在新浆配浆槽中进行调浆，泥浆应该满足地层成膜的要求，可通过泥浆相对密度、黏度、稳定性和颗粒级配等性质进行质量控制。盾构掘进后，经泥水平衡盾构整个环流系统后，泥浆中粗颗粒被过滤，余留下来的泥浆可循环利用，但需要测试泥浆的性质是否满足地层成膜要求。若不满足，则需对泥浆进行调整，调整时可从新浆配浆槽中抽取新浆到调浆池，并进行搅拌、混合，直到满足地层成膜要求为止。

泥水平衡盾构施工掘进调浆主要注意事项如下：

①浆液的性质应满足地层泥浆成膜的要求。

②根据颗粒级配和质量守恒原理初步估算每种地层中经过环流系统后重新进入调浆池泥浆的性质，进而知道需要排放多少渣土，需要消耗多少膨润土、黏土、羧甲基纤维素钠等造浆材料以及废弃多少多余泥浆等。

③调浆前应开展盾构掘进可能遇到的各类地层成膜试验，提出各种地层形成稳定、致密泥膜所对应的泥浆性质。特别是对渗透性较大的地层(粗砂、砾石和卵石地层等)应开展较系统的成膜试验，确保能较好地形成致密的泥膜，同时也能具有较高的经济性。

④尽可能地进行废浆循环再利用，从而减少消耗更多的造浆材料和降低废浆的运输成本等。例如，若盾构始发地层为淤泥质粉质黏土，此时由于过滤系统基本上无法清除泥浆中黏土固体颗粒，造成大量的泥浆废弃，而这些泥浆实际上也是很好的造浆材料。粗砂、砾石地层中由于缺少细颗粒材料，自造浆能力极差，需要补充大量的造浆剂、膨润土等，此时如果

能补充前期废弃的泥浆，则可节省大量的造浆材料消耗，取得可观的经济效益。

4.机械脱水单元

机械脱水是以过滤介质两面的压力差或密度差作为推动力，使泥浆中的固体颗粒与水分离，处理后的泥浆含水率普遍低于60%，满足装车外运要求。常用的机械脱水形式有压滤脱水、离心脱水以及真空过滤。此外，经过筛分单元与旋流分离单元处理的泥浆颗粒粒径一般小于 $20 \sim 45~\mu m$，机械脱水难度较大，往往需要设置药剂投配单元。

（1）压滤脱水

压滤机是常用的一种脱水机械，如图 10-7 所示，根据其构造形式和工作原理可分为板框式压滤机、厢式压滤机、立式压滤机以及带式压滤机。其中，板框式压滤机具有操作简单、成本低、分离效果好以及物料适应性强等优势，尤其对黏粒含量较高的废弃泥浆处理具有极好的优越性，被广泛应用于废弃泥浆压滤处理。当然，该方法也存在占地面积大、间歇式运行等缺陷。值得注意的是，不同型号的压滤机在处理效率、处理效果、经济性以及物料适应性等方面存在各自的优势与局限。因此，技术人员应结合实际情况对压滤机的型号进行技术经济考量，以选出相对合适的压滤机型号。

图 10-7　脱水筛单元结构示意图

（2）离心脱水

根据斯托克斯定律，颗粒的沉降速度与固、液两相密度差成正比，与液体黏度成反比，和颗粒直径的平方成正比。而对于两相密度差值小，黏度较大且颗粒粒径小的非均匀体系，离心分离难度较大，往往需要延长离心分离时间才能达到较好的分离效果。因此通过添加絮凝剂、提高转鼓的转速、降低黏度可有效提高分离效率，使泥浆颗粒尽早沉降在转鼓表面。

离心机从分离机理角度可分为离心沉降与离心过滤两种形式。其中，离心沉降一般指在无孔转鼓上离心分离废弃泥浆的过程，分离过程可分为固相沉降、沉渣压实、从沉渣孔隙中部分清除液体三个步骤。有孔转鼓离心分离泥浆的过程则称为离心过滤，分离过程可分为固相沉降、液体过滤并形成滤渣、压实滤渣、排除滤渣内的分子力所保留的液体四个步骤。一般来说，离心分离具有处理效率高、占地面积小、物料适应性强等特点，结合泥浆的相关性质调整离心机的差速度、转数、处理流量等运行参数能有效提高离心分离效率。

（3）真空过滤脱水

真空过滤法是指利用大气压力与所产生的真空之间形成的压力差克服滤料层阻力，将固相截留在滤料层中，而孔径较小的固相和液相则经滤料层流出。从固液分离形式上看，真空过滤与压滤具有高度的相似性，两种处理方式的区别主要在于滤料层压力差的施加方式。由于真空过滤机在运行过程中需要经常维护，且对物料的固体浓度和粒度分布波动的适应性较差，因此在泥浆处理实际工程中应用较少。

5. 混凝预处理

泥浆具有稳定性高、颗粒粒径小、含水率高的特点，这些特点使机械脱水很难取得理想的效果。为了改善泥浆的脱水性能，在泥浆机械脱水之前，需要事先在泥浆中添加絮凝剂或混凝剂。"混凝"是水中胶体粒子以及微小悬浮物的聚集过程，这种聚集过程旨在打破水中胶体粒子长期保持分散悬浮状态的特性。

（1）混凝剂

目前，普遍认同的混凝剂对水中胶体粒子的混凝作用有电性中和、吸附架桥以及卷扫网捕三种。在不同水质条件下，添加不同种类和不同掺量的混凝剂其作用机理会有所不同。常用的无机混凝剂如表 10-3 所示。

表 10-3　常用的无机混凝剂

名称		化学式	适用条件
铝系	硫酸铝	$Al_2(SO_4)_3 \cdot 18H_2O$	最佳 pH 为 6~8 温度：20~40℃
		$Al_2(SO_4)_3 \cdot 14H_2O$	
	明矾	$KAl(SO_4)_2 \cdot 12H_2O$	
		$NH_4Al(SO_4)_2 \cdot 12H_2O$	
	聚合氯化铝（PAC）	$[Al_2(OH)_nCl_{6-n}]_m$	最佳 pH 为 5~9 低温低浊及高浊泥水环境
	聚合硫酸铝（PAS）	$[Al_2(OH)_n(SO_4)_{3-n/2}]_m$	
铁系	三氯化铁	$FeCl_3 \cdot 6H_2O$	最佳 pH 为 8.5~11 高浊度泥水环境
	硫酸亚铁	$FeSO_4 \cdot 7H_2O$	最佳 pH 为 8.5~11 碱度及硬度较高的泥水环境
	聚合硫酸铁（PFS）	$[Fe_2(OH)_n(SO4)_{3-n/2}]_m$	最佳 pH 为 5~11 低温低浊及高浊度泥水环境
	聚合氯化铁（PFC）	$[Fe_2(OH)_nCl_{6-n}]_m$	适宜 pH 为 6~9
有机混凝剂	聚丙烯酰胺（PAM）	$(C_3H_5NO)_n$	适宜 pH 为 6~9
	聚氧化乙烯（PEO）	$H-(-O-CH_2-CH_2-)_n-OH$	适用范围广、聚合度高、微毒性

（2）助凝剂

当单独使用混凝剂而不能取得预期效果时，助凝剂往往作为一种能起到改善絮凝体结构作用的辅助药剂添加，工程上常用的助凝剂有骨胶、聚丙烯酰胺及其水解产物、活化硅酸、海藻酸钠等。

助凝剂通常是高分子聚合物，它将聚合物链吸附在泥浆颗粒表面的几个附着点上，而其余大部分聚合物链则投射到周围溶液中，并与其他泥浆颗粒接触、黏附。从广义上看，凡是能提高或改善混凝剂絮凝效果的药剂均视为助凝剂。在工程实际中，泥浆压滤处理之前往往会添加石灰类碱性物质，这种碱性化学药剂一方面能起到促进混凝剂水解反应的作用，另一方面能增加压滤滤饼的渗透性，促使滤饼中的水分经滤布滤出。

10.4 盾构废弃泥浆再利用研究

目前，我国许多城市普遍采用泥水平衡盾构机在高含水量（或水下）的砂质或黏土层中开挖大断面隧道，其性能超过常规钻爆法和土压平衡盾构法[13]。其中，最具代表性的有南京长江隧道、上海长江隧道、扬州瘦西湖隧道、杭州钱塘江隧道等。值得注意的是，我国每年采用泥水平衡盾构法产生几百万吨渣土，这些渣土几乎都被当作废物处理，为此需要提供处理、运输和处置的厂房、设备和人员，增加了工程造价。此外，由于渣土在运输和填埋过程中没有得到有效的处理，对周围环境造成了严重的生态破坏（包括地下水和空气污染），且传统的渣土处理方法很难满足环保局的规定，从而加剧了弃渣场堆渣压力，甚至增大了弃渣场的失稳风险。因此开展盾构弃渣的绿色处理技术研究对工程经济性与城市环境保护具有重要意义。

渣土的回收利用一直是建设领域的热点问题。在很早以前，众多发达国家就已经把建筑垃圾减产与再利用视为可持续发展的战略目标，相关技术研究也比较成熟。我国在建筑垃圾方面的管理起步较晚，但近年来逐渐提高了对相关问题的重视程度，陆续颁布了一系列政策、制度与标准，目的就是要减少建筑垃圾的排放，支持建筑垃圾的废物利用研究，促进建筑垃圾的产业化与资源化发展，保护城市环境健康发展。例如提出要大力研发固体废物处理处置技术及其资源化利用技术，明确鼓励、支持采取有利于保护环境的集中处置固体废物的措施等。因此，从绿色回收、综合利用的角度来处理这些盾构废弃渣土，既符合当今我国国情及国际发展趋势，又能有效解决该类工程难题。

10.4.1 废弃泥浆在壁后注浆中的再利用

盾构的黏土弃渣泥浆内含有一点量的膨润土浆液，其物理、化学性能与膨润土浆液相似，回收利用盾构黏土弃渣以取代同步注浆材料中的膨润土浆液具有较高的可行性。具体表现为：弃渣颗粒较细，比表面积较大，土的黏粒或亲水矿物含量较高；弃渣粒径分布范围较广，粒径不均匀、级配良好；弃渣试样中粉粒、黏粒占比大且蒙脱石含量较高。

杭州望江路过江盾构隧道总长约为 1.837 km，为双线隧道，盾构段主要位于钱塘江水域内，线路与钱塘江垂直，埋深为 12~22 m。当泥水平衡盾构穿越细粒地层时，由于需控制泥浆质量比和黏度的上升，会产出更多的弃浆及黏土弃渣，而弃渣含水率较高，处理过程会显著增加施工成本且易污染环境。对本工程大直径泥水平衡盾构而言，由于地层的特殊性，弃渣的产量是巨大的，若能将此弃渣回收作为壁后注浆材料，不仅可以大大降低所需巨量注浆材料的购置成本，还能缩减弃渣处理费用、减少城市污染。

根据正交试验设计，获得的现场最优配合比为水胶比 0.745、胶砂比 0.84、膨水比 0.161、粉灰比 2.014。进一步得出实际配比优化参数（按 1000 kg 计算）：水泥 108.405 kg、粉煤灰 218.274 kg、河砂 388.904 kg；弃渣泥浆 284.416 kg，其中黏土弃渣泥浆的质量比为 1.08。根据配比优化参数进行室内浆液配制及相关性能试验，所得同步注浆浆液性能数据如表 10-4 所示。由表 10-4 可知，配比优化后浆液的各项性能指标实测值均处于同步注浆材料性能指标要求值区间，说明配比优化后的同步注浆浆液性能可达到现场大直径泥水平衡盾构的快速掘进作业要求。

表 10-4 优化配比的性能检验

性能指标	试验值	要求上限	要求下限
稠度/cm	13.4	14	10
初始流动度/cm	23.1	25	22
28 d 结石体收缩率/%	5.8	2.0	8.0
3 h 泌水率/%	2.0	5.0	2.0
初凝时间/h	10.82	14	10
1 d 抗压强度/MPa	0.6	5.0	0.2
7 d 抗压强度/MPa	1.0	2.0	0.6
28 d 抗压强度/MPa	2.6	5.0	2.0

本工程单线每天可节省同步注浆材料费用、运送及渣场处理费用约 4.22 万元，且节约了近 5% 的工程场地资源，减少了施工场地的污染，避免了运渣车在城市道路上的高频运输作业，保护了城市道路环境，减小了弃渣场的堆渣压力，缓解了城市弃渣乱排现象，在一定程度上保护了城市生态环境。

10.4.2 废弃泥浆在路基工程中的再利用

当泥水平衡盾构穿越砂类地层时，经泥水处理将会产生大量的废弃砂，常规的外运处理极易造成资源浪费。通过对废弃渣土颗粒级配、含水量以及极细颗粒的含量进行分析，发现其可用于路基材料。

德国威悉河隧道如图 10-8 所示，在掘进时使用的是一台 60 m 长的泥水平衡盾构机，切削刀盘直径为 11.3 m，隧道挖出的土方连同支护液体一起被泵送到地面的分离设备中，将泥水分离开来。安装在切削刀盘后面的破碎机是专门为把直径在 0.9 m 以下的漂砾轧碎成可以输送的物料而设置的。工程人员对分离出的泥砂进行持续监控，依据含水量、筛分曲线以及极细颗粒的含量为控制指标，在确定含水量之后，接着测定黏土（粒度小于 0.063 mm）的含量，并在个别情况下做沉积分析，常规的检验只需对干燥的样品进行筛分。汇总的典型特性曲线表明，分离出的泥砂全部是细砂或中砂，水的重量百分比约为 20%，含水量相当稳定。

基于上述研究，该工程提出如下再利用方案：黏土比重小于 5% 的砂土可防霜冻，可应用于公路路基；开凿威悉河隧道时，该类土方可作为连接路段的承重层；细颗粒比重大于 5% 的砂土则可用于修建道路两边的隔音墙。经初步计算，与堆放、采购相关材料相比，如果有针对性地在脱水筛上进行喷水清洗，可节省 10%~20% 的成本。

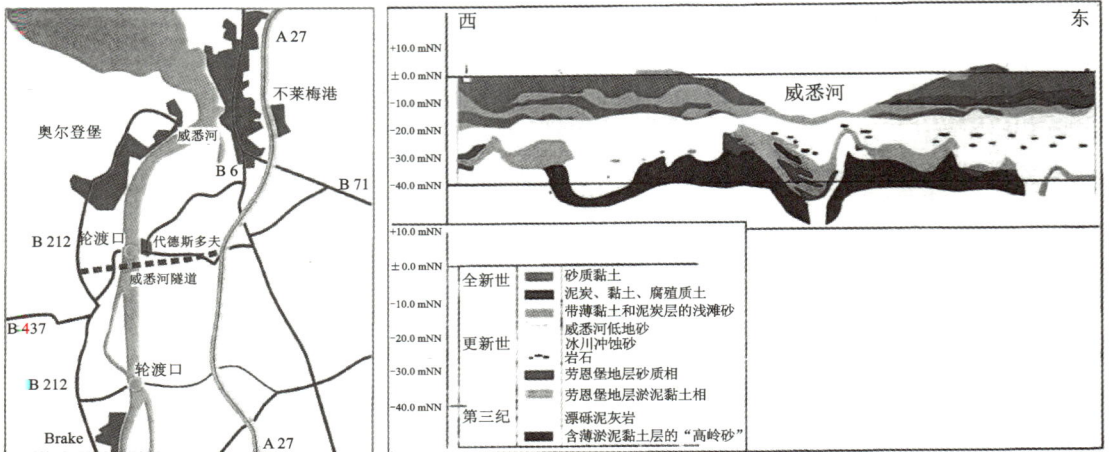

图 10-8　德国悉尼河隧道简况[14]

10.4.3　废弃泥浆在填海料中的再利用

　　废弃的泥浆经过一定处理后可固化为一定强度的土料，能用于各种类型的工程填料。阪神高速公路 Yamatogawa 路线是连接大阪府酒井市和松原市的一条 9.7 km 长的高速公路，大部分为地下，3.9 km 隧道段采用泥水压力盾构法施工。据估计，直径约 12.5 m 的盾构机产生的土壤量约为 100 万 m³，工程产生的大量开挖土已成为一个问题，并期望土壤得到合理有效的再利用。考虑该分离式隧道与填海工程紧密相连，计划填海造地用于填充 83000 m² 的区域，产生的淤泥可通过一定的固化处理后用于填海料，如图 10-9 所示。为避免复垦附近的土地和设施发生不利沉降，采取了一些对策，如对复垦地和原地面进行改良，以及考虑复垦程序。对开挖的土壤进行土壤改良，以获得足够的力学性能。此外，在本项目中，开发和运行 ETC 仓单系统，以确保有关运输大量开挖土壤的可追溯性。该系统提高了签发仓单的效率，减少了交通拥挤，避免了车辆超载。

(a) 固化处理设备　　　　　(b) 淤泥固化处理　　　　　(c) 土地复垦改良

图 10-9　阪神高速公路 Yamatogawa 路线盾构泥水固化处理[15]

10.5　盾构泥浆处理典型实例分析

10.5.1　工程概况

杭州市望江路过江隧道是位于钱江三桥(西兴大桥)和钱江四桥(复兴大桥)之间,上游距离钱江四桥 2.4 km,两岸分别连接上城区的望江东路和滨江区的江晖路,是杭州市大直径过江隧道项目之一。隧道总长约为 1837 m,如图 10-10 所示,埋深为 12~22 m,采用两台大直径泥水平衡盾构机施工,管片长度为 2.0 m。该盾构机的开挖直径为 11.75 m,最大掘进速度可以达到 45 mm/min,每环出浆量在 1900 m³ 左右,掘进时需要处理的泥浆量十分庞大,施工期内泥水最高产量约为 2081 m³/d。此外,本地区水域属于饮用水水源二级保护区,泥浆处理不当将危害到市民的饮水安全,当地环保部门在施工环境保护方面有更严格的要求。这些要求主要表现为:泥浆必须集中处理后才能装车外运,处理后的泥渣与废水不得造成环境的二次污染。因此相比于传统的泥水平衡盾构泥水处理系统,本工程还配置了离心机与压滤系统,与泥水分离设备形成完善的一套泥水处理系统,大幅提高了工作效率。

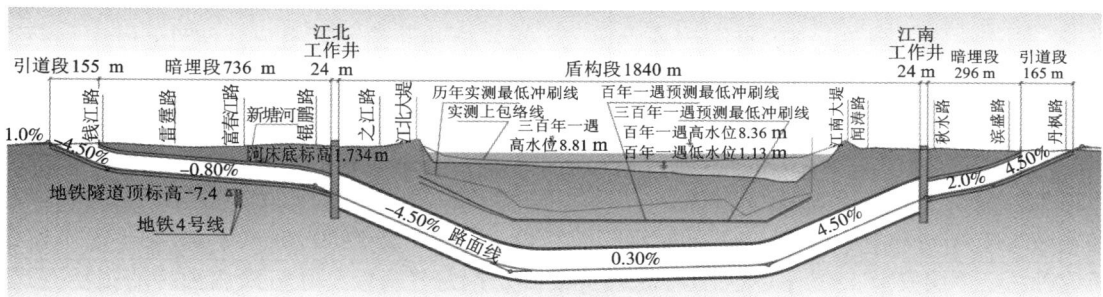

图 10-10　隧道纵剖面图

10.5.2　工程地质

1.水文情况

隧道与钱塘江垂直,该段河面宽度约为 1300 m,岸区地面标高为 5~7 m,地形开阔平坦。钱塘江河床面标高为 −2.30~0.85 m,局部地段受航道及主流线冲刷作用,水深达 10~13 m,相对标高为 −8~−12 m。江中隧道埋深为 12~22 m,最大水压为 0.42 MPa。

2.地层地质

盾构段主要位于钱塘江水域内,主要开挖层为淤泥质粉质黏土夹粉砂、淤泥质粉质黏土、砂质粉土夹淤泥质粉质黏土、粉质黏土、粉砂和圆砾,穿越土层软硬不均,盾构隧道土层自上而下土颗粒呈"由细渐粗"式变化,土层特性差异性较大。

盾构沿线各地层所占比例结果如图 10-11 所示。盾构穿越地层以淤泥质黏土为主,淤泥质黏土属于软弱土的一种,具有抗剪强度低、压缩性较高、渗透性较小、天然含水率高的特点。在这种地质条件下,泥水平衡盾构循环泥浆一般不需要添加或仅需添加少量膨润土和高分子材料就能较好地满足开挖面成膜要求。

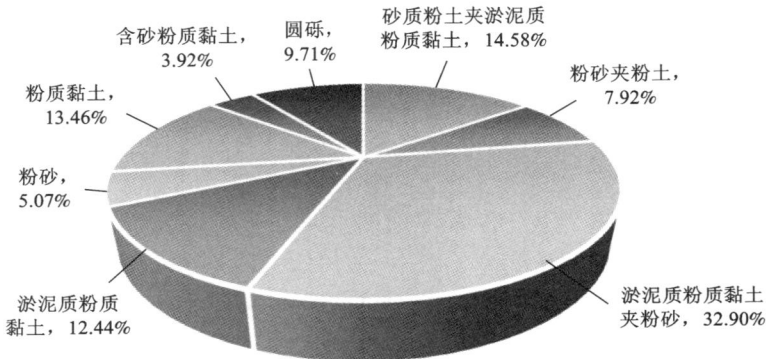

图 10-11　盾构沿线穿越各地层所占比例

10.5.3　泥浆处置

该过江隧道采用 ZXS II -2500/20 泥浆分离设备，该设备由预筛分器单元、一级除砂处理单元、二级除泥处理单元、振动筛分脱水单元、储浆槽冲砂单元等组成。此外，考虑到该工程泥浆处理量大、在特定地层下泥浆细颗粒含量多，故同时引进了六套 ZXYL-60 压滤系统和一套 Centrisys 离心机系统作为泥浆处理设备单元中的机械脱水单元。

1. 筛分单元

为确保粗砂的分离效果，安装了一个下坡角的双层振动筛，如图 10-12 所示，振动筛上层安装 1830 mm×4270 mm×6 mm 不锈钢张拉筛板，后部安装 1830 m×370 mm×3 mm 不锈钢条缝筛板，下层安装 1830 mm×4270 mm×3 mm 不锈钢条缝筛板。筛板采用独特的张拉方式，产生的二次振动能够有效防止堵筛糊筛现象，对黏土块、砾砂-浆液分离有显著效果，不易堵塞网孔，单机处理量可达 1300 m³/h，粗砂峰值可达 96 t/h。此外，预筛上层筛板采用张拉式不锈钢筛网，筛网由正交的不锈钢钢筋焊接而成，张紧方向采用 φ10 mm 钢筋，间距 40 mm；过流方向采用 φ6 mm 钢筋，间距 12 mm，形成一个良好的弹性体。

(a) 双层振动筛　　　　　　　　　　(b) 不锈钢筛网

图 10-12　筛分单元示意图

2. 旋流分离单元

旋流分离单元共设置两级，分为一级旋流单元与二级旋流单元。一、二级旋流器设有真空控制的底流排放口，便于对底流密度进行合理调整，加速脱水筛筛面垫层的形成为下游脱水筛提供合适的浆液。

一级旋流单元处理：经过预筛处理的泥浆进入一级储浆槽，经由两台碴浆泵的输送分别进入六套 2×φ500 mm 旋流器组进行除砂处理。一级旋流器采用 φ500 变锥角旋流器进行分离，一级进浆压力控制在 0.15~0.18 MPa，同时设有底流浓度调节的鱼尾装置及真空调节装置。

二级旋流单元处理：经过一级除砂处理的泥浆进入二级储浆槽，经由两台碴浆泵的输送分别进入二级旋流器组进行除泥处理。二级旋流器采用进口小直径多锥 150 mm 旋流器分离，同时设有底流浓度调节的鱼尾装置及真空调节装置，如图 10-13 所示。

(a) 一、二级旋流器　　　　　　　(b) 真空调节装置

图 10-13　一、二级旋流器及真空调节装置示意图

3. 机械脱水单元

离心脱水单元：离心机采用美国 Centrisys 离心机系统，该系统主要由螺旋推料器、转鼓、罩壳、液压差速器、主辅电机、减震器、机座等部件组成，如图 10-14(a) 所示。随着掘进距离的增加，泥浆比重会持续增高，从而影响正常的泥浆循环携渣能力，因此泥水平衡盾构施工过程中泥浆的废弃处理是无法避免的问题。该离心机泥浆最大处理量能达到 200 m³/h，可直接将废浆分离成含水率较小的渣土与达到排放标准的废水。此外，泥水在进入离心机前，根据施工情况添加无机絮凝剂或者有机絮凝剂(阴离子絮凝剂、阳离子絮凝剂)提高离心机的处理性能。

压滤脱水单元：压滤机采用 ZXYL-60 压滤系统，系统主要由厢式压滤机、压滤泵、泥浆罐及搅拌、空压机及气罐、浆液管路、气动管路及各控制阀门等组成，如图 10-14(b) 所示。盾构机通过黏土地层掘进时，由于泥浆细微黏粒较多，旋流器分离指标会下降。经二级旋流处理后的泥浆中细微的黏粒逐渐富集，如果不及时去除，将引起泥浆的比重和黏度上升，直接降低泥浆的携渣能力及环流系统的泵送能力，进而降低盾构机的掘进效率。压滤系统的功用就是在黏土层旋流筛分设备不能分离出足够的固相，不能将泥浆比重还原到掘进初期的低值 1.05~1.10 g/cm³ 时，进行彻底的固液分离，通过分离出足够的低含水率(23% 以下)干土、回收足够的低固含(50 mg/L 以下)滤液，将泥浆比重还原到掘进初期的所需值。此外，为提高压滤效率，减少压滤过程中滤布堵淤情况的出现，在压滤前需对泥水进行改良，即泥浆在进入压滤机前，向泥水中按 20~50 kg/台的量加入石灰，并充分搅拌 10 min 左右。

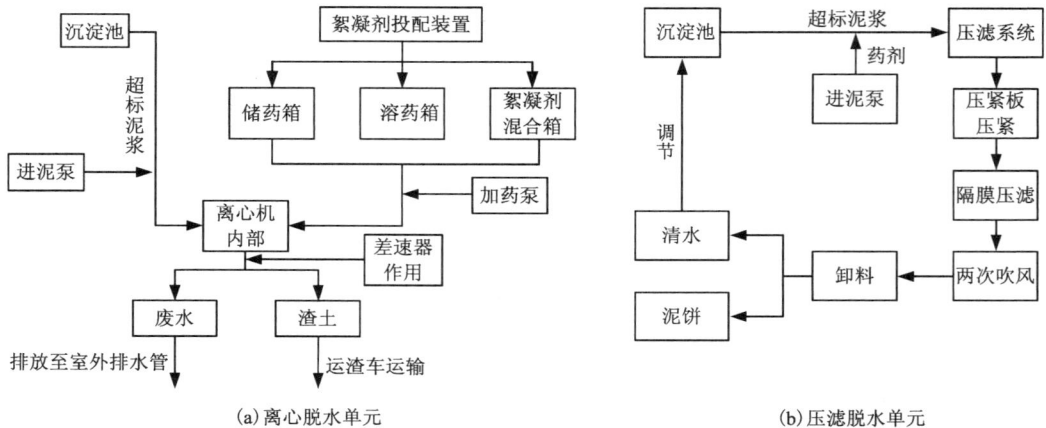

图 10-14　离心机及压滤机处理流程图

4. 泥水处理场布置

该过江盾构隧道泥水处理场地为一 90 m(长)×45 m(宽)的矩形区域,包括废浆堆放池(1个)、弃浆处理池(1个)、新浆储浆池(1个)、调整池(1个)、过渡池(1个)、沉淀池(1个)、清水池(2个)、泥水分离设备基础(1处)、新浆材料仓库(1处)、膨润土拌制池(1个)、设备坑(5个)等设施。其中,具有较大噪声的设备集中布置于场地西南角,远离民居密集区域。本工程泥水处理系统在参考相关工程经验[10]的基础上,根据自身场地和工况要求反复推敲和计算,确定了最有利于施工的布局方案。

10.5.4　现场泥浆处理效果

该过江隧道工程采用大直径泥水平衡盾构进行施工,在施工掘进过程中排出大量泥浆。为此,采用泥水分离设备对泥浆进行处理,并将符合要求的泥浆进行重复使用,而将废弃渣土排出,得到符合施工要求比重的泥浆。此外,过量的泥浆可以输送至压滤机和离心机中进行处理,大大提高了工作效率。一方面,在压滤机中处理得到的清水含固率小,可以输送至泥浆沉淀池中进行泥浆的配置;另一方面,在离心机中处理之后的渣土将由运渣车运走,废水达到排放标准下排至排水道。可见该泥水分离处理系统具备节能、高效、环保等优势。以砂质粉土夹淤泥质粉质黏土地层为例,介绍该地层泥水处理结果,如表 10-5 所示。

表 10-5　砂质粉土夹淤泥质粉质黏土级配及泥水处理结果

粒径分布	mm	>2	2~0.075	0.075~0.045		0.045~0.02		<0.02
	%	0	7.10	37.63		31.36		23.91
出渣占比/%	预筛分泥团 20		一级旋流 20.73			二级旋流 40.14		三级压滤 19.13
渣料分级/t	物质总量		预筛分	一级旋流		二级旋流		三级压滤
				底流	溢流	底流	溢流	压滤出渣
	425.06		85.01	88.13	251.92	170.61	81.31	81.31

思考题

1. 泥膜形成的原因可以归纳为哪两个方面？
2. 泥浆的相对密度对其工程性能有哪些影响？
3. 在砂卵石地层条件下，判别泥浆能否在掘削面上形成稳定泥膜的标准是什么？
4. 泥浆中常用的无机混凝剂与有机混凝剂各有那些优缺点？
5. 泥浆中常用的助凝剂有哪些？其作用机理是什么？

6. 除本章提到的掘进泥浆组分中的添加剂外，请通过调研另举出至少三种泥浆添加剂，并进行详细介绍。

7. 请提出一种泥水处理系统排出的泥浆弃渣再利用方案，以减轻现场弃渣处理压力。

参考文献

[1]　石振明，薛丹璇，彭铭，等. 泥水盾构隧道废弃泥浆改性固化及强度特性试验[J]. 工程地质学报，2018，26(1)：103-111.

[2]　张瑞云. 工程泥浆的再生调制与废弃处理[J]. 铁道建筑，2003(3)：42-43.

[3]　刘豫东，王洪新. 泥水加压盾构泥水分离与处理方法及模式[J]. 现代隧道技术，2007(2)：56-60+71.

[4]　常鸽，李春杰，丁光莹，等. 钱江隧道盾构废弃泥浆的混凝分离[J]. 环境工程学报，2012，6(10)：3752-3756.

[5]　李旭. 泥水盾构废弃泥浆絮凝脱水试验研究[J]. 铁道建筑，2018，58(5)：144-147.

[6]　何川，封坤. 大型水下盾构隧道结构研究现状与展望[J]. 西南交通大学学报，2011，46(1)：1-11.

[7]　HE C, WANG B. Research progress and development trends of highway tunnels in China[J]. Journal of Modern Transportation, 2013, 21(4)：209-223.

[8]　LIN C G, ZHANG Z M, WU S M, et al. Key techniques and important issues for slurry shield under-passing embankments：a case study of Hangzhou Qiantang River Tunnel[J]. Tunnelling and Underground Space Technology, 2013, 38：306-325.

[9]　翟楠楠，王伟山，郑柏存. 泥水盾构用泥浆浆液的流变性能研究[J]. 地下空间与工程学报，2017，13(S1)：58-64.

[10]　唐健文. 泥水平衡盾构隧道泥水处理系统设计及泥水处理场地布置的探讨[J]. 建材与装饰，2019(13)：232-233.

[11]　柳毅强. 盾构在富水砂砾(卵)石地层掘进时应用的泥浆配比优化试验研究[J]. 建筑施工，2017，39(6)：857-859.

[12]　吴迪，周顺华，温馨. 砂性土层泥水盾构泥浆成膜性能试验[J]. 岩石力学与工程学报，2015，34(S1)：3460-3467.

[13]　张凤祥，朱合华，傅德明. 盾构隧道(精)[M]. 北京：人民交通出版社，2004.

[14]　GROHS H. Cost-efficient regeneration of bore slurry for driving of weser tunnel[J]. Tunnel Construction, 2007, 27(6)：4 7-51.

[15]　YAMANA M, TOMIZAWA Y, FUJIWARA T, et al. Management of the soils discharged from shield tunnel excavation[C]//The International Congress on Environmental Geotechnics. Singapore：Springer, 2018.

第 11 章

盾构隧道施工环境影响及控制

　　我国城市盾构隧道建设发展迅速，特别是近年来越来越多的城市交通隧道、地铁隧道、城际铁路隧道均采用更加安全和快速的盾构法建造，这些隧道大都需要穿越城市中密集的地面建筑区域，不可避免地对周边环境和邻近建筑物的使用和安全性造成隐患。城市隧道施工引起的地层位移是邻近建筑物安全性问题发生的根源。隧道施工对周围地层的扰动不可避免地引发地层变形，这种变形向邻近建筑物传递并在地层-建筑物体系的相互作用过程中达到再平衡，如果最终建筑物的变形超过极限承载状态就会导致损坏和安全事故[1]。因此，准确预测盾构隧道施工诱发的地层位移及其对周边环境的影响，制订针对性的加固控制方法，对确保盾构隧道施工与运营安全具有重要意义[1]。

11.1　盾构隧道施工地层变形

1.盾构施工引起地层变形的主要原因与机理

　　盾构隧道施工时，地表沉降与施工条件和地质特性密切相关，且原因与影响因素很多，盾构隧道施工引起地层沉降变形的主要原因和机理如表 11-1 所示[2]。

表 11-1　盾构隧道施工引起地层沉降变形的主要原因和机理

沉降类型		主要原因	应力扰动	变形机理
初始沉降		地下水位降低、土体密实	空隙水压力减少、有效应力增加	孔隙比减少、固结
开挖面前方的变形	隆起	盾构推力过大	反向土压力增加	压缩产生弹塑性变形
	沉降	推力过小或过量取土	应力释放、扰动	—
盾构通过时的沉降		施工扰动	扰动、应力释放	压缩
盾尾空隙沉降		注浆等支护不足或出现超挖	土体应力释放	弹塑性变形
固结沉降		残余影响	应力松弛	蠕变压缩

2.盾构施工地下水流失的影响

　　由于盾构机在掘进过程中，拱顶同步注浆普遍存在不密实情况，导致拱顶处沿隧道方向存在水力连通。当盾构长时间停止掘进时，地下水容易从盾构机后方流至开挖面，引起地下水大量流失；当地层起伏较大或存在地质钻孔封孔质量不好时，容易与上部地层形成水力通道，直接贯通隔水层引起地下水位下降。另外，在含水量较大的地层中停机也会造成开挖面较大的水量流失。如深圳地铁的一个工程实例，由于隧道上层覆土较浅，且土质松散，并有部分未封堵的地质钻孔，形成了上下贯通的水力通道。当盾构推过时，地下水下降达 2 m 多，引起地表沉降达 120 mm，当调整盾构掘进参数、加大注浆量时，地表存在冒浆现象。

3. 盾构施工对土体变形状态的影响

地层受盾构施工扰动是产生土体位移的主要原因，施工扰动引起土体应力变化并导致土体位移，而土体位移主要是由其主固结压缩、弹塑性剪切和黏性时效蠕变三者的组合。研究表明，土体受扰动范围越大，地表中心沉降越大，盾构通过时的沉降与土体扰动范围大致呈线性关系。土体受扰动范围与推进时的顶力、回填注浆时间以及覆盖层厚度 H 与隧道外径 D 之比（$H:D$）有关。盾构掘进时的顶力越大，盾构开挖面前方土体的挤压程度越高，土体受扰动程度越大，地表中心沉降量也越大；盾构通过后与实施回填注浆的时间间隔越长，土体应力释放程度越高，即土体应力扰动程度越大，地表总沉降越大；覆盖层厚度与隧道外径之比（$H:D$）越大，地表受到的扰动越小，地表中心沉降位移也越小。

盾构在推进中的挤压作用和盾尾的压浆作用等施工因素，使周围地层形成正值的超孔隙水压力区。其超孔隙水压力在盾构隧道施工后的一段时间内消散复原，在此进程中，地层发生排水固结变形，地层因孔隙水压力变化而产生的地面沉降，称为主固结沉降。土体受到扰动后，土体骨架发生持续很长时间的压缩变形，在此土体蠕变过程中产生的地面沉降称为次固结沉降。在孔隙比和灵敏度较大的软塑和流塑黏土中，次固结沉降往往要持续几年甚至更长时间，它所占总沉降量比例高达 35% 以上。

11.2　盾构隧道施工地层损失

11.2.1　盾构施工地层损失概念与组成

1. 地层损失概念

在盾构隧道开挖掘进过程中，地层受卸载和施工荷载作用，不可避免地产生变形并向地表传播，形成地表沉降槽。地表位移场的计算往往根据边界的变化来确定，根据简单的经验方法和解析解方法到先进的有限元分析。隧道开挖引起的地层变形往往以地层损失为特征参数进行描述，通常以地层损失率为参数进行表征，即单位长度地层体积损失量占最终隧道体积的百分比。狭义的地层损失率是指盾构施工中实际挖除的土体体积与理论计算的排土体积之差占理论开挖体积的百分比；而广义的地层损失率可以表示为盾构施工引起地表沉降槽体积占隧道理论开挖体积的百分比[3]。

2. 地层损失组成

对于现代的封闭式盾构掘进，在掘进过程中地表损失的来源包含以下主要组成部分，如图 11-1 所示[4]。

由于开挖面压力不平衡，隧道开挖面发生轴向位移（图 11-1①）。

由于过度切割、盾构锥度和自重或者盾构转向的偏航和俯仰运动，隧道盾构周围发生径向地面位移（图 11-1②）。

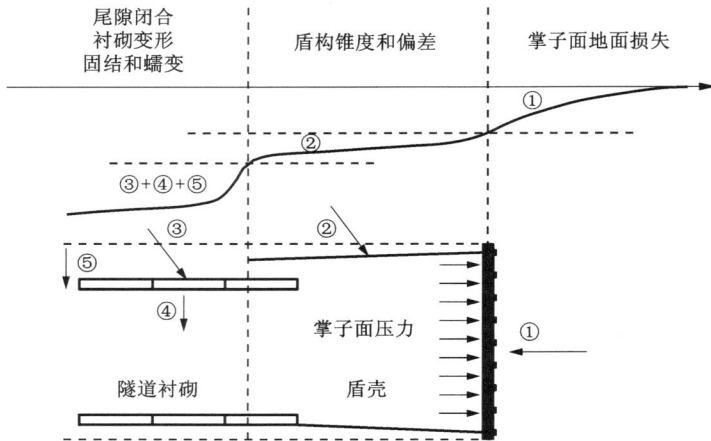

图 11-1　盾构隧道导致地层变形体积损失的组成

　　由于开挖剖面与衬砌直径之间的间隙相对较小，地面径向位移进入尾部空隙。通常情况下，该环形间隙将进行灌浆，但在安装衬砌之前，由于灌浆不足或灌浆损失，会发生地层损失(图 11-1③)。

　　隧道衬砌变形引起的地面径向位移(图 11-1④)。

　　由于固结和蠕变，地层向隧道方向的位移变形(图 11-1⑤)。

11.2.2　盾构施工地层损失率计算方法

1.经验取值法

　　一般而言，地层体积损失是指地层损失体积占每单位长度最终隧道体积的百分比。这一定义在现有隧道开挖引起的地层位移预测方法中得到了广泛的应用，地层体积损失参数取值往往基于以往类似隧道工程的经验。根据大量案例得出不同地层条件与盾构开挖方法下地层损失率的经验值，如表 11-2 所示。

表 11-2　体积损失数据汇总

地层条件	开挖方法	体积损失 V_L/%	说明
硬质黏土	敞开型开挖	1~2	大量数据支持
致密砂或砾石	封闭型开挖 (土压平衡或泥水平衡)	0.2~1	深埋
		0.8~1.3	浅埋
软质黏土	封闭型开挖 (土压平衡或泥水平衡)	1~2	不包括加固处理
覆盖于硬质黏土上的 混合条件砂砾	封闭型开挖 (土压平衡或泥水平衡)	0.03~1	覆土厚度与直径比值大于 0.6
		2~4	覆土厚度与直径比值较小

2. 经验公式法

由于地层损失与隧道开挖引起地层变形直接相关，地层体积损失量可以通过隧道开挖面稳定系数(N)进行估算。其中开挖面稳定系数定义如下：

$$N = \frac{\gamma z_0 + P_1 - P_s}{S_u} \tag{11-1}$$

式中：γ——土壤容重；

$\quad\quad z_0$——至隧道轴线的深度；

$\quad\quad P_1$——作用于地面的荷载；

$\quad\quad P_s$——施加在隧道面上的支护压力；

$\quad\quad S_u$——不排水抗剪强度。

当 $1<N\leq2$ 时，地层变形被认为是弹性的，地层损失小，隧道面稳定；当 $2<N\leq4$ 时，在开挖附近开始形成局部塑性区；当 $4<N\leq6$ 时，开挖面会发生较大地层损失，应对可能发生的较大地层变形进行评估；当 $N>6$ 时，隧道开挖面及地表可能发生地层损失，隧道开挖面不稳定。

隧道开挖面稳定系数与短期地层损失的经验关系表达式如表 11-3 所示，但应用于设计目的时，建议使用这些经验公式得出的地层体积损失值与表 11-2 中的经验值相匹配。

表 11-3　隧道开挖面稳定系数与短期地层损失的经验关系表达式

参考文献	表达式	解释
Clough and Schmidt(1981)[5]	$V_i = m \times \exp(N-1)$, $(N\geq1)$ $V_i = m \times N$, $(N<1)$	计算假定 E_u/S_u 为 500~1500(E_u 为土体不排水变形模量)，其中 m 为 0.002~0.006。超固结土与正常固结土数据点图均十分分散
Mitchell(1983) 转引自 Attewell 等(1986)[6]	$V_i = \left(\frac{S_u}{E_u}\right) \times \exp\left(\frac{N}{2}\right)$	E_u/S_u 比率通常为 200~700，且对于劣质工艺 V_1 应该增加到 3 倍
Attewell 等(1986)[6]	$V_i = 1.33 \times N - 1.4$, 其中 1.5<N<4	75%的案例数据位于设计指南范围内
Macklin(1999)[7], Mair(1981)[8] 等人提出[4]	$V_i = 0.23 e^{4.4\left(\frac{N}{N_c}\right)}$, 其中 $\left(\frac{N}{N_c}\right)\geq0.2$	N_c 表示临界稳定性系数。公式基于上下设计极限值范围内超固结黏土的现场数据

3. 等效公式法

从案例经验相关性中获得的地层损失参数缺乏严谨的理论依据，且不能考虑地面条件、隧道开挖方法和隧道结构的影响。一般来说，隧道可按平面应变问题分析，地层体积损失是在隧道横断面上进行定义。因此，可以使用一些等效参数来表示与隧道体积成比例的体积损失。对于盾构隧道，可以将传统的地层损失参数定义为等效地层损失参数。

$$V_L = \frac{\pi\left(R+\frac{g}{2}\right)^2}{\pi R^2} \times 100\% = \frac{g}{R} \times 100\% \tag{11-2}$$

式中：R——隧道半径；

    g——拱顶处的估计等效间隙参数。

二阶间隙（g^2）被忽略，因为它对地层损失值的影响可以忽略，即 1% 地层损失的二阶地层损失分量约为 0.01%（地层损失估计误差仅为 1%）。盾构隧道施工引起的地层变形损失受地层损失参数的影响较大。地层损失包括开挖面地层损失、盾壳体地层损失和盾尾脱出地层损失三个方面，如图 11-2 所示，各由以下变量表示和计算[3,8]。

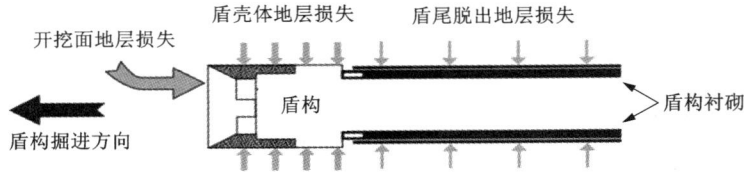

图 11-2　盾构隧道掘进地层损失的组成

（1）开挖面地层损失 V_f

因隧道开挖面应力释放而侵入隧道开挖面的土体最终将被挖掘出来，所以开挖面地层损失体积等于开挖面上超量挖掘的土体材料体积。因此，假设隧道开挖面前方土体向开挖面后方移动引起地层径向沉降变形，该地层收敛变形采用径向等效间隙参数 g_f 表示，则隧道开挖面地层损失可表示为 V_f。

$$V_f = \frac{g_f}{R} \times 100\% \tag{11-3}$$

式中：R——隧道半径；

    g_f——开挖面地层损失引起隧道顶部的等效间隙。

g_f 可由公式求得：

$$g_f = \frac{k}{2} \frac{\Omega R P_0}{E} \tag{11-4}$$

式中：k——代表侵入土壤和盾构土仓外表面之间阻力的系数；

    Ω——隧道面前方无量纲轴向位移；

    R——隧道半径；

    P_0——隧道开挖面处总的应力释放量；

    E——隧道弹簧线处的弹性模量（通常为未排水杨氏模量）。

式（11-4）中相关变量的取值如下：

①k 变量。由于盾构掘进的推挤作用，盾构表面与周围土体之间的摩擦力会产生纵向拉伸应力，从而导致土体向隧道开挖面和盾尾的环形空隙出现破坏和塑性流动[9]。根据大量三维弹塑性有限元分析得出摩擦系数 k 的表达式为：

$$k = \begin{cases} 0.7 & \text{坚硬地层}(q_u > 100 \text{ kPa 或 } N_{30} > 10) \\ 0.9 & \text{软土地层}(25 < q_u \leqslant 100 \text{ 或 } 3 < N_{30} \leqslant 10) \\ 1.0 & \text{超软土地层}(q_u \leqslant 25 \text{ 或 } N_{30} \leqslant 3) \end{cases} \tag{11-5}$$

式中：q_u——无侧限抗压强度，为 $2S_u$（S_u 为不排水抗剪强度）；

    N_{30}——300 mm 标贯的 SPT 锤击数。

②Ω 变量。系数 Ω 与开挖面稳定系数 N 相关，如式(11-6)所示：

$$\Omega=\begin{cases}1.12, & N<3 \\ 0.63N-0.77, & 3<N<5 \\ 1.07N-2.55, & N>5\end{cases} \qquad (11-6)$$

式中：$N=(\gamma H-P_i)/S_u$。其中：γ 为地层重度；H 为隧道至地下水位的深度；P_i 为盾构开挖面压力；S_u 为不排水抗剪强度。

③P_0 变量。隧道开挖面处总的应力释放量可用下式估算：

$$P_0=k_0P_v+P_w-P_i \qquad (11-7)$$

式中：k_0——侧向土压力系数；

　　　P_v——隧道起拱线位置有效地层压力；

　　　P_w——水压力；

　　　P_i——盾构开挖面压力(可用太沙基土压力理论或楔体滑动模型计算)。

(2)盾壳体地层损失 V_s

盾构壳体由刀盘和盾壳组成，刀盘的设计略大于盾壳，以最大限度地减少盾构和周围地面之间的摩擦。刀盘边缘设有超挖刀，用于开挖轮廓稍大于刀盘体的地层。盾壳一般是锥形的，尾部直径稍小。一些盾构既有超挖刀又有锥形盾壳的设计如图 11-3 所示。超挖刀的超挖厚度显示为 t_b，盾壳的锥度显示为 t_t，两者的取值通常分别为 5~15 mm 和 30~60 mm，但是它们可能会根据项目要求而变化。

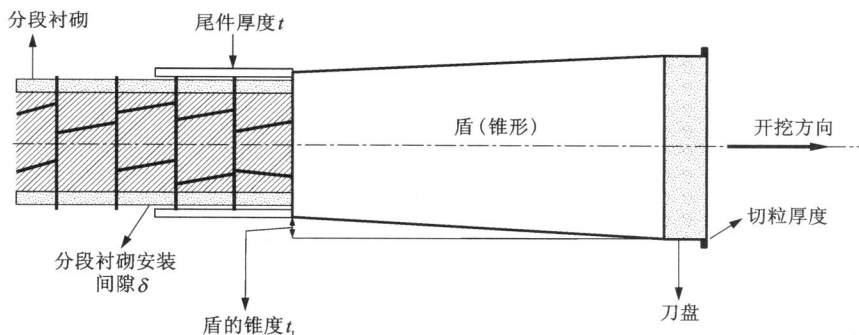

图 11-3　带超挖刀和锥形盾壳的盾构配置示意图

由于刀盘超挖和锥形盾壳设计会在盾体与地层围岩之间形成一个间隙 U_i，当盾构土仓加压时该间隙会由泥浆或水土充填，在较稳定地层土仓未加压时，该间隙可能因未被充填支撑而发生变形，直至管片衬砌以及盾尾注浆施作完成。地层向盾体间隙的变形可以通过以下公式求得：

$$U_i=R(1+\nu)\frac{(\gamma H+P_w-P_i)}{E} \qquad (11-8)$$

式中：ν——地层泊松比；

　　　E——地层弹性模量；

　　　其他参数同上。

则盾壳体地层损失 V_s 可用下式估算：

$$V_s = \frac{g_s}{R} \times 100\% \tag{11-9}$$

式中：g_s——盾壳地层损失等效间隙参数；

R——隧道半径。

g_s 取值与进入盾壳间隙的地层变形可推导如下：如果 $U_i > t_t + t_b$，则 $g_s = (t_t + t_b)$；如果 $U_i \leqslant t_t + t_b$，则 $g_s = 0.5 U_i$。

（3）盾尾脱出地层损失 V_t

由于盾尾厚度 t 以及为安装管片衬砌预留的间隙 δ，在尾部形成物理间隙。该间隙应在衬砌安装后立即进行同步注浆填满，以尽量减少地层损失。然而，在实践中，由于水泥水化，水泥浆土混合料中会出现随时间变化的收缩。相关试验研究得出水灰比为 0.4 的水泥浆体体积变化（收缩）为 7%~8%[10]；同样，水泥土混合料实验室试验表明水泥土混合料样品的厚度减少 7%~10%[3]。因此，如果同步注浆用于填补物理间隙，则最终盾尾损失间隙的值假定为总尾间隙的 7%~10%。考虑到因工艺不良而导致灌浆中可能出现的空隙，一般假设隧道施工中会出现约 10% 的收缩，包括因同步注浆填充不完整而导致的任何体积减小，则盾尾脱出而形成的等效间隙参数可表示为：

$$g_t = 0.1(t + \delta) \tag{11-10}$$

盾尾脱出间隙引起的地层损失分量可估计为：

$$V_t = \frac{g_t}{R} \times 100\% \tag{11-11}$$

11.2.3　计算案例

【例 11-1】　某盾构隧道埋深 30 m，开挖直径 6 m，采用土压平衡盾构机掘进，所在土体信息如表 11-4 所示，TBM 盾构机配置信息如表 11-5 所示，试确定：

①假设 TBM 开挖面压力 $P_i = 100$ kPa，总应力释放量 $P_0 = 292.8$ kPa，估算盾构开挖引起的地层损失。

②根据太沙基土压力理论确定实际 TBM 开挖面有效压力 P_F。

表 11-4　土层基本信息

泊松比	杨氏模量 /kPa	抗剪强度 /kPa	土压力系数 k_0	容重 /(kN·m⁻³)	隧道至地下水位深度/m	开挖面稳定系数	黏聚力 /kPa	内摩擦角	SPT 锤击数 n
0.5	75000	150	0.8	18	25	5.9	75	1	5

表 11-5　盾构机配置信息

盾壳长度/m	尾件厚度 t /mm	衬砌安装间隙 δ /mm	盾体锥度 t_t /mm	切粒厚度 t_b /mm
9.14	15	25	30	0

【解】：

（1）地层损失计算

①计算开挖面地层损失 V_f。

由式（11-5）可知，$3<n=5<10$，故摩擦系数 $k=0.9$

由式（11-6）可知，因为开挖面稳定系数 $N_R=5.9>5$，所以系数 Ω 为：

$$\Omega=1.07\times N-2.55=3.7$$

由式（11-4）可知，隧道顶部等效间隙为：

$$g_f=\frac{k}{2}\frac{\Omega RP_0}{E}=\frac{0.9\times3.7\times3000\times292.8}{2\times75000}=19.5\ \text{mm}$$

则开挖面地层损失

$$V_f=\frac{g_f}{R}\times100\%=0.65\%$$

②计算盾壳体地层损失 V_s。

盾体间隙的变形由式（11-8）确定。如果 $U_i>t_t+t_b$，则 $g_s=(t_t+t_b)$；如果 $U_i\leq t_t+t_b$，则 $g_s=0.5U_i$。

$$U_i=R(1+\nu)\frac{(\gamma H+P_w-P_i)}{E}=24.36<t_t+t_b=30\ \text{mm}$$

故 $g_s=0.5U_i=12.18\ \text{mm}$。

则盾壳体地层损失为：

$$V_s=\frac{g_s}{R}\times100\%=0.41\%$$

③计算盾尾脱出间隙引起的地层损失 V_t。

盾尾脱出而形成的等效间隙参数：

$$g_t=0.1(t+\delta)=4$$

则盾尾地层损失为：

$$V_t=\frac{g_t}{R}\times100\%=0.13\%$$

综上，总地层损失为：

$$V_L=V_f+V_s+V_t=1.19\%$$

（2）盾构开挖面压力计算

如图 11-4 所示，盾构开挖面压力计算可按以下计算。

①根据太沙基土压力理论，加载宽度 B 可表示为：

$$B=R\tan\left(45°-\frac{\varphi}{2}\right)+\frac{R}{\cos\left(45°-\frac{\varphi}{2}\right)}=7.15\ \text{m}$$

②隧道顶端垂直土压力可表示为：

$$\sigma_v=\frac{\gamma B-C}{k_0\tan\varphi}(1-e^{-k_0\tan\varphi H/B})+P_0e^{-k_0\tan\varphi H/B}$$
$$=197.54\ \text{kPa}$$

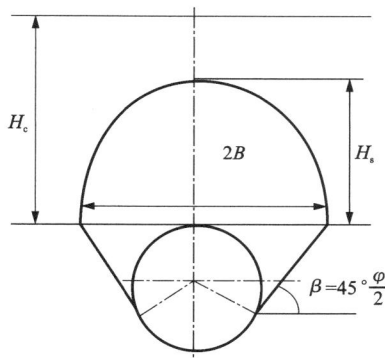

图 11-4

③计算开挖面有效压力。因拱高 $h_a = 10.97$ m，水位线距地面为：

$$h_w = 30-25 = 5 \text{ m} < h_a$$

故开挖面有效压力为：

$$P_F = K_1 \left[\gamma(H_a - H_w) + \gamma'\left(H_w + \frac{D}{2}\right) \right] = 138.45 \text{ kPa}$$

11.3 盾构施工地层位移预测方法

盾构施工引起地层位移的预测主要有基于对实际工程观测数据整理得到的经验预估法、沿用矿山地面沉降计算的随机介质理论方法，以及基于解析或数值计算的半经验公式方法。经验公式法是基于大量实测数据统计分析的拟合公式，未能考虑盾构隧道所处的地层特性和施工因素；而随机介质理论方法、解析解和数值计算半经验方法虽然有较严密的理论推导过程，但是由于计算条件的简化处理，一般只能进行简单的边界条件问题分析。随着有限元数值分析和计算机技术的进步，盾构施工引起的地层位移计算可通过大型数值仿真模型进行分析，既考虑了岩土材料与盾构隧道管片衬砌结构的非线性力学特征，又考虑了地层特性、盾尾空隙、壁后注浆、盾构刀盘推进力、邻近建(构)筑物等复杂因素。

11.3.1 经验公式法

1. 地表沉降

对于隧道开挖引起的地层位移与变形的预测，目前主要采用的是基于对实际工程观测数据整理得到的经验预估方法，比较普遍使用的是 Peck 教授通过对大量地表沉降实测数据和工程资料的分析，于 1969 年在国际土力学大会提出的经验公式[11]，即认为地表横向沉降槽的体积应等于地层损失的体积，地面沉降曲线横向大致符合正态分布，如图 11-5 所示。相应的地面沉降估计公式为：

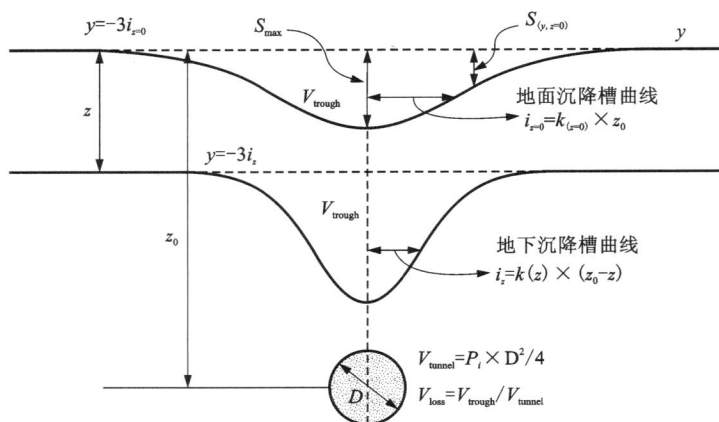

图 11-5　隧道开挖引起的地表横向沉降曲线

$$S_{(y,z)} = \frac{V_L A}{\sqrt{2\pi}\, i_z} \exp\left[\frac{-y^2}{2i_z^2}\right] \tag{11-12}$$

式中：V_L——隧道施工地层损失率；

　　　A——隧道理论开挖面积（$A = \pi D^2/4$，D 为隧道直径）；

　　　y——沿横向距离隧道中线的距离；

　　　i_z——隧道施工引起沉降槽宽度系数。

深度影响按 Mair（1996）等[12] 提出的地层深度 z 处沉降槽宽度系数的公式来表示：

$$i_z = K_z(z_0 - z) \tag{11-13}$$

式中：K_z——与深度 z 相关的无量纲系数。

K_z 的取值和地层类型有关，一般经验值为在较坚硬的地层取 0.4，在较软的粉土地层取 0.7。对于地下水以下的砾石地层，K_z 为 0.2～0.3。这些经验取值是 Rankin（1988）[13] 根据大量实测数据拟合总结出来的，同时指出对于实际工程应用，K_z 对于一般软黏土或硬黏土地层取 0.5，砂和砾石地层取 0.24～0.45。类似地，隧道开挖引起的地表纵向沉降曲线如图 11-6 所示；最终隧道开挖引起的地表三维沉降槽如图 11-7 所示。

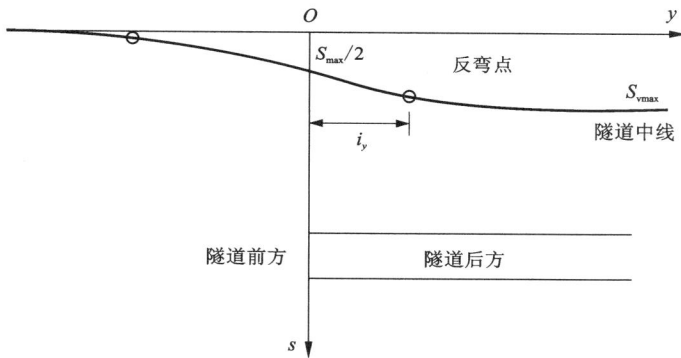

图 11-6　隧道开挖引起的地表纵向沉降曲线

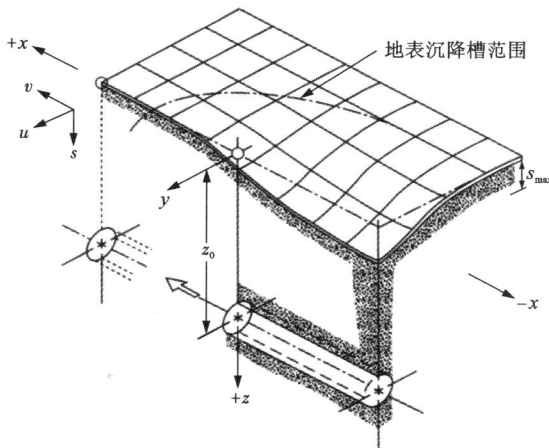

图 11-7　隧道开挖过程中引起的地表三维沉降槽[6]

一般的规律是在黏土层中隧道开挖的地表沉降槽宽度是隧道埋深的三倍，且在计算地表沉降时 K 的取值不随隧道的埋深而改变。另外，定义地层损失率 V_L 为单位隧道长度上沉降槽的体积 V_s 占隧道单位长度开挖体积的百分比。在不排水条件下，根据公式(11-12)可以得到如下公式：

$$V_S = \sqrt{2\pi} i S_{max} \tag{11-14}$$

式中：i 为地表沉降槽宽度系数；S_{max} 为地表最大沉降。

对开挖面积为 A 的隧道：

$$V_L = \frac{\sqrt{2\pi} i S_{max}}{A} \tag{11-15}$$

对于半径为 d 的圆形隧道：

$$V_L = \frac{0.798 i S_{max}}{d^2} \tag{11-16}$$

综合上述公式可以得到距隧道中线距离为 y 的任何一点沿隧道横向的地表沉降为：

$$S_{(y,z)} = \frac{V_L A}{\sqrt{2\pi} K z_0} \exp\left[\frac{-y^2}{2K^2 z_0^2}\right] \tag{11-17}$$

对于半径为 d 的圆形隧道：

$$S_{(y,z)} = \frac{1.253 V_L d^2}{K z_0} \exp\left[\frac{-y^2}{2K^2 z_0^2}\right] \tag{11-18}$$

2. 水平位移

水平位移同样会引起邻近建筑物的损坏，因此需要对隧道开挖引起的水平位移进行预测。但是对水平位移的研究和基于实例的实测数据非常少，比较普遍认可的是 O'Reilly 和 New(1982)[14] 提出的预测隧道开挖引起地表水平位移的方法，即假定地层位移矢量均指向开挖隧道的轴向，水平位移 S_h 与沉降 S_v 存在如下关系，如图 11-8 所示。

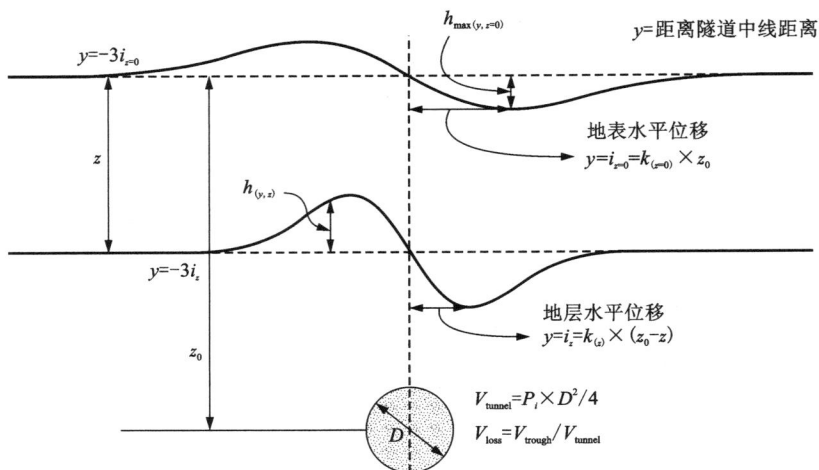

图 11-8 隧道施工引起的沉降槽曲线

对于地表水平位移：

$$h_{(y,z)} = \frac{S_{(y,z)} \times y}{z_0} \qquad (11-19)$$

对于地表以下深度为 z 处的地层水平位移：

$$h_{(y,z)} = \frac{S_{(y,z)} \times y}{(z_0 - z)} \qquad (11-20)$$

式中：z_0——隧道轴线深度。

利用上式联合 Peck 公式可给出不同地面处的水平位移，同时通过微分可以得到任何一点的水平应变 ε_h：

$$\varepsilon_h = \frac{\mathrm{d}S_h}{\mathrm{d}y} = \frac{S_{\max}}{z_0}\left(1 - \frac{y^2}{i^2}\right)\exp\left(-\frac{y^2}{2i^2}\right) \qquad (11-21)$$

最大水平位移出现在拐点处，而最大水平应变则出现在 $y=0$（压缩）和 $y=\sqrt{3}\,i$（拉伸）的位置。

地表沉降槽曲线、水平位移和水平应变之间的关系如图 11-9 所示。在区域 $-i < y < i$，水平应变为压应变；在反弯点水平应变最小 $\varepsilon_h = 0$；在区域 $i < y$ 或 $y < -i$，水平应变为拉应变。

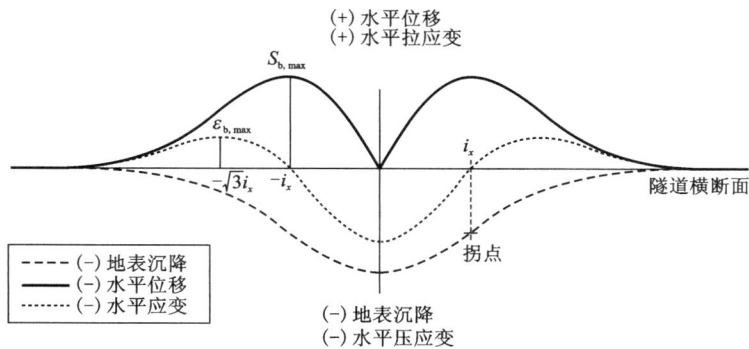

图 11-9　沉降槽曲线、水平位移和水平应变的关系[14]

总之，Peck 公式及其发展的成果预测地层位移，由于其原理简单，是根据现场及室内试验结果而来，且在数学上大大简化，经过数十年的工程实践，所得的正态分布概率曲线与实测曲线形状很类似，因此被证明是一个预估沉降的有效方法，已成为该领域的一个经典公式，并在实际的应用中不断丰富。由于经验法一般是在实测数据分析基础上总结得来的，所以能得到较为符合实际的结果。同时，由于计算简单、计算参数较少、针对性强等优点，这类方法在工程实践中应用较为广泛。

11.3.2　随机介质理论方法

由于岩土体结构非常复杂，隧道开挖的岩土体通常由成分、组织各异的多种岩石或土体构成的复合体，而这种介质的运动十分复杂，因此传统的连续介质力学在岩土体运动的特性研究应用中受到了限制。在这种情况下，20 世纪 50 年代末期，波兰学者 Litwiniszyn[15] 提出了随机介质理论。经过我国学者刘宝琛、阳军生等[16,17]进一步发展和完善，该理论逐渐被认为是预测地下开挖、城市地铁隧道开挖引起的地表沉降的有效方法之一。该理论方法是将岩土体视为一种随机介质，将开挖岩土体引起的地表下沉视为随机过程。从单元开挖入手，将整个隧道开挖分解成无限个小单元的开挖，隧道开挖引起的地层位移与变形就等于无限个小单元开挖引起上部地层位移与变形的总和。在此基础上，就可以对隧道施工引起的地表下沉、水平位移分布，地表倾斜、水平变形和地表曲率的分布进行分析，进而分析对邻近结构的影响。

1. 单元开挖地表移动

从统计观点来看，可以将整个开挖分解成无限个小单元的开挖。整个开挖对地表的影响应等于构成这一开挖的无限个小单元开挖对地表影响的总和。

将厚度、长度和宽度均为一个无限小的开挖定义为单元开挖，如图11-10所示，其中心距离地表面深度为 H。在开挖水平以上任意一个水平面 $Z(Z \leqslant H)$ 上，由单元开挖引起的地表

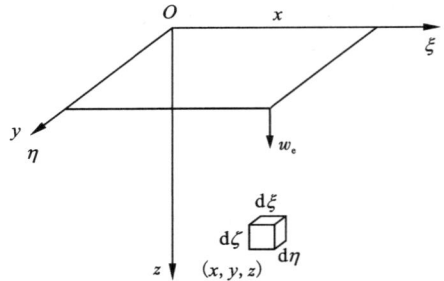

图 11-10　单元开挖

下沉盆地称为单元下沉盆地。单元下沉在四维坐标系中以 $W_e(X, Y, Z, t)$ 表示，岩土体在 Z 水平上单元下沉的表达式为：

$$W_e(X, Y, Z, t) = \frac{1}{r^2(Z)}[1 - \exp(-Ct)]\exp\left[-\frac{\pi}{r^2(Z)}(X^2 + Y^2)\right]\mathrm{d}\xi\mathrm{d}\zeta\mathrm{d}\eta \quad (11-22)$$

考虑平面问题，即单元开挖沿 Y 轴为无限长，将式(11-22)积分得：

$$W_e(X, Z, t) = \int_{-\infty}^{+\infty} \frac{1}{r^2(Z)}[1 - \exp(-Ct)]\exp\left\{-\frac{\pi}{r^2(Z)}[X^2 + (Y - \zeta)^2]\right\}\mathrm{d}\xi\mathrm{d}\zeta\mathrm{d}\eta$$

$$= \frac{1}{r(Z)}[1 - \exp(-Ct)]\exp\left[-\frac{\pi}{r^2(Z)}X^2\right]\mathrm{d}\xi\mathrm{d}\eta \quad (11-23)$$

式中：$r(Z)$——单元开挖在 Z 水平上的主要影响范围，它取决于开挖所处的地层条件，可以与 Z 成线性或非线性关系。

引入地层主要影响角 β，并认为 $r(Z)$ 与 Z 呈线性关系：

$$r(Z) = \frac{Z}{\tan\beta} \quad (11-24)$$

$\tan\beta$ 值取决于开挖所处的地层条件，对于地表面，主要影响范围 $r(H) = H/\tan\beta$。

经过长时间以后，单元开挖地表下沉达到最大值。考虑在平面应变条件下，最终的单元下沉值为：

$$W_e(X) = \frac{1}{r(Z)}\exp\left[-\frac{\pi}{r^2(Z)}X^2\right]\mathrm{d}\xi\mathrm{d}\eta \quad (11-25)$$

式(11-25)是研究平面应变条件下，任意开挖影响下地表各点下沉的基本公式。

为了研究岩土开挖引起的地表各点的水平移动，可以将开挖引起的岩土体变形视为不可压缩过程，即岩土体的体积变形趋近为0，对于三维问题，则有：

$$\varepsilon_{eX} + \varepsilon_{eY} + \varepsilon_{eZ} = 0 \quad (11-26)$$

式中：ε_{eX}、ε_{eY}、ε_{eZ}——单元岩土体沿 X、Y、Z 方向的应变。

对于二维平面应变问题，有 $\varepsilon_{eY}=0$。同时，单元开挖引起上覆岩土体的移动和变形可以认为是宏观连续的。在平面应变条件下，单元开挖引起最终地表水平位移值 $U_e(X)$：

$$U_e(X) = \frac{X}{r(Z)} \times \frac{1}{Z}\exp\left[-\frac{\pi}{r^2(Z)}X^2\right]\mathrm{d}\xi\mathrm{d}\eta \tag{11-27}$$

将式(11-24)代入到式(11-27)，得：

$$U_e(X) = \frac{X\tan\beta}{Z^2}\exp\left[-\frac{\pi\tan^2\beta}{Z^2}X^2\right]\mathrm{d}\xi\mathrm{d}\eta \tag{11-28}$$

式(11-28)是研究平面应变条件下，任意开挖影响下地表各点水平位移的基本公式。

2. 隧道开挖地表移动和变形

设在距地面一定深度处的地下开挖任意形状断面的隧道，显然这是一平面应变问题。如图 11-11 所示，地下开挖断面的中心距离地表深度 H，图中对开挖单元岩土体采用坐标 $\xi O\eta$，对地表面则采用坐标系统 XOY。如果隧道全部塌落，经过长时间后，将引起地表的最大下沉。将整个开挖范围分解为无限个单元开挖，在单元开挖 $\mathrm{d}\xi\mathrm{d}\eta$ 的影响下，由式(11-25)可知，距离单元中心为 X 的地表最终的下沉值 $W_e(X)$ 为：

$$W_e(X) = \frac{1}{r(\eta)}\exp\left[-\frac{\pi}{r^2(\eta)}X^2\right]\mathrm{d}\xi\mathrm{d}\eta \tag{11-29}$$

假定在整个开挖范围 Ω 内每个开挖单元完全塌落，应用叠加原理并将式(11-24)代入式(11-29)，得到此时的地表下沉值为：

$$W(X) = \iint_{\Omega} \frac{\tan\beta}{\eta}\exp\left[-\frac{\pi\tan^2\beta}{\eta^2}(X-\xi)^2\right]\mathrm{d}\xi\mathrm{d}\eta \tag{11-30}$$

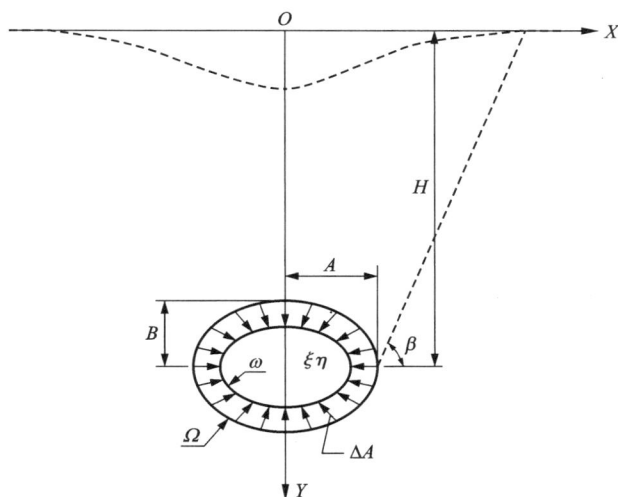

图 11-11 隧道开挖示意图

实际上，隧道施工引起地表发生沉降是由隧道周围岩土体向开挖空间运动而导致的隧道开挖断面收缩。如果隧道开挖初始断面为 Ω，隧道建成后，开挖断面由 Ω 收缩为 ω，则地表沉降应当等于开挖范围 Ω 引起的沉降与开挖范围 ω 引起的地表沉降之差：

$$W(X) = W_\Omega(X) - W_\omega(X)$$

$$= \iint_{\Omega-\omega} \frac{\tan\beta}{\eta} \exp\left[-\frac{\pi\tan^2\beta}{\eta^2}(X-\xi)^2 \right] d\xi d\eta \tag{11-31}$$

同样，根据叠加原理，隧道施工引起的地表水平位移 $U(X)$ 应当等于开挖范围 Ω 后在地表引起的水平位移 $U_\Omega(X)$ 与开挖范围 ω 引起的水平位移 $U_\omega(X)$ 之差，由式(11-28)可得 $U(X)$ 为：

$$U(X) = U_\Omega(X) - U_\omega(X)$$

$$= \iint_{\Omega-\omega} \frac{(X-\xi)\tan\beta}{\eta^2} \exp\left[-\frac{\pi\tan^2\beta}{\eta^2}(X-\xi)^2 \right] d\xi d\eta \tag{11-32}$$

隧道施工所引起的地表变形主要指由地表不均匀沉降而导致的地表点的倾斜 $T(X)$、不均匀的水平位移所引起的地表点的水平变形 $E(X)$：

$$T(X) = \frac{dW(X)}{dX}$$

$$= \iint_{\Omega-\omega} \frac{-2\pi\tan^3\beta}{\eta^3}(X-\xi)\exp\left[-\frac{\pi\tan^2\beta}{\eta^2}(X-\xi)^2 \right] d\xi d\eta \tag{11-33}$$

$$E(X) = \frac{dE(X)}{dX}$$

$$= \iint_{\Omega-\omega} \frac{\tan\beta}{\eta^2}\left[1 - \frac{2\pi\tan^2\beta}{\eta^2}(X-\xi)^2 \right]\exp\left[-\frac{\pi\tan^2\beta}{\eta^2}(X-\xi)^2 \right] d\xi d\eta \tag{11-34}$$

地表下沉曲线 $W(X)$ 的曲率 $K(X)$ 由如下公式近似表示：

$$K(X) = \frac{d^2W(X)}{dX^2}$$

$$= \iint_{\Omega-\omega} \frac{2\pi\tan^3\beta}{\eta^3}\left[\frac{2\pi\tan^2\beta}{\eta^2}(X-\xi)^2 - 1 \right]\exp\left[-\frac{\pi\tan^2\beta}{\eta^2}(X-\xi)^2 \right] d\xi d\eta \tag{11-35}$$

对于地铁区间隧道、上下水管道以及电力、通信光缆等盾构法施工的隧道，施工断面为圆形或似圆形的比较常见。在图11-11中，对于圆形断面隧道，隧道中心距地表深度为 H，开挖初始半径为 $A=B$。假定隧道断面为均匀变形，隧道建成后，断面半径均匀收缩了 ΔA，由式(11-30)可得地表下沉值 $W(X)$ 为：

$$W(X) = \int_a^b\int_c^d \frac{\tan\beta}{\eta}\exp\left[-\frac{\pi\tan^2\beta}{\eta^2}(X-\xi)^2 \right] d\xi d\eta - \int_e^f\int_g^h \frac{\tan\beta}{\eta}\exp\left[-\frac{\pi\tan^2\beta}{\eta^2}(X-\xi)^2 \right] d\xi d\eta \tag{11-36}$$

由式(11-32)可得地表水平位移 $U(X)$ 为：

$$U(X) = \int_a^b\int_c^d \frac{(X-\xi)\tan\beta}{\eta^2}\exp\left[-\frac{\pi\tan^2\beta}{\eta^2}(X-\xi)^2 \right] d\xi d\eta -$$

$$\int_e^f\int_g^h \frac{(X-\xi)\tan\beta}{\eta^2}\exp\left[-\frac{\pi\tan^2\beta}{\eta^2}(X-\xi)^2 \right] d\xi d\eta \tag{11-37}$$

在式(11-36)和式(11-37)中,二重积分的上下限 a、b、c、d、e、f、g、h 分别为:$a=H-A$, $b=H+A$, $c=-\sqrt{A^2-(H-\eta)^2}$, $d=-c$, $e=H-(A-\Delta A)$, $f=H+(A-\Delta A)$, $g=-\sqrt{(A-\Delta A)^2-(H-\eta)^2}$, $h=-g$。

由于上述随机介质理论预计公式中含有被积函数的原函数很难写出积分式,一般可以通过编制计算机程序采用数值积分方法进行计算。

上述两种隧道施工地层位移与变形的预测方法应用较广,但是也存在不足。实际上,可认为 Peck 公式法是随机介质理论方法在深埋小断面隧道($H/R>5$)情况下的一个相似方法。对于浅埋较大的断面隧道,应用随机介质理论方法,能得到更为准确的结果。这两种简化的具体计算均需用到一些经验参数取值,大量的应用经验能更好地为工程实践提供实用的估算方法。但不可否认其经验方法在实际应用中也存在以下局限性:①不能考虑地质条件的复杂性,如地下水、土体强度差异的影响;②无法考虑特殊边界条件下的地表位移变形,如存在地表荷载;③不能考虑隧道形状及其施工工艺的影响。

11.3.3 解析法

地面变形预测应考虑许多使用参数的影响,这些参数包括施工方法和隧道掘进细节、隧道深度和直径、地下水条件、初始应力状态、隧道开挖前后土体的应力-应变-强度特性等。估计隧道施工引起的地层沉降的解析方法一般是基于其中一些变量可通过与实际隧道中观测到的沉降值的相关性得出。解析方法是根据岩土层的变形特点,将隧道开挖区域岩土体作为弹性、弹塑性和黏弹性体来考虑,以数学方法结合力学理论对问题进行分析,得出理论计算公式。

1. 闭合解析解方法

Sagaseta[18] 提出了在初始各向同性和均匀的不可压缩土中,由于隧道开挖造成的近地表地层损失而获得应变场的解析解。Verruijt 和 Booker[19] 用 Sagaseta[18] 提出的关于地层损失情况的近似方法,考虑隧道长期椭圆化(隧道衬砌变形)的影响,给出了不可压缩情况下和任意泊松比下的均匀弹性半空间中隧道的解析解。Loganathan[20] 考虑了隧道实际变形边界条件的影响,对 Verruijt 和 Booker 的解析解进行了修正。其具体计算表达式如下:

①地表沉降。

$$U_{z=0}=\varepsilon_0 R^2 \frac{4H(1-\nu)}{H^2+x^2}\exp\left(-\frac{1.38x^2}{(H\cot\beta+R)^2}\right) \tag{11-38}$$

②地层竖向位移。

$$U_z=\varepsilon_0 R^2\left(-\frac{z-H}{x^2+(z-H)^2}+(3-4\nu)\frac{z+H}{x^2+(z+H)^2}-\frac{2z[x^2-(z+H)^2]}{[x^2+(z+H^2)]^2}\right)\times$$
$$\exp\left(-\left[\frac{1.38x^2}{(H\cot\beta+R)^2}+\frac{0.69z^2}{H^2}\right]\right) \tag{11-39}$$

③地层水平位移。

$$U_x=-\varepsilon_0 R^2 x\left(\frac{1}{x^2+(H-z)^2}+\frac{3-4\nu}{x^2+(z+H)^2}-\frac{4z(z+H)}{[x^2+(z+H^2)]^2}\right)\times$$
$$\exp\left(-\left[\frac{1.38x^2}{(H\cot\beta+R)^2}+\frac{0.69z^2}{H^2}\right]\right) \tag{11-40}$$

式中：ε_0——平均地层损失率；

β——临界角度，取 $45°+\phi/2$；

z——地表以下埋深；

R、H——隧道的半径和轴线埋深；

x——距离隧道中线的水平距离；

ν——土层的泊松比。

该方法可以快速求解盾构隧道施工引起的地层位移，其中地层侧压力系数的影响通过土层泊松比 ν 进行考虑。地层侧压力系数 K_0 的取值为

$$K_0 = \frac{\nu}{(1-\nu)} \tag{11-41}$$

在估算地层损失值时，考虑了地层土体强度、刚度及其弹塑性特性。在大多数情况下，隧道开挖是在地层弹性应变范围内进行的。通过施加适当的工作面压力、及时安装隧道支护系统或改善隧道周围的地面来控制开挖面周围的隧道诱导应变。

2. 复变函数解析解

（1）问题陈述

该问题涉及各向同性均匀弹性半平面（z 平面，$y<0$）中的圆形隧道，如图 11-12 所示。半平面的上边界被认为是无应力的，隧道的边界被指定了一个给定的径向位移。

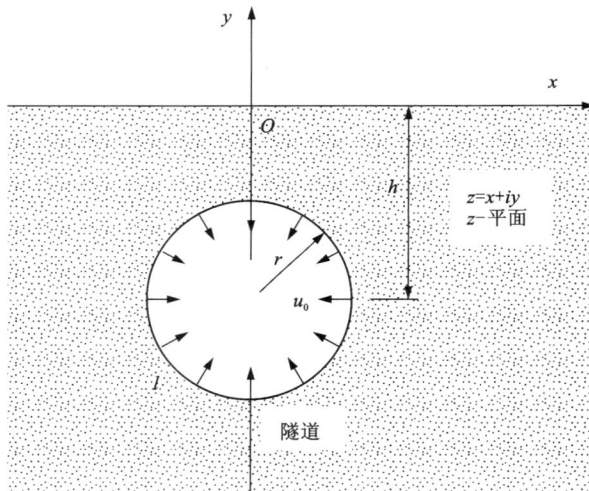

图 11-12　半平面中的圆形隧道

（2）基本方程和边界条件

在复变量法中，应力和位移的解可用两个函数 $\varphi(x)$ 和 $\psi(x)$ 表示。这两个函数需要在 z 平面上进行分析，不包括圆形空腔。应力可以用方程来表示：

$$\sigma_{xx}+\sigma_{yy} = 2\left[\varphi'(z)+\overline{\varphi'(z)}\right] \tag{11-42}$$

$$\sigma_{yy}+\sigma_{yy}+2i\sigma_{xy} = 2\left[\bar{z}\varphi''(z)+\psi'(z)\right] \tag{11-43}$$

位移表示为：

$$2G(u_x+iu_y) = \kappa\varphi(z) - \overline{z\varphi'(z)} - \overline{\psi(z)} \tag{11-44}$$

式中：G——半平面上弹性材料的剪切模量；

　　　κ——与泊松比有关。

在本研究中，假设问题为平面应变条件，可得：

$$\kappa = 3-4\nu \tag{11-45}$$

z 平面的上边界被假定为无应力，$z=\bar{z}$，并且隧道周围的边界条件可以表示为 $|z+ih|=r$。因此，边界条件可用方程来表示：

$$z=\bar{z}：\varphi(z) + \overline{z\varphi'(z)} + \overline{\psi(z)} = 0 \tag{11-46}$$

$$|z+ih|=r：2G(u_x+iu_y) = \kappa\varphi(z) - \overline{z\varphi'(z)} - \overline{\psi(z)} \tag{11-47}$$

这些表达式适用于弹性半平面中的单圆形隧道。对于两个平行隧道中的任意一个，这些表达式可以单独使用。

3. 保角映射

由弹性材料占据的 z 平面中的区域可以共形映射到 ζ 平面上的圆环（区域 γ），由圆 $|\zeta|=1$ 和 $|\zeta|=\alpha$ 限定，如图 11-13 所示。圆 $|\zeta|=1$ 对应于半平面的上边界，圆 $|\zeta|=\alpha$ 对应于隧道边界。α 的值可用方程来确定：

$$\frac{r}{h} = \frac{2\alpha}{1+\alpha^2} \tag{11-48}$$

其中，比率 r/h 越趋近 1，表示隧道埋深越浅；比率 r/h 越趋近 0，表示隧道埋深越大。保角变换如下式：

$$z=\omega(\zeta) = -ih\frac{1-\alpha^2}{1+\alpha^2}\frac{1+\zeta}{1-\zeta} \tag{11-49}$$

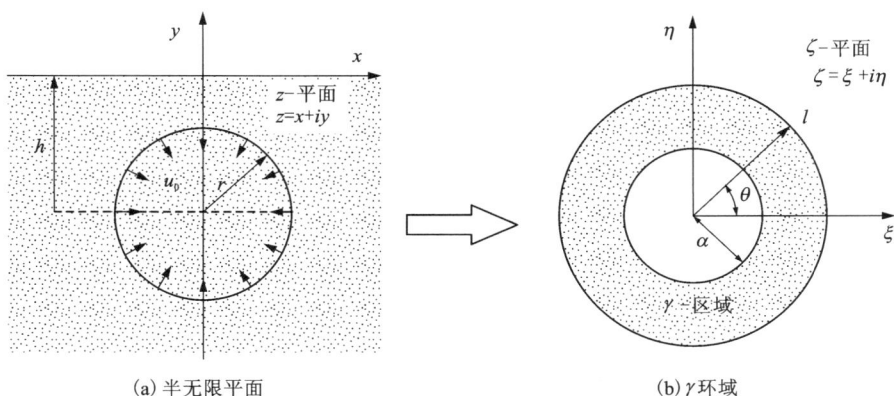

(a) 半无限平面　　　　　　　　　　(b) γ 环域

图 11-13　z 平面到 ζ 平面的保角映射

4. 地层位移的 verrujit 解法

假设 z 平面弹性区只有一个隧道，$\varphi(z)$ 和 $\psi(z)$ 在该区域内进行分析，以及 $\omega(z)$ 在区域 γ 内。因此，函数 $\varphi(z)$ 和 $\psi(z)$ 将在区域 γ 内进行分析。这两个函数可以扩展成劳伦级数的形式：

$$\varphi(z) = \varphi(\omega(\zeta)) = \varphi(\zeta) = a_0 + \sum_{k=1}^{\infty} a_k \zeta^k + \sum_{k=1}^{\infty} b_k \zeta^{-k} \tag{11-50}$$

$$\psi(z) = \psi(\omega(\zeta)) = \psi(\zeta) = c_0 + \sum_{k=1}^{\infty} c_k \zeta^k + \sum_{k=1}^{\infty} b_k \zeta^{-k} \tag{11-51}$$

这些劳伦级数在区域 γ 中的迭代计算是收敛的。因此，系数 a_k、b_k、c_k、d_k 可以根据规定的边界条件确定。ζ 平面中半径为 $\rho=1$ 的圆对应于半平面上的自由面，ζ 在极坐标系中可表示为 $\zeta=\rho\sigma$，其中 $\sigma=\exp(i\theta)$。同时考虑到：

$$\varphi'(\zeta) = \frac{\mathrm{d}\varphi}{\mathrm{d}z}\frac{\mathrm{d}z}{\mathrm{d}\zeta} = \varphi'(z)\omega'(\zeta) \tag{11-52}$$

边界条件式(11-46)可以重写为：

$$|\zeta| = 1 : \varphi(\zeta) + \frac{\omega(\zeta)}{\omega'(\zeta)}\overline{\varphi'(\zeta)} + \overline{\psi(\zeta)} = 0 \tag{11-53}$$

其中

$$\frac{\omega(\zeta)}{\omega'(\zeta)} = -\frac{1}{2}\frac{(1+\rho\sigma)(\sigma-\rho)^2}{\sigma^2(1-\rho\sigma)} \tag{11-54}$$

将式(11-49)~式(11-52)和式(11-54)代入式(11-53)，并设置 σ 的所有幂的系数为零，得到结果：

$$c_0 = -\bar{a}_0 - \frac{1}{2}a_1 - \frac{1}{2}b_1 \tag{11-55}$$

$$c_k = -\bar{b}_k + \frac{1}{2}(k-1)a_{k-1} - \frac{1}{2}(k+1)a_{k+1}(k=1,2,3,\cdots) \tag{11-56}$$

$$d_k = -\bar{a}_k + \frac{1}{2}(k-1)b_{k-1} - \frac{1}{2}(k+1)b_{k+1}(k=1,2,3,\cdots) \tag{11-57}$$

图 11-13 中的圆 $|\zeta|=\alpha$ 可以表示为 $\zeta=\alpha\sigma$，其中 $\sigma=\exp(i\theta)$。然后式(11-47)中的边界条件可以重写为

$$|\zeta| = \alpha : 2G(u_x + iu_y) = \kappa\varphi(\zeta) - \frac{\omega(\zeta)}{\omega'(\zeta)}\overline{\psi'(\zeta)} - \overline{\psi(\zeta)} = U(\zeta) = U(\alpha\sigma) \tag{11-58}$$

为了简化式(11-57)，Vruijt(1997)巧妙地引入了一个可扩展为傅里叶级数的函数 $U'(\zeta)$：

$$U'(\zeta) = U'(\alpha\sigma) = (1-\alpha\sigma)U(\alpha\sigma) = \sum_{k=-\infty}^{+\infty} A_k\sigma^k \tag{11-59}$$

将式(11-50)~式(11-52)和式(11-58)代入式(11-59)，式(11-50)和式(11-51)中的最终系数必须满足下列方程，即方程左右两侧的 σ 的所有幂相等。

$$(1-\alpha^2)(k+1)\overline{a_{k+1}} - (\alpha^2 + \kappa\alpha^{-2k})b_{k+1} = (1-\alpha^2)\overline{ka_k} - (1+\kappa\alpha^{-2k})b_k + A_{-k}\alpha^{-k}$$
$$(k=1,2,3,\cdots) \tag{11-60}$$

$$(1+\kappa\alpha^{2k+2})\overline{a_{k+1}} + (1-\alpha^2)(k+1)b_{k+1} = \alpha^2(1+\kappa\alpha^{2k})\overline{a_k} + (1-\alpha^2)kb_k + \overline{A_{k+1}}\alpha^{k+1}$$
$$(k=1,2,3,\cdots) \tag{11-61}$$

$$(1-\alpha^2)\overline{a_1} - (\kappa+\alpha^2)b_1 = A_0 - (\kappa+1)a_0 \tag{11-62}$$

$$(1+\kappa\alpha^2)\,\overline{a_1}+(1-\alpha^2)\,b_1=\overline{A_1}\alpha+(\kappa+1)\,a^2\overline{a_0} \tag{11-63}$$

系数 a_1 和 b_1 可以使用系数 a_0 的值通过式(11-62)和式(11-63)的值来确定,并且其他所有系数也可以使用式(11-60)和式(11-61)递归获得。Verruijt(1997)[21]建议通过数值重复实例计算得到系数 a_0,如果 $k\rightarrow\infty$,则系数 a_k 和 b_k 趋于零。

5. 地层损失有关的边界条件

(1)均匀径向位移

Verruijt(1997)[21]证明了在隧道边界处具有 u_0 量级均匀径向位移的单隧道问题。对于给定的地层损失参数 V_L,它通过以下关系与 u_0 相关

$$u_0=r(1-\sqrt{1-V_L}) \tag{11-64}$$

如果 u_0 朝内被认为是正的,则边界条件可以表示为:

$$2G(u_x+u_y)=-2Gu_0\frac{z+ih}{r} \tag{11-65}$$

利用式(11-48)~式(11-59),式(11-59)中傅里叶级数展开的系数可以表示为:

$$\begin{cases} A_0=-2Gu_0\alpha i \\ A_1=2Gu_0 i \\ A_k=0,\ k\geqslant2 \\ A_k=0,\ k\leqslant-1 \end{cases} \tag{11-66}$$

式(11-50)和式(11-51)中的所有系数可用式(11-55)~式(11-57)来确定。因为劳伦特级数展开都是唯一的,所以可以得到正确的解。

(2)不均匀径向位移

在实际工程中,隧道周边的变形往往是不均匀的。这种非均匀变形的一般表达式如下:

$$u_r=-u_0(1-\beta\cos 2\theta'+\eta\sin\theta') \tag{11-67}$$

其中,系数 β 表示隧道椭圆化变形程度,表现为沿竖向压缩和水平向的扩张,或者与之相反,但不会导致隧道体积的改变。当 $\beta=0$ 时,隧道周边沿水平向与纵向变形一致,无椭圆化变形;当 $0<\beta<1$ 时,隧道沿水平向的收敛速度小于竖向变形;当 $\beta=1$ 时,隧道竖向变形速率翻倍而水平向收敛为零;当 $\beta>1$ 时,水平向收敛变形为负而竖向变形逐渐增大。由于隧道顶部与底部的地层刚度差异以及隧道本身与开挖土体因重力差会导致隧道整体上浮,η 为描述隧道整体竖向位移的系数。

因此,隧道周围的边界条件可以写成:

$$2G(u_x+iu_y)=-2Gu_0(1-\beta\cos 2\theta'+\eta\sin\theta')=U(\alpha\sigma) \tag{11-68}$$

如果在 xOy 坐标系中的隧道边界处的点 P 是 $z=x+iy$,如图 11-14 所示,它可以在 $x'Oy$ 坐标系中表示为:

$$z'=z+ih \tag{11-69}$$

然后,根据三角函数,可以得到以下关系:

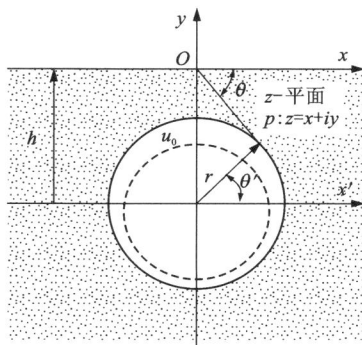

图 11-14　两个坐标系之间的关系

$$\sin\theta' = \frac{z'_p - \overline{z'_p}}{2ir}, \quad \cos\theta' = \frac{z'_p + \overline{z'_p}}{2r} \tag{11-70}$$

根据式(11-49)，式(11-70)可以被重写为：

$$\begin{cases} \sin\theta' = \dfrac{1+\alpha^2}{2\alpha} - \dfrac{(1-\alpha^2)^2}{2\alpha} \dfrac{1}{(1-\alpha\sigma)(1-\alpha\sigma^{-1})} \\ \cos\theta' = \dfrac{i(1-\alpha^2)}{2\alpha} \dfrac{(\sigma^{-1}-\sigma)}{(1-\alpha\theta)(1-\alpha\sigma^{-1})} \end{cases} \tag{11-71}$$

将式(11-68)和式(11-71)代入式(11-59)，并使用 Strack 和 Verruijt[22] 给出的结果，可以得到傅里叶级数中的系数：

$$\begin{cases} A_0 = -Gu_0 i[2(1-\eta)\alpha + 2\beta\alpha + \eta(1+\alpha)^2] \\ A_1 = Gu_0 i[2(1-\eta) + \eta(2+3\alpha+\alpha^3) + 2\beta\alpha^2(2-\alpha)^2] \\ A_k = -Gu_0 i[\eta(1-\alpha^2)^2\alpha^{k-2} + \beta[3+(k+1)(\alpha^2-1)(1-\alpha^2)]\alpha^{k-3}] \quad (k\geqslant 2) \\ A_k = Gu_0 i[\beta(1-\alpha^2)^2\alpha^{-k-1} \quad (k\leqslant -1)] \end{cases} \tag{11-72}$$

可以预期，对于 β 和 η 的所有值，利用式(11-72)给出的系数进行傅里叶级数展开是可能的。这也意味着这两个函数 $\varphi(z)$ 和 $\psi(z)$ 的系数可以用上述给出的方法得到，由此得到的应力和位移场可以被解析地表达。

其他解析解方法如 Mindlin[23] 将隧道考虑为半空间弹性固体无限介质中受重力作用的圆柱形孔洞，求出了满足上部自由边界条件和孔洞自由边界条件的精确解析解；Timoshenko 和 Goodier[24] 利用 Airy 应力函数得出了隧道周围土体变形的一般解；Bobet[25] 提出了只适用于浅埋隧道和土体饱和状态的浅埋隧道周围地层变形的解析方法；Park[26] 提出了软土隧道开挖诱导地层运动的弹性解析解。但是由于受计算条件限制，上述方法都只能在简化的土体材料模型上进行一些简单问题的解答，更无法考虑地质条件的复杂性、施工方法等因素对地层位移的影响，因此其应用受到了极大的限制。

11.3.4　数值模拟分析方法

经验公式或试验模拟等都由于方法的局限性，不能把实际中的各类因素都考虑全面，很难全面地反映各因素之间的影响，需要借助其他方法，而数值分析的方法则可以综合考虑各因素的影响，且能够比较准确地对实际开挖的全过程进行模拟，因此也受到各类工程学者的推广。盾构施工法相关研究的数值分析方法主要包括有限差分法、有限单元法、离散元法以及边界元法等。

其中有限差分法及有限元法的研究比较成熟。隧道盾构法在开挖施工过程中，由于盾构作业机械会对土体产生作用，地下水位的变化以及其他相关的外界作用变化都会造成周围土体扰动，从而引起隧道开挖面周围土体的位移及变形。盾构施工引起的沉降主要与隧道周围的岩土体特性、盾构机械的参数、施工工艺、隧道截面的开挖尺寸及埋深等因素有关。

目前的数值计算方法主要集中在研究盾构法施工过程中引起地层沉降的影响因素。虽然各研究因素侧重点有所不同，但是可以看出隧道盾构开挖过程中所引发的地层沉降变形值主要与隧道穿越的岩土层特性以及盾构施工工艺、隧道埋深及截面尺寸、注浆情况等有关。而且每个实际工程项目因为复杂的环境因素的变化，所表现出的沉降大小也有所不同。

近年来，随着大型通用的计算机数值计算软件的发展，为岩土工程数值分析提供了强有力的工具。相比前述的方法，由于其能方便地处理各种非线性问题，能灵活地模拟隧道及地下岩土工程的复杂施工和力学过程，因此被广泛应用于工程领域。因为土体位移影响因素较多，任何简单实用的计算方法均无法反映众多因素的综合影响，而借助于计算机，采用数值分析方法，能分析多影响因素，且具有材料非线性和几何非线性等能力和特点，突破了一些经典弹塑性理论分析中的一些假定限制，可以较全面地考虑影响土体位移的各主要影响参数，得到隧道施工引起的周围土体的位移场和应力场等，还可以分析施工方案、开挖断面大小、施工时间顺序、支护参数等对地层位移的影响，已成为目前最普遍、发展得较成熟的研究手段。

但是，由于岩土体的本构关系和岩土参数的选择本身存在和实际不相符的地方，因此数值模拟的结果很难做到完全与实际情况相符合。常用于岩土工程问题分析的数值模拟软件有ABAQUS、ADINA、FLAC、ANSYS 等，国内外学者应用这些软件对很多工程的实际问题进行了深入分析，取得了一些有价值的研究成果。

11.3.5　模型实验法

模型实验法是一个重要的研究手段，主要包括相似材料模型试验和离心机模型试验。岩土体的相似材料往往比较难以选取，目前应用较多的是离心机模型试验。离心机模型试验是将按比例制作的隧道模型置于高速旋转的离心机中，让模型承受大于重力加速度的离心加速度作用，以此来补偿模型尺寸缩小所带来的土工构筑物自重的损失，得到与原型相同的应力状态、位移变化以及变形破坏机理。这方面的研究国外报道较早，我国近年来也有相关大量的研究成果。

11.3.6　其他方法

其他分析方法基本是建立在隧道开挖周围围岩和地层位移实测数据分析基础上的分析方法，利用已开挖的现场实测数据，采用一些新型分析方法，通过建立数据模型可较好地预测开挖地层的变形和位移。

1.灰色系统理论与时间序列分析预测方法

灰色系统理论认为对既含有已知信息又含有未知或非确定信息的系统进行预测，就是对在一定方位内变化的、与时间有关的灰色过程的预测，尽管过程中所显示的现象是随机的、杂乱无章的，但毕竟是有序的、有界的，因此这一数据集合具备潜在的规律，灰色预测就是利用这种规律建立灰色模型对灰色系统进行的预测。

时间序列分析方法是利用按时间顺序排列的一组数字序列，应用数理统计方法加以处理，以预测未来事物的发展，它承认事物发展的延续性，应用已有数据推测事物发展趋势；同时考虑事物发展的随机性，对偶然影响因素进行处理。

隧道开挖引起周围岩土体变形是一个动态连续过程，但是这种变形和其他因素很难建立清晰的函数关系，因此，利用时间序列分析方法和灰色系统理论等建立数学模型来逼近、模拟揭示岩土体变形规律和动态特性成为新的研究方向。根据地层和地表沉降的实测数据可组成一个离散的随机的时间序列，因此，可采用基于实测数据的时间序列分析理论和方法来分析、预测地层变形和沉降的趋势和规律。

2. 人工神经网络法

神经元网络理论是近几十年迅速发展起来的非线性学科，试图通过模拟人脑的基本特性，如自组织、自适应、容错性等，在处理信息十分复杂、背景知识不清楚、推理规则不明确的问题时，具有信息记忆、自主学习、知识推理和优化计算的特点。由于地铁隧道在施工过程中，地质条件的复杂性和影响因素的多元性，隧道周围地层的变形是一个复杂的非线性系统，传统的方法和技术很难揭示其内在规律，而通过神经网络较强的非线性映射能力，利用实测资料，对高度复杂的、非线性的变形进行建模，具有较强的客观性和适应性。而且在实际应用中，通过不断的实测资料扩充样本库，训练网络，可逐渐提高预估的精度和推广能力。

因此，通过人工神经网络模拟隧道开挖引起地层移动和变形这个复杂的、非线性的、非精确性规律的系统，可以避开复杂的传统数学模型和土的本构关系，不失为预测隧道开挖引起地表移动和变形的有效方法。但是，该方法还在起步阶段，在样本的积累和对物理因素（地质情况、施工工序）如何进行考虑和预处理方面，还值得探讨。

3. 统计回归分析法

统计回归分析法是目前广泛应用的变形成因分析法。它是以实测数据为基础，利用所测量的影响因素和变形值，用回归分析建立两者之间的函数关系，有了这种函数关系后就能够预报变形，还可进行变形的物理解释。观测资料愈丰富、质量愈高，其结果愈可靠。但由于回归分析中，选用何种因子、系用何种表达式有时只是一种推测，而且影响变形因子的多样性和某些因子的不可预测性，使得回归分析在某些情况下受到限制。同时，此方法用平均曲线进行拟合、预报，不足以准确地反映观测值的离散性和随机波动性。回归模型是一种静态模型，它只是反映了变形值相对于自变量之间在同一时刻的相关性，而没有体现变形观测序列的时序性、相互依赖性以及变形的继续性。如果以单变量时间为自变量来建立变形预测模型，即进行趋势分析，通常是定量预测的第一步即可发现主要的变化趋势，然后预测最终的沉降量。

其他一些结合前述方法的组合预测，也是预测隧道开挖引起地层位移和变形的一个重要方向。

11.4 盾构隧道施工对既有建(构)筑物的影响评价

由于施工技术及周围环境和岩土介质的复杂性，即使采用最先进的盾构技术施工方法，其施工引起的地层移动也是不可能完全消除的。当地层移动和地表变形超过一定的限度时就会导致周边建(构)筑物使用功能和承载能力受损，导致严重经济损失并产生不良的社会影响，从而影响隧道和地表建筑物的正常使用和安全运营。

隧道施工效应导致地层和邻近结构的变形是一个复杂的土-结构相互作用问题。在评估建筑物损坏的传统方法中，假设建筑物遵循自由地面沉降且不考虑建筑物的自重，计算建筑物的变形损坏指标进行评价。实际上，由于相对刚度、相对位置、建筑重量和结构特征等因素，不仅隧道引起的沉降会影响既有相邻建(构)筑物，而且既有建(构)筑物也会影响隧道引起的地层变形特征。因此，评价盾构隧道施工对邻近既有建(构)筑物的影响，应充分考虑隧道-地层-建筑物之间的相互作用行为。

11.4.1　盾构施工对建(构)筑物影响的表现形式

由于城市盾构隧道施工不可避免地对周边地层产生扰动,引起地表沉降或隆起,从而引发建(构)筑物的沉降、差异沉降、倾斜等变形,建(构)筑物变形过量时可导致其使用功能和承载能力受损,导致安全事故。盾构隧道施工引起建(构)筑物变形损坏的主要控制指标包括沉降量、差异沉降量、倾斜量(角变量)、裂缝宽度等[27]。

建筑物变形的主要表现形式如图 11-15 所示。一般导致建筑物损坏的因此主要有以下几方面[28-30]。

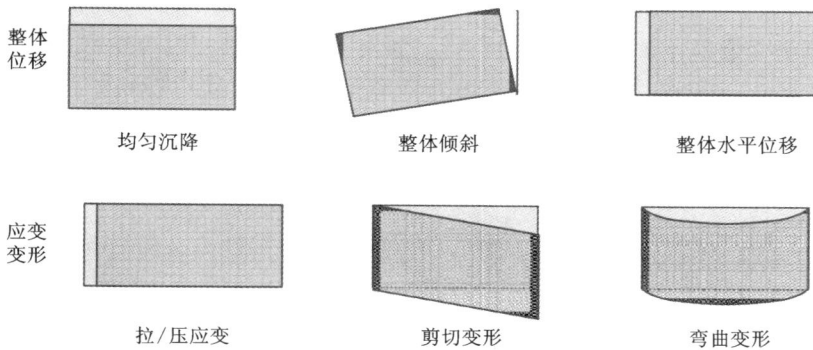

图 11-15　建筑物损坏表现形式

1. 沉降损坏

地表的均匀沉降可使建(构)筑物产生整体的均匀下沉,对其上部结构影响不大,稳定性和使用条件不会产生太大影响,但沉降量过大时,可能造成室内地坪低于室外,引起雨水倒灌、管道断裂等问题。另外,沉降量过大也会产生不均匀沉降,建(构)筑物的差异沉降常常导致结构构件受剪扭曲而被破坏,尤其是框架结构对沉降差值较为敏感。

2. 倾斜损坏

地层不均匀沉降导致的地表倾斜对底面积小、高度大的建筑物影响较大,使其重心偏斜,也导致结构应力发生变化而引起破坏。普通楼房即使结构未受较大损坏,过量倾斜也会使其使用功能受损。某些建筑内的精密仪器对倾斜更为敏感。对于某些刚度与变形模型较小的建(构)筑物,由于基底与上部结构的差异倾斜会使建(构)筑物发生角变形,从而导致建(构)筑物发生开裂损坏。

3. 曲率损坏

地表变形形成曲面,建(构)筑物处于地表相对下凹的负曲率时,基础犹如两端受支承的梁,中间悬空,上部受压、下部受拉,墙体易产生正八字和水平裂缝,建(构)筑物长度过大时可在重力作用下出现底部断裂;处于地表相对上凸的正曲率时,基础两端部分悬空,上部受拉、下部受压,墙体易产生倒八字裂缝,严重时出现屋架或梁的端部从墙体或柱内抽出,造成倒塌。

4. 地表水平变形损坏

地表水平变形指地表的拉伸和压缩,位于地表拉伸区的建(构)筑物基础底受外向摩擦力作用,很小的拉伸变形就足以使其开裂,尤其是砌体房屋。一般的建(构)筑物对压缩抗力较大,但压缩变形过大同样也可使其结构薄弱处发生挤碎性破坏,且损坏程度比拉伸更为严重。

11.4.2 建(构)筑物变形损坏的评价方法

建(构)筑物变形损坏控制参数一般包括沉降、差异沉降、倾斜(角变量)、裂缝、挠度、应变、水平变形等。控制指标具体数值受修建年代、基础形式、结构类型、地质条件等因素的影响。因此,由于盾构隧道施工-土-结构相互作用问题的复杂性,建(构)筑物损坏一般难以采用统一的变形指标进行量化,工程评价中各项控制指标的使用应考虑建(构)筑物的具体结构形式、盾构施工与荷载情况、变形历史和后续使用年限内的变形等因素的影响[16,31,32]。

建(构)筑物变形损坏评价方法一般包括监测案例统计分析、工程结构力学计算、数值模拟分析等。由于研究问题的复杂性,基于实际工程的调查统计可以反映建(构)筑物的实际变形情况,但不能提供预测性评价。工程结构力学计算、数值模拟分析等方法虽然能提供预测性评价结果,但是需要熟练的专业技术人员和分析软件,适宜开展精细化评价。实际上,按照 Mair[33] 建议的简化方法,建(构)筑物损坏评估可以分三个阶段进行,以简化评估程序。为了将评估重点放在最容易受到损坏的建(构)筑物上,开展第一阶段的初步评估,以筛选出那些预期损坏风险较低的建筑;第二阶段和第三阶段的评估工作将对在第一阶段评估中预测有较高潜在损坏风险(中等和严重损坏类别)的建(构)筑物进行。

1.第一阶段:初步评估

沿项目走向绘制沉降等值线,并将所有现有建(构)筑物占地面积绘制到沉降等值线图上。对每个结构都估计出最大沉降和角变形。该评估基于在假定的未开发条件下对地面沉降量和坡度的估计。采用0(可忽略)到5(非常严重)的六个风险类别来定义可能的损坏程度。初步评估的标准如表11-6所示,对于轻微及以下等级损坏仅进行进一步观测,一般不采取加固措施。

2.第二阶段:第二阶段评估

在这个阶段,考虑地面和建筑物之间的相互作用,重新估算建(构)筑物的水平和剪切应变等变形指标。采用 Burland[34] 和 Boscardin 和 Cording[27] 提出的基于建筑-地面界面临界应变的准则,如表11-6所示。第二阶段的评估是保守的,因为它假设建(构)筑物没有刚度并且偏转以符合未开发地区沉降槽。然而在实践中,由于建(构)筑物的结构刚度的存在,实际损坏程度可能低于评估结果。

Boscard in 和 Cording[27] 提出的基于角度畸变和水平应变的评估标准替代方法如图11-16所示。该方法采用建(构)筑物的水平应变和角变形对建筑物损坏等级进行分类,已应用于开挖和回填隧道的早期研究。Boscardin 和 Cording[27] 和 Burland[37] 提出的两种方法都提供了一致的损坏分类。

表 11-6　第一阶段和第二阶段的损坏评估标准

建筑物损坏分类[34, 35]					等效地面沉降和坡度[13]	
损坏等级	损坏程度描述	典型砌体建筑修复形式的描述	裂缝宽度/mm	最大拉伸应变/%	最大地面坡度	最大建筑物沉降/mm
0	可忽略	细小的裂缝	<0.1	小于 0.05	–	–
1	非常轻微	正常装修时易出现细小裂纹。可能是建筑中孤立的轻微断裂。外观裂纹经仔细检查可见	0.1~1.0	0.05~0.075	小于 1/500	小于 10
2	轻微	裂缝容易填满。可能需要重新装修要求。建 (构) 筑物内部有几处轻微裂缝。外部可见裂缝,为防风雨,可能需要重新粉刷。门窗可能会轻微黏连	1~5	0.075~0.15	1/500~1/200	10~50
3	中等	裂纹可能需要修补,合适的衬层可以掩盖反复出现的裂缝。可能需要更换少量的外部砌砖。门窗卡住。公用事业服务可能会中断。气密性经常受损	5~15 或裂缝数大于 3 时的一个数	0.15~0.3	1/200~1/50	50~75
4	严重	需要大面积维修,包括拆除和更换墙壁、门窗。窗框和门框变形。地板上斜坡明显。墙壁明显倾斜或凸出。梁的一些轴承损坏。公用事业服务中断	15~25 但也取决于裂缝的数量	大于 0.3	1/200~1/50	大于 75
5	非常严重	需要部分或全部重建的大修。横梁无法承重,墙壁严重倾斜,需要支撑。窗户因变形而破碎。不稳定的危险	通常大于 25 但也取决于裂缝的数量	—	大于 1/50	大于 75

　　除此之外,对于不同基础形式的建筑物,第二阶段评估需要采用不同的计算程序、公式以及相关参数。对于浅基础建筑物,第二次评估的最终目的是计算临界应变并与标准进行比较,为此首先需要估计建筑物变形曲线的特征,明确建筑物位于盾构隧道施工引起沉降变形的上凸区与下凹区域,如图 11-17 所示。

　　然后,需要根据如下公式估算建筑物的弯曲应变 ε_b、角应变 ε_d 和水平应变 ε_h。

$$\frac{\Delta}{L} = \left(\frac{L}{12t} + \frac{3IE}{2tLHG} \right) \varepsilon_{bmax} \tag{11-73}$$

$$\frac{\Delta}{L} = \left(\frac{HL^2 G}{18IE} + 1 \right) \varepsilon_{dmax} \tag{11-74}$$

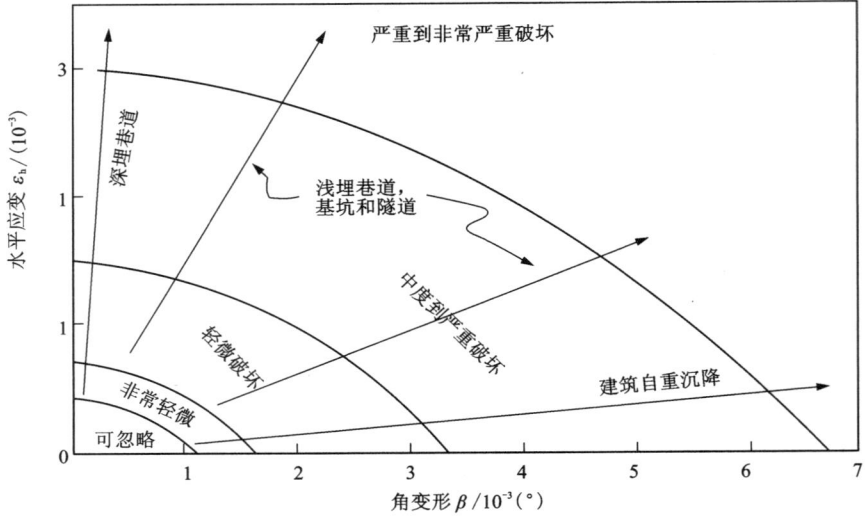

图 11-16 角变形破坏与水平应变关系[27]

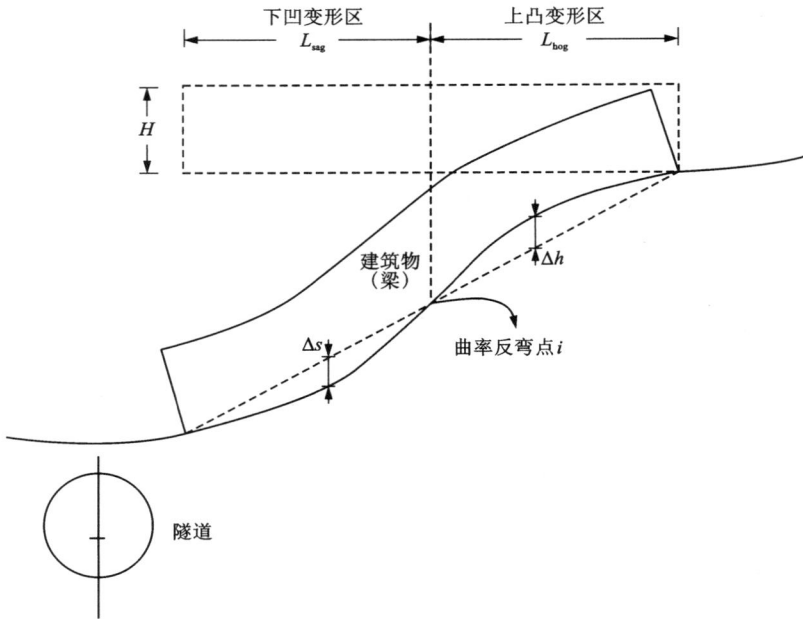

图 11-17 建筑物上凸沉降区与下凹沉降区示意图

$$\varepsilon_h = \frac{\Delta L}{L} \tag{11-75}$$

式中：H——建（构）筑物高度；

E/G——建（构）筑物杨氏模量与剪切模量的比值；

L——选取的建（构）筑物跨度范围的长度；

I——建(构)筑物等效梁在各自区域内的界面弯矩(根据中性轴位置计算);

t——从中性轴到等效梁边缘的最小距离;

Δ——选取计算跨度范围的最大沉降;

Δ/L——计算跨度范围内最大沉降与跨长之比。

进一步估算总的弯曲应变、角应变,最终获得临界应变值,与表 11-6 进行比较更新建(构)筑物的损坏等级。

总弯曲应变:

$$\varepsilon_{bs} = \varepsilon_{bmax} + \varepsilon_h \tag{11-76}$$

角应变:

$$\varepsilon_{ds} = \varepsilon_h \left(\frac{1-\nu}{2}\right) + \sqrt{\varepsilon_h^2 \left(\frac{1-\nu}{2}\right)^2 + \varepsilon_{dmax}^2} \tag{11-77}$$

临界应变:

$$\varepsilon_{critical\ value} = \max(\varepsilon_{bs},\ \varepsilon_{ds}) \tag{11-78}$$

对桩基础建筑进行评估时,则需要通过检算桩基的组合应力来进行评估其损坏等级,桩基组合应力计算公式如下:

$$\sigma_{max} = \frac{(M+\Delta M)}{Z} + \frac{P+\Delta P}{Z} \tag{11-79}$$

$$\sigma_{min} = \frac{(M+\Delta M)}{Z} - \frac{P+\Delta P}{Z} \tag{11-80}$$

式中:M——设计弯矩;

P——设计轴力;

ΔM——引起的弯矩;

ΔP——引起的轴力;

Z——区域截面模量。

对于工作荷载作用下的混凝土桩,工作人员可以考虑在按照桩基总横截面积计算许可应力时,对混凝土的 28 d 立方体强度增加 25% 的额外压应力。上述的过应力假设建议不应用于老建筑物的地基计算。若 $\sigma_{max} < \sigma_{许可}$,则桩基不会失效。

3. 第三阶段:详细评估

在第二阶段评估中,对损坏等级为 3 及以上(中等或较差)的建(构)筑物进行详细评估。在第三阶段,不仅要考虑盾构隧道挖掘引起的建筑物损坏后果,还要考虑变形损坏的控制措施类型。第三阶段评估从实地考察开始,对建筑物的刚度、现有条件和损坏的潜在后果进行目视检查和评估。在实地考察和参考现有资料的基础上,可考虑以下因素,修订建(构)筑物的损坏风险级别:

①岩土工程条件,地层剖面情况和地下水条件。

②建(构)筑物的刚度与类型(木材、砖石或框架建筑)。

③建(构)筑物基础类型。

④建(构)筑物历史记录和建(构)筑物年龄的详细信息。

⑤建(构)筑物的灵敏度和用途,如办公室、私人住宅、公共建筑、体育设施等。

任何在现场检查后被指定为中等风险或更差的建(构)筑物都将根据 Addenbrook 等[36] 提

出的方法，通过考虑建(构)筑物和地层的相对刚度进行详细的分析，并提交监测项目的监测频率。

对于桩基上的建(构)筑物，一般直接使用数值模拟方法进行详细评估。目前，各种数值方法被用来估计群桩在组合外力作用下的响应。用于这种分析的计算机程序在使用的方法类型和处理群桩不同方面的复杂性上各不相同，应建立精细模型进行详细分析。

【例 11-2】 某建(构)筑物尺寸等参数详细情况如表 11-7 所示。因附近隧道施工引起地层沉降，沉降曲线如图 11-18 所示，具体参数如表 11-8 所示。请对该建(构)筑物进行第二阶段变形损坏评估[3]。

表 11-7 建(构)筑物详情

长度 L/m	高度 H/m	宽度 W/m	泊松比 ν	描述	杨氏模量 E/剪切模量 G
18	2.5	19	0.3	单层砖结构	2.6

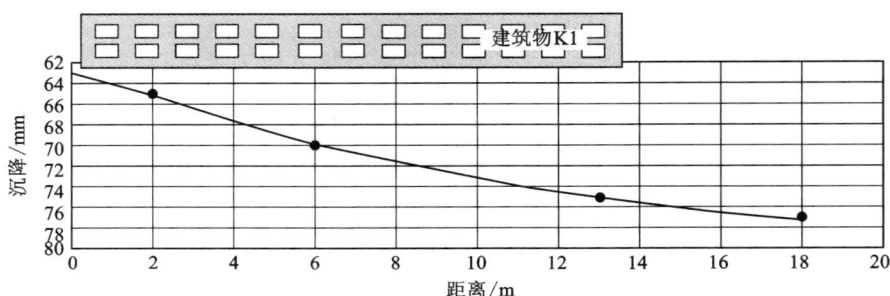

图 11-18 建筑物下端沉降曲线示意图[3]

表 11-8 沉降曲线下凹区间与上凸区间计算参数

下凹区间		上凸区间	
长度 L/m	14	长度 L/m	4
挠度 Δ/mm	2	挠度 Δs/mm	0.8
$t = \dfrac{H}{2}$/m	1.25	$t = \dfrac{H}{2}$/m	2.5
$I = \dfrac{H^3}{12}$/m³	1.3	$I = \dfrac{H^3}{12}$/m³	5.2
长度 B/m	14	长度 B/m	4
水平位移 Δhs/mm	10	水平位移 Δhs/mm	10

【解】：将建(构)筑物视为梁结构，则表 11-8 中：

t＝中性轴到梁边缘的距离

I＝梁横截面面积矩

B＝建(构)筑物与水平位移相关的长度

根据前文给出的浅基础建筑第二阶段评估方法进行评估：

①沉降曲线下凹区间。

由式(11-73)得局部弯曲应变：

$$\varepsilon_b = \left(\frac{L}{12t} + \frac{3IE}{2tLHG}\right)\frac{B}{\Delta} = 0.000136$$

由式(11-74)得局部角应变：

$$\varepsilon_d = \left(\frac{HL^2G}{18IE} + 1\right)\frac{B}{\Delta} = 0.000016$$

由式(11-75)得水平应变：

$$\varepsilon_h = \frac{\Delta_h}{B} = 0.000714$$

由式(11-76)得总弯曲应变：

$$\varepsilon_{bs} = \varepsilon_b + \varepsilon_h = 0.000850$$

由式(11-77)得总角应变：

$$\varepsilon_{ds} = \varepsilon_h\left(\frac{1-\nu}{2}\right) + \sqrt{\varepsilon_h^2\left(\frac{1-\nu}{2}\right)^2 + \varepsilon_d^2} = 0.000500$$

由式(11-78)得临界拉伸应变：

$$\varepsilon_{临界值} = \max(\varepsilon_{bs}, \varepsilon_{ds}) = 0.00085$$

②通过同样的方式，可求得沉降曲线上凸区间各应变值：

$\varepsilon_b = 0.0002115$；$\varepsilon_d = 0.000172$；$\varepsilon_h = 0.002500$；$\varepsilon_{bs} = 0.002711$；$\varepsilon_{ds} = 0.001767$；$\varepsilon_{临界值} = 0.002711$。

综上，控制应变为

$$\varepsilon_{临界值max} = 0.002711 = 0.2711\%$$

由表 11-6 可知，当最大拉伸应变位于 0.15% ~ 0.3% 时，损坏程度为中等，具体描述为：裂纹可能需要修补，合适的衬层可以掩盖反复出现的裂缝；可能需要更换少量的外部砌砖；建(构)筑物容易发生门窗卡住等现象。

11.5　盾构隧道施工地层变形控制常见方法

11.5.1　地层变形控制常见方法

1.盾构施工初始沉降控制

盾构施工前期沉降控制的关键是保持地下水压。保持地下水压的措施有：

①合理设定土压(泥水压)控制值并在掘进过程中保持稳定，以平衡开挖面土压与水压。

②保持开挖面土压(泥水压)稳定的前提条件：对于土压式盾构时泥土的塑流化改良效果，应根据地层条件选择适宜的改良材料与注入参数；而对于泥水式盾构则是泥浆性能，应根据地层条件选择适宜的泥浆材料与配合比。

③防止地下水从刀盘主轴密封、铰接密封、盾尾以及拼装好的衬砌结构渗入。为此，应保持盾构刀盘驱动、铰接、盾尾等部位密封完好，保证盾尾密封油质注入压力与注入量，管片密封与拼装质量满足规范要求。

④土压式盾构在地下水位高且渗透性好的地层掘进时，应采取有效的防喷涌措施，以防地下水从螺旋输送机涌入。

2. 开挖面前沉降(隆起)控制

开挖面前沉降(隆起)控制的主要措施是土压(泥水压)管理。为真正实现土压(泥水压)平衡，通常采取的措施有：

①合理设定土压(泥水压)控制值并在掘进过程中保持稳定，以平衡开挖面土压与水压。

②保持开挖面土压(泥水压)稳定。

③加强排土量控制。

④对于土压式盾构，必要时还应对盾构推力、推进速度、刀盘扭矩等盾构参数进行控制。

3. 通过时沉降(隆起)控制

通过时沉降(隆起)控制措施主要有两种：

①控制好盾构姿态，避免不必要的纠偏作业。出现偏差时，应本着"勤纠、少纠、适度"的原则操作。在较硬地层中掘进的场合，纠偏时或曲线掘进时需要超挖的，应合理确定超挖半径与超挖范围，尽可能减少超挖。

②土压式盾构在软弱或松散地层掘进，盾构外周与周围土体的黏滞阻力或摩擦力较大时，应采取注浆减阻措施。

4. 尾部空隙沉降(隆起)控制

尾部空隙沉降(隆起)控制的关键是采用适宜的衬砌背后注浆措施，主要有：

①用同步注浆方式及时填充尾部空隙。

②根据地质条件、工程条件等因素，合理选择单液注浆或双液注浆，正确选用注浆材料与配合比，以便拼装好的衬砌结构及时稳定。

③加强注浆量与注浆压力控制。

④及时进行二次注浆。

5. 后续沉降控制

后续沉降主要在软弱黏性土地层中施工时发生，主要控制措施如下：

①盾构掘进、纠偏、注浆等作业时，尽可能减小对地层的扰动。

②若后续沉降过大，不满足地层沉降要求，可采取向特定部位地层内注浆的措施。

11.5.2 盾构掘进参数控制方法

1. 优化匹配盾构掘进参数

盾构最优掘进是指掘进时对周围地层及地面的影响最小、地层强度下降小、受到的扰动小、超空隙水压力小、地面隆沉小、盾尾脱出时的突沉幅度小。这些是盾构施工中控制地面沉降、保护环境的首要条件和治本方法。

要达到上述最优状态，必须在盾构掘进过程中根据隧道埋深、地质条件、地面荷载、设计坡度、转弯半径、轴线偏差及盾构姿态等情况，选取合理的参数指导施工。但各参数既是独立的，又存在相互匹配、优化组合的问题，宏观表现在地表变形的控制。为此，必须进行沿线地表变形监测，并据此不断进行优化组合，指导下一步的掘进施工，使之真正达到优化施工参数的目的。

2.试掘进确定参数指导施工

岩土介质的典型特征是离散的、各向异性的三相体,盾构施工所面对的主要工作介质是岩土体,再加上在施工影响范围内建(构)筑物与岩土体的相互作用,其物理、力学性能、计算模型及理论分析结果很难达到连续介质力学的精度。基于上述原因,有必要根据沿线地层条件、建(构)筑物情况,以一定的掘进区段作为掘进试验段。

一般来说,将始发掘进的前 100 m 作为试推段。在实际掘进过程中,又可将 100 m 试推段划分为三个区段:第一段长 15 m,为初掘进,共设定 3 组掘进参数,通过地表监测摸索地层变化和轴线控制的规律;第二段长 35 m,根据地面条件、建(构)筑物、地下管线情况,对第一阶段设定的 3 组参数进行调整,以取得最优参数;第三段长 50 m,是正式掘进的准备阶段,通过这一区段的掘进,对地面沉降、隧道轴线控制、衬砌安装质量等制订出控制措施,基本掌握施工参数,并利用信息反馈指导施工。通过 100 m 试推段掘进参数与地层变形规律的摸索,可为整个掘进过程中施工参数的确定奠定良好的基础。

3.土仓压力的设定

在整个隧道掘进过程中,土仓压力的设定是一个非常关键的参数,因此在这里单独提及。土压压力设定值如偏小则导致地面下沉量增大,土压压力设定值如偏大则会导致地面发生隆起现象。开挖面地层支护压力与地面变形关系如图 11-19 所示。

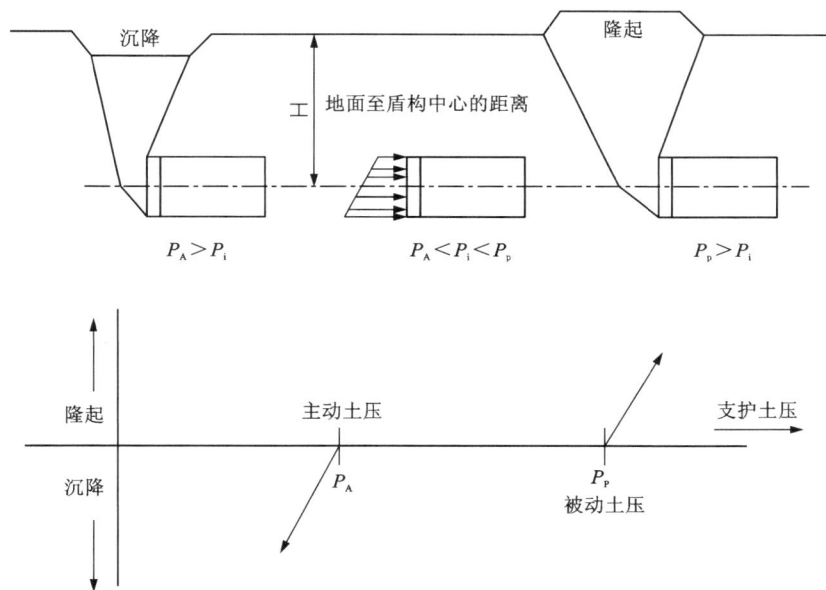

注:P_A—主动土压;P_p—被动土压;P_i—设定土压(土层稳定土压)。

图 **11-19**　开挖面地层支护压力与地面变形关系示意图

一般来说,掘进作业面水土压力的理论计算有三种常规方法:一是根据传统的朗金—库仑土压力理论进行计算,这种计算方法一般应用于埋深不大的情况;二是利用太沙基理论进行计算,这种计算方法适用于埋深较大且能够在隧道上方形成自承载拱的情况;三是村山计算方法,这种方法是对太沙基理论的一种改进。

4.确定盾尾同步注浆参数

在盾构掘进过程中,以适当的注浆压力和浆量、合理配比的注浆材料等,在脱出盾尾的衬砌背面环形建筑空隙进行同步注浆,这是控制或减小地表变形的关键措施。

盾尾同步注浆过程中的关键参数控制主要包括以下几点。

①合理配比的浆料:稠度值控制在 10.5~11.0,密度近似于原状土。

②注浆压力:合适的注浆压力为 0.5~0.6 MPa。因实际注浆量大于计算注浆量,超体积浆液必须适当高于计算注浆压力,方可注入盾尾土体空隙。

③注浆时间:盾尾注浆的压入时间对注浆施工效果影响明显。若注浆不及时,尤其是在地层变形已发生之后再进行注浆则达不到预期的注浆效果。因此浆液的注入时间应以管片拖开盾尾同步为最佳,匀量注入浆液的时间应与管片推进一环的时间相同。

④注浆量:一般来说,盾尾同步注浆量的控制可根据盾尾间隙的计算而求得。但在实际注浆过程中,由于盾尾土体不密实或存在空隙等情况,同时由于盾构施工对周边土体的扰动作用,从而导致实际的盾尾同步注浆量要远大于理论计算量。从北京地铁 5 号线 17 标段的施工情况来看,在砂卵石地层中合适的注浆量应为理论注浆量的160%~220%;在粉质土、黏质土地层中合适的注浆量应为理论注浆量的140%~180%。

⑤注浆位置的分配:有目的地选择等角度分布于盾尾外壳的注浆管进行注浆,根据不同的地质条件及控制标准确定各个注浆管的注浆压力与注浆量,能使"漂浮"于浆液中的隧道尾端产生可控位移,既可改善隧道轴线原有的偏差,又可改善管片与盾尾的挤卡状况。

11.5.3 地层加固方法

1.注浆加固工法

注浆的加固效果,主要是增强黏聚力,对其他因素影响不太大。就施工性而言,从地面、井内均可施工,即施工性好且经济,但地层加固的可靠性低,加固强度有限,因此多用于改善止水特性。注浆工法中,材料和施工方法多种多样,需根据地下水、地质、施工环境等确定,同时还要考虑所期待的加固效果,包括注浆量过大引起的地层隆起的处理对策。

2.高压喷射注浆法

高压喷射注浆法可作为混凝土墙之类的一般临时建筑物的施工方法,它通过土质和结构力学计算,确定加固厚度。最小加固改良厚度可按表 11-9 确定。其加固效果好,可靠性高。施工时,需有处理超高压射流切削下来的软泥的排泥坑。

表 11-9 最小改良厚度(柱状喷射法)

D	$D(1,0)$	$1.0 \leqslant D < 3.0$	$3.0 \leqslant D < 5.0$	$5.0 \leqslant D < 8.0$
B	1.0	1.0	1.5	2.0
H_1	1.0	1.5	2.0	2.5
H_2	1.0	1.0	1.0	1.5

3.冻结法

冻结法是将自然状态下不均匀的地层通过冻结变成具有均匀力学性质的冻土。其优点是加固效果好，且冻土墙还能用温度来控制，可以确保其长期处于稳定状态。对加固范围等的确定按照一般临时建筑物来计算。

　　用冻结法进行地层加固，多采用从地面竖直冻结的方式。到达处多采用水平冻结的方式，加固强度大且稳定。存在流动地下水时，因推进速度不可能达到 1~2 m/d，所以要注意地下水状况。形成冻土需要的时间因条件而异，一般需 40~60 d。此外，冻土会产生冻胀和解冻沉降，特别是在黏性土层条件下，对此应采取必要的措施。

思考题

1. 盾构隧道施工引起地层变形的原因有哪些？
2. 盾构隧道施工地层损失有哪些？
3. 哪些盾构机的构造会导致施工地层损失？
4. 盾构隧道施工引起的地层位移预测方法有哪些类型？分别有什么特点？
5. 盾构隧道施工对邻近建（构）筑物影响的评价流程是什么？
6. 简述盾构隧道施工地层变形控制措施及其特点。

参考文献

[1]　傅金阳. 富水复合地层浅埋暗挖地铁施工对邻近建筑物影响分析[D]. 长沙：中南大学, 2010.
[2]　张凤祥, 朱合华, 傅德明. 盾构隧道[M]. 北京：中国建筑工业出版社, 2004.
[3]　Loganathan N. An innovative method for assessing tunnelling-induced risks to adjacent structures [M]. One Penn Plaza：Parsons Brinckerhoff Inc；2011.
[4]　Fu J, Yang J, Klapperich H, Wang SY. Analytical prediction of ground movements due to a nonuniform deforming tunnel [J]. International Journal of Geomechanics, 2016, 16(4)：04015089.
[5]　Clough W G, Schmidt B. Chapter 8 - Design and performance of excavations and tunnels in soft clay. Developments in Geotechnical Engineering [M]. Elsevier B. V；1981.
[6]　Attewell P, Yeates J, Selby AR. Soil movements induced by tunnelling and their effects on pipelines and structures [M]. New York：Chapman and Hall Ltd. 1986.
[7]　Macklin S. The prediction of volume loss due to tunnelling in overconsolidated clay based on heading geometry and stability number [J]. Ground Engineering, 1999, 32(4)：30-3.
[8]　Mair R J, Gunn M J, O'Reilly M P. Ground movements around shallow tunnel in soft clay. In：Proceedings of 10th International Conference on Soil Mechanics and Foundation Engineering, Rotterdam, The Netherlands：Balkema；1981, (1)：323-328.
[9]　Lee K, Rowe R, Lo K. Subsidence owing to tunnelling. I. Estimating the gap parameter [J]. Canadian Geotechnical Journal, 1992, 29(6)：929-940.
[10]　Lagerblad B, Fjällberg L, Vogt C. Shrinkage and durability of shotcrete, Chapter in Shotcrete：Elements of a System [M], Swedish Cement & Concrete Research Institute, CRC Press, 2010.
[11]　Peck R B. Deep excavation and tunnelling in soft ground. In：Proceedings of the seventh International Engineering. Mexico；1969. 225-290.
[12]　Mair R, Taylor R N, Bracegirdle A. Subsurface settlement profiles above tunnels in clays [J]. Geotechnique 1993, 43(2)：361-2.

[13] Rankin W. Ground movements resulting from urban tunnelling: predictions and effects [J]. Geological Society Special Publication, 1988, 5(1): 79-92.

[14] O'Reilly M P, New B M. Settlement above tunnels in the United Kingdom—their magnitude and prediction. In: Tunnelling 82, Proceedings of the third International Symposium, Brighton. London: IMM; 7-11 June, 1982. 173-181.

[15] Litwiniszyn J. The theories and model research of movements of ground masses [J]. Colliery engineering, 1958, (1): 1125-36.

[16] 阳军生, 李建生, 傅金阳. 隧道施工对邻近结构物影响评价软件的开发[J]. 地下空间与工程学报, 2011, 7(1): 168-173.

[17] 阳军生, 刘宝琛. 城市隧道施工引起的地表移动及变形[M]. 中国铁道出版社, 2002.

[18] Sagaseta C. Analysis of undrained soil deformation due to ground loss [J]. Géotechnique. 1987, 37(3): 301-20.

[19] Verruijt A, Booker J. Surface settlements due to deformation of a tunnel in an elastic half plane [J]. Géotechnique. 1998, 46(5): 753-6.

[20] Loganathan N. Analytical prediction for tunneling-induced ground movements in clays [J]. Journal of Geotechnical and Geoenvironmental Engineering, 1998, 124(9): 846-56.

[21] Verruijt A. A complex variable solution for a deforming circular tunnel in an elastic half-plane [J]. International Journal for Numerical and Analytical Methods in Geomechanics, 1997, 21: 77-89.

[22] Verruijt A, Strack OE. Buoyancy of tunnels in soft soils [J]. Géotechnique. 2008, 58(6): 513-15.

[23] Mindlin R. Stress distribution around a tunnel [M]. Transactions of the American Society of Civil Engineers, 1940, 105(1): 1117-40.

[24] Timoshenko S, Goodier J. Theory of elasticity, 3rd edition. New York: McGraw-Hill Book Company, 1970.

[25] Bobet A. Analytical solutions for shallow tunnels in saturated ground [J]. Journal of Engineering Mechanics, 2001, 127(12): 1258-66.

[26] Park K. Analytical solution for tunnelling-induced ground movement in clays [J]. Tunnelling and Underground Space Technology, 2005, 20(3): 249-61.

[27] Boscardin M, Cording E. Building response to excavation-induced settlement [J]. Journal of Geotechnical Engineering, 1989, 115(1): 1-21.

[28] Attewell P. Ground movements caused by tunnelling in soil, large ground movements and structures. In: Proceedings of Conference at University of Wales Institute of Science and Technology. New York: Wiley. 1977, 812-948.

[29] Bezuijen A. Bentonite and grout flow around a TBM. Tunnels & Tunnelling International, 2007; (6): 39-43.

[30] Burland JB, Wroth CP. Settlement of buildings and associated damage. In: Proceedings of conference on the Settlement of Structures [J]. Pentech Press. 1974, 611-654.

[31] Fu J, Yu Z, Wang S, Yang J. Numerical analysis of framed building response to tunnelling induced ground movements [J]. Engineering Structure, 2018, 158(3): 43-66.

[32] 吴锋波. 建(构)筑物的变形控制指标[J]. 岩土力学, 2010, 31(S2): 308-316.

[33] Mair R J. Settlement effects of bored tunnels. In: Proceedings of International Symposium on Geotechnical Aspects of Underground Construction in Soft Ground. London: [s. n.]. 1966, 43-53.

[34] Burland J B. Assessment of risk of damage to buildings due to tunnelling and excavation. In: Kogakkai J, editors. Proceedings of first International Conference on Earthquake Geotechnical Engineering. A. A. Balkema: Tokyo, Japan. 1995, 495-546.

［35］ Mair RJ, Taylor RN, Burland JB. Prediction of ground movements and assessment of risk building damage due to bored tunneling. In: Mair RJ, Taylor RN, editors. Proceedings of Geotechnical Aspect of Underground Construction in Soft Ground. Rotterdam: A. A. Balkema. 1996, 713-718.

［36］ Addenbrooke T, Potts D, Puzrin A. The influence of pre-failure soil stiffness on the numerical analysis of tunnel construction [J]. Géotechnique. 1997, 47(3): 693-712.

第 12 章

盾构隧道结构病害及整治

在施工与运营过程中的荷载、自然环境与使用环境等多种因素的共同作用下，盾构隧道运营中会不同程度地出现管片衬砌开裂、变形、渗漏水以及健康状况随服役时间延长而逐步退化等病害。特别是我国盾构隧道建设过程中由于速度快、工期紧张、技术人员及现场工人短缺、隧道施工拼装问题、运营后隧道周边环境扰动等，管片衬砌结构的病害问题更为显著。近年来，大量盾构隧道相继投入运营，盾构隧道结构健康诊断与病害防控已成为需要长期面临与解决的问题。

12.1 盾构隧道衬砌结构常见病害成因及防控

一般而言，衬砌结构病害存在于使用的全过程，有些隧道在使用之前病害就已存在，且形成的原因很复杂，对隧道使用寿命的影响也存在较大差异[1]。根据大量统计数据，相当比例的盾构隧道在竣工和运行后即有裂缝和渗漏水现象产生，有的隧道甚至在施工过程中即产生管片衬砌开裂等病害。隧道竣工验收后，由于其自身的构造特点和运营期的巡养问题，出现病害也在所难免。盾构隧道中由管片衬砌结构引起的病害问题最为突出[2]。

12.1.1 管片环缝不齐整

管片环缝或环面不齐整是指同一环管片在拼装完成后因千斤顶一侧环面不在同一平面上，不同块之间有凹凸的现象，给下一环的拼装带来影响，导致环向螺栓穿进困难，并造成管片碎裂等问题，如图12-1所示。

引起圆环管片环缝不齐整的原因如下：①管片制作误差尺寸积累；②拼装时前后两环管片间夹有杂物；③千斤顶的顶力不均匀，使环缝间的止水条压缩量不相同；④止水条粘贴不牢，拼装时翻到槽

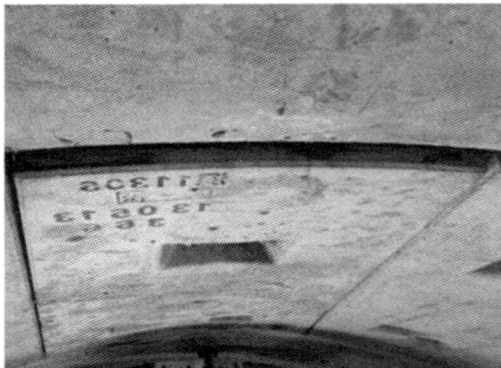

图 12-1 盾构隧道管片环缝不齐整

外，与前一环的环面不密贴，引起该块管片突出；⑤成环管片的螺栓没有及时拧紧及复紧；⑥运营期管片纵向不均匀沉降，引起隧道环向接缝产生差异变形，导致接缝张开、填充防水材料破损、渗漏等。

避免圆环管片环面不平整的措施有：①拼装前检测前一环管片的环面情况，决定本环拼装时的纠偏量及纠偏措施；②清除环面和盾尾的各种杂物；③控制千斤顶顶力均匀；④检查止水条的粘贴情况，保证止水条粘贴可靠；⑤盾构推进时骑缝千斤顶应开启，保证环面平整。

12.1.2　管片纵缝不齐整

纵缝不齐整表现在同环相邻的管片相互位置发生错动，致使裂缝出现了前后喇叭、内外张角、内弧面踏步、纵缝过宽、两块管片相对旋转等质量问题，如图 12-2 所示。对隧道的防水、管片的受力都造成严重的危害。

引起纵缝不齐整的原因可能有：①拼装时管片没有放正，盾壳内有杂物，使拱底块管片放不到位或产生上翘、下翻，环面有杂物夹入环缝，也会使纵缝产生前后喇叭；②拼装时管片未能形成正圆，造成内外张角；③前一环管片的基准不准，造成新拼装的管片位置也不准；④隧道轴线与盾构的实际中心线不一致，使管片与盾壳相碰，无法拼成正圆，只能拼成椭圆，纵缝质量也就无法保证；⑤运营期管片径向不均匀收敛变形，使隧道水平直径增长、竖向高差减小，管片纵缝不断增大，

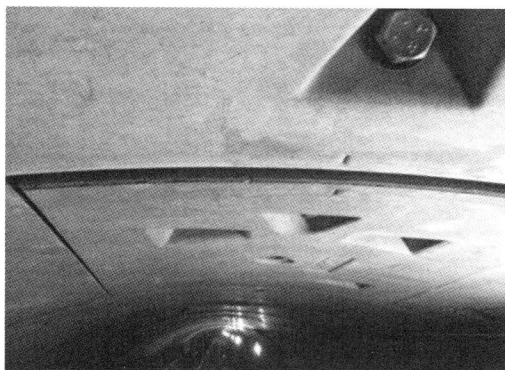

图 12-2　隧道管片纵缝不齐整

可导致侧向弹性密封垫失效，引起勾缝脱落、渗漏水等病害。

针对引起纵缝不齐整的原因，可以采取的措施有：①拼装前做好盾壳与管片各面的清理工作，防止杂物夹入管片之间；②推进时勤纠偏，使盾构的轴线与设计轴线的偏差尽量减小，保证管片能够居中拼装，管片周围有足够的建筑空隙使管片能拼装成正圆；③对环面的偏差及时进行纠正，使拼装完成的管片中心线与设计轴线误差减小，管片始终能够在盾尾内居中拼装；④管片正确就位，千斤顶靠拢时要加力均匀，除封顶块外每块管片至少要有两只千斤顶顶住。

12.1.3　管片裂缝

限于种种原因，管片在制作、隧道施工和运营期间都不可避免地出现裂缝，如图 12-3 所示。衬砌管片产生的裂缝在一般情况下会影响混凝土结构的安全性和耐久性，严重时会影响隧道的使用和其他设施的安全性，如果处理不当，将造成很大危害。

根据裂缝出现的部位和方向不同及其与隧道长度方向的相互关系，可以将裂缝分为纵向裂缝，环向裂缝，边、角局部裂缝三种。纵向裂缝平行于隧道轴线，其危害性最大，发展可引起隧道掉拱、边墙断裂甚至整个隧道塌方。环向裂缝主要由纵向不均匀荷载、围岩地质变化等引起，多发生在洞口或不良地质带与完整岩石地层的交界处。边、角局部裂缝常因混凝土

衬砌的环向与纵向受力组合而成的拉应力、局部压溃、螺栓孔应力集中贯穿造成，其危害性仅次于纵向裂缝，也需认真加固。

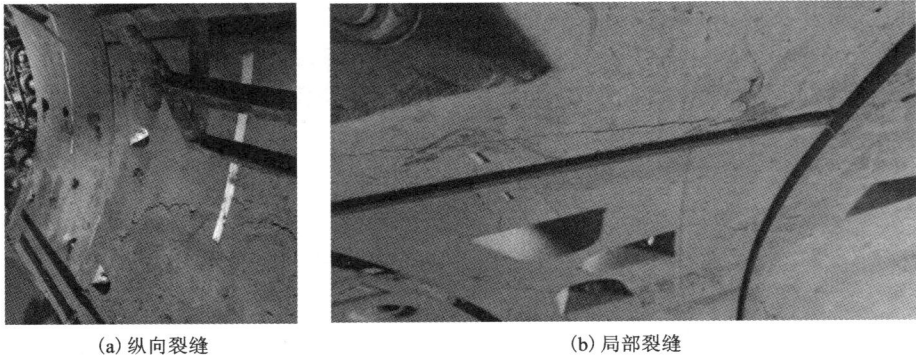

(a) 纵向裂缝　　　　　　　　　　　(b) 局部裂缝

图 12-3　盾构管片裂缝

管片裂缝根据其受力特征可以分为衬砌弯张裂缝、衬砌剪切裂缝、扭弯裂缝和压剪裂缝四种类型，如图 12-4 所示。

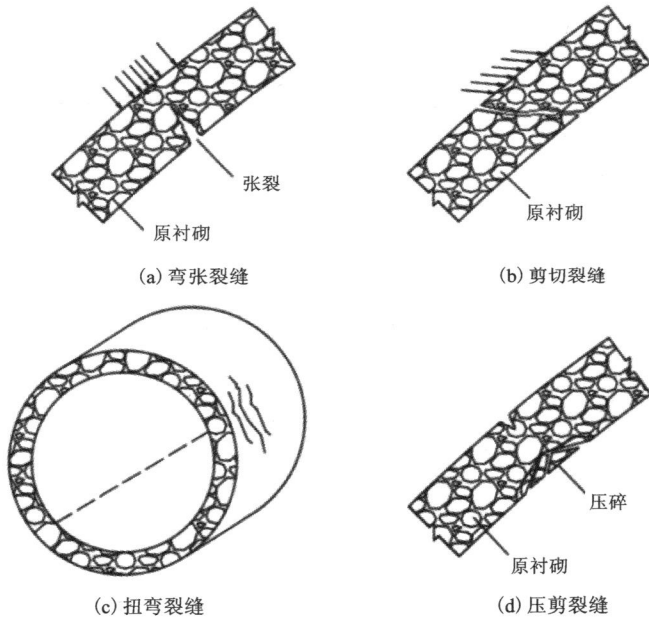

(a) 弯张裂缝　　　　　　　　　　　(b) 剪切裂缝

(c) 扭弯裂缝　　　　　　　　　　　(d) 压剪裂缝

图 12-4　管片裂缝受力特征[2]

1. 管片生产过程造成的开裂

管片生产过程造成的开裂主要在两个阶段显示出来：第一阶段是管片脱模以后的养护阶段，以管片表面裂纹为主，能通过目测观察发现；第二阶段是 28 d 后在管片出厂运输、吊卸及拼装过程中产生的微细裂纹，这种裂纹出厂检查时不易被观察发现，容易被忽略，但这种裂纹一旦受集中应力作用，就会迅速扩展形成更大的裂缝。管片在生产过程中常发生开裂，造成这一过程中管片开裂的主要原因有生产工艺不合理、不科学和混凝土配合比不合理等，相应控制对策如下所述。

（1）因地制宜调整配合比

各个城市的地理位置不同，所选用的混凝土材料，诸如石、砂、水泥、添加剂、粉煤灰等组分、含量及性能也不同，并且气候条件也有差异。因此，即使使用同一种标号的混凝土管片（C50），配合比也不尽相同，不能生搬硬套，应通过系列试验确定适应本地的混凝土配合比，特别是应根据气候条件，如季节性的温度、湿度变化及时调整配合比。根据经验，对 C50 地铁盾构管片，华南和华东地区水胶比宜选在 0.4±0.05，西北和华北地区水胶比宜选在 0.35±0.05，但坍落度均宜控制在（6±3）cm 内。

（2）改善施工工艺

管片生产的施工程序依次为混凝土搅拌、混凝土浇筑、振捣、模内自养或蒸养、脱模、蓄水或喷淋养护等，其中振捣工艺和养护工艺（包括蒸养）对管片质量控制，尤其是混凝土密实度影响最大。

①振捣。目前，管片生产厂所使用的振捣方式有钢模整体振捣方式和人工振捣方式。两者相比较，整体振捣的振动能量大，操作简易，同一水平面混凝土振捣均匀，但垂直层面上不易均质，并且在上弧面或外弧面易形成浮浆，另外在特殊位置，诸如螺栓孔、吊装孔因构造筋或钢构件密集会出现过振离析现象；人工振捣受控于人，要求工人熟练掌握振捣工艺，并且每一步必须认真操作，但能量小，特殊位置振捣质量易控制。对于整体振捣所产生的上层浮浆，必须额外增加混凝土进行补偿，否则其上弧面或外弧面会产生很多表面收缩裂缝，严重影响保护层的质量。

②养护。混凝土管片养护可分为脱模前养护和脱模后养护。脱模前养护有自然养护和蒸汽养护两种方式。蒸汽养护能加快钢模的周转速度，已广泛使用，但必须对蒸养最高温度、内外温差、升温和降温梯度进行严格控制。目前，我国管片生产的经验表明，蒸养时间以控制在 6～8 h 为宜，恒温阶段最高温度不宜超过 60℃（有关规范为 90℃），内外温差宜小于 20℃，升温和降温梯度宜小于 20℃/h。脱模后的养护常见有喷淋养护和蓄水养护，养护周期为 7 d。南京和上海多采用蓄水养护方式，管片开裂罕见。广州地铁 1 号线和 2 号线均采用喷淋养护，管片开裂较多。深圳地铁既有喷淋养护也有蓄水养护的管片，经过比较，在地质特性、管片配筋、混凝土配合比和施工参数相类同的情况下，当总推力达到 12000～15000 kN 时，喷淋养护的部分管片开始出现裂缝，而蓄水养护的管片则完好无损，后者甚至在 28000 kN 时仍未发现裂缝。上述的实例表明，我国目前水泥含量大多超过 400 kg/m³ 的 C50 混凝土管片似乎只有通过 7 d 以上的蓄水养护，水化作用才能进行得充分，才能增强混凝土的密实度，从而更有效地从源头防止开裂。

2.盾构施工中的管片开裂

盾构施工造成管片开裂的因素众多，主要影响因素及相应对策有下述几种。

（1）盾构总推力过大

作用于管片上的力是造成管片开裂的最基本因素，其中盾构掘进过程中总推力过大是致使管片开裂的最直接原因。目前，国内地铁盾构隧道（内径 5.4～5.5 m）施工常见的总推力为 5000～15000 kN。建立土压平衡状态下或土仓内聚结泥饼的情况下，总推力将超过 15000 kN。

当总推力超过 15000 kN 时，对于未经水养或养护不好的、厚度 30~35 cm、配筋 150 kg/m³ 以下的管片则有可能开裂，总推力增大，开裂的频率将增大。可采取的控制措施有：①在土仓内注入改良剂，防止结泥饼，减少掘进扭矩和总推力；②在开挖面相对稳定的地段，尽可能不采取土压平衡掘进模式，而采取欠土压掘进模式，或半开放模式，或辅助气压掘进模式。

（2）管片拼装和千斤顶撑靴重心偏位

封顶块安装时，先安装好的管片圆度不够、邻接块间的间隙太小、未按要求在其两侧涂刷润滑剂，会导致封顶块及邻接块接缝处管片破碎，破碎部位发生在邻接块上部及封顶块两侧；由于拼装过程中管片环向接触面不平整，在千斤顶作用下形成局部应力集中，造成管片破损；千斤顶的撑靴推力重心与管片中心线位置不吻合，会使管片偏心受力或局部应力集中，导致管片破损。根据理论计算，即使只有 0.5~1.0 mm 的高差，也会造成下一环片最大劈裂力矩为 1241 kN·m。盾构管片虽然都属于精密管片，但安装过程中任何不精细和错缝拼装的原因（从结构刚度来说，错缝拼装优于通缝拼装），造成 0.5~1.0 mm 错位的频率是较高的。因此，为了防止这类开裂，要尽可能地提高管片的安装精度，减少千斤顶的撑靴设计偏差。

（3）盾构机姿态控制与曲线段不匹配

盾构机姿态控制与曲线段不匹配会导致盾壳挤压管片开裂、整圆器顶压管片开裂等现象，如图 12-5 所示。管片较宽（1.5 m）也是一个不利因素（对于小曲线半径）。盾壳之所以挤压管片，还与盾尾尾刷结块硬化、盾尾壳体椭变和隧道旋转、管片连接螺栓未拧紧（易使环变形）等有关。这个推断在盾构进站后得以证实：管片开裂的位置与尾刷严重损坏、盾尾内壳磨光的位置基本对应。相应的对策：正确控制好转弯地段的盾构姿态，宜缓慢掘进，慎重纠偏，同时在过站时尽可能把损坏的密封刷全部更换。

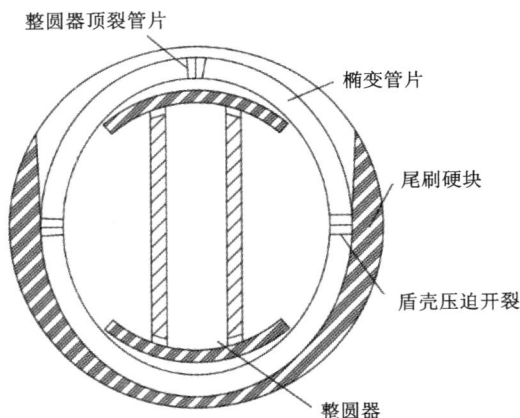

图 12-5　尾刷结块硬化造成的管环变形示意图

（4）管环脱出盾尾时的变形与破损

管环脱出盾尾时的变形与破损是由盾构姿态不合理、管片选型不当、盾尾填充物及填充工艺、盾壳内管环姿态、盾尾空隙量的大小及地层的偏压等造成，并导致管环严重变形甚至开裂，其中盾尾填充物及填充工艺对管环变形影响最大，如图 12-6 所示。管环脱出盾尾后管片开裂的实例较少见，可采取改善填充物配合比、缩短凝固时间等措施进行控制。

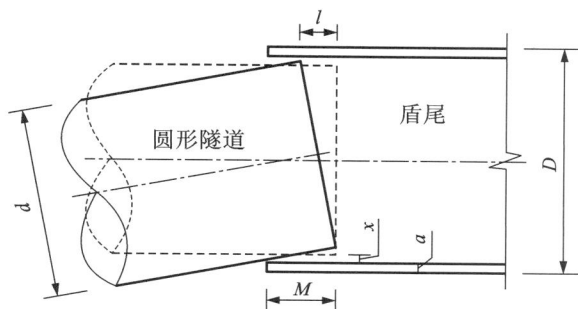

图 12-6　出盾尾管环的变形示意图

3.盾构隧道使用过程中的开裂

盾构隧道使用过程中的开裂主要由两个方面的原因：其一是隧道周边土压、水位发生改变；其二是隧道内列车的振动或地震造成周边砂层液化。防止开裂拟采取的措施有：①加固隧道周边围岩土体，改善土体性质，防止土压、水位发生变化；②从隧道内注浆加固，强化隧道基底承载能力，增强隧道自身的稳定性。

12.1.4　管片错台

管片错台是指拼装完成的两环管片间内弧面不平，管片环之间产生高低错开或一环内管片块之间错开高差过大的现象，如图 12-7 所示。管片错台不仅影响隧道净空，还会引起管片结构开裂破坏，也给隧道的防水带来隐患。

引起管片错台的原因可能有：①管片拼装的中心与盾尾中心不同心，管片与盾尾相碰，为了将管片拼装在盾尾内，将管片径向内移，造成过大的环高差；②管片拼装的椭圆度较大，造成过大的环高差；③盾构姿态控制不当，管片的环面与隧道轴线不垂直，如继续上一环的方向拼装将会与盾尾相碰，使管片向相反方向位移，造成过大的环高差；④管片在脱出盾尾后建筑空隙没有及时填充或注浆不当，管片在自重的作用下下沉，造成环高差过大。

图 12-7　某地铁盾构管片错台与局部开裂

管片环高差主要是在施工过程中引起的，所以在施工过程中也应注意：①将管片在盾构内居中安装，使管片不与盾构相碰；②保证管片拼装的椭圆度；③纠正管片环面与隧道轴线的不垂直度；④及时、充足地进行同步注浆，用同步注浆的浆液将管片托住，减少环高差。

12.1.5　管片接头损坏

管片接头损坏是指接头部位在生产和安装时的初始损伤，以及运营中接头混凝土损坏。预制管片生产阶段管片尺寸和质量的偏差，也会使管片拼装及隧道使用阶段存在隐患。拼装阶段管片接头的破损对后续维护和修复成本将产生很大的影响。

对于装配式混凝土衬砌隧道，接头一般起到隧道管片内力传递及隧道防水的双重作用。但接头同样是隧道内的薄弱环节。受到隧道结构纵向变形及衬砌环收敛变形的影响，常发生环间及环内的错台变形，管片开度过大，甚至造成接头开裂、渗漏的发生。另外，随隧道接头防水材料的老化，其止水效果逐渐退化使衬砌接头成为渗漏的主要通道。

一般情况下，管片接头连接螺栓长期承受较大的剪切荷载及拉应力作用，易产生扭曲变形甚至断裂，且往往遭受较为严重的应力腐蚀作用，其老化程度和寿命将直接影响整个隧道结构的安全和服役性能，如图 12-8 所示。连接螺栓一般没有特殊的防腐蚀措施，容易产生锈蚀。螺栓孔往往会成为渗漏的通道。因此，应充分考虑连接螺栓的耐久性退化后的问题及其结构力学行为。

图 12-8　某地铁盾构管片接头损坏

12.1.6　管片渗漏水

渗漏水是盾构隧道管片衬砌病害中最直观的表现形式，是指地下水从已拼装完成管片的接缝中渗漏进入隧道，对隧道的稳定、洞内设施、行车安全、地面建筑和隧道周围水环境产生诸多不良影响甚至威胁。管片衬砌渗漏水主要发生在环缝、纵缝、注浆孔、变形缝、螺栓孔等部分，在某种程度上反映设计水平、施工质量及运营状态，如图 12-9 所示。在砂性地层中，地下水向隧道区域渗漏会冲淘衬砌背后土层形成空洞，使周围土层强度和稳定性降低，形成较大水压力。长期渗漏水也容易使衬砌结构的使用可靠性降低，如果渗漏水中含有侵蚀介质，将造成衬砌劣化，降低衬砌的承载能力。

引起管片接缝渗漏的原因有：①管片拼装的质量不好，接缝中有杂物，管片纵缝有内外张角、前后喇叭等，管片之间的缝隙不均匀，局部缝隙太大，使止水条无法满足密封的要求，周围的地下水就会渗漏进入隧道。②管片碎裂，破损范围达到粘贴止水条的止水槽时，止水条与管片间就不能密贴，水就从破损处渗漏进入隧道。③止水条粘贴质量不好，粘贴不牢固，使止水条在拼装时松脱或变形，无法起到止水作用。④对已贴好止水条的管片保护不好，使止水条在拼装前已遇水膨胀，从而使管片拼装困难且止水能力下降。⑤管片制作精度问题及施工问题。⑥车辆振动及安全保护区内建筑活动，也会加剧隧道结构的沉降变形，导致管片间产生缝隙而漏水。⑦螺栓孔沥青垫圈不完整或者在施工中已经被压碎以及弯螺栓孔的灌浆不密实，不能有效阻止水进入隧道，也会造成渗漏水等。⑧接头处注浆材料不密实或硬化脱落，橡胶止水条和密封垫材料老化是隧道渗漏水的主要隐患。

可以采取的预防管片接缝渗漏的措施有：①提高管片的拼装质量，及时纠正环面，拼装时保证管片的整圆度和止水条的正常工况，提高纵缝的拼装质量。②对破损的管片及时进行修补，运输过程中造成的损坏应在贴止水条前修补好。对于因为管片与盾壳相碰而在推进或拼装过程中被挤坏的管片，也应原地进行修补，以对止水条起保护作用。③应严格按照粘贴止水条的规程进行操作，清理止水槽，胶水不流淌以后才能粘贴止水条。④在施工现场加工雨棚等防护设施，加强对管片的保护。根据情况也可对膨胀性止水条涂缓膨胀剂，确保施工的质量。

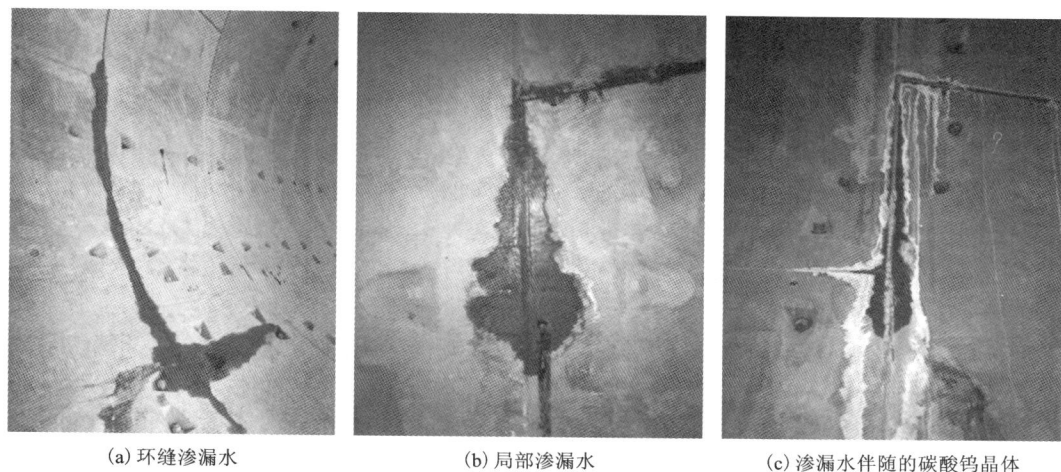

(a) 环缝渗漏水　　　　　　　(b) 局部渗漏水　　　　　　(c) 渗漏水伴随的碳酸钙晶体

图 12-9　盾构隧道管片渗漏水

12.1.7　管片腐蚀

土体中所含氯盐和硫酸盐等有害物质会使钢筋锈蚀，使混凝土产生溶解性腐蚀和膨胀性腐蚀。软土和隧道内空气中的二氧化碳、一氧化碳等可溶于水，渗入混凝土，造成混凝土的中性化[3]。

12.1.8　管片冻害

管片冻害是指在寒冷地区或严寒地区的隧道，因寒冷环境的冻融作用而引起的管片冻胀开裂、酥碎、剥落、积水、挂冰、结冰、冰溜等影响隧道功能正常使用的病害现象[4]。在寒区隧道，冻害是管片衬砌劣化的最主要原因，如果隧道的排水设备在隧道的冻结圈内，则冬季易发生冰塞；在冻结圈内如果围岩的岩性是非冻胀性土，则不会发生冻胀性病害。

我国冻土地区分布广泛，其中多年冻土占整个陆地面积的1/5。在寒冷地区，隧道渗漏水会进一步引发冻害，而且冻害也会加剧隧道渗漏的发生，使隧道的运营环境更加恶化。过低的温度会造成混凝土内部、混凝土与衬砌之间、围岩内的水分冻结，从而造成巨大的冻胀力，围岩压力的增加造成衬砌结构破坏，同时会引起围岩和混凝土体积膨胀、碎裂和强度下降，导致衬砌结构承载能力降低。

12.2　盾构管片衬砌结构病害调查

盾构管片衬砌结构的病害调查对盾构隧道的养护和维修有重要意义。全面细致的调查可以发现隧道存在的病害和病害的程度，从而为隧道的养护和维修提供依据，以延长隧道的使用寿命，避免过早地进行改建和重建工作。

12.2.1　病害调查目的

调查盾构隧道衬砌结构病害的方法有超声回弹综合法、地质雷达法、隧道激光断面法、红外线现场照相法等[5]。超声回弹综合法可以检测混凝土的动弹性模量、强度、管片的厚度及缺陷等，该技术方法已经较为成熟[6]。通常，在超声回弹法检测结果的基础上，还需采取钻芯法对隧道管片的厚度、强度进行验证。地质雷达法可检测施工材料性质的改变、结构异常(有空隙)、衬砌厚度的变化、衬砌的组成材料(如加强钢筋等)和围岩情况(衬砌与围岩间的空隙、泉眼以及组成材质的变化和异常情况)，这种检测方法也已在国内外得到了广泛的应用。隧道激光断面法是建立在无合作目标激光测距技术和精密数字测角技术之上，利用极坐标测量、计算机和图像处理技术，能迅速得到隧道断面图，并与设计轮廓进行对比，从而可以快速判断隧道衬砌变形。红外线现场照相法可以测定衬砌和围岩间水在不同温度下的流动、衬砌后面地质条件的改变以及衬砌缺陷、背后空洞。由于该方法依赖于温度梯度测量，因此最好在冬天温差较大时进行。在检测要求较高，需对干燥而细微的裂缝进行检测时，可采用多光谱分析法进行。随着隧道建设进入"建养并重"的新时期，采用地质雷达、红外线测试和光谱分析试验等无损伤检测技术对隧道衬砌进行检查已经引起了隧道工作者越来越大的兴趣。

12.2.2　主要病害检测方法

1.裂缝检测

衬砌结构裂缝的检测通常包括以下内容：裂缝周围混凝土质量；裂缝分布位置、数量、走向；裂缝长度、深度、宽度；裂缝内有无异物和积水；荷载条件及周围环境条件，包括温湿度的变化；开裂时间及开裂过程中变化、是否稳定。

①裂缝的位置、数量、走向一般采用照片和绘制裂缝展开图等形式记录。

②裂缝长度用直尺、卷尺进行测量，宽度可用裂缝宽度比对卡、裂缝测宽仪、塞尺进行检测。裂缝宽度检测通常使用刻度放大镜，也称为裂缝显微镜。其操作方法是将物镜对准待观察裂缝，通过旋转显微镜侧面的旋钮可将图像聚焦，目镜可读出裂缝的宽度。

③裂缝深度检测常使用取芯法和超声法。取芯法是在混凝土结构裂缝部位钻取芯样，取出后直接观察混凝土内部的质量与裂缝的深度贯穿情况。超声法根据超声波在衬砌混凝土中的传播速度，得出行程时间曲线；然后，超声波发射器位置固定，使接收器沿衬砌某一方向移动，根据裂缝位置处超声波传播时间的变化如延迟时间等，即可计算出裂缝深度。超声波检测方法简便易用，对检测结构无损害，应在结构检查中推广使用。

最后根据检测结果绘出展示图，展示图是以拱顶为中心线，两边展开，透视方式是从隧道内观察。沿隧道轴向标上桩号或洞身标号。横向对衬砌部位进行划分，使查出的病害能正确显示在展示图上,可用于评价隧道病害的严重程度和原因。

2.渗漏水检测

渗漏水检测最重要的环节是对隧道渗漏水状态的判断,区分渗漏水病害类型,明确渗漏水位置、范围与特征等。目前的隧道渗漏水通常划分为湿渍、渗水和渗流三种类型。检测判断方法如下:

①湿渍现象一般在人工通风条件下可消失,即蒸发量大于渗入量的状态。检测时用干手触摸湿斑,无水分浸润感觉;用吸墨纸或报纸贴附,纸不变颜色。检测时,要用粉笔勾画出湿渍范围,然后用钢尺测量高度和宽度,计算面积并标示在展开图上。

②渗水现象在加强人工通风的条件下也不会消失,即渗入量大于蒸发量的状态。检测时用干手触摸可感觉到水分浸润,手上会黏有水分。用吸墨纸或报纸贴附,纸会浸润变颜色。检测时,要用粉笔勾画出渗水范围,然后用钢尺测量高度和宽度,计算面积并标示在展开图上。

③渗流现象的检查方法和渗水一样,只是流水量更大,有时甚至夹带泥砂。检测时,可对水流滴漏速度或渗流量进行观测。

3.衬砌混凝土强度检测

除隧道衬砌表观病害外,衬砌混凝土强度是了解隧道运营环境中的耐久性和劣化特征的重要内容[7]。通常测定强度的方法有回弹法、超声波检测法、超声—回弹综合法和钻芯法等。

①利用回弹法检测强度时,需按照相关技术规程的具体要求进行检测。测点应在测区范围内均匀布置,但不得布置在气孔或外露石子上。相邻两测点的间距不宜小于 30 mm,同一测点只允许弹击一次。

②超声波检测包含纵波速度、面波速度和频谱特征三项内容,按不同的研究内容分别进行处理。纵波速度是根据两点记录初至波走时差与点距计算的。面波速度是由相关分析求取的,若其低于对应混凝土标号的正常纵波波速值指标,则混凝土本身质量有问题。频谱特征是用来表征衬砌完整性的。将远、近两点的实测主频归一化,所得结果称为结构完整性系数。结构完整性系数接近 1 时,表示结构完整;系数小于 1 时结构破碎,有裂纹;系数远大于 1 时,衬砌有空洞,有声波共振。

③超声—回弹综合法是利用超声波仪和回弹仪对同一测区的结构或构件进行声速和回弹值的测试,超声波声速可以反映混凝土内部强度信息,回弹值可以反映混凝土表面强度,超声、回弹两种方法相互补充,能够全面反映混凝土的真实质量。

④钻芯法是利用钻机从结构混凝土中钻芯取样,以检测混凝土强度或观察混凝土内部质量的方法。由于它对结构混凝土造成局部损伤,因此是一种半破损的现场检测手段。在测量强度时,需按照钻芯法检测混凝土强度的相关技术规程中的具体要求并结合隧道结构的实际情况进行。

4.其他病害检测

①管片错台初步判断通过目测进行,对疑似处可通过手触确认,也可将探照灯平贴于管片朝疑似错台处照明,如存在错台现象,则光束在错台处会出现明显的明暗对比,错台量可通过钢尺进行量测。

②管片接缝张开初步判断通过目测进行,对于张开幅度较大处,灯光照射后能发现螺栓。具体接缝张开大小需采用登高车实地量测。

盾构隧道病害的调查应对病害的位置、范围以及特征进行详细的文字记录，并留存全面的照片及录像资料备查。当前随着人工智能的发展，采用机器视觉的方法对裂缝、错台、渗漏水等表观病害进行拍照、矫正、拼接、重构，然后基于大量数据照片采用人工智能的方法进行辨识与检测，是当前隧道智能检测技术的发展新方向，如图 12-10 所示[8-10]。

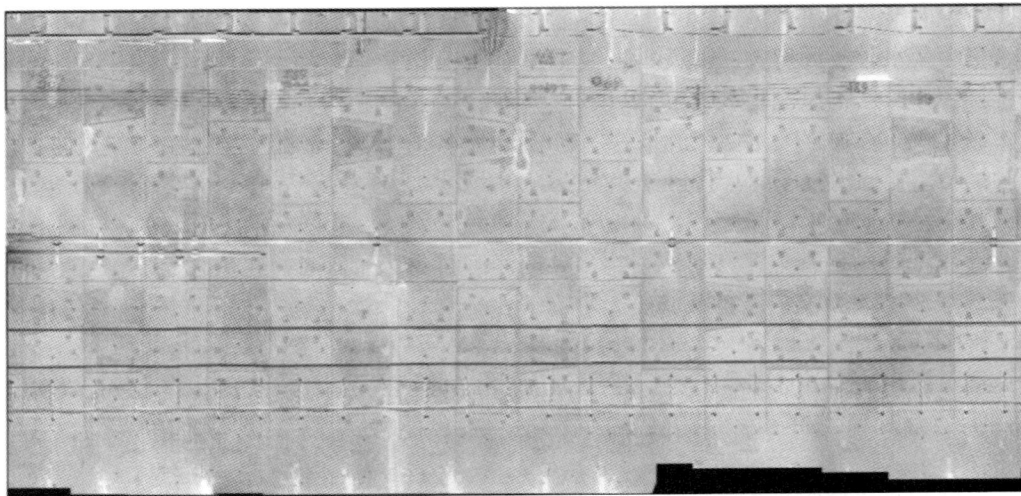

图 12-10　基于机器视觉的盾构隧道管片衬砌病害检测全景展示图

12.3　盾构隧道结构安全评价

盾构隧道管片衬砌在施工和运营过程中会发生渗漏水、管片破损、错台、不均匀沉降等病害，其结构性态会不断劣化，影响盾构隧道的正常使用，甚至导致各种事故的发生。因此，为了降低盾构隧道因各项病害而产生的结构安全性风险，需要开展现场检测与监测、进行衬砌结构安全评估、最终制订合理的养护或者修复方案。一般而言，盾构隧道衬砌结构安全评估以现场检测与监测结果为基础，基于力学理论和综合评价理论分析盾构隧道结构安全状态和影响结构安全性的重要因素，从而为盾构隧道的检修和养护工作提供基础与指导。

12.3.1　盾构隧道衬砌结构的安全监测

1. 变形监测

盾构隧道变形可以分为纵向变形和横断面变形两大类[11]。纵向变形反映了盾构隧道纵向的整体力学特性，可用于评价隧道结构纵向稳定性、纵向抗震性能等；横断面变形可用于判断隧道结构在该断面处的力学性能，为结构的安全评价提供基础。

一般情况下需给出隧道薄弱部位和关键断面的断面变形，可通过对盾构隧道的收敛变形（直径变化量为 ΔD，D 为隧道内径）进行监测来评价盾构隧道衬砌结构受力和横断面变形性能。在观测断面收敛变形时，弹簧张力型收敛计是一种简单实用的工具。它的基本原理是采用机械的方法传递两测点间的相对位移，并将其转换为百分表的两次读数差值。它具有测量精度较高、结构合理、稳定性好、使用方便等特点,能满足工程现场监测的要求[12]。

2.内力监测

在隧道衬砌的内力监测中,通常是通过在混凝土管片中预埋应力计或应变计、或者管片安装好以后在衬砌表面安装测量应变计,再根据应力与应变的关系计算出衬砌结构的内力水平或承载力,分析管片衬砌结构整体的受力和变形状态。其基本原理是将电阻应变计安装在构件表面或内部,构件在受荷载后产生的微小变形(伸长或缩短)会使应变计的敏感栅随之变形,应变计的电阻就会发生变化,其变化率和安装应变计处构件的应变成比例。通过测出此电阻的变化,即可按公式算出构件相应位置的应变以及相应的应力。常用的应力或应变计有振弦式、光纤光栅等类型。

3.裂缝监测

裂缝监测包括裂缝宽度、深度和长度的监测。裂缝长度监测可在裂缝端部按时间定期做记号观察记录,采用卷尺进行量测,记录裂缝宽度随时间的变化规律;裂缝的宽度检测可在骑缝涂覆石膏采用刻度放大镜对裂缝宽度进行测读,或使用裂缝测宽仪定期对同一位置进行观测,或采用跨缝安装应变计等方法量测宽度随时间的变化规律。

4.表观监测

视觉监测是一种简便易行的方法,也是隧道养护中最常用的方法。采用视觉监测观察衬砌结构安全时,通常由主管养护维修人员在有充足照明条件下徒步或乘轨道车进行。目视观察隧道的外观,能够很容易地发现隧道已经发生的变异现象,缺点是难于发现隧道内部的隐蔽变异。通过视觉监测、尺量调查隧道的外观及其变化,并把隧道的变异记录在笔记本上。视觉监测的内容一般包括衬砌漏水的位置、类型,衬砌裂缝的位置(范围)、接缝材料劣化、衬砌压溃或剥落、腐蚀等。

12.3.2 盾构隧道衬砌结构安全评价内容

盾构隧道管片衬砌结构的安全评估问题是一个多因素、多层次的递阶分析问题[13]。对管片衬砌结构安全状态的判定不仅要考虑单个项目所反映的局部性态,还要考虑多个项目所反映的整体性态。参照已有铁路隧道、公路隧道以及地铁盾构隧道常见病害检测工作经验,可将盾构隧道安全评价内容归纳为以下三个方面:

①隧道结构表观评价内容,包括裂缝情况、破损情况、渗漏情况、接缝情况。

②隧道结构安全性评价内容,包括衬砌混凝土强度、衬砌钢筋强度、管片螺栓强度、接头部位强度、衬砌承载能力、钢筋和衬砌的弹性模量等参数。

③隧道结构的耐久性评价内容,包括渗水水质(包括硫酸根等有害离子含量,pH 等)、空气烟雾质量(包括空气中二氧化碳、二氧化硫的含量等)、混凝土碳化深度、混凝土保护层厚度、混凝土中氯离子/硫酸根离子含量、钢筋锈蚀、混凝土渗透及材料防水等。

12.3.3 盾构隧道衬砌结构典型病害分级标准

1.管片衬砌变形的评定

隧道衬砌变形主要是指衬砌发生收敛变形,造成隧道净空减小,或侵占预留加固的空间,主要有横向变形和纵向变形两种,其中横向变形是主要的形式。横向变形是指衬砌结构因受力而引起拱轴形状的改变。衬砌的变形用可变形量和变形速度大小来描述。我国铁路隧道的变形评定标准[14]和上海地区通缝拼装盾构隧道纵向与横向变形指标等级划分标准[15]如表 12-1 所示。

表 12-1　盾构隧道的变形分级判定标准

评价等级	变形或移动(铁路隧道)	纵向变形曲率半径 (通缝)/km	横向直径变化量 (通缝)/D
I	有变形，但不发展，而且对使用无影响	>15	<0.5
II	有变形，但速度 $v<3$ mm/a	15~4.5	0.5~1
III	变形或移动速度为 3~10 mm/a，而且有新的变形出现	4.5~3	1~1.6
IV	变形或移动速度 $v>10$ mm/a	<3	>1.6
V	衬砌变形、移动、下沉发展迅速，威胁行车安全	影响正常使用	影响结构承载能力

2. 管片衬砌接头张开与错台评定标准

隧道过大的横向变形可能会引起隧道纵向接缝张开，纵向不均匀沉降的发展则会引起环间接缝张开量的增加，接缝张开会引起隧道接头螺栓受拉屈服、隧道渗漏等次生病害。

错台是隧道环间变形的重要表现形式，在隧道纵向不均匀沉降的影响下，隧道管片环间表现出错台变形，错台的发展会造成纵向连接螺栓趋向屈服、凹凸榫发生剪切破坏、弹性止水垫变形失效等对结构破坏的次生病害。

上海地区通缝拼装盾构隧道管片错台与接头张开量安全等级判定标准如表 12-2 所示。

表 12-2　管片衬砌接头张开与错台分级判定标准[16]

评价等级	接头张开量/mm	管片错台高度/mm
I	<0.35	<0.033
II	0.35~2	0.033~4
III	2~4	4~10
IV	>4	>10
V	接缝防水失效、接头破坏	接缝防水失效、侵限

3. 管片衬砌裂缝的分级

管片衬砌裂缝成因不同，几何状态复杂多变，衬砌裂缝的特征描述参数包括裂缝的起始位置、展布形态、张开状态、宽度、深度、长度、是否贯通、相对错动距离，其中前两个参数是隧道的统一特征参数，可以通过若干个关键点的坐标进行表征；后五个参数可以是裂缝的统一特征，也可以与不同关键点的状态表征对应，这取决于裂缝的状态均匀程度和精度要求，即如果在裂缝不同位置上，裂缝的深度和宽度大小比较接近，可将该参量作为裂缝的统一特征，否则需要记录裂缝不同关键点的参数，并分别进行描述。如果需要分析裂缝的开展情况，还需要记录关键点处的量化参数随时间变化的规律。

裂缝主要评价指标宽度 δ、长度 L 和缝深度的安全评价等级判定标准如表 12-3 所示，其中 K 表示裂缝深度占结构厚度的比例。

表 12-3 隧道衬砌裂缝分级判定标准

等级	评价指标与标准		
	裂缝宽度 L/m	裂缝宽度 δ/mm	裂缝深度占结构厚度的比例 K
I	$L<$螺栓孔距边缘最小距离	$\delta<0.05$	小于保护层厚度
II	螺栓孔距边缘最小距离$\leqslant L<0.5$	$0.05\leqslant\delta<0.2$	$K<1/4$
III	$0.5\leqslant L<1$	$0.2\leqslant\delta\leqslant0.5$	$1/4\leqslant K<1/3$
IV	$L\geqslant1$	$0.5<\delta$	$1/3\leqslant K<1/2$
V	贯通整块管片	漏泥砂颗粒	$K\geqslant1/2$

4. 隧道渗漏水影响程度分级

渗漏水所带来的盾构隧道病害是显著的，不仅影响车辆的正常运行，而且会加剧结构的腐蚀、沉降的发展[9]。一般来说，渗漏水因素依其发展程度分为润湿、渗水、滴水、漏水、射水、涌水六种表现形式。漏泥砂是渗漏水的一种特殊形式，它会更为迅速地导致隧道沉降的产生，需给予特别关注。此外，由于隧道的渗漏水通常发生在接缝位置，渗漏水对隧道的影响不仅受到渗漏速度的影响，考虑到隧道接缝变形特点，渗漏位置也对隧道渗漏水的影响十分重要。因此，在渗漏水等级划分中，不仅要考虑隧道渗漏水的速度，还应综合考虑隧道渗漏水的位置，如表 12-4 所示。

表 12-4 隧道衬砌渗漏水分级判定标准

评价等级	渗漏水位置及现象
I	满足国家二级防水技术的要求；轻微的、不漏钢筋的掉块和损伤；有渗水的可能
II	接头变形不明显；腰部有轻微渗水；无泥砂；有明显漏水的可能
III	腰部渗水明显；管片接头可见螺栓；旁通道渗水；有线漏和漏泥砂的可能
IV	涌水；有堆积的泥砂；有连续成渗流，表面可见水膜；或线流；顶部接头渗
V	接缝防水失效、接头破坏

12.4　盾构隧道结构病害整治方法

12.4.1　管片衬砌病害的整治原则

盾构隧道管片衬砌病害的产生原因复杂，病害的整治首先以加固结构、稳定围岩为主，其次是消除裂损诱因、防治病害恶化，应采用多种处治措施相结合的综合治理方案。衬砌裂损的防治原则如下：

①改进管片生产过程中振捣、养护等施工工艺，优化配比，尽量减少管片制作过程中的缺陷或裂损。

②加强观测，掌握隧道围岩变形、管片衬砌裂缝变形情况、地质资料和发生时间，查清病因，对不同裂损成因与位置采用不同的工程措施，且应确保整治不影响隧道变形的长期监测、整治后变形与裂缝不再发展。

③对于运营隧道，应尽量减少对行车的不利影响，同时确保不影响隧道内设备、管线的正常使用。

④对渗漏水、腐蚀等病害，一并综合进行整治，贯彻彻底整治的原则。

⑤采取加固措施稳定隧道底板或基底。

⑥精心测量，保证加固后的隧道净空满足隧道界限要求，合理安排慢行封锁计划，尽量减少对正常运营的干扰。

⑦确保裂缝压浆、壁后压浆、局部衬砌改换等整治措施的施工质量。

12.4.2　衬砌裂损整治

防治衬砌裂损病害首先要消除衬砌裂损带对结构及运营的一切危害，并防止裂损再加大。隧道承载力模型试验证明，开裂的衬砌仍然具有一定的承载能力。即使是严重裂损、错台，且局部侵限的衬砌，在套拱的临时支护下，可采用凿除或移除其侵限部分，加强背后压浆的办法来恢复和提高承载能力。只有在衬砌严重变形、其断面大部分侵入建筑限界、承载能力丧失的情况下，才采用更换衬砌的整治方法。总的来说，应根据隧道工作环境、地质条件、施工记录与竣工资料、裂缝产生原因及宽深度信息选取适当的方法进行综合治理，保证隧道管片的结构安全性和运营舒适性。

①在裂缝影响轻微区段，如果裂缝数量较多，可对裂缝区域采用表面分层涂抹结晶、渗透性混合材料；如果裂缝数量较少，可沿裂缝涂抹结晶、渗透性混合材料对裂缝进行封闭。

②在裂缝影响较小区段，如果裂缝数量较多，可对裂缝区域采用钢筋混凝土套衬或表面分层涂抹结晶、渗透性混合材料；如果裂缝数量较少，可沿裂缝凿倒梯形沟槽，并嵌入高强结合剂加固。

③在裂缝影响较大区段，如果裂缝数量较多，可对裂缝区域采用钢筋混凝土套衬加固；如果裂缝数量较少，可沿裂缝凿倒梯形沟槽，并嵌入高强结合剂加固。

④在裂缝影响严重区段，如果裂缝数量较多、结构基本丧失功能的，建议拆除重建，或对裂缝区域采用钢筋混凝土套衬加固；如果裂缝数量较少，可沿裂缝凿倒梯形沟槽，并嵌入高强结合剂加固。

管片衬砌渗漏水处置建议措施如表 12-5 所示。

表 12-5　隧道衬砌不同位置渗漏水处置措施

渗漏现象描述	渗漏水处置措施
管片拼装缝小范围渗漏	钻孔注浆，嵌缝处理，表面涂刷
管片拼装缝大面积渗漏	管片钻穿，向管片壁后压注水玻璃水泥浆、聚氨酯浆等材料封堵渗漏水通道，快凝水泥封闭孔及周边缝，表面涂刷
吊装孔、螺栓孔渗漏	清理孔内污物，双快水泥封堵后拧紧堵头；渗漏严重时埋设铝管，压注超细水泥浆后拧紧堵头
联络通道与管片连接处渗漏	壁后注浆（采用超细水泥浆、水玻璃浆、改性环氧树脂化学浆等）；嵌缝防水
管片裂缝渗漏	宽度大于 0.2 mm 的裂缝应用注浆堵漏，再用氯丁胶乳、丙烯酸乳液等进行表面涂抹封闭裂缝；宽度小于等于 0.2 mm 的微裂缝采用混凝土墙面涂料、水泥密封材料等作表面涂刷封闭处理，堵漏
破损管片渗漏	界面涂刷水泥基，植入钢筋网片，环氧砂浆回填

12.4.3　管片漏水整治

1. 表面涂刷封闭

为了美观起见，渗漏处理后要进行表面涂刷封闭。表面涂刷封闭主要用于裂缝在结构允许范围内，未出现轻微渗漏现象或经过缝内注浆、壁后注浆等治理后的裂缝处理。

对于未渗漏的，表面进行必要的处理和保护措施后，进行防水砂浆抹面及防水涂层的实施；对于轻微渗水的位置，将裂缝按要求剔成一定深度和宽度的 V 形槽，槽内用速凝材料填压密实。

2. 缝内注浆

缝内注浆一般用于以下情况：①裂缝较大，出现轻微渗漏或相对严重渗漏现象；②经过壁后注浆等治理后的严重渗漏裂缝；③虽已修补，但仍出现渗漏现象的裂缝。

3. 壁后(基底)注浆

壁后(基底)注浆是指将止水浆液用压力泵通过特殊注入管（位于裂缝上方）注入混凝土管片的背面，在背面形成保护面，将裂缝的渗漏水通道彻底截断。

4. 接缝修补

接缝修补采用的是综合治理措施，即注浆防水与嵌缝和抹面保护相结合，具体做法是将缝内一定深度的原嵌填材料清除，渗漏小的位置用快凝材料封堵，然后嵌填密封防水材料，最后钻孔注浆堵水。

堵漏止水材料的选择对病害处理效果影响较大，不同的堵漏止水材料用于处理不同的渗漏情况。堵漏止水材料主要分为无机堵漏材料、有机堵漏材料、快速堵漏剂等，其主要适用范围有所不同。

12.4.4　管片衬砌腐蚀整治

管片混凝土产生侵蚀的三个要素为：第一，腐蚀介质的存在；第二，易腐蚀物质的存在；第三，地下水存在具有活动性。针对侵蚀产生的原因及条件，对隧道侵蚀采取的预防措施主要有：

①提高管片混凝土的密实性和耐腐蚀性，如采用防腐蚀混凝土等。

②外掺加料法。

③针对环境水侵蚀性介质不同，合理选用相应的抗侵蚀性较好的水泥（采用低碱高抗硫酸盐水泥、双快水泥最为合适）。中国西南、西北地区，不少隧道地下水中一些侵蚀性介质浓度超标。

④改善加强隧道防排水系统建设，从材料和结构方面提高管片接缝防水性能，使用密实的、不与混凝土起化学反应的材料在衬砌外表面做隔离防水层。

⑤管片衬砌同步注浆和背后注浆采用防蚀浆液。

12.4.5　管片结构耐久性保障技术展望

目前，装配式管片衬砌结构为盾构隧道的主要结构形式，在侵蚀环境、极端条件、灾害等影响下，单层管片衬砌结构的长期安全性有待考证，而施工期施工荷载又常常造成衬砌结构开裂、破损，在施工完成后进行简单的修复并不能保证结构的强度，给运营后隧道结构的安全增加了风险。因此，对盾构隧道衬砌新型管片的研究越来越受到重视，从钢筋混凝土材料上突破，研发兼具高性能和高耐久性的管片衬砌是当前的主要发展方向之一。同时，建立盾构隧道衬砌结构的全寿命设计理论势在必行。

另外，在隧道运营期间，有效的检修与维护十分必要，开发新型检测手段也成为重要发展方向。如隧道检测机器人和针对输水及排污管道的管道机器人，可用于极端困难情况下检测隧道结构中肉眼无法辨认的细小裂缝、变形和背后空洞，寻找诸如裂缝、锈渍、腐蚀、钢筋暴露等病害。

思考题

1. 盾构隧道常见病害有哪些？它们相互之间有何关联？
2. 盾构隧道开裂的原因有哪些？
3. 盾构隧道检测方法有哪些？检测的主要内容有哪些？
4. 盾构隧道衬砌结构的安全如何评价？
5. 盾构隧道常见病害如何分级整治？

参考文献

[1]　周文波. 盾构法隧道施工技术及应用[M]. 北京：中国建筑出版社，2004.

[2]　高伟君. 盾构隧道的结构病害及其成因探析和治理措施[J]. 特种结构，2012，29(3)：70-73.

[3]　张明海，张乃涓. 盾构隧道常见病害及其影响分析[J]. 城市道桥与防洪，2009，(9)：182-187+

237-238.

[4]　杨新安, 黄宏伟. 隧道病害与防治[M]. 上海：同济大学出版社, 2003.

[5]　铁道部运输局基础部. 铁路隧道检测技术手册[M]. 北京：中国铁道出版社, 2007.

[6]　中国铁路工程总公司, 铁路隧道衬砌质量无损检测规程(TB 10233—2004)[S]. 北京：中国铁道出版社, 2004.

[7]　叶英. 运营隧道管养指南[M]. 北京：人民交通出版社, 2013.

[8]　Zhu Z, Fu J, Yang J, et al. Panoramic image stitching for arbitrarily shaped tunnel lining inspection[J]. Computer-Aided Civil and Infrastructure Engineering, 2016;31(12): 936-53.

[9]　彭斌, 祝志恒, 阳军生等. 基于全景展开图像的隧道衬砌渗漏水数字化识别方法研究[J]. 现代隧道技术, 2019, 56(3): 31-37+44.

[10]　黄宏伟, 李庆桐. 基于深度学习的盾构隧道渗漏水病害图像识别[J]. 岩石力学与工程学报, 2017, 36(12): 2861-2871.

[11]　颜波, 杨春山, 陈丽娜. 地铁盾构隧道运营养护的质量安全评价体系[J]. 预应力技术, 2012, (1): 25-27.

[12]　国家铁路局, 铁路隧道设计规范(TB 1003—2016)[S]. 北京：中国铁道出版社, 2016.

[13]　何川, 封坤, 孙齐, 王士民. 盾构隧道结构耐久性问题思考[J]. 隧道建设(中英文), 2017, 37(11): 1351-1363.

[14]　中华人民共和国铁道部, 铁路桥隧建筑物劣化评定标准(TB/T2820.1～2820.8)[S]. 北京：中国铁道出版社, 2004.

[15]　顾丽江, 张冬梅. 盾构隧道结构受力及变形评价指标研究[C]//第八届全国土木工程研究生学术论坛, 2011.

[16]　林盼达, 张冬梅, 闫静雅. 运营盾构隧道结构安全评估方法研究[J]. 隧道建设, 2015, 35(S2): 43-49.

图书在版编目(CIP)数据

盾构隧道工程 / 王树英等编著. —长沙:中南大学
出版社, 2022.5

ISBN 978-7-5487-2350-9

Ⅰ. ①盾… Ⅱ. ①王… Ⅲ. ①隧道施工—盾构法—研
究 Ⅳ. ①U455.43

中国版本图书馆 CIP 数据核字(2022)第 004955 号

盾构隧道工程
DUNGOU SUIDAO GONGCHENG

王树英 傅金阳 张 聪 阳军生 编著

□出 版 人	吴湘华	
□责任编辑	刘颖维	
□封面设计	李芳丽	
□责任印制	唐 曦	
□出版发行	中南大学出版社	
	社址:长沙市麓山南路	邮编:410083
	发行科电话:0731-88876770	传真:0731-88710482
□印 装	长沙印通印刷有限公司	

□开 本	787 mm×1092 mm 1/16	□印张 27	□字数 686 千字	
□版 次	2022 年 5 月第 1 版	□印次 2022 年 5 月第 1 次印刷		
□书 号	ISBN 978-7-5487-2350-9			
□定 价	138.00 元			